全国高等院校土木与建筑专业十二五创新规划教材

场 地 设 计

雷　明　雷丽华　主　编

清华大学出版社
北　京

内 容 简 介

本书系统地阐述了场地设计的理论和方法，并结合具体实例进行了分析和说明。主要内容包括场地设计概述，场地总平面布置，公共建筑总平面，场地道路、广场及停车场布置，场地绿化与美化布置，场地竖向设计，管线综合布置，场地总平面设计阶段及其深度等。

本书是高等院校的教学用书，适宜于建筑学、城市规划、总图设计与工业运输专业，也可供从事于建筑、规划、总图设计和注册建筑师以及有关工程技术人员学习参考。

图书在版编目(CIP)数据

场地设计/雷明，雷丽华主编. --北京：清华大学出版社，2016 (2024.2重印)
全国高等院校土木与建筑专业十二五创新规划教材
ISBN 978-7-302-41919-8

Ⅰ. ①场… Ⅱ. ①雷… ②雷… Ⅲ. ①场地—建筑设计—高等学校—教材 Ⅳ. ①TU201

中国版本图书馆 CIP 数据核字(2015)第 263065 号

责任编辑：秦 甲
装帧设计：刘孝琼
责任校对：吴春华
责任印制：沈 露
出版发行：清华大学出版社
网 址：https://www.tup.com.cn，https://www.wqxuetang.com
地 址：北京清华大学学研大厦 A 座 邮 编：100084
社 总 机：010-83470000 邮 购：010-62786544
投稿与读者服务：010-62776969, c-service@tup.tsinghua.edu.cn
质量反馈：010-62772015, zhiliang@tup.tsinghua.edu.cn
课件下载：https://www.tup.com.cn , 010-62791865
印 装 者：三河市铭诚印务有限公司
经 销：全国新华书店
开 本：185mm×260mm 印 张：29 字 数：702 千字
版 次：2016 年 6 月第 1 版 印 次：2024 年 2 月第 10 次印刷
定 价：69.00 元

产品编号：052668-02

前　言

场地设计是建设项目设计的主要环节，任何一个建设项目，不管是工业还是民用，抑或是单体还是群体，都必须对项目的建筑物、构筑物、交通线路及其设施、工程管线、绿化美化甚至场地照明，根据国家有关法规、标准、政策和使用功能要求，结合场地自然条件、建设条件，对场地做出合理的统筹安排，使建设项目达到技术先进、安全经济、资源节约、保护环境的目的。随着国民经济的发展，城镇建设规模不断扩大，场地设计更受到领导的重视和相关人员的关注。为了不断地总结我国场地设计的实践经验，完善场地设计的理论和应用，提高场地设计的理论和技术水平，以适应我国改革开放和现代化建设的需要。我们结合自己的教学、科研和设计实践的收获和体会，并参考了国内外在这方面的相关资料，编写了本书。希望本书能成为高等院校、设计规划部门、厂矿企业和注册建筑师、规划师及有关工程技术人员的教材或参考书。

在本教材编写过程中引用和参考了有关文献资料。在此，我们仅向这些文献作者致以衷心的感谢！

本教材在编写过程中得到倪嘉贤、林斯平、白小鹏、王黎等同志的大力支持，在此深表感谢。

本书由雷明、雷丽华主编，参加本书编写工作的还有李锐、刘芸、樊雷、许月芬等。

由于作者学识有限，书中缺点甚至错误在所难免，恳请读者批评指正。

编　者

前 言

目　录

第 1 章　场地设计概述

本章主要阐述场地的概念、组成、类型及场地设计的概念，场地设计的内容和特点，场地设计的原则和依据以及场地设计的条件。

1.1　场地设计的概念

1.1.1　场地的概念

要了解场地设计的概念，必须了解场地的概念，因为只有了解场地的概念，才能对场地设计有深入的了解。

要进行工程建设，首先碰到的问题是把建设项目放在何处？这就是项目的选址，即根据项目的性质、规模、功能要求，选择项目的场地位置、面积大小、外部条件，以保证建设项目的经济合理。

场地有狭义和广义两种不同的含义。狭义的场地是指建筑物、构筑物、堆场之外的空地、广场、停车场、室外活动场、展览场及生产操作场地等，这些场地相对建筑物而言，统称为室外场地；广义的场地是指建设用地的全部，包括建设用地范围内的建筑物、构筑物、交通运输线路及其设施、工程管线、绿化美化设施和室外场地。

场地按其用途不同，可分为工业建筑场地和民用建筑场地。工业建筑场地是指厂矿企业建设用地，如钢铁厂、选煤厂、石油化工厂、火力发电厂和机械厂等；民用建筑场地为居住用地、公共建筑用地，如中小学、幼儿园、医院用地、文体建筑用地等。本教材所讲的场地概念是广义的。

1.1.2　场地的组成

1. 建筑物、构筑物

建筑物、构筑物是建筑场地的主要组成部分，对场地的使用起控制作用。如学校中的教学楼、实验楼、体操馆、住宅楼等均是建筑物，水池、烟窗、栈桥等称为构筑物。

2. 交通运输设施

交通运输设施包括道路、铁路、码头、停车场、人行道等，主要是供人流、货流、消防、急救交通之用，在场地内建筑物之间、建筑物与构筑物之间、场地同城镇之间起着联系的作用。

3. 工程管线

工程管线是指室外工程管线，如给水管道、排水管道、天然气管道、雨水管道等，以及室外电力电缆、通信电缆(线)等。

4. 绿化及美化设施

绿化及美化设施是指室外的成块绿地、行道树、房前屋后的绿化以及建筑小品等。

1.1.3 场地的类型

按照场地用途不同，场地可划分为以下几种类型。

1. 民用建筑场地

一般是指商场、体育馆、影剧院、宾馆、图书馆、写字楼、学校、幼儿园、医院、饭馆(店)、住宅等建筑场地。

2. 工业建筑场地

一般是指用于工业建设的场地，包括矿山工业场地、工厂工业场地，如钢铁厂、火力发电厂、石油化工厂、机械厂、纺织厂等的建设用地。

3. 交通建筑场地

一般是指道路及汽车站、铁路线路及车站、港口、机场等专用场地。

1.1.4 场地设计概念

在确定的建设用地范围内，按照建设项目的功能要求，结合场地的自然条件和建设条件，在符合国家有关法规、规范的要求下，对场地的建筑物、构筑物、交通运输线路、公共设施、工程管线、绿化及美化等设施的平面位置和竖向高程进行合理的安排，以使建设项目达到经济合理、技术先进、节约用地、方便经营、美化环境的目的，这一工作过程称为场地设计。

场地设计的建设项目，可以是民用单体建筑物，如一座办公楼及其周围场地设计；也可以是民用群体建筑物，如学校、幼儿园及居住区规划设计；还可以是工业群体建(构)筑物的场地设计，如钢铁厂、石油化工厂、火力发电厂、机械厂等。工业建设项目场地与民用建筑的区别在于：工业建设项目场地设计面积大、内容多、图纸复杂，且侧重于建设项目的工程技术及工艺流程要求；民用建筑场地一般较小，场地设计则更加注重场地特征、周围建筑和环境，以及场地空间、视觉和景观的关系。尽管工业建筑与民用建筑有所差别，但其场地设计概念、理论和内容基本是相同的。本教材所讲的场地设计理论及应用对工业建筑和民用建筑项目场地设计都是适用的。

1.2　场地设计的内容和特点

1.2.1　场地设计的内容

场地设计的内容视建设项目的性质、规模、内容组成等不同而略有不同，一般包括下列几个方面。

(1) 根据建设项目的使用功能要求，结合场地的自然条件和建设条件，明确功能分区，合理地确定场地内建筑物、构筑物和其他工程设施相互间的空间关系，确定彼此的平面位置。

(2) 合理地组织场地内人流、货流，选择场地内的交通方式，根据初步确定的建、构筑物的位置，进行道路(铁路)、停车场、广场及其他交通线路和交通设施的布置。为了满足交通线路的技术条件，还需对建、构筑物的布置进行调整，并进行场地内道路(铁路)设计。

(3) 根据建、构筑物使用功能和交通线路的技术要求，结合场地地形及环境，拟定场地的竖向设计方案：合理地确定场地设计高程和建筑物室内外地坪高程，计算土(石)方工程量，并进行竖向设计或场地排雨水设计。

(4) 协调各种室外管线的敷设，根据各专业的管线设计，合理进行场地内管线的综合布置，最终确定室外管线在平面和竖向上的位置。

(5) 根据室外空间使用功能要求，进行场地绿化及美化设计。合理地组织场地内室外环境空间，综合布置各种环境设施、建筑小品及绿化工程等，创造优美的室外环境。

(6) 核算场地总平面设计方案的主要技术经济指标，核定场地内室外工程量及造价，进行必要的技术经济分析和论证。由于建设项目的性质不同，民用建筑场地的主要技术经济指标与工业建筑的主要技术经济指标的内容略有不同。

建筑场地设计涉及的内容多、范围广，应结合场地的自然条件、建设条件和周围环境条件，根据建设项目的性质、规模、组成内容及功能要求，合理地进行场地设计，并将多方案进行技术经济比较，择优确定设计方案。

1.2.2　场地设计的特点

1. 综合性

场地设计是一门涉及社会经济、工程技术、环保等内容的综合性学科，涉及知识范围广，联系的部门和专业多，遇到的矛盾错综复杂，因此，在进行场地设计时，应根据建设项目的性质、规模和使用功能，结合场地的自然条件、建设条件和环境条件等因素，遵循有关法规、规范，综合分析，合理安排，才能做好建、构筑物布置，竖向设计，交通路线设计，管线综合设计，绿化与美化设计；并经多方案比较，选用最佳方案。所以说，场地设计是一项综合性强的工作。

2. 政策性

建设项目用地应贯彻执行《中华人民共和国土地管理法》、《中华人民共和国城乡规划法》、《中华人民共和国环境保护法》、《中华人民共和国建筑法》等国家有关方针政策。场地内各种工程建设项目的性质、规模、建设标准及用地等，不但要考虑经济和技术因素，而且解决重大原则问题必须依据国家有关政策与国家的法律、法规，因此，场地设计是一项政策性很强的工作。

3. 地方性

每一块建筑场地都有其特定的地理位置，都受到特定的自然条件和建设条件的制约，都受到所在地区的气象、工程地质和水文地质、周围建筑环境、地方风俗习惯等影响，因此，场地设计还必须考虑地方特点和当地环境，因地制宜地设计出各具特色的场地设计方案。

4. 预见性

场地设计方案一旦实施，就具有相对的长期性和不可移动性。总结我国场地设计的实践经验，许多建设项目由于受到场地的制约而难以就地扩建发展，因此，场地设计应有科学的预见性，应充分考虑由于社会经济的发展、科学技术的进步对场地未来使用的影响，从而给场地留下一定的发展空间，使场地具有发展的弹性和相对稳定性及连续性。对于分期建设的场地，应处理好近期项目和远期项目的关系，近期集中，远期预留，一次规划，分期实施。

5. 全局性

场地设计是对建设项目的全部设施进行整体安排，其追求的是群体建、构筑物的总体效益及群体建筑组合的总体艺术效果，因此场地设计应具有全局性和整体性，应正确处理好单体建筑同群体建筑的关系。作为群体建筑中的单体建筑应首先服从场地总体设计的全局，然后再考虑自身的要求，全局利益大于局部利益，局部服从全局，这就是场地设计的全局性。

1.3 场地设计的原则及依据

1.3.1 场地设计的原则

场地设计尽管类型不同，规模大小各异，场地的自然条件、建设条件及环境条件也千差万别，但在实际设计工作中，均应遵循下列基本原则。

1. 认真执行国家有关的法律、法规和方针政策

场地设计应执行国家有关的方针、政策，如在场地的选址和总平面设计方案中，均应切实注意节约用地，执行《中华人民共和国土地管理法》，十分珍惜和合理利用土地，因

地制宜，合理布置，节约用地，提高土地利用率。可利用荒地不得占用耕地，可利用劣地，不得占用好地。城市中的建设项目应执行《中华人民共和国城乡规划法》；对于场地环境保护的有关设计，应执行《中华人民共和国环境保护法》等的相关法规。

2. 符合当地城市规划或工业园区规划

场地位于城市，场地设计应符合当地城市规划或工业园区规划。因为场地出入口位置，场地交通线路的走向，建筑物的体形、朝向、间距、空间组合、绿化美化以及用地、环保、技术经济指标等均与城市或工业园区有关，只有满足城市规划或工业园区的要求，才能使场地设计与周围环境相协调。

3. 满足生产、生活、使用功能的要求

场地设计是在场地总体布局的基础上，根据建、构筑物和设施的使用功能及相互之间的联系，按照交通、防火、安全、卫生、施工等要求，结合场地的地形、工程地质、气象等自然条件和建设条件，合理进行功能分区，全面地对场地内所有建、构筑物，交通线路及设施，工程管线，绿化美化等进行平面和竖向布置，做到分区合理、布置紧凑、节约用地、节省投资、有利生产、方便生活。

4. 满足交通运输要求

场地内交通线路的布置应短捷通畅、安全，尽量减少人流、物流相互干扰和交叉。场地内的交通组织应同场地外的交通状况相适应，场地内出入口的交通线路应与场地外交通线路衔接方便。

5. 妥善处理改、扩建场地内新老建筑的关系

改、扩建场地设计应充分利用原有场地。对于原有的建、构筑物等设施，必须合理地利用、改造，力争通过改、扩建使场地平面布置更趋于合理，使新建工程与原有建、构筑物等设施联系方便，布置更加合理、协调；并尽可能减少改、扩建工程对现有生产和生活的影响。

6. 合理预留发展用地

由于经济的发展、技术的进步、市场的需求、人民生活水平的提高，原有建筑场地往往不能满足新建项目的用地需求，限制了场地的扩建，不得不异地选址，这样就增加了建设项目的投资，也不利于场地统一管理。因此，在进行场地总平面布置时，应适当地预留远期发展用地。对于分期建设的场地，应一次规划、分期实施。应正确地处理好近期建设和以后各期建设的关系，本着近远期结合，以近期为主；近期集中，远期预留；近期布置紧凑，远期规划合理的原则；不得先征后用，过早地占用土地。

7. 为综合利用创造良好的条件

场地设计应满足循环经济、节能减排的要求，应为三废(废渣、废水、废气)治理、综合利用、环境保护创造良好条件。对于三废的综合利用工程应合理地留有用地，并满足其对

运输、环保等的要求。

8. 进行多方案比较

场地设计应进行深入、细致的调查研究，认真学习和吸收国内外场地设计的实践经验和教训，加强同建设、施工、科研等单位的联系，精心设计，不断创新。设计方案的确定应综合地进行多方案技术经济比较，择优确定符合国情，布置合理，使用安全，技术先进，经济效益、环境效益和社会效益好的场地设计方案。

1.3.2 场地设计的依据

1. 建设项目的设计依据

1) 场址选择阶段

场址选择的依据是已批准的建设项目建议书或其他上报计划文件，并在地形图上标明场址建设区域和项目建设的具体地点。

2) 用地规划阶段

用地规划的依据是场地选址报告及建设项目选址意见书，经土地、规划部门核准的使用土地范围，计划部门批准的建设项目可行性研究报告或其他有关批准文件，地形图，对项目可行性研究报告的评估报告。

3) 方案设计阶段

方案设计的依据是计划部门批准的建设项目可行性研究报告或其他有关批准文件、建筑场地的土地使用权属证件或国有土地使用权属出让合同及附件、选址报告及建设项目选址意见书、设计委托任务书、场地地形图、项目规划设计条件及要求、建设用地规划许可证、规划设计方案评审会议纪要和建设工程设计合同。

4) 初步设计阶段

初步设计的依据是已批准的场地总体规划或建筑设计方案评审会议纪要、设计委托任务书、建设工程设计合同、地形图和地质勘查报告。

5) 施工图设计阶段

施工图设计的依据是已批准的初步设计文件及修改要求。

2. 基本建设的主要法规

1) 有关法律

《中华人民共和国城乡规划法》(2007 年 10 月 28 日第十届全国人民代表大会常务委员会第三十次会议通过，2008 年 1 月 1 日起施行)；

《中华人民共和国建筑法》(2011 年 4 月 22 日第十一届全国人民代表大会常务委员会第二十次会议通过，2011 年 7 月 1 日起施行)；

《中华人民共和国城市房地产管理法》(2007 年 8 月 30 日第十四届全国人民代表大会常务委员会第二十九次会议通过，2007 年 8 月 30 日起施行)；

《中华人民共和国环境保护法》(2014 年 4 月 24 日第十二届全国人民代表大会常务委

员会第八次会议通过，2015 年 1 月 1 日起施行)；

《中华人民共和国土地管理法》(2004 年 8 月 28 日第十届全国人民代表大会常务委员会第十一次会议通过，2004 年 8 月 28 日起施行)。

2)　有关法规

《设计文件的编制和审批办法》(1978 年 9 月 15 日国务院批准、原国家建委颁布)；

《建设工程设计文件编制深度的规定》(2008 年 11 月 26 日住房与城乡建设部批准，2009 年 1 月 1 日起施行)；

《基本建设设计工作管理暂行办法》(1983 年 10 月 4 日国家计委颁布)；

《建设项目环境保护设计规定》(1987 年 3 月 20 日国家计委、国务院环保委员会颁布)；

《城市规划编制办法》(2005 年 10 月 28 日经建设部第 76 次常务会议讨论通过，自 2006 年 4 月 1 日起施行)；

《城市绿线管理办法》(2002 年 9 月 9 日建设部第 63 次常务会议审议通过，自 2002 年 11 月 1 日起施行)。

3)　有关设计规范

GB/T 50001—2010《房屋建筑制图统一标准》

GB/T 50103—2010《总图制图标准》

GB/T 50104—2010《建筑制图标准》

GB 50352—2005《民用建筑设计通则》

GB 50180—1993《城市居住区规划设计规范》

GB 50187—2012《工业企业总平面设计规范》

GBJ 50137—2011《城市土地分类与规划建设用地标准》

GB 50220—1995《城市道路交通规划设计规范》

CJJ 37—2012《城市道路设计规范》

GB 50763—2012《无障碍设计规范》

JGJ 100—1998《汽车库建筑设计规范》

GB 50067—1997《汽车库、修车库、停车场设计防火规范》

GB 50162—1992《道路工程制图标准》

GBJ 22—1987《厂矿道路设计规范》

GBJ 12—1987《工业企业标准轨距铁路设计规范》

CJJ 15—1987《城市公共交通站、场、厂设计规范》

GB 50016—2014《建筑设计防火规范》

GB 50011—2010《建筑抗震设计规范》

GB 50223—2008《建筑工程抗震设防分类标准》

GB 50178—1993《建筑气候区划标准》

GB 50176—1993《民用建筑热工设计规范》

GB/T 50805—2012《城市防洪工程设计规范》

GB 50201—1994《防洪标准》

CJJ 83—1999《城市用地竖向规划规范》

GB 50289—1998《城市工程管线综合规划规范》

GB 50298—1999《风景名胜区规划规范》

CJJ/T 97—2003《城市规划制图标准》

CJJ 75—1997《城市道路绿化规划与设计规范》

GB 50025—2004《湿陷性黄土地区建筑规范》

GB 50112—2013《膨胀土地区建筑技术规范》

GB 50096—2011《住宅设计规范》

GB 50368—2005《住宅建筑规范》

JGJ 67—2006《办公建筑设计规范》

JGJ 38—1999《图书馆建筑设计规范》

GB 50189—2005《公共建筑节能设计标准》

以及其他各类型建筑设计规范中，有关基地和场地设计的规定。

1.4 场地设计的条件

1.4.1 建筑场地的自然条件

建筑场地的自然条件包括场地地形、气候、工程地质和水文及水文地质条件、地面植物及土壤等基本要素。由于场地所处的地理位置和地域的差异，自然条件对场地设计的影响程度各不相同。为了充分、合理地利用自然条件，就必须对构成自然条件的基本要素进行分析研究，充分了解它们各自的特点及其与场地布置的关系，因地制宜地设计出与自然环境相协调的建筑方案。

1. 地形及其分类

地形是指场地地势起伏的状态和位于地表面地物的总体。按自然地理的宏观划分，地形大体有山地、丘陵与平原 3 类。在小区域范围内，地形还可进一步划分为山谷、山坡、冲沟、盆地、谷道、河漫滩和阶地。

在设计工作中，地形地貌是通过地形图来表达的。

2. 地形图

在小区域范围内，地面形态通过测量，并按规定的比例尺缩绘成的图称为平面图。

如在地形图上仅表示地物(如房屋、道路、河流、边界等)的平面位置，这样的图称为地物平面图。

如在平面图上不仅表示地物的平面位置，而且还表示地势起伏，这样的图称为地形图，如图 1-1 所示。

3. 比例尺

地形图上任意一线段的长度与其所代表的地面上相应的实际水平距离之比称为平面图

的比例尺，比例尺通常用数字比例尺和直线比例尺来表示。

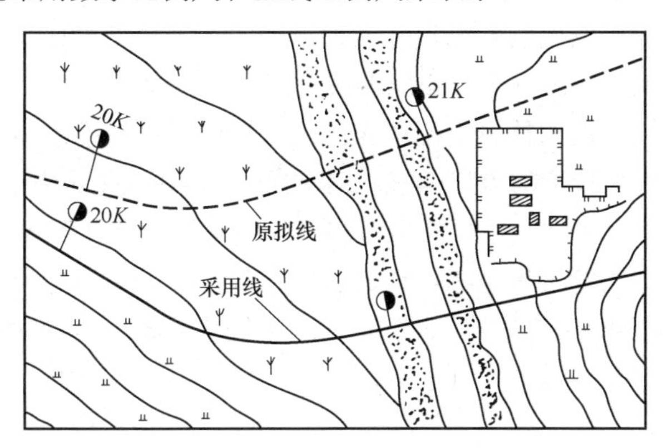

图 1-1　地形图示例

(1)　数字比例尺。

数字比例尺用分子为 1 的形式表示，其分母表示直线距离在平面图上缩小的倍数。工程上常用的大小比例尺有 1/500、1/1000、1/2000、1/5000、1/10 000。比例尺的大小是以比例尺的值来衡量的，分母越大，比例尺越小，分母越小，比例尺越大。不同设计阶段，采用的比例尺是不同的，数字比例尺在工程设计中应用广泛。

(2)　直线比例尺。

在地形图上绘制与该图比例尺相一致的直线比例尺，它与图纸的伸缩一致。有了直线比例尺，图上的距离就可以根据它量取，如图 1-2 所示。

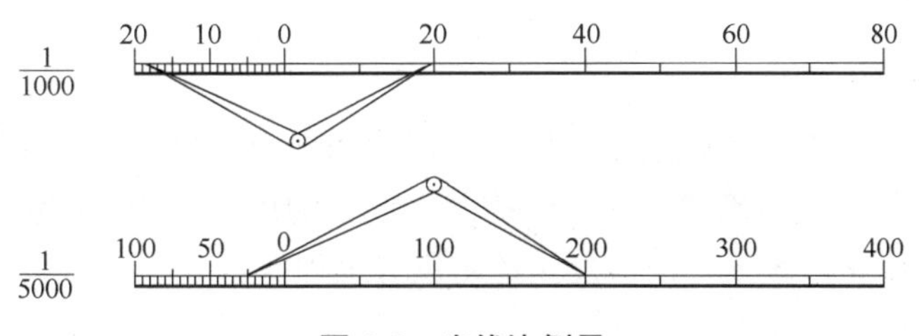

图 1-2　直线比例尺

(3)　比例尺的精度。

人的眼睛在地形图上的分辨能力为 0.1mm，因此，地形图上 0.1mm 所表示的实际直线长度称为比例尺的精度。如 1/500 比例尺的精度为 0.05m，1/2000 比例尺的精度为 0.2m，1/5000 比例尺的精度为 0.5m。比例尺越大，比例尺精度越高，图上表示的地物地貌就越详细。

4. 地形图图式

地面上各种地物和地貌在地形图上是采用一定的符号表示的，称为地形图图式。国家根据测图比例的不同，分别规定了统一的地形图图式，参见 GB/T 20257.1—2007《地形图图式》。

(1)　地物符号。

地物是指地表上自然形成或人工建造的各种固定性物体，如房屋、道路、河流、森林、湖泊等。在地形图上表示地物的符号有比例符号、非比例符号和地类符号。

① 比例符号。如果场地的轮廓尺寸按地形图的比例尺缩绘在图上后，仍能保持与实地上的形状相似，这就是比例符号，如地形图上的房屋、湖泊、池塘、运动场等。

② 非比例符号。非比例符号指不能按照地形图的比例尺缩绘而表示的地物符号，如小路、纪念碑、水塔、测量控制点(三角点、水准点、导线点)等。由于这些地物轮廓较小，无法按比例图表示其形状和大小，只能用一种规定的象形符号表示其中心位置。

③ 地类符号。地类符号指地面的植被状况，如水田、旱地、果园、菜园等，除测绘出它们的边界外，还需用相应的符号来表示。这类符号只表示地物性质，不表示其位置与大小。

(2) 地形图注记。

除地物符号外，地形图上还用文字、数字对地物或地貌加以说明，称为地形图注记，包括名称注记(如道路、河流、村镇、工厂等)、说明注记(如植被种类、河流流向、路面材料等)和数字注记(如高程、房屋层数)。

5. 地貌及其表示法

(1) 地貌的概念。地貌是指地表面高低起伏的状态，一般可分为以下几种类型。

① 平原。大多数坡度在 20° 以下。

② 丘陵。地面坡度在 20° ～60° 之间。

③ 山地。地面坡度在 60° ～250° 之间。

(2) 地貌的表示方法——等高线(见本书第 6 章 6.3.5 小节的内容)。

6. 地形图的应用

场地设计人员应能熟练地阅读地形图，并能应用地形图解决总平面设计中的选址，场地利用，建、构筑物位置的确定，交通线路及管线、沟渠的选线，场地平整及土方工程量的计算，场地边坡防护，场地排雨水及场地防洪等工程问题。

7. 地面点位的表示方法

(1) 地面点的坐标。

① 地理坐标。地理坐标是以经度和纬度表示的球面坐标，如图 1-3 所示。

② 平面直角坐标。平面直角坐标是用平面直角坐标来表示地面点的位置，它是以南北方向线为纵坐标轴、东西方向线为横坐标轴组成的平面直角坐标系，两轴的交点为坐标原点，如图 1-4 中 A 点所示。

(2) 地面点的高程。

地面点的高程是指该点到水准面的铅垂距离。地面点到大地水准面的铅垂距离称为绝对高程，又称海拔，如图 1-5 中的 H_A、H_B。

我国规定采用由青岛验潮站所确定的黄海平均海水平面作为全国计算高程的基准面。

在局部地区，也可任选一个水准面作为高程的起算面，面点到任意水准面的铅垂距离称为假定高程或相对高程，如图 1-5 中的 H_A'、H_B'。

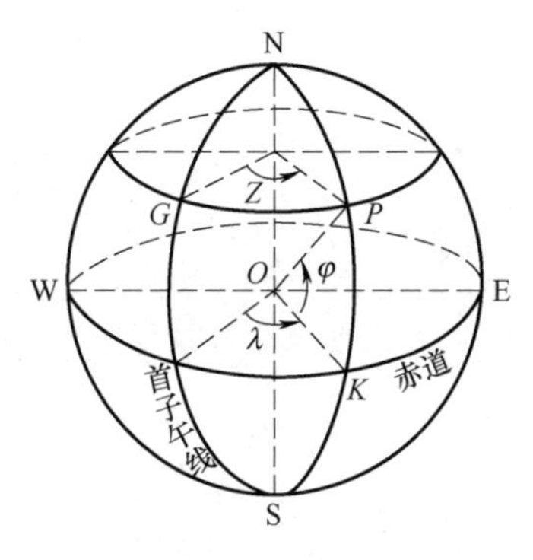

图 1-3　地理坐标

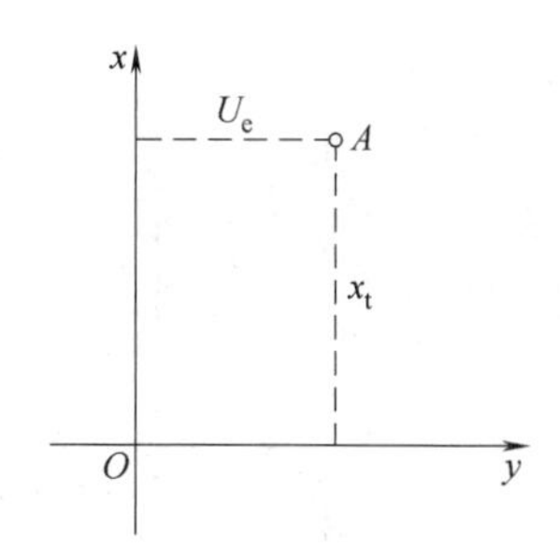

图 1-4　平面直角坐标

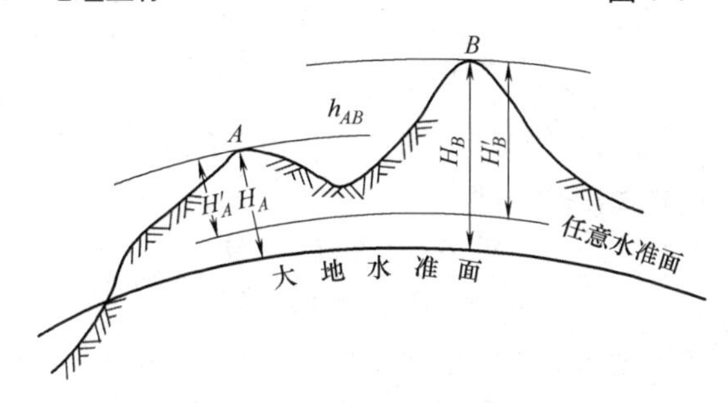

图 1-5　地面点的高程

高程系统换算见表 1-1。

表 1-1　高程系统换算　　单位：m

被转换者 \ 转换者	56 黄海高程基准	85 高程基准	吴淞高程基准	珠江高程基准
56 黄海高程基准	—	+0.029	-1.688	+0.586
85 高程基准	-0.029	—	1.717	+0.557
吴淞高程基准	+1.688	+1.717	—	+2.274
珠江高程基准	-0.586	-0.557	-2.274	—

注：高程基准之间的差值为各地区精密水准点之间差值的平均值。

1.4.2　气候条件

在进行场地总平面布置时，除考虑场地的地形、面积、工程地质和水文地质等因素外，还必须考虑气候条件的影响，以避免或减少邻近场地上散发的有害物质对场地的污染。影响场地总平面设计的气象要素主要包括风象、日照、气温和降水等。

1．风象和风玫瑰图

风象是地面大气水平移动特征的综合反映，包括风向、风速和风级。

1)　风向

(1)　风向方位。风向是指风吹来的方向，一般用 8 个或 16 个方位来表示，每相邻方位间的角度差为 45° 或者 22.5° ，通常用拉丁缩写字母表示，如图 1-6 所示。当风速小于 0.3m/s

时，则视为静风，用拉丁缩写字母 C 表示。

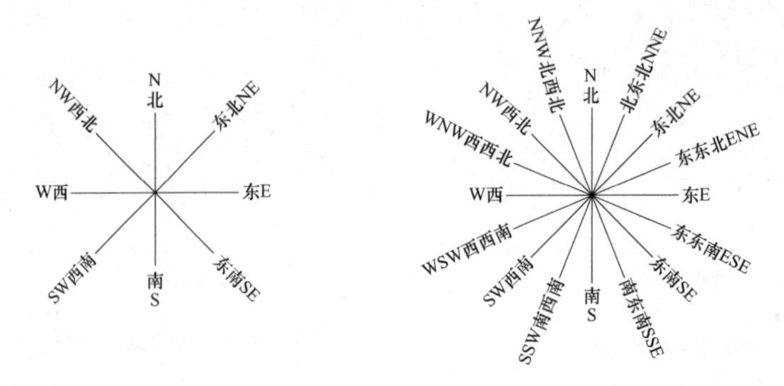

图 1-6　风向方位图

(2) 风向频率。表示风向最基本特征的指标是风向频率，风向频率是指在一定时间内，不同风向出现的次数同观测总次数之比。

$$风向频率=\frac{该方向出现的次数}{风向的总观测次数}\times 100\% \quad (1\text{-}1)$$

(3) 风向玫瑰图。在规划布局中，一般采用 8 个方位来表示风向和风频。在风向方位图中，按照一定的比例关系，在各方位线上自原点向外分别量取一定的线段，表示该方向上风向频率的大小，再用直线连接各方位线的端点，形成闭合的折线图形，将静风频率绘在风向方位图的中心，即为风向玫瑰图，如图 1-7 所示。

方位 项目	N	NE	E	SE	S	SW	W	NW
风向频率/(m/s)	19	11	4	6	15	9	3	10

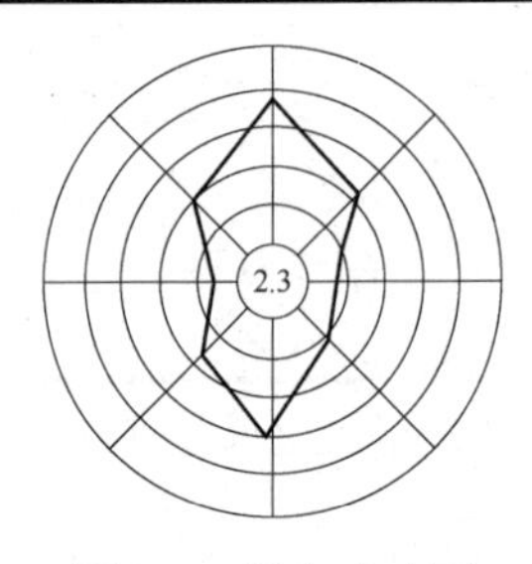

图 1-7　风向玫瑰图

2) 风速及风级

(1) 风速。风速是指空气流动的速度，用 m/s 来表示风速的大小。风速越快，风力越大。

(2) 风级。风级即风力的强度。风力按其大小可分成若干个等级，以表示其强度，如微风、强风、大风、暴风等，共分 12 级。

(3) 风速玫瑰图。风速玫瑰图的绘制方法和风向玫瑰图的相同，根据某一个时期同一个方向所测的各次风的风速，求出各风向的累计平均风速，并按一定的比例绘制成平均风速玫瑰图，如图 1-8 所示。

方位 项目	N	NE	E	SE	S	SW	W	NW
平均风速/(m/s)	2.9	2.1	1.9	2.1	2.5	2.2	1.9	3.5

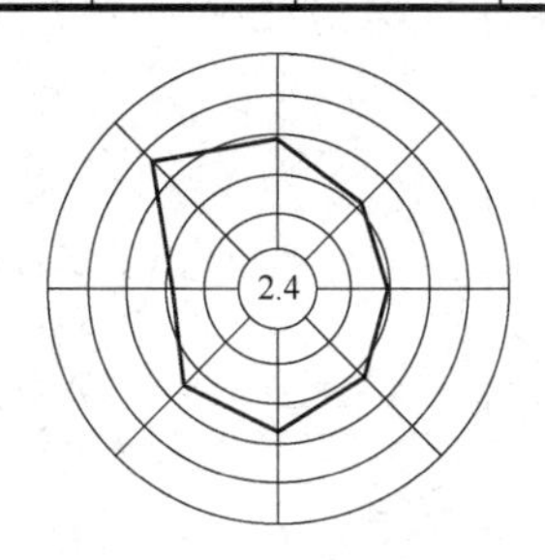

图 1-8　风速玫瑰图

3)　污染系数玫瑰图

污染系数，指某一方向的风向频率和风速对于下风向场地或地区的污染影响程度。某一方向的风向频率越大，其下风向受污染的影响程度越大，即污染程度和风频成正比；某一方向的风速越大，则扩散面大，稀释能力就越强，污染程度与风速成反比。污染程度的大小常用污染系数来表示：

$$污染系数=\frac{风向频率}{平均风速} \tag{1-2}$$

式中，平均风速是指根据某一时期同一个方向所测的各次风速之和与所测次数相除的值。污染系数玫瑰图如图 1-9 所示。

方位 项目	N	NE	E	SE	S	SW	W	NW
风向频率/%	1.9	11	4	6	15	9	3	10
平均风速/(m/s)	2.9	2.1	1.9	2.1	2.5	2.2	1.9	3.5
污染系数	6.8	5.2	2.1	2.9	6.0	4.1	1.6	2.9

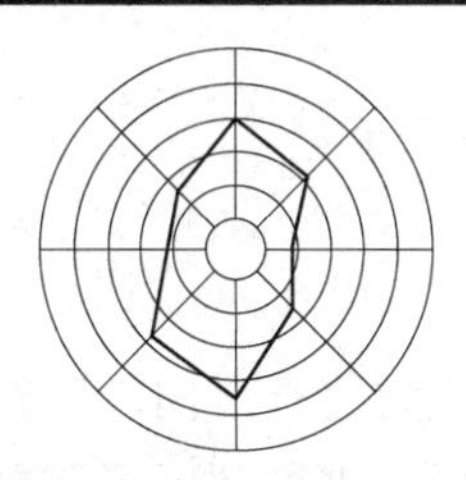

图 1-9　污染系数玫瑰图

4)　盛行风向及其规划布局的典型图式

将某地风向频率最高的风向称为盛行风向。在一个地区有时会出现两个或两个以上方向不同，但风频均较大的方向，它们都可视为盛行风向。以往在规划布局中采用的主导风向是指该地区只有一个盛行风向，如欧洲国家把西风作为主导风向；而我国地处欧亚大陆东部，地形复杂，冬季受西伯利亚、蒙古高压的影响，全国大部分地区盛行偏北向的风；夏季受太平洋高压的影响，盛行偏南向的风，这种季风的特点，使我国许多城市和地区具有两个风频相当、风向大体相反的盛行风向，如南方的上海、广州，北方的北京、沈阳，如图 1-10 所示。尽管这几个城市的纬度相差很大，但每个城市都具有偏北和偏南的两个盛行风向，若采用主导风向，不论将居住区放在哪一个主导风向的上风侧，都将受到不同程度的污染。

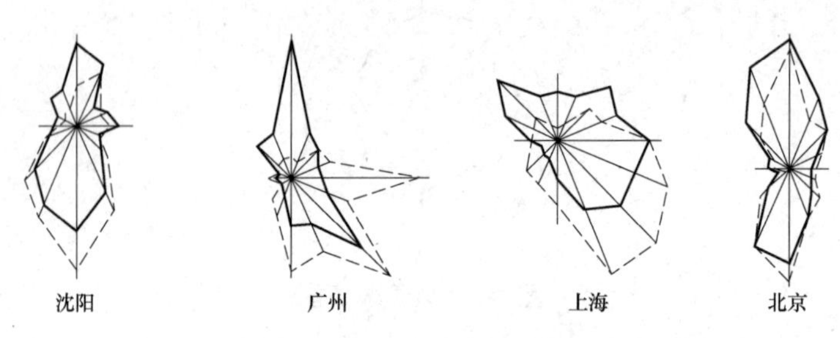

图 1-10 几个城市的风向玫瑰图

由于季风的影响，风向随季节变化而改变，风向的这种过渡称为风向旋转。如果旋转的主要风向是偏东风，则称为右旋；旋转的主要风向为偏西风，则称为左旋，盛行风向若无逐步过渡，则为直接交替。

为了确定居住区和工业区的最佳位置，应对场址所在地区或城市的气候条件进行分析，以便确定合理的布局方案。

考虑盛行风向、风向旋转、最小风频等气候因素的影响，可以做出规划布局的典型图式，依此来确定居住区、工业厂区的最佳相对位置。

(1) 全年只有一个盛行风向，如图 1-11 所示，则建筑功能区应沿盛行风向做纵列式布置，居住区用地位于上风向，厂区用地位于下风向；也可考虑在最小风频条件下做横列式布置，如图 1-12 所示。

图 1-11 纵列式布置　　**图 1-12 横列式布置**

(2) 全年具有两个基本方向相反的盛行风向，则建筑功能区应顺应风向轴做横列式布置；如果盛行风向具有季节旋转性质，则居住区应布置在风向旋转一侧，厂区布置在居住区用地对面，如图 1-13 所示；如果盛行风向具有交替性质，则居住区布置在最小风频的下风侧，厂区布置在其上风侧，如图 1-14 所示。

(3) 全年两个盛行风向呈 90° 夹角，则功能区应与两个盛行风向呈斜交布置，居住区位于夹角内侧，厂区位于夹角外侧，如图 1-15 所示。

(4) 全年两个盛行风向呈 45° 夹角，其布置图式如图 1-16 所示；当两盛行风向夹角 135° 时，其布置图式如图 1-17、图 1-18 所示。

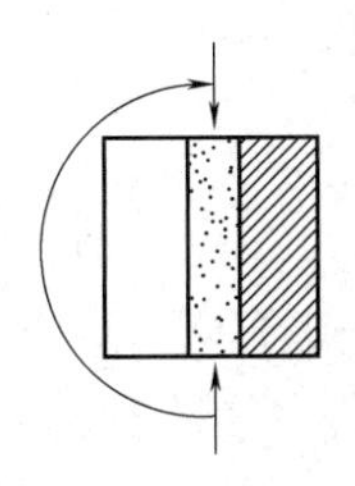

图 1-13　旋转性质风向功能区布置

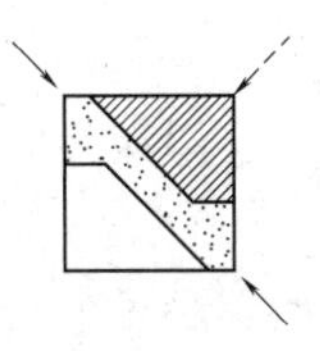

图 1-14　交替性质风向功能区布置

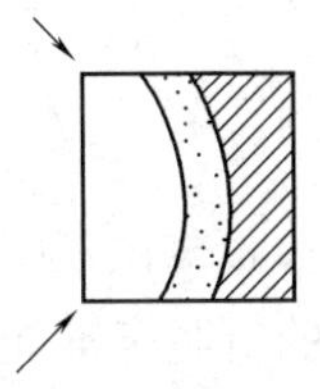

图 1-15　90° 夹角盛行风向功能区布置

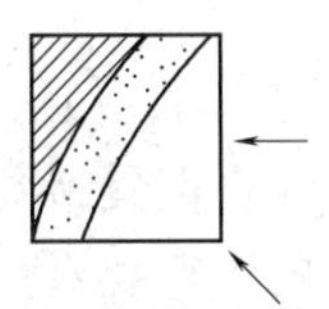

图 1-16　45° 夹角盛行风向功能区布置

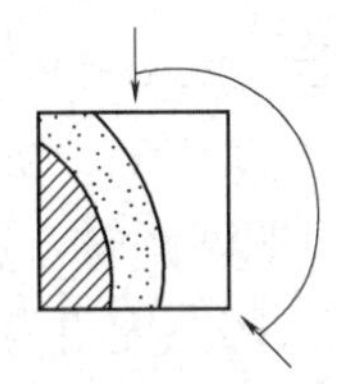

图 1-17　135° 夹角盛行风向功能区布置一

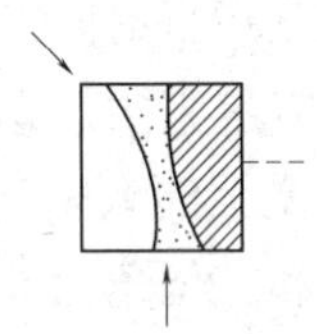

图 1-18　135° 夹角盛行风向功能区布置二

(5) 全年静风率超过 30%，则规划布局参照下列原则：厂区占地宜集中，以减少污染的周边地带；居住区用地同污染源保持不小于规定的防护距离；考虑到除静风外的相对最大风频，应使居住区集中布置在其上风侧，如图 1-19 所示；考虑到最小风频，应使厂区集中布置在其上风侧，如图 1-20 所示。

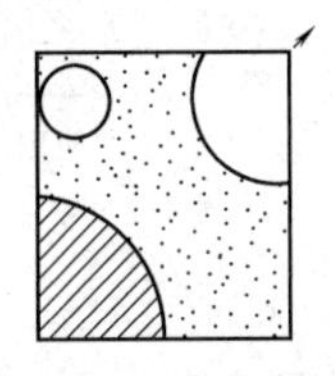

图 1-19　最大风频时功能区布置

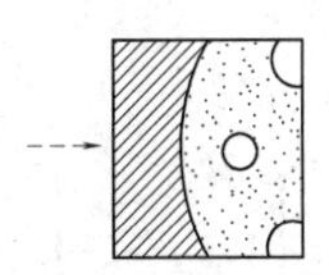

图 1-20　最小风频时功能区布置

5) 风向对规划布局的影响

风向对城镇、工业区、厂区、居住区布局都有直接影响。就厂区而言，车间与车间、车间与设施之间也受到风向的影响，正确处理它们之间的相对位置，可以减少烟尘的污染。

上海某石化总厂是 20 世纪 70 年代新建的大型石油化工企业，该企业的总体规划在处理厂区和居住区的相对位置时，考虑了盛行风向的影响，将居住区设在盛行风向的一侧，在居住区与厂区之间设立了卫生防护带，并将有污染的设施布局在厂区西端，将机修、仓库等设施布置在厂区东端靠近居住区，减少了对居住区的污染，如图 1-21 所示。

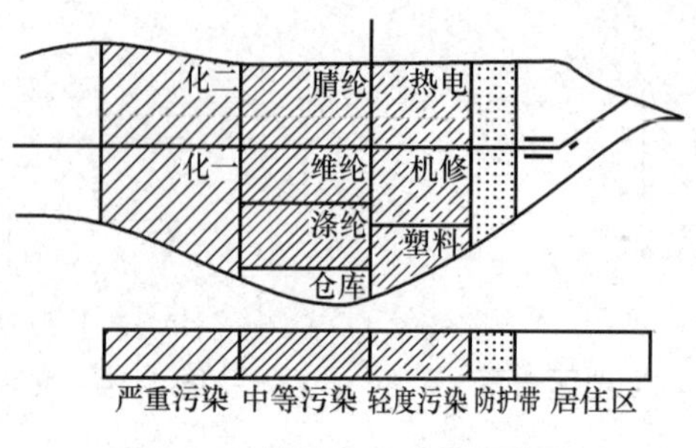

图 1-21　某石化厂功能区位图

2. 日照

日照是表示能直接受到太阳照射时间的量。日照强度与日照率在不同纬度和地区存在差别，了解太阳的运行规律和辐射强度，是确定场地内建筑的日照标准间距、遮阳设施及各项工程热工设计的重要依据。

1)　太阳高度角和方位角

太阳高度角是指直射阳光与水平面的夹角，如图 1-22 所示；太阳方位角是指直射阳光水平投影和正南方位夹角，如图 1-23 所示。太阳方位角正午为 0，午前为负值，冬至的太阳高度角最小，夏至的太阳高度角最大，因此在确定建筑物日照间距时，以冬至日或大寒日的太阳高度角和方位角为准。以西安地区为例，冬至日中午太阳高度角为32°18′，建筑地面至檐口高为 11.20m(4 层建筑)，地面至窗台高为 0.9m，求太阳照到窗台时的日照间距 D。

$$D=\frac{H-H_1}{\tan h}=\frac{11.2-0.9}{\tan 32^\circ 18'}=16.30\text{m}$$

$$D:H=16.3:11.2=1.45\text{，即 } D=1.45H$$

式中：H ——前幢建筑遮挡阳光的檐口至地面的高度；

H_1 ——后幢建筑地面至窗台的高度；

h ——太阳高度角。

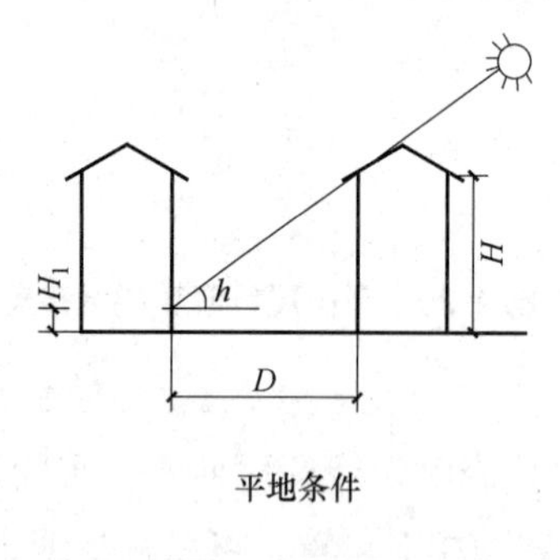

图 1-22　太阳高度角

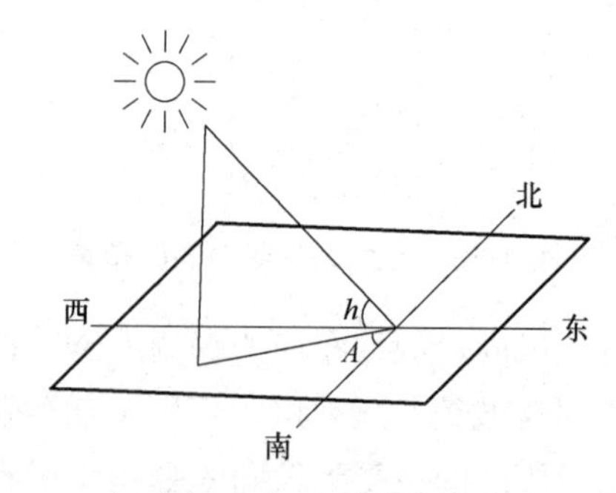

图 1-23　太阳方位角

2)　日照标准

日照标准是建筑的最低日照要求，与建筑物性质和使用功能有关。我国把冬至或大寒日作为日照标准日，就是为了保证建筑物日照质量和日照时间。如我国规定的居住建筑的日照标准与建筑气候区域划分和城市规模有关，住宅建筑日照标准见表 1-2。

表 1-2　住宅建筑日照标准

<table>
<tr><td rowspan="2">建筑气候区</td><td colspan="2">Ⅰ、Ⅱ、Ⅲ、Ⅳ气候区</td><td colspan="2">Ⅳ气候区</td><td rowspan="2">Ⅴ、Ⅵ气候区</td></tr>
<tr><td>大城市</td><td>中小城市</td><td>大城市</td><td>中小城市</td></tr>
<tr><td>日照标准日</td><td colspan="3">大寒日</td><td colspan="2">冬至日</td></tr>
<tr><td>日照时数/h</td><td>≥2</td><td colspan="2">≥3</td><td colspan="2">≥1</td></tr>
<tr><td>有效日照时间带/h</td><td colspan="3">8～16</td><td colspan="2">9～15</td></tr>
<tr><td>日照时间计算起点</td><td colspan="5">底屋窗台面</td></tr>
</table>

3)　日照间距

在我国的有关规范中，已对日照间距系数做了规定，见 2.3 节表 2-15。

3．气温

气温是表示大气冷热程度的量，通常是指离地面 1.25～2.0m 高处百叶窗内测得的空气温度，单位是摄氏度(℃)。衡量气温的主要指标有常年绝对最高和最低气温、历年最热月和最冷月的平均气温等。在建筑场地总平面的设计中，最冷日的冻土深度与管线埋设深度、场地平整、道路路基、建筑保温等有关，最热月高温建筑要采取防晒和降温措施。

4．降水

降水是指下雨、下雪、下冰雹等。反映降水的主要指标有：平均年总降水量；最大降水量；暴雨强度及最大历时等。

了解场地所在地日降水量，对于场地防洪和场地排雨水规划设计、道路和铁路路基排水和边坡防护等都至关重要。

1.4.3　工程地质和水文地质条件

1. 工程地质

1)　地形地貌

根据场地地形地貌特征确定场地地貌成因类型，划分其地貌单元。

2)　地质构造

调查场地的地质构造及其形成的地质时代，确定场地所在的地质构造部位有无不良地质现象，了解场地土壤性质、地基承载力大小及其对建、构筑物布置的影响等。评价场地工程地质对建、构筑物布置有利和不利的条件，进而对场地的适宜性和稳定性做出工程地质评价，提出工程地质条件较好的场址推荐方案。

3)　地层

查明场地的地层形成规律，确定地基土的性质、成因类型、形成的年代、厚度、变化和分布范围。对于特殊地基土，如软土、膨胀土、湿陷性黄土、永冻土等应查明其工程地质特征，了解其对场地总平面布置的特殊要求。

4) 测定地基土的物理力学性质指标

土的指标包括天然密度、含水量、液塑限、压缩系数、压缩模量及抗剪强度等，这些指标直接影响地基承载力的高低。

5) 查明场地有无不良工程地质现象

不良工程地质现象有以下几种。

(1) 冲沟。冲沟是土地表面较松软的岩层被地面水冲刷而形成的凹沟。稳定的冲沟对建设用地影响不太大，只要采取一些措施就可作为建筑或绿化用地。发展的冲沟会继续分割建设用地，引起水土流失，损坏建筑物和道路等工程，必须采取措施防止其继续发展。防治的措施应包括生物措施和工程措施两个方面：前者指植树、植草皮、封山育林等工作；后者为在斜坡上做鱼鳞坑、梯田，开辟排水渠道或填土以及修筑沟底工程等。

(2) 崩塌。山坡、陡岩上的岩石受风化、地震、地质构造变动或施工等影响，在自重作用下，突然从悬崖、陡坡跌落下来的现象，称为崩塌。已崩塌的现象较易识别，尚未跌落而将要跌落的岩石(称为危岩)，常不易判定，要认真进行勘察。

崩塌对建筑工程的危害很大，在崩塌发生的范围内，建筑物常被破坏，特别是大型崩塌(山崩)还会使道路破坏、河流堵塞。对于大型山崩，在选择建设用地时，应该避开它；对于可能出现的小型崩塌地带，应采取防治措施。

(3) 滑坡。滑坡多发生在山地的山坡，在水或振动的作用下，土壤或岩体因坡度过大，或土壤颗粒含水饱和，内聚力减少，而失去平衡而沿着一定的滑动面向下滑动的现象称为滑坡，如图 1-24 所示。土坡由于岩层或土体在自重、丘陵地区的斜坡以及岸边、路堤或基坑等地带，其滑动面积小者有几十平方米，大者可达几平方千米，对工程建设的危害很大，轻则影响施工，重则破坏建筑物，危及人身安全。所以，在山区或斜坡地带布置建筑物，都应十分注意小滑坡的发生和防治，对于大滑坡则应回避。

(4) 断层。断层是岩层受力超过岩石体本身强度时，破坏了岩层的连续整体性而发生的断裂和显著位移现象。图 1-25 表示了断层的几何特征，图中所示的断层面是断层的移动面，它通常是不规则的；上盘和下盘是断层面将岩石所分断的两断块；断层带是介于断层两壁间的破碎地带，断距是上、下盘相对位移的距离。

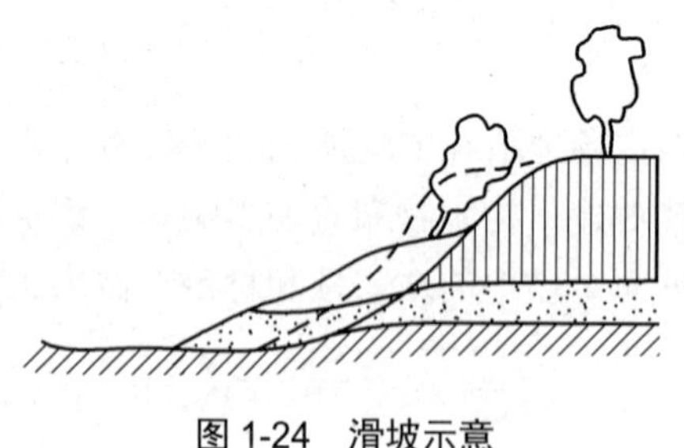

图 1-24　滑坡示意

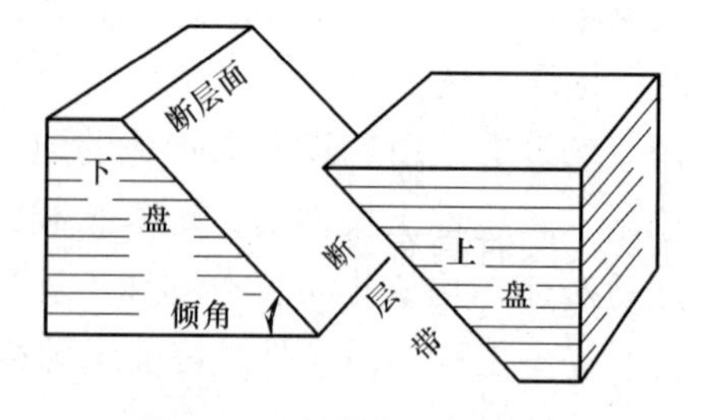

图 1-25　断层的几何要素

断层会造成许多不良的地质现象，如使岩石破碎，而断层破碎带为地下水的通道，会加速岩石风化；断层上下盘岩性不同，断层的活动可能使二盘岩石崩塌，产生不均匀沉降；尤其是地震强裂区，断层可能受地震的影响而发生移动，造成断层带上各种建筑物的毁坏。

因此，在选择场地时必须避免把场地选择在地区性的大断层和大的新生断层地带；如为大断层伴生的小断层且断距较小时，也要慎重对待，并经地质专业人员研究后，方可决定场地的取舍。

(5) 岩溶。岩溶(又叫喀斯特)是石灰岩等可溶性岩层被地下水侵蚀成溶洞，产生顶塌陷和地面漏斗状陷穴等一系列现象的总称。

我国石灰岩地层形成的岩溶地区分布很广，在岩溶地区选择用地和进行场地设计时，首先要尽量了解岩溶的发育情况和分布范围，并做好地质勘查工作。建、构筑物应避免布置在溶洞、暗河等的顶板位置上。在岩溶附近地段布置建筑物时，也要采取有效的防治措施，以防岩溶继续发展。

(6) 地震。地震是经常发生的一种灾害性大的自然现象，对建筑物和人民生命财产危害极大。由于强烈地震的严重破坏性，在地震区选择建筑场地和进行场地总平面布置时，都要贯彻以预防为主的方针，考虑地震问题。

(7) 湿陷性黄土。湿陷性黄土是湿陷性土的一部分。湿陷性土是指那些非饱和结构的不稳定土，在一定压力作用下被水浸湿时，其结构迅速破坏，并发生显著的附加下沉。凡在其上覆土的自重应力作用下受水浸湿而发生湿陷的，称为自重湿陷性土；凡在其上覆土的自重应力作用下受水浸湿而不发生湿陷的，称为非自重湿性陷土。它们必须在土的自重应力和由外荷载引起的附加应力共同作用下受水浸湿才会发生湿陷。

湿陷性土作为建筑基地、建筑材料或地下结构的周围介质，一旦浸水，均会产生湿陷，影响建筑物的稳定性，因此在进行场地设计时应采取相应的措施，以保障场地正常使用及安全。

湿陷性黄土分为自重湿陷性黄土和非自重湿陷性黄土，在湿陷性黄土地区选址，应符合下列要求。

① 具有排水畅通或有利于组织场地排水的地形条件；

② 避开受洪水威胁的地段；

③ 避开不良地质现象发育或地坑面集中的地段；

④ 避开新建水库等可能引起地下水位上升的地段；

⑤ 场址不应位于Ⅲ级自重湿陷性黄土地区、厚度大的新近堆积黄土地区、高压缩性的饱和地段。

⑥ 避开由于建设可能引起工程地质条件恶化的地段。

(8) 膨胀土。膨胀土是一种非饱和、结构不稳定的黏性土，其黏粒主要由亲水性矿物成分组成，同时具有显著的吸水膨胀和失水收缩两种变形特性。在天然状态下，膨胀土作为建筑物地基时，由于其土层的不同厚度、含水量的变化、土的不均匀性以及建筑物的用途、荷载等原因，往往会造成不均匀的胀缩变形，导致轻型房屋、低级路面、边坡、地下建筑等的开裂和破坏，且不易修复，危害极大。因此，建筑场址不应位于Ⅰ级膨胀土地区。如场地位于膨胀土地区，必须根据膨胀土的特性和工程要求，综合考虑气候特点、地形地貌条件、土中水分变化等因素，因地制宜，采取治理措施，以保证场地建、构筑物的安全和正常使用。在确定建筑场址时，应符合下列要求。

① 具有排水畅通或易于进行排水处理的地形条件；

② 避开地裂、冲沟发育和可能发生浅层滑坡等地段；

③ 选择场址的坡度小于 14° 并有可能采用分级低挡土墙治理地段；

④ 选择场地地形条件比较简单、土质比较均匀、膨胀性较弱的地质；

⑤ 尽量避开地下溶沟、溶槽发育、地下水位变化剧烈的地段。

(9) 人工采空区。地下矿藏经开发后，形成人工采空区，采空的地层结构受到破坏而引起的崩落、弯曲、下沉等现象称为采空区陷落。由于矿层埋藏深度、地质构造和开采情况不同，对地面的影响程度也不相同，因此，在这样的地段布置建筑物时，应采取防治措施。

6) 建筑物对地基承载力的要求

地基承载力是在保证地基强度和稳定的条件下，建、构筑物不产生过大的沉降和不均匀沉降的地基承受荷载的能力。受土的物理力学性质、地基土的堆积年代及其成因、建筑物的性质、建筑物基础、地下水位的高低等因素的影响，不同场地地基的承载力是不同的。在一般情况下，轻型建筑要求自然地基承载力不小于 0.1MPa(如 3 层以下的建筑、轻型厂房等)，4 层、5 层建筑或较重的厂房，地基承载力应不小于 0.12～0.15MPa，大型建筑、重型厂房自然地基承载力应大于 0.15MPa。当自然地基为软弱土层(如饱和松沙、淤泥和淤泥质土、冲填土、松软的人工填土)时，其地基承载力一般只有 0.08MPa，显然不能满足场址要求；如必须在此进行建设项目，应根据建、构筑物的荷载要求，采取相应的工程治理措施。

2. 水文及水文地质

1) 水文条件

水文条件是指江、河、湖、海及水源等地表水的水体情况。这些水体可用来选作水源，或者用来水路运输、改善气候、排水防洪、稀释自净污水及美化环境等。但有些水文条件，如洪水、流速、流量、水流会给河岸的冲刷和河床泥沙的淤积等带来不利的影响。因此，有必要对场地地区的水文条件进行调查分析，正确地确定场地的位置、建筑高程、排水，以保证场地的安全和稳定。

2) 水文地质条件

水文地质条件是指地下水的存在形式、含水层厚度、矿化度、硬度、水温及其动态等条件。水质的好坏影响场地的建筑基础和场地对水的利用。

地下水位的高低影响场地建筑高程、建筑物基础以及道路、铁路路基和地下建筑，因此场址不宜位于地下水位过高地区，最好选择在地下水位低于地下室或地下构筑物深度的地区。

3. 地震

1) 震级

地震是一种危害性极大的自然现象，用以衡量地震发生时震源地释放出能量大小的标准称为震级，震级越高，强度越大。

2) 地震烈度

地震烈度是指地震地区地面建筑与设施遭受地震影响和破坏的强烈程度。地震烈度共分 12 级，1～5 度时对建筑基本无损坏；6 度时建筑有损坏；7～9 度时建筑物大部分被损坏

和破坏；10 度及以上时建筑普遍损坏。

地震烈度又可分为地震基本烈度和地震设防烈度。地震基本烈度是指一个地区今后一定时期内，在一般场地条件下可能遭受的最大烈度；地震设防烈度是在地震基本烈度的基础上，考虑到建筑物的重要性，将地震基本烈度加以调整，作为一个地区的抗震设防依据所采用的地震烈度。一般情况下，取 50 年内超越概率 10%的抗震设防烈度。

3)　从防震方面分类建设用地

从防震观点看，建设用地可分为以下 3 类。

(1)　对建筑抗震有利的地段。一般是稳定岩石或坚实均匀土以及开阔、平坦地形或平缓坡地等地段。

(2)　对建筑抗震不利的地段。一般是软弱土层(如饱和松沙、淤泥和淤泥质土、冲填土、松软的人工填土)和复杂地形(如条状突出的山脊、高耸孤立的山丘、非岩质的陡坡、河岸和边坡边缘状态明显不均匀的土层)等地段。

(3)　对建筑抗震危险的地段。一般是活动断层带以及地震时可能发生滑坡、山崩、地陷、地裂、泥石流及地震断裂带地表错位的地带等地段。

在地震区选择建筑场地时，应尽量选择对抗震有利的地段，避开不利地段，不宜在危险地段选址。

4. 场址不应选在以下地区

(1)　活动断层和地震烈度 9 度以上地震区。断层是地质构造上的薄弱环节，多数的浅源大地震都与断层活动有关，有一些活动断层在地震影响下还可能造成新的错动，使建筑物遭受破坏。故在选择建筑场址时，应避开区域性主要构造新的、大的断层和大的新生断层地带，以及地震烈度 9 度以上地震区。

(2)　不良地质现象发育的地段。如具有滑坡、泥石流、危岩坠落等不良地质现象，这些状况不但不易整治，而且整治费用很大，有时虽然暂时处于稳定状态，一旦内外因素稍有变化，就会破坏临界状态，造成危害。

(3)　地下有可开采的有价值矿藏、采空塌陷区或人工洞穴密集地段，均不宜作为厂址。由于目前对采空区地面变形的规律尚未完全掌握，建设经验也不丰富，因此建设场地一般应避免压矿和位于采空区地面变形范围之内。如某场地勘测时发现小煤窑坑道采空区后，只得将场址南移 92m 避开采空区，以利安全。特殊情况下非压矿不可时，需进行深入的技术经济比较，采取安全措施，并取得采矿主管部门的同意。

(4)　对场地有直接危害或潜在威胁的不利地段。如地震时可能出现地裂、错动等加剧震害的危险地段。

(5)　岩溶、土洞发育的地面有可能塌陷，并且可溶岩表面起伏变化悬殊的地段。

5. 场址的工程地质评价

选址阶段工程地质勘测的任务主要是研究和解决厂址的稳定性和场地的适宜性问题。一般在规划选厂阶段就需对场址稳定性做出基本评价，其次是对场址主要工程地质条件进行概略的了解。工程选址勘测的任务则是在规划选厂的基础上进一步对场址稳定性和适宜性做出准确评价，并提出场地稳定和工程地质条件较好的场址推荐方案。

在选择场址时，可根据主要工程地质条件的差异对场址进行评价，一般按下列两类划分。

1) 工程地质条件较好的厂址

(1) 场址稳定，无不良地质现象；

(2) 地基土的性质正常、均匀，可采用天然地基；

(3) 地下水最高水位低于基础埋设深度；

(4) 场地平整，土石方量较小。

2) 工程地质条件稍差的厂址

(1) 场址稳定，局部有易于整治的不良地质地段；

(2) 地基土的性质特殊，地基需进行专门处理，或上部结构需要采取加强措施；

(3) 地下水位较浅，或水质对基础有侵蚀性；

(4) 地形起伏较大，土石方工程量较大。

1.4.4 场地的建设条件

场地建设条件主要是指各种对场地建设与使用可能造成影响的人为因素或设施，包括场地的区域环境条件、场地周围的空间环境、场地内的现状条件、交通条件、基础设施条件以及场地地区的社会经济条件等。对这些条件进行调查分析，弄清场地内外的地物现状及其相互关系，充分、合理地加以利用，对加快建设速度、节省建设投资、搞好环境保护等大有好处。

1. 区域环境条件

区域环境条件包括建设项目的区域位置、用地条件、区域交通条件与交通流向、区域的基础设施与环境状况等。

1) 区域位置

场地的区域位置是指场地在区域中的地理位置，表明场地在区域用地布局结构中的地位及其与周围相关设施的空间关系，与区域中城镇布局、产业结构、产业分布、资源分布和开发的经济、社会联系及相互影响。

区域的交通运输条件是建筑场地选址的重要因素，特别是物流量大的建设项目，交通因素往往对场地选址起决定性作用，如火力发电厂、钢铁厂、选煤厂、大型石油化工厂、水泥厂等。因此，应了解待选场地区域内交通运输结构，道路、港口、机场的分布和能力及其与场地内的交通线路衔接的可能性方案；只有这样，才能满足场地对交通运输的要求。

2) 环境状况

建筑场地区域环境状况主要指绿化，环境保护状态，大气、土壤、水体污染和噪声污染给自然环境和生态平衡造成的破坏，这些不仅影响居民的生活健康，而且有的还腐蚀建筑物，危害周围农作物等，甚至污染河流、湖泊，因此必须做出相应的治理措施。

2. 场地与周围环境

了解场地周围土地使用状况及其与场地的联系，周围邻近建筑的空间对场地建筑在日照、通风、消防、景观、安全等方面的影响，相邻场地布局方式、形态特征等，以便使场地总平面布置同周围环境协调统一。

了解场地周围的交通条件，如各种交通运输方式的分布、等级、能力，人流，车流及流向，以便选择运输方式，确定场地出入口的位置、铁路接轨地点、场地道路同场地外部道路衔接地点，根据场地外部道路的走向，确定场地的方位、主要建筑物的朝向等。当场地距路网干道较远时，还需确定场外交通线路的路径。了解场地周围的交通条件对搞好场地内外的交通联系及场地功能分区、场地出入口数量及位置确定至关重要。

3. 场地内部建设现状条件

场地内部建设现状条件包括场地内的建、构筑物情况，基础设施条件，绿地与植被现状，社会经济状况等。

1)　建、构筑物状况

了解场地内已有的建、构筑物分布、数量、面积、层数、结构形式、建造时间及使用情况，并对其做出建筑经济评价，以便确定哪些保留、哪些改造利用或全部拆除。

2)　基础设施条件

场地内的基础设施是指场地内现有的道路、广场、铁路、桥梁以及动力设施，如给水、排水、供热、燃气、电力、电信等管线工程，水泵站、变电站、调压站、热交换站等设施。这些动力设施和交通设施一般建设周期长、投资大，应尽可能改造利用；若场地内有高压线，一般不宜保留。

3)　场地绿化与植被现状

场地现有的绿化和植被是场地环境的重要组成部分，应在场地设计中合理地加以利用，特别是场地内现有古树、珍贵树木更应保留或移植。

4)　场地社会经济条件

了解场地内人口分布密度、拆迁数，做好拆迁安置和拆迁补偿工作，减少或避免由于拆迁对场地的制约和影响。

4. 场地周围基础设施条件

场地周围基础设施主要指交通设施及动力管线，连同场地平整统称为九通一平，即道路、供电、给水、排水、电信、广播、供热、供燃气、有线电视线等。道路及这些管线的位置、高程、走向、连接点对场地建、构筑物布置，交通流线组织，动力设施分布，场地出入口位置选择都有较大影响。因此，在进行场地总平面设计之前，应对场地周围的基础设施进行调查和了解。其内容如下。

1)　了解场地周围的交通状况

了解铁路、道路的性质、等级、能力、高度、断面、形式等，以便选择道路衔接点、铁路接轨点，使得场地内交通运输同场地外部的交通运输相协调。

2) 了解场地外部供水排水状况

了解场地外部的供水管网布置，给水管接入点的管径、坐标、高程、材料、水压和可供水量，以便布置场地内给水管网。

了解场地外排水管网的布置、排水方式、排水要求，以及场内排水干管与排水管接口处的坐标、高程、管径、坡度等，以便安排好场地内排水管网的布置。

3) 了解供热(气)及其接入点

了解场地外供热管道及燃气管道的布置及容量，场地内供热管道和燃气管道同外部管道接入点的坐标、高程、管径、材料、压力和温度，以便布置好场地内供热(气)和燃气管道。

4) 了解场地外部供电与电信接入点

了解供电电源的位置、供电量、电压、通到场地的电力线路走向及距离、敷设方式，以便布置变电(站)。了解电信和有线电视线路、安全监控线路、计算机网络线路等的布置、容量及互联网的建设情况，及其场内电信、有线电视等线路接入点的坐标及容量，以便布置场地内的电话站、有线电视台等相关设施。

1.4.5 场地的公共限制

场地的公共限制是指场地设计应符合国家有关法规、规范，符合当地城市规划，满足交通、消防、人防、市政等部门的要求。公共限制条件在场地设计中是通过有关经济指标的控制来实现的，即通过对场地用地界线、用地性质、容量、密度、限高、绿化等多方面指标的控制，来保证场地设计的经济合理性，并与周围环境和城市规划要求保持一致性。

1. 用地控制

城市规划对已取得的建设项目用地有严格的控制，一般是通过控制征地界线、道路红线、建筑控制线、蓝线、绿线、紫线、基地高程、基地安全等指标来完成的。

1) 征地界线与用地界线

征地界线是土地使用者已征用土地的边界线，由城市规划部门和国土资源管理部门划定。征地界线范围内的土地并不完全归土地使用者所有，而包含着替城市代征的道路及公共绿地用地。征地界线范围内的土地面积是土地使用者征用土地、向国家交纳土地使用费的依据。

用地界线是指在征地范围内实际可供土地使用者用于建设的区域边界线，也称建设用地边界线。用地边界线围合的面积就是建筑场地用地范围，如图 1-26 所示。

2) 道路红线

(1) 道路红线与城市道路用地。道路红线是城市道路用地规划的控制线，也是建筑场地与城市道路用地的空间界线。道路红线一般由城市规划部门划定，在用地条件图中明确标注。道路红线之间的用地均为城市道路用地，建筑物不得超出道路红线。场地应与道路红线相连，否则应设通路同道路红线相连接，连接部分的最小长度和最小宽度应符合城市规划部门的规定，如图 1-27 所示。

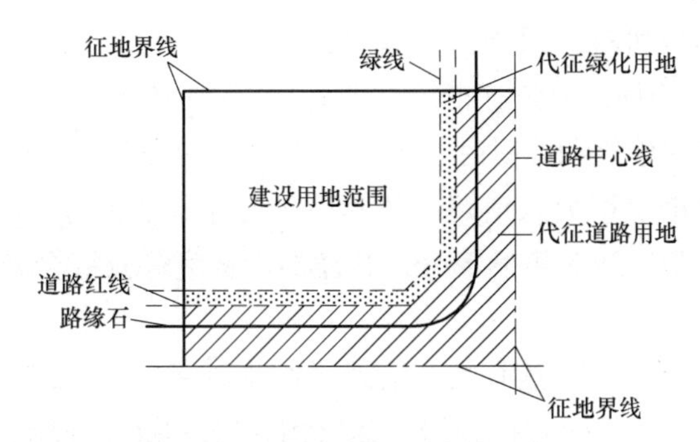

图 1-26　征地界线与建筑用地范围

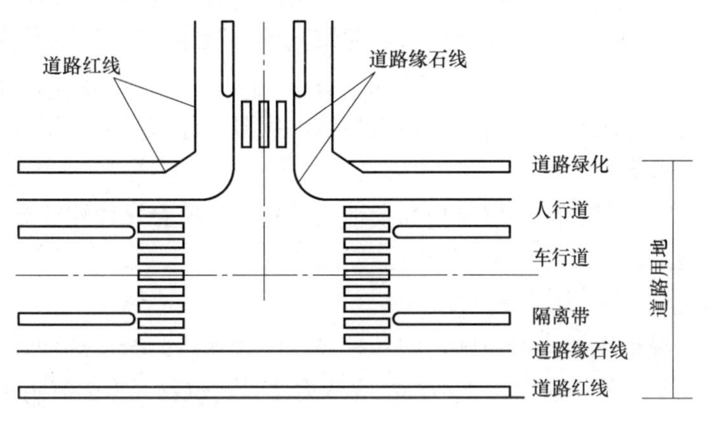

图 1-27　道路红线与城市道路用地

(2) 道路红线与征地界线。道路红线是指规划的城市道路(含居住区级道路)用地的边界线。道路红线与征地界线的关系有以下 3 种。

① 道路红线与征地界线一侧重合，如图 1-28 所示的场地 3，表示建筑场地与城市道路毗邻，这是最常见的一种关系。

② 道路红线与征地界线相交，表示城市道路穿越场地。场地中被城市道路占用的土地属城市道路用地，不得作为场地建设用地，场地建设用地以道路红线为界，如图 1-28 中的场地 1、场地 2。

③ 道路红线与用地界线分离，图 1-28 中的场地 4，表示场地与城市道路之间有一段距离，场地必须设置道路与城市道路相连，设置道路的用地应由建设方单独征用。

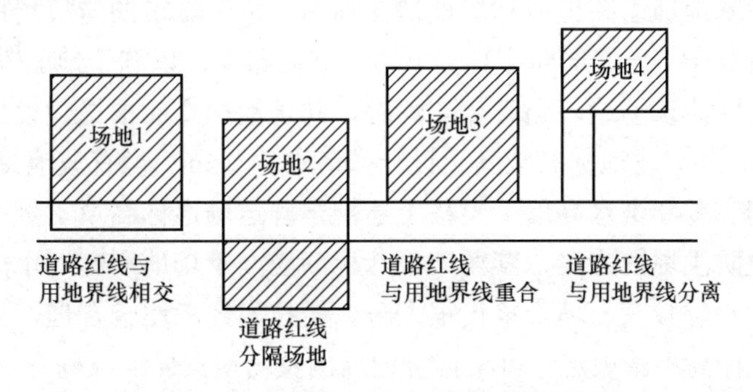

图 1-28　道路红线与用地界线的关系

(3) 道路红线对场地建筑的限制。建筑物的台阶、平台、窗井、地下建筑及建筑物基础以及地下管线(场地内同场地外连接的管线除外)均不得突入道路红线。

由于公益事业需要的建筑和临时性建筑，如公厕、治安亭、公用电话、公交调度室等，经当地城市规划部门批准，可突入道路红线建造；而对于需突入道路红线建筑的跨楼、过街楼、空间连廊和沿道路红线的悬挑部分，其净高、宽度等应符合城市规划部门的规定。

3) 建筑红线

建筑红线也称建筑控制线，是有关法规或详细规划确定的建筑物、构筑物的基底位置不得超出的界线。是城市道路两侧控制沿街建筑物、构筑物(如外墙、台阶、橱窗等)靠临街面的界线，沿街建筑物不得越过建筑红线。城市道路系统规划确定的道路红线是道路用地和两侧建筑用地的分界，是为了安排台阶、建筑基础、道路、广场、绿化以及地下管线和临时性建、构筑物等设施。一般的建筑红线都会与道路红线后退一定的距离，当建筑场地与其他场地毗邻时，建筑红线是否后退用地界线，应根据建筑功能、防火、日照、防震、卫生防护间距等要求确定。

对于场地内建、构筑物的布置与相邻场地的关系，应符合《民用建筑设计通则》及相关法规、规范的规定。

4) 城市绿线

城市绿线是指城市规划建设中确定的各种绿地的边界线。城市规划管理部门明确提出城市绿线内的用地不得改作他用，更不得在绿线内建设建筑物；需临时占用绿线内用地的，必须依法办理相关手续；对于已在绿线范围内建造的建、构筑物及其他设施应限期搬迁，以保证绿地用地。

5) 城市蓝线

城市蓝线是指城市规划管理部门依据城市总体规划确定的城市河道规划线。沿河道新建的建筑物应按规定退让河道规划蓝线，以保证河道通航、防洪抢险和水利规划的正常实施。

6) 城市紫线

城市紫线是指经国家、省(市)、县级以上人民政府公布保护的历史建筑的保护范围界线，以保障历史建筑物的安全而不被损坏。

7) 基地高程

基地高程是指基地地面高程或称场地地面标高。位于城市的建筑场地高程应按城市规划制定的控制标高设计，场地地面应高出城市道路的路面，以利于地面雨水的排除。

对于城市以外的建筑场地，当其邻江河时，其场地标高应根据建设规模、防洪标准等因素确定。一般情况下，场地标高应高于设计频率水位 0.5m，当有波浪侵袭和壅水现象时，还应加上波浪侵袭高度和壅水高度。当按上述规定确定场地标高填土量大时，经技术经济比较，也可采用设防洪堤的方案，其场地设计标高应高于场地周围汇水区域内的设计频率内涝水位；当内涝水位较高、填土量仍很大时，经技术经济比较合理，可采取可靠的防、排内涝措施，场地标高不做规定，可根据场地周围及场地具体情况确定。

位于山区、坡地、丘陵地段的场地标高，应满足交通线路技术条件的要求，且使土方工程量最小。

8)　场地安全

若场地有受滑坡、洪水和潮水威胁的可能时，应有安全防护措施，以保证场地安全。

2. 交通控制

为了使场地的交通线路和交通组织与城市交通相协调，城市规划对场地道路出入口方位，场地出入口的道路与城市道路的衔接，人员密集建筑场地(体育场馆、文娱中心、商业中心、会展建筑等)的交通控制、停车空间、道路建设等也做出了相应的规定。

1)　场地道路出入口方位

(1)　场地应尽量避免在城市的主要道路上设置出入口，每个场地一般应设 1～2 个出入口，大型建设项目场地出入口根据人流、物流流量可适当增加。

(2)　在主要道路交叉口附近和商业步行街等特殊地段，通常禁止开设机动车出入口。

(3)　在可能的情况下，应尽量做到人、车分流，将人行入口和机动车入口分别设置。

2)　场地出入口与城市道路的连接

当场地车流量较多，其通路连接城市道路的位置应符合以下规定。

(1)　距大中城市主干道交叉口的距离，自道路红线交点起不应小于 70m。

(2)　距道路交叉口的过街人行道(包括引道、引桥、地铁出入口)最边缘不应小于 5m。

(3)　距公共交通站台边缘不应小于 5m。

(4)　距公园、学校、儿童及残疾人等建筑的出入口不应小于 20m。

(5)　当场地道路坡度大于 8%时，应设缓冲段与城市道路连接。

(6)　与立体交叉口的距离或其他特殊情况时，应符合当地行政主管部门的规定。

3)　人员密集建筑的场地交通控制

人员密集建筑场地的交通应满足下列要求。

(1)　场地应至少有一面连接城市道路，该道路应有足够的宽度，以保证人员疏散对城市正常交通的影响。

(2)　场地沿城市道路的长度应按建筑规模或疏散人数确定，但不应小于基地周长的 1/6。

(3)　场地应至少有两个以上的不同方向通向城市道路(包括以通路连接的)出口。

(4)　场地或建筑物的主要出入口不得和快速道路直接连接，也不得直对城市主要干道的交叉口。

(5)　建筑物主要出入口前应有供人员集散的空地，其面积和长宽尺寸应根据使用性质和人数确定。

(6)　绿化和停车场布置不应影响集散空地的使用，并不宜设置围墙、大门等障碍物。

4)　停车空间

新建或扩建工程应按建筑面积或使用人数，并经规划部门的确认，在建筑物内或同一场地内或统筹建设的停车场(停车库)内设置停车空间，其停车泊位数量应满足当地城市规划管理部门的要求。

5) 道路建设

场地内外的道路位置、宽度、断面形式、标高等，应满足当地城市规划管理部门的要求。

3. 建筑高度控制

场地的建筑物高度影响场地的空间形式，反映了土地的利用情况，是影响场地总平面设计的重要因素，也是确定建筑等级、防火与消防标准、建筑设备配置要求的重要参数。

控制建筑场地建筑高度的指标主要有建筑限高、建筑层数(或平均层数)。建筑限高适宜于一般建筑物的控制，建筑层数则主要用于居住建筑的考核。

1) 建筑限高

建筑限高是指场地内建筑物的高度最高不得超过一定的限制，其值为建筑物室外地坪至建筑物顶部最高处之间的高差。根据《民用建筑设计通则》的规定，在城市的一般建设地区，局部突出屋面的楼梯间、电梯机房、水箱间等辅助用房占屋顶平面面积不超过 1/4 者，突出屋面的通风道、烟道、装饰构件、花架通信设施、空调冷却塔等设备，可不计入建筑控制高度，但突出部分的高度和面积比例应符合当地城市规划实施条例的规定。当场地位于建筑保护区、建筑控制地带和净空有要求的控制区时，上述突出部分应计入建筑控制高度。

2) 建筑层数

建筑层数是指建筑物地面以上主体部分的层数。建筑物屋顶上的望台、水箱间、电梯机房、排烟机房和楼梯出口小间等，均不计入建筑层数；住宅建筑的地下室、半地下室的顶板高出室外地坪不超过 1.5m 的，不计入层数。建筑层数的控制与建筑限高的控制基本类似。

3) 平均层数

平均层数是指建筑场地内总建筑面积与总建筑场地面积的比值。平均层数常用于居住区规划，是居住区或居住小区建筑场地技术经济评价的必要指标，反映建筑场地空间形态特征和土地使用强度。

4) 极限高度

极限高度是指建筑物的最大高度，用以控制建筑物对空间高度的占用、保护空中航线的安全及城市天际线的控制等。极限高度应以城市规划部门的规定为准。

4. 密度及容量控制

1) 用地面积

用地面积是指可供场地建设开发使用的土地面积，即由场地四周道路红线(地产线)新框定的用地总面积(hm^2)。用地面积是计算场地其他控制指标的基本指标，应予以准确把握。

场地用地面积与用地形状对场地的使用和建设项目的功能布置有很大的影响，不同性质规模的建设项目对场地用地面积的要求是不同的，应根据不同行业建设用地定额指标结合具体情况分析确定。

2) 建筑密度

建筑密度是指各类场地建筑基底面积和与场地总用地面积之比(%)，亦称建筑覆盖率或建蔽率。公式如下：

$$建筑密度=\frac{各类建筑基底面积和(m^2)}{场地总用地面积(m^2)}\times 100\% \tag{1-3}$$

式中，建筑基底面积是指建筑底层建筑面积(m^2)。

建筑密度表明了场地内建筑物的密集程度，反映了土地的使用效率，建筑密度越高，场地室外空间就越少，建筑密度过低，场地内土地使用则不够经济。可见，场地建筑密度应有一个合理的取值，这个取值受到建设项目的性质、建筑层数与形式、场地位置和地价等因素制约，应视具体情况进行认真分析。在控制性详细规划中，城市规划部门对场地最高建筑密度做出了明确规定，应严格遵守。

3)　建筑系数

建筑系数是指场地内所有建筑物、构筑物、露天设备、露天堆场及露天操作场等的用地面积之和与场地总用地面积之比(%)。建筑系数与建筑密度相似，都表明场地内土地的使用状况，前者主要应用于工业场地，后者多用于民用建筑场地。建筑系数各项面积应按《工业企业总平面设计规范》(GB 5018—2012)的规定计算。

4)　场地利用系数

场地利用系数是指场地内直接使用的土地总面积与场地(厂区)总用地面积之比(%)。使用土地的总面积包括建、构筑物、露天设备、露天堆场及露天操作场、铁路、道路、广场、工程管线等使用的土地面积。场地利用系数常用于考核工业建筑场地的土地利用状况。

5)　容积率

容积率是指建筑场地内的建筑总面积与该场地总用地面积之比(%)。建筑总面积是指场地内各类建筑面积的总和，包括地上、地下各部分的建筑面积。容积率既能够有效地控制场地建设规模和建筑形态，又使建筑设计灵活，管理控制方便，因此成为控制场地建设开发最重要的经济指标。

容积率直接反映了场地土地的使用强度，在相同的场地面积上，容积率越高，建筑面积越大，场地开发收益率也就越高；反之则低。容积率的提高必然引起场地室外空间的减少，从而影响日照、通风、绿化，使场地内环境质量下降。为此，城市规划部门按用地分区确定了容积率，用来控制场地建筑面积与场地面积的合理比值。一般容积率为 1～2 时为多层建筑区，4～10 时为高层建筑区。在控制性详细规划中，城市规划部门确定的场地容积率控制指标是场地设计的最高容积率限制，应严格执行。

6)　建筑面积密度

建筑面积密度是指场地内平均每公顷用地上拥有各类建筑面积的数量(m^2/hm^2)。建筑面积密度与容积率的含义大致相同，都是考核场地建设强度的重要指标，容积率适用于不同面积大小的场地，建筑面积密度常用于小块场地或建设比较单一的场地。

5. 建筑规模控制

规定了建筑面积的计算规则，明确了应计算建筑面积的范围和不计算建筑面积的范围；城市规划部门针对住宅套内面积的计算也做了规定，用以控制建筑规模。详细内容参见相

关规范和规定。

6. 绿化控制

场地绿化用地的多少影响场地空间状况，决定场地的环境质量。场地绿化设计是场地总平面设计的内容之一，其控制指标有绿化覆盖率和绿地率。

1) 绿化覆盖率

绿化覆盖率是指场地内所有乔、灌木和多年生草本植物等植被所覆盖的土地面积与场地用地面积之比(%)，一般不包括屋顶绿化。绿化覆盖率直观地反映了场地绿化效果，但覆盖面积计算较为繁杂，在实践中应用较少。

2) 绿化面积

绿化面积是指建筑场地内专门用作绿化的各类绿地面积之和(m^2)。

3) 绿地率

绿地率是指建筑场地内各类绿地面积的总和占建筑场地用地面积的百分比(%)。各类绿地包括公共绿地、专用绿地、宅旁绿地、道路绿地和防护绿地，但不含屋顶、晒台的人工绿地。关于绿化面积的计算参见相关规定。

7. 消防通道控制

1) 消防车道

(1) 街区内的道路应考虑消防车的通行，其道路中心线间的距离不宜大于 160m。当建筑物沿街道部分的长度大于 150m 或总长度大于 220m 时，应设置穿过建筑物的消防车道；确有困难时，应设置环形消防车道。

(2) 高层民用建筑、超过 3000 个座位的体育馆、超过 2000 个座位的会堂、占地面积大于 3000m^2 的展览馆等单、多层公共建筑的周围应设置环形消防车道；确有困难时，可沿建筑物的两个长边设置消防车道。对于住宅建筑和山坡地或河道边临空建造的高层建筑，可沿建筑的 1 个长边设置消防车道，但该长边应有消防车登高操作面。

(3) 工厂、仓库区内应设置消防车道。高层厂房，占地面积大于 3000m^2 的甲、乙、丙类厂房和占地面积大于 1500 m^2 的乙、丙类仓库，应设置环形消防车道；确有困难时，应沿建筑物的两个长边设置消防通道。

(4) 有封闭内院或天井的建筑物，当其短边长度大于 24m 时，宜设置进入内院或天井的消防车道。

有封闭内院或天井的建筑物沿街时，应设置车道通道和内院的人行通道(可利用楼梯间)，其间距不宜大于 80m。

(5) 在穿过建筑物或进入建筑物内院的消防车道两侧，不应设置影响消防车通行或人员安全疏散的设施。

(6) 可燃材料露天堆场区，液化石油气储罐区，甲、乙、丙类液体储罐区和可燃气体储罐区应设置消防车道。消防车道的设置应符合下列规定。

① 储量大于表 1-3 规定的堆场、储罐区，应设置环形消防车道。

表 1-3　堆场或储罐区的储量

名称	棉、毛、麻、化纤/t	秸秆、芦苇/t	材料/m³	甲、乙、丙类液体储罐/m³	液化石油气储罐/m³	可燃气体储罐/m³
储量	1000	5000	5000	1500	500	300 00

② 占地面积大于 30 000m² 的可燃材料堆场，应设置与环形消防车道相连的中间消防车道，消防车道的间距不宜大于 150m。液化石油气储罐区，甲、乙、丙类液体储罐区，可燃气体储罐区，区内的环形车道之间应设置通道的消防车道。

③ 消防车道边缘距离可燃材料堆垛不应小于 5m。

(7) 供消防车取水的天然水源和消防水池应设置消防车道，消防车道边缘距离取水点不宜大于 2m。

(8) 消防车道的净宽度和净空高度均不应小于 4.0m，消防车道的坡度不宜大于 8%，其转弯处应满足消防车转弯半径的要求。

(9) 环形车道至少有两处和其他车道连通。尽头式的消防车道应设置回车道或回车场，回车场的面积不应小于 12m×12m，对于高层建筑，回车场不宜小于 15m×15m；供重型消防车使用时，不宜小于 18m×18m。

消防车道的路面、救援操作场地及消防车道和救援操作场地下面的管道和暗沟等，应能承受重型消防车的压力。

消防车道可利用市政等交通道路，但该道路应满足消防车通行转弯和停靠的要求。

(10) 消防车道不宜与铁路正线平交；如必须平交，应设置备用车道，且两车道之间的间距不应小于一列火车的长度。

2) 灭火救援场地

(1) 高层建筑应有至少沿一个长边或周边长度的 1/4，且不小于一个长边长度的底边连续布置消防车登高操作场地，该范围内的裙房进深不应大于 4m。

高度不大于 50m 的建筑，连续布置消防车登高操作场地有困难时，可间隔布置，但间隔距离不宜大于 30m，且消防车登高操作场地的总长度仍应符合上述规定。

(2) 消防车登高操作场地应符合下列规定。

① 可结合消防车道布置且应与消防车道连通，场地靠建筑外墙一侧的边缘距离建筑外墙不宜小于 5m 或者大于 10m。

② 场地与厂房、仓库、民用建筑之间不应设置妨碍消防车操作的架空高压电线、树木、车库出入口等障碍。

③ 场地的坡度不宜大于 3%，长度和宽度分别不应小于 15m 和 8m；对于建筑高度不小于 50m 的建筑，场地的长度和宽度分别不应小于 15m。

④ 场地及其下面的建筑结构、管道和暗沟等，应能承受重型消防车的压力。

(3) 建筑物与消防车登高操作场地相对应的范围内，应设置直通室外的楼梯或直通楼梯间的入口。

(4) 厂房、仓库、公共建筑的外墙应在每层设置可供消防救援人员进入的窗口。窗口的净高度和净宽度分别不应小于 0.8m 和 1.0m，下沿距室内地面不宜大于 1.2m，间距不宜大于 20m 且每个防火分区不应少于 2 个，设置位置应与消防车登高操作场地相对应。窗口的玻璃应易于破碎，并应设置可在室外识别的明显标志。

复习思考

1. 场地由哪几部分组成？
2. 场地设计的概念是什么？
3. 场地设计的内容有哪些？
4. 场地设计的原则是什么？
5. 场地设计的依据是什么？
6. 风象包括的内容有哪些？
7. 盛行风向及其规划的典型图式有哪些？
8. 不良工程地质现象有哪几种？
9. 场地公共限制的内容及要求是什么？
10. 简述消防通道的控制内容及要求。

第2章　场地总平面布置

本章主要阐述场地总平面布置的一般要求、场地使用与功能分区、建、构筑物布置的基本要求和布置形式以及场地货流、人流合理组织及出入口。

2.1　场地总平面布置的一般要求

1. 符合城市规划

位于城市的建筑场地，城市规划对其有严格的限制，包括征地界线和用地界线、道路红线、建筑红线、基地高程、建筑高度、容量及规模、绿化等。因此，场地总平面布置应符合城市总体规划、分区规划、控制性详细规划以及当地主管部门提出的规划条件，只有这样，才能使建筑场地的建设项目与城市规划协调统一。

2. 满足使用功能

建筑场地的建设项目都有其特定的用途、功能。民用建筑场地以使用功能为主，往往以图解的方式分析建设项目各组成之间的功能关系；工业建筑场地则以生产工艺流程为主分析建设项目各组成之间的工艺联系。为了满足建筑场地不同的功能要求或不同的生产工艺流程，场地总平面布置应根据建设项目的性质、规模、组成，建设单位的要求和城市规划的限制条件，结合场地的自然条件、建设条件，具体分析比较，进行场地功能分区，合理地布置建构筑物、交通线路、室外空间、绿化美化等设施，以满足建设项目的使用功能要求。

3. 节约建设用地

场地总平面布置应贯彻节约用地的国策，合理、紧凑地布置建、构筑物，在满足使用功能的要求下，尽可能地节约建设用地。通常情况下，可采用以下节约用地措施。

(1) 合理地确定建、构筑物之间的距离。

(2) 建筑物合并布置，采用联合厂房。

(3) 建筑物组合，采用集中布置。

(4) 提高建筑层数。

(5) 合理地确定铁路进厂角度，减少扇形占地。

(6) 管线综合布置，采用共架共沟。

(7) 综合利用“三废”，减少“三废”占地。

(8) 采用合理的建筑外形。

(9) 合理预留发展用地。

4. 利用自然地形

场地总平面布置应充分利用场地的自然条件，根据建筑场地的地形，选择合理的总平面布置形式，并使建、构筑物布置与地形相适应。当场地平坦方正时，一般可采用平坡布置形式，使建、构筑物布置紧凑，节约用地，缩短交通线路及工程管线，节省投资；当场地坡度较大时，可考虑阶梯布置，并把联系密切的建、构筑物布置在同一台阶上。一般情况下，建、构筑物的长轴宜沿等高线布置，以减少土方工程量。在山区建厂应充分利用地形高差，灵活多样地布置建、构筑物，以节约投资。

5. 功能分区合理

场地总平面布置设计应综合考虑，统筹兼顾，以使场地功能分区合理、路网结构清晰、人流车流有序、建筑布置紧凑、道路短捷顺畅、土方工程量少、场地环境良好。

6. 建、构筑物布置应满足朝向、日照、通风、采光要求

建、构筑物应按不同的使用功能，采用最好的朝向和自然采光，并应考虑当地的气候条件、地理环境、建筑用地、各建筑物性质等要求合理布置。根据我国地处北温带的地理条件，多数建筑物按自然通风、采光和日照要求应选为南向或东南向布置。在炎热地区应避免西晒，在寒冷地区应避开寒风袭击的朝向，部分建筑物则要求防晒或均匀采光等。为了保证自然采光良好，建筑物之间的距离一般不应小于相对两个建筑物中最高建筑物的高度(由地面到屋檐)。

7. 公共建筑的布置应满足人流、车流要求

应根据公共建筑的性质、使用功能来设计其室外场地环境，并合理地组织人流、车流，使集散交通组织安全顺畅。

8. 建筑场地应满足安全要求

场地总平面布置应考虑采取安全及防灾措施。对于滨水建筑场地，应考虑防洪、防海潮；位于地震区场地应考虑防震；位于山坡、丘陵地区的场地，应考虑防滑坡、泥石流、坍方等；在多雨区，还应考虑建筑场地免受雨涝的侵害。

9. 技术经济合理

场地总平面设计应结合场地的自然条件、建设条件，因地制宜，合理地布置建、构筑物，特别是确定建设项目规模、选定建设标准、拟定重大工程技术措施时，应从实际出发，认真调查研究和进行充分技术经济论证，多方案比较，在满足使用功能的前提下，缩短工期、节约投资和运营成本，力求技术经济合理。

2.2　场地使用与功能分区

2.2.1　建设项目的规模及场地用地

1. 建设项目的设计规模

国家对不同行业的建设项目，根据其面积、产量、费用、体积或跨度、高度等因素，按功能把其设计规模划分为大型、中型和小型。如建筑行业建设项目设计规模规定：一般公共建筑，单体建筑面积大于 20 000m^2 以上、高度大于 50m、复杂程度较高的划分为大型；单体建筑面积在 5000～20 000m^2、高度在 24～50m、复杂程度较低的划分为中型；单体面积小于或等于 5000m^2、高度小于或等于 24m、复杂程度低的划分为小型。对于住宅建筑是按其层数及复杂程度来划分的：层数大于 20 层、复杂程度为高标准的划分为大型；层数在 12～20 层、复杂程度为一般标准的划分为中型；层数小于或等于 12 层的划分为小型。工业建设项目设计规模大多是以每年生产多少万吨来划分，如煤炭、冶金、轻纺、化工、石化、医药、油田、炼油等行业。有的是按投资费用多少来划分的，如机械、军工、电子电信、海洋等行业。除此以外，也有按体积、长度、万千瓦等来划分的。建设项目有了大、中、小型的划分，就可根据其确定具有设计资质的设计工程范围，确定防洪标准和建设用地定额指标等。

工业建筑场地一般是按照建设项目设计规模来确定建筑场地的用地面积。

2. 建设项目用地

建设项目用地是根据其规模大小确定的，一般分为民用建筑场地用地和工业建筑场地用地。

1)　民用建筑场地用地

(1)　居住区用地：人均居住区用地控制指标应符合表 2-1 的规定。

表 2-1　人均居住区用地控制指标

单位：m^2/人

居住规模	层　数	建筑气候区划		
		Ⅰ、Ⅱ、Ⅵ、Ⅶ	Ⅲ、Ⅴ	Ⅳ
居住区	低层	33～47	30～43	28～40
	多层	20～28	19～27	18～25
	多层、高层	17～26	17～26	17～26
小区	低层	30～43	28～40	26～37
	多层	20～28	19～26	18～25
	中高层	17～24	15～22	14～20
	高层	10～15	10～15	10～15

续表

居住规模	层数	建筑气候区划		
		Ⅰ、Ⅱ、Ⅵ、Ⅶ	Ⅲ、Ⅴ	Ⅳ
组团	低层	25～35	23～32	21～30
	多层	16～23	15～22	14～20
	中高层	14～20	13～18	12～16
	高层	8～11	8～11	8～11

注：本表各项指标按每户3.2人计算。

(2) 居住区公共服务设施用地。居住区公共服务设施用地控制指标应符合表2-2的规定。

表2-2　公共服务设施控制用地指标

单位：m^2/千人

类别＼居住规模		居住区		小区		组团	
		建筑面积	用地面积	建筑面积	用地面积	建筑面积	用地面积
总指标		1668～3293 (2228～4213)	2172～5559 (2762～6329)	968～2397 (1338～2977)	1091～3835 (1491～4585)	362～856 (703～1356)	488～1058 (868～1578)
其中	教育	600～1200	1000～2400	330～1200	700～2400	160～400	300～500
	医疗卫生(含医院)	78～198 (178～398)	138～378 (298～548)	38～98	78～228	6～20	12～40
	文体	125～245	225～645	45～75	65～105	18～24	40～60
	商业服务	700～910	600～940	450～570	100～600	150～370	100～400
	社区服务	59～464	76～668	59～292	76～328	19～32	16～28
	金融邮电(含银行、邮电局)	20～30 (60～80)	25～50	16～22	22～34	—	—
	市政公用(含居民存车处)	40～150 (460～820)	70～360 (500～960)	30～140 (400～720)	50～140 (450～760)	9～10 (350～510)	20～30 (400～550)
	行政管理及其他	46～96	37～72	—	—	—	—

注：1. 居住区级指标含小区级和组团级指标，小区级含组团级指标；
2. 公共服务设施总用地的控制指标应符合表2-3的规定；
3. 总指标未含其他类，使用时应根据规划设计要求确定本类面积指标；
4. 小区医疗卫生类未含门诊所；
5. 市政公用类未含锅炉房，在采暖地区应自选确定。

(3) 居住区用地平衡控制指标。居住区内各项用地所占比例的平衡控制指标应符合表2-3的规定。

表 2-3　居住区用地平衡控制指标(%)

用地构成	居 住 区	小　区	组　团
住宅用地(R01)	50～60	55～65	70～80
公建用地(R02)	15～25	12～22	6～12
道路用地(R03)	10～18	9～17	7～15
公共绿地(R04)	7.5～18	5～15	3～6
居住区用地(R)	100	100	100

2)　工业建筑场地用地

为了节约和合理用地，国家对工业建筑场地用地根据建设项目的性质、规模等规定了不同行业建设用地定额指标，现举例如下。

(1)　冶金工业工程项目建设用地定额指标，见表 2-4。

表 2-4　钢铁厂厂区用地指标及建筑系数

生产规模/(10^4t/a)	用地指标/(m^2/t)	建筑系数/%
＞300	1.5～2.0	22～26
100～300	2.0～2.5	
10～100	2.5～3.0	24～28
＜10	3.0～3.5	

注：1. 当采用新设备、新工艺、新技术，厂内铁路少、维修辅助设施外协时，用地指标可取低值；反之，宜取高值；

2. 表列用地指标和建筑系数已包括焦化、烧结、耐火材料、石灰车间。

(2)　建材工业工程项目建设用地指标。

①　新型干法生产工艺水泥厂厂区建设用地指标应符合表 2-5 的规定。

表 2-5　水泥厂厂区建设用地指标

规　模		单位产品建设用地指标/(m^2·t)	厂区建设用地指标/hm^2
熟料/(t/d)	水泥/(10^4t/d)		
4000	130	0.25～0.30	32～39
2000	65	0.35～0.45	23～29
1000	32.5	0.45～0.60	15～20

②　浮法生产工艺玻璃工厂项目建设用地指标，宜按表 2-6 的规定确定。

表 2-6　玻璃厂项目建设用地指标

熔化量/(t/a)	厂区建设用地指标/hm^2
300	15～18
500	19～23
700	23～27

(3)　纺织工业项目建设用地指标，见表 2-7。

表 2-7　棉纺厂建设用地指标

建设规模	厂房形式	单位用地面积/m^2	厂区用地面积/hm^2
3 万纱锭	单层	2.52	7.56
	二层	1.77	5.31
5 万纱锭	单层	2.36	11.78
	二层	1.55	7.25

(4) 机械工业项目建设用地指标。

① 轻型、微型汽车厂建设用地指标不宜超过表 2-8 的规定。

表 2-8　轻型、微型汽车厂建设用地指标

产品名称	建设规模/(辆/a)	厂区用地/hm^2	单位产量用地/($10^{-4}hm^2$)
轻型汽车	20 000	16	8.0
	60 000	36	6.0
微型汽车	20 000	13	6.5
	40 000	20	5.0

② 客车厂建设用地指标，不宜超过表 2-9 的规定。

表 2-9　客车厂建设用地指标

产品名称	建设规模/(辆/a)	厂区用地/hm^2	单位产量用地/($10^{-4}hm^2$)
大中型客车	1500	9.9	6.6
	3000	16.5	5.5
小客车	3000	7.5	2.5
	6000	11.4	1.9
	20 000	20.0	1.0

工业建设项目种类繁多，其工程建设项目用地应按各行业不同项目的建设用地指标确定。

3. 建筑场地用地的组成

1) 建筑用地

建筑用地是建筑场地内专用于布置建筑的用地，包括建筑基底占地及其四周合理间距内的用地。在居住区建筑场地内，建筑用地按照使用性质不同又细分为住宅用地和公共服务设施用地。在工业建筑场地内，建筑用地分为主体建筑用地和辅助建筑用地。建筑用地是建筑场地的主体，是场地功能布局的核心。

2) 交通设施用地

场地内交通设施的用地包括场地内道路用地、铁路用地及其他运输设施用地、集散用地和停车场用地等。交通设施用地是实现场地使用功能、组织好场地交通的必要保证。

3)　室外场地用地

室外场地用地是指专门用于安排人们活动的用地或室外生产操作场地，如运动场、休息用地、广场、操作场地等。

4)　绿化美化用地

绿化美化用地是指场地内布置绿化、水面、建筑小品等绿化美化设施的用地，包括公园、大块专用绿地、绿化隔离带、道路绿地以及生产防护绿化带等。

5)　工程管线用地

工程管线用地是指布置各种工程管线所需要的用地，包括给水管、排水管、雨水管、热力管、天然气管、电力电缆、电信电缆等管线占地。

6)　发展用地

分期建设的项目，一般是一次规划、分期实施，因此，要求场地总平面布置留出必要的发展用地，以保证建设项目经济、合理地实施。发展用地可安排在场地外，也可在场地内集中预留或分散预留。

由于建筑场地的性质、规模、组成要求各不相同，因此上述各种用地的比例应根据具体情况确定。

4. 建筑场地的用地要求

1)　满足既定规模用地和发展用地

场地的用地面积应根据可行性研究报告(设计任务书)规定的规模，按照国家规定的各类场地建设项目的用地定额指标来计算。总结场址选择的实践经验，场址用地应集中成块，不应把一个项目需要的场地分成几块，选择在不同的地段。如某大型企业由几个分厂组成，选厂时把生产上有联系的 4 个分厂选择在相距较远的不同地段，将造成基建投资大、生产联系不便、经营管理困难、生活设施分散等问题。因此，选择场址时，应保证所选的场地面积，满足建设项目各项用地的要求。

2)　合理的外形

场区的外形宜规整，其长宽比应根据使用功能、交通线路技术要求等因素确定，一般宜为正方形或长方形。合理的场区外形有利于总平面布置，在同样面积、不同外形的场地中，一场窄而长的地较一场宽而短的地，其总平面布置的效果是不一样的。规整的厂区外形有利于充分利用场地面积，减少三角地带的面积；有利于节约交通运输线路和管线长度；有利于场地的美观和节约用地。根据国内外的有关资料，工业建筑场地合理的外形见表 2-10。

表 2-10　部分工业场地外形参考值

企业名称	长 宽 比
钢铁企业	1∶1.5～1∶2.0
铝加工厂	1∶1.5～1∶3.0
合成橡胶厂	1∶1.5～1∶2.0

续表

企业名称	长宽比
玻璃厂	1∶1.5～1∶2.0
氮肥厂	1∶1.5～1∶2.0
化学纤维厂	1∶1.22～1∶1.5
机械厂	1∶1.0～1∶1.2
纺织厂	1∶1.0～1∶1.2
火电厂	1∶1.0～1∶1.5

3) 适宜的地形坡度

场地应具有适宜的地形坡度，既能满足生产、运输、场地排雨水的要求，又能节约土石方工程量、加快建设进度、节约基建投资。据对全国已建成的 72 个不同类型的工业企业调查，其中有 52 个工业建筑场地自然地形坡度小于 5%，运输方式主要为铁路和道路；13 个企业场地的自然地形坡度在 5%～10%之间，运输方式主要为道路、带式运输；7 个企业场地的自然地形坡度大于 10%，主要运输方式是带式及管道运输。可见不同类型的工业建筑场地由于其工艺要求和采用的运输方式不同，对坡度的要求也是不同的。场地自然地形坡度过大，会造成土方工程量大、施工期长、投资加大，总平面布置困难，发展受到限制。我国某大型钢铁企业位于山区，由于场地的自然地形坡度平均为 10%，高差达 80m，面积仅有 $2.5km^2$，在这样的场地上进行场地设计，只有采用阶梯式布置。该工程由于场地坡度过大，增加了基建投资。如一期工程，土方工程费用约占总图运输总投资的 10%，二期工程因无扩建场地，只好在自然地形坡度为 40%～50%的陡坡上进行扩建，每平方米场地平整费高达 250 元，较之宝钢场地平整费每平方米 150 元还高，而且施工期长。由此可见，场址不宜位于自然地形坡度较大的地段。总结我国场地选址的实践经验，工业建筑场地和民用建筑场地适宜的地形坡度可参考表 2-11 和表 2-12 选用。

表 2-11 工业建筑场地适宜坡度 单位：%

企业规模	地形坡度
大型	0.5%～5%
中型	0.2%～8%
小型	0.2%～10%
居住区	0.2%～10%

注：当企业采用铁路运输方式的，自然地形坡度不宜大于 3%。

表 2-12 民用建筑场地的设计坡度

场地名称	适用坡度/%	最大坡度/%	备 注
密实性地面和广场	0.3～3.0	3.0	可根据广场形状大小、地形设计成单面坡度、双面坡度或多面坡度，坡度应大于 0.3%小于或等于 1%
停车场	0.25～0.5	1.0～2.0	

续表

场地名称		适用坡度/%	最大坡度/%	备　注
室外场地	儿童游戏场	0.3～2.5		
	运动场	0.2～0.5		
	杂用场地	0.3～3.0		
	一般场地	0.2		
绿地		0.5～5.0	10.0	
湿陷性黄土地面		0.7～7.0	8.0	

4)　符合本行业规定的地形调整系数

当场地的地形坡度大于 2%时，因设置边坡增加了用地面积。场地边坡用地包括各种挖填方边坡用地、边坡上部及边坡坡脚排水沟用地、边坡间的防护用地、各类支挡工程用地；竖向设计采用阶梯式布置的，会增加台阶间的联系用地，包括联系上、下台阶的各种运输方式增加的用地以及排水沟和防护间距用地；此外，台阶间的三角地、场地零星边角等地也难以利用。据对 21 个煤矿工业场地边坡用地的统计，因边坡增加的用地面积约占矿井工业场地总用地面积的 5%～25%，有的高达 50%。由于边坡占用场地用地，按规定的建设用地指标计算的场地面积就不足，为了保证场地用地必须把边坡用地考虑进去，因此规定了地形调整系数。如钢铁企业规定的地形调整系数见表 2-13。目前，各行业规定的地形调整系数不完全一致，计算时应按本行业的规定选用。

表 2-13　钢铁企业规定的地形调整系数

场地面积 /($10^4 \cdot m^2$)	场地地形坡度/%		
	>2～3	3～4	4～5
<300	1.030～1.040	1.040～1.050	1.050～1.060
300～600	1.035～1.045	1.045～1.055	1.055～1.065
>600	1.045～1.055	1.055～1.065	1.065～1.075

注：1. 场地地形坡度，是指该场地自然横向概略平均的地形坡度；

2. 在同一档次面积中，场地地形坡度小且场地面积亦小时，地形调整系数取低值或较低值；反之，取高值和较高值。

2.2.2　场地的使用分析

1. 场地组成要素及其使用功能

分析场地的使用功能，主要是分析场地组成要素、使用功能以及它们之间的关系。一般情况下，场地建设项目的类型是确定的，如居住建筑场地、公共建筑场地、工业建筑场地以及交通运输建筑场地等，这些不同类型的建筑场地对总平面设计的要求是不同的，遵循的规范、规定也有差异，因此必须认真分析不同类型场地的使用功能，根据这些不同的功能特性对场地进行合理的组织，以达到经济、合理有效地使用土地和空间的目的。

场地组成要素是场地使用功能的主要体现，不仅影响建筑物本身的布置形态，也制约着建筑物外部的空间存在形式。例如在大型公共建筑出入口，通常都设有人流、车流的集散广场，以便合理地组织交通。

以居住建筑场地为例，居住区是由住宅建筑、公共建筑、道路和绿化 4 部分组成的，处理好这 4 部分的相互关系和各自的空间位置是场地总平面布置的关键。住宅建筑的群体组合可采用行列式、周边式、自由式和混合式；公共建筑的群体组合可采用对称式、自由式、庭院式、综合式；道路把公共建筑和住宅建筑联系起来，起着场地交通的作用，道路布置可结合场地条件和道路技术条件采用环通式、半环式、尽端式和混合式的路网结构；居住区的绿化布置是场地总平面布置的内容之一，也是为居民创造卫生、安静、舒适、美观的居住环境必不可少的重要因素，可采取集中与分散，重点与一般，点、线、面相结合的方式，以形成完整统一的绿地系统，并与周边环境绿化相协调。

2. 场地的空间分析

场地内的各种功能是依托特定的空间场所实现的，空间分析就是将场地内各种功能要求按其使用功能、性质、属性等进行分类，明确它们彼此之间的相互关系，进而确定它们的空间关系，即确定它们的平面布置。

根据空间的构成方法、空间形态、空间的服务对象、空间的组合形式等因素将建筑空间划分为以下几类。

(1) 内部空间和外部空间。

由屋顶、地面、墙体组合起来的空间称为内部建筑空间(简称内部空间)；内部空间的外侧是没有屋盖的敞开空间，称为外部建筑空间(简称外部空间)。内部空间是进行内部作业的空间设施，主要供工作人员、操作人员使用，一般不对外开放；外部空间是与场地的主要功能有关的使用空间，为主要服务对象服务。

(2) 主要空间和次要空间。

主要空间是指直接与建设项目主要功能有关的使用空间，如学校的教学楼、工厂的生产厂房等；次要空间与场地的次要功能相联系，为主要功能提供服务和支持的空间，如居住区的公共建筑和绿地、工厂的辅助厂房(仓库、修理用房等)。

(3) 静态空间和动态空间。

给人一种宁静、安定、可停驻和居住的空间感，则为静态空间。像具有明显的封闭性、内向性、稳定性的空间形式，如围合四合院、学校的教学楼等可视为静态空间；给人以明显的运动和流通的空间感，则为动态空间。像具有明显方向感和流动感的空间形态，如穿堂、大厅、回廊、学校的体育活动场等可视为动态空间。

(4) 私密空间和公共空间。

仅供少数人或个人使用的相对封闭的空间，称为私密空间，如住宅就属于私密空间；而供许多人共同使用的空间属于公共空间，如公共建筑、公园等。介于二者之间的称为半公共空间，如宅间庭院等。

各种建筑空间类型如图 2-1 所示。

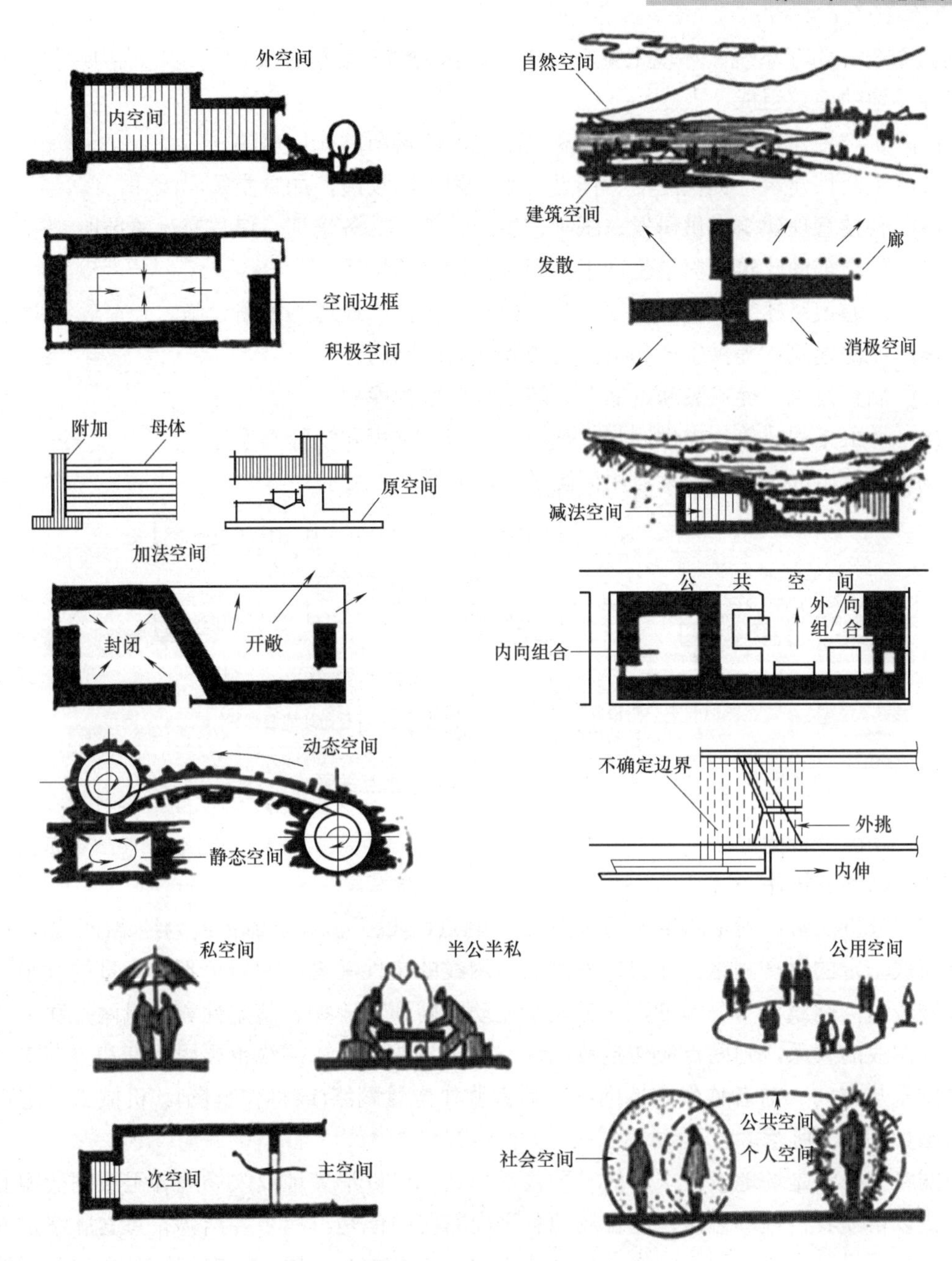

图 2-1　各种建筑空间类型

3. 场地的功能分析

场地是建筑的载体，建筑是功能的体现，不同的功能需要要求用不同的建筑来体现。因此，场地的功能分析实际上是分析建筑的功能。以工业建筑场地为例，首先要了解工业场地的组成及其相互关系。

1)　工业场地的组成及其相互关系

工业场地由生产系统、生活系统、科技管理系统、生产辅助系统、交通道路系统、能源动力系统、储存系统、环境卫生系统组成。作为这些功能载体的建筑物或构筑物，构成了工业场地的建筑组成。

(1) 生产性建筑。担负产品加工和装配生产的场所，如厂房等。

(2) 生活性建筑。提供生活、休息、服务的生活场所，如食堂等。

(3) 科技管理建筑。供研发、试制、生产管理、业务培训、信息交流的场所。

(4) 生产辅助建筑。提供生产工具和设备检修的场所。

(5) 交通道路建筑。提供车辆存放、检修、栈桥、通道等道路设施。

(6) 能源建筑。提供生产和生活能源和动力的站房。

(7) 储存建筑。提供装卸、储存、转运、堆放的库房。

(8) 环卫工程建筑。提供回收、焚烧、中和、沉积和稀释等设施。

场地建筑组成及相互关系可用简图说明，如图 2-2 所示。

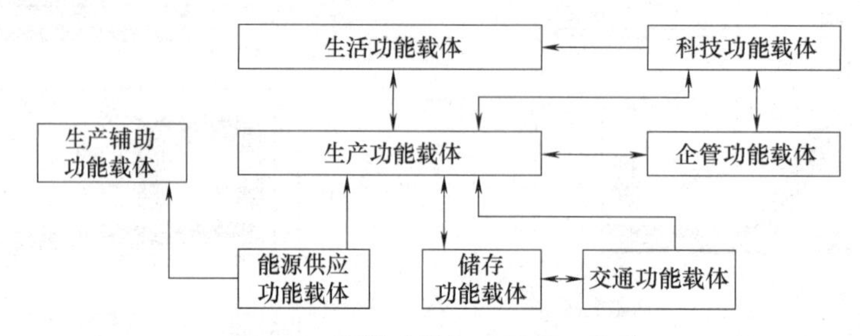

图 2-2　场地建筑组成及相互关系

2) 功能分析的方法

(1) 网络分析法。

网络分析法常以固定的生产场所为关节(网点)，以人流和货流走向为经络(网线)，以线穿点形成一定的生产网络。如只研究网点与网线的定性关系，网点可不显示量的大小，用一圆圈表示，网线可不分粗细，只需表示流动方向即可；如若从定性和定量两方面来研究网点与网线的关系，则网点应作定量显示，画出量的大小，网线也要用粗细和方向来表示流量的量与方向。前者称作定性网络，后者称作定量网络(或称作框图)。机械工厂定性功能网络如图 2-3 所示。

网络分析法是场地设计求解的一种直观形式，可以形象地反映场地各组成间的相互关系，借以帮助我们理顺思路，进行场地总平面布置；但是，有了各结构关系的脉络，并不能完全按图将其定位，因为网络图只是从流向和流量关系上展示了它们彼此之间联系的程度，除此之外，还需考虑其他的功能因素。

(2) 矩阵分析法。

矩阵分析法是先将功能单元(车间)列出来，再用一定的符号表示单元之间相互关系，如图 2-4 所示。

矩阵分析也是一种用图解的形式来研究场地各系统内部结构关系的方法，它可以帮助设计者理清思路，也可以用作检验设计成果的提纲。

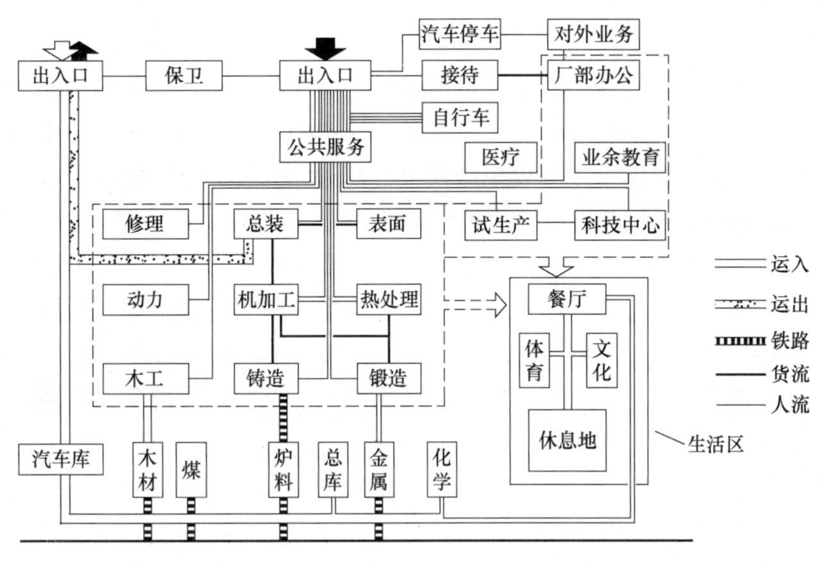

图 2-3　机械工厂功能网络图(定性网络)

注：将图 2-3 用厂房平面轮廓和人、货流量的大小来表示时，即为定量网络(或称框图)。

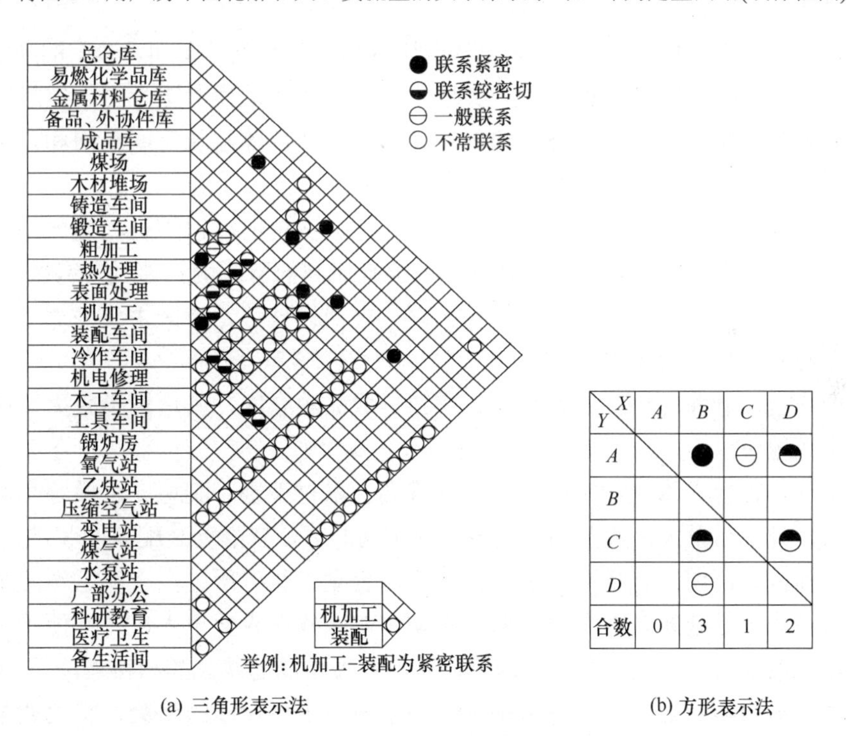

(a) 三角形表示法　　(b) 方形表示法

图 2-4　矩阵分析图解

4. 功能分区

在分析场地功能关系的基础上，结合场地的具体条件，就可以进行场地的功能分区，合理地组织交通设施和环境绿化，并初步确定场地各空间要素的相对位置。

按照场地各设施的不同特点和功能要求，对场地用地进行适当的分区，以便合理地组织交通和安排建、构筑物，这就是功能分区。

为了进一步整合场地的各项功能，可根据场地组成各种项目的使用要求、空间特点、交通联系、防护安全及卫生要求，将性质相同、功能相近、联系密切、环境相似、相互之间干扰影响不大的建、构筑物及其设施分别组合，划分成若干个功能区，以便为合理而有序地组织生产、生活、活动营造良好的场地环境。

民用建筑场地的功能分区，如大学，按其使用功能可分为教学区、科研区、后勤区、文体区、学生区和教工区。教学区由办公楼、教学楼、图书馆等组成，是校园最主要的功能区，应位于场地的中心，应与学生区、科研区、文体区联系紧密且方便。

工业建筑场地是以生产工艺流程来进行功能分区。下面以机械企业和钢铁企业功能分区为例予以说明。

1) 机械企业功能分区

大型机械企业一般划分为 7 个区。

(1) 备料区(或热加工区)。备料区主要包括铸工、锻工及热处理车间，均是容易发生火灾和散发烟尘较多的车间，应布置在企业盛行风向的下风侧。这些车间需用大量的原料、燃料，所以运量大且运输频繁，应布置在靠近铁路进线的地段，并邻近仓库区。

(2) 加工区(或冷加工区)。加工区包括金属冷加工和装配等车间，其用的半成品、毛坯多由备料区供给，应邻近备料区布置。该区生产环境比较洁净，工人多，宜靠近厂前区布置。该区建筑物体形高大，是群体建筑的主体，对企业群体建筑空间组织和艺术处理均有较大的影响。装配车间的成品要外发，应同铁路和道路联系方便。

(3) 动力设施区。动力设施区一般包括热电站、变电所、锅炉房、煤气站等。该区散发烟尘量大，并有爆炸的危险，宜布置在企业盛行风向的下风侧且邻近备料区。

(4) 辅助区。辅助区包括工具、机械修理、电器修理等。该区主要为加工车间和备料车间服务，应布置在该两区的附近。

(5) 仓库区。仓库区包括各种材料、燃料、成品等仓库，其运输量较大、占地多，宜靠近铁路进线地段。

(6) 木材加工区。木材加工区包括木材堆场、木材干燥、制材、木模等车间。该区火灾危险性大，外部运量大，主要为装配和备料车间服务，宜靠近装配车间和铁路线。

(7) 厂前区。厂前区包括办公室、试验室、食堂、医务所、汽车库、消防车库等。该区建筑物属非生产性建筑，对内对外联系密切，宜布置在企业出入口，并便于居住区同企业的联系。厂前区的群体建筑空间组织应同企业和城市的建筑风貌相协调。

对于中小型机械企业功能分区可根据车间组成、工程设施的简繁，将上述某些区合并或将某些建筑物合并，以缩短车间之间的生产线路和运输线路，使平面布置紧凑，节约建设用地，方便运营管理。这样也有助于创造更大的建筑形体，提高群体建筑艺术的质量。

机械企业功能分区如图 2-5 所示。

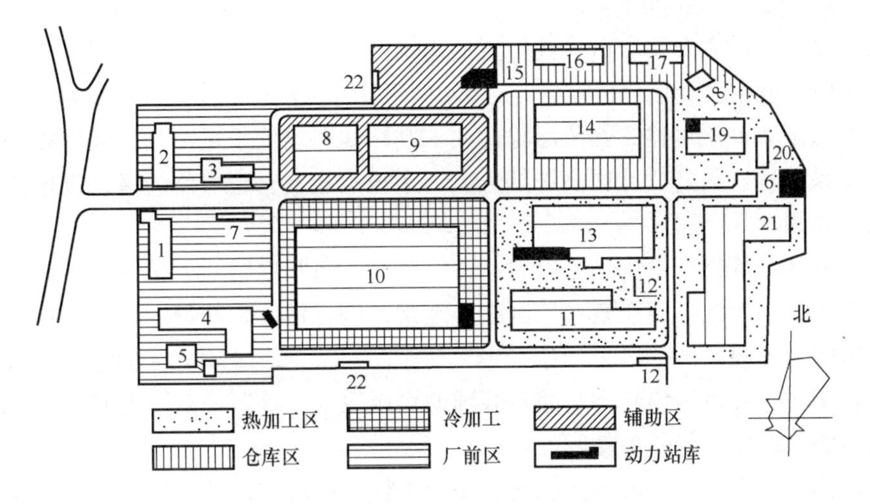

图 2-5　机械企业功能分区

1—办公室；2—单身宿舍；3—汽车库；4—食堂；5—浴室；6—锅炉房；7—自行车棚；8—机修；9—工具；10—缸套、活塞加工；11—缸套铸造；12—试验室；13—缸套辅助用房；14—联合仓库；15—变电所；16—建材杂品；17—木工；18—油料化学库；19—热处理；20—小锻工；21—活塞铸造；22—厕所

2)　钢铁企业功能分区

钢铁企业根据其规模和组成，一般可按生产车间进行功能分区，如图 2-6 所示。

(1)　焦化区。焦化区为高炉冶炼提供焦炭，包括备煤系统(卸煤设备、煤堆场等)、焦炉系统(焦炉、熄焦塔、筛焦楼等)和化工回收系统(硫氨、焦油、粗苯、精苯等工段)。该区生产过程产生烟尘大、污染重，应布置在企业盛行风向的下风侧，且位于厂区边缘，靠近炼铁区。

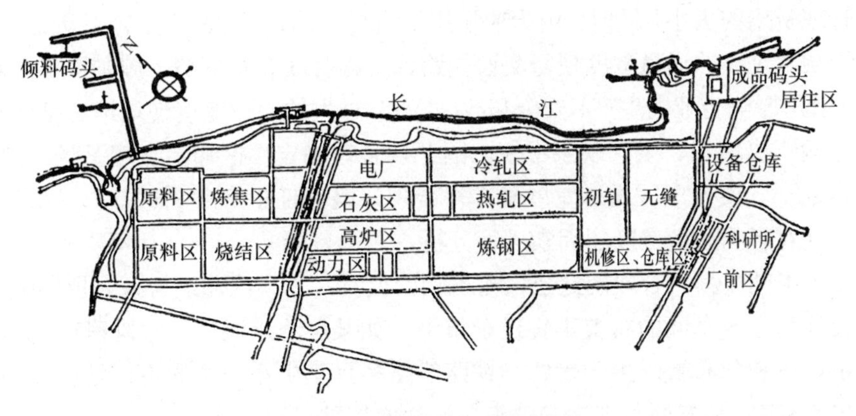

图 2-6　钢铁企业功能分区

(2)　烧结区。烧结区由烧结车间及其原料供应设施组成，其生产的烧结矿用来炼铁。该区生产过程产生烟尘大，应布置在企业盛行风向的下风侧且靠近原料入口处。烧结区为炼铁区服务，应紧靠炼铁区布置，以缩短胶带运输机长度。

(3)　炼铁区(也称高炉区)。炼铁区由高炉本体、铸铁机、水渣池、鼓风机房、锅炉房等组成。该区是企业的主要生产区，其位置的确定对烧结区、焦化区和炼钢区的位置均有影响。炼铁区应同烧结区、焦化区靠近。对于中小型厂，这 3 个区也可合并为一个区，称为炼铁区。炼铁区有铁水运输、热渣运输，要求铁路线路场地平坦，且与工厂站和炼钢区应有方便的联系条件。另外，此区高炉烟尘大，水渣池散发有害气体，因此应布置在企业盛行风向的下风侧。

(4) 炼钢区。炼钢区由炼钢主厂房、铸锭系统、散状原料间、磁性原料间等组成。该区是企业的主要生产区，应布置在厂区中心地带，同炼铁区、轧钢区靠近，且位于轧钢车间的盛行风向下风侧。

(5) 轧钢区。轧钢区由轧钢车间及其辅助设施组成。该区是较干净的车间，应位于炼钢区的上风侧，靠近厂前区布置。

(6) 机修区。机修区由铸造、机械加工、木模、锻造、电修等车间组成。该区应位于厂区的洁净地段，靠近厂前区布置。

(7) 厂前区。厂前区由行政办公、科技文化、产品展销和职工生活服务等设施组成。

中小型钢铁企业功能分区根据其规模及车间组成，也可将上述某些功能区合并。

2.2.3 场(厂)区通道宽度的影响因素

民用建筑场地是以建筑红线控制两相邻建筑物的间距，工业建筑场地是以通道宽度控制两相邻建筑物的间距，二者之间有所不同，但实质是一样的。

厂区通道是指两相邻主要建筑物之间或主要建筑物与构筑物之间由于布置交通线路、工程管线、满足各种防护间距所必需的最小宽度。按其所处位置、宽度和重要性不同，厂区通道可分为主要通道和次要通道。

通道宽度确定得合理与否，直接影响场地总平面布置的紧凑程度，从而也影响建设投资和经营管理费用的大小；同时，由于通道用地占厂区用地的 35%～45%，因而对节约用地也有较大影响。过小的通道宽度使得交通线路、工程管线布置拥挤，施工维修困难，人流、车流干扰严重，影响企业的生产、安全和改(扩)建；过大的通道宽度使场地总平面布置松散、占地多、运输距离增长、生产联系不便。因此，合理确定厂区通道宽度是场地总平面布置的重要内容之一。要使厂区通道宽度确定得合理，既保证生产顺利进行，又节约用地，便于发展，必须对影响通道宽度的因素进行分析。

(1) 分析工艺流程，合理确定建、构筑物的位置，为厂区通道合理布置创造条件。

动力设施和主要车间的布置不宜过于集中。如某厂将水泵站、总降压变电所、氧气站等同炼钢主厂房相邻布置，由于管线和铁路线路多且集中在一个通道，结果使通道宽度达 76m。如果将各建、构筑物位置适当调整，通道宽度就可以减小。

(2) 工厂采用的运输方式、运输的繁忙程度、行驶车辆的类型及所运物料对通道宽度的限界要求。

工厂采用的运输方式对通道宽度影响很大。目前大型企业主要以铁路运输为主，因此，铁路线路及站场的占地是通道增宽的重要因素之一。如某钢铁厂机车车辆库至炼钢整模间有铁路 4 条，占地宽度超过 20m，占通道的 1/3(通道为 60m)。可见，在满足生产对运输要求前提下，减少铁路、采用无轨运输和机械运输是压缩通道宽度的措施之一。

运输的繁忙程度、行驶车辆的类型以及所运物料对通道宽度限界的要求，决定和影响厂区通道的宽度。随着大吨位汽车的使用，汽车运输在厂内得到了广泛应用，这样，对厂区通道宽度的要求变大了。另外某些轧钢产品很宽，如中厚板材有的5m宽，要求道路宽度的限界大，这样，厂区通道宽度一般会较大些。如某钢铁厂主要通道中的道路宽度仅为6m，人行道为1.5m；而该厂新建的1700工程中，主要通道中的道路宽度为12m。

(3) 各种工程管线敷设所必需的宽度。

各种工程管线一般平行于道路敷设，其种类、性质、截面尺寸等对通道宽度的影响极大。由于各种工程管线之间因安全、卫生、施工、检修等方面要求要有一定的间距，这样就势必使通道宽度加大。如某钢铁厂老厂区主要通道中各种管线有9条，占地宽度几乎是通道的一半；某钢铁厂三厂区，主要通道内各种管线达20多条，占通道宽度的2/3还多；在宽76m通道中，仅铁路1条、道路1条，占地宽度就达18.5m。可见，各种管线敷设对通道宽度有决定性的影响。为了压缩各种管线的占地宽度，除采用共沟敷设各种管线措施外，还可以将过于集中的管线予以疏散，以免使通道过宽，或者调整动力设施的布置，减少通过通道的管线数目。

(4) 国家现行的防火、卫生和技术安全标准所要求的防护间距。

按《工业企业设计卫生标准》确定企业卫生防护距离，建筑物的防护间距按《建筑设计防火规范》确定。在一般的情况下，通道宽度是可以满足防火规范的要求的。

在南方地区当盛行风向同建筑物的纵轴垂直时，两排房屋的间距应有利于后排房屋的通风。

(5) 绿化、美化设施，人行道及排水沟敷设所需要的宽度。

绿化工厂是保护环境的重要措施，在建筑场地总平面布置中应考虑绿化的占地宽度。人行道应根据人流方向和大小确定其宽度；排水沟宽度应通过计算确定。

(6) 地形及竖向布置对通道宽度的影响。

当通道内有阶梯时，由于边坡坡度大小不一，因此对通道影响也不一样。当阶梯高差大，又采用护坡而不采用挡土墙时，则使通道宽度加大；反之则小。如果通道内有不利地形时，如小山等也会影响通道的宽度。

(7) 适宜的视觉要求。

高大的建筑物配以狭窄的通道，常使人有步入胡同的感觉；短又矮小的建筑物配以宽阔的通道，会给人以松散、荒凉的感觉；建筑物高大且通道过宽也显得稀落和空旷。因此，通道宽度应与两侧的建筑物相协调。

(8) 工艺和公用的各种室外构筑物及其他要求。

工业生产过程中不同的工艺流程和生产性质，对安全要求是不一样的，易燃、易爆危险品的生产如果发生事故应不危及相邻车间的正常生产。这就要求厂房之间要有一定的安全间距，因此就加大了通道的宽度。有时公用设施室外构筑物，如小水池、小沉淀池等，也会加大通道的宽度。

(9) 道路两侧通入车间引道的技术要求。

车间生产需要的原料、燃料、半成品、成品等的物流，需要用汽车运入运出，因此，就必须设置道路通入厂房内，此道路称为车间引道。由于进入车间的汽车类型不同(载货汽车、拖车、半挂车等)，对道路的技术条件要求也不同，如转弯半径，道路纵坡、引道的长度等，以及引道单侧通入或双侧道通入车间，都会对通道的大小产生影响。

(10) 车间发展和扩建的要求。

工业企业由于工艺水平的提高、市场需求量的增加，需对原有厂房或车间进行扩建，一般采用加宽或加长的办法增加面积，因此在确定通道宽度时，应考虑车间的发展和扩建要求。

部分工业场地通道宽度见表 2-14。

表 2-14　厂(场)区通道宽度

单位：m

企业类别	生产规模	厂区占地面积/(10^4m^2)		通道宽度		
				主要通道	次要通道	一般通道
钢铁企业	300 万 t/年以上			60～75	45～50	
	100 万～300 万 t/年			50～60	35～40	
	10 万～100 万 t/年以下			40～50	30～35	
	10 万 t/年以下			30～40	25～30	
有色企业	大型企业	＞60	重有色冶金厂	40～60	30～50	20～40
			轻有色金属厂	50～70	40～60	30～50
			有色加工厂	30～50	28～46	22～36
		31～60	重有色冶金厂			
	中小型企业	31～60				
		16～30				
		＜15				
机械企业		＞60		42～54		21～36
		31～60		30～42		18～30
		10～30		24～33		15～27
		＜10		18～27		12～24
化工企业		＞200		60～80	40～50	
		101～200		50～60	36～46	
		41～100		40～50	30～40	
		16～40		30～40	26～36	
		＜15		20～30	16～26	

2.3　建、构筑物布置的基本要求及布置形式

2.3.1　建、构筑物布置的基本要求

建、构筑物的布置除应考虑场地条件和使用功能外，还应综合考虑日照、通风和各种防护间距的要求，并应符合有关设计规范的规定。

1. 建筑朝向

建筑朝向是指某一建筑物的空间方位。为了获得良好的日照和通风条件，在布置建、构筑物朝向时，应根据气候条件、区域环境、场地条件、建筑物性质及使用功能等因素确定。我国地处北温带，多数建筑物按自然通风、采光和日照要求应选为南向或南偏东向。在炎热地区应避免西晒，在寒冷地区则应避开寒风袭击的朝向。在工业建筑场地上，部分生产厂房因生产性质所决定，则要求防晒或均匀采光。

我国部分地区适宜的建筑朝向见表2-15。

表2-15　我国部分地区适宜的建筑朝向

序号	地　区	最佳朝向	适宜范围	不宜朝向
1	哈尔滨地区	南偏东15°～20°	南至南偏东15°、南至南偏西15°	西北、北
2	长春地区	南偏东30°、南偏西10°	南偏东45°、南偏西45°	北、东北、西北
3	沈阳地区	南、南偏东20°	南偏东至东、南偏西至西	东北东至西北西
4	大连地区	南、南偏西15°	南偏东45°至南偏西至西	北、西北、东北
5	呼和浩特地区	南至南偏东、南至南偏西	东南、西南	北、西北
6	北京地区	南偏东30°以内、南偏西30°以内	南偏东45°以内、南偏西45°以内	北偏西30°～60°
7	石家庄地区	南偏东15°	南至南偏东30°	西
8	太原地区	南偏东15°	南偏东至东	西北
9	济南地区	南、南偏东10°～15°	南偏东30°	西偏北5°～10°
10	郑州地区	南偏东15°	南偏东25°	西、北
11	青岛地区	南、南偏东5°～15°	南偏东15°至南偏西15°	西、北
12	乌鲁木齐地区	南偏东40°、南偏西30°	东南、东、西	北、西北
13	银川地区	南至南偏东23°	南偏东34°、南偏西20°	西、北
14	西宁地区	南至南偏西30°	南偏东30°至南、南偏西30°	北、西北
15	西安地区	南偏东10°	南、南偏西	西、西北

续表

序号	地区	最佳朝向	适宜范围	不宜朝向
16	拉萨地区	南偏东10°、南偏西5°	南偏东15°、南偏西10°	西、北
17	成都地区	南偏东45°至南偏西15°	南偏东45°、至东偏北30°	西、北
18	重庆地区	南、南偏东10°	南偏东15°、南偏西5°	东、西
19	昆明地区	南偏东25°～50°	东至南至西	北偏东35°、北偏西35°
20	南京地区	南偏东15°	南偏东25°、南偏西10°	西、北
21	合肥地区	南偏东5°～15°	南偏东15°、南偏西5°	西
22	上海地区	南至南偏东15°	南偏东30°、南偏西15°	北、西北
23	杭州地区	南偏东10°～15°	南、南偏东30°	北、西
24	武汉地区	南偏西15°	南偏东15°	西、西北
25	长沙地区	南偏东9°左右	南	西、西北
26	福州地区	南、南偏东5°～10°	南偏东20°以内	西
27	厦门地区	南偏东5°～10°	南偏东22°30′、南偏西10°	南偏西25°、西偏北30°
28	广州地区	南偏东15°、南偏西5°	南偏东22°30′、南偏西5°至西	
29	南宁地区	南、南偏东15°	南偏东15°～25°、南偏西5°	东、西

2. 建筑间距

在功能分区的基础上，对主要建筑物的平面相对位置确定之后还必须根据有关规范、规定的要求，合理确定建、构筑物之间的间距。确定建筑间距主要考虑如下因素。

1) 日照间距

前后两排建筑之间为保证后排建筑物在规定的时日获得必需日照量而规定的距离称为日照间距。为了保证这一间距，我国根据不同类型建筑的日照要求制定了相应的日照标准，见表2-16。

表2-16 我国部分城市不同日照标准的间距系数

序号	城市名称	纬度(N)	冬至日满窗日照时数	大寒日满窗日照时数			现行采用标准
			1h	1h	2h	3h	
1	哈尔滨	45°45′	2.46	2.10	2.15	2.24	1.5～1.8
2	长春	45°45′	2.24	1.93	1.97	2.06	1.7～1.8
3	乌鲁木齐	43°47′	2.22	1.92	1.96	2.04	
4	沈阳	41°46′	2.02	1.76	1.80	1.87	1.7
5	北京	39°57′	1.86	1.63	1.67	1.74	1.6～1.7
6	天津	39°06′	1.80	1.58	1.61	1.68	1.2～1.5

续表

序号	城市名称	纬度(N)	冬至日满窗日照时数	大寒日满窗日照时数			现行采用标准
			1h	1h	2h	3h	
7	银川	38° 29′	1.75	1.54	1.58	1.64	1.7～1.8
8	石家庄	38° 04′	1.72	1.51	1.55	1.61	1.5
9	太原	37° 55′	1.71	1.50	1.54	1.60	1.5～1.7
10	济南	36° 41′	1.62	1.44	1.47	1.53	1.3～1.5
11	西宁	36° 35′	1.62	1.43	1.47	1.52	
12	兰州	36° 03′	1.58	1.40	1.44	1.49	1.1～1.2；1.4
13	郑州	34° 40′	1.50	1.33	1.36	1.42	
14	西安	34° 18′	1.48	1.31	1.35	1.40	1.0～1.2
15	南京	32° 04′	1.36	1.21	1.24	1.30	1.0；1.1～1.8
16	合肥	31° 51′	1.35	1.20	1.23	1.29	1.2
17	上海	31° 12′	1.32	1.17	1.21	1.26	0.9～1.1
18	成都	30° 40′	1.29	1.15	1.18	1.24	1.1
19	武汉	30° 38′	1.29	1.15	1.18	1.24	0.7～0.9 1.0～1.1
20	杭州	30° 19′	1.27	1.14	1.17	1.22	0.9～1.0 1.1～1.2
21	拉萨	29° 42′	1.25	1.11	1.15	1.20	
22	重庆	29° 34′	1.24	1.11	1.14	1.19	0.8～1.1
23	南昌	28° 40′	1.20	1.07	1.11	1.16	
24	长沙	28° 12′	1.18	1.06	1.09	1.14	1.0～1.11
25	贵阳	26° 35′	1.11	1.00	1.03	1.08	
26	福州	26° 05′	1.10	0.98	1.01	1.07	
27	昆明	25° 02′	1.06	0.95	0.98	1.03	0.9～1.0
28	广州	23° 08′	0.99	0.89	0.92	0.97	0.5～0.7
29	南宁	22° 49′	0.98	0.88	0.91	0.96	1.0
30	海口	20° 00′	0.89	0.80	0.83	0.8	

注：1. 摘自 GB 50180—93《城市居住区规划设计规范》(2002 年版)；

2. 本表按沿纬向平行布置的 6 层条式住宅(楼高 18.18m，首层窗台距外地面 1.35m)计算；

3. “现行采用标准”为 20 世纪 90 年代初调查数据。

对于朝向不是正南向的建筑，其日照间距可按表 2-17 规定的不同方位间距折减系数求得。对于位于山地的建筑日照间距，除了日照条件外，还受到地形坡度和坡向的影响，因此，山地建筑布置应结合地形特点，对日照间距进行适当的调整，才能满足建筑物对日照的要求。

表 2-17　不同方位间距折减系数

方位	0° ～15°(含)	15° ～30°(含)	30° ～45°(含)	45° ～60°(含)	>60°
折减系数	1.0*L*	0.9*L*	0.8*L*	0.9*L*	0.95*L*

注：1. 表中方位为正南向(0°)偏东、偏西的方位角。

2. *L* 为当地正南向住宅的标准日照间距，m。

3. 本表指标仅适用于无其他日照遮挡的平行布置条式住宅之间。

2) 防火间距

场地总平面布置应符合防火要求，按照现行《建筑设计防火规范》的规定布置建、构筑物。对于火灾危险性较大的车间，应将其布置在场区边缘及其他车间的下风侧；使用大量易燃体的车间不宜设在人多的场所及火源的上风侧；大型易燃液体灌区的布置应考虑该液体流散时不威胁到企业的主要部分及人多的场所；厂区消防站和消防车道应全面规划、合理布置，火灾危险性较大的区域，消防车道的布置应考虑消防车能从两个方向迅速到达其地点。

防火间距是指一建筑物着火后，火灾不至于蔓延到相邻建筑物的空间间隔。在建筑设计中，各类建筑的平面布置除应采取必要的技术措施和方法来预防和减少建筑火灾危害外，各类建筑物之间间距也应满足建筑防火设计要求，只有这样，才能保护人身和财产的安全。

影响防火间距的因素比较复杂，如建筑物的特征(建筑的耐火等级、建筑物门窗的多少、面积大小等)，建筑物内堆放物品的特征(可燃程度)，失火时的风向、风速、温度、湿度、建筑物的相对高度和建筑物之间有无隔阻等，消防队到达现场的快慢和消防力量的强弱(消防队一般在 5～20min 内应赶至现场)以及仓库中的消防设备有无保证、可燃物的燃烧点和特征(颜色不同吸收辐射热也不同)等。

(1) 民用建筑防火间距。

① 民用建筑的分类。

按照民用建筑的高度、功能、火灾危险性和扑救难易程度等对其进行了分类，见表 2-18。

表 2-18 民用建筑的分类

名称	高层民用建筑		单、多层民用建筑
	一 类	二 类	
住宅建筑	建筑高度大于 54m 的住宅建筑(包括设置商业服务网点的住宅建筑)	建筑高度大于 27m，但不大于 54m 的住宅建筑(包括设置商业服务网点的住宅建筑)	建筑高度不大于 27m 的住宅建筑(包括设置商业服务网点的住宅建筑)
公共建筑	建筑高度大于 50m 的公共建筑； 建筑高度大于 24m 且任一楼层建筑面积大于 1000m^2 的商店、展览、电信、邮政、财贸金融建筑和其他多种功能组合的建筑； 医疗建筑、重要公共建筑； 省级及以上的广播电视和防灾指挥调度建筑、网局级和省级电力调度建筑； 藏书超过 100 万册的图书馆、书库	除住宅建筑和一类高层公共建筑外的其他高层民用建筑	建筑高度大于 24m 的单层公共建筑； 建筑高度不大于 24m 的其他民用建筑

注：1. 表中未列入的建筑，其类别应根据本表类比确定；宿舍、公寓等非住宅类居住建筑的防火要求，除本规范(《建筑设计防火规范》)另有规定外，应符合有关公共建筑的规定。

2. 除本规范有特别规定外，裙房的防火要求应符合有关高层民用建筑的规定。

② 民用建筑的耐火等级。

民用建筑的耐火等级分类是为了便于根据建筑自身结构的防火能力来对该建筑的其他防火要求做出的规定。民用建筑防火等级，见表 2-19。

表 2-19　民用建筑的耐火等级

耐火等级	最多允许层数	防火分区间		备　注
		最大允许长度/m	每层最大允许建筑面积/m²	
一、二级	住宅 9 层，其他民用建筑高度≤24m 或超过 24m 的单层公共建筑	150	2500	体育馆、剧场的观众厅，其防火分区最大允许建筑面积可适当增加；托儿所、幼儿园的儿童用房不应设在 4 层及 4 层以上
三级	5 层	100	1200	托儿所、幼儿园的儿童用房不应设在 3 层及 3 层以上；电影院、剧院、礼堂、食堂不应超过 2 层；医院、疗养院不应超过三层
四级	2 层	60	600	学校、食堂、菜市场、托儿所、幼儿园、医院等不应超过 1 层

(3)　民用建筑之间的防火间距。

民用建筑之间的防火间距综合考虑灭火救援的需要，防止火势向邻近建筑蔓延以及节约用地等因素，规定了民用建筑之间的防火间距，见表 2-20。

表 2-20　民用建筑之间的防火间距

建筑类别		高层民用建筑	裙房和其他民用建筑		
		一、二级	一、二级	三级	四级
高层民用建筑	一、二级	13	9	11	14
裙房和其他民用建筑	一、二级	9	6	7	9
	三级	11	7	8	10
	四级	14	9	10	12

注：1. 相邻两座单、多层建筑，当其相邻外墙为不燃性墙体且无外露的可燃性屋檐，每面外墙上无防火保护的正对开设的门、窗、洞口且面积之和不大于外墙面积的 5%时，其防火间距可按本表规定减少 25%；

2. 相邻两座建筑较高建筑的一面外墙为防火墙，或高出较低座具有一、二级耐火等级建筑的屋面 15m 及以下范围内的外墙为防火墙时，其防火间距可不限；

3. 相邻两座高度相同的具有一、二级耐火等级建筑中相邻任一侧外墙为防火墙时，其防火间距可不限；

4. 相邻两座建筑中较低座建筑的耐火等级不低于二级，屋面板的耐火极限不低于 1.00h，屋顶无天窗且其一面外墙为防火墙时，其防火间距不应小于 3.5m；对于高层建筑，不应小于 4m；

5. 相邻两座建筑中较低座建筑的耐火等级不低于二级且屋顶无天窗，较高建筑的一面外墙高出其屋面 15m 及以下范围内的开口部位设置甲级防火门、窗，或设置符合现行国家标准 GB 50084—2001《自动喷水灭火系统设计规范》(附条文说明)[2005 年]规定的防火分隔水幕或 GB 50016—2014《建筑设计防火规范》第 6.5.3 条规定的防火卷帘时，其防火间距不应小于 3.5m；对于高层建筑，不应小于 4m；

6. 相邻建筑通过底部的建筑物、连廊或天桥等连接时，其间距不应小于本表的规定；

7. 耐火等级低于四级的既有建筑，其耐火等级可按四级确定。

(2)　工业建筑防火间距。

①　厂房之间及与乙、丙、丁、戊类仓库、民用建筑等的防火间距见表 2-21。

表 2-21　厂房之间及与乙、丙、丁、戊类仓库、民用建筑等的防火间距

m

名称			甲类厂房	乙类厂房(仓库)			丙、丁、戊类厂房(仓库)				民用建筑				
			单、多层	单、多层		高层	单、多层			高层	裙房，单、多层			高层	
			一、二级	一、二级	三级	一、二级	一、二级	三级	四级	一、二级	一、二级	三级	四级	一类	二类
甲类厂房	单、多层	一、二级	12	12	14	13	12	14	16	13	25			50	
乙类厂房	单、多层	一、二级	12	10	12	13	10	12	14	13					
		三级	14	12	14	15	12	14	16	15					
	高层	一、二级	13	13	15	13	13	15	17	13					
丙类厂房	单、多层	一、二级	12	10	12	13	10	12	14	13	10	12	14	20	15
		三级	14	12	14	15	12	14	16	15	12	14	16	25	20
		四级	16	14	16	17	14	16	18	17	14	16	18		
	高层	一、二级	13	13	15	13	13	15	17	13	13	15	17	20	15
丁、戊类厂房	单、多层	一、二级	12	10	12	13	10	12	14	13	10	12	14	15	13
		三级	14	12	14	15	12	14	16	15	12	14	16	18	15
		四级	16	14	16	17	14	16	18	17	14	16	18		
	高层	一、二级	13	13	15	13	13	15	17	13	13	15	17	15	13
室外变、配电站	变压器总油量/t	≥5，≤10	25	25	25	25	12	15	20	12	15	20	25	20	
		>10，≤50					15	20	25	15	20	25	30	25	
		>50					20	25	30	20	25	30	35	30	

注：1. 乙类厂房与重要公共建筑的防火间距不宜小于 50m；与明火或散发火花地点，不宜小于 30m；单、多层戊类厂房之间及与戊类仓库的防火间距可按本表的规定减少 2m，单、多层戊类厂房之间及与戊类仓库的防火间距可按本表的规定减少 2m，与民用建筑的防火间距可按《建筑设计防火规范》第 5.5.2 条的规定执行；为丙、丁、戊类厂房服务而单独设置的生活用房应按民用建筑确定，与所属厂房的防火间距不应小于 6m；必须相邻布置时，应符合本表注 2、3 的规定。

2. 两座相邻厂房较高一面外墙为防火墙时，其防火间距不限，但甲类厂房之间不应小于 4m；两座丙、丁、戊类厂房相邻两面外墙均为不燃性墙体，当无外露的可燃性屋檐，每面外墙上的门、窗、洞口面积之和各不大于外墙面积的 5%，且门、窗、洞口不正对开设时，其防火间距可按本表的规定减少 25%；甲、乙类厂房(仓库)不应与《建筑设计防火规范》第 5.3.3 条规定外的其他建筑贴邻。

3. 两座一、二级耐火等级的厂房，当相邻厂房较低一面外墙为防火墙且较低一座厂房的屋顶耐火极限不低于 1.00h，或相邻较高一面外墙的门、窗等开口部位设置甲级防火门、窗或防火分隔水幕或按《建筑设计防火规范》6.5.3 条的规定设置防火卷帘时，甲、乙类厂房之间的防火间距不应小于 6m；丙、丁、戊类厂房之间的防火间距不应小于 4m。

4. 发电厂内的主变压器的油量可按单台确定。

5. 耐火等级低于四级的既有厂房，其耐火等级可按四级确定。

6. 当丙、丁、戊类厂房与丙、丁、戊类仓库相邻时，应符合本表注 2、3 的规定。

② 甲类仓库之间及与其他建筑、明火或散发火花地点、铁路、道路等的防火间距，见表 2-22。

表 2-22　甲类仓库之间及与其他建筑、明火或散发火花地点、铁路、道路等的防火间距　m

<table>
<tr><th colspan="2" rowspan="3">名　称</th><th colspan="4">甲类仓库(储量，t)</th></tr>
<tr><th colspan="2">甲类储存物品第 3、4 项</th><th colspan="2">甲类储存物品第 1、2、5、6 项</th></tr>
<tr><th>≤5</th><th>>5</th><th>≤10</th><th>>10</th></tr>
<tr><td colspan="2">高层民用建筑、重要公共建筑</td><td colspan="4">50</td></tr>
<tr><td colspan="2">裙房、其他民用建筑、明火或散发火花地点</td><td>30</td><td>40</td><td>25</td><td>30</td></tr>
<tr><td colspan="2">甲类仓库</td><td>20</td><td>20</td><td>20</td><td>20</td></tr>
<tr><td rowspan="3">厂房和乙、丙、丁、戊类仓库</td><td>一、二级</td><td>15</td><td>20</td><td>12</td><td>15</td></tr>
<tr><td>三级</td><td>20</td><td>25</td><td>15</td><td>20</td></tr>
<tr><td>四级</td><td>25</td><td>30</td><td>20</td><td>25</td></tr>
<tr><td colspan="2">电力系统电压为 35kV～500kV 且每台变压器容量不小于 10MV·A 的室外变、配电站，工业企业的变压器总油量大于 5t 的室外降压变电站</td><td>30</td><td>40</td><td>25</td><td>30</td></tr>
<tr><td colspan="2">厂外铁路线中心线</td><td colspan="4">40</td></tr>
<tr><td colspan="2">厂内铁路线中心线</td><td colspan="4">30</td></tr>
<tr><td colspan="2">厂外道路路边</td><td colspan="4">20</td></tr>
<tr><td rowspan="2">厂内道路路边</td><td>主要</td><td colspan="4">10</td></tr>
<tr><td>次要</td><td colspan="4">5</td></tr>
</table>

注：甲类仓库之间的防火间距，当第 3、4 项物品储量不大于 2t，第 1、2、5、6 项物品储量不大于 5t 时，不应小于 12m，甲类仓库与高层仓库的防火间距不应小于 13m。

③ 乙、丙、丁、戊类仓库之间及与民用建筑的防火间距见表 2-23。

3) 防爆要求

建筑场地总平面布置中的防爆要求主要是针对有爆炸危险的甲、乙类生产厂房、炸药库和存放有爆炸材料的仓库、场地等而言。防爆主要是对一些易燃、可燃液体的蒸气或粉尘纤维等与空气混合构成一定浓度的混合物后，在遇到明火等条件下可能引起爆炸而提出的必要预防措施。为此，易发生爆炸性的车间、仓库或设备应布置在人少的厂区边缘地带，并尽可能露天布置，以相对降低其危险性和事故破坏性，但应注意生产特点或做防护围堤。对于易爆危险性设施的布置，通常情况下，易爆车间均应布置在容易散发火花的车间的上风向。对于储存易爆物的仓库，不仅要有一定的防护间距，而且必须有可靠的安全防护设施。如炸药库的布置选择在远离居民点和场地的空旷地带，并应因地制宜地利用天然屏障，以缩小防爆间距。关于炸药库的安全防护距离应按国家现行的有关规范执行。

表 2-23　乙、丙、丁、戊类仓库之间及与民用建筑的防火间距

m

名称			乙类仓库			丙类仓库				丁、戊类仓库			
			单、多层		高层	单、多层			高层	单、多层			高层
			一、二级	三级	一、二级	一、二级	三级	四级	一、二级	一、二级	三级	四级	一、二级
乙、丙、丁、戊类仓库	单、多层	一、二级	10	12	13	10	12	14	13	10	12	14	13
		三级	12	14	15	12	14	16	15	12	14	16	15
		四级	14	16	17	14	16	18	17	14	16	18	17
	高层	一、二级	13	15	13	13	15	17	13	13	15	17	13
民用建筑	裙房，单、多层	一、二级	25			10	12	14	13	10	12	14	13
		三级	25			12	14	16	15	12	14	16	15
		四级	25			14	16	18	17	14	16	18	17
	高层	一类	50			20	25	25	20	15	18	18	15
		二类	50			15	20	20	15	13	15	15	13

注：1. 单、多层戊类仓库之间的防火间距可按本表减少 2m。

2. 两座仓库的相邻外墙均为防火墙时，防火间距可以减小，但丙类不应小于 6m，丁、戊类不应小于 4m；两座仓库相邻较高一面外墙为防火墙，且总占地面积不大于《建筑设计防火规范》表 3.3.2 中一座仓库的最大允许占地面积规定时，其防火间距不限。

3. 除乙类第 6 项物品外的乙类仓库，与民用建筑的防火间距不宜小于 25m，与重要公共建筑的防火间距不应小于 50m，与铁路、道路等的防火间距不宜小于《建筑设计防火规范》表 3.5.1 中甲类仓库与铁路、道路等的防火间距。

4. 粮食筒仓与其他建筑、粮食筒仓组之间的防火间距不应小于表 2-24 的规定。

表 2-24 粮食筒仓与其他建筑、粮食筒仓组之间的防火间距(m)

<table>
<tr><th rowspan="2">名称</th><th rowspan="2">粮食总储量 W(t)</th><th colspan="3">粮食立筒仓</th><th colspan="2">粮食浅圆仓</th><th colspan="3">其他建筑</th></tr>
<tr><th>W≤ 40 000</th><th>40 000＜ W≤50 000</th><th>W＞ 50 000</th><th>W≤ 50 000</th><th>W＞ 50 000</th><th>一、二级</th><th>三级</th><th>四级</th></tr>
<tr><td rowspan="4">粮食立筒仓</td><td>500＜W≤1000</td><td rowspan="2">15</td><td rowspan="3">20</td><td rowspan="3">25</td><td rowspan="3">20</td><td rowspan="3">25</td><td>10</td><td>15</td><td>20</td></tr>
<tr><td>1000＜W≤40 000</td><td>15</td><td>20</td><td>25</td></tr>
<tr><td>40 000＜W≤50 000</td><td>20</td><td>20</td><td>25</td><td>30</td></tr>
<tr><td>W＞50 000</td><td colspan="5">25</td><td>25</td><td>30</td><td>—</td></tr>
<tr><td rowspan="2">粮食浅圆仓</td><td>W≤50 000</td><td>20</td><td>20</td><td>25</td><td>20</td><td>25</td><td>20</td><td>25</td><td>—</td></tr>
<tr><td>W≤50 000</td><td colspan="5">25</td><td>25</td><td>30</td><td>—</td></tr>
</table>

注：1. 当粮食立筒仓、粮食浅圆仓与工作塔、接收塔、发放站为一个完整工艺单元的组群时，组内各建筑之间的防火间距不受本表限制；

2. 粮食浅圆仓组内每个独立仓的储量不应大于10 000t。

4) 防噪声要求

为了防止噪声，需合理地布置各种建筑物。

(1) 总平面布置在满足其他要求的条件下，应尽可能将噪声大的建筑集中布置，且布置于凹地内，以减少噪声的扩散。

(2) 要求安静的建筑应尽量避开声源，远离产生大量噪声的车间或建筑物，且位于盛行风向的上风侧。

(3) 合理地布置场地的交通系统，将隔声要求高的建筑避开主干道。

(4) 合理布置工厂绿化，减低场地环境噪声。

绿地有反射和吸收声能的作用，叶面积越大、树冠越密的树林，其吸声性能越好。绿化林带减弱噪声的效果与林带的宽度、高度、位置、配置以及树木种类等有密切的关系。

对于民用建筑如中小学校，两排教室的长边相对称，其间距不应小于 25m。教室与图书室、实验室、办公楼等平行布置时，防噪声间距也不应小于 25m。办公楼、图书楼、实验楼、专业教室等建筑平行布置时，其防噪声间距不小于 15m。教室的长边与运动场地的间距不应小于 25m。

工业建筑场地噪声的防护间距设置见表 2-25。

表 2-25 几种建筑物防噪声间距参考

序号	从发声建筑物至辅助建筑物		间距/m	附 注
1	焦化厂鼓风机室	试验室、办公室、计量室	40～50	噪声大于 90dB
2	焦化厂鼓风机室	消防车库	100	噪声大于 90dB
3	金属结构车间	厂办公室	50 以上	对工作人员无影响

续表

序号	从发声建筑物至辅助建筑物		间距/m	附 注
4	金属结构车间	办公楼、工程大楼	35～45	车间通道传出的声音较大，相对建筑物的大门避免直对，以减少影响
5	铆焊工作地点	办公室	40～50	影响听觉
6	铆焊工作地点	办公室	150	无影响
7	发电厂磨煤厂房	有试验室的办公室	20～30	
8	水泥厂粉磨车间	办公室	30～40	

2.3.2 建、构筑物的布置形式

1. 单体建筑的布置

在民用建筑场地设计中，有的场地里只安排一主体建筑，如体育馆、影剧院、大型商业建筑、高层写字楼等。此类建筑布置可根据自身的功能要求，结合场地条件和周围环境来确定它在场地中的位置。对于新建项目，单体建筑常采用以下布置形式。

1) 布置在场地的中心

建筑物布置在场地的中心位置，突出建筑物，用周围环境来衬托，形成明确的主从关系。这种布置的优点是整体秩序较简明、主体建筑突出、视觉形象好，各部分用地相当、均衡，相对独立，互不干扰；缺点是建筑形象单一、缺少层次感且显得单调。之所以如此布置，是考虑到该建筑功能相对完整，独立性较强，很难与其他建筑结合在一起，加之在场地中心的比重大，地位主要。

2) 布置在场地的边侧或一角

位于城市中的建筑场地，由于受到用地的限制或场地一边临街，为了节约用地，往往把主体建筑布置在场地的边侧，使其余用地相对集中，便于布置其他辅助建筑和绿化。如中小学场地，建筑用地和体育活动用地相当，往往把建筑布置在场地一侧，而把体育活动场地布置在另一侧，这样既保证了教学区的安静，也便于师生的体育活动，如图 2-7 所示。

2. 群体建筑的布置

1) 建筑组合

建筑组合是指将不同的功能建筑，按照一定的使用联系和规律合理地组合在一起，形成一个有机的建筑整体。建筑组合的着眼点主要集中在建筑空间的有机性、功能的合理性、群体关系的凝聚性和建筑结构的简明性。

建筑组合是多元素的组合过程，包括建筑功能单元、由使用性质决定的功能网络关系(即功能结构)、由建筑结构和建筑艺术决定的关系元素、建筑形态构成的基本技法以及场地环境和建设条件等内容。

(1) 建筑功能单元。建筑组合首先要研究建筑功能单元，即场地建筑的组成单元。就工业建筑场地而言，建筑功能单元包括生产建筑、辅助生产建筑、生活建筑以及交通建筑及其设施；就民用居住区建筑场地而言，建筑功能单元包括住宅建筑、公共建筑、道路及

绿化等设施。

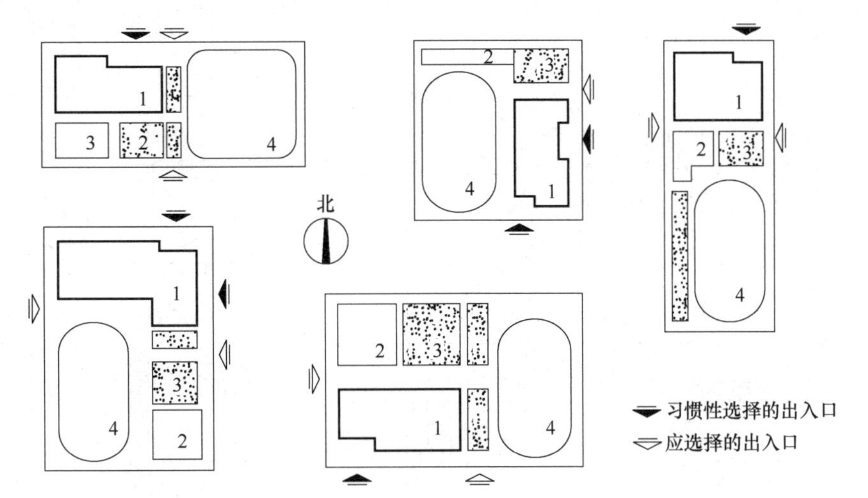

图 2-7　出入口、教学区、生活区、体育场地、绿化区的关系

1—教学区；2—生活区；3—绿化与球场区；4—田径场

(2) 建筑功能单元的组合关系。

① 联立关系。建筑功能单元各自独立、相互分离、没有联系。

② 并列关系。建筑功能单元虽结合在一起，但相互间不分主次，平等相待。此类组合的建筑多为平行布置。

③ 主从关系。以某一建筑功能单元为主，其他建筑单元为从，相互间存在陪衬、呼应关系。此类组合在工业建筑场地中尤为明显，如以生产建筑为主体、以生产辅助建筑为从体的组合。

④ 渗透关系。建筑单元之间没有明确的分界线，互相咬合，存在着共同的因子关系。

⑤ 相斥关系。建筑单元相互之间属于对立、排斥的关系，如要求安静的建筑同产生噪声的建筑单元之间、洁净建筑单元同产生污染的建筑单元之间、精密仪器仪表单元同产生强烈振动的建筑单元之间，就属于相斥关系。

⑥ 几何关系。以轴线和几何图形有规则地组合起来的建筑形式，如对称式建筑组合就属于此类。

⑦ 相似关系。各单元保持形状相似，以形状相似求统一，以大小、空间位置不同求变化。在居住区规划中，此类情况较多。

⑧ 等量关系。各建筑单元以相等的空间、体量进行变化。在居住区规划中，此类关系常见。

⑨ 相近关系。形态、大小、空间、体量之间仅有微小变化，相近相异，如方形与矩形、菱形与四边形等。

(3) 建筑功能单元的组合方法。建筑功能单元组合有平面组合、空间组合、体形组合等，虽然各有特点，但组合的基本方法是相同的。

建筑功能单元常用的组合方法如图 2-8 所示。

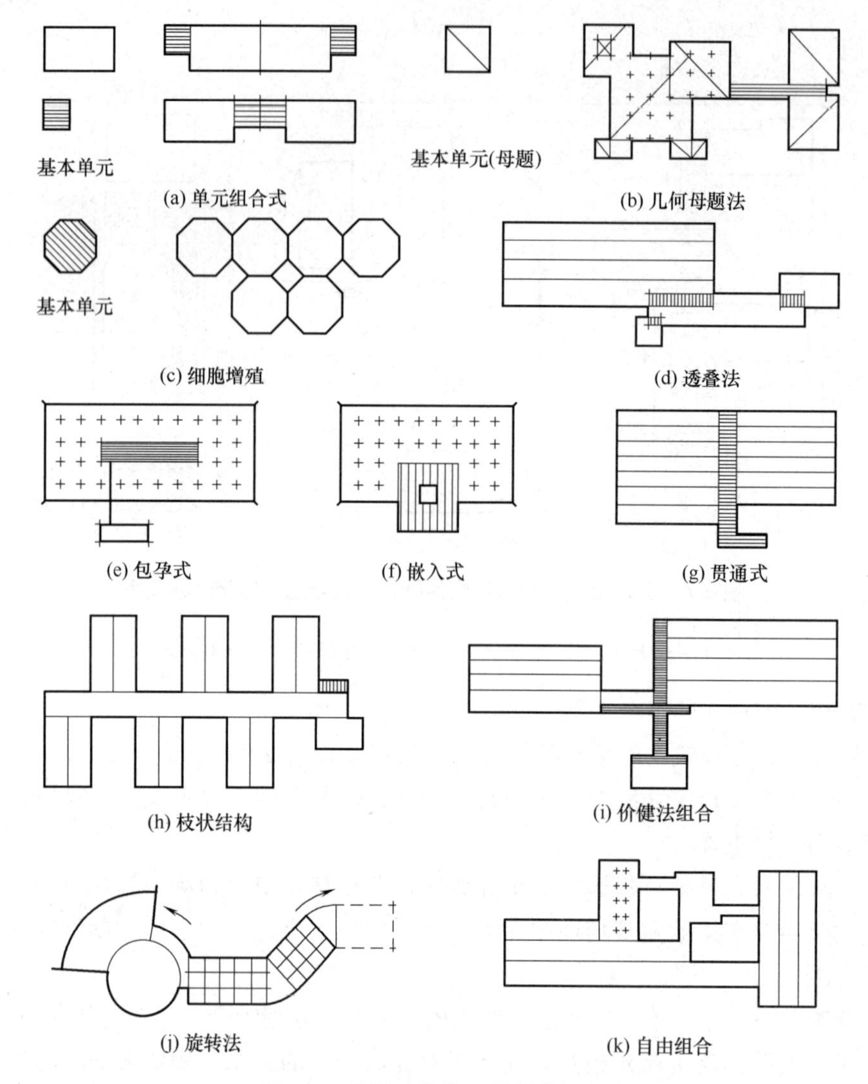

图 2-8 建筑功能单元常用的组合方法

2) 建筑群体的组合

(1) 居住建筑的群体组合形式。

① 行列式。行列式是建筑按一定朝向和合理间距成排布置的形式。这种布置形式能使绝大多数居室获得良好的日照和通风，是广泛应用的组合方式；其缺点是整体空间单调呆板，容易受到穿越交通的干扰。因此在进行场地建筑物布置时，可采用单元错接、山墙错落、成组改变朝向等手法，以产生环境的变化，见表 2-26。

② 周边式布置。周边式布置是建筑沿场地周边布置，中间合成几乎封闭的空间，具有一定的空地面积，便于组织公共绿化休息园地，组成的院落比较完整，在寒冷多风地区可阻挡风沙、节约用地、提高了居住建筑密度。但这种布置形式的缺点是部分居室朝向较差，采用转角建筑单元，使结构、施工较为复杂，不利抗震，也难以适应地形起伏变化较大的场地，也不适用于炎热地区。周边式布置实例见表 2-27。

表 2-26　行列式布置手法

布置手法	实　例	布置手法	实　例
基本形式	广州石油化工厂居住区住宅组	单元错开拼接 不等长拼接	上海天钥龙山新村居住区住宅组
山墙错落 前后交错	北京龙潭小区住宅组	等长拼接	四川渡口向阳村住宅组
左右交错	上海曹杨新村居住区曹杨一村住宅组	成组改变朝向	南京梅山钢铁厂居住区住宅组
左右前后交错			

表 2-27　周边式布置实例

布置手法	实　例
双周边	北京百万庄居住小区住宅组
自由周边	瑞典爱兰勃罗伯浪巴肯居住小区

③　混合式布置。混合式布置是行列式和周边式两种形式的结合，常见的是以行列式为主，以少量的住宅或公共建筑沿道路或院落周边布置，以形成半开敞式的院落，见表 2-28。

表 2-28　混合式布置实例

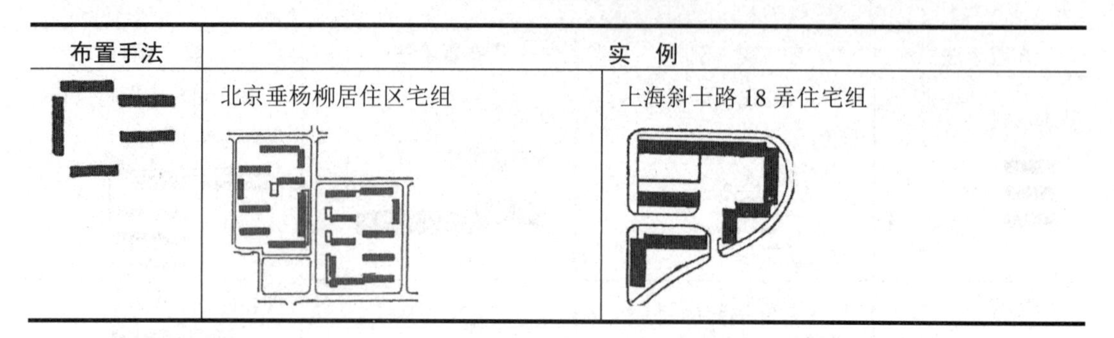

布置手法	实　例	
	北京垂杨柳居住区宅组	上海斜士路 18 弄住宅组

④　自由式布置。自由式布置是结合地形，在满足日照、通风等要求的前提下成组自由灵活布置建筑，见表 2-29。

表 2-29　自由式布置实例

布置手法	实　例
散立	重庆华一坡住宅组
曲线形	法国鲍皮尼住宅小区局部
曲尺形	瑞典斯德哥尔摩涅布霍夫居住区的一个小区

(2)　公共建筑的群体组合形式。

①　对称式。对称式是以主体建筑或连续几幢建筑的中心线为轴线，两侧对称布置次要建筑，并均衡布置道路、绿化、建筑小品等，形成对称式建筑群组。另外是以道路、绿化、喷泉、建筑小品等设施为中轴线，两侧较均匀地对称布置建筑群，形成对称式空间群组。对称式空间组合适用于对位置、形体、朝向等无严格功能制约关系的建筑群，此种形式不能影响其使用功能；由于对称式空间群组具有均衡、统一、协调和有序的特点，容易形成庄严、肃穆、公正、权威的气氛，适用于行政办公及政府机关等的建筑类型，如图 2-9 所示。

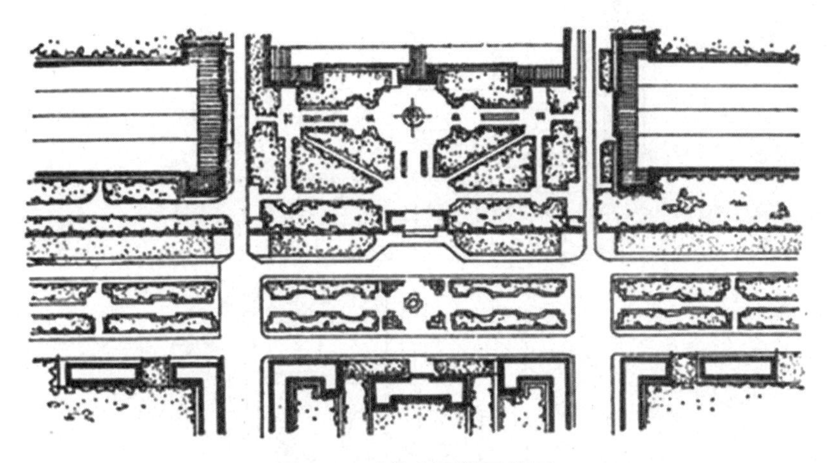

图 2-9 对称布置的厂前区

② 自由式。自由式也称非对称式，其空间组合是根据建筑物的功能要求，结合场地条件等因素因地制宜、灵活布置的一种形式。其建筑物的位置、形式较自由灵活，可随地形的变化进行布置，易与自然环境融为一体而形成多变、和谐的统一整体，适用于地形变化较大的建筑场地，如图 2-10 所示。

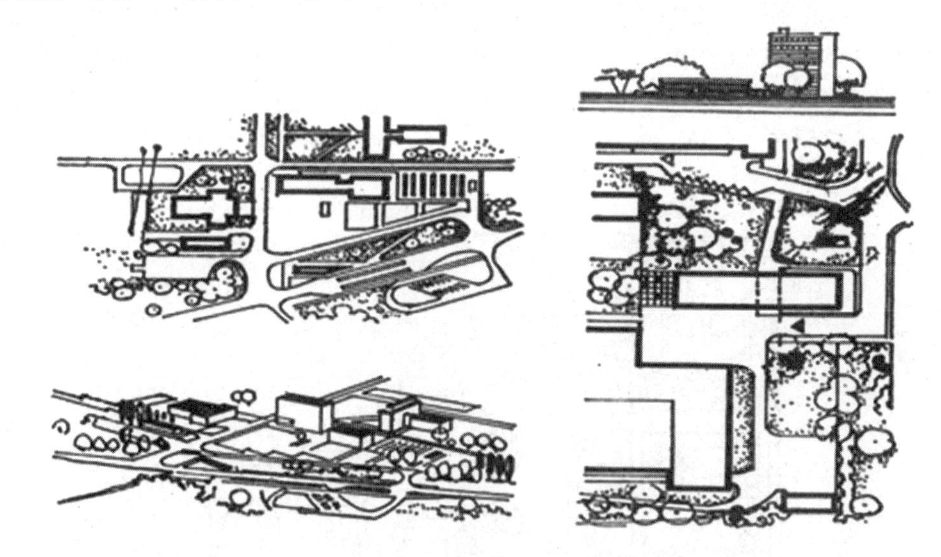

图 2-10 自由布置的厂前区

③ 庭院式。庭院式空间组合是由数栋建筑围合而成的一座院落或层层院落的组合形式。此种组合形式既能适应起伏变化较大和形状曲折的场地，又能满足建筑物之间一定隔离和联系的要求。庭院式组合常用廊道、踏步、花墙等建筑小品形成多个庭院，使各建筑相互渗透、相互陪衬，形成丰富的空间层次。

对于要求平面关系适当展开而又联系紧密的建筑群，可采用内外空间相融合的层层院落的布置形式。庭院式对场地地形变化的适应性强，各建筑灵活错接、高低起伏，因而被广泛采用，如图 2-11 所示。

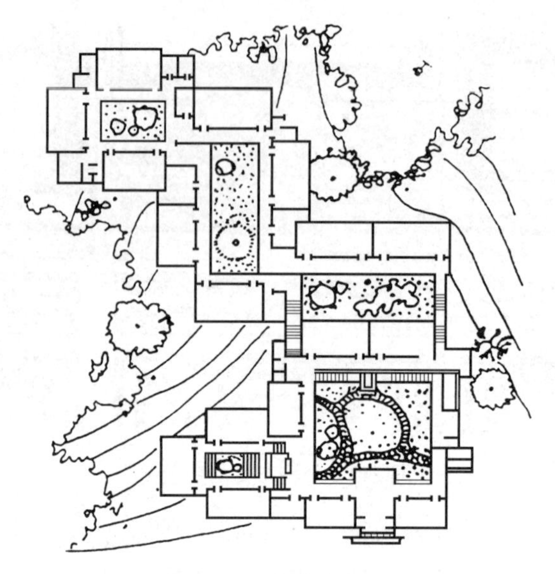

图 2-11　庭院式布置

④　综合式。对于一些建筑功能较复杂、地形起伏变化较大的场地，仅采用一种组合形式难以使建筑群体组合达到理想的效果，为了满足建筑功能要求，适应场地地形变化，需要采用两种或两种以上的组合形式，综合处理。对于功能要求严格的建筑可采用自由式布置，对于功能要求不严格的可采用对称式布置。如建筑群的入口处可采用对称布置，以形成严肃、规整的环境气氛，其他部分可采用自由式布置，以取得灵活变化的效果，如图 2-12 所示。

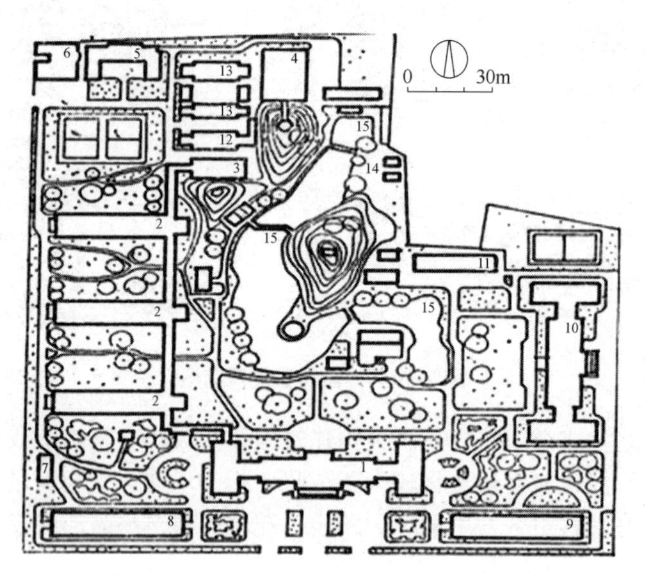

图 2-12　某医院总平面布置

1—门诊部；2—病房楼；3—营养部；4—锅炉房；5—洗衣房、总务科；
6—汽车房、太平间；7—变电间；8—医师宿舍；9—学生职工宿舍；
10—医士学校教学楼；11—学生食堂；12—食堂；13—宿舍；14—花房；15—水池

(3) 工业建筑群体的组合形式。

① 生产性建筑的组合。该方式将生产性质相近、生产联系紧密的车间采取合并、联合的办法进行组合，如图 2-13、图 2-14 所示。也可以将生产建筑与生活建筑相组合、生产建筑与辅助建筑相组合、建筑物与构筑物相组合。

② 工业建筑场地总平面布置形式。根据工业场地的生产性质、车间组成、建筑物层数、工业场地的大小和周围环境，工业建筑场地总平面布置形式一般分为 4 类，即周边式、区带式、不均齐式及整片式。

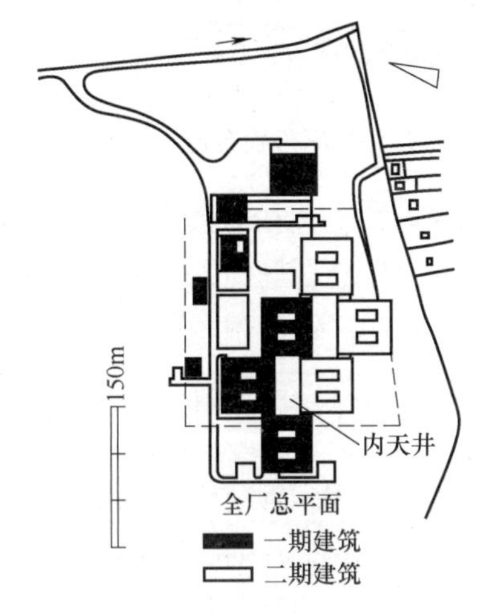

图 2-13　日字形单元组合式方案

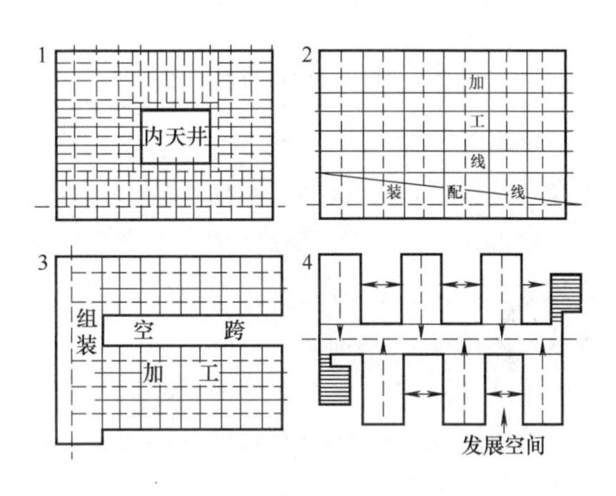

图 2-14　机械厂常用平面组合形式

1—短线加工，长线装配；2—加工与装配纵横；
3—多跨厂房空跨；4—两侧加工，中间装配

a. 周边式布置。周边式布置是指建筑物沿着工业场地四周的红线或靠近红线布置，形成一个或几个内院，如图 2-15 所示。一般情况下，把多层厂房或高大厂房布置在工业场地的外围，把一般的单层厂房布置在内院，内院的室外场地应满足防火、日照、卫生要求，以及汽车回车场的面积和出入口的要求。

周边式布置形式主要用于城镇区的中小型建筑场地，工业场地较规整、无铁路引入、城市规划要求较高的地段。

b. 区带式布置。区带式布置是指将建筑场地按照建、构筑物的使用功能，划分成宽度不等(或相等)的几个区带，将功能相近的建、构筑物进行组合，布置在同一区带，建、构筑物的长轴尽可能同等高线平行。

区带式布置适宜建、构筑物较多、运输量较大的大、中型场地。这种形式功能分区明确、道路规整，便于组织生产、布置工业运输线路、敷设工程管网，同时也有利于组织建筑和绿化美化。区带式布置可以使总平面设计更加经济合理，并有利于节约用地，如图 2-16 所示。

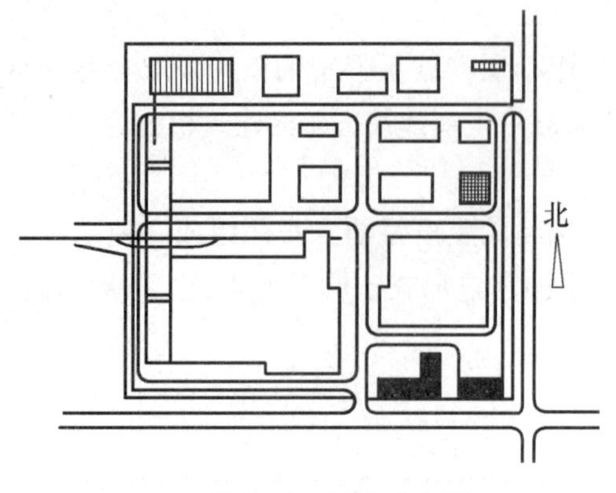

图 2-15 周边式布置

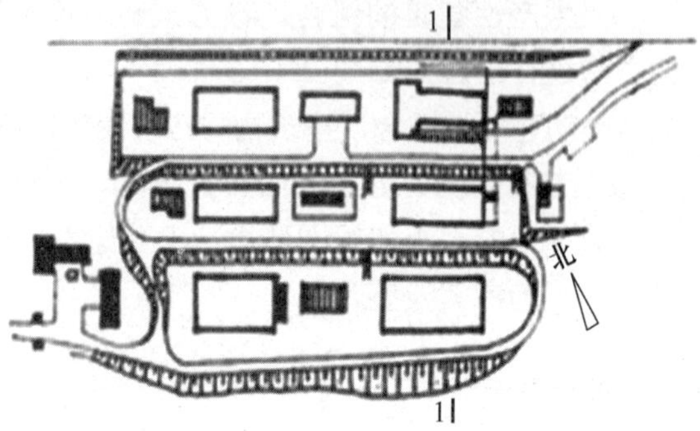

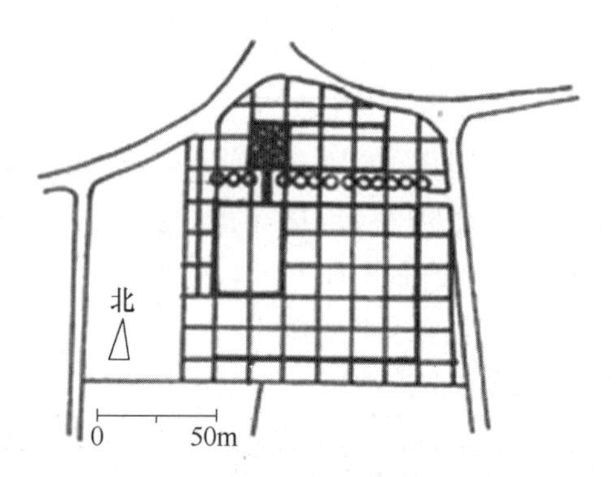

图 2-16 区带式布置

c. 不均齐式布置。不均齐式布置是指根据建筑场地的特点、工艺和运输要求以及地形的变化，场地总平面布置呈不规整的形式，其区带长宽不一。如冶金场地、石油化工场地等，这些场地由于工艺过程复杂，生产连续性强，受工艺过程和运输的制约大，总平面布置难以做到均齐。在山区和坡地建厂，由于受地形条件的制约，总平面布置较多的采用不均齐式，如图 2-17 所示。

d. 整片式布置。整片式布置是指将场地各生产车间、辅助车间、行政管理及生产福利等建筑物尽可能集中地布置在联合厂房里，在厂区内形成一个连续整片的大建筑物，其余小面积的辅助建筑物，根据使用功能可布置在主要车间的附近。这种布置形式适用于纺织场地、机械制造场地。整片式布置方便生产管理、节约建筑造价；但要求场地平坦，并处理好自然通风问题，如图 2-18 所示。

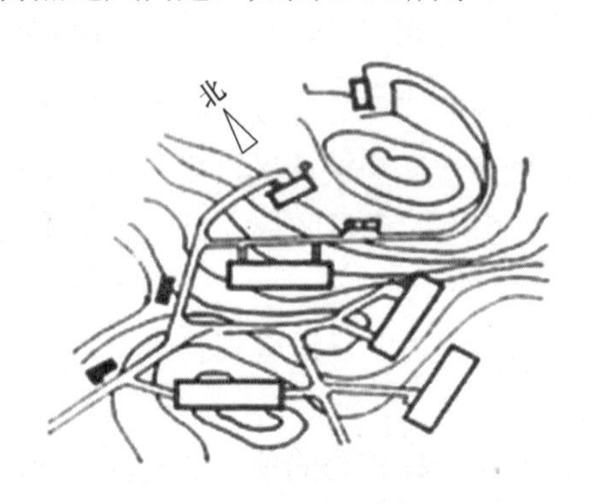

图 2-17 不均齐式布置

图 2-18 整片式布置

(4) 群体建筑同交通线路的组合。在场地总平面布置中，除了群体建、构筑物布置外，群体建筑同交通线路的组合也占有较大的比重，主要表现在以下几个方面。

① 建筑物同道路的组合。任何建筑场地都离不开道路，不同的道路类型把建、构筑物连在一起，构成了场地的道路网，供人行走、供车行驶。在通常情况下，建、构筑物同道路的组合形式如图 2-19 所示。

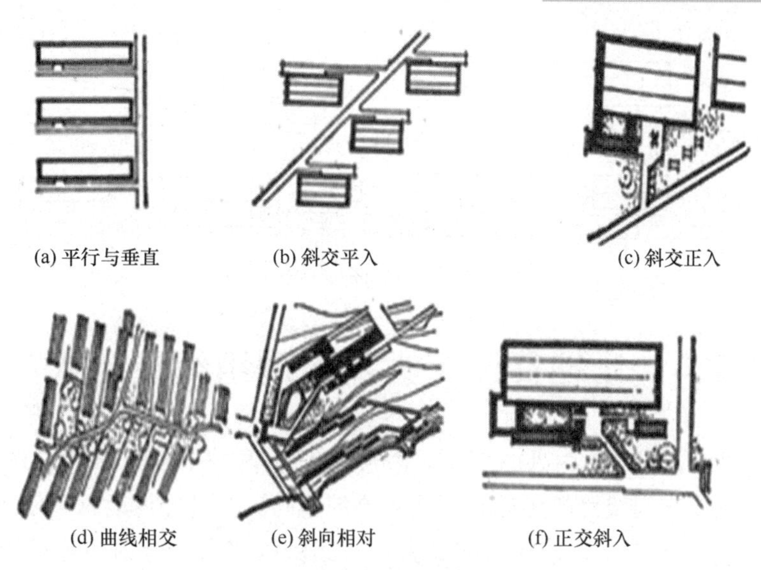

图 2-19　建筑物同道路的组合形式

② 建筑物同铁路的组合。

a. 单体建筑同铁路的组合如图 2-20 所示。

b. 群体建筑同铁路的组合，如图 2-21、图 2-22 所示。

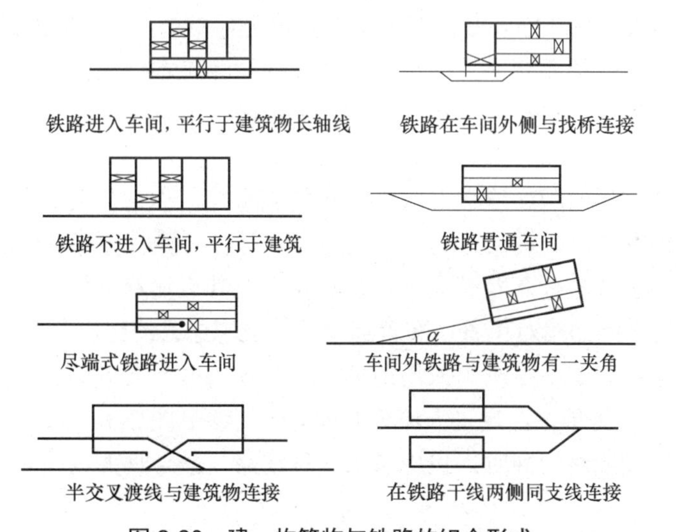

图 2-20　建、构筑物与铁路的组合形式

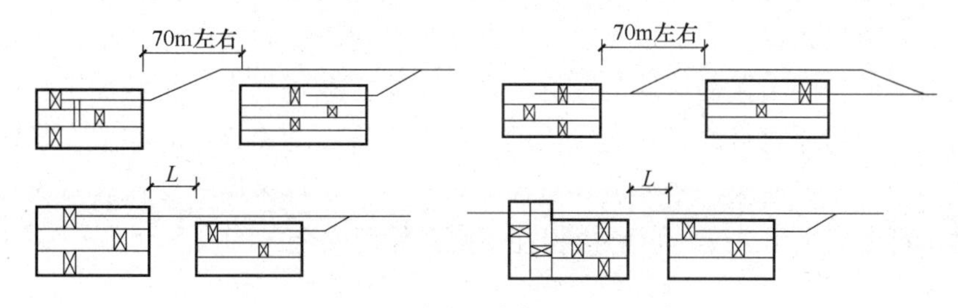

图 2-21　铁路同车间的组合形式

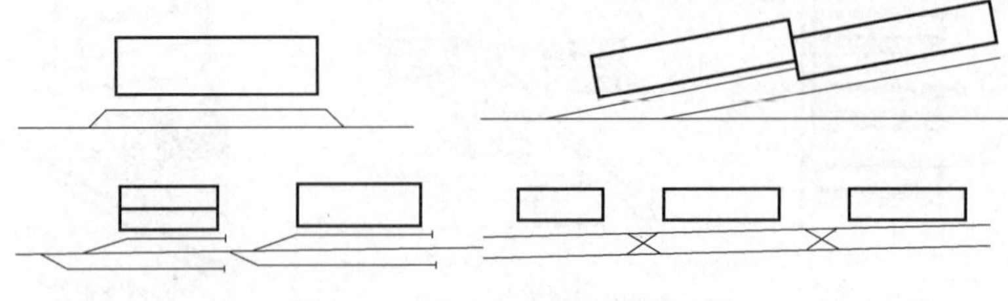

图 2-22　铁路同仓库的组合形式

2.4　场地货流、人流合理组织及出入口

在选择场址时，对场地内外的主要运输方式已做了初步确定；在进行场地总体规划时，进一步确定了主要交通线路的走向和主要货物的流向。在进行场地总平面布置时，还必须结合场区的功能分区，建、构筑物的布置，工艺流程要求，合理地组织货流和人流，这对场地的正常生产、提高劳动生产率、消灭事故、方便运输和职工通行都起着十分重要的作用。

2.4.1　合理地组织货流与人流

为了合理地布置运输线路，必须对场地的货流进行组织，组织的原则是满足生产流程，使运输线路短捷，减少货流交叉，尽可能使货流的运输过程同生产加工过程一致，做到在运输过程中加工、在加工过程中运输，最大限度地减少运输距离，以节约线路长度和运营费用。

工业场地生产过程的顺序连接形成了货物的流水线，称为货流。货流的含义包括货物运输量和货物运输方向，一般以万吨/年、吨/日为单位，通过货流图来表示，参见图 2-3。货流图清楚地表明了货流分布及其大小、货流路径及其运输距离的长短。通过货流图有助于更加合理地确定车间的相对位置、布置运输线路及考虑人流组织。

所谓人流，是指职工上下班出入场地形成的较大人群。人流的含义包括人流大小和人流方向，一般以人/日为单位，通过人流分布图表示，参见图 2-3。

在确定货物运输线路的同时，也应考虑人行线路，最合理的人流组织应是线路短捷并与货流交叉最少。

当场区以铁路、道路运输为主时，人流和货流的方向最好相反且相互平行布置，并将人流出入口与货流出入口分开，以免交叉。在一般情况下，将货流大的车间布置在场地的后区，把人流多的车间布置在场地的前区。在大中型工业场地中，机械加工和成品车间等布置在场前区，而将原材料、燃料运量大的车间、仓库、动力设施等布置在场区的后部。当人流、货流交叉不可避免，若人流、货流量较小时，可以采用平交；若货流量大、人流量也较大时，可考虑采用立交，以解决相互干扰，保证安全。

场地的人流不仅往返于出入口和工作地点之间，还与食堂、医务室、办公室、浴室等有联系，因此布置行政福利设施时也应考虑人流的合理组织。

2.4.2　合理布置场地出入口

1. 场地出入口布置要求

在合理地确定货流和人流组织时，还必须考虑场地出入口的数量及其位置。出入口是货流和人流的必经之路，一般分为货流出入口和人流出入口。其布置要求如下。

(1) 保证职工从居住区以最短的距离到达工作地点，主要出入口应面临城市主干道或居住区。

(2) 主要货流和人流出入口应分开设置，若货流和人流量都很小时，也可合并设置。

(3) 出入口不应设置在要求保密较高的车间和动力设施附近。

(4) 出入口的布置要考虑保卫工作的方便。

(5) 出入口的数量视场地的规模、货流量及人流等因素确定，一般的场地人流出入口设 1～2 个，货流出入口设 1～2 个。出入口布置如图 2-23、图 2-24 所示。

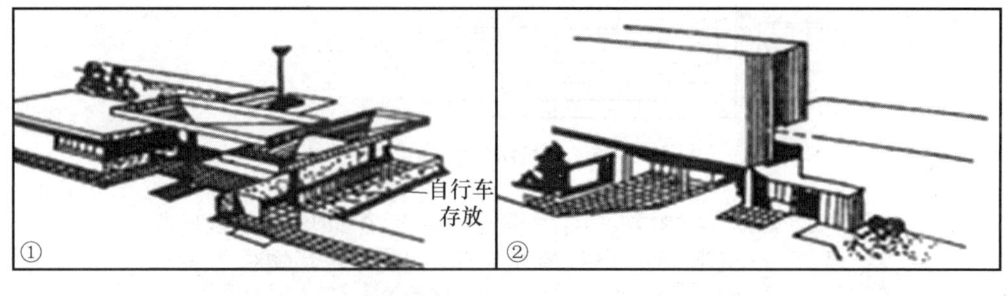

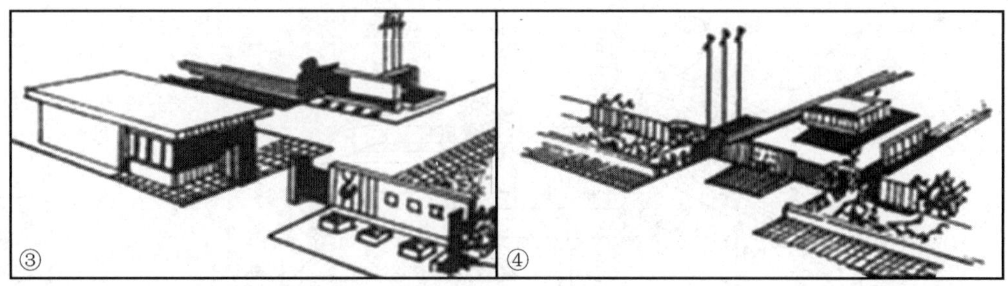

图 2-23　出入口布置之一

2. 场地出入口布置实例

(1) 某机械厂出入口布置如图 2-25 所示。

(2) 某钢铁厂出入口布置如图 2-26 所示。

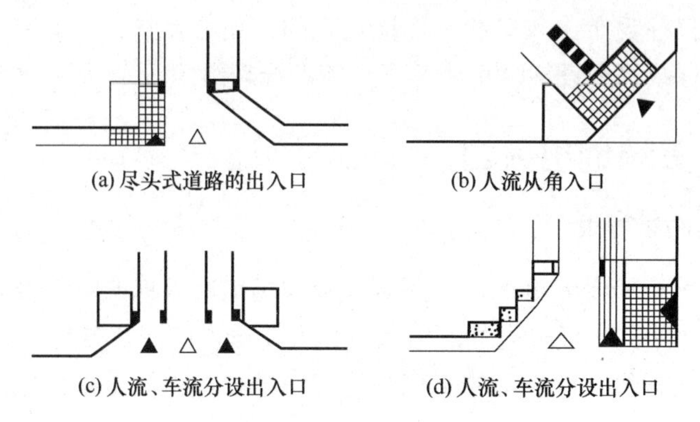

(a) 尽头式道路的出入口　(b) 人流从角入口

(c) 人流、车流分设出入口　(d) 人流、车流分设出入口

图 2-24　出入口布置之二

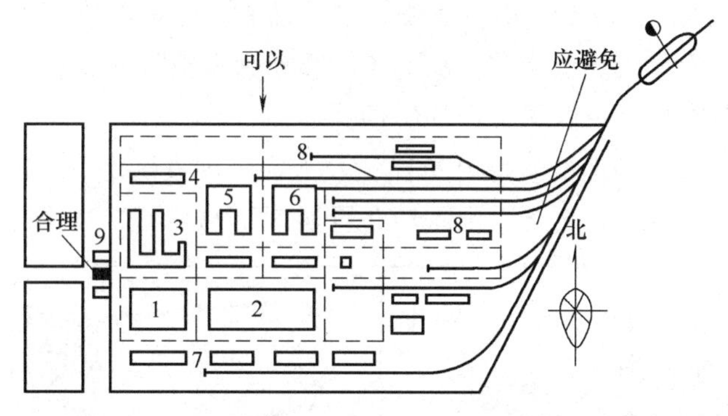

图 2-25　某机械厂出入口布置

1—发动机车间；2—装配车间；3—锻工车间；4—备料间；5—铸铁车间；6—铸钢车间；7—机燃区；8—原料出区；9—厂前区

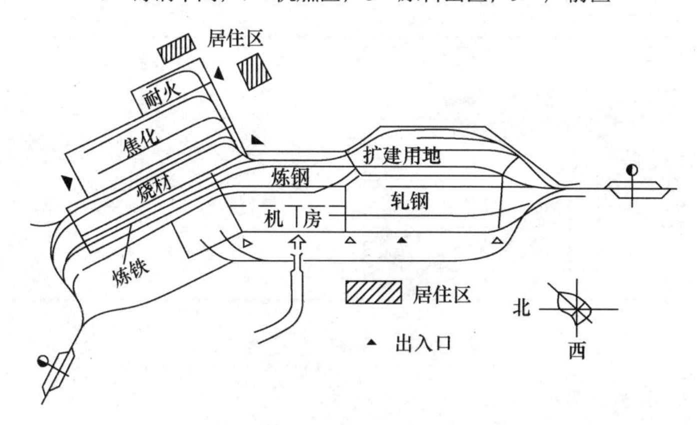

图 2-26　某钢铁厂出入口布置

复习思考

1. 场地总平面布置的一般要求有哪些？
2. 建筑场地的用地要求有哪些？

3. 建筑空间的类型有哪些？
4. 功能分析的方法有哪几种？
5. 建构筑物布置的基本要求有哪些？
6. 单体建筑常采用的形式有哪些？
7. 居住建筑群体组合的方式有哪些？
8. 公共建筑群体组合的方式有哪些？
9. 工业建筑场地总平面布置的形式有哪些？
10. 建筑同道路的组合方式有哪几种？
11. 如何合理地组织场地人流和货流？
12. 场地出入口的位置及布置要求有哪些？

第 3 章 公共建筑总平面

本章主要阐述公共建筑场地选址、功能要求、总平面布置要点及总平面布置实例，包括托儿所、幼儿园、中小学、文化馆、图书馆、汽车客运站、剧场、电影院、展览馆、办公楼、旅馆、医院、博物馆、商业建筑等。

3.1 托儿所、幼儿园

3.1.1 概述

1. 托儿所、幼儿园的含义及分类

接纳 3 周岁以下的幼儿为托儿所，分为全日制托儿所和寄宿制托儿所。

接纳 3～6 周岁的幼儿为幼儿园，分为全日制幼儿园和寄宿制幼儿园。

托儿所、幼儿园可单独设置，也可联合设置，一般联合较多，即在幼儿园中附设托儿班或托儿所。

2. 托儿所、幼儿园的规模与组成

幼儿园的规模(包括托、幼合建的)见表 3-1。

表 3-1 幼儿园的规模

名 称	班 数	人 数	名 称	班 数	人 数
大 班	10～12 以上	200～300	小班	5 班以下	150 人以下
中 班	6～9	180～270			

托、幼机构规模不宜过大，以 4～8 班为宜，托儿所以不超过 5 个班为宜。

托儿所每班人数：托小、中班每班 15～20 人，托大班每班 21～25 人。

幼儿园小班每班 20～25 人，中班每班 26～30 人，大班每班 31～35 人。

托儿所、幼儿园由生活用房、服务用房和供应用房组成。

3. 托儿所、幼儿园的建筑面积和用地面积

托儿所、幼儿园的建筑面积及用地面积见表 3-2。

表 3-2 托儿所、幼儿园建筑面积及用地面积 单位：m^2/人

名 称	建筑面积	用地面积
托儿所	7～9	12～15
幼儿园	9～12	15～20

3.1.2 场地选择

(1) 应远离各种污染源，并应满足卫生防护标准的要求。

(2) 方便家长接送，避免交通干扰。

(3) 日照充足、场地干燥、排雨水通畅。

(4) 环境优美，应设有集中绿化园地，并严禁种植有毒、带刺的植物。

(5) 能为建筑功能分区、出入口、室外游戏场地的布置提供必要的条件，做到总体布置合理、功能分区明确，创造符合幼儿生理、心理特点的环境空间。

(6) 托儿所、幼儿园的服务半径以 500m 为宜。

3.1.3 总平面布置

(1) 大、中型幼儿园应设两个出入口，主出入口供家长及幼儿进出，次出入口通往杂物院，出入口的位置应根据道路和场地地形条件确定。出入口不应靠近城市道路的交叉口，距交叉口的距离自道路红线交叉点起不应小于 70m、宽度不小于 4m。常见出入口布置如图 3-1 所示。

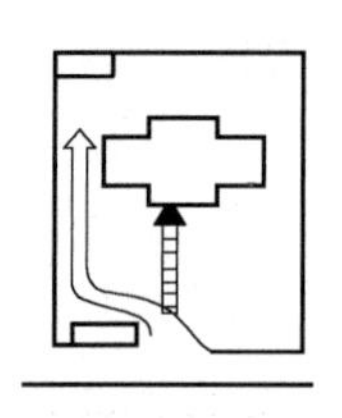

(a) 长方形地段，短边临街

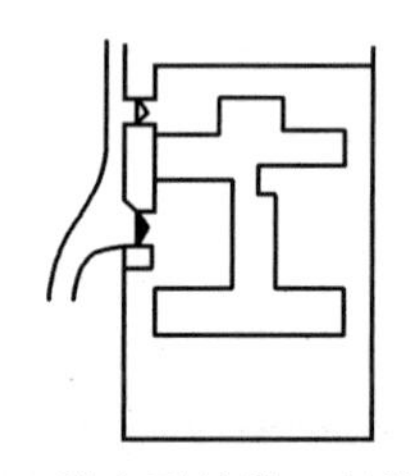

(b) 长方形地段，长边临街

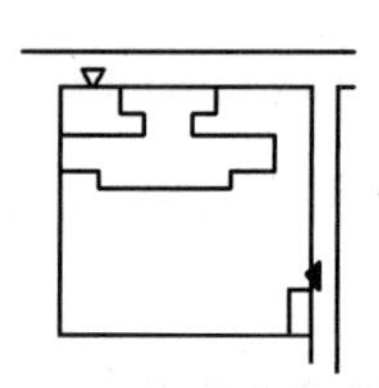

(c) 两边临街

图 3-1 幼儿园出入口布置

(2) 根据幼儿园平面功能关系的要求，对建筑物、构筑物、室外游戏场地、绿化用地及杂物院等进行总体布置，做到功能分区合理、方便管理、朝向适宜、游戏场地日照充足。幼儿园平面功能关系如图 3-2 所示。

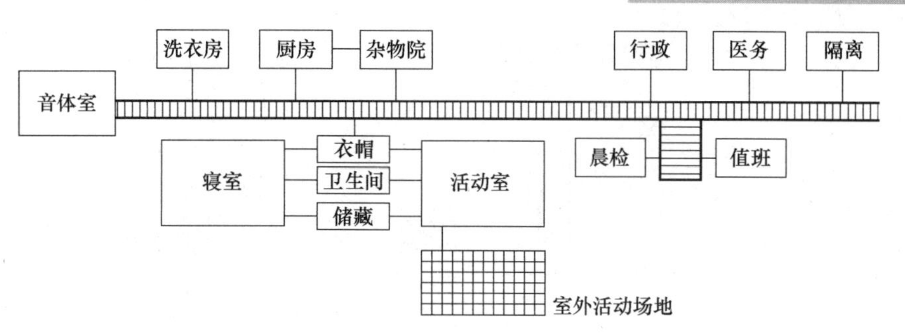

图 3-2 幼儿园平面功能关系

(3) 幼儿园必须设置专门的室外公共活动游戏场地和每个班的室外游戏场地，其面积不应小于 60m^2，各场地之间宜采取分隔措施。

(4) 幼儿园宜有集中的绿化用地，并严禁种植有毒、带刺的植物。

(5) 幼儿园宜在供应区内设置杂物院，并单独设置对外出入口。

(6) 场地边界、游戏场地、绿化等用地应有围护、遮栏设施，且安全、通透、美观。

(7) 幼儿园、托儿所应有全园共用的室内游戏场地，其面积不宜小于式(3-1)的计算值 A。

$$A=180+20(N-1)(\mathrm{m}^2) \tag{3-1}$$

式中，N 为班数(乳儿班不计)。

3.1.4 总平面布置实例

某幼儿园总平面布置实例如图 3-3～图 3-6 所示。

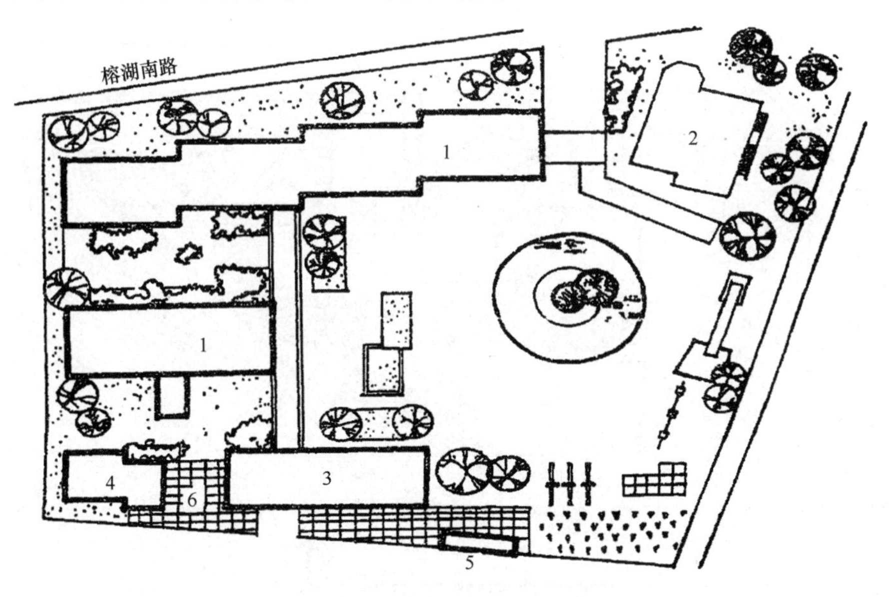

图 3-3 某幼儿园总平面布置(1)

1—各班级活动室与寝室；2—办公、医务；3—食堂、厨房、洗衣房、浴厕；
4—家属宿舍；5—杂物院；6—铺地

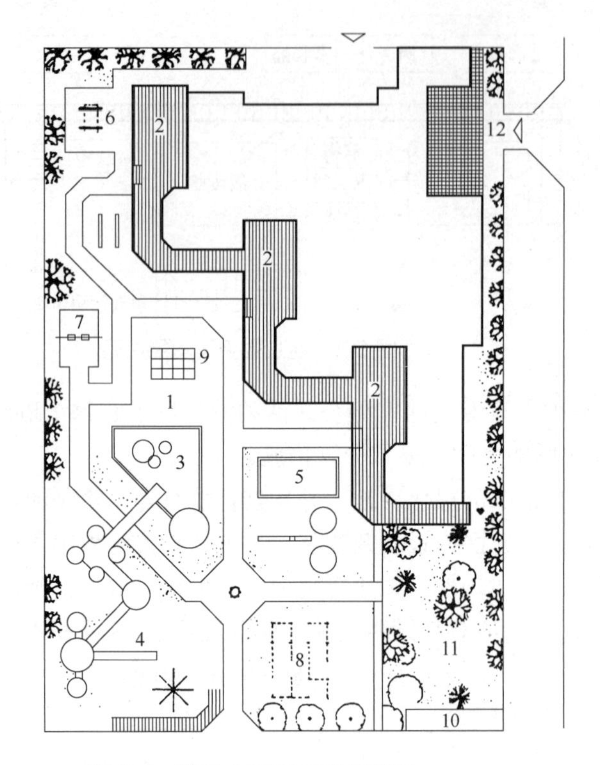

图 3-4　某幼儿园总平面布置(2)

1—公共活动场地；2—班级活动场地；3—涉水池；4—综合游戏设施；5—沙坑；6—浪船；7—秋千；8—尼龙绳网迷宫；9—攀登架；10—动物园；11—植物园；12—杂物院

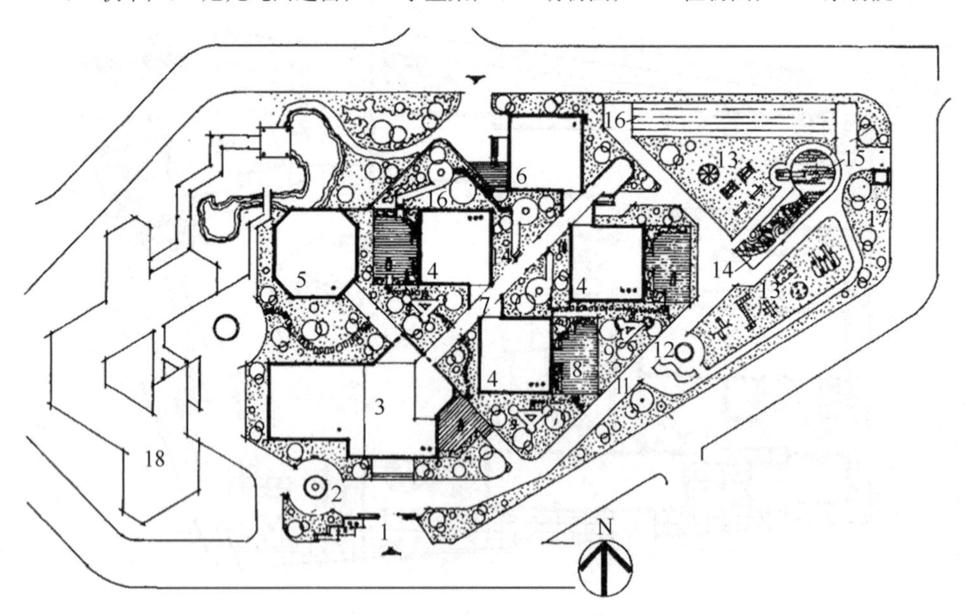

图 3-5　某幼儿园总平面布置(3)

1—入口；2—喷水池及圆雕；3—行政办公；4—活动室单元；5—音体室；6—厨房；7—连廊；8—平台；9—分班活动区(阳光区)；10—分班活动区(阴影区)；11—蘑菇亭；12—沙地；13—公共游戏场；14—涉水池；15—游泳池；16—30m 跑道；17—门房；18—老人活动之家

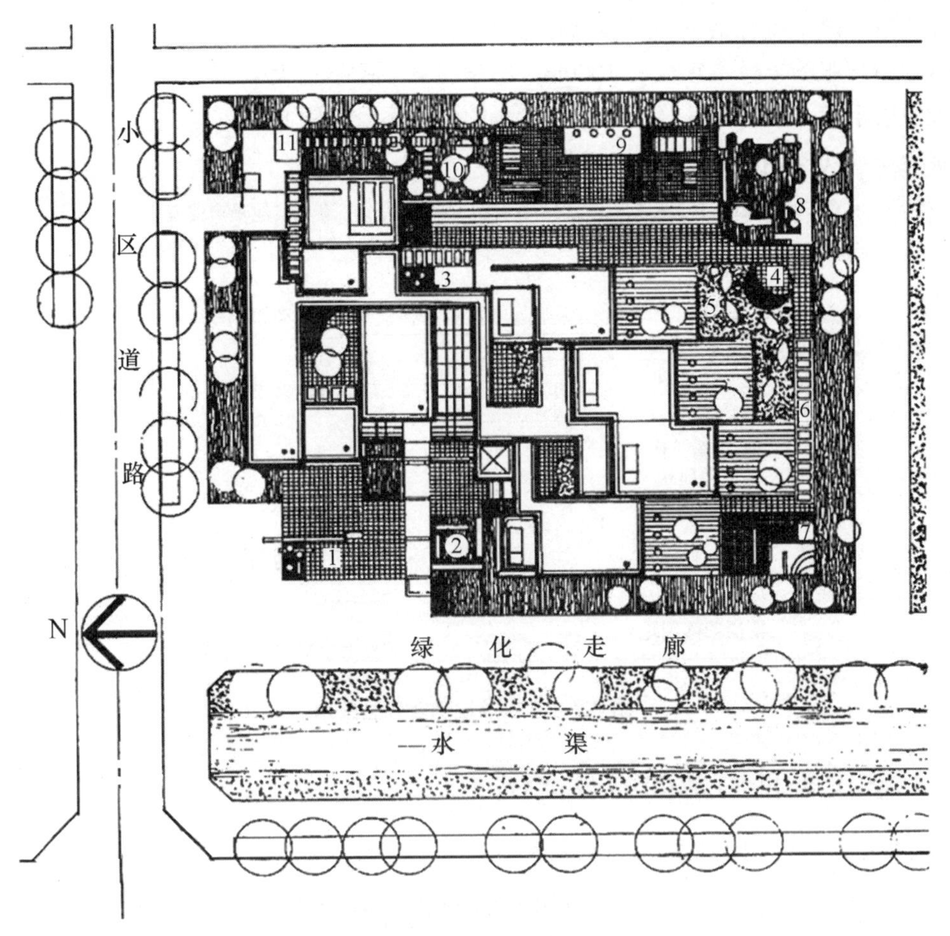

图 3-6 某幼儿园总平面布置(4)

1—九色鹿壁画；2—七色彩虹；3—海市蜃楼；4—鸣沙月牙；5—十驼队；6—小丝绸路；7—小迷城；8—星星谷；9—器械活动场；10—葡萄园；11—小饲养园

3.2 中 小 学

3.2.1 场地选择

(1) 校址应选择在阳光充足、空气流通、场地干燥、排水通畅、地势较高的地段。校内应有布置运动场的场地和提供设置给水、排水及供电设施的条件。

(2) 学校应设在无污染的地段，学校与各类污染源之间的距离应符合国家有关防护距离的规定。

(3) 学校主要教学用房的外墙面与铁路的距离不应小于 300m，与机动车流量超过每小时 270 辆的道路同侧路边的距离不应小于 80m，当小于 80m 时，必须采取有效的隔声措施。

(4) 学校不宜与市场、公共娱乐场所、医院太平间等不利于学生学习和身心健康以及危及学生安全的场所毗邻。

(5) 校区内不得有架空高压输电线通过。

(6) 中学服务半径不宜大于1000m，小学服务半径不宜大于500m。走读中、小学生不应跨过城镇干道、公路及铁路。有学生宿舍的学校不受此限制。

学校场地功能分区关系如图3-7所示。

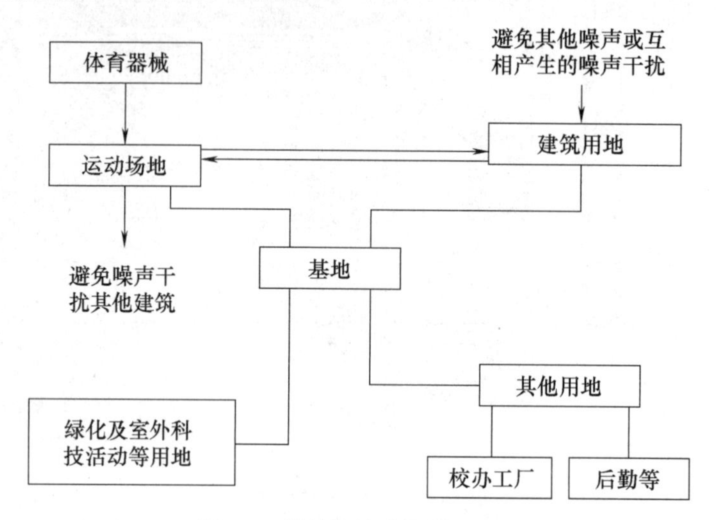

图3-7 学校场地功能分区关系

3.2.2 学校各种用地面积及比例

农村中小学校园用地面积及比例见表3-3。

表3-3 农村中小学校园用地面积及比例

学校类别		建筑用地		活动场地		绿化用地		合计		平均每生用地面积/m²
		面积/m²	比例/%	面积/m²	比例/%	面积/m²	比例/%	面积/m²	比例/%	
初小	4班	1910	72.0	740	28.0			2650		22
完小	6班	2709	36.4	4328	58.2	405	5.4	7442	100	28
	12班	4613	38.9	6438	54.3	810	6.8	11 861	100	22
	18班	6324	44.0	6824	47.5	1215	8.5	14 363	100	18
初中	12班	7690	48.3	6724	43.1	1200	7.7	15 614	100	26
	18班	10 931	50.3	9010	41.5	1800	8.3	21 750	100	24
	24班	14 110	50.9	11 188	40.4	2400	8.7	27 698	100	23

注：本表参照《农村普通中小学校建设标准》制作。

城市中小学校园用地面积及比例见表3-4。

表 3-4　城市中小学校园用地面积及比例

学校类别	规模/班	建筑用地		活动场地		绿化用地		总　计		平均每生用地面积/m²
		面积/m²	比例/%	面积/m²	比例/%	面积/m²	比例/%	面积/m²	比例/%	
完全中学	18	5045	35	8455	59	900	6	14 400	100	16
	24	6538	39	9062	54	1200	7	16 800	100	14
	30	7801	40	10 199	52	1500	8	19 500	100	13
初级中学	18	5421	38	8079	56	900	6	14 400	100	16
	24	6813	41	8788	52	1200	7	16 800	100	14
小学校	18	4116	46	4384	49	405	5	8910	100	11
	24	5032	47	5225	47	540	5	10 800	100	10

注：各项用地栏内的比例，为该规模学校某种用地与总用地面积之比。

3.2.3　总平面布置

(1) 学生出入口的位置、功能分区及建筑造型应服从城市规划要求。

(2) 教学用房、教学辅助用房、行政管理用房、服务用房、运动场地、自然科学用地及生活区应分区明确、布局合理、联系方便、互不干扰，并满足使用的卫生要求。

(3) 道路系统完整通畅，能满足安全疏散要求。

(4) 操场应离开教学区，靠近室外运动场地布置。

(5) 音乐教室、琴房、舞蹈教室应设在不干扰其他教学用房的位置。

(6) 学校的校门不宜开向城市主干道或机动车流量每小时超过 300 辆的道路，校门处应留出一定的缓冲距离。

(7) 建筑物的间距应符合下列规定。

① 教学用房应有良好的自然通风；

② 南向的普通教室冬至日底层满窗日照时间不应小于 2h；

③ 两排教室的长边相对时，其间距不应小于 25m；为避免噪声的影响，教室的长边与运动场地的间距也不应小于 25m。

(8) 主要教学用房的外墙面与铁路的距离不应小于 300m，离机动车流量超过每小时 270 辆的道路同侧路边的距离不应小于 80m，当小于 80m 时，应采取有效的隔声措施。

(9) 植物园地的肥料发酵堆积场及小动物饲养场不得污染水源和邻近建筑物。

(10) 学校容积率：小学不宜大于 0.8，中学不宜大于 0.9。

(11) 运动场地。

① 课间操用地：小学 2.3m²/生，中学 3.3m²/生。

② 篮排球场最少 6 个班设 1 个，足球场可根据条件，也可设小足球场。

③ 有条件的，小学高、低年级分设活动场地。

④ 田径场：根据条件设 200～400m 环形跑道；当城市用地紧张时，至少考虑设小学

60m、中学 100m 的直线跑道。

⑤ 球场、田径场长轴以南北向为宜，球场和跑道皆不宜采用非弹性材料地面。

(12) 学校的绿化用地：中学不应小于 $1m^2$/生，小学不得小于 $0.5m^2$/生。

学校总平面功能分区如图 3-8 所示。

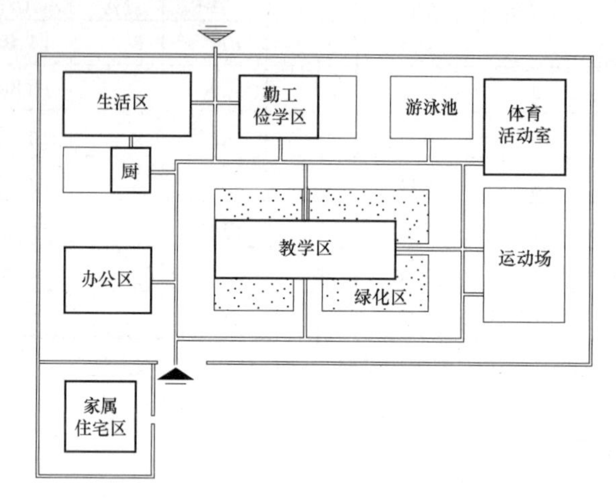

图 3-8 学校总平面功能分区

3.2.4 各类用房的组成及要求

中小学建筑用房由教学用房、办公用房、辅助用房及生活服务用房 4 部分组成。

1. 教学用房组成

(1) 普通教室，包括学生上一般课用的各类普通教室。

(2) 专用教室，包括实验室、音乐教室、美术教室等。

(3) 公共教室，包括合班教室、视听教室、微机教室等。

(4) 图书阅览室。

(5) 科技活动室。

(6) 体育活动室。

上述用房根据学校的类型、规模、教学活动要求和条件，可部分设置或全部设置。

2. 办公用房组成

办公用房分教学办公用房和行政办公用房。

(1) 教学办公用房，是供教师备课、批改作业、辅导学生、课间休息等用途的房间。

(2) 行政办公用房，包括党务、行政、教务、总务等职能部门的办公室和会议室。

3. 辅助用房组成

辅助用房包括交通、厕所、开水间、储藏室等。

4. 生活服务用房

生活服务用房包括门卫、收发、教职工食堂等。

各类用房的场地平面构成如图 3-9 所示。

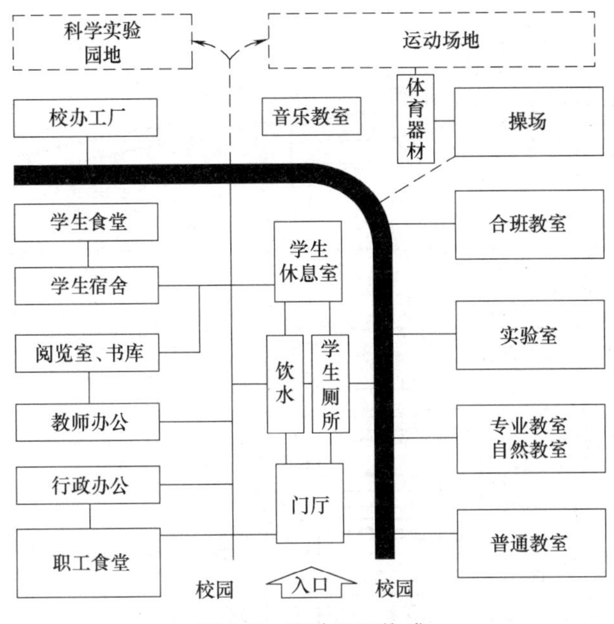

图 3-9　场地平面构成

3.2.5　总平面布置实例

某市中小学总平面布置实例如图 3-10～图 3-13 所示。

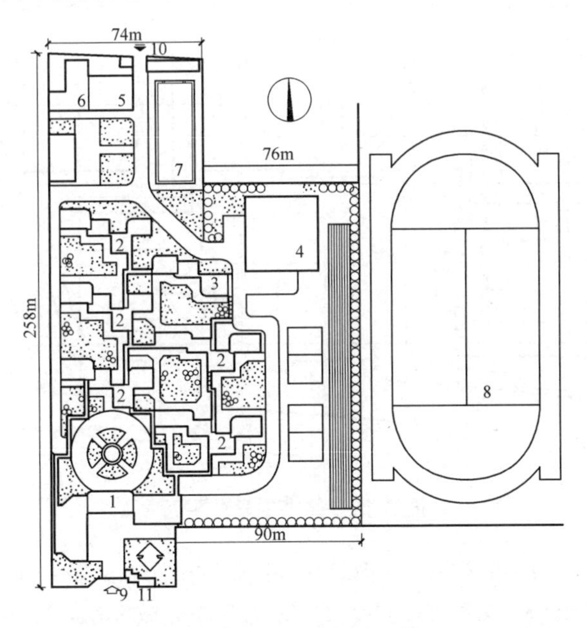

图 3-10　某市实验小学总平面

1—综合楼；2—教学楼；3—艺术楼；4—操场；5—宿舍；6—食堂；7—游泳池；
8—400m 环形跑道田径场(含中学合用)；9—主要出入口；10—次要出入口；11—传达室

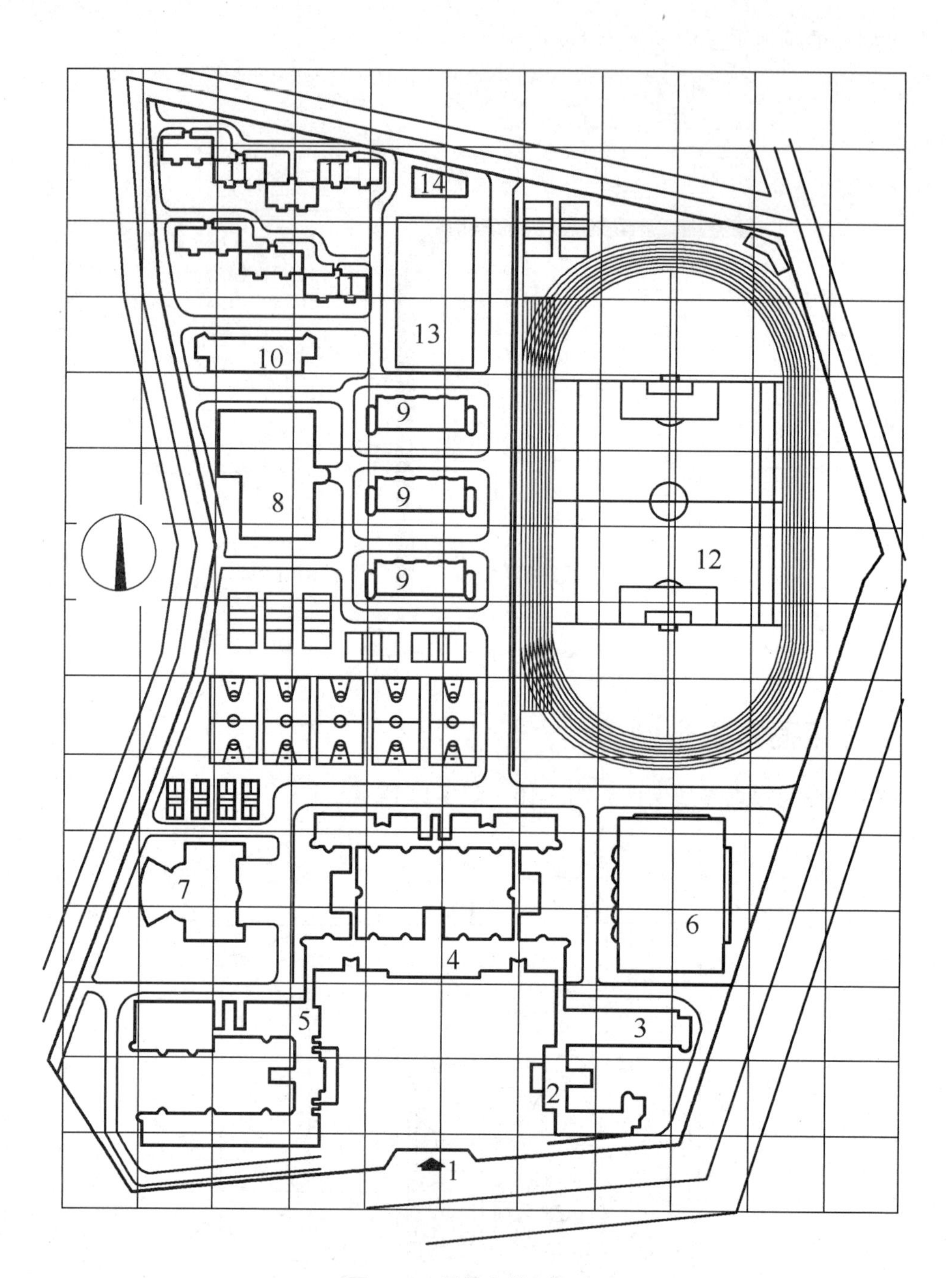

图 3-11 厚街中学总平面

1—主要入口；2—办公楼；3—图书馆；4—教学楼；5—实验楼；6—体育馆；7—艺术楼；8—食堂、厨房；9—学生宿舍；10—教师宿舍；11—住宅；12—400m 环形跑道田径场；13—游泳池；14—更衣间

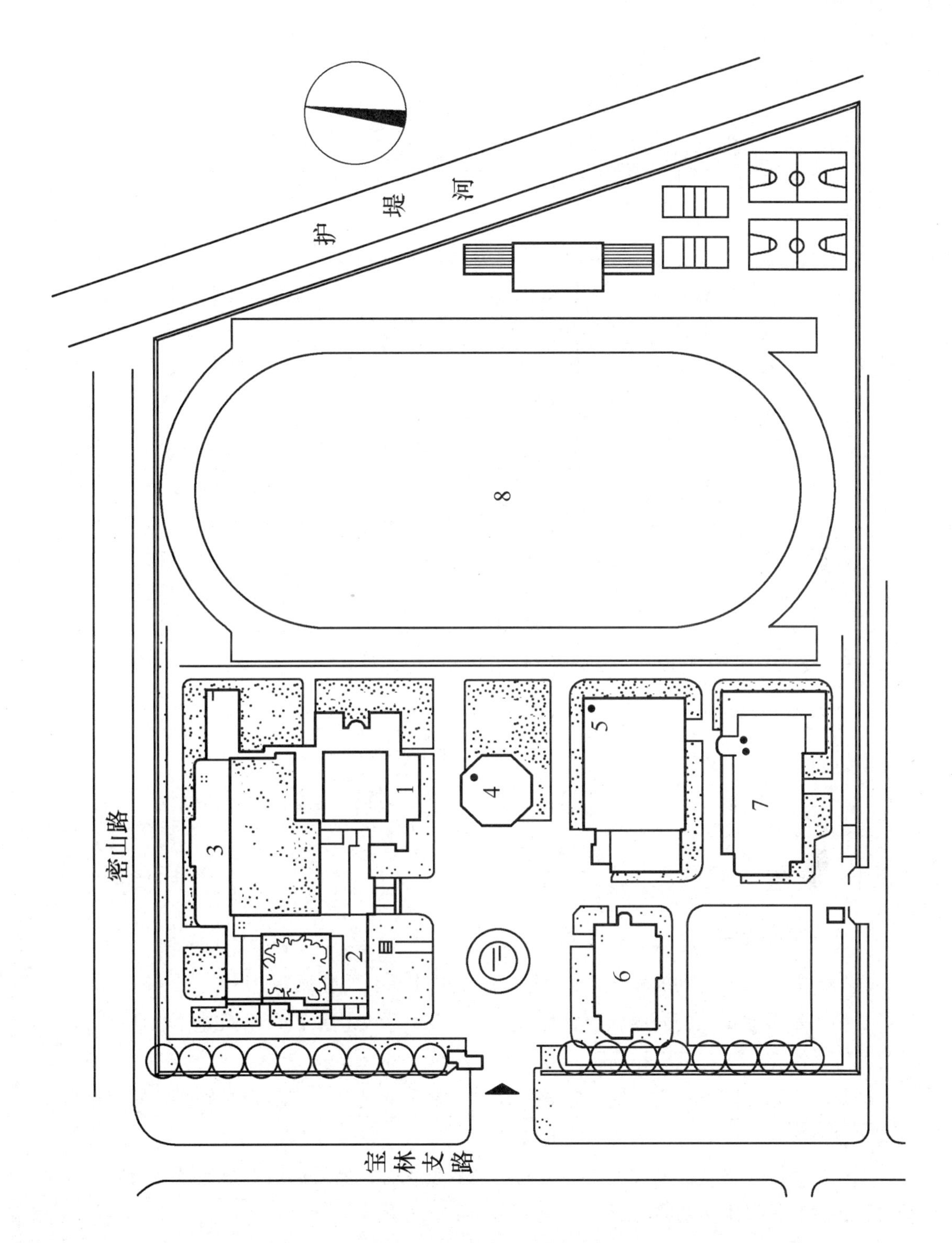

图 3-12 上海行知中学总平面

1—教学楼一；2—教学楼二；3—教学楼三；4—阶梯教室；
5—风雨操场；6—图书馆；7—食堂；8—田径场

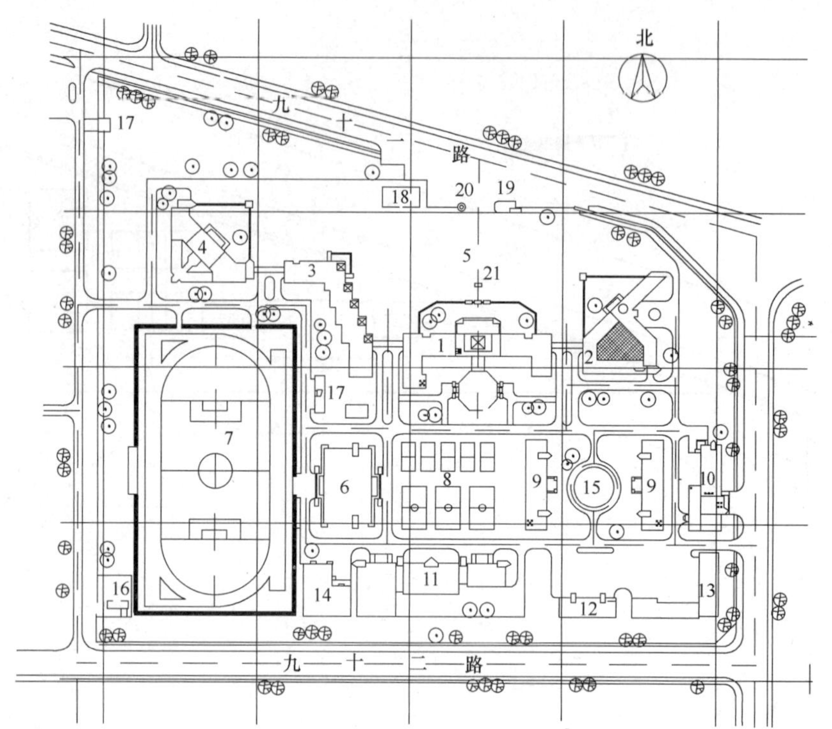

图 3-13 大庆一中总平面

1—教学楼；2—图书科技楼；3—实验楼；4—艺体楼；5—教学区广场；6—体育馆；7—运动场；8—篮排球场；9—学生宿舍；10—教工宿舍；11—食堂；12—后勤办公室；13—车库；14—恒湿库；15—花坛；16—污水提升站；17—厕所；18—变电站；19—门卫；20—大门；21—升旗台；22—低温核供热

3.3 文 化 馆

3.3.1 概述

1. 文化馆的分类

根据职能不同，文化馆可分为文化馆、群众艺术馆、文化站等。

文化馆是国家设立的开展社会宣传教育、普及科学文化知识、组织辅导群众文化艺术学习的综合性文化事业机构和场所。

群众艺术馆是国家设立的组织指导群众文化艺术活动及研究群众文化艺术的文化事业机构，也是群众进行文化艺术活动的场所。

文化站是国家最基层的文化事业机构，是乡镇政府、城市街道办事处设立的供当地群众进行各种文化娱乐活动的场所。

2. 文化馆建筑的特征

文化馆建筑具有综合性、多用性、乡土性的特征。

1) 综合性

文化馆建筑应同广大群众对文化活动需求的多样性相适应。文化馆设有宣传教育、文化娱乐、培训辅导等多种活动设施，其内容复杂，具有较强的综合性。综合性是文化馆建筑最基本的特征。

2) 多用性

文化馆建筑可分为三大门类，每个门类的文化活动形式又各不相同，种类繁多。为适应活动空间的多种使用要求，建筑的空间组织及表现形式均应具备多用性和灵活性，实现一室多用和建筑空间的综合利用。

3) 乡土性

文化馆建筑同当地的社会环境、自然条件和生活环境等有着特殊密切的关系。各地的文化教育、习俗风尚、产业结构、开发计划，以及当地的民族、人口构成、生活水平等因素千差万别，因此，文化馆建筑内容、造型、艺术处理应有地域特色，符合当地民俗。

3. 文化馆的规模及用地指标

文化馆建筑多种多样，加之各地经济条件和文化需求的不同及受各种因素的制约，对文化馆建筑的规模、组成、建筑用地面积等尚无统一规定，应根据实际情况，参考表 3-5、表 3-6 确定。

表 3-5　文化馆参考规模

规模/m^2	2000～3000	3000～4000	4000～5000	5000 以上
适用条件	县城	中等城市	大城市	特大城市
	20 万以下人口	20 万～25 万人口	50 万～100 万人口	100 万以上人口
	经济不甚发达	经济稍发达	经济较发达	经济发达

注：1. 表中所列各种规模的文化馆的面积指标均系下限，上限不做规定；

2. 人口数及经济发达情况较为复杂，依此确定规模时可灵活掌握。

表 3-6　乡镇、居住区、居住小区文化站参考规模

规模/m^2	500～700	700～1000	1000～1500	1500～2000
适用条件	1 万人口以下	1 万～1.5 万人	1.5 万～2 万人	2 万以上人口

注：1. 乡镇文化中心包括内容较多，本表所列指标只包括文化馆的一般构成房间，大中型影剧院、体育活动用房等均不包括在内；

2. 表中所列各种规模的文化站的面积指标均为下限，上限不做规定；

3. 人口数及经济发达情况较为复杂，依此确定规模时可灵活掌握；文化馆的用地指标可按容积率确定，建议文化馆的建筑容积率为 0.3～0.6 为宜。

文化馆场地功能关系如图 3-14 所示。

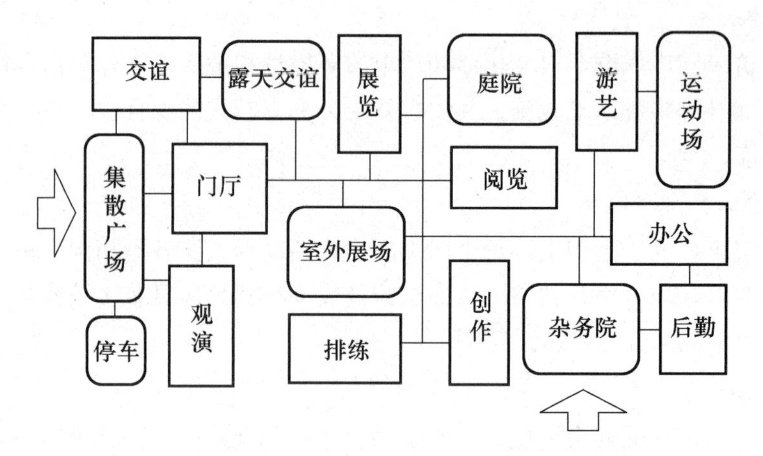

图 3-14　文化馆场地功能关系

3.3.2　场地选择

(1) 省(市)群众艺术馆、区(县)文化馆宜有独立建筑场地，并应符合文化事业和城市规划的布点要求。

(2) 文化馆的建筑场地应选在区域位置适中、交通便利、环境优美、便于群众活动的地段。

(3) 乡镇文化站、居住区、小区文化站，应位于所在地区公共建筑中心或靠近公共绿地。

3.3.3　总平面布置

(1) 文化馆功能分区应合理，妥善组织人流和车辆交通流，对于喧闹与安静的用房应有明确的分区和适当的分隔。

(2) 根据使用要求，场地至少应设两个出口，当主要出入口紧邻交通干道时，应按有关规定留出缓冲距离。

(3) 各用房之间应有紧密的联系，以利综合利用；当各厅室独立使用时，不可互相干扰，对于人流量大且集散较为集中的用房，应有独立的对外出入口。

(4) 在场地内应设置自行车和机动车停放场地，并考虑设置画廊、橱窗等宣传设施。

(5) 当文化馆场地距医院、住宅及托幼等建筑较近时，馆内噪声大的观演厅、舞厅等应布置在离上述建筑有一定距离的位置，并应采取必要的防干扰措施。

(6) 文化馆庭院的设计应结合地形、地貌及建筑功能分区的需要，布置室外休息场地、绿化、建筑小品等，以形成优美的室外空间。

(7) 文化馆建筑绿地率、建筑容积率，应符合当地规划部门制定的规定。

(8) 不论用地面积大小，在进行建筑组合及总平面布置时，应尽量紧凑、集中，以创造宽敞、丰富的室外空间。分散式布置是文化馆较好的组合形式，应对不同大小、高低、形体的建筑进行合理的组合和组织不同的室外空间，以创造良好的休息和活动环境。

3.3.4 总平面布置实例

文化馆总平面布置实例如图 3-15、图 3-16 所示。

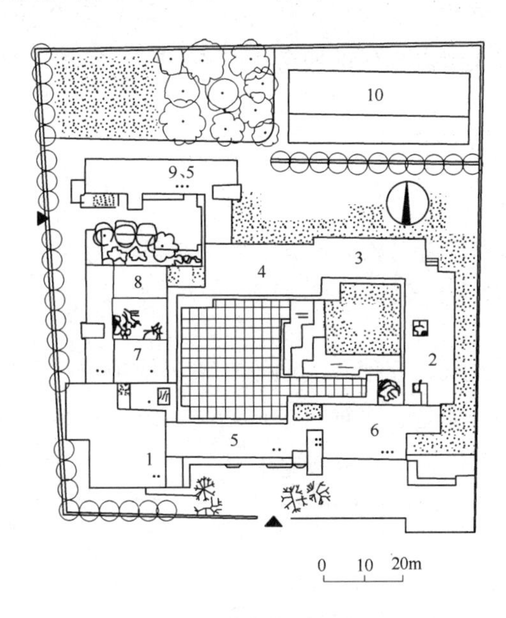

图 3-15 陕西汉中文化馆总平面

1—观演用房；2—游艺用房；3—阅览用房；4—展览用房；5—办公业务用房；6—多用途活动室；7—排演厅；8—老年人活动室；9—培训楼；10—家属住宅

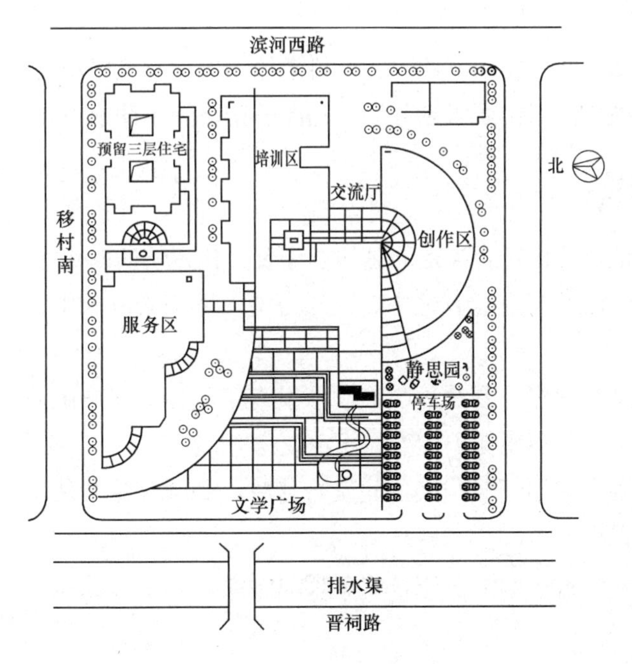

图 3-16 山西文学馆总平面

3.4 图 书 馆

图书馆是专门收集、整理、保存、传播文献并提供服务的场所。现代图书馆拥有大量的文献信息资料，它为广大读者提供的服务主要有阅览、外借、复制、参考、视听、数据库及网络信息等。

3.4.1 分类

根据图书分类的性质和读者对象的不同，图书馆可分为以下几类。

1. 公共图书馆

公共图书馆是指具备收藏、管理、流通等一整套使用空间和技术设备的用房，面向社会大众服务的各级图书馆，如省、直辖市、自治区、市、地区、县图书馆。其特点是收藏学科广泛，读者成分多样。一般认为藏书量在50万册以下为小型图书馆，50万～100万册为中型图书馆，150万册以上为大型图书馆。

2. 专业图书馆

专业图书馆是指专门收藏某一学科或某一类文献资料、为专业人员提供阅览和研究的图书馆，如中国科学院图书馆、各专业研究机构的图书馆。

3. 学校图书馆

学校图书馆包括高等学校图书馆、各专科学校图书馆以及中小学图书馆。

按读者对象不同，图书馆还可划分为少儿图书馆、青年图书馆、少数民族图书馆。

3.4.2 场地选择

(1) 图书馆馆址选择应符合当地的总体规划及文化建筑的网点布局。

(2) 图书馆馆址应选择在位置适中、交通方便、环境安静、工程地质及水文地质条件较有利的地段。

(3) 图书馆馆址与易燃、易爆、噪声和散发有害气体、强电磁波干扰等污染源的距离应符合有关安全、卫生、环境保护标准的规定。

(4) 图书馆应独立建造，当与其他建筑合建时，必须满足其使用功能和环境要求，并自成一区，单独设置出入口。

(5) 图书馆场地位置，如图3-17、图3-18所示。

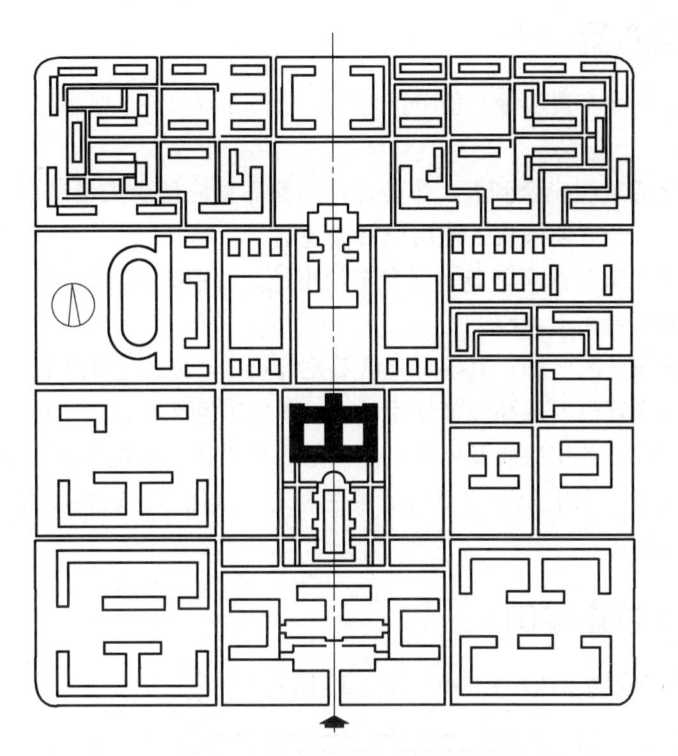

图 3-17 西安交通大学图书馆位置

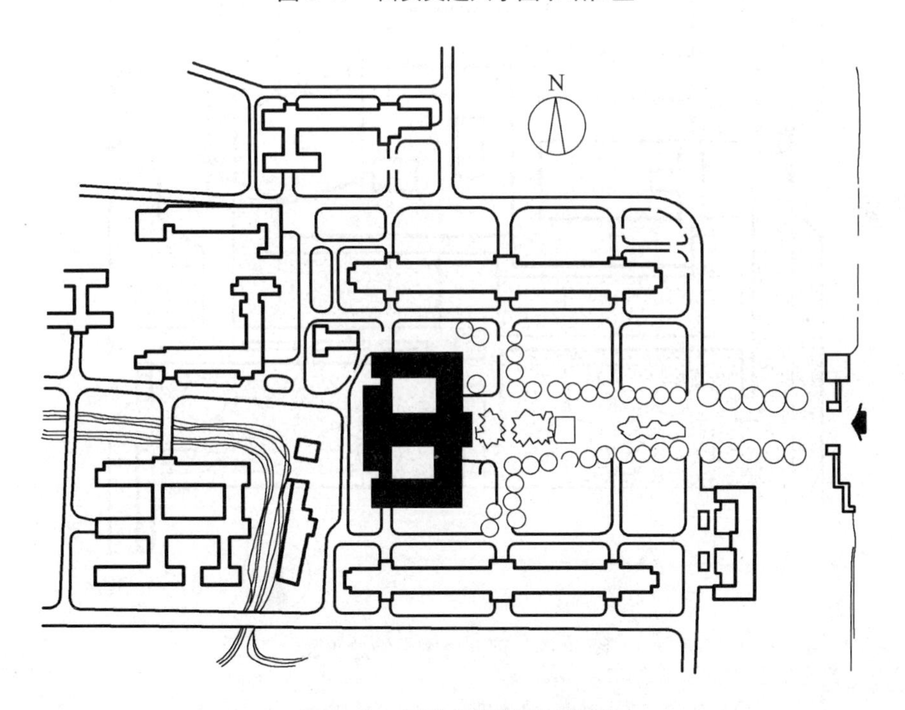

图 3-18 同济大学图书馆位置

3.4.3　总平面布置

(1) 图书馆总平面布置应使功能分区明确、总体布局合理、各区联系方便、互不干扰，并留有发展余地。

(2) 图书馆交通组织应做到人、车分流，道路布置应便于人员进出、图书运送、装卸和消防疏散。并应符合方便残疾人使用的有关规定。

(3) 图书馆的建筑布置应紧凑，尽量节约用地，并留有发展用地，新建公共图书馆的建筑物场地覆盖率不宜大于40%。

(4) 合理布置馆区的广场、庭院绿化区等室外场地，以创造优美的室外环境。

(5) 场地内应设置供内部和外部使用的机动车停车场地和自行车停放设施。

(6) 馆区内应根据各馆性质及所在地点做好绿化设计，绿化率不宜小于30%，栽种的树种应根据城市气候、土壤和净化空气等条件确定。绿化与建筑物、构筑物、道路和管线间距离应符合有关规定。

3.4.4　总平面布置实例

图书馆总平面布置实例如图3-19～图3-23所示。

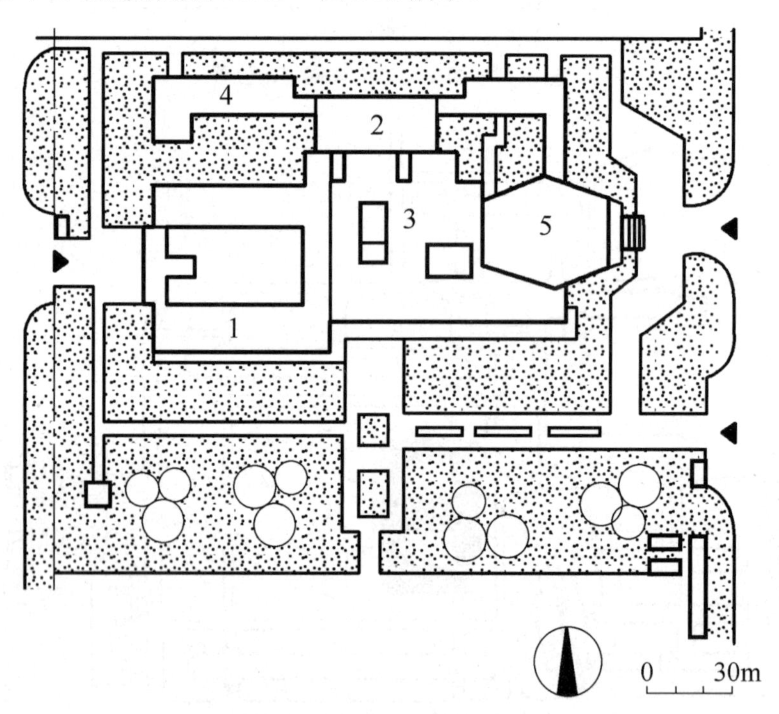

图3-19　河北省图书馆总平面

1—阅览；2—书库；3—借阅；4—业务办公；5—报告厅

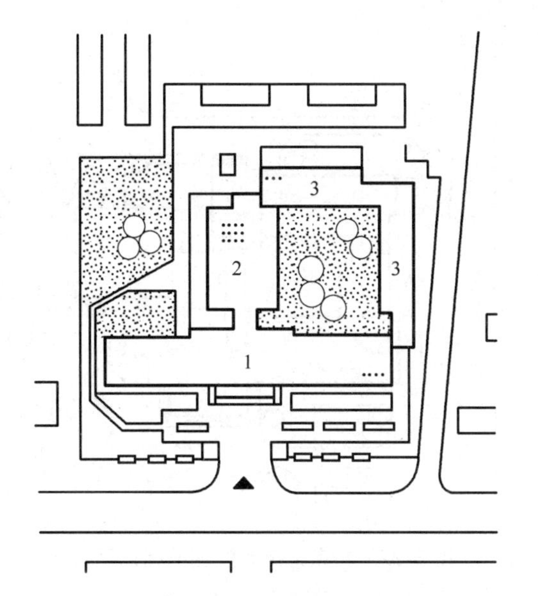

图 3-20　四川省图书馆总平面

1—阅览；2—书库；3—办公业务

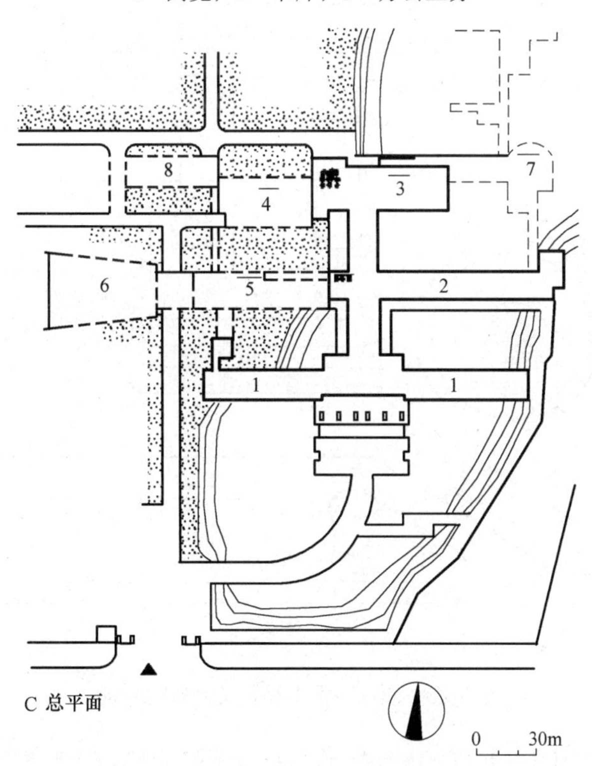

图 3-21　广西壮族自治区图书馆总平面

1—普通读者区；2—中学生阅览；3—科技阅览区；4—书库；
5—采编；6—报告厅；7—水上阅览室；8—加工车间

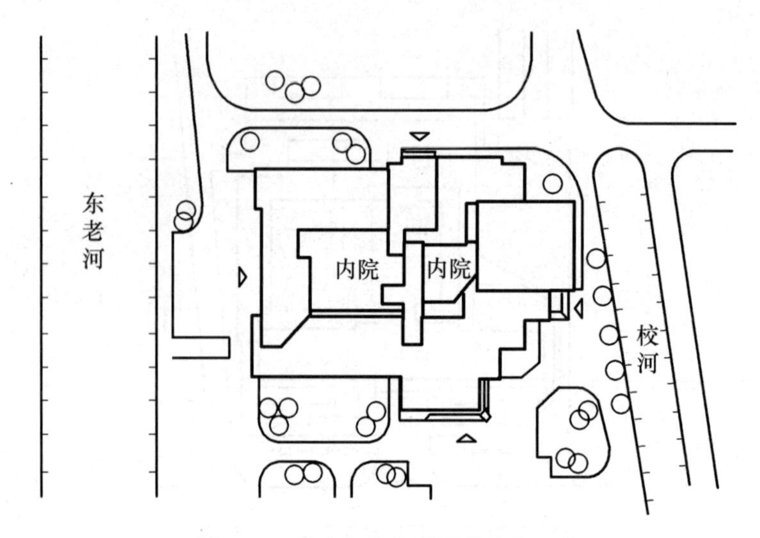

图 3-22 华东师范大学图书馆总平面

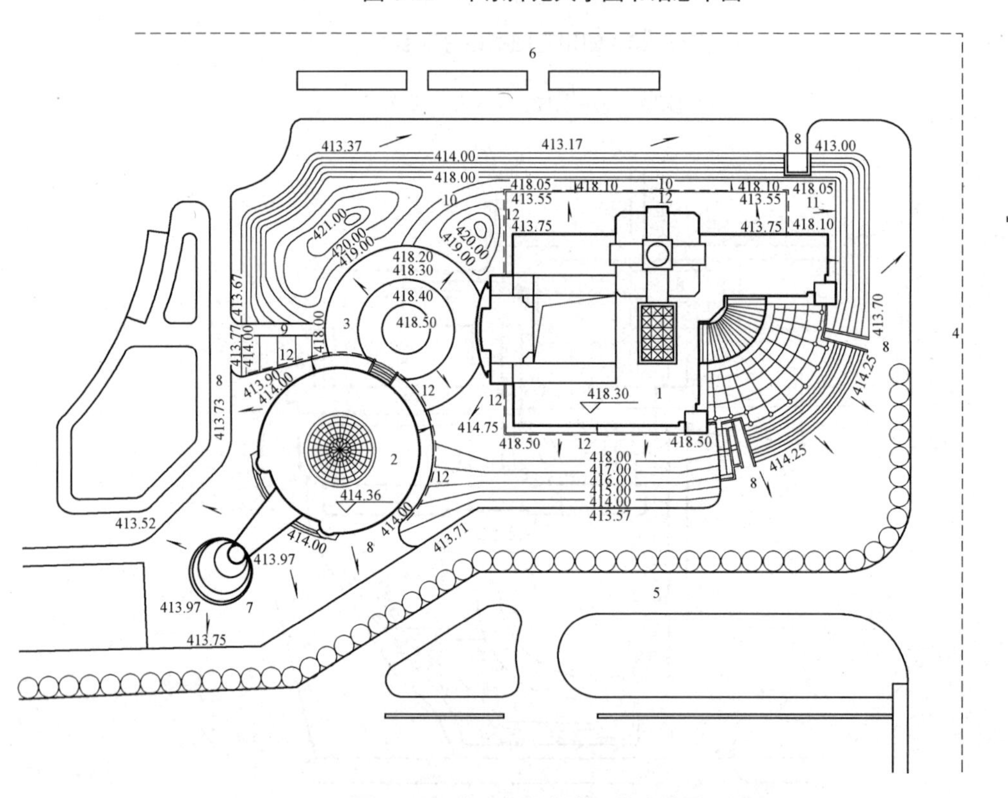

图 3-23 陕西省图书馆、美术馆总平面

1—图书馆；2—美术馆；3—文化广场；4—长安路；5—南二环路；6—朱雀广场；7—喷水池；8—自行车库入口；9—斜坡道；10—道路；11—回车场；12—挡土墙

3.5 汽车客运站

3.5.1 汽车客运站的规模和分类

1. 汽车客运站的规模

汽车客运站的规模见表 3-7。

表 3-7 汽车客运站的规模划分

规 模	日发送旅客折算量/人
一级	7000～10 000
二级	3000～6999
三级	500～2999
四级	500 以下

2. 汽车客运站的分类

按照营运性质及业务范围不同，汽车客运站可分为以下几类。

1) 客运站

专门办理客运业务，也包括少量的零担货物。此类客运站一般规模较大、服务设施较齐全、分工较细，主要建在大中城市。

2) 客货兼营站

客货兼营站办理客运和货运业务。此类车站大多建在县镇。

3) 多功能综合型车站

多功能综合型车站在办理客运业务的同时，还为旅客提供餐饮、购物、娱乐等多种服务。

3. 汽车客运站场地功能关系

客运站场地功能关系如图 3-24、图 3-25 所示。

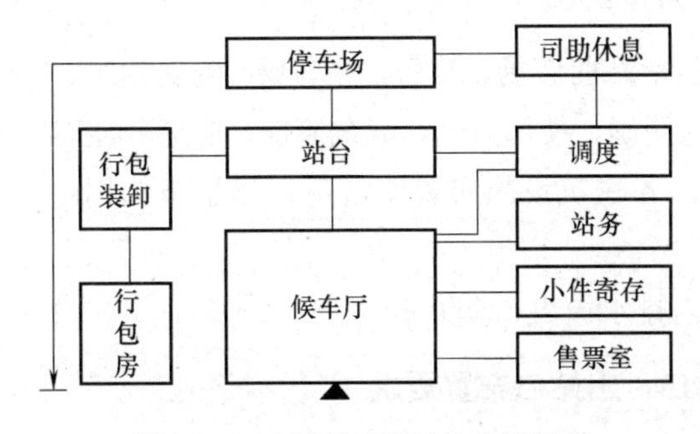

图 3-24 小型站(四级站)功能关系

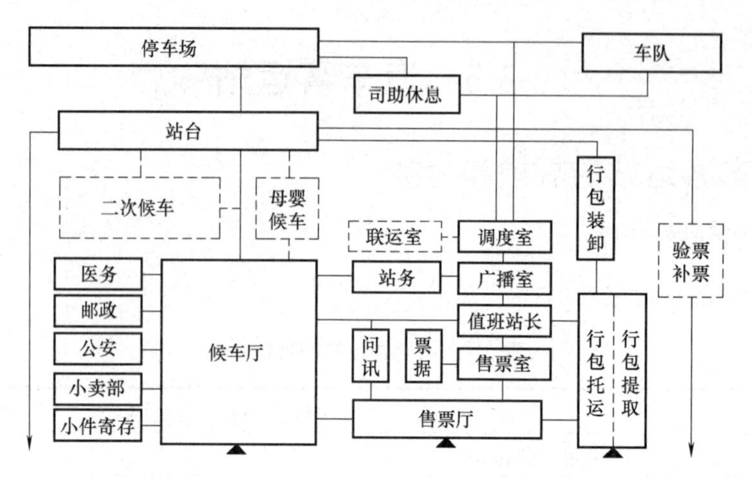

图 3-25　大型站(一、二、三级站)功能关系

3.5.2　场地选择

(1) 符合城市规划总体布局要求。

(2) 与城市干道联系密切，流向合理且出入方便。

(3) 与铁路、水路和其他类型的交通客运站应有方便的联系。

(4) 应远离易燃、易爆等危险品生产和储存的场所。

(5) 地点适中、方便旅客集散和换乘其他交通。

(6) 不应与医疗卫生、文教、科研单位靠近。

(7) 应位于工程地质良好的地段，避免选在有山洪、断层、滑坡、流沙和低洼积水地段。

(8) 具有必要的水源、电源、消防、通行、疏散及排污等条件。

(9) 应考虑近期和远期的结合，留有适当的发展余地。

3.5.3　总平面布置

1. 汽车客运站总平面布置要求

(1) 总平面布置应包括站前广场、站房、停车场、附属建筑、车辆进出口及绿化等内容。

(2) 布局合理、分区明确、使用方便、流线简捷，应避免旅客、车辆及行运流线的交叉。

(3) 合理利用地形，各建筑设施布置要紧凑，尽量节约用地，并留有发展空间，与周围建筑关系应协调。

(4) 应处理好站区内排水坡度，防止积水。

2. 汽车客运站进站口、出站口布置要求

(1) 一、二级车站进站口、出站口应分别独立设置，三、四级站宜分别设置；汽车进站口、出站口宽度均不应小于 4m。

(2) 汽车进站口、出站口与旅客主要出入口应设不小于5m的安全距离，并应有隔离措施。

(3) 汽车进站口、出站口距公园、学校、托幼建筑及人员密集场所的主要出入口距离不应小于20m。

(4) 汽车进站口、出站口应保证驾驶员行车安全视距。

3. 汽车客运站站内道路布置要求

汽车客运站站内道路应按人行道路、车行道路分别设置。双车道宽度不应小于6m，单车道宽度不应小于4m，主要人行道路宽度不应小于2.5m。

4. 汽车客运站站前广场布置要求

(1) 站前广场应与城市交通干道相连。

(2) 站前广场应明确划分车流路线、客流路线、停车区域、活动区域及服务区域。

(3) 旅客进出站路线应短捷顺畅；应设残疾人通道，其设置标准应符合现行GB 50763—2012《无障碍设计规范》的规定。

(4) 站前广场位于城市干道尽端时，宜增设通向站前广场的道路；位于干道的一侧时，宜适当加大站前广场的进深。

5. 汽车客运站停车场布置要求

(1) 停车场的容量应按交通部现行行业标准JT/T 2000—2004《汽车客运站级别划分和建筑要求》的规定计算。

(2) 停车场的停车数大于50辆时，其汽车疏散口不应少于2个；停车总数不超过50辆时，可设一个疏散口。

(3) 停车场内的车辆宜分组停放，车辆停放的横向净距不应小于0.8m，每组停车数量不宜超过50辆，组与组之间防火间距不应小于6m。

(4) 发车位和停车区前的出车通道净宽不应小于12m。

(5) 停车场的进出站通道，单车道净宽不应小于4m，双车道净宽不应小于6m；因地形高差通道为坡道时，双车道净宽不应小于7m。

(6) 停车场应合理布置洗车设施及检修台，通向洗车设施及检修台的通道应保持不小于10m的直道。

(7) 停车场周边宜种植常绿乔木，以绿化周围环境，降低周边噪声。

3.5.4 总平面布置实例

汽车客运站总平面布置实例如图3-26～图3-29所示。

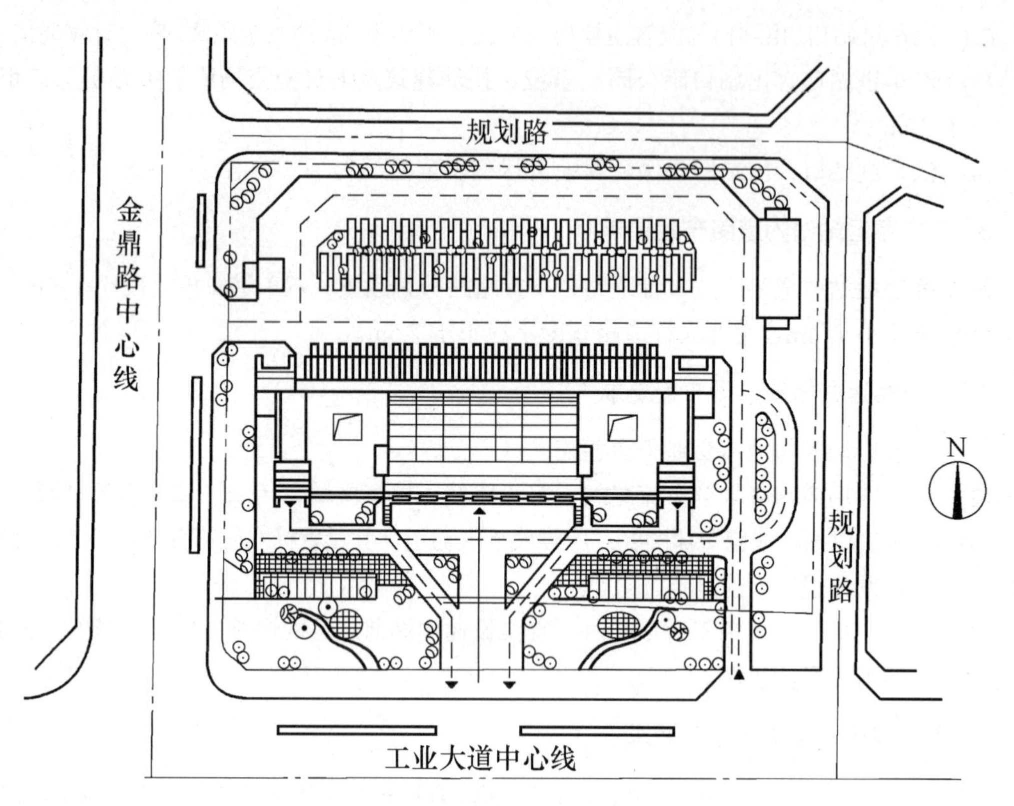

图 3-26　滨崖汽车站总平面

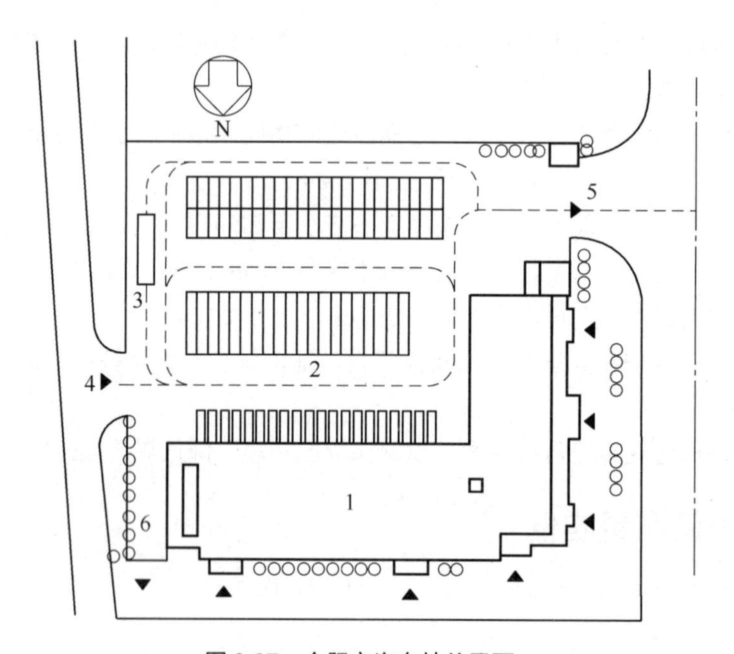

图 3-27　合肥市汽车站总平面

1—站房；2—停车场；3—洗车台；4—车辆进站口；5—车辆出站口；6—旅客出站口

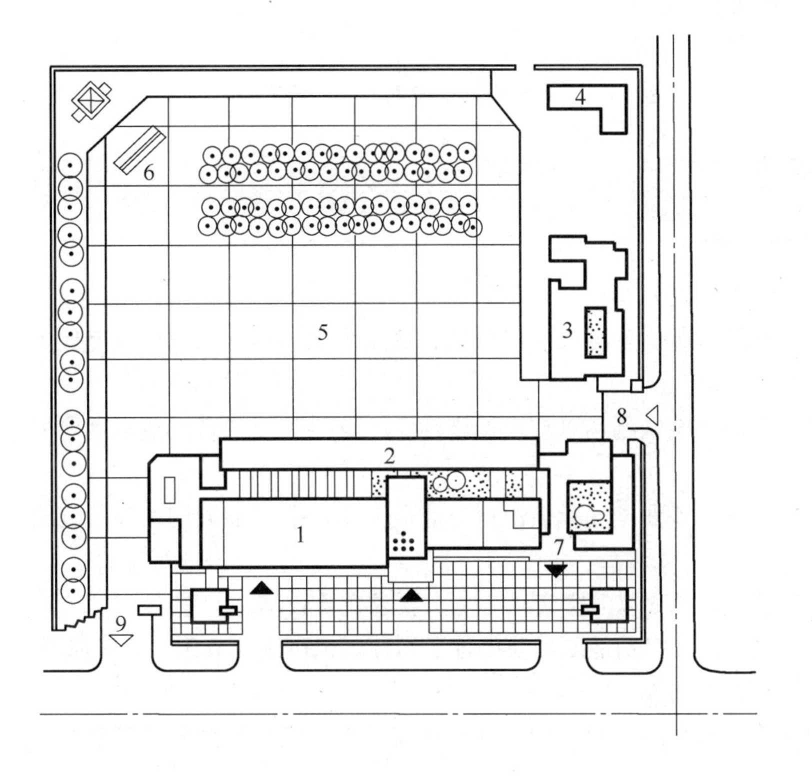

图 3-28 樊城汽车站总平面

1—站房；2—站台；3—食堂；4—浴室锅炉房；5—停车场；6—洗车台；
7—旅客出站口；8—车辆入口；9—车辆出口

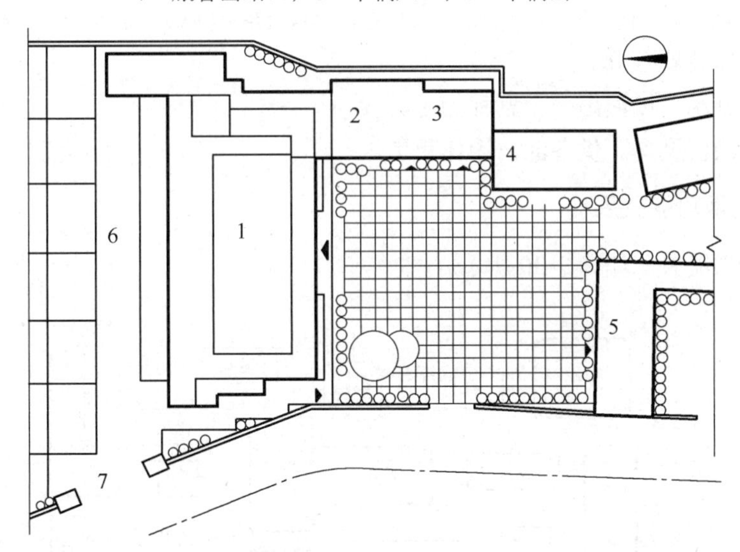

图 3-29 宣恩汽车站总平面

1—候车厅；2—售票厅；3—小件寄存处；4—宿舍；5—行包；6—停车场；7—车辆入口

3.6 剧　　场

3.6.1 概述

1. 剧场的类型

1) 按演出类型划分

(1) 歌剧剧场。歌剧剧场以演出歌剧、舞剧为主，该剧场舞台尺度较大，容纳观众较多，视距较远。

(2) 话剧剧场。该剧剧场以演出话剧为主。该剧院要求音质清晰度要高，容纳观众座位不宜过多。

(3) 戏曲剧场。戏曲剧场以演出地方戏曲为主，兼有歌剧剧场和话剧剧场的特点，舞台表演区较小。

(4) 音乐厅。音乐厅以演奏音乐为主，要求音质较高。

(5) 多功能剧场。多功能剧场演出各个剧种，也可满足音乐、会议使用。

2) 按舞台类型划分

① 镜框式台口舞台。观众厅与舞台各在一端，设箱形舞台及镜框式台口，包括大面积舞台。

② 突出式舞台。舞台伸入观众席。

③ 岛式舞台。舞台在中心，观众需环绕舞台布置。

④ 其他类型。如尽端式、几种形式互相转换、露天剧场、活动剧场等。

3) 按营业性质划分

① 专业剧场。以演出一个剧种为主。

② 综合经营剧场。供各演出团体租用。

2. 剧场场地功能关系

剧场场地功能关系如图 3-30 所示。

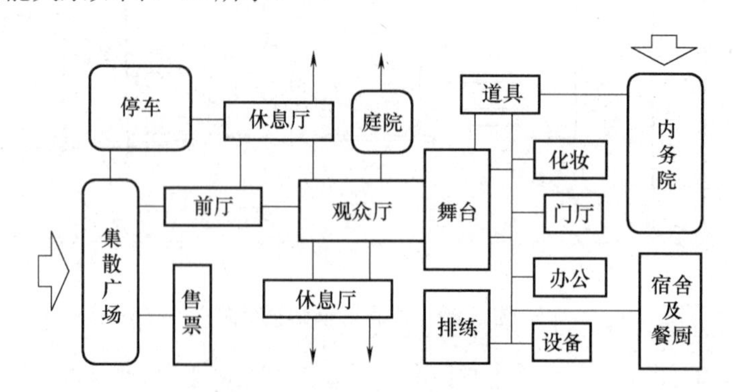

图 3-30　剧场场地功能关系

3. 剧场的规模及等级

剧场的规模按观众的容量不同可分为特大型、大型、中型和小型，见表 3-8。

表 3-8 剧场的规模

规模分类	特大型	大 型	中 型	小 型
观众容量/座	1600 以上	1201～1600	801～1200	300～800

剧场建筑的质量标准分为特级、甲、乙、丙 4 个等级，其技术要求应符合剧场建筑设计规范的具体规定。

3.6.2 场地选择

(1) 剧场场地应与城镇规划相协调，合理布局，重要剧场应选在城市的重要位置，形成的建筑群应对城市面貌有较大影响。

(2) 剧场场地选择应同剧场类型，所在地居民文化素养、艺术情趣相适应。

(3) 儿童剧场应选在位置适中、交通便利、环境安静的地区。

(4) 剧场场地至少应有一面面向城市道路，临接长度不小于场地周长的 1/6，剧场前应有不小于 0.2m^2/座的集散广场。剧场临接道路的宽度应不小于剧场安全出口宽度的总和，但 800 座以下剧场的邻接道路宽度不小于 8m，800～1200 座不小于 12m，1200 座以上的不小于 15m，以保证观众能顺利地疏散，又不影响城市道路正常交通。

3.6.3 总平面布置

(1) 剧场与其他建筑物毗邻修建时，若剧场前面的观众疏散总宽及集散广场不能满足集散要求时，应在剧场后面或侧面设疏散出口，其通道宽度应不小于 3.5m。

(2) 场地主要出入口不应与城市快速道路直接连通。

(3) 总平面功能分区应明确，人流、车流应分开，观众人流线应同演员流线互不干扰。

(4) 设备用房应靠近服务对象，避免由于设备震动、噪声、烟光对观演的影响。

(5) 总平面布置应考虑机动车及自行车停放场地。

(6) 总平面布置应考虑人流、车流的集散，宜设集散广场。

3.6.4 总平面布置实例

剧场总平面布置实例如图 3-31～图 3-34 所示。

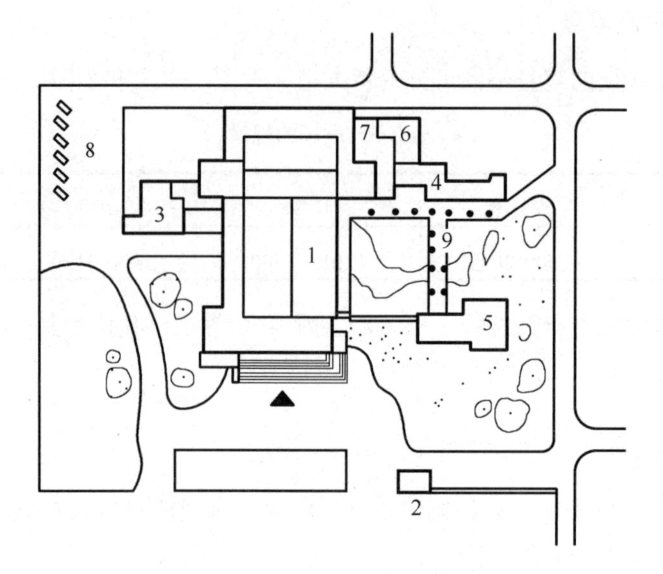

图 3-31　广州友谊剧场总平面

1—剧场；2—售票；3—接待；4—厕所；5—小卖部；
6—空调；7—变配电；8—停车；9—休息廊

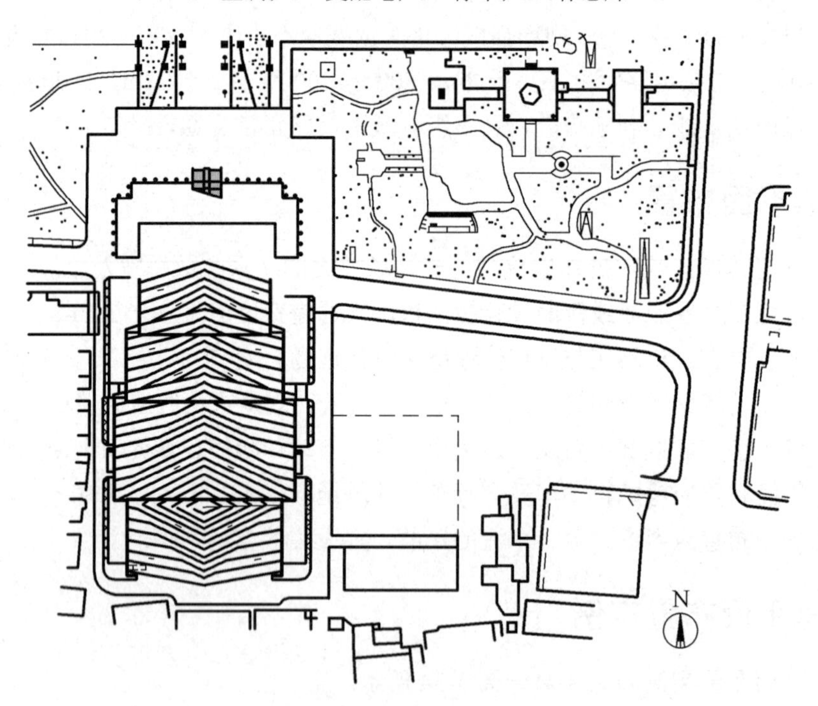

图 3-32　绍兴大剧院总平面

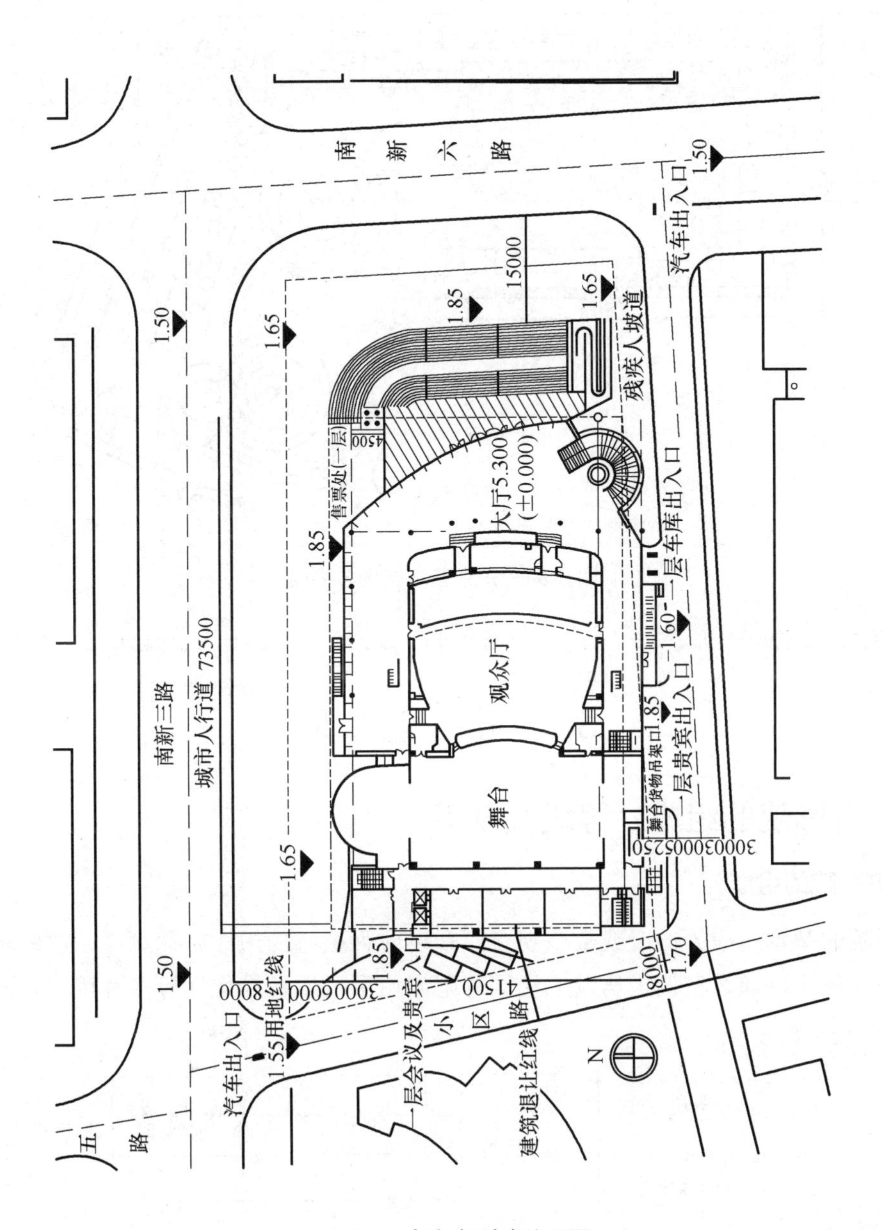

图 3-33 南海市剧院总平面

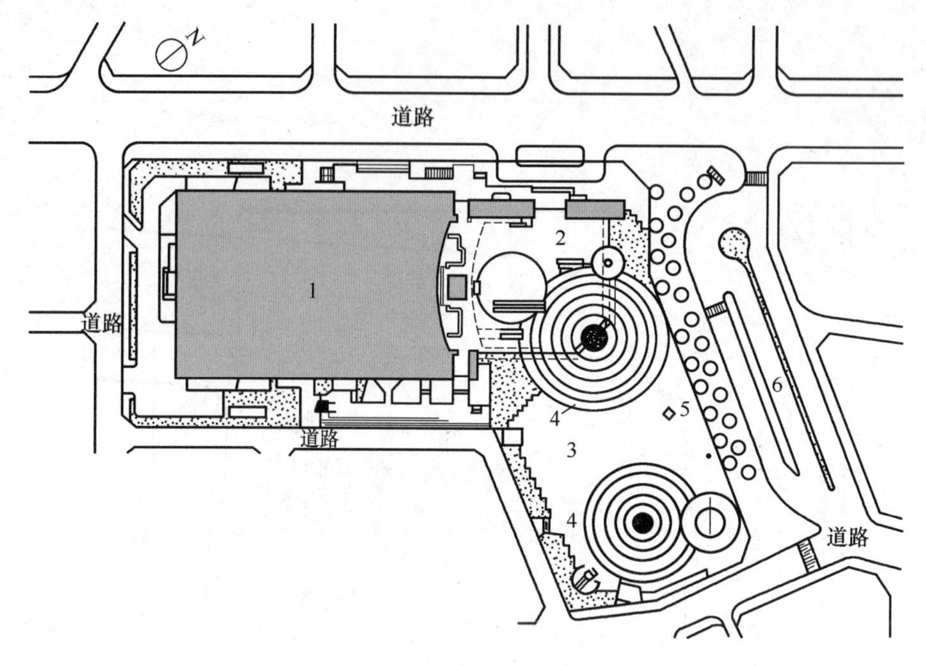

图 3-34　东京艺术剧场总平面

1—剧场；2—共享大厅；3—广场；4—铺面图案(一部分引入大厅内)；5—雕塑；6—公交车站

3.7 电　影　院

3.7.1　电影院的组成、等级及规模

1. 电影院的组成

电影院的基本组成为一个或数个观众厅和以此为核心的门厅、休息厅、放映机房。并设有办公、美工、通风空调机房及卫生间等附属用房，以及录像厅等多种用房，其功能关系如图 3-35 所示。

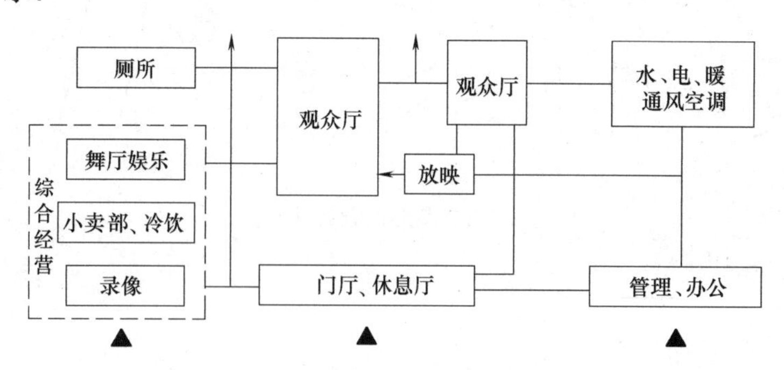

图 3-35　电影院功能关系

2. 电影院的等级

电影院建筑的质量标准可分为特、甲、乙、丙 4 个等级。特级电影院有特殊重要性，其要求根据具体情况确定。甲、乙、丙等电影院的综合要求见表 3-9。

表 3-9 电影院等级及其综合要求

等 级	主体结构耐久年限	耐火等级	视听设施	通风和空调设施
甲等	100 年以上	一、二级	放映 70/35mm 立体声影片	应有全空调设施
乙等	50～100 年	二级	放映 35mm 立体声影片	空调或机械通风
丙等	25～50 年以下	三级	放映 35mm 单声道影片	机械通风、中小型也可自然通风

注：1. 其他卫生设备、装修、座椅等也应与相应的等级匹配。

2. 以上等级标准是建筑标准，着重土建与设施方面，各地电影公司在经营管理上另有等级标准。

3. 电影院的规模

电影院应规模得当，符合城市规划的要求。电影院按观众厅的容量不同可分为特大型、大型、中型和小型，见表 3-10。

表 3-10 电影院的规模

类 型	容 量	类 型	容 量
特大型	1201 座以上	中型	501～800 座
大型	801～1200 座	小型	500 座以下

3.7.2 电影院的场地选择

(1) 电影院属公共集会类建筑，首先应保证安全、卫生，务使疏散畅通，观众人流与内部工作路线划分明确。

(2) 规划及选址应结合城镇交通、商业网点、文化设施综合考虑，以方便群众，增加社会、经济和环境效益为主。观众厅容量宜以中型为主；当建筑规模较大时也可分设若干个大小不一的观众厅，同时放映不同影片。

(3) 专业电影院的选址应从属于当地城镇建设规划，兼顾人口密度、组成及服务半径，合理布点。甲等电影院应作为所在城市的重点文化设施，应位于与其重要性相适应的城市主要地段。乙、丙等电影院亦应便于为所在城区服务。

3.7.3 电影院总平面布置

(1) 专业电影院总平面布置应功能分区明确，观众流线(车流、人流)、内部路线(工艺和管理)明确便捷，互不干扰；在发生火灾等情况下能使观众及工作人员迅速疏散至安全地带，并便于消防器材的使用。总平面布置尚应满足卫生、排水、降低噪声和美化环境的要求，并应考虑停车面积(包括自行车)。

(2) 大型及特大型电影院的观众厅，不宜设在3层及以上的楼层内。

(3) 独建专业电影院主体建筑及其附属用房的建筑密度宜为25%～50%(不包括工作人员福利区)；建筑密度取低值时，场内可获得较好日照、通风、绿化和休息条件。

(4) 位于旧市区的电影院，往往建筑密度超标，但至少应满足必要的防火条件。

(5) 电影院主要入口前道路红线宽度(*A*)：中小型应大于8m；大型应大于12m；特大型应大于15m。道路通行宽度不得小于通向此路安全出口宽度的总和，如图3-36所示。

(6) 电影院主要入口前从红线到墙基的集散空地面积，中小型应按0.2m^2/座计，大型及特大型除按此值外，深度(*B*)应大于10m，二者取其较大值(座数指观众厅满座人数)。当散场人流的部分或全部仍需经主入口离去时，则入口空地须留足相应的疏散宽度，如图3-36所示。多厅电影院可能有一个以上的入口空地，则宜按实际人流分配情况计算其面积。除场地特别宽敞外，一般不宜将主入口置于交通繁忙的十字路口。

(7) 除主入口外，中小型电影院至少应有一侧临空(内院、街或路)。大型、特大型至少有两侧临空或三侧临空。出入场人流应尽量互不交叉。与其他建筑连接处应以防火墙隔开。

(8) 临空处与其他建筑的距离(*C*)宜从防火、卫生和舒适角度考虑，条件差时也应满足防火间距(必要时设3.5m宽消防通道；步行小巷设为3m，巷道两侧应为非燃烧体，无门窗洞，或虽有个别洞口，但已错开2m以上，或具有防火措施)，如图3-36所示。

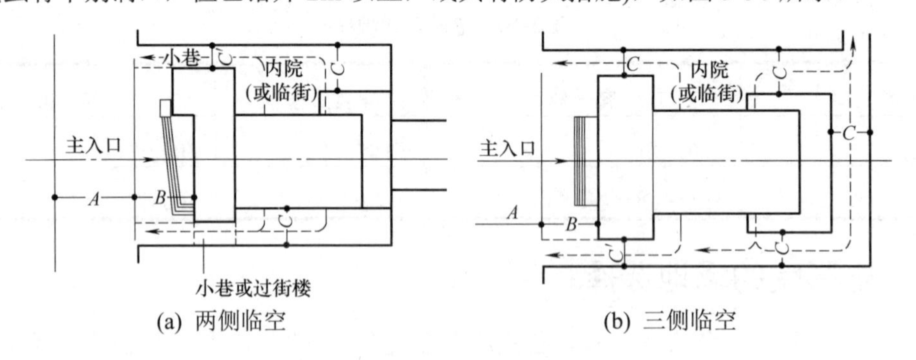

(a) 两侧临空　　(b) 三侧临空

图3-36　某影剧场总平面

(9) 通风口或空调、冷冻机房可独立设置，也可接在电影院主体的后、侧面，或置于观众厅、门厅的地下室内。采暖地区的锅炉房多数独置，设在对电影院干扰及污染最小的位置。

(10) 以上情况一般适用于独建电影院或独立的多厅式电影院。若电影院合建于其他建筑物之内(如大型商场的底层或楼层)，仍应从属于该建筑物的总平面要求和防火疏散要求(如电梯、楼梯、自动消防等)，以确保迅速、安全疏散人流至室外或其他防火分区之内。

3.7.4　电影院总平面布置实例

电影院总平面布置实例如图3-37所示。

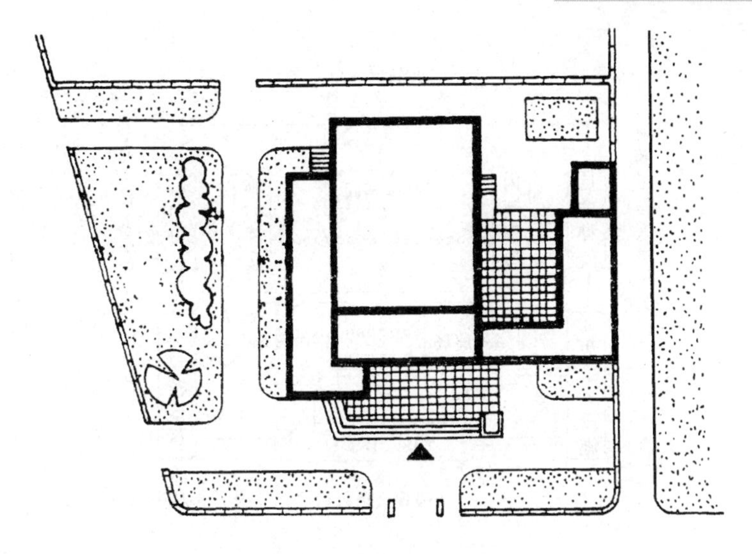

图 3-37 电影院总平面

3.8 展 览 馆

3.8.1 展览馆的组成及功能

展览馆是展出临时性陈列品的公共建筑。展览馆通过实物、照片、模型、电影、电视、广播等手段传递信息，来促进经济发展与信息交流。大型展览馆结合商业和文化设施成为一处综合体建筑。

1. 展览馆的组成

由于各类展览馆的性质、规模差别较大，其建筑构成也各有侧重。展览馆一般包括展览区、观众服务区、库房区、办公后勤区，其具体组成见表 3-11。

表 3-11 一般展览馆的组成

组成部分	房间名称
展览区	室内展厅(陈列室)、讲解员室、室外陈列场地
观众服务区	传达室、售票室、门厅、小卖部、走道、电梯、楼梯、接待室、贵宾室、会议室(洽谈室)、急救室、厕所等; 剧场、电影院、商场餐馆、邮局、球类馆、广场等
库房区	内部库房、临时库房、装卸车间、观察调度室、洗澡室
办公后勤区	内部办公室、临时办公用房、馆长室、内部会议室、电梯机房、电话总机室、警卫室、空调用机房、锅炉房、变配电室、冷冻机房、水泵房、消防控制室、防盗室、监控室、车库、浴室、厕所等

2. 场地功能分析

展览馆的场地功能分析如图 3-38 所示。

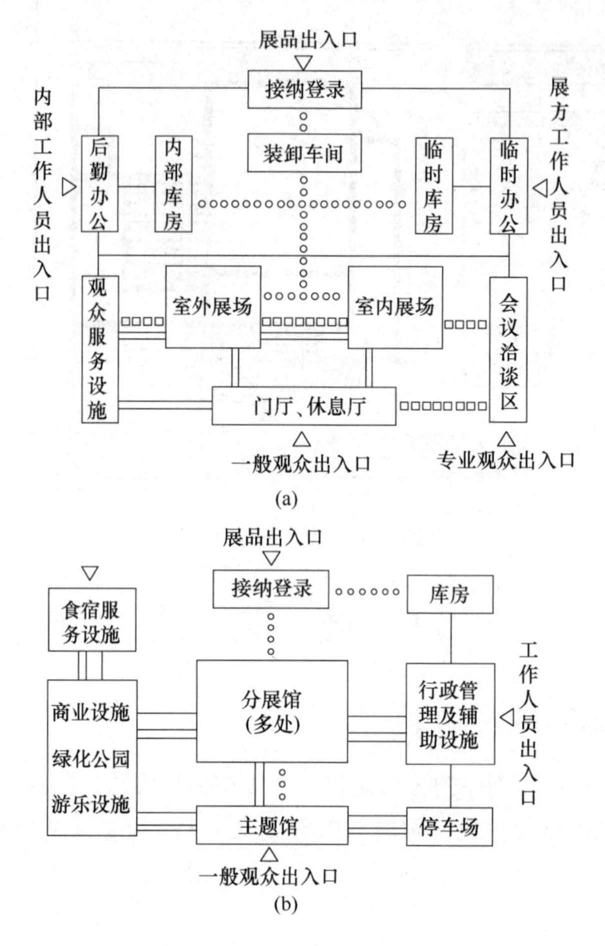

图 3-38　展览馆场地功能分析

3.8.2　展览馆分类

(1)　按展出规模分类，见表 3-12。

表 3-12　按展出规模分类的展览馆

分　类	建筑总面积	功能空间构成及说明	实　例
国际博览会	100 000～300 000m^2	展览馆(多处)、广场、商店、餐饮设施、游乐设施等	英国伦敦成国博览会 加拿大国际博览会
国家级、国际性展览馆	35 000～100 000m^2	展览厅、会议中心。一般可附有剧场、商场、饭店、球类馆等公众设施	北京国际展览中心 美国纽约会议中心
省级展览馆	10 000～35 000m^2	展览厅、会议室等	济南国贸中心 江苏省工贸经营中心 天津国际展览中心

续表

分　类	建筑总面积	功能空间构成及说明	实　例
地市级展览馆	2000～10 000m^2	展览厅、会议室等。展厅应可同时用于地市级政治、经济、文化集会	无锡市展览馆 常州工业展览馆
展览(陈列)室	200～500m^2	多用于城市中的商业性展览，如服装、家电、美术作品等	上海第二轻工业局产品陈列室等
其他展览设施	面积不定	多用于城市中的商业宣传、社会教育等简易的大众普及型展览	城市街头橱窗、展览廊、可移动的展览车船等

注：专业性展览馆的规模与建筑面积的关系可能因展品尺度不同而出现例外。

(2) 按展出性质分类，见表3-13。

表3-13　按展出性质分类的展览馆

分　类	展出内容	实　例
专业性展览馆	展出内容局限于某类活动范围，如工业、农业、贸易、交通、科技、文艺等	北京农业展览馆 桂林技术交流展览馆
综合性展览馆	可供多种内容分期或同时展出	北京国际展览中心
国际博览会	展出许多国家的产品和艺术品，也是各参展国最近建筑技术与艺术的展示	日本筑波国际科技博览会 神户港岛博览会

3.8.3　场地选择

(1) 展览馆场地的位置、规模应符合城市规划要求，且至少有一面与城市道路临接。

(2) 应位于城市社会活动中心地区或城市近郊。

(3) 交通便捷且与航空港、港口或火车站有良好的联系。

(4) 场地应具备完整的市政基础设施。

3.8.4　总平面布置

(1) 展区应位于场地中心位置，以便于观众的集散。

(2) 展览馆应留有足够的室外场地，以供展出和停放车辆。

(3) 库房区应贴邻展区，以便于展品的运输。

(4) 观众服务区宜靠近展区，且紧贴集散广场。

(5) 应留有展馆扩建用地。

展览馆总平面布置实例如图3-39所示。

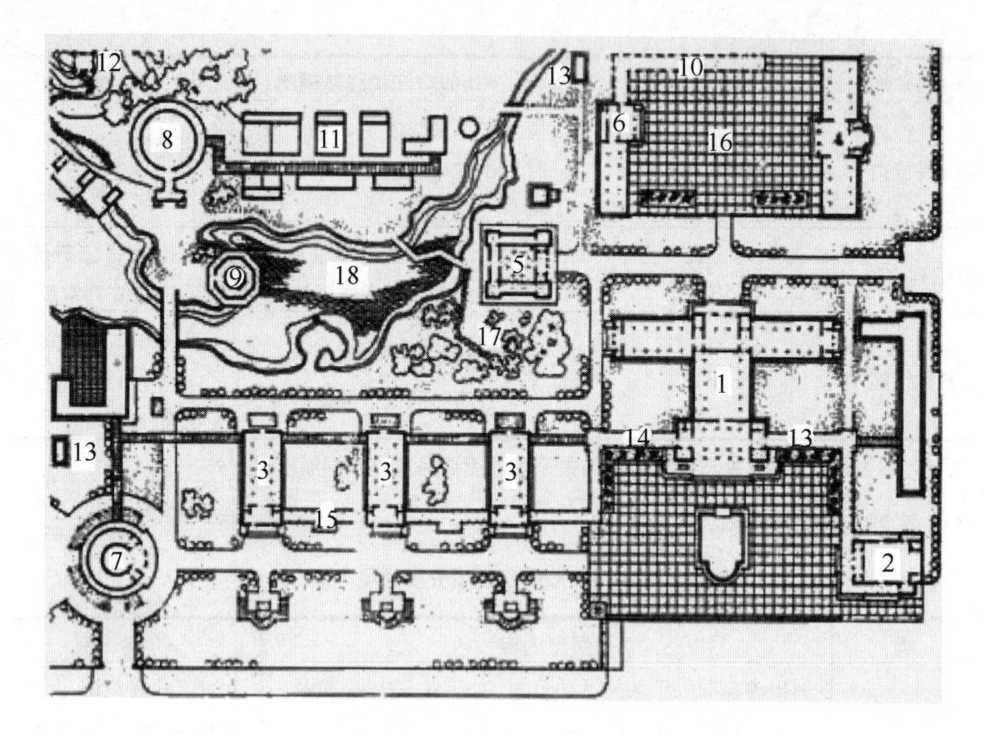

图 3-39 四川农业展览馆总平面

1—综合馆；2—技术交流馆；3—措施馆；4—工具工业馆；5—林业馆；6—水利馆；7—气象馆；8—畜牧兽医馆；9—水产馆；10—农业机械棚；11—牲畜舍；12—休息亭；13—厕所；14—图片展览廊；15—休息厅；16—农业机械厂；17—植物园；18—养鱼池

3.9 办公建筑

3.9.1 办公建筑的含义及分类

1. 办公建筑的含义

专供办公人员经常办公的建筑物称为办公建筑。

2. 办公建筑的分类

根据使用对象不同，办公建筑可按以下分类，见表 3-14。

表 3-14 办公建筑的分类

类 别	使用对象
行政办公建筑	各级党政机关、人民团体、事业单位和工矿企业的行政办公楼
专业性办公建筑	为专业单位办公使用的办公楼，如科学研究办公楼(不含实验楼)，设计机构办公楼，商业、贸易、信托、投资等行业办公楼

续表

类 别	使用对象
出租办公建筑	分层或分区出租的办公楼
综合性办公建筑	以办公用房为主的，含有公寓、旅馆、商店(商场)、展览厅、对外营业性餐厅、咖啡厅、娱乐厅等公共设施的建筑物

3.9.2 场地选择

(1) 办公建筑的场地应选在交通和通信方便的地段，应避开产生粉尘、煤烟、散发有害物质的场所和储存有易爆、易燃品等地段。

(2) 城市办公建筑场地应符合城市规划布局，选在市政设施比较完善的地段，并且避开车站、码头等人流集中或噪声大的地段。

(3) 工业企业的办公建筑。可在场地内选择合适的地段建造，一般位于厂前区，且应符合卫生和环境保护等法规的有关规定。

3.9.3 办公建筑的组成

办公建筑的组成比较复杂，包括办公、会议、展览、办公服务、设备系统等，如图 3-40 所示。

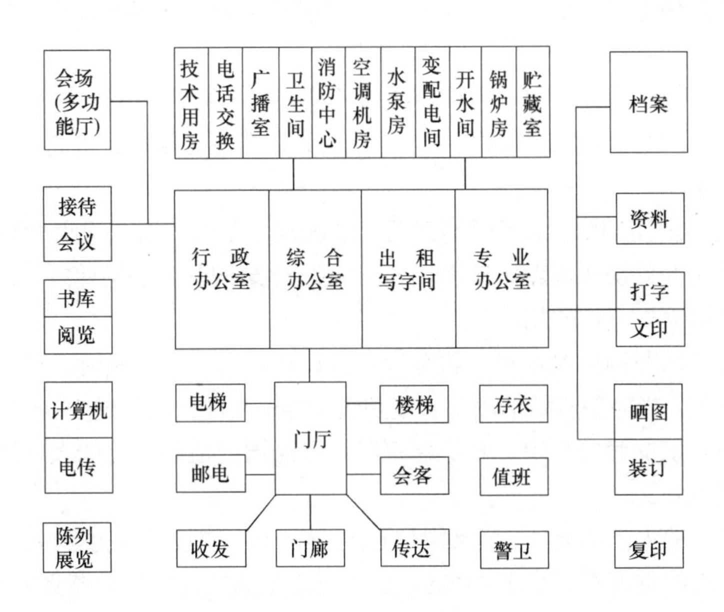

图 3-40 办公建筑的组成

注：办公建筑房间的组成应根据任务、性质和规模大小来决定。

3.9.4 场地总平面布置

(1) 场地总平面布置应考虑环境与绿化设计，办公建筑主体部分应有良好的朝向和日照。

(2) 在建筑场地内应设停车场(库)，或在建筑物内设停车库。

(3) 办公建筑宜与住宅楼分开设置，并分设独立出入口。

(4) 在同一场地内，办公楼、公寓楼、旅馆楼共建，或建造以办公楼为主的综合楼，应根据使用功能的不同，处理好主体建筑同附属建筑的关系，做到分区明确、布置合理、互不干扰。

(5) 总平面布置应合理安排好汽车库、自行车棚、设备机房(水、暖、空调和电气)等附属设施和地下建筑物。办公楼停车位指标见表 3-15。

表 3-15 办公楼停车位指标

分 类	机动车 (车位/100m^{2}建筑面积)	自行车 (车位/100 m^{2}建筑面积)
一类	0.40	0.40
二类	0.25	2.00

注：1. 一类为中央、各省机关、外贸机构和外国驻华办事机构；二类为其他机构。

2. 停车场的建筑面积，小汽车停车位按每车位 25m^2 计算；自行车按每车位 1.5m^2 计算。

(6) 办公楼建筑场地覆盖率一般为 25%～40%，多层办公楼场地容积率一般为 1～2；高层或超高层建筑场地容积率一般为 3～5。用地紧张的建筑场地容积率应符合当地规划部门的规定。

(7) 高层建筑的底边至少有一个长边或周长长度的 1/4 且不小于一个长边长度，不应布置高度大于 5.00m、进深大于 4.00m 的裙房，且在此范围内必须设有直通室外的楼梯或直通楼梯间的出口。

(8) 高层建筑之间的防火间距不应小于 13.00m，高层建筑与裙房的防火间距不小于 9m，裙房与裙房之间的防火间距不应小于 6m。高层建筑同其他民用建筑之间的防火间距应符合《建筑设计防火规范》的规定。

(9) 高层建筑的周围应设环形消防车道，当设环形车道有困难时，可沿高层建筑两个长边设置消防车道。当高层建筑的沿街长度超过 150m 或总长度超过 220m 时，应在适中位置设置穿过高层建筑的消防车道。高层建筑应设有连通街道和内院的人行通道，通道之间的距离不宜超过 80m。

(10) 高层建筑的内院或天井，当其短边超过 24m 时，宜设进入内院或天井的消防车道。

(11) 消防车道的宽度不宜小于 4.00m，消防车道距高层建筑的外墙宜大于 5.00m，消防车道上空 4m 以下范围内不应有障碍物。

(12) 尽头式的消防车道应设有回车道或回车场，回车场不宜小于 15m×15m，大型消防车的回车场不宜小于 18m×18m。

(13) 穿过高层建筑的消防车道，其净宽和净空高度均不应小于 4.00m。

3.9.5 总平面布置实例

办公楼总平面布置实例如图 3-41～图 3-43 所示。

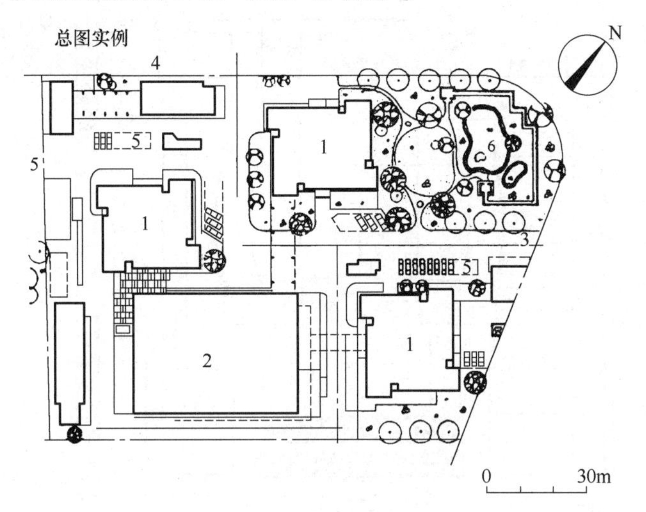

图 3-41 上海大八字办公楼总平面

1—主楼；2—综合楼；3—主要出入口；4—辅助出入口；5—停车场；6—喷水池

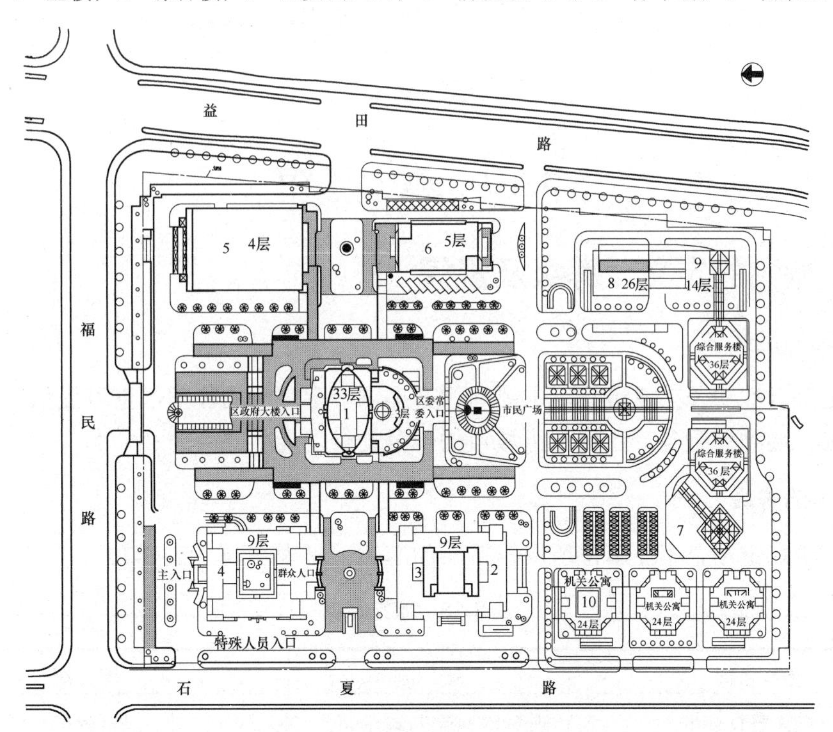

图 3-42 福田区第二办公大楼总平面

1—区委、区政府办公楼；2—区人民法院办公楼；3—区检察院办公楼；
4—区公安局办公楼；5—多功能会堂；6—综合楼；7—机关综合服务楼；
8—福田区工业科技楼；9—区信息服务中心；10—机关公寓及食堂

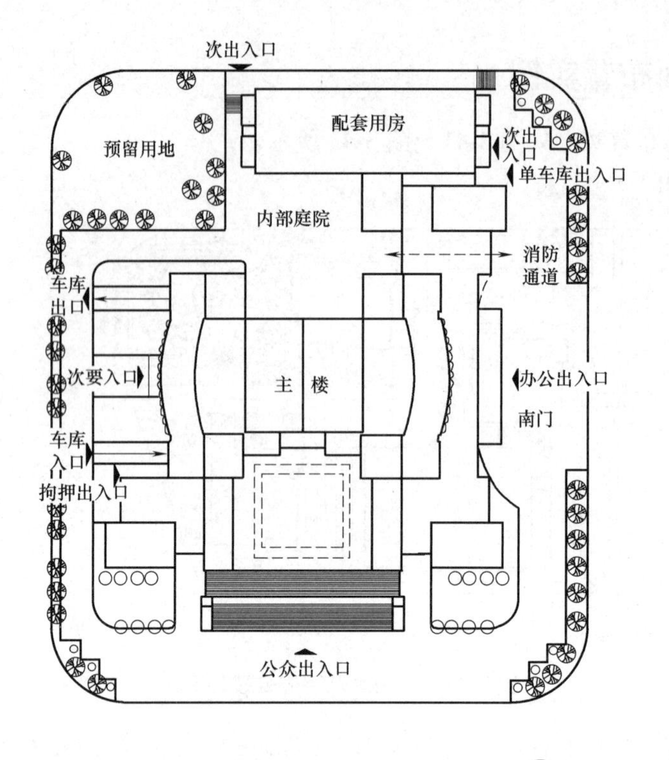

图 3-43　广东高级人民法院办公楼总平面

3.10　旅　　馆

3.10.1　旅馆的定义、等级及规模

1. 旅馆的定义

旅馆是综合性的公共建筑物，主要向顾客提供一定时间的住宿，也可提供饮食、娱乐、健身、会议、购物等服务，还可承担城市的部分社会功能。

2. 旅馆的等级

旅馆等级规定及企事业单位所属招待所的等级，见表 3-16、表 3-17。

表 3-16　旅馆等级

资料名称	编　制	等　级
《旅游旅馆设计暂行标准》	国家计划委员会	一、二、三、四(级)
《旅馆建筑设计规范》	建设部建筑设计院	一、二、三、四、五、六(级)
《国家旅游涉外饭店星级标准》	国家旅游局	五、四、三、二、一(星)

表 3-17　企事业所属招待所等级

招待所等级	适用范围
甲级	适用于部、省(自治区)、直辖市级或相当等级单位
乙级	适用于地、市(自治州)级或相当等级单位
丙级	适用于县(市)、镇(市)级或相当等级单位

3. 旅馆的规模

旅馆建筑根据功能、标准、规模、经营方式、所处环境等，可以有不同的类型及规模。

(1) 旅馆建筑分类见表 3-18。

表 3-18　旅馆建筑分类

分类特征	名　称			
功能	旅游旅馆 体育旅馆	商务旅馆 疗养旅馆	会议旅馆 中转旅馆	汽车旅馆
标准	经济旅馆	舒适旅馆	豪华旅馆	超豪华旅馆
规模	小型旅馆	中型旅馆	大型旅馆	特大型旅馆
经营	合资旅馆	独资旅馆	—	—
环境	市区旅馆 乡村旅馆 市中心旅馆	机场旅馆 名胜旅馆 游乐场旅馆	车站旅馆 矿泉旅馆	路边旅馆 海滨旅馆
其他	公寓旅馆	度假旅馆	综合体旅馆	全套间旅馆

(2) 旅馆的规模分等见表 3-19。

表 3-19　旅馆的规模分等

规　模	客房间数	标　准	等　级
小型	＜200	中低档	一星、二星
		超豪华	五星
中型	200～500	中档	三星、四星
		豪华	五星
大型	500～1000	豪华	五星
特大型	＞1000	—	—

(3) 我国招待所规模。我国招待所规模主要以床位总数来确定，见表 3-20。

表 3-20　我国招待所规模

规　模	床位/个	每床面积/m^2	规　模	床位/个	每床面积/m^2
小型	＜300	13～16	大型	500～800	15～20
中型	300～500	14～18			

3.10.2 旅馆的功能关系

(1) 一般旅馆的功能关系如图 3-44 所示。

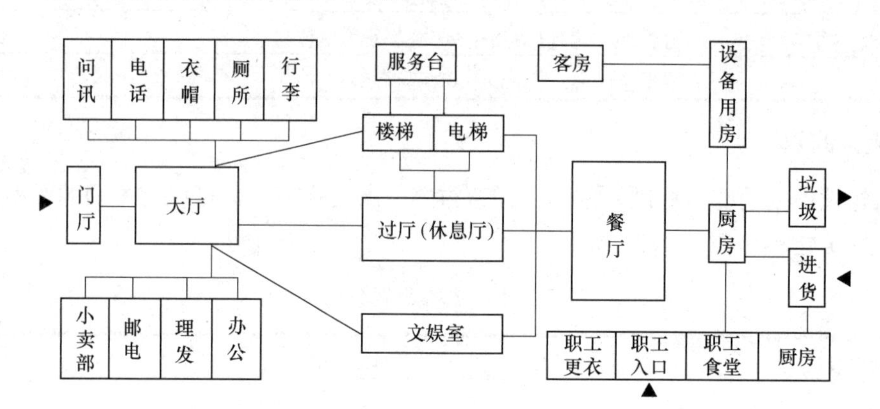

图 3-44 一般旅馆功能关系

(2) 大型高级旅馆的功能关系如图 3-45 所示。

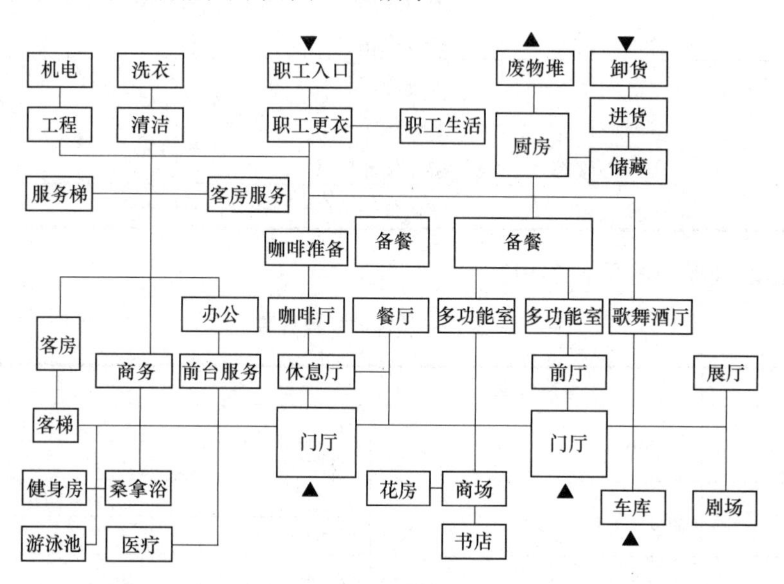

图 3-45 大型高级旅馆功能关系

3.10.3 场地选择

(1) 旅馆场地选择应符合城市规划要求，并应位于交通方便、环境良好的地段。

(2) 在历史文化名城、风景名胜区及重点文物保护单位附近，旅馆场地的选择及建筑布局应符合国家和地方有关管理条例和保护规划的要求。

(3) 在城镇的旅馆场地应至少一面临接城市道路，其长度应满足场地内各功能区的出入口、客货运输、防火疏散及环境卫生等要求。

3.10.4 总平面布置

(1) 旅馆场地总平面布置应结合当地气候特征、所处的具体环境，妥善处理其公用设施与市政基础设施的关系。

(2) 旅馆场地主要出入口必须明显，并能引导旅客直接到达门厅。主要出入口应根据使用要求设置单车道或多车道，入口车道上宜设雨篷。

(3) 不论采用何种建筑形式，均应合理划分旅馆建筑的功能分区，组织各种出入口，使人流、货流、车流互不交叉。

(4) 在综合性建筑中，旅馆部分应有单独分区，并有独立的出入口；对外营业的商店、餐厅等不应影响旅馆本身的使用功能。

(5) 应合理安排好各种管线，使管线综合布置合理、短捷，并便于维护和检修。

(6) 应处理好主体建筑与辅助建筑的关系，对各种设备所产生的噪声和废气应采取防治措施，避免干扰客房区和邻近建筑。

(7) 应根据停车数量在场地内或建筑物内设置停车空间，或按城市规划部门规定设置公用停车场地。

(8) 总平面布置应结合场地做好绿化设计，进行绿化，以改善周围的环境。

3.10.5 总平面布置实例

旅馆总平面布置实例如图 3-46～图 3-48 所示。

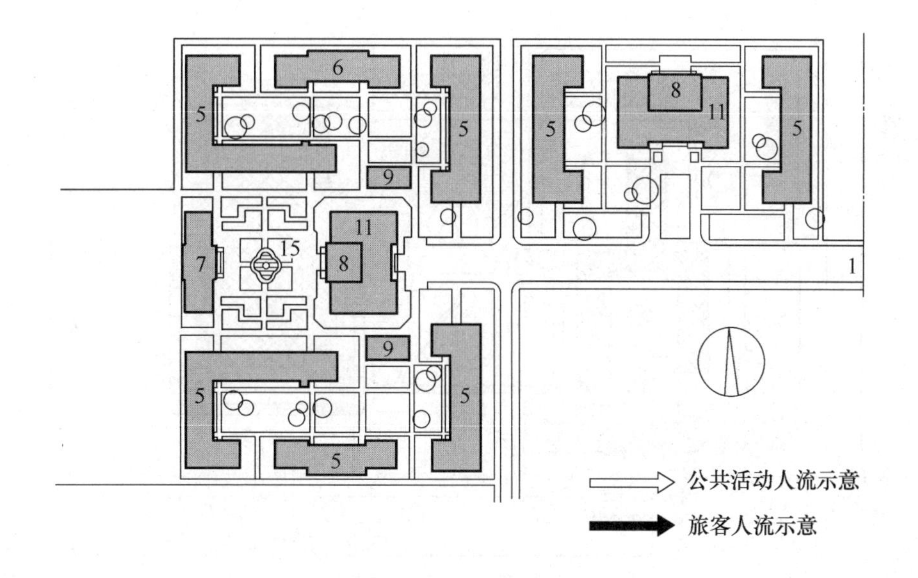

图 3-46 西苑旅社总平面

1—主要出入口；2—辅助出入口；3—俱乐部；4—食堂；5—办公楼；
6—自行车棚；7—锅楼房；8—喷水池

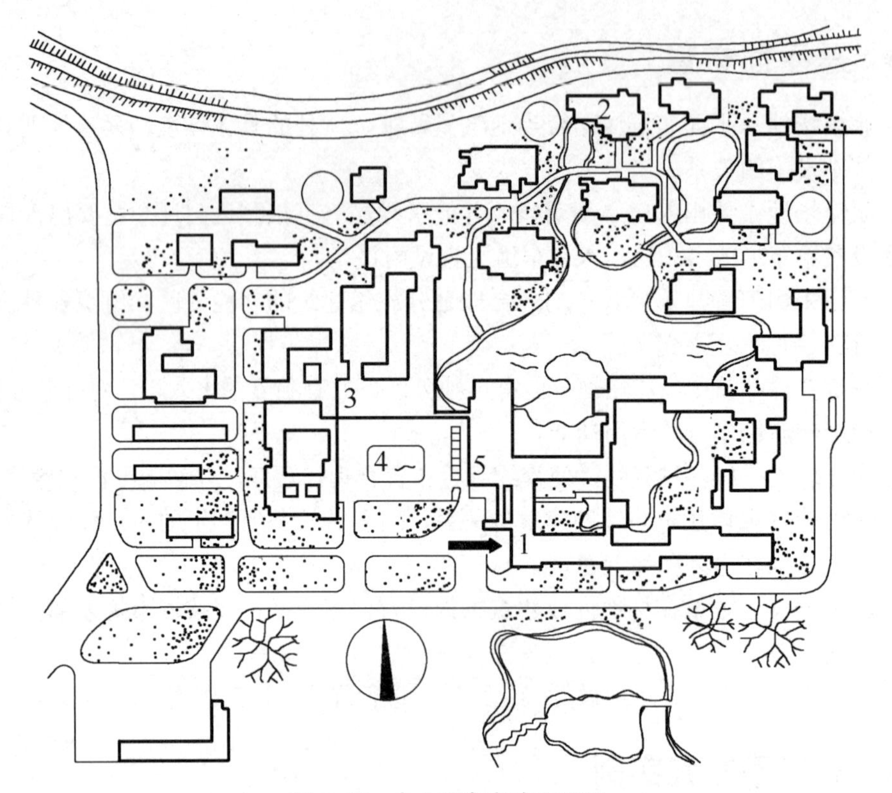

图 3-47　中山温泉宾馆总平面

1—主楼；2—别墅；3—餐厅；4—游泳池；5—商场

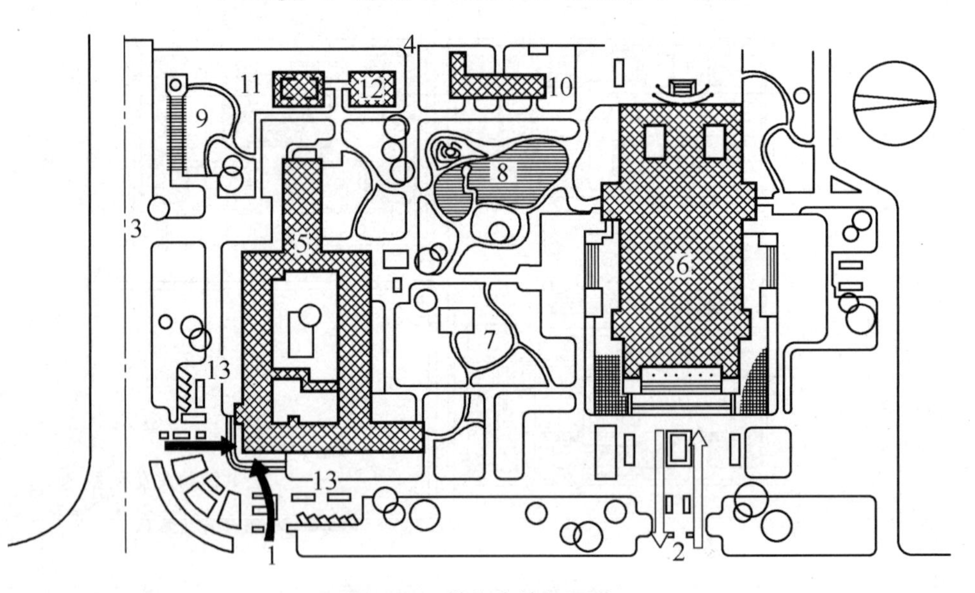

图 3-48　锦江宾馆总平面

1—主要出入口；2—辅助出入口；3—行李出入口；4—供应出入口；5—主楼；6—礼堂；7—喷水池；8—亭子；9—自行车棚；10—花房；11—锅楼房；12—洗衣房；13—停车场

3.11 医　　院

3.11.1 医院的类别和规模

1. 医院的类别

(1) 按医院组织领导来分，有省、区级医院，专、州级医院，县级医院，乡、镇医院等。

(2) 按医院科别性质来分，有综合医院、专科医院、中医院、疗养院等。

2. 医院的规模

(1) 综合医院的分类。

根据我国“三级医疗网”医疗体制，可对医院进行如图3-49所示的分类。

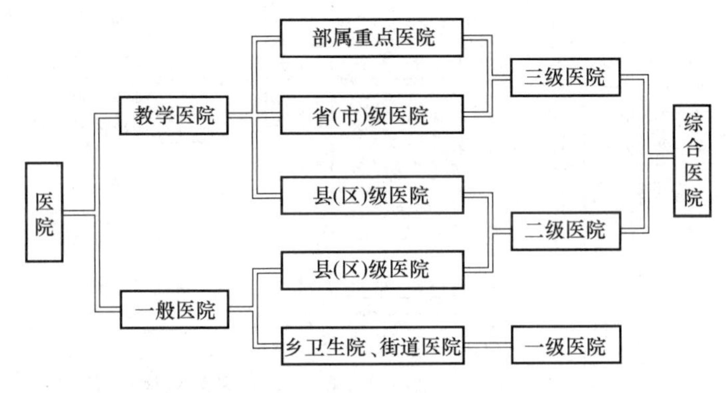

图3-49 “三级医疗网”医疗体制示意

(2) 综合医院的规模及用地指标。

综合医院建设规模及用地指标见表3-21。

表3-21 综合医院建设规模及用地指标

建设规模/床	200～300	400～500	600～700	800～900	1000
用地指标/m^2	117	115	113	111	109

注：当规定的建设指标确实不能满足需要时，可按不超过11m^2/床指标增加用地面积，用于预防保健、单列项目用房的建设和医院发展用地。

3.11.2 综合医院组成及布置要求

(1) 门诊部。门诊部应靠近主要出入口，面向门诊人流，避免受街道交通及噪声的干扰。

(2) 住院部。住院部应位于朝南、日照、通风良好的安静区域，入院办公及住院处要对外联系方便，且又不影响住院病房安静的环境。产科、儿科病房不应受其他病房的干扰，传染病房应隐蔽隔离。

(3) 手术部。较小医院门诊，住院部共用一个手术室；较大的医院，门诊手术室同住院手术部手术室应分开设置。手术部应位于一般人员不能穿越处，并与门诊、急诊、病房联系方便。手术部若采用自然采光，宜南北向开窗。

(4) 辅助医疗部。辅助医疗部包括放射科、理疗科、检查科、血库、药房、中心供应、机能诊断室等。这些科室同时为门诊、住院处服务，因此，应位于门诊与住院处之间。

(5) 行政办公及杂务部。行政办公及杂务部包括行政办公用房、库房、洗衣房、锅炉房、营养厨房、车房、门房、焚毁炉等。

3.11.3 综合医院的功能关系

综合医院的功能关系如图 3-50 所示。

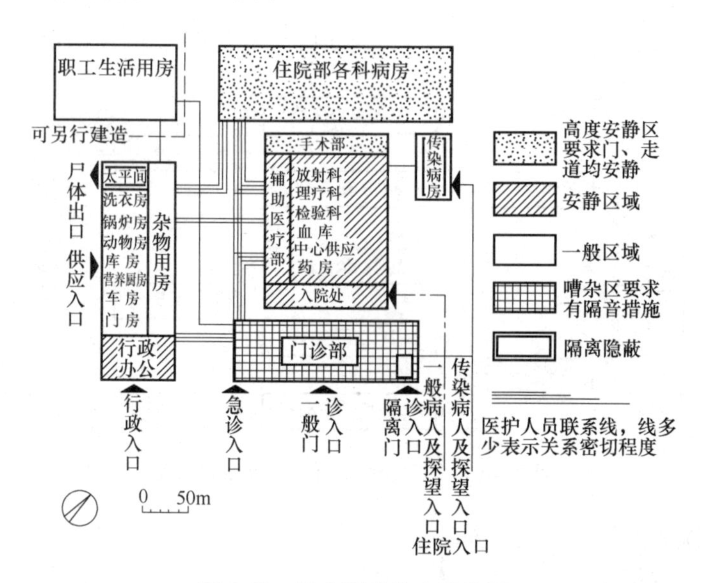

图 3-50 综合医院的功能关系

3.11.4 场地选择

(1) 医院场地应按国家三级医院网点布局要求及城市规划部门的统一规划要求确定。

(2) 场地大小应按不同规模医院的用地指标，在节约用地的原则下，适当预留扩建余地。

(3) 场地应有足够的清洁用水，并应有城市污水管网配合。

(4) 场地应交通方便，宜与两条城市道路相连。

(5) 场地应便于利用城市基础设施。

(6) 场地应环境洁静，远离污染源。

(7) 场地外形力求规整。

(8) 场地应远离易燃、易爆物品的生产和储存区，远离高压线路及其设施。

(9) 场地不应临近少年儿童活动密集的场所。

3.11.5 总平面布置

(1) 场地功能分区应合理，交通便捷，管理方便。

(2) 洁污分开，路线清楚，避免或减少交叉干扰。

(3) 建筑布局紧凑，满足通风、采光要求。

(4) 应将住院部、手术部、检查室、献血室、教学科研建筑等布置在环境安静地段。

(5) 住院部应获得最佳朝向，并满足日照间距要求。

(6) 场地应有完整的绿化规划。

(7) 对医院的废弃物，应做出妥善安排，并符合环境保护的有关规定。

(8) 医院的出入口不应少于两处，人员出入口和尸体和废弃物出入口应分开。最好为 3 处，将供应出入口和废弃物出入口分开。设传染病科者，必须设专用出入口。

(9) 医疗、医技区应位于场地的中心位置，其中门诊、急诊部应面对城市主要交通干道且位于大门入口处。

(10) 门诊部、急诊部入口附近应有车辆停放场地。

(11) 行政办公及服务建筑与医疗区应保持一定的距离，或路线互不交叉干扰，同时又便于为医疗、医技区服务。

(12) 当所建综合医院绿地率不应低于 35%，扩建综合医院绿地率不应低于 30%时，应充分利用场地地形、防护间距和其他空地等进行环境设计，并应有供病人活动的专用绿地。

(13) 职工住宅不得建在医院场地内，如用地毗邻时，必须分隔并另设出入口。

3.11.6 综合医院总平面的组合形式

综合医院总平面的组合方式可为分散式、集中式和混合式 3 种。

1. 分散式

分散式即将门诊、住院部各科病房辅助医疗部、行政办公、杂务用房分别布置在单幢建筑内和独立地段，或将门诊部、住院部主要各科病房分幢建造，而将辅助医疗用房设在门诊部或病房建筑内。分散式布局的优点是：各部分之间隔离较好，可防止相互感染；形成较好的通道并且易于与地形、绿化、通风和朝向结合，使环境安静、空气清洁、有利分期建设。但因各建筑过于分散，使得各部分之间的联系不便，且使道路、管线加长，占地多。分散式布局实例如图 3-51 所示。

2. 集中式

集中式将门诊部、住院部、辅助医疗部、行政办公甚至于洗衣房、锅炉房、太平间等都集中在一幢建筑内，仅将传染病房分幢建筑。集中式布局的优点是：可以节约用地，利用电梯解决垂直运输，联系线路短，节省了人力；但各部门干扰较大，不利于隔离，也不利于安静。集中式布局适宜于用地少的医院，其布置实例如图 3-52 所示。

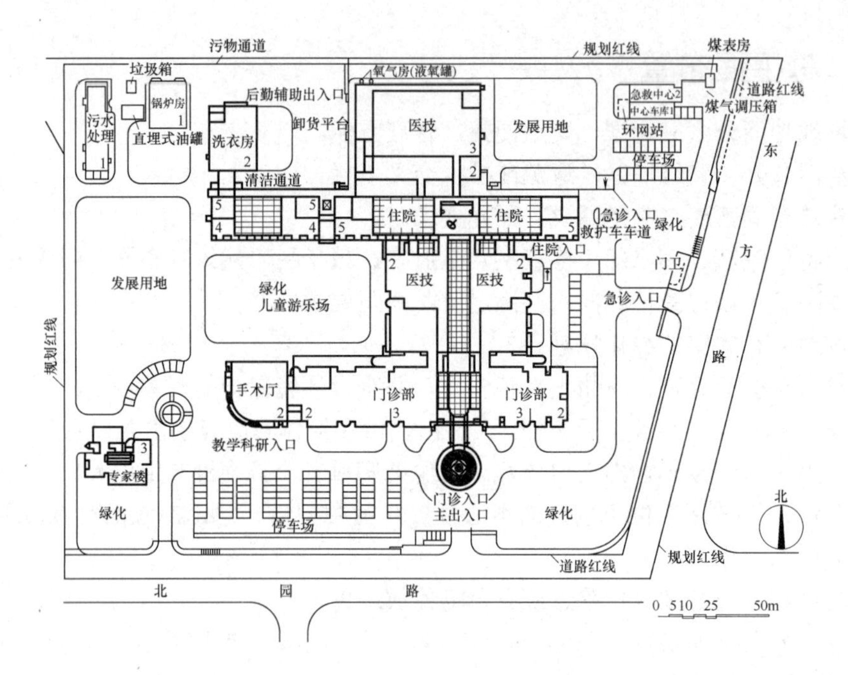

图 3-51　上海儿童医学中心总平面

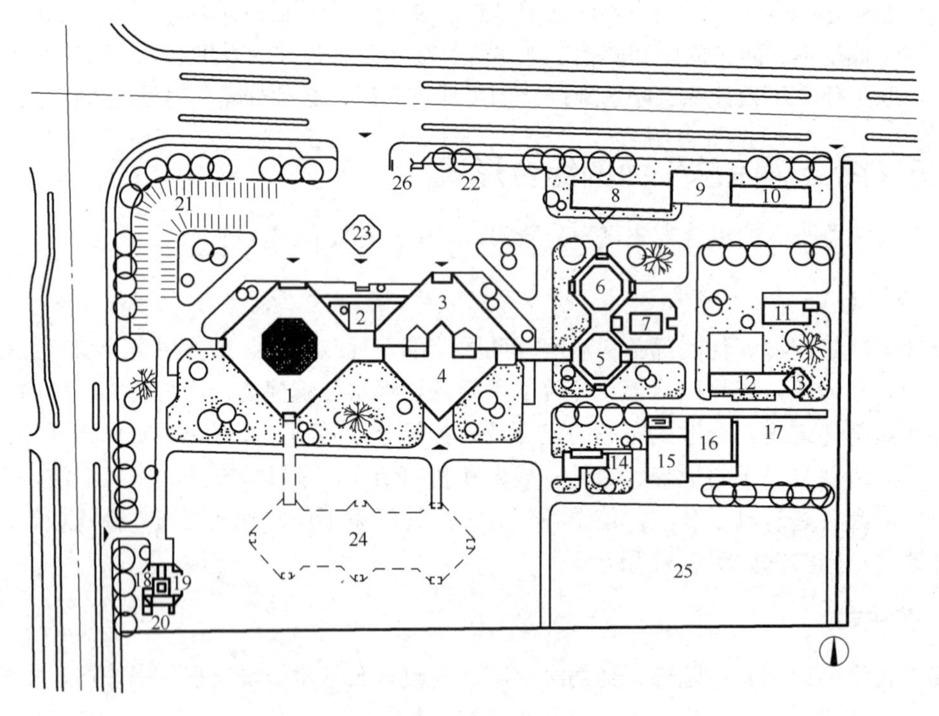

图 3-52　杭州邵逸夫医院总平面

1—门诊部；2—报告厅；3—急诊部；4—住院部；5—营养厨房；6—职工食堂；7—职工厨房；8—院办公、卫校、图书；9—职工自行车库；10—汽车库；11—总务库房；12—洗衣房、消毒间；13—发电机房；14—交电所；15—冷冻机房；16—锅炉房；17—煤堆场；18—危品库；19—太平间；20—污水处理；21—汽车停车场；22—自行车停车场；23—雕塑台；24—扩建病房楼用地；25—专家楼用地；26—门卫

3. 混合式

混合式即利用集中式和分散式的优点，把医院各组成部分适当地分散和相对地集中。将门诊部和住院部分开设置，把辅助医疗部分布置在门诊部或住院部中或自成一幢位于门诊部和住院部之间。混合式布局的优点是：在隔离、安静、便于施工、分期建设方面比集中式优越，在便于管理、节约投资、节约用地方面比分散式要好；但门诊部人易误入住院部，且辅助医疗部也受干扰。混合式布局实例如图 3-53 所示。

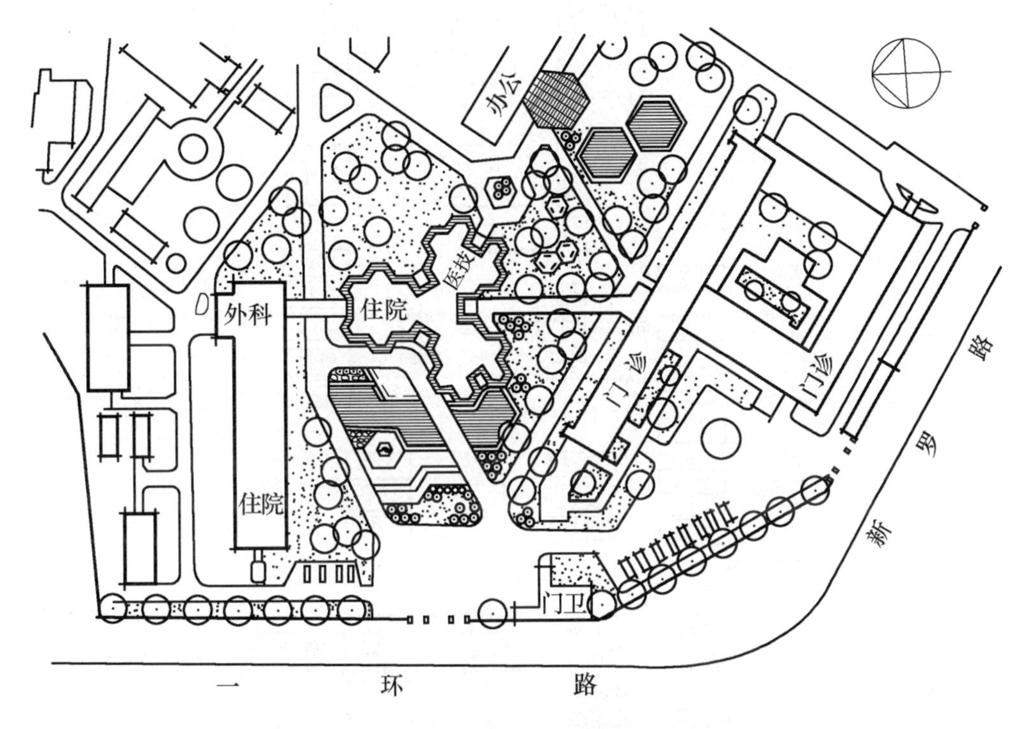

图 3-53 成都中医药大学附属医院总平面

3.12 博 物 馆

3.12.1 博物馆的组成要素

(1) 陈列区。陈列区包括基本陈列室、专题陈列室、临时展室、室外展场、陈列装具储藏室、进厅、报告厅、接待室、管理办公室、观众休息处及厕所等。

(2) 藏品库区。藏品库区包括藏品库房、藏品暂存库房、缓冲间、保管设备储藏室及制作室、管理办公室等。

(3) 技术和办公用房。技术和办公用房包括鉴定编目室、摄影室、熏蒸消毒室、实验室、修复工场、文物复制室、标本制作室、研究阅览室、管理办公室及行政库房等。

(4) 观众服务设施。观众服务设施包括纪念品销售部、小卖部、小件寄存处、售票房、游乐室、停车场及厕所等。

3.12.2 场地组成及功能关系

场地组成及功能关系如图 3-54 所示。

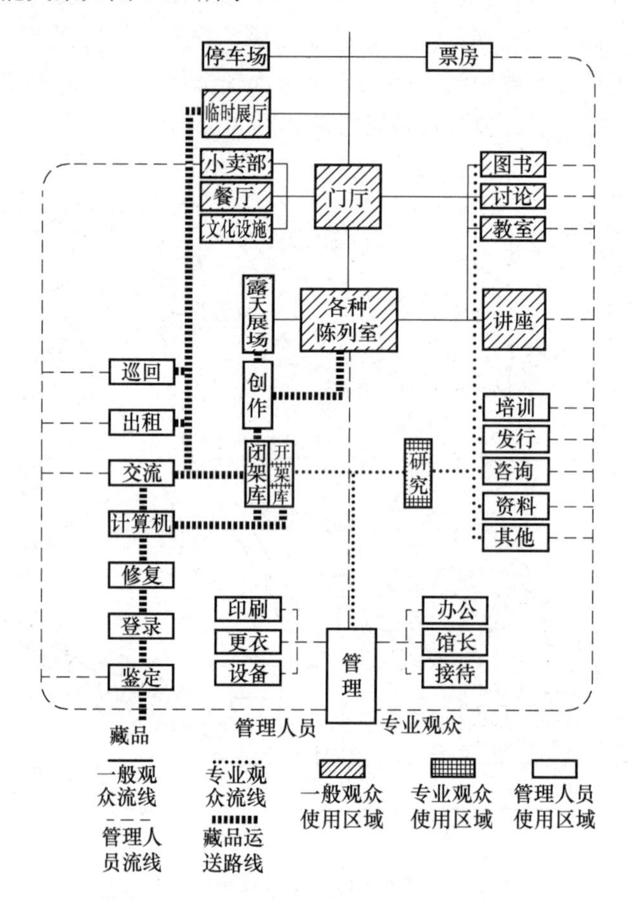

图 3-54 博物馆场地组成及功能关系

3.12.3 场地选择

(1) 选择的场地应交通便利，城市公用设施比较完备，具有适当的发展余地。

(2) 不应选在有害气体和烟尘影响较大的区域内，与噪声源及储存易燃、易爆物场所的相关距离应符合有关部门的规定。

(3) 场地应干燥、排水通畅、通风良好。

3.12.4 总平面布置

(1) 大、中型博物馆应独立建造。小型馆若与其他建筑合建，必须满足环境及使用功能要求，并自成一区，单独设置出入口。

(2) 馆区内宜合理布置观众活动及休息场地。

(3) 馆区内应功能分区明确，室外场地和道路布置应便于观众活动、集散和藏品装卸运输。

(4) 陈列室和藏品室库房若邻近车流量集中的城市主要干道布置，沿街一侧的外墙不宜开窗；必须设窗时，应采取防噪声、防污染等措施。

(5) 除当地规划部门有专门的规定外，新建博物馆建筑场地覆盖率不宜大于 40%。

(6) 应根据建筑规模或日平均客流量，设置自行车及机动车停放场地。

(7) 陈列室、藏品室、修复工厂等部分用房宜南北向布置，避免西晒。

3.12.5 总平面布置实例

博物馆总平面布置实例如图 3-55～图 3-57 所示。

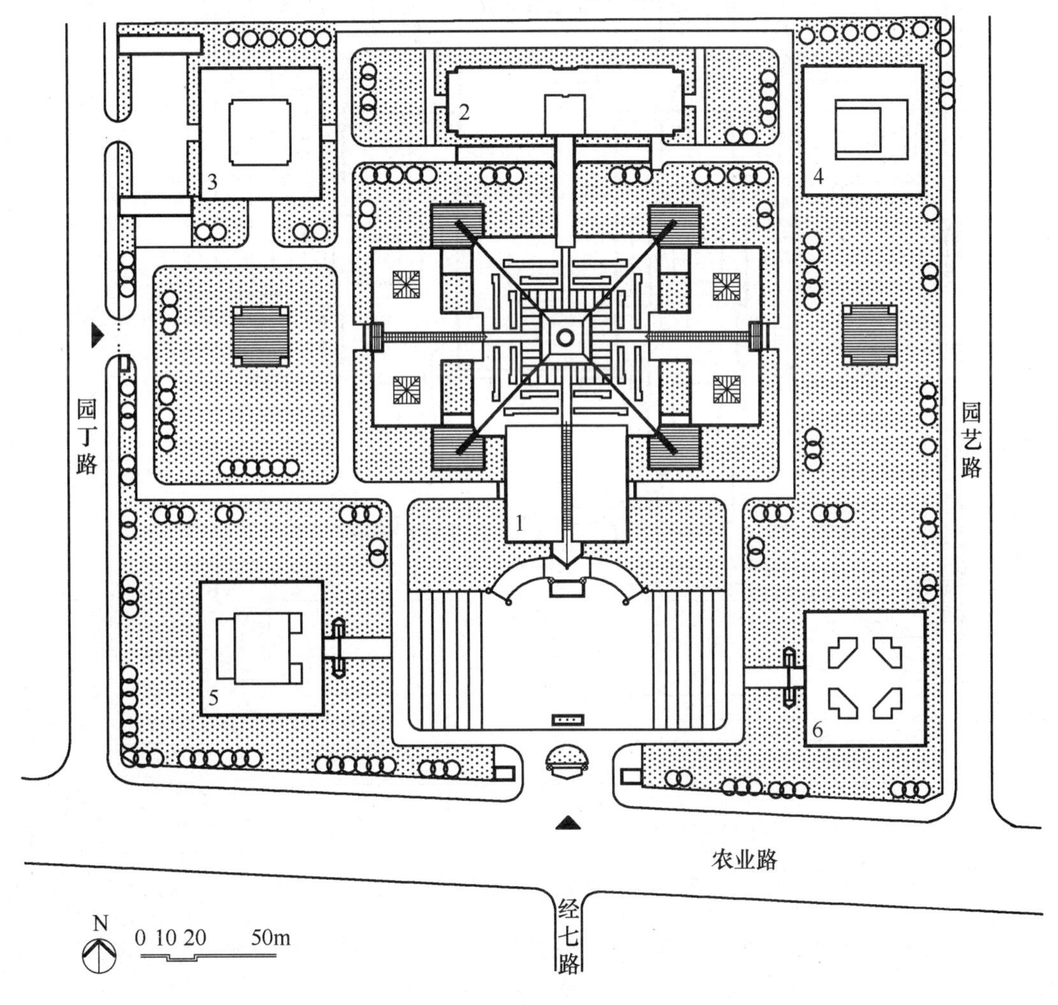

图 3-55 河南博物馆总平面

1—主馆；2—文物库；3—办公楼；4—培训楼；5—电教楼；6—石刻艺术馆

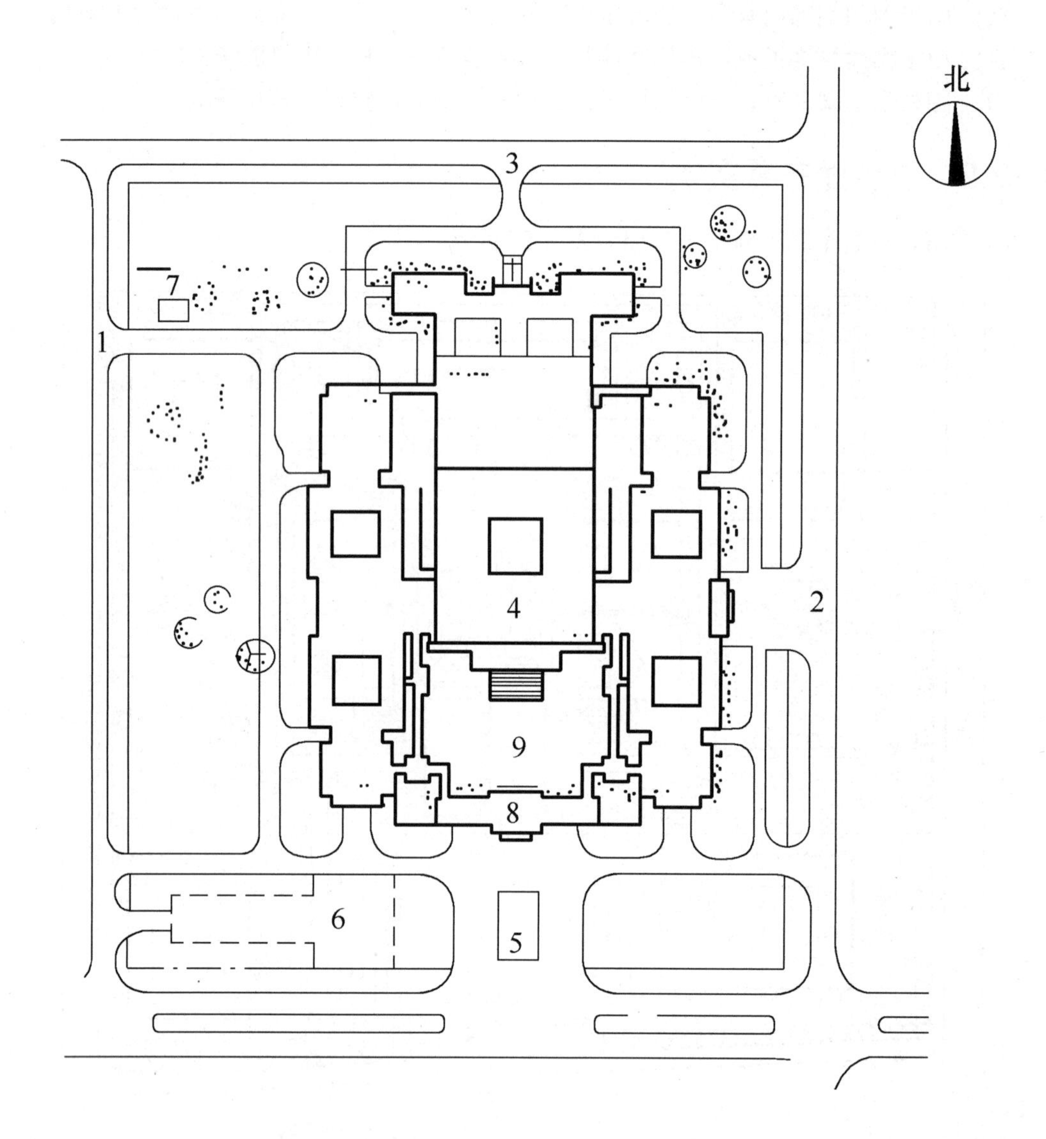

图 3-56　陕西历史博物馆总平面

1—小寨东路；2—翠华路；3—兴善诗东路；4—主馆；5—水池；
6—地下车库；7—辅助用房；8—入口；9—内院

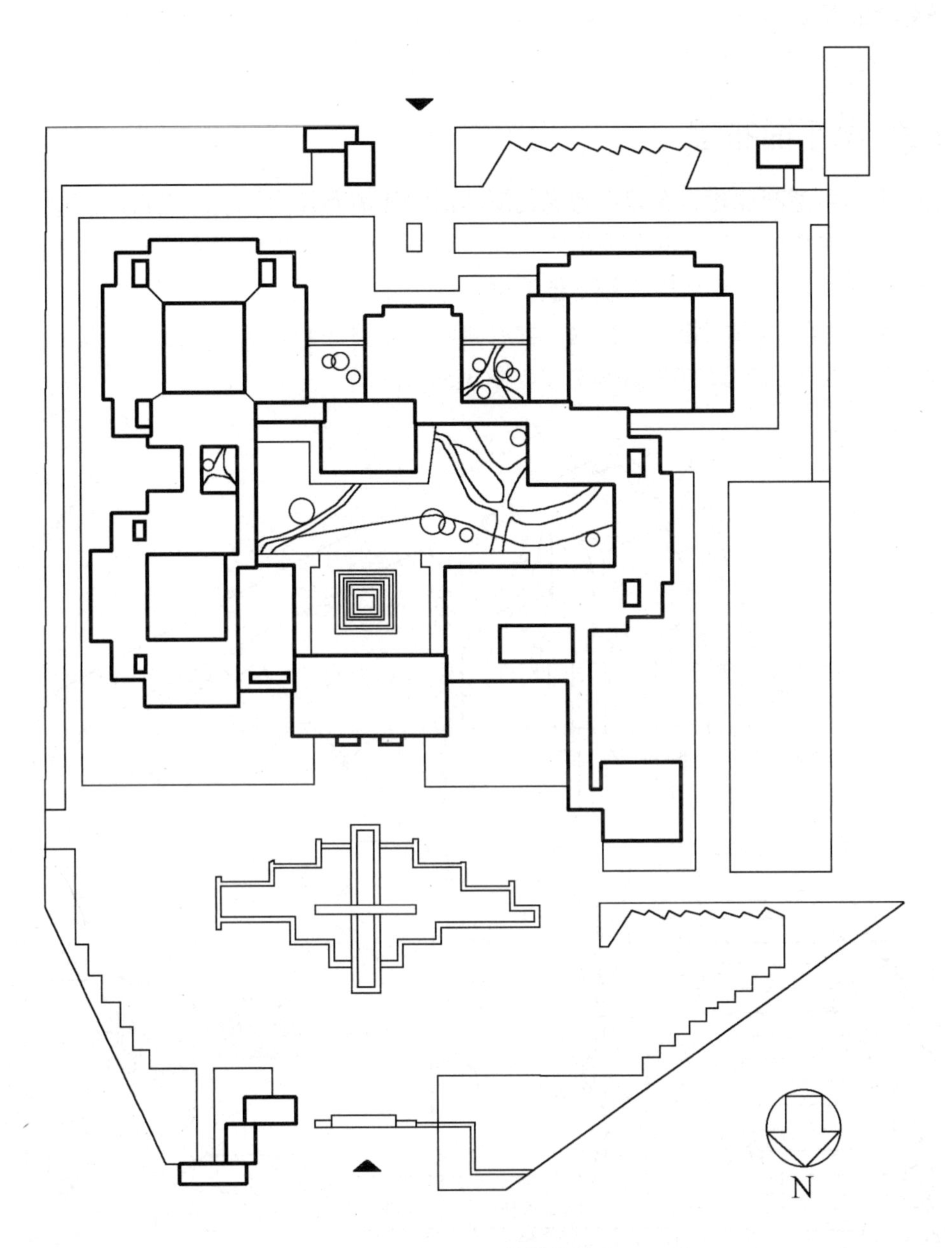

图 3-57 云南大理民族博物馆总平面

3.13 商 业 建 筑

3.13.1 场地选择

(1) 商业建筑场地宜选择在城市商业区或主要道路的适宜位置。

(2) 大中型商业场地应有不少于两个方向同城市道路相接。

(3) 商业场地不宜设在具有甲类、乙类火灾危险性的厂房和仓库附近，也不宜设在易燃、可燃材料堆场附近。

(4) 居住区的商业用地宜位于居住区中心地段或居住区中心道路的两端。

3.13.2 总平面布置

(1) 大、中型商业建筑布置应考虑物流和消防的需要，宜设交通道路。

(2) 大、中型商业建筑的主要出入口前应设集散广场，以便于人流、车流集散。

(3) 大、中场商业场地应设停车场或室内停车库。

(4) 商业建筑的布应处理好客流、物流和职工流的交通流线，且互不交叉干扰。

商业建筑总平面布置实例如图 3-58、图 3-59 所示。

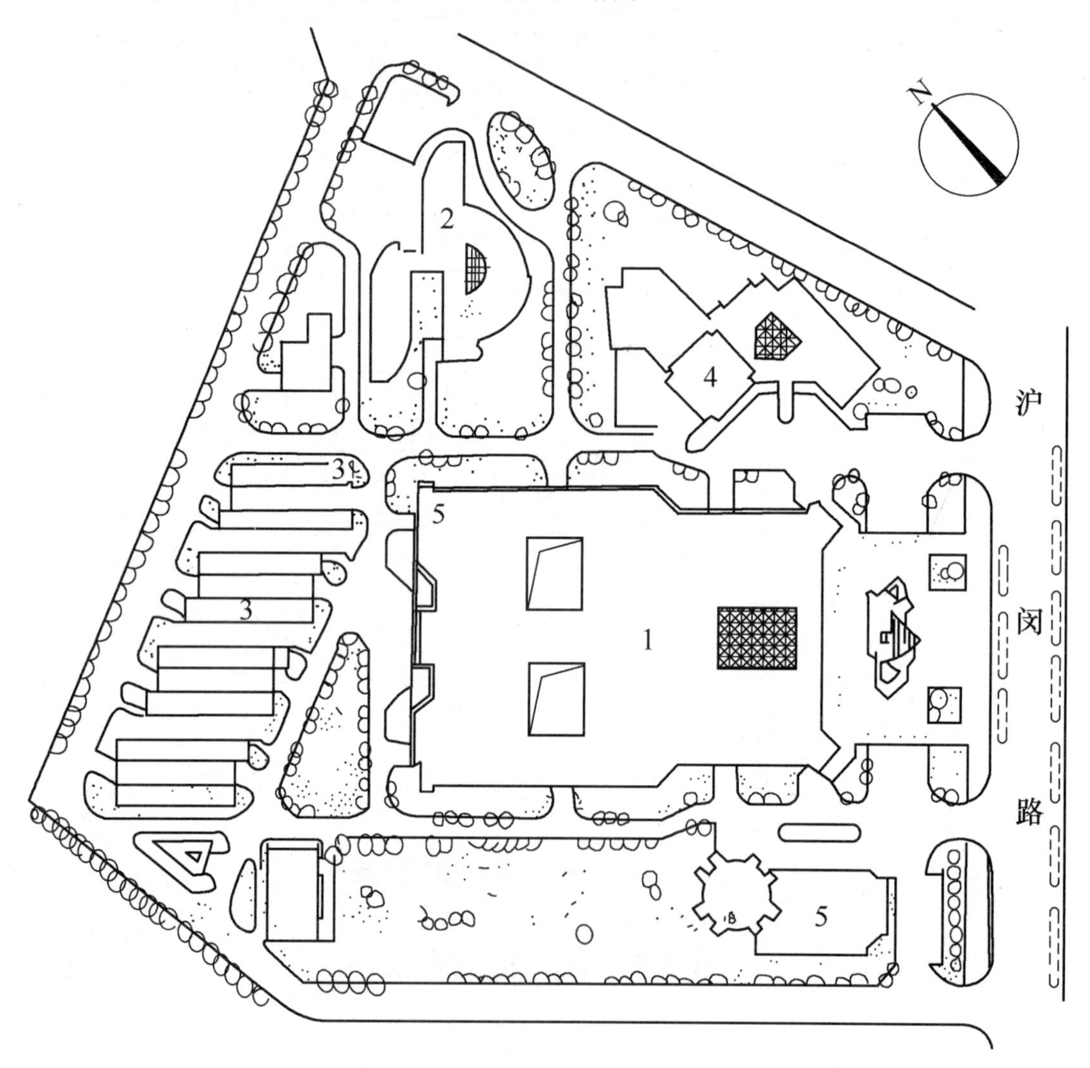

图 3-58 上海南方商城商业大楼总平面

1—商业大楼；2—旅馆；3—美食街；4—宾馆；5—商住楼

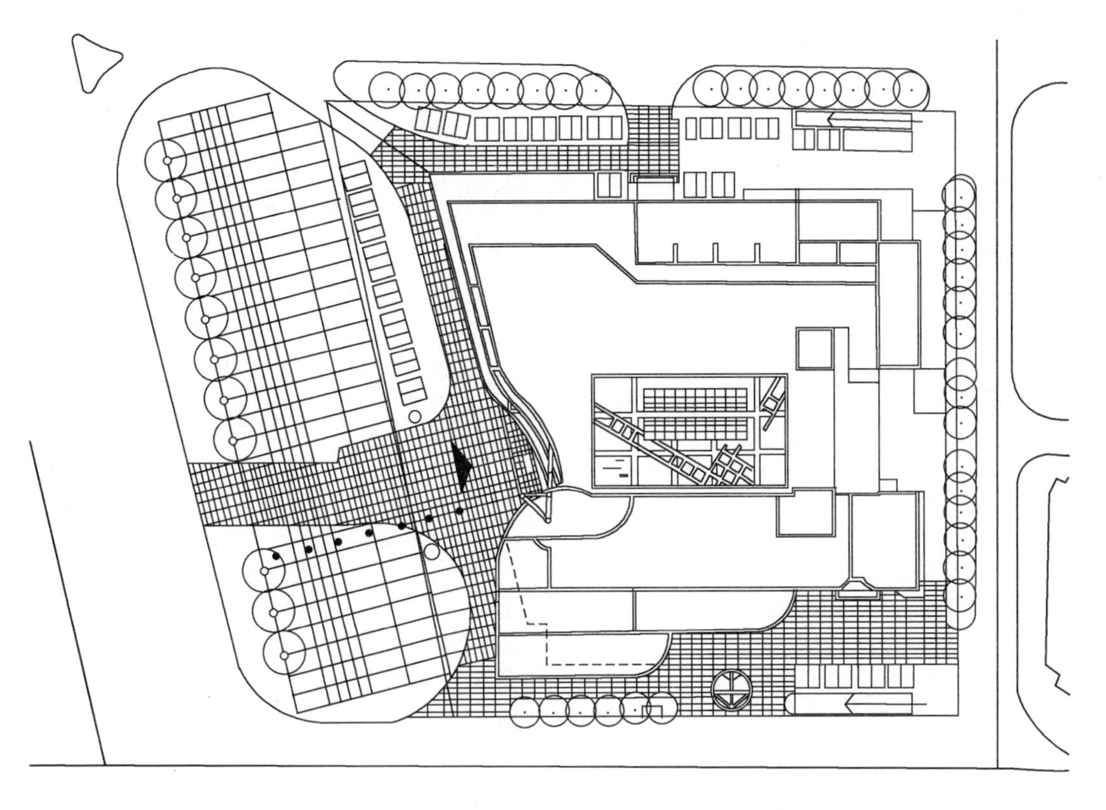

图 3-59 北京当代商城总平面

复习思考

1. 简述托儿所、幼儿园的规模及用地面积。
2. 简述中小学用地面积、功能分区及总平面布置要求。
3. 文化馆的总平面布置有哪些要求?
4. 图书馆的分类及总平面布置有哪些要求?
5. 简述汽车客运站的平面组成及停车场的布置。
6. 简述剧场的类型及功能关系。
7. 简述电影院的总平面布置要求。
8. 简述办公建筑的一般组成及总平面布置要求。
9. 简述一般旅馆的功能关系及总平面布置要求。
10. 简述综合医院的组成及总平面的组合形式。
11. 博物馆总平面布置有哪些要求?

第 4 章　场地道路、广场及停车场布置

本章主要阐述场地交通组织，道路、广场及停车场布置的基本要求和基本形式以及道路平面、纵断面、横断面、路基及路面结构设计选型。

4.1　场地交通组织

场地的交通运输组织和交通线路及其设施的布置是场地设计的重要内容之一。对于民用建筑场地主要是布置场地道路、广场及停车场；对于大、中型工业建筑场地还要布置铁路、铁路车站、货场以及其他交通运输方式，如带式输送通廊、管道、机械化运输等运输设施。这就要涉及许多专业知识。本章仅就场地道路、广场及停车场布置做简要介绍。

4.1.1　交通组织

场地内的交通系统由人、车、路、广场、车场、环境等要素构成，是满足人们出行和货物运输需要的基础设施。交通系统具有系统性、动态性、复杂性的特点。合理的场地交通组织，不仅能满足交通功能要求，而且可以有效地使用土地，节省人力和财力。

1. 交通组织的任务

(1) 根据场地的功能分区，分析各建、构筑物之间人流、车流量及其流向。

(2) 根据货物性质、车流量，结合场地地形选择适合的交通运输方式。

(3) 根据场地内交通线路布置及场地外围的交通条件，依据城市规划的要求，确定场地出入口的位置。

(4) 建立交通运输组织系统。

2. 交通组织的工作步骤

(1) 分析场地组成要素之间人流、货流量及其联系的程度。

(2) 确定交通量。

(3) 根据货物性质、交通量，进行运输方式比较，选择交通运输方式。

(4) 结合场地功能布局，确定场地交通组织。

4.1.2 交通运输方式

我国交通运输方式有铁路、道路、水运、航空及管道运输。建筑场地内还有带式运输、管道运输、索道运输及其他机械化运输方式。这些运输方式有着各自不同的特点，分别适用于各种不同的客运和货运要求，它们对于用地及地形条件也有各自的要求。要搞好场地交通组织，就必须对运输方式有一个全面的了解。

1. 铁路运输

铁路运输运量大、速度快、成本低、不受气候条件限制，能保证连续不断的运行，联系范围广；但铁路投资大，建设周期长，组织管理复杂。铁路运输方式适用于中、长距离或货运量大的大型工业场地，中、小型建筑场地应用较少。铁路分为标准轨距铁路和窄轨铁路，在工业场地上应用的铁路称为工业铁路。

2. 道路运输

道路运输在我国交通运输中占有十分重要的地位，同时也是铁路和港口集散物流的重要方式，具有机动灵活、速度快、投资省、建设期短、施工简单、使用方便等优点，是场地交通中最重要、最普遍的运输方式。我国中、小型建筑场地大多采用道路运输方式。

3. 水路运输

水路运输具有运量大、成本低、投资省等优点，与外界联系也比较简单；但水路运输速度低，受气候影响大。水路运输适用于中、长距离运输。在滨水建筑场地，有水路条件时，宜采用水路运输。我国沿江、沿海的一些工业场地大多设有工业码头，采用水路运输方式。

4. 航空运输

航空运输具有速度快、距离长等优点；但其运输成本高，受气候条件制约，占地多，对周围环境影响大。场地交通一般不选用此种方式。

5. 管道运输

在工业建筑场地，许多粉粒状的原料、燃料、成品或气体、液体等，大多是采用管道运输的，管道运输有气力输送和水力输送两种方式。管道运输具有连续性、运量大、路径不受限制、不受气候和管道周围环境的影响、节约用地、不污染环境、运输安全高效。其缺点是，对运输的物料粒度有严格的要求。管道运输在工业建筑场地应用广泛，如石油、天然气、矿山、建材、化工、发电等行业。

4.1.3 交通运输方式的比较

对场地交通运输方式的选择，应考虑以下要求。

(1) 满足场地交通功能要求，符合场地内客、货运输特点。

(2) 与场地周围交通运输条件相适应。

(3) 满足各种交通运输的技术条件的要求。

(4) 投资省、成本低、方便运营管理。

(5) 满足环保及场地景观要求。

各种交通运输方式的类型及其比较，见表 4-1～表 4-3。

表 4-1　交通运输方式的类型

地理媒介	线　路	运输工具(牵引力)
陆地交通	大车路、公路	人力和畜力车
	公路、机耕路 公路、城市道路	拖拉机(柴油机) 汽车(柴油机、内燃机)
	铁路、电车路 地下铁道	机车(蒸汽、内燃、电力)、车辆
水上交通	海上和内河航道	木帆船(人、水、风力) 轮船(蒸汽、内燃机)
空中交通	航空线	飞机(内燃、喷气、喷气涡轮)
特种交通	铁索道 管道	缆车(电力、内燃) 泵(电力、内燃)

表 4-2　厂外不同运输方式的对比

运输方式 \ 名次 \ 内容	载运量大	运 价 低	速 度 快	时间连续性强	空间灵活性大
铁路	2	2	3	1	4
一般运河	3	3	5	6	5
江海运输	1	1	4	5	6
汽车公路	4	4	2	2	1
航空	5	6	1	3	3
大车	6	5	6	4	2

表 4-3　厂内不同运输方式的比较

内容 \ 运输方式	汽　车	铁　路	带式运输机	辊道运输机	管　道
运输物料	固体液体	固体液体	散状物	固体	液体粉料
运输距离	中距离	长距离	中距离	短距离	长距离
运输线路的灵活性	优	一般	差	差	差
机动性	优	一般	差	差	差
生产变动的适应性	一般	一般	优	优	优

续表

内容 \ 运输方式	汽车	铁路	带式运输机	辊道运输机	管道
和生产线路连接的可能性	困难	困难	容易	容易	容易
自动化	困难	稍困难	容易	容易	容易
劳动生产率	低	中	高	高	高
使用时间	短	长	长	长	长
基建投资	少	中	大	大	大
安全性	差	一般	好	好	好
连续性	间断运输		连续运输		

4.2 场地道路布置

4.2.1 道路的功能及组成

1. 道路的功能

(1) 是场地内人行及车行的通道；
(2) 是联系场地内建、构筑物的纽带；
(3) 是各种工程管线敷设的通道；
(4) 是场地功能分区的界线；
(5) 道路行道树及两侧的绿化是场地环境景观的重要组成部分；
(6) 城市道路还起着排雨水的作用；
(7) 有的道路还具有组织沿路建筑的作用，成为反映场地面貌与建筑风格的手段之一；
(8) 场地道路网是场地总平面的骨架。

2. 道路的分类及分级

我国的道路主要分为公路、城市道路、厂矿道路等。

1) 公路的分级及技术指标

公路是承担城乡间交通功能、分布在城市郊区和城市以外的道路。根据使用任务、功能和适应的交通量，把公路分为高速公路、一级公路、二级公路、三级公路、四级公路 5 个等级。

按行政管理体制，根据公路的位置及其在国民经济中的地位和运输特点，将公路分为国道、省道、县乡(镇)道及专用公路。

各级公路的主要技术指标见表 4-4。

表 4-4　各级公路主要技术指标汇总

公路等级		高速公路			一级公路			二级公路		三级公路		四级公路
设计速度/(km/h)		120	100	80	100	80	60	80	60	40	30	20
车道数		8、6、4	8、6、4	6、4	8、6、4	6、4	4	2	2	2	2	2 或 1
单车道宽/m		3.75	3.75	3.75	3.75	3.75	3.5	3.75	3.5	3.5	3.25	3.00 或 3.50
路基宽度/m	一般值	45.00 34.50 28.00	44.00 33.50 26.00	32.00 24.50	44.00 33.50 26.00	32.00 24.50	23.00	12.00	10.00	8.50	7.50	6.50　4.50
	最小值	42.00 — 26.00	41.00 — 24.50	— 21.50	41.00 — 24.50	— 21.50	20.00	10.00	8.50	—	—	—
极限最小半径/m		650	400	250	400	250	125	250	125	60	30	15
一般最小半径/m		1000	700	400	700	400	200	400	200	100	65	30
停车视距/m		210	160	110	160	110	75	110	75	40	30	20
最大纵坡/%		3	4	5	4	5	6	5	6	7	8	9
车辆荷载		公路—Ⅰ级			公路—Ⅰ级			公路—Ⅱ级		公路—Ⅱ级		公路—Ⅱ级

注：本表仅为简单汇总，所列各项技术指标应按有关规范条文规定选用。

2)　城市道路分类及技术分级

按照道路在道路网中的地位、交通功能及对沿线建筑物的服务功能等，将城市道路分为 4 类。

(1)　快速路。

快速路为城市中大量、长距离、快速交通服务，其双向行车道之间设置中间分隔带，交叉口采用全控制或部分控制。快速路的两侧不应设置吸引大量车流、人流的公共建筑物出入口，两侧一般建筑物的交叉口也应加以控制。

(2)　主干路。

主干路为连接城市各主要分区的道路，以交通功能为主，自行车交通量大时，宜采用机动车和非机动车分隔的形式，如三幅路或四幅路。

(3)　次干路。

次干路与主干路结合，组成道路网，起集散交通的作用，具有服务功能。

(4)　支路。

支路为次干路与街坊路的连接线，解决局部地区交通，以服务功能为主。

除快速路外，按照所在城市的规模、设计交通量、地形等把城市道路分为Ⅰ、Ⅱ、Ⅲ级，大城市采用各类道路中的Ⅰ级标准，中等城市采用Ⅱ级标准，小城市采用Ⅲ级标准。

此外，还可根据具体情况，设置自行车专用道、商业步行街及货运道路。

城市各类道路的主要技术指标见表 4-5。

表 4-5　我国城市道路分类及主要技术指标

项目 类别	级别	设计车速/(km/h)	双向机车道数/条	机动车宽度/m	分隔带设置	横断面采用形式
快速路		80	≥4	3.75～4	必须设	双、四幅路
主干路	Ⅰ	50～60	≥4	3.75	应设	单、双、三、四
	Ⅱ	40～50	3～4	3.5～3.75	可设	单、双、三
	Ⅲ	30～40	2～4	3.5～3.75	应设	单、双、三
次干路	Ⅰ	40～50	2～4	3.5～3.75	可设	单、双、三
	Ⅱ	30～40	2～4	3.5～3.75	不设	单幅路
	Ⅲ	20～30	2	3.5	不设	单幅路
支路	Ⅰ	30～40	2	3.5	不设	单幅路
	Ⅱ	20～30	2	3.25～3.5	不设	单幅路
	Ⅲ	20	2	3.0～3.5	不设	单幅路

注：1. 除快速路外，各类道路可根据所在城市的规模大小、政治经济发展、人口密度、土地开发利用、设计交通量、车辆组成、地形限制、旧城市改建、扩建等情况分成Ⅰ、Ⅱ、Ⅲ 3 级。

2. 改建道路根据地形、地物限制、房屋拆迁、占地困难等具体情况，选用表中适当的道路等级。

3. 省会、自治区首府所在地的中、小城市，其道路等级可根据实际情况提高 1 级。

4. 各城市文化街、商业街，根据具体情况参照表中次干路及支路的标准设计。

3)　厂矿道路的分类及分级

(1)　厂矿道路的组成。

厂矿道路是指专用于工业建筑场地(工厂、矿山)汽车运输通行的道路，主要由有路网、路径、桥涵、防护工程及排水设施等组成。道路设计包括路线的平面设计、路线的纵断面设计、横断面设计、路面设计、防护工程及排水设施设计。

①　路线。道路路面的中心线称为路线。

②　道路线形。道路中心线在空间延伸的状态，即道路中心线立体状态，称为道路线形。

③　路线的平面。路面中心线在水平的投影。

④　路线的纵断面。沿中线竖直剖切再纵行展开即为路线的纵断面。

⑤　路线的横断面。道路中线之任意一点的法向切面即为该点的横断面。

⑥　路基。按照路线位置和一定的要求修筑的作为路面基础的带状构筑物称为路基。

⑦　路肩。位于车行道外缘至道路边缘，具有一定宽度的带状部分，即为路肩。

⑧　路拱。为了便于排水，路面常做成中间高、两侧低的横坡度称为路拱。

⑨　排水设施。用以汇集和排除路面、路基或路堑边坡上的雨水而设置的边沟、街沟、截水沟等排水构筑物。

⑩　路基防护工程。为了保障路基的稳定及行车安全，在路基或路堑边坡设置的护坡、挡土墙等防护构筑物。

(2) 厂矿道路的分类。

厂矿道路分为厂外道路、厂内道路及露天矿山道路。

① 厂外道路、建筑场地范围以外的道路，包括场地与公路网、城市道路、码头、车站、港口、原(燃)料基地以及同其他场地连接的对外道路。或场地同居住区和场地外辅助设施连接的道路。

位于城市范围内的建筑场地，其场地外道路应按《城市道路设计规范》的规定选用其技术指标；位于公路网范围内的场地，其场地外道路应按《公路路线设计规范》的规定选用其技术指标。如果不在上述范围内的场(厂)外道路设计，应满足《厂矿道路设计规范》规定的技术指标。

② 厂内道路。建筑场地范围内的道路，供场地内人行、车行交通使用，包括主干道、次干道、支道、车间引道和人行道。

主干道，为连接厂区内主要出入口的道路，或运输繁忙的全厂性的道路。

次干道，为连接厂区次要出入口的道路或场地内建筑物之间或车间、仓库之间运输较繁忙的道路。

支道，为厂区内车辆及行人都较少的道路，以及消防、急救道路等。

车间引道，为建筑物或车间、仓库等出入口与干道、次干道或支道连接的道路。

人行道，专供人通行的道路。

以上各类厂内道路，可根据实际需要全部或部分设置。由于场地内道路行车速度低、路线短、交叉口多，所以主要技术指标同场地外道路差别较大，道路的布置形式也不尽相同。厂内汽车道路的主要技术指标见表 4-6。

表 4-6　厂内汽车道路主要技术指标

<table>
<tr><th colspan="3">项目名称</th><th>单　位</th><th>指　标</th><th>备　注</th></tr>
<tr><td colspan="3">计算行车速度</td><td>km/h</td><td>15</td><td></td></tr>
<tr><td rowspan="7">路面宽度</td><td rowspan="3">主干道</td><td>大型矿(厂)</td><td rowspan="7">m</td><td>7.0～6.0</td><td rowspan="3">特殊情况可按需要或计算确定</td></tr>
<tr><td>中型矿(厂)</td><td>7.0～6.0</td></tr>
<tr><td>小型矿(厂)</td><td>6.0～4.5</td></tr>
<tr><td rowspan="3">次干道</td><td>大型矿(厂)</td><td>7.0～4.5</td><td rowspan="3"></td></tr>
<tr><td>中型矿(厂)</td><td>6.0～4.5</td></tr>
<tr><td>小型矿(厂)</td><td>6.0～3.5</td></tr>
<tr><td>支道</td><td>大、中、小型矿(厂)</td><td>4.5～3.5</td><td></td></tr>
<tr><td colspan="3">路肩宽度</td><td>m</td><td>1.0 或 1.5</td><td>受条件限制时，可减为 0.5m 或 0.75m</td></tr>
<tr><td colspan="3">平曲线最小半径</td><td>m</td><td>15</td><td>行驶拖挂车时，不宜小于 20m</td></tr>
</table>

续表

项目名称			单 位	指 标	备 注
交叉口路面内边缘	最小转弯半径	载重4～8t单辆汽车	m	9	
		载重10～15t单辆汽车		12	
		载重4～8t汽车带1辆2～3t拖车		12	
		载重15～25t平板挂车		15	
		载重40～60t平板挂车		18	
最大纵坡		主干道	%	6	
		次干道		8	
		支道、车间引道		9	
最小视距		交叉口停车视距	m	20	
		停车视距		15	
		会车视距		30	
竖曲线最小半径			m	100	

注：1. 当混合交通干扰较大时，宜采用上限；当混合交通干扰较小或沿干道设置人行道时，宜采用下限。

2. 当混合交通干扰特大或经常行驶车宽2.65m以上大型车辆时，路面宽度应验算确定。

3. 车间引道宽应与车间大门宽度相适应。

4. 车间引道及场地条件困难的主、次干道和支道，除陡坡外，表列路面内边缘最小转弯半径可减少3m。

③ 露天矿山道路。露天矿山范围内行驶矿山汽车的道路，或通往矿山附属车间和各种辅助及附属设施行驶的各类汽车道路。矿山道路按使用要求和性质不同可分为生产干线、生产支线、联路线和辅助线4类。

生产干线，是指从采矿场开采台阶通往卸矿点或废石场的共用道路。

生产支线，为开采台阶或废石场与生产干线相连接的道路，或一个台阶直接到卸矿点或废石场的道路。

联络线，为经常行驶矿山自卸汽车的其他道路。

辅助线，为通往矿区内的附属车间和各种辅助设施行驶各类汽车的道路。

露天矿山道路以小时单向交通量划分为3个等级。

一级露天矿山道路，每小时单向交通量在85辆以上，用于生产干线。

二级露天矿山道路，每小时单向交通量在85～25辆之间，用于生产干线、支线。

三级露天矿山道路，每小时单向交通量在25辆以下的生产干线、支线和联络线。辅助线，可采用三级露天矿山道路。

露天矿山道路的主要技术指标见表4-7。

表 4-7　露天矿山道路的主要技术指标

<table>
<tr><th colspan="2" rowspan="2">项目名称</th><th rowspan="2">单　位</th><th colspan="3">露天矿道路等级</th></tr>
<tr><th>一</th><th>二</th><th>三</th></tr>
<tr><td colspan="2">计算行车速度</td><td>km/h</td><td>40</td><td>30</td><td>20</td></tr>
<tr><td colspan="2">路面宽度</td><td>m</td><td colspan="3">根据通行的汽车宽度确定，见表 4-8</td></tr>
<tr><td colspan="2">路肩宽度</td><td>m</td><td colspan="3">根据路基的填挖和车型确定，见表 4-8</td></tr>
<tr><td colspan="2">不设超高的最小圆曲线半径最
小圆曲线半径</td><td>m</td><td>250
45</td><td>150
25</td><td>100
15</td></tr>
<tr><td rowspan="2">最小视距</td><td>停车视距</td><td rowspan="2">m</td><td>40</td><td>30</td><td>20</td></tr>
<tr><td>会车视距</td><td>80</td><td>60</td><td>40</td></tr>
<tr><td colspan="2">最大纵坡
竖曲线最小半径
竖曲线最小长度</td><td>%
m
m</td><td>7
700
35</td><td>8
400
25</td><td>9
200
20</td></tr>
</table>

露天矿山道路路面及路肩宽度见表 4-8。

表 4-8　露天矿道路路面及路肩宽度

<table>
<tr><td colspan="2">车宽类别</td><td>一</td><td>二</td><td>三</td><td>四</td><td>五</td><td>六</td><td>七</td><td>八</td></tr>
<tr><td colspan="2">计算车宽/m</td><td>2.3</td><td>2.5</td><td>3.0</td><td>3.5</td><td>4.0</td><td>5.0</td><td>6.0</td><td>7.0</td></tr>
<tr><td rowspan="3">双车道路面宽度/m</td><td>一级</td><td>7.0</td><td>7.5</td><td>9.5</td><td>11.0</td><td>13.0</td><td>15.5</td><td>19.0</td><td>22.5</td></tr>
<tr><td>二级</td><td>6.5</td><td>7.0</td><td>9.0</td><td>10.5</td><td>12.0</td><td>14.5</td><td>18.0</td><td>21.5</td></tr>
<tr><td>三级</td><td>6.0</td><td>6.5</td><td>8.0</td><td>9.5</td><td>11.0</td><td>13.5</td><td>17.0</td><td>20.0</td></tr>
<tr><td rowspan="2">单车道路面宽度/m</td><td>一、二级</td><td>4.0</td><td>4.5</td><td>5.0</td><td>6.0</td><td>7.0</td><td>8.5</td><td>10.5</td><td>12.0</td></tr>
<tr><td>三级</td><td>3.5</td><td>4.0</td><td>4.5</td><td>5.5</td><td>6.0</td><td>7.5</td><td>9.5</td><td>11.0</td></tr>
<tr><td rowspan="2">路肩宽度/m</td><td>挖方</td><td>0.5</td><td>0.5</td><td>0.5</td><td>0.75</td><td>1.00</td><td>1.00</td><td>1.00</td><td>1.00</td></tr>
<tr><td>填方</td><td>1.00</td><td>1.00</td><td>1.25</td><td>1.50</td><td>1.75</td><td>2.00</td><td>2.50</td><td>2.50</td></tr>
</table>

注：1. 当实际车宽与计算车宽的差值大于 15cm 时，应按内插法，以 0.5m 为加宽量单位调整路面的设计宽度。

2. 辅助线的路面宽度，在工程艰巨或交通量较小的路段可减少 0.5m。

3. 挖方路基的单车道路肩宽度或双车道外侧无堑壁的路肩宽度，不得小于 1m；当挖方路基外侧无堑壁、原地面横坡陡于 25° 时，路肩宽度应再按车型大小增加 0.25～1m。

4. 填方路基的填土高度大于 1m 时，路肩宽度应按车型大小增加 0.25～1m。

4.2.2　道路布置的基本要求

1. 满足使用功能要求

1)　满足各种交通运输的要求

生活区道路布置应考虑居民上下班、购买物品、居民之间的联系以及救护车、消防车及垃圾车等人流、物流线路方便通行；工业场地道路布置应满足生产工艺流程、物流量及人流量对交通的需要，道路布置应顺畅、短捷；公共建筑场地的道路布置，应满足人流和车流集散的需求，并与城市公共交通协调统一。

2) 满足人、车安全的要求

场地道路布置应符合不同道路的技术条件，才能保证人行、车行的安全。当人流量和货流量都较大时，宜采用人、车分流的道路布置。当道路必须交叉时，宜采用正交；当有条件时，宜采用立交。

3) 使建筑物有较好的朝向

布置道路时，应为建筑物朝向创造良好条件。在南方炎热地区，应避免平行于道路布置的建筑物成为东西朝向；在北方寒冷地区，应避开寒风袭击的朝向。

4) 满足绿化和工程管线等布置的要求

布置道路时，应考虑行道树、道路两侧绿化的布置以及在道路下或道路两侧敷设工程管线的技术要求。

5) 满足场地排雨水的要求

场地道路还起着排雨水的作用。在布置道路时，应根据场地的汇水面积、雨水流量、结合场地具体条件，合理地布置道路网，使场地雨水通过道路迅速排除，以保证场地不被雨水浸泡。

2. 尽量节约用地，节省投资

场地道路布置应做到既适用、美观又节约用地和投资。尽量使道路短捷、顺直；场地道路行车速度低，可采用较小的转弯半径和适宜的路面宽度；在山地和丘陵地区的场地道路宜采用尽端式的道路系统，以节约道路用地及投资。

3. 充分利用地形，减少土方工程量

当场地起伏变化较大时，场地道路宜平行于等高线布置，并尽可能使挖填土方量基本平衡，土方工程量最少。

4. 考虑场地环境及景观要求

场地道路行道树及两侧的绿化、道路中间分隔带的绿化、交通岛的绿化道路红线以内的游憩林荫路，是场地环境及景观的重要组成部分，起着美化场地环境及景观的作用，并为人们生产和生活创造优美的环境。

4.2.3 场地道路系统的基本形式

场地道路系统有以下基本形式。

1. 人、车分流的道路系统

场地道路系统由机动车系统和步行道路系统组成，二者相对独立，互不干扰。在其交叉处设立体交叉，以保障人行和车行的安全、便捷。这种系统适用于人流、车流量较大的建筑场地，如大型公共活动中心、大型工业建筑场地。图 4-1 所示为居住区人、车分流的道路系统，图中粗黑线表示车行道，细线表示人行道。

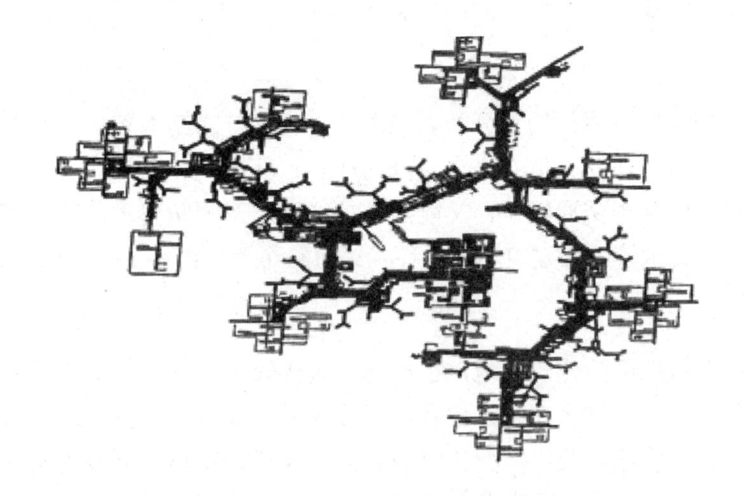

图 4-1　人、车分流的道路系统

2. 人、车混行的道路系统

场地道路只设一套道路系统，既供人行，也供车行。这种系统布置简单、灵活、轻松、方便，适用于人流、车流量较小的建筑场地。

3. 人、车部分分流的道路系统

在人、车混行的道路系统基础上，对于场地内个别地段，当人流、车流量较大时，设置人行专用道路，当人行专用道路与车行道交叉时，可不设置立体交叉。这种道路系统适应性强，布置更加灵活。如图 4-2 所示，图中粗黑线表示车行道，粗黑点表示人行道。

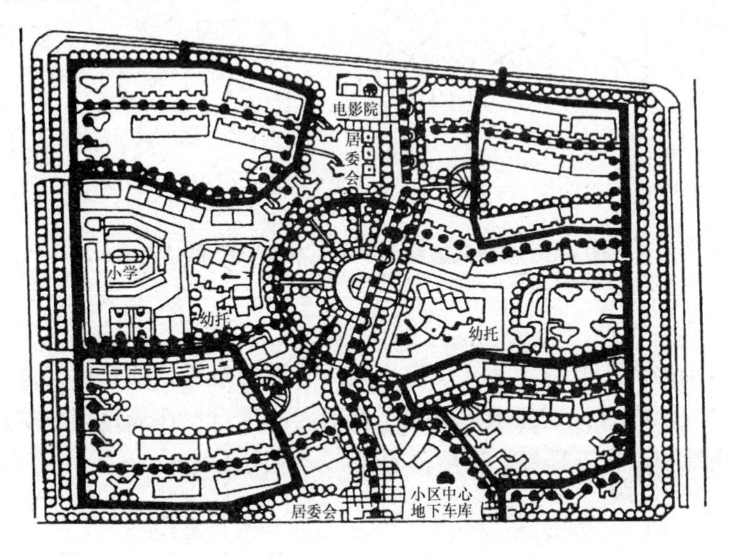

图 4-2　人、车部分分流的道路系统

4.2.4 场地道路布置的基本形式

场地道路布置的基本形式有环状式、尽端式和混合式。

1. 环状式

场地的功能分区以道路作为划分的界线，建筑物平行道路布置，道路围着建筑物形成环状道路网。这种形式在其具体布局上又分内环式、环通式和半环式。环状式路网，纵横交错，联系方便，既便于交通组织，又能满足功能需求及消防要求，适用于规模较大、地形条件较好、交通流量较大的建筑场地。环状式道路布置如图 4-4(a)、(b)、(c)所示。

2. 尽端式

位于山区或丘陵地区的建筑场地，由于地形起伏较大，难以使道路形成环状，只能根据地形条件将道路延伸，终止在特定位置，即形成尽端式道路布置。这种形式对场地地形变化适应性强，其平面线形及纵坡变化较为灵活，线路长度短；但最大缺点是场地内建、构筑物之间的交通联系不便。尽端式道路线路不宜过长，一般宜小于或等于 120m，并应在尽端处设置回车场，回车场最小不应小于 12m×12m，有消防车通行时，不得小于 18m×18m。尽端式道路回车场的布置形式见图 4-3。尽端式道路布置见图 4-4(d)。

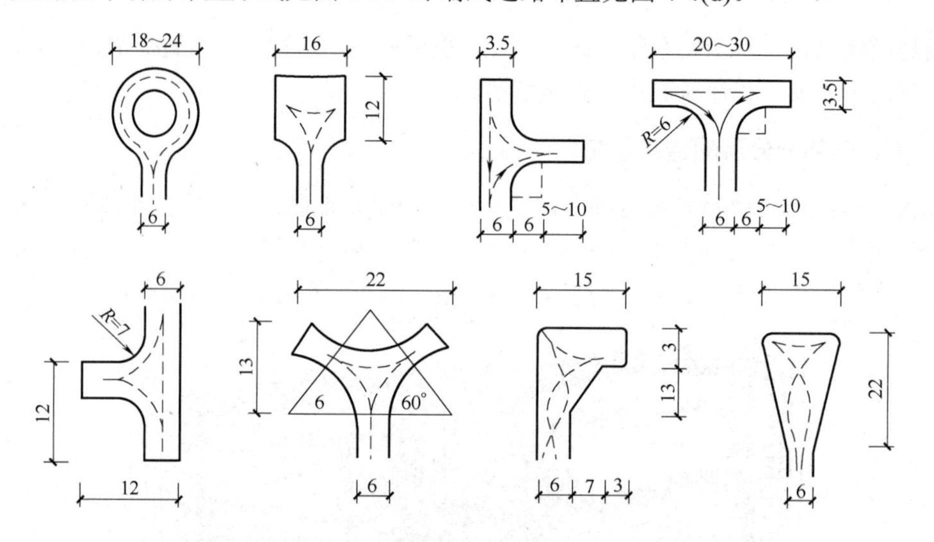

图 4-3 尽端式道路回车场的布置形式(单位：m)

3. 混合式

在一个建筑场地内，既有环状式也有尽端式的道路布置形式，称为混合式。这种形式可结合地形条件灵活布置，兼有上述两种布置形式的优点。在满足场地交通功能的同时，也可减少道路用地和土方工程量，适用范围较广，见图 4-4(e)。

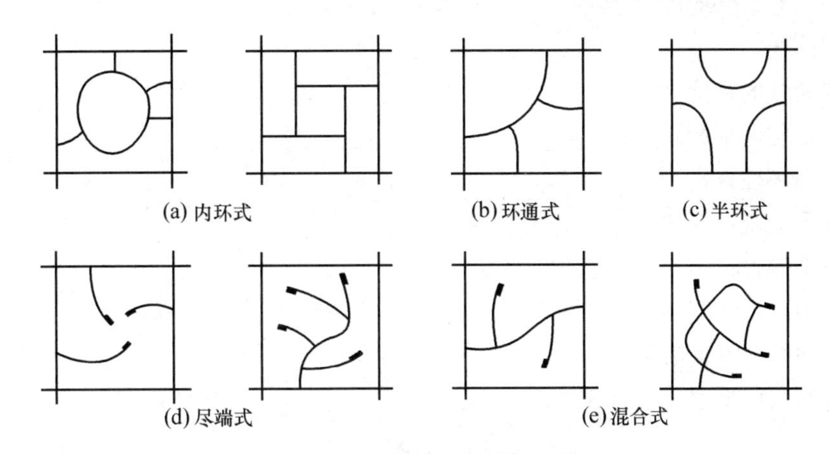

图 4-4　场地道路的布置形式

4.2.5　场地道路平面布置要求

道路的平面布置包括道路平面线形、道路宽度、平曲线半径、道路交叉口、道路与建(构)筑物的安全间距以及尽端式道路回车场。

1. 道路的平面线形

道路的平面线形由直线、圆曲线和缓和曲线组成。

1)　直线

(1)　直线的特点。

①　两点间的直线最短；

②　汽车在直线上行驶受力简单、方向明确；

③　测定方向和距离简单；

④　在公路、城市道路、场地道路设计中应用最为广泛；

⑤　过长的直线难以适应地形变化且使司机感到单调、疲倦，易出事故。

(2)　直线的使用。

①　不受地形限制的平坦地段或山间开阔地；

②　城镇及其郊区；

③　含有较长桥梁、隧道等构筑物路段；

④　路线交叉点及前后路段；

⑤　双车道路提供超车的路段。

(3)　直线的最小长度。

①　同向曲线间的直线最小长度不宜小于 6V(m)；

②　反向曲线间的直线最小长度不宜小于 2V(m)；

③　计算行车速度小于或等于 40km/h，在地形复杂的特殊地段，最小直线长不宜小于 2.5V(m)。

2) 圆曲线

(1) 圆曲线的特点。

① 易于与地形相适应；

② 可循环性好；

③ 线形美观；

④ 易于测设；

⑤ 使用广泛。

(2) 圆曲线的几何要素。

圆曲线的几何要素见图4-5。

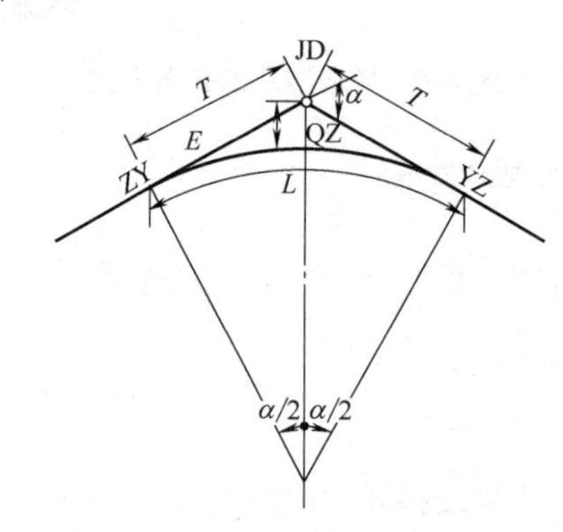

图4-5 圆曲线的几何要素

① 切线长 T(m)：$T = R\tan\dfrac{\alpha}{2}$。

② 曲线长 L(m)：$L = \dfrac{\pi}{180}\alpha R = 0.017\,45\alpha R$。

③ 外矢距 E(m)：$E = R\left(\sec\dfrac{\alpha}{2} - 1\right)$。

④ 圆曲线半径 R(m)。

⑤ 转角 α(°)。

⑥ 超距 D(m)：$D=2T-L$。

(3) 圆曲线的最小半径。

$$R_{\min} = \frac{v^2}{127(\mu_{\max} \pm i_{y\max})} \tag{4-1}$$

式中：v——车行速度，km/h；

$\mu_{\max}$——最大横向力系数；

$i_{y\max}$——最大超高率。

圆曲线的最小半径，因道路类型和行车速度不同而异，可根据《公路路线设计规范》《城市道路设计规范》《厂矿道路设计规范》的规定选用。

(4) 圆曲线的最小长度。

在《公路路线设计规范》中，对圆曲线的最小长度做了规定，在场地对外道路设计时，可按此规定执行，见表 4-9。

表 4-9　圆曲线的最小长度

公路等级	一		二		三		四		辅助公路
最小长度/m	85	60	70	35	50	25	35	20	15

城市道路的圆曲线半径应大于或等于表 4-10 规定的不设超高的最小半径。当受地形条件限制时，可采用设超高的推荐半径；地形条件特别困难时，可采用设超高的最小半径。

表 4-10　城市道路圆曲线半径

计算行车速度/(km/h)	80	60	50	40	30	20
不设超高的最小半径/m	1000	600	400	300	150	70
设超高的推荐半径/m	400	300	200	150	85	40
设超高的最小半径/m	250	150	100	70	40	20

城市道路圆曲线的最小长度应大于或等于表 4-11 的规定。

表 4-11　城市道路圆曲线最小长度

计算行车速度/(km/h)	80	60	50	40	30	20
圆曲线的最小长度/m	70	50	40	35	25	20

(5) 圆曲线的超高。

当圆曲线的半径小于表 4-10 中不设超高最小半径时，在圆曲线范围内应设超高，最大超高横坡度的规定见表 4-12。

表 4-12　最大超高横坡度

计算行车速度/(km/h)	80	60、50	4、30、20
最大超高横坡度/%	6	4	2

3) 缓和曲线

设置在直线与圆曲线之间或半径相差较大的两个转向相同圆曲线之间的一种曲率连续变化的曲线，称为缓和曲线。缓和曲线曲率连续变化，视觉效果好；离心加速度逐渐变化，旅客感觉舒适；超高横坡度逐渐变化，行车更加平稳。缓和曲线的基本形式有回旋曲线、高次抛物线、双纽曲线等。

直线与圆曲线或大半径圆曲线与小半径圆曲线之间应设缓和曲线，我国《公路工程技术标准》规定缓和曲线采用回旋线。城市道路缓和曲线的长度应大于或等于表 4-13 的规定。

(1) 缓和曲线的最小长度。

当计算行车速度小于 40km/h 时，缓和曲线可用直线代替，直线缓和段一端与圆曲线相切，另一端与直线相接，相接处予以圆顺。

道路平面线形的基本组合为：直线—缓和曲线—圆曲线—缓和曲线—直线。见图 4-6。其几何元素的计算公式如下：

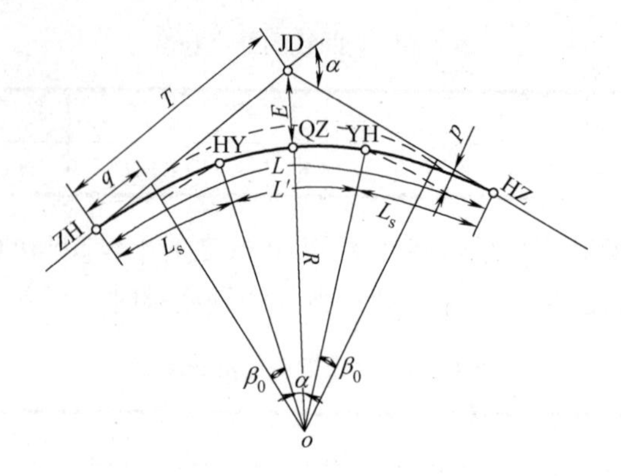

图 4-6 “基本型”平曲线

$$q = \frac{L_s}{2} - \frac{L_s^3}{240R^2}$$

$$p = \frac{L_s^2}{24R} - \frac{L_s^4}{2384R^3}$$

$$\beta_0 = 28.6479\frac{L_s}{R}$$

$$T = (R+p)\tan\frac{\alpha}{2} + q$$

$$L = (\alpha + 2\beta_0)\frac{\pi}{180}R + 2L_s$$

$$E = (R+p)\sec\frac{\alpha}{2} - R$$

$$D = 2T - L$$

式中：q——缓和曲线起点到圆曲线原起点的距离，也称为切线增值，m；

p——缓和曲线后圆曲线内移值，m；

β_0——缓和曲线终点缓和曲线角，°。

L_s——缓和曲线长，m；

R——圆曲线半径，m；

α——转角，°；

T——切线长，m；

L——曲线长，m；

E——外距，m；

D——超距，m。

表 4-13　城市道路缓和曲线的最小长度

计算行车速度/(km/h)	80	60	50	40	30	20
缓和曲线的最小长度/m	70	50	45	35	25	20

厂外道路的缓和曲线长度，不应小于表 4-14 的规定，四级厂外道路及山岭重丘区的三级厂外道路可不设置缓和曲线。

表 4-14　厂外道路缓和曲线的最小长度

厂外道路等级	一		二		三		四	
地形	平原微丘	山岭重丘	平原微丘	山岑重丘	平原微丘	山岑重丘	平原微丘	山岑重丘
缓和曲线的最小长度/m	85	50	70	35	50	25	35	20

(2) 不设缓和曲线的最小圆曲线半径。

城市道路的圆曲线半径大于表 4-15 不设缓和曲线的最小圆曲线半径时，直线和圆曲线可径相连接；反之，则应设缓和曲线。

厂外道路，当圆曲线半径小于表 4-15 不设缓和曲线的最小圆曲线半径时，宜设缓和曲线。

表 4-15　不设缓和曲线的最小圆曲线半径

城市道路	计算行车速度/(km/h)	80		60		50		40	
	不设缓和曲线的最小圆曲线半径/m	2000		1000		700		500	
厂外道路	厂外道路等级	一		二		三		四	
	地形	平原微丘	山岑重丘	平原微丘	山岑重丘	平原微丘	山岑重丘	平原微丘	山岑重丘
	不设缓和曲线的最小圆曲线半径/m	4000	1500	2500	600	1500	350	600	50

2. 行车视距

在道路上，为了保证行车的安全，驾驶员需要能及时看到前方相当一段距离内的障碍物或迎面驶来的车辆，以便及时采取措施，保证交通安全，这一必需的最短距离，称为行车视距。

行车视距有停车视距、会车视距、错车视距和超车视距。

(1) 停车视距。

停车视距是指在汽车行驶时，当视高为 1.2m，物高为 0.1m 时，驾驶员发现前方障碍物经判断决定采取制动措施到汽车在障碍物前安全停住所需的最短距离。

停车视距为驾驶员发现障碍物反应时间内走过的距离 L_1、制动距离 L_2 和安全距离 L_3 3 部分组成，即 $L_T = L_1 + L_2 + L_3$。

(2) 会车视距。

会车视距是指在同一车道上，两对向行驶的汽车在发现对方后，双方采取制动措施安全停车，防止碰撞所需的最短距离。城市道路、场地道路停车视距和会车视距建议值见表 4-16。

表 4-16 道路停车视距、会车视距建议值

道路类别 项目	场地道路	城市			
		支路	次干道	主干道	快速路
计算行车速度/(km/h)	15	15～25	30～40	40～60	60～80
停车视距/m	15	25～30	50～75	72～100	100～125
会车视距/m	30	50～60	100～150	150～200	200～250

(3) 错车视距。

错车视距是指在无明确分道线的双车道道路上，两对向行驶的汽车在发现对方后，采取措施避让安全错车所需的最短距离。

(4) 超车视距。

超车视距是指在双向行驶的双车道道路上，后面的快车超越慢车时，从开始驶离原车道，到完成超车回到自己的车道所需的距离。超车视距 S_C 是由汽车加速行驶的距离 S_1，汽车在对向车道上行驶的距离 S_2，完成超车时该车与对向来车的安全距离 S_3，在超车过程中对向汽车行驶的距离 S_4 4 部分组成，即 $S_C = S_1 + S_2 + S_3 + S_4$。

各级公路的停车视矩和超车视距见表 4-17。

表 4-17 各级公路停车和超车视距

公路等级 项目	高速公路		一		二		三			四	
计算行车速度/(km/h)	120	100	80	100	80	60	80	60	40	30	20
停车视距/m	210	160	110	160	110	75	110	75	40	30	20
超车视距/m					550		550	350	200	150	100

3. 道路平面交叉口布置

1) 道路平面交叉口布置要求

(1) 场地道路相交时宜采用正交，必须斜交时，交叉角应大于或等于 45°，不宜采用错位交叉、多路交叉和畸形交叉。

(2) 道路与道路交叉分为平面交叉和立体交叉两种，应根据技术、经济及环境效益的分析，合理确定。

(3) 交叉口设计应根据相交道路的功能、性质、等级、计算行车速度、设计小时交通量、流向及自然条件等进行。前期工程应为后期扩建预留用地。

(4) 在交叉口设计中应做好交通组织设计，正确组织车流、人流，合理布设各种车道、交通岛、交通标志与标线。

(5) 交叉口转角处的人行道铺装宜适当加宽，并恰当地组织行人过街。快速路的重要交叉口应修建人行天桥或人行地道；主干路上的重要交叉口宜修建人行天桥或人行地道。

(6) 交叉口的竖向设计应符合行车舒适、排水迅速和美观的要求。立体交叉的高程应与周围建筑物高程协调，便于布设地上杆线和地下管线；并宜采用自流排水，减少泵站的设置。

2) 道路平面交叉口的基本形式

(1) 十字形交叉口。

两条道路垂直相交或近似垂直相交，其形式简单，交通组织方便，街角建筑易于处理，适用范围广，可用于同等级或不同等级道路的交叉，是最基本的交叉口形式，见图 4-7(a)。

(2) X 形交叉口。

两条道路以锐角或钝角相交。当相交的锐角较小时，交叉口呈狭长，不利于交通组织，街角建筑也难以处理，应尽量减少。当必须斜交时，交叉角不宜小于 45°，当场地道路同城市道路相交时，交叉角不宜小于 70°，见图 4-7(b)。

(3) 丁字形交叉口。

丁字形交叉口是道路尽端与另一条道路相交的主要形式。当次要道路同主干道路相交时，应保证主干道路的交通顺畅，见图 4-7(c)。

(4) 错位交叉口。

2 个丁字形交叉口隔一定距离交叉于另一条道路的两侧，见图 4-7(d)。

(5) Y 形交叉口。

由于受场地条件限制或道路布局而产生的形式，主要用于主干路同次要道路的交叉，见图 4-7(e)。

(6) 复合式交叉口。

复合式交叉口是由多条道路交汇的地方，易取得突出中心的效果，但用地多，且给交通组织带来很大困难，场地道路一般不用，城市道路采用时应慎重，见图 4-7(f)。

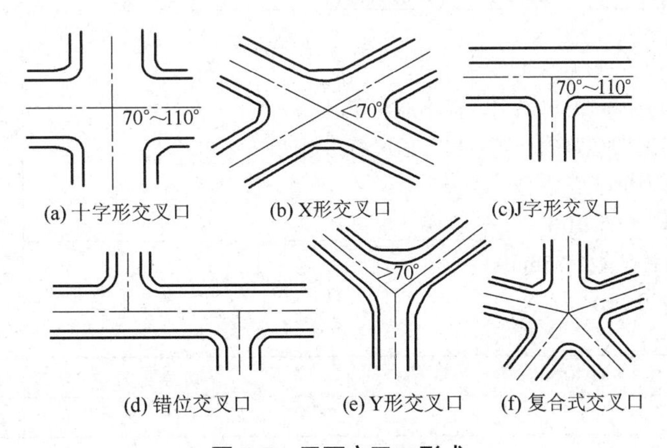

图 4-7　平面交叉口形式

3) 道路平面交叉口处的转弯半径

为了保证车辆在交叉口处能以一定的速度安全、顺畅地通过，对交叉口处的转弯半径做出规定，见表4-18、图4-8。

表4-18 交叉口路面内边缘最小转弯半径

行驶车辆类别	最小转弯半径/m	行驶车辆类别	最小转弯半径/m
小客车	6	15～20t 载重货车	15
4～8t 载重货车	9	40～60t 载重货车	18
10～15t 载重货车	12	公共汽车	12

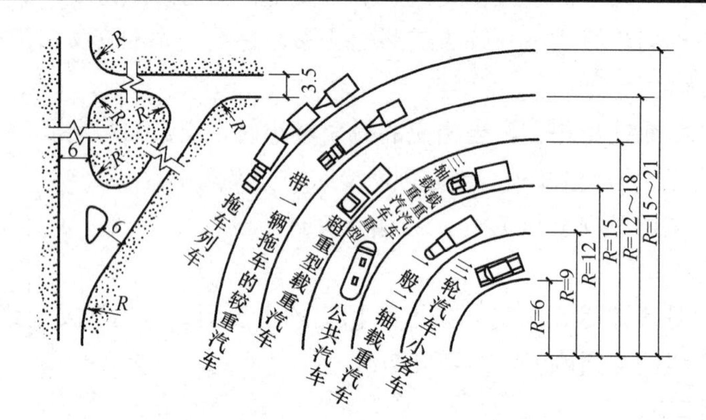

图4-8 机动车最小转弯半径(单位：m)

4. 道路与建、构筑物的距离

为了保证道路的行车安全，在不影响相邻建、构筑物正常使用功能的前提下，规定了道路与相邻建、构筑物的最小距离，见表4-19。

表4-19 道路边缘与相邻建、构筑物的最小间距

相邻建、构筑物名称	最小间距/m
1. 建筑物墙面：	
(1) 当建筑物面向道路一侧无出入口时	1.5
(2) 当建筑物面向道路一侧有出入口，但不通汽车时	3.0
(3) 当建筑物的外墙面向道路的一侧有出入口又有引道时	
① 连接引道的道路为单车道时	9.0
② 连接引道的道路为双车道时	12
2. 平行布置的铁路中心线(1435mm)	3.75
(1) 标准轨距铁路(900mm)	3.2
(2) 窄轨铁路(762mm)	3.1
3. 各类管线支架	1.0
4. 土明沟	0.5～1.0
5. 围墙	1.0

4.2.6　道路路线平面设计

1. 道路路线平面设计图

路线平面设计图是道路设计文件的重要组成部分，该图清晰地表达了道路的平面位置和经过地区的地形、地物等。

1)　平面图比例尺及测绘范围

可行性研究、初步设计阶段的方案研究和比选，可采用 1∶50 000 或 1∶10 000 的比例尺测绘；初步设计、施工图设计一般常用的是 1∶2000，在平原微丘区可用 1∶5000，在地形特别复杂地段的路线初步设计、施工图设计可用 1∶500 或 1∶1000。

2)　路线平面图的内容及绘制方法

(1)　导线及道路中心线的展绘。

首先绘出坐标方格网，坐标方格网的尺寸采用 5cm 或 10cm。然后按导线点(或交点)坐标 X、Y 精确地点绘在相应的位置上，复核无误后，再按“逐桩坐标法”所提供的数据展绘曲线，并注明各曲线主要点以及公里桩、百米桩、断链桩位置。对导线点、交点逐个编号，注明路线在本张图中的起点和终点里程等。

路线一律按前进方向从左至右画，在每张图的拼接处画出接图线。在图的右上角注明共×张、第×张。在图纸的空白处注明曲线元素及主要点里程。

(2)　控制点的展绘。

各种比例尺的地形图均应展绘和测出各等级三角点、导线点、图根点、水准点等，并按规定的符号表示。

(3)　各种构造物的测绘。

各类建(构)筑物及其主要附属设施、各种管线的位置、道路及其附属物应按实际形状测绘。公路交叉口应注明每条公路的走向，铁路应注明轨面高程，公路应标记路面类型，涵洞应注明洞底标高。

(4)　水系及其附属物的测绘。

对于水系及其附属物应测绘：海洋的海岸线位置；水渠顶边及底边高程；堤坝顶部及坡脚的高程；水井井台高程；水塘顶边及塘底的高程；河流、水沟等应注明水流的流向。

(5)　地形、地貌的测绘。

地形、地貌、植被、不良地质地带等应详细测绘，并用等高线和国家测绘局制定的“地形图图式”符号及数字表示。

道路路线平面设计图示例见图 4-9。

2. 城市道路路线平面设计

1)　绘图比例尺及测绘范围

城市道路相对于公路，长度较短而宽度较宽，在绘图比例尺的选用上一般比公路大。在进行技术设计时，一般采用 1∶500～1∶1000 的比例尺绘制。测绘范围视道路等级而定，等级高的应大一些，等级低的可小些，通常在道路两侧红线以外各 20～50m，或中线两侧各 50～150m，特殊情况例外。

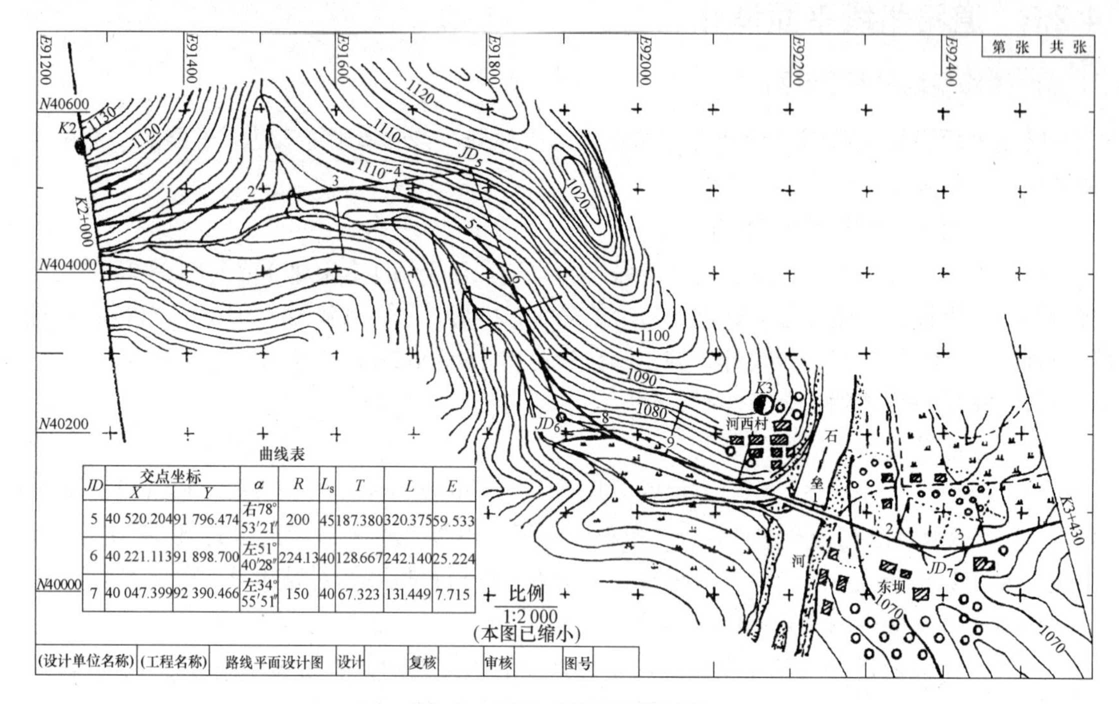

曲线表

JD	交点坐标 X	交点坐标 Y	α	R	L_s	T	L	E
5	40 520.204	91 796.474	右78° 53′21″	200	45	187.380	320.375	59.533
6	40 221.113	91 898.700	左51° 40′28″	224.13	40	128.667	242.140	25.224
7	40 047.399	92 390.466	左34° 55′51″	150	40	67.323	131.449	7.715

图 4-9　道路路线平面设计图

2)　路线平面设计图的内容及绘制方法

(1)　道路红线。

道路红线是道路用地和城市其他用地的分界线，红线之间的宽度也就是城市道路的总宽度。所以当道路的中心线确定以后，则应按道路的规划宽度画出道路红线，以确定道路的用地范围。如果有远期规划或近期规划，都应画出并注明。

(2)　坡口、坡脚线。

当道路用地地形高低起伏时，设计路面高度和自然地面高度必定有高差，即有填、有挖。填方路段在平面图中应画出路基的坡脚线，挖方路段应画出路基的坡口线。

(3)　车道线。

城市道路的车道线是城市道路平面设计图的重要内容。在路幅宽度内，有机动车道和非机动车道，在机动车道中还分快车道、慢车道等，各种车道的宽度、车道线的位置可在道路横断面布置图中查得，并绘制在道路平面图中，车道的曲线部分应按设计的圆曲线半径、缓和曲线长度绘制。各车道之间的分隔带、路缘带也应绘出。

(4)　人行道、人行横道线、交通岛。

人行道、人行横道线、交通岛按设计绘制。

(5)　地上、地下管线和排水设施。

各处地上、地下管线的走向和位置，雨水进水口，窨井，排水沟等应在图中标出；必要时，应分别绘出排水管线平面图。

(6) 平面交叉口。

平面交叉口虽有专门的交叉口设计图，但在路线平面设计图中也应按平面图的比例尺绘出并详细注明交叉口的各路去向、交叉角度、曲线元素以及路缘石转弯半径。

一张完整的平面设计图除清楚表达上述设计内容外，对部分细部内容还可增绘大比例尺大样图(比例尺 1∶50～1∶100)。

3. 逐桩坐标表

逐桩坐标即是每个中桩的坐标，对于圆曲线半径较大，缓和曲线较长的，对线形要求较高的场外道路(公路)，在测量和放线过程中要求使用坐标法，以保证测量的精度。每个中桩坐标一般按下列步骤进行计算。

1) 计算导线点坐标

采用两阶段勘测设计的公路或一阶段设计但遇地形困难的路段，一般都要先作平面控制测量，而路线的平面控制测量多采用导线测量的方法，在有条件时可优先采用全球定位系统(简称 GPS)测量的方法。导线测量的方法，又有经纬仪导线法、光电测距仪法和全站型电子测速仪法。其中全站仪可以直接读取导线点的坐标，其他方法可以在测得各边边长及其夹角后，用坐标增量法逐点推算其坐标。用 GPS 定位技术观测，则可在测站之间不通视的情况下，高精度、高效率地获得测点的三维坐标。

2) 计算交点坐标

当导线点的精度满足要求并经平差后，即可展绘在图纸上，用以测绘地形图(纸上定线)，或以导线点为依据在现场直接测得路线各交点的坐标(直线定线)。纸上定线的交点坐标可以在图纸上量取，而直接定线的交点坐标若是用全站仪测量则也可以很方便地获得。

3) 计算各中桩坐标

可先计算直线和曲线主要点坐标，然后计算缓和曲线、圆曲线上每一个中桩的坐标。将计算结果列表，见表 4-20。

表 4-20　某公路 K1+500.00～K2+300.00 路段的逐桩坐标表

桩　号	坐　标		方 向 角	桩　号	坐　标		方 向 角
	X	Y			X	Y	
K1 +500.00	40632.336	90840.861	116°46′33.0″	YH+947.00	40446.902	91245.344	89°52′50.9″
K1 +540.00	40614.316	90876.572	116°46′33.0″	K1+960.00	40447.413	91258.112	85°46′43.6″
K1 +570.00	40600.801	90903.355	116°46′33.0″	K1+980.00	40449.567	91277.993	82°29′23.3″
K1 +600.00	40587.286	90930.139	116°46′33.0″	HZ+987.22	40450.531	91285.148	82°14′27.0″
K1 +630.33	40573.623	90957.216	116°46′33.0″	K2+000.00	40452.257	91297.811	82°14′27.0″
K1 +669.00	40556.202	90991.740	116°46′33.0″	K2+010.00	40453.607	91307.719	82°14′27.0″
K1 +680.00	40551.246	91001.561	116°46′33.0″	K2+030.00	40456.307	91327.536	82°14′27.0″
K1 +700.00	40542.236	91019.416	116°46′33.0″	K2+050.00	40459.007	91347.353	82°14′27.0″
K1 +720.00	40533.226	91037.272	116°46′33.0″	K2+070.00	40461.707	91367.170	82°14′27.0″
K1 +750.00	40519.711	91064.055	116°46′33.0″	K2+100.00	40465.757	91396.895	82°14′27.0″
K1 +780.00	40506.196	91090.838	116°46′33.0″	K2+120.00	40468.458	91416.712	82°14′27.0″

续表

桩　号	坐　标		方向角	桩　号	坐　标		方向角
	X	Y			X	Y	
K1+800.00	40497.186	91108.694	116°46′33.0″	K2+140.00	40471.158	91436.529	82°14′27.0″
K1+820.00	40488.176	91126.549	116°46′33.0″	K2+160.00	40473.858	91456.346	82°14′27.0″
K1+840.00	40479.166	91144.405	116°46′33.0″	K2+180.00	40476.558	91476.163	82°14′27.0″
ZH+856.31	40471.593	91159.412	116°46′33.0″	K2+200.00	40479.258	91495.980	82°14′27.0″
K1+870.00	40465.708	91171.216	115°56′42.1″	K2+220.00	40481.959	91515.797	82°14′27.0″
HY+896.81	40455.191	91195.860	109°08′09.7″	K2+240.00	40484.659	91535.613	82°14′27.0″
K1+900.00	40454.177	91198.885	107°55′03.1″	K2+260.00	40487.359	91555.430	82°14′27.0″
QZ+922.01	40488.963	91220.253	99°30′30.30″	K2+280.00	40490.059	91575.247	82°14′27.0″
K1+940.00	40447.061	91238.126	92°38′19.1″	K2+300.00	40492.759	91595.064	82°14′27.0″

4.2.7　道路纵断面设计

1. 概述

道路的纵断面是沿道路中线竖向剖切然后展开的剖面，反映了道路中线原地面的起伏情况以及路线设计的纵坡情况。路线纵断面设计是根据自然地形、气候、汽车动力特性以及道路等级等情况，拟定的道路竖向起伏变化的空间线形。

在纵断面图上有两条主要的线：一为地面线，是根据道路中线上各桩点的自然地面高程点绘而成的一条不规则的折线，反映了原地面的起伏变化情况；二为设计线，是根据道路的技术条件结合自然地形等因素，经过技术上、经济上以及美学上等多方面比较后设计出来的一条具有规则形状的几何线，反映了道路路线的起伏变化情况。

2. 纵坡设计

1)　纵坡设计的一般要求

(1)　满足技术标准对纵坡的要求。

(2)　为保证行驶安全，纵坡应具有一定的平顺性，起伏不宜过大和过于频繁。

(3)　结合沿线自然条件，保证路基稳定和道路通畅。

(4)　考虑填挖平衡，节约土方，降低造价和节约用地。

(5)　尽量保护自然生态，减少环境污染。

2)　纵坡设计的基本规定

(1)　最大纵坡。

最大纵坡是指在进行纵坡设计时，道路允许采用的最大纵坡值，它是根据汽车的动力特性、道路等级、自然条件以及工程和运营经济等因素，通过综合分析、全面考虑，合理确定。它是纵坡设计的一项重要的控制指标。直接影响路线的长度、使用质量、运输成本及工程造价。道路的最大纵坡见表4-21。

最大纵坡的制定首先依据的是道路等级，即不同的道路等级对计算行车速度的要求也不同，而汽车爬行的坡度与行驶速度呈反比。为保证各级道路的计算行车速度，设计时应

提供与道路等级相适应的纵坡；其次是依据自然因素所提供的汽车行驶条件，即道路所经地区的地形条件、海拔、气温、雨量等自然因素所提供的汽车行驶条件，直接影响着道路设计纵坡的确定。道路的最大纵坡与计算行车速度之间的关系见表 4-17。厂内道路的最大纵坡，主干道不大于 6%，次干道不大于 8%，支道、车间引道不大于 9%。

表 4-21 道路的最大纵坡

计算行车速度/(km/h)	120	100	80	60	40	30	20
最大纵坡/%	3	4	5	5	7	8	9

(2) 高原坡度折减。

在海拔 3000m 以上的高原地区，因为空气稀薄而使汽车输出功率降低，相应降低了汽车的爬坡性能；此外，在高原地区行车，大气压强低水箱易开锅，所以，各级公路的最大纵坡应按表 4-22 的规定折减，最大纵坡折减后，如小于 4%，仍采用 4%。

表 4-22 高原坡度折减值

海拔高度/m	3000～4000	＞4000～5000	＞5000
折减值/%	1	2	3

(3) 平均纵坡。

平均纵坡是指在一定的长度范围内，路线在纵向克服的高差与水平距离之比，它是衡量纵断面线形好坏的重要指标之一。

《公路工程技术标准》规定：二、三、四级公路越岭线的平均纵坡一般以接近 5.5%(相对高差 200～500m)和 5%(相对高差大于 500m)为宜，任何相连 3km 路段平均纵坡不宜大于 5%，对于海拔在 3000m 以上高原地区，平均纵坡可低于规定值的 0.5%～1.0%。城市道路的纵坡可以相应地减小 1%。

(4) 最小纵坡。

最小纵坡是指为保证道路排水要求所设置的最小纵坡值。其值受路面类型、降雨强度、雨水管道的管径大小、路拱坡度等影响，一般情况下，最小纵坡以不小于 0.5%为宜；在困难条件下，也不应小于 0.3%。

(5) 合成坡度。

合成坡度是指在设有超高的平曲线上，路线纵坡和超高横坡所组成的斜向坡度。道路允许合成坡度，见表 4-23。其计算公式如下：

$$I = \sqrt{i_{\mathrm{h}}^2 + i^2} \tag{4-2}$$

式中：I——合成坡度，%；

i——路线设计纵坡坡度，%；

i_{h}——超高横坡度或路拱横坡度，%。

(6) 坡长限制。

道路纵断面坡长是指相邻两变坡点间的水平直线距离，又称设计间距。坡长限制包括最小坡长限制和最大坡长限制两个方面的内容。

① 各级公路的最小坡长限制见表 4-24。

表 4-23 道路允许的合成坡度

公路等级	高速公路				一、二				三、四			
计算行车速度/(km/h)	120	100	80	60	100	60	80	40	60	30	40	20
最大纵坡/%	10	10	10.5	10.5	10.5	10.5	9.0	10	9.5	10	9.5	10

表 4-24 各级公路的最小坡长限制

设计车速/(km/h)	120	100	80	60	40	30	20
最小坡长/m	300	250	200	150	120	100	60

② 各级公路的最大坡长限制见表 4-25。

表 4-25 各级公路的最大坡长限制

公路等级		高速公路			一		二		三		四	
设计车速(km/h)		120	100	80	100	80	60	80	60	40	30	20
纵坡坡度/%	3	900	1000	1100	1000	1100	1200	1100	1200			
	4	700	800	900	80	900	1000	900	1100	1100	1100	1200
	5		600	700	600	700	800	700	800	900	900	1000
	6			500			600	500	600	700	700	800
	7									500	500	600
	8										300	400
	9										200	300
	10											200

(7) 缓和坡段。

缓和坡段的作用主要是为了改善汽车在连续陡坡上行驶的紧张状况，避免汽车长时间低速行驶或汽车下坡产生不安全因素。因此当纵坡坡长达到限制坡长时，应设置一段缓坡，用于恢复在陡坡上行驶所降低的速度。一般缓和坡段的坡度应不大于 3%，长度不应小于 100m，其具体设置应结合纵向地形起伏情况，尽量减少、填挖方工程量。缓和坡段一般设在直线或较大半径的曲线上。当有必要设置在较小半径的平曲线上时，应适当地增加缓和坡段的长度，使缓和坡段端部的竖曲线位于平曲线之外。

3) 竖曲线

在道路纵断面上，为减缓汽车行驶在纵坡变坡处所产生的冲击，以及保证行车视距，对于两个不同坡段的转折处，需要设置一段曲线进行缓和，把这一段曲线称为竖曲线。竖曲线的形式可以采用抛物线或圆曲线等多种形式。

(1) 影响竖曲线设计的因素。

汽车行驶的缓和冲击、行驶时间的长短、视距的大小要求等，都影响竖曲线的设计。

(2) 竖曲线的种类。

竖曲线有凹型竖曲线和凸型竖曲线两类。

① 凹型竖曲线。

设于道路纵坡呈凹型转折处的曲线，用以缓冲行车中因运动量变化而产生的冲击和保证夜间汽车前灯视线和汽车在立交桥下行驶时的视线。

② 凸型竖曲线。

设于道路纵坡呈凸型转折处的曲线，用以保证汽车按计算行车速度行驶时有足够的视距。

若变坡点相邻两侧纵坡坡度分别为i_1和i_2，i_1、i_2上坡为“+”，下坡为“−”，用ω表示坡度差，即$\omega = i_2 - i_1$，当$\omega > 0$时，竖曲线为凹型竖曲线；当$\omega < 0$时，竖曲线为凸型竖曲线，如图 4-10 所示。

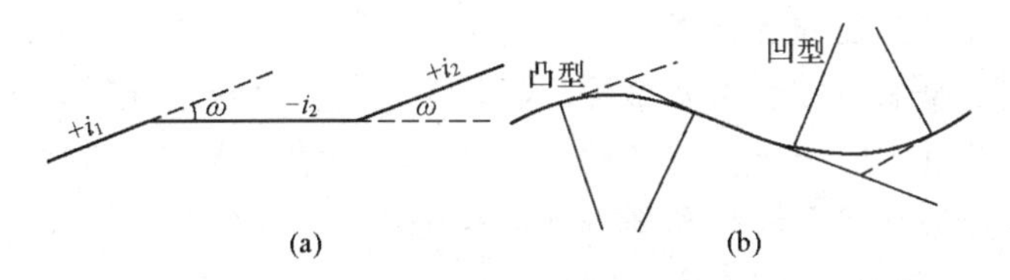

图 4-8　纵坡变坡点转折示意图

(3) 竖曲线要素的计算公式。

凸、凹型竖曲线各要素(见图 4-11)可按下列公式计算：

$$竖曲线长\ L = R \cdot \omega = R \cdot (i_2 - i_1)$$

$$竖曲线切线长\ T = \frac{L}{2} = \frac{R \cdot \omega}{2}$$

$$竖曲线外矢距\ E = \frac{T^2}{2R} = \frac{R \cdot \omega^2}{8}$$

$$竖曲线上的竖距\ h = \frac{x^2}{2R}$$

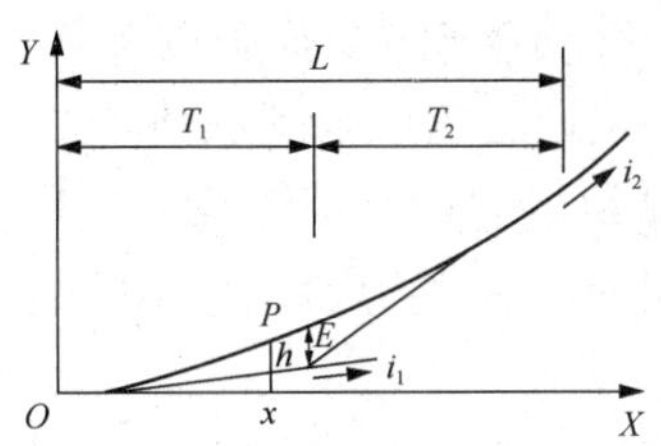

图 4-11　竖曲线要素示意图

(4) 竖曲线的最小半径和长度。

竖曲线的最小半径和长度见表 4-26。

表 4-26　竖曲线最小半径和长度

厂外道路等级	一		二		三		四		辅助道路
地形	平原微丘	山岭重丘	平原微丘	山岭重丘	平原微丘	山岭重丘	平原微丘	山岭重丘	

续表

凸型竖曲线半径/m	极限最小值	6500	1400	3000	450	1400	250	450	100	100
	一般最小值	10000	2000	4500	700	2000	400	700	200	
凹型竖曲线半径/m	极限最小值	3000	1000	2000	450	1000	250	450	100	100
	一般最小值	4500	1500	3000	700	1500	400	700	200	
竖曲线最小长度/m		85	50	70	35	50	25	35	20	15

4) 纵断面设计要求与设计方法

纵断面设计的主要内容是根据道路等级、沿线自然条件和构造物控制标高确定路线合适的标高、各坡段的纵坡度和坡长，并设计竖曲线。

(1) 纵断面设计要求。

① 满足纵坡度及竖曲线的技术要求。

② 纵坡应均匀平顺，坡度尽量平缓，起伏不宜过大和过于频繁。

③ 设计标高的确定应结合自然条件，如地形、土壤、水文、气候等因素。

④ 纵坡度设计应与平面线形和周围环境相协调，最小纵坡不小于 0.3%。

⑤ 力争填、挖平衡，减少土方，降低造价。

⑥ 按路线的性质，适当考虑农田水利设施等要求。

⑦ 避免出现锯齿状。

(2) 纵断面设计步骤和方法。

① 确定纵断面图的比例。纵断面图上有纵向坐标和横向坐标，分别表示路线距离和路线高程。常用比例：横向 1∶100、1∶200、1∶300；纵向 1∶1000、1∶2000、1∶5000。

② 绘地面线。在已确定的平面图上，标注中桩，其间距视地形变化，可取 20～50m。用插入法求得中桩处标高，将中桩点连成折线，即为地面线。

③ 确定纵断面控制点，试定设计线。根据已有的地面线，结合主要控制点和经济点，进行试拉坡。

控制点是指影响纵坡设计的标高控制点。控制点可分为两类：一类是属于控制性的“控制点”，控制路线纵坡设计时必须通过它或限制从其上方或下方通过，如路线的起、终点，越岭垭口，重要桥洞，地质不良地段的最小填土高度，最大的挖深，沿溪线的洪水位，隧道进出口，平面交叉和立体交叉点，铁路道口，城镇规划控制标高以及受其他因素限制路线必须通过的标高控制点等。

另一类是属于参考性的“控制点”，称经济点，是指根据路基填、挖平衡关系，控制路线中心填挖值的标高点。经济点一般发生在山区、丘陵地区的道路上，平原地区道路一般无经济点问题。

试拉坡是指在已标出控制点、“经济点”的纵断面图上，根据技术标准、选线意图，结合地面起伏变化，在这些点位间进行穿插与取直，试定出若干直坡线。对各种可能的坡度线方案反复比较，择优确定既符合技术标准，又满足控制点要求，且土石方工程量较小的设计线作为初定坡度线。

④ 调整纵坡度。对试拉坡所定的纵坡线进行检查，即对最大纵坡、最小纵坡、坡长限制、填挖情况等进行检查、调整。一般把变坡点设在 10m 桩处，以便计算。

⑤　根据横断面进行核对。按已调整后的纵坡求出填、挖高度，对重要控制点、填挖较大的路段、有挡土墙等重点断面进行检查； 如果存在填挖过多、坡脚不稳、坡脚落空、边坡不稳、挡土墙工程过大等情况，必须再进一步调整纵坡，这一工作对陡峻的山腰线更为重要。

⑥　定坡。经调整核对合理后，即可确定纵坡度。所谓定坡，就是把坡度值、变坡点位置(桩号)和标高确定下来。坡度值一般要求取值到千分之一，即 0.1%。变坡点的位置直接从图上读出，一般要调整到 10m 桩位上。变坡点的标高根据路线起点的设计标高由已定的坡度、坡长依次推算出来。

⑦　确定和计算竖曲线。根据道路的设计车速和地形的情况，确定竖曲线的半径，并计算相应的竖曲线要素。

⑧　标高计算。根据已定的纵坡和变坡点的设计标高及竖曲线半径，即可计算出各桩号的设计标高。在纵断面设计中，值得提出的是，经济合理、和缓平顺的纵坡度线形，只有通过多次调查研究，全面掌握设计资料，进行综合比较分析，精心设计才能达到。

道路纵断面设计图示例见图 4-12。

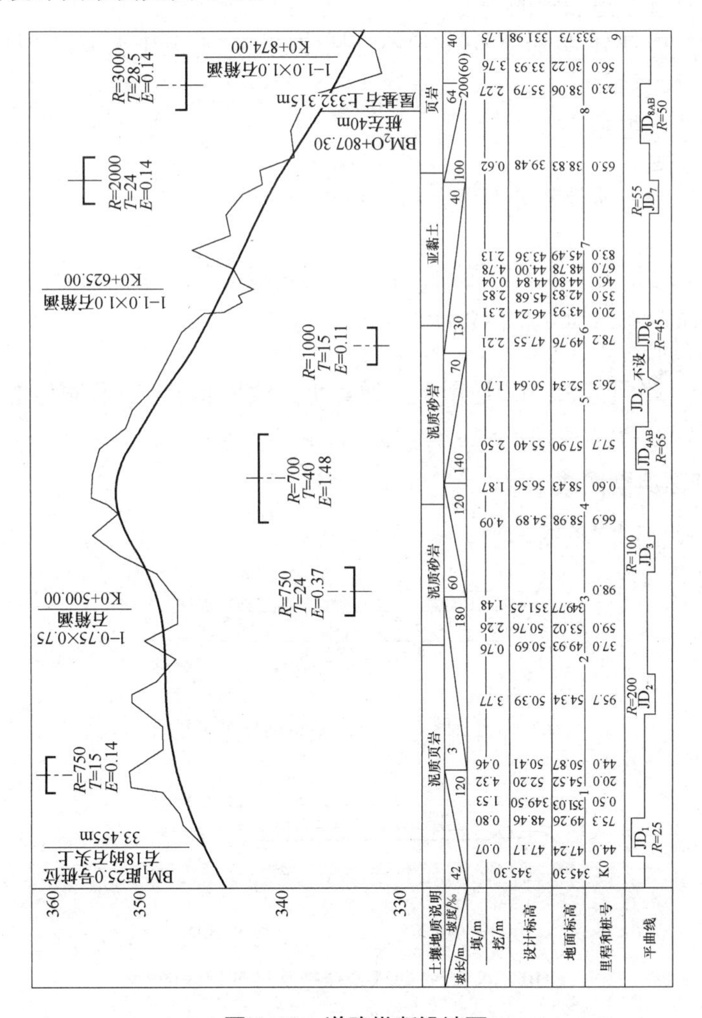

图 4-12　道路纵断面设计面

4.2.8 道路横断面设计

道路横断面是指道路中线上各点垂直于路线前进方向的竖向剖面。道路横断面设计是根据道路的用途，结合当地的地形、地质、水文等自然条件，来确定横断面的形式、各部分的结构组成和几何尺寸的过程。

1. 道路横断面的组成

1) 路基的组成

高速公路、一级公路的路基标准横断面分整体式路基和分离式路基两类。整体式路基的标准横断面应由车道、中间带(中央分隔带、左侧路缘带)、路肩(右侧硬路肩、土路肩)等部分组成，见图 4-13(a)。在一些特殊地方还有紧急停车带、爬坡车道、变速车道等特殊组成部分。分离式路基标准横断面应由车道、路肩(右侧硬路肩、左侧硬路肩、土路肩)等部分组成。

二、三、四级公路路基标准横断面组成包括行车道、路肩、错车道等，见图 4-9(b)。

路基宽度指行车道与路肩宽度之和，但当没有紧急停车带、爬坡车道、变速车道、错车道等时，还应包括这些部分的宽度，即路基宽度指路基顶面的总宽度。在小半径曲线路段，路幅宽度包括行车道加宽的宽度。

践基的其他组成部分(路基顶面除外)还包括边坡、边沟及排水沟、护坡道、截水沟、碎落石、取土坑、弃土堆等。

2) 路基的布置形式

(1) 单幅双车道。

适用于二、三级公路及部分四级公路，系混合交通。

(2) 双幅多车道。

四车道、六车道和更多车道的公路，中间一般都没分隔带或做成分离式路基而构成“双幅”公路。适用于高速公路、一级公路。

(3) 单幅单车道。

路基宽 4.5m，路面宽 3.5m。适用于交通量小、地形复杂、工程艰巨的山区公路或地方性道路，山区四级公路。

2. 道路横断面典型图式

公路横断面典型图式见图 4-13。

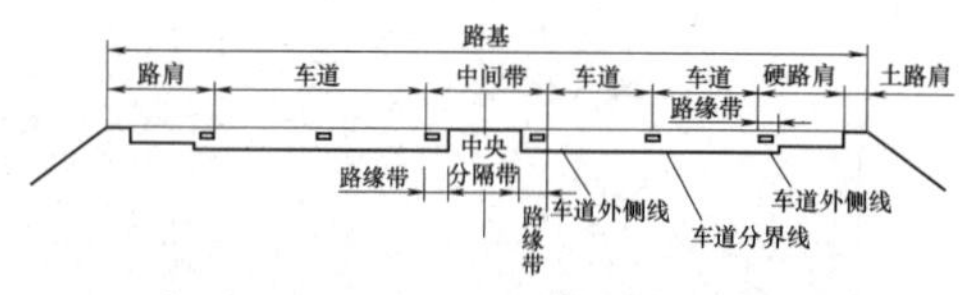

(a) 高速公路、一级公路路基标准横断面

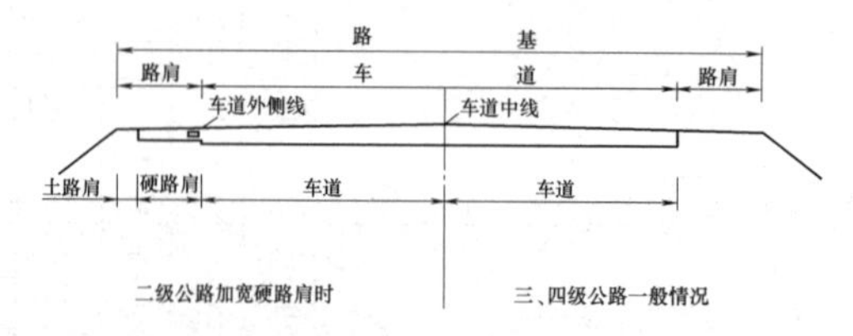

(b) 二、三、四级公路路基标准横断面

图 4-13 公路的几种典型横断面

城市道路横断面的常见典型图式见图 4-14。

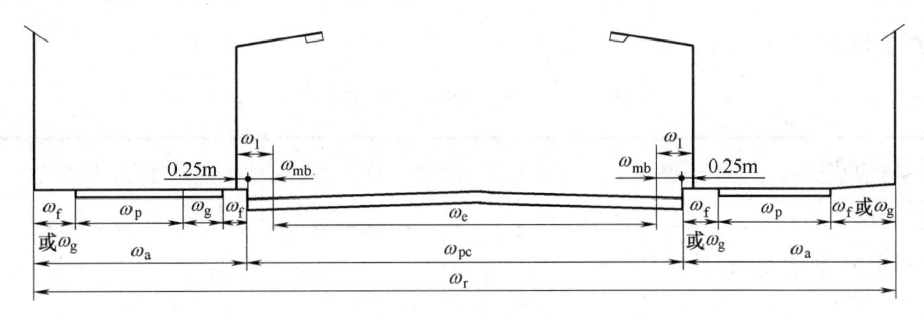

(a) 单幅路

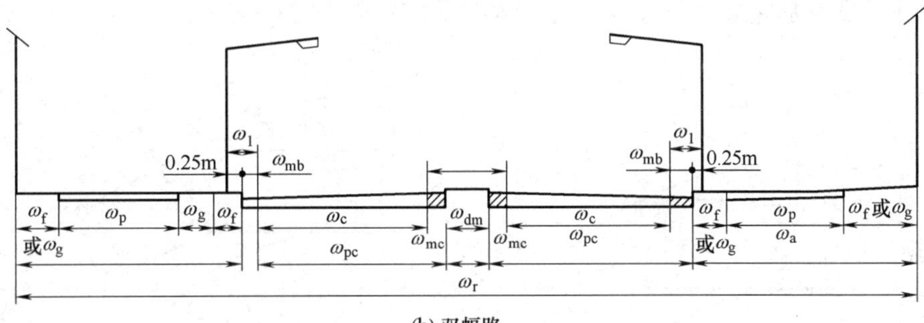

(b) 双幅路

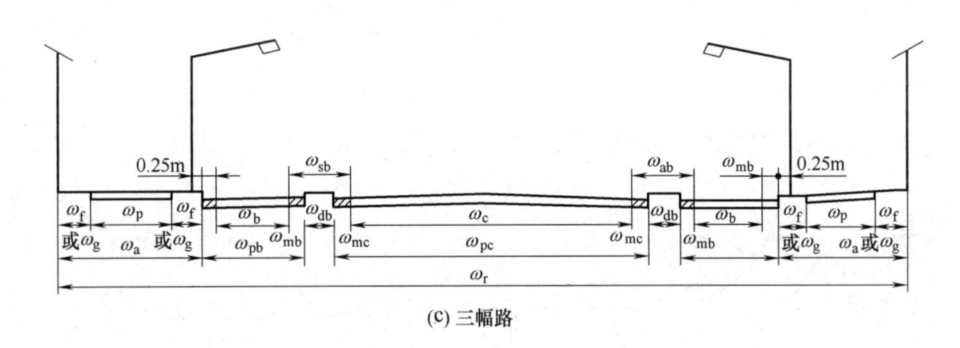

(c) 三幅路

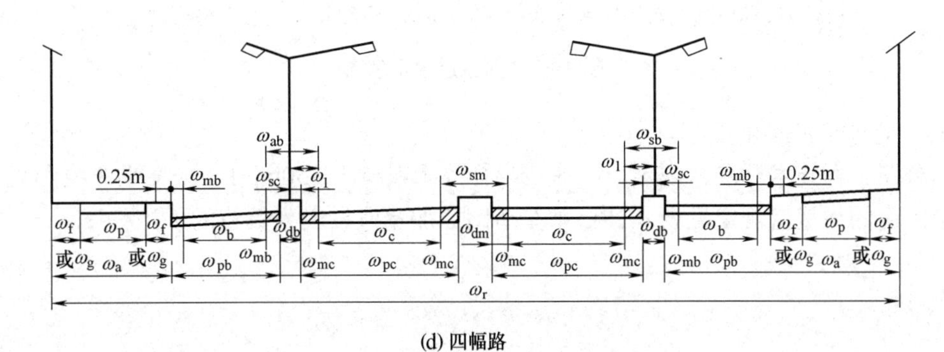

(d) 四幅路

图 4-14　城市道路断面的常见典型图式

3. 行车道宽度

各级公路的行车道宽度见表 4-27。

表 4-27　各级公路的行车道宽度

设计车速/(km/h)	120	100	80	60	40	30	20
行车道宽度/m	3.75	3.75	3.75	3.50	3.50	3.25	3.00

4. 平曲线加宽及其过渡

1)　平曲线加宽及加宽过渡

平面线加宽及加宽过渡见图 4-15～图 4-17。

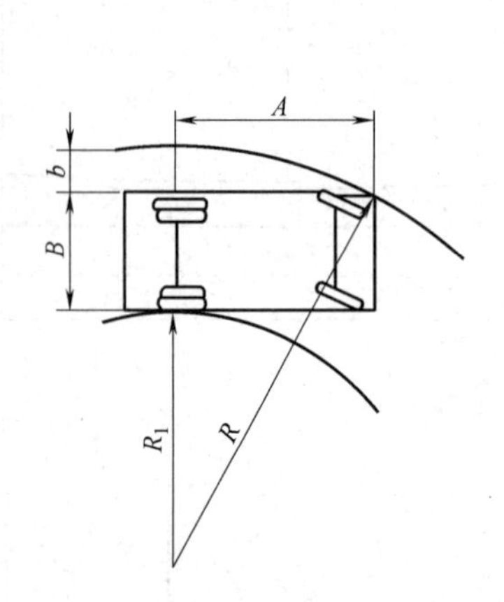

图 4-15　普通汽车的加宽

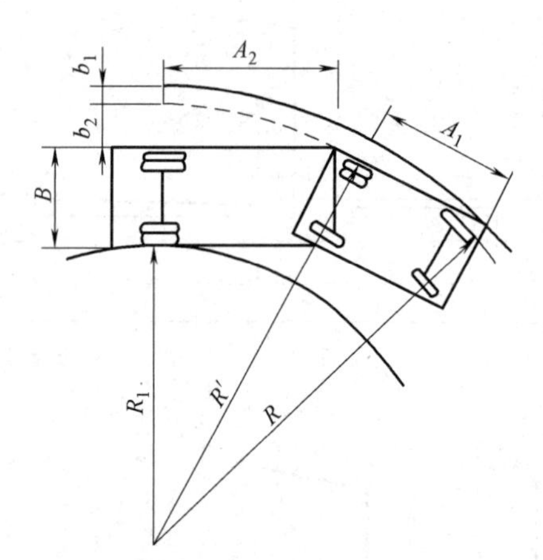

图 4-16　半挂车的加宽

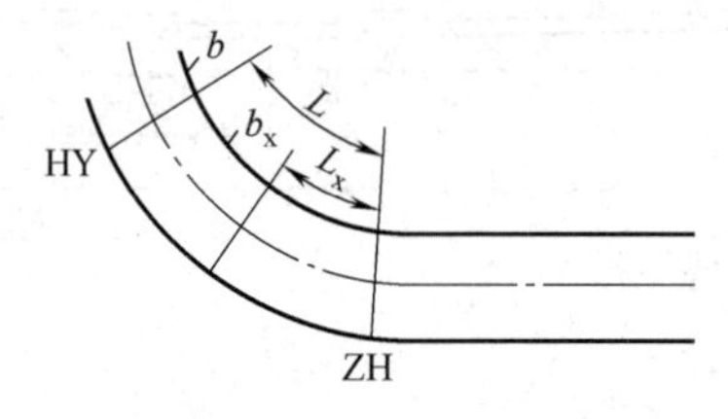

(a) 设缓和曲线的弯道比例过渡

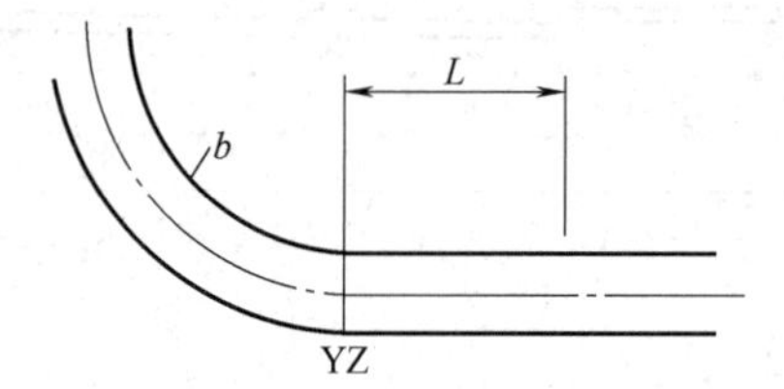

(b) 不设缓和曲线的弯道比例过渡

图 4-17　加宽过渡示意图

2)　平曲线加宽标准

《公路工程技术标准》规定，平曲线半径等于或小于 250m 时，应在平曲线内侧加宽。双车道路面的加宽值规定见表 4-28；单车道路面加宽值按表列数值的 1/2 采用。

表 4-28 不同半径公路平曲线加宽

加宽类别	平曲线半径/m 加宽值/m 汽车轴距加前悬/m	<250～200	<200～150	<150～100	<100～70	<70～50	<50～30	<30～25	<25～20	<20～15
1	5	0.4	0.6	0.8	1.0	1.2	1.4	1.8	2.2	2.5
2	8	0.6	0.7	0.9	1.2	1.5	2.0			
3	5.2+8.8	0.8	1.0	1.5	2.0					

5. 路肩、中间带、边沟、边坡

1) 路肩宽度

各级公路的路肩宽度见表 4-29。

表 4-29 各级公路的路肩宽度

公路等级		高速公路、一级公路				二级公路		三级公路		四级公路
计算行车速度/(km/h)		120	100	80	60	80	60	40	30	20
硬路肩宽度/m	一般值	3.0 或 3.5	3.00	2.50	2.50	1.50	0.75			
	最小值	3.00	2.50	1.50	1.50	0.75	0.25			
土路肩宽度/m	一般值	0.75	0.75	0.75	0.50	0.75	0.75	0.75	0.50	0.25(双车道) 0.50(单车道)
	最小值	0.75	0.75	0.75	0.50	0.50	0.50			

注：表中新到“一般值”为正常情况下采用值；“最小值”为条件限制时可采用的值。

2) 中间带宽度

整体式路基的中间带宽度见表 4-30。

表 4-30 高速公路、一级公路中间带宽度

设计车速/(km/h)		120	100	80	60
中央分隔带宽度/m	一般值	3.00	2.00	2.00	2.00
	最小值	2.00	2.00	1.00	1.00
左侧路缘带宽度/m	一般值	0.75	0.75	0.50	0.50
	最小值	0.50	0.50	0.50	0.50
中间带宽度/m	一般值	4.50	3.50	3.00	3.00
	最小值	3.50	3.00	2.00	2.00

3) 边沟及其形式

边沟是沿路基两侧布置的纵向排水沟，作用是排除由路面及边坡汇集的地表水，以保

证路基与边坡的稳定。一般设置于低填方、路堑路段。

边沟有填方边沟、挖方边沟，其断面形式有三角形、矩形和梯形，见图 4-18。

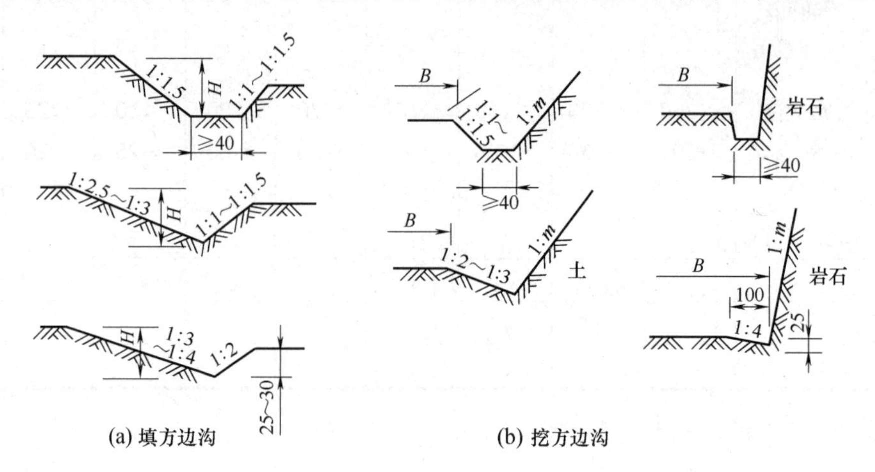

(a) 填方边沟　　(b) 挖方边沟

图 4-18　边沟及形式

4)　边坡坡度

边坡坡度见表 4-31～表 4-33 所示。

表 4-31　路堑边坡坡度

土质种类		边坡最大高度/m	边坡坡度
一般土		20	1∶0.5～1∶1.5
黄土及类黄土		20	1∶0.1～1∶1.25
碎石和卵石(砾石)土	胶结和密实	20	1∶0.5～1∶1.0
	中密	20	1∶1.0～1∶1.5
风货岩石		20	1∶0.5～1∶1.5
一般岩石		—	1∶0.1～1∶0.5
坚岩		—	直立～1∶0.1

表 4-32　路堤边坡坡度

填料种类	边坡的最大高度/m			边坡坡度		
	全部高度	上部高度	下部高度	全部高度	上部高度	下部高度
一般黏性土	20	8	12	—	1∶1.5	1∶1.75
砾石土、粗砂、中砂	12	—	—	1∶1.5	—	—
碎石土、卵石类	20	12	8	—	1∶1.5	1∶1.75
不易风化的石块	8	—	—	1∶1.3	—	—
	20	—	—	1∶1.5	—	—

注：如边坡高度超过表列的总高度时，应进行路基稳定性的验算来确定边坡度。

6. 路拱及超高

1)　路拱及路肩横坡度

为便于路面的横向排水，保证行车安全，将路面中心做成中间高、两边低的拱形，称为路拱。路拱横坡度以百分率表示。路拱横坡度应根据路面类型和当地自然条件，按表 4-33 规定的数值选用。

表 4-33　路拱横坡度

路面类型	路拱横坡度/%	路面类型	路拱横坡度/%
水泥混凝土路面、沥青混凝土路面	1.0～2.0	碎、砾石等粒料路面	2.5～3.5
其他黑色路面、整齐石块	1.5～2.5	低级路面	3.0～4.0
半整齐石块、不整齐石块	2.0～3.0		

2)　超高

超高是指为抵消车辆在平曲线路段上行驶时所产生的离心力，在该路段横断面上设置的外侧高于内侧的单向横坡的断面形式。超高横坡度可根据计算行车速度、半径大小，结合路面类型、自然条件和车辆组成等情况确定。

《公路线路设计规范》(JTG D20—2006)规定，高速公路、一级公路圆曲线部分的最大超高值不大于 10%，其他各级路不大于 8%，在积雪冰冻地区不大于 6%。也可以由下列公式计算确定：

$$i=(v^2/127R)-\mu \tag{4-3}$$

式中：i——超高横坡度，%；

v——行车速度，m；

R——曲线半径，m；

μ——横向力系数。

7. 道路的横断面设计

1)　道路横断面的形式

有公路型及城市型两类，见图 4-19。

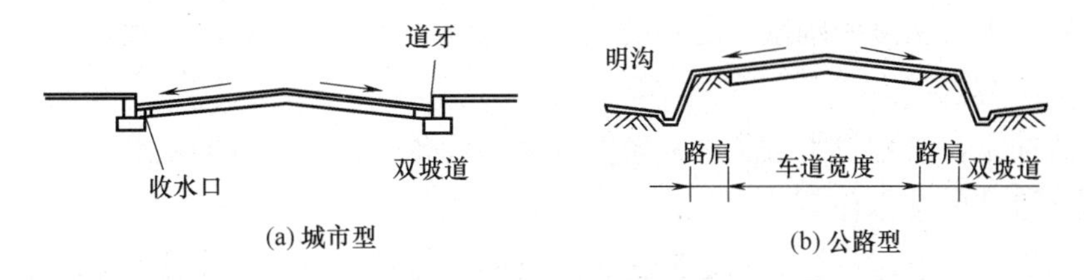

图 4-19　道路横断面形式

2)　横断面设计的要求与方法

(1)　道路横断面设计要求。

道路横断面设计要求是道路横断面的布置及几何尺寸，必须结合地形、工程地质、水文等条件，遵循道路用地节约的原则，考虑场地具体环境，选择合理的横断面形式，以满足行车顺适，节约投资、路基稳定、有利施工和便于养护的要求。

(2) 道路横断面设计的方法。

根据道路纵断面设计确定的路基填挖高度，路基宽度，选定的边坡坡度，边沟尺寸绘出路基的外廓线。具体做法如下。

① 点绘各横断面的横向地面线，地面线是在现场测绘的，若在纸上定线，可在大比例的地形图上内插获得。横断面图的比例尺，一般是1∶100或1∶200。

② 根据技术标准确定路基宽度。根据道路纵断面设计确定的路基中心填挖高度或从“路基设计表”中抄入路基填挖高度，对于有超高和加宽的曲线路段，还应抄入“左高”“右高”“左宽”“右宽”等数据。

③ 根据现场调查所得的土壤性质、工程地质及水文资料，参照“标准横断面图”，画出路幅宽度，确定路基填或挖的边坡坡线，在需要设置各种支挡工程和防护工程的地方画出该工程的断面示意图。

④ 根据综合排水设计的需求，拟定路基边沟、截水沟、排灌渠等的位置和断面形式，必要时须注明尺寸。此外，对于取土坑、弃土堆、绿化等也尽可能画出。

⑤ 根据转弯半径的大小分别拟定超高加宽值。

⑥ 根据纵断面设计资料，按设计标高在“路基设计表”逐桩进行计算。

4.2.9 道路路基设计

1. 概述

路基是在天然地表面上按照道路的设计线形(位置)和设计横断面(几何尺寸)的要求开挖或堆填而成的岩土结构物。

1) 路基的作用

承受轨道及行车车辆或路面及交通荷载的静荷载和动荷载，并将荷载向地基深处传递扩散。

2) 路基使用要求

具有足够的表面强度和刚度、足够的强度稳定性、足够的整体稳定性。

3) 路基工程的特点

结构形式简单，工程量大且集中，较多人力和设备，占用较多的土地。

4) 路基设计的基本任务

包括沿线调查、选定位置、确定高程、测绘横断面及土石方计算及调配、路基的排水、路基边坡防护与加固等。

5) 路基常见病害

路堤沉陷、路基边坡坍落、路基翻浆、路基沿山坡滑动。

2. 影响路基稳定的因素

影响路基稳定的因素主要分为自然因素和人为因素。自然因素包括地理、地质、气候、水文和水文地质条件、土的类别等；人为因素包括荷载因素、路基结构、施工方法及质量、人为设施及养护措施等。

1)　公路自然区划

《公路自然区划标准》(JTT 003—86)对我国进行了自然区划，分为一级区划、二级区划、三级区划，每一个区划又分为若干区划若干等级。

2)　路基用土及其分类

路基用土分为 8 类，见路基用土分类表。

(1)　石质土。

包括碎石土和砾石土，具有足够的强度及水稳定性。

(2)　一般土。

包括砂土、黏土、亚砂土、亚黏土、粉性土。

(3)　其他土。

包括黄土类土、黑土。

(4)　土的形态变化。

4 个阶段，即液态、塑态、半固态、固态。

3)　路基干湿类型

(1)　湿度来源。

降水、地面水、毛细管水、水气凝结水、气温变化积聚的水。

(2)　干湿类型划分。

(一般用土基上部 80cm 范围内分层相对含水量的算术平均值表示)分为干湿、中湿、潮湿、过湿。

4)　路基压实度

路基压实度见表 4-34。

表 4-34　路基压实度

填挖类别	深度/cm	路基压实度			
		高级路面	次高级路面	中级路面	低级路面
填方	0～80	0.95～0.98	0.90～0.98	0.85～0.95	0.80～0.95
	80～150	0.90～0.95	0.85～0.90	0.80～0.90	0.80～0.85
	>150	0.80～0.95	0.80～0.90	0.80～0.85	0.80～0.85
零填方及0～30cm挖方		0.90～0.98	0.90～0.98	0.85～0.95	0.80～0.90

5)　路基受力状况强度标准

路基的受力有两种荷载：路面和路基自重引起的静荷载；车辆荷载引起的动荷载。静荷载应力随深度的增长而加大，动荷载应力随深度的增加而减少。

路基在外力作用下，将产生变形，路基强度是指路基抵抗外力作用的能力，即抵抗变形的能力。在一定应力条件下，变形越大，路基强度越低；反之，则表明路基强度越高。根据路基简化的力学模型不同，以及土体破坏的原因不同，国内外表征路基强度的指标主要有以下几种。

弹性模量 E_0——应力与应变的比值。

形变模量 E_v——应力与相对形变(塑性变形)之比。

地基反应模量 K——地基内任意一点的反力 P 与沉降值的比。

CBR(加州承载比)——某一贯入度的路基单位压力和与路基贯入度相同的标准单位压力之比。

3. 路基设计

1)　路基典型断面形式

路基典型断面形式包括填方路基、挖方路基、半填半挖路基，见图 4-20～图 4-22。

2)　路基高度

路基高度，是指路堤的建筑高度加上路面结构厚度或路堑的开挖深度，是道路中桩地面高程与路基设计高程的相差值。路基设计标高，通常以路基边缘为准，且使路肩边缘高出地面积水，并考虑地面水、地下水、毛细水和冰冻对路基强度及稳定的影响。

路肩的边缘标高，应高出计算水位 0.5m 以上。一级路采用 1/100、二级路采用 1/50、三级路采用 1/25 的洪水频率，四级路及辅助道路可根据具体情况定。

3)　路基边坡

路基边坡分路堤边坡和路堑边坡，边坡坡度见表 4-35，边坡的形式见图 4-23。

4)　路基排水

路基排水可根据场地情况采用边沟、截水沟、排水沟、渗沟等路基排水措施。

5)　路基设计表

在场地外道路设计中，路基设计表在道路设计文件中占有重要的地位，见表 4-36。

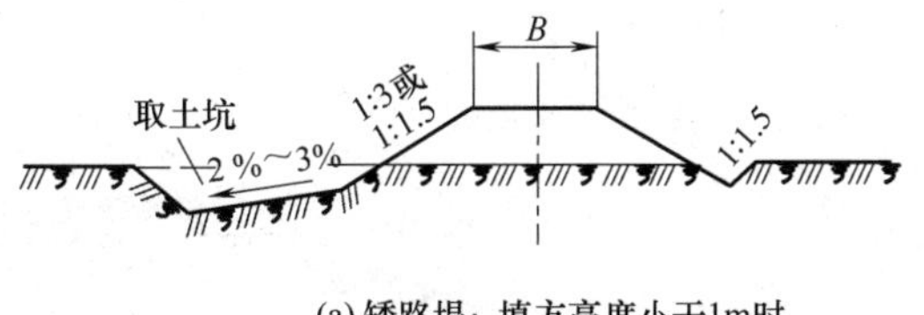

(a) 矮路堤：填方高度小于1m时

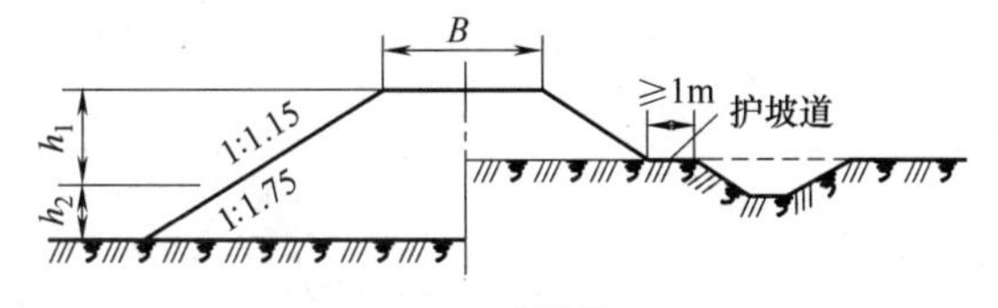

(b) 一般路堤

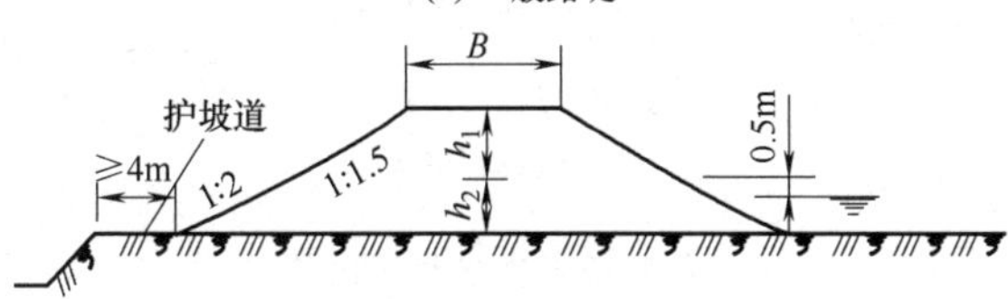

(c) 沿河路堤

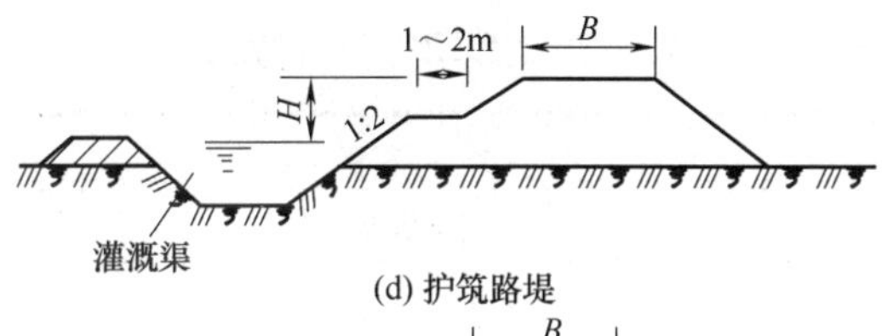

(d) 护筑路堤

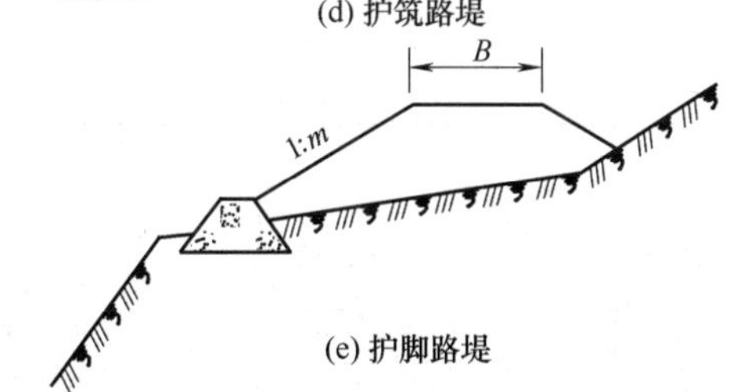

(e) 护脚路堤

图 4-20　填方路基

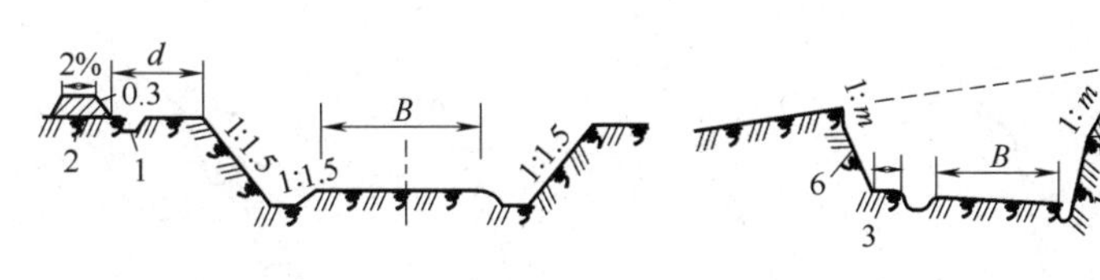

(a) 挖方深度为 1～12m 时　　(b) 坚硬土壤路基

图 4-21　挖方路基

1—截水沟；2—弃土堆；3—碎落台；4—不易坍塌土；5—岩石；6—风化碎落土

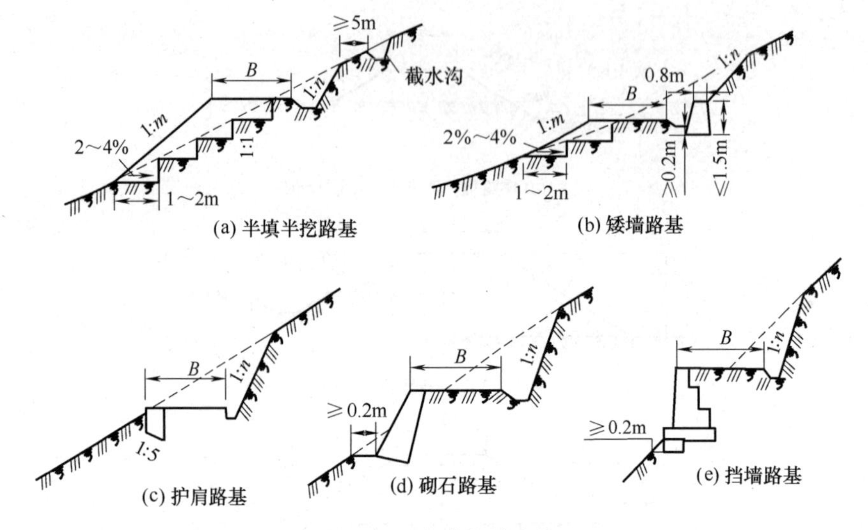

图 4-22　半填半挖路基

表 4-35　砌石路基边坡坡度

高度 H/m	外坡坡度	内坡坡度
≤5	1∶0.5	1∶0.3
≤10	1∶0.67	1∶0.5
≤15	1∶0.75	1∶0.6

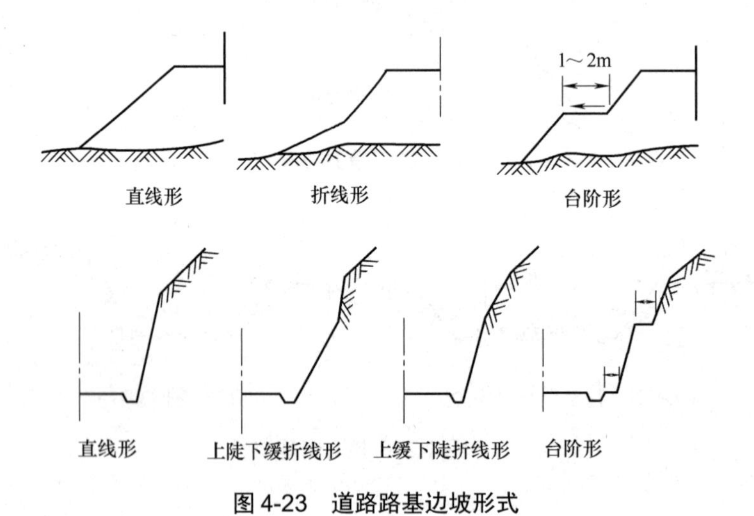

图 4-23　道路路基边坡形式

表 4-36　路基设计表

桩号	平曲线	变坡点高程桩号及纵坡坡度、坡长	竖曲线	地面标高	设计高	填挖高度/m		路基宽/m		路边及中桩与设计高之高差/m			施工时中桩/m		边坡 1 : m		护坡道				边沟						坡脚坡口至中桩距离		备注
																	护坡道宽		坡度 1 : m		坡度/%		形状	底宽/m	沟深/m	内坡			
						填	挖	左	右	左	中桩	右	填	挖	左	右	左	右	左	右	左	右					左	右	
1	2	3	4	5	6	7	8	9	10	11	12	13	14	15	16	17	18	19	20	21	22	23	24	25	26	27	28	29	30
K2+100.00		K2+100		160.76	159.92		0.84	7.50	7.50	0.00	0.15	0.00		0.69															
K2+120.00		i=0.65%		161.56	159.75		1.81	7.50	7.50	0.00	0.15	0.00		1.66															
K2+140.00		L=400		164.03	159.59		4.44	7.50	7.50	0.00	0.15	0.00		4.29															
K2+160.00				164.23	159.43		4.80	7.50	7.50	0.00	0.15	0.00		4.65															
K2+180.00				162.15	159.28		2.87	7.50	7.50	0.00	0.15	0.00		2.72															
K2+200.00				163.17	159.14		4.03	7.50	7.50	0.00	0.15	0.00		3.88															
K2+220.00				163.20	159.00		4.20	7.50	7.50	0.00	0.15	0.00		4.05															
K2+240.00				163.87	158.87		5.00	7.50	7.50	0.00	0.15	0.00		4.85															
K2+260.00			+243.5	165.69	158.74		6.95	7.50	7.50	0.00	0.15	0.00		6.80															
K2+280.00				166.31	158.61		7.70	7.50	7.50	0.00	0.15	0.00		7.55															
K2+300.00				166.36	158.48		7.88	7.50	7.50	0.00	0.15	0.00		7.73															
ZH+315.89				166.30	158.37		7.93	7.50	7.50	0.00	0.15	0.00		7.78															
ZH+340.00				166.06	158.22		7.84	7.50	7.71	0.59	0.29	−0.14		7.55															
HY+360.89				166.06	158.08		7.98	7.50	7.90	1.11	0.51	−0.12		7.47															

4.2.10 道路路面

1. 路面的分类

1) 按材料及施工方法分类

(1) 碎石类：用碎(砾)石按嵌挤原理或最佳级配原理配料碾压而成的路面。

(2) 结合料稳定类：掺加各种结合料，使各种土、碎(砾)石混合料或工业废渣，经铺压而成的路面，用作基层和垫层。

(3) 沥青类：在矿质材料中，加入沥青材料修筑而成的路面，可作面层、基层。

(4) 水泥混凝土类：以水泥和水合成水泥浆为结合料，碎(砾)石为骨料，砂为填充料，经拌和摊铺、振捣和养护而成的路面，通常作面层，也可作为基层。

(5) 块料类：用整齐、半整齐块石或预制水泥混凝土块铺砌，并用砂嵌缝后砌压而成的路面，用作面层。

2) 按路面力学特性分类

(1) 柔性路面：用各种基层(水泥、混凝土除外)和各类沥青面层、碎(砾)石面层、块料面层所组成的路面结构。

(2) 刚性路面：用水泥混凝土作面层或基层的路面。

(3) 半刚性路面：以石灰水泥稳定土，石灰水泥处理碎石，含工业废渣基层。

2. 路面结构组成

路面是用各种不同的材料，按照一定配制工艺生产并按一定的厚度与宽度分层铺筑在路基顶面上的结构物，以供汽车在其表面上行驶。按所处层位和作用不同，路面结构由面层、基层、垫层等组成，见图 4-24。

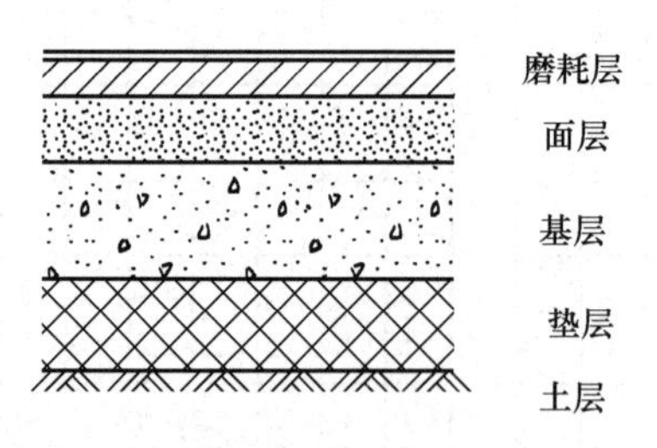

图 4-24 路面结构

1) 路面面层

(1) 面层的作用及要求。

面层是路面结构最上面的一个层次，直接承受行车荷载垂直力、水平力和振动冲击力的作用，并受大气降水、气温和湿度变化等自然因素的直接影响，因此要求面层具有足够的强度、刚度、稳定性、耐久性。同时表面又要有良好的抗滑性和平整度、少尘性和低噪声。面层有时由两层或三层组成，分别称为上层和下层或上、中、下层。

(2) 面层的材料。

面层的材料主要有水泥混凝土、沥青矿物料组成的混合料、砂砾或碎石掺土混合料、块石及混凝土预制块等。

2) 路面基层

基层位于面层之下，主要承受由面层传递的行车荷载垂直力，再把它扩散和分布到下层。

(1) 对基层的要求。

① 具有足够的强度和刚度；

② 具有足够的水稳定性和冰冻稳定性；

③ 具有足够的抗冲刷能力；

④ 具有较小的收缩性(水分减少、温度降低收缩)；

⑤ 具有足够的平整度；

⑥ 与面层具有良好的结合性。

(2) 基层的基本类型及其特点。

路面常用的基层主要有 4 类。

① 柔性基层材料，包括级配集料嵌锁型碎石及沥青碎石混合料；

② 半刚性基层材料，包括水泥稳定类、石灰稳定类、石灰工业废渣类；

③ 刚性基层材料，包括水泥混凝土、贫混凝土和碾压混凝土；

④ 复(混)合式基层，即上部使用柔性基层、下部使用半刚性基层。

(3) 常用的基层形式。

我国常用的基层形式主要有以下 6 种。

① 水泥稳定土；

② 石灰稳定土；

③ 石灰工业废渣稳定土；

④ 级配碎石；

⑤ 级配砾石或级配砂砾；

⑥ 填隙碎石。

(4) 道路基层材料。

① 基层用土。分为细粒土(黏性土、粉性土、砂性土、砂和石屑等)＜9.5mm、中粒土(砂粒土、碎石土、级配砂、砾、级配碎石)＜26.5mm、粗粒土(砂、砾石、碎石土、级配砂、砾、级配碎石)＜37.5mm。

② 对原材料的基本要求。对含水量、颗粒分析、液限和塑限、相对密度和吸水率、压碎值、有机质和硫酸盐含量、有效钙镁含量、水泥等级和终凝时间、烧失量等进行试验，确定原材料是否适用。

③ 对基层用土的技术要求。易于粉碎，满足一定级配，便于碾压成型。

④ 无机结合料。主要有水泥(普通硅酸盐水泥、矿渣硅酸盐水泥、火山灰质硅酸盐水泥等)、石灰(生石灰、消石灰，对于高级路宜采用磨细生石灰粉)、工业废渣(粉煤灰、煤渣、

水淬渣、高炉渣、钢渣、煤矸石)等。

3) 路面垫层

(1) 垫层的作用。

垫层是设置在基层与土层之间的层次，主要用来调节和改善水与温度的状况，保持路面结构的稳定性。垫层还能扩散由基层传来的车轮荷载的垂直作用力，以减少土基的应力和变形。

(2) 垫层的材料。

垫层的常用材料有两种：一种是由松散的颗粒材料组成(如砂、砾石、炉渣、片石、锥形块石等)并铺修成进水性垫层；另一种是由整体性材料组成(如石灰土、炉渣石灰土类)并铺修成稳定性垫层。

4) 土基

土基是路基顶部的土层，作为路面的基础，承受路面车轮荷重和路面的自重。土基也可以是路堤，也可以是路堑。

3. 沥青路面

沥青路面是用沥青材料作为结合料黏结矿料或混合料铺筑面层与各类基层和垫层所组成的路面结构。从力学性能上看，沥青路面属于柔性路面。其具有足够的力学强度，能够很好地承受车辆荷载施加的各种作用力；具有一定的弹性和塑性变形能力，能够承受较大的应变而不破坏；与汽车轮胎的附着力较好，可保证行车的安全；具有良好的减震性，便于汽车平稳、低噪声快速行驶；养护维修工作较简单，且沥青路面可再生利用。但其强度和稳定性在很大程度上取决于基层和土层的特性，沥青路面适宜于各种交通量的道路。

1) 沥青路面的分类

沥青路面的分类方式很多，按施工工艺的不同，可分为层铺法、路拌法和厂拌法 3 类；根据沥青路面的技术特性，沥青面层可分为沥青混凝土、热拌沥青碎石、乳化(冷拌)沥青碎石混合料、沥青贯入式、沥青表面处治 5 种类型；按沥青路面的强度构成原则，可分为密实类沥青路面和嵌挤类沥青路面。

2) 沥青路面的材料

沥青路面的主要材料包括集料、矿粉和路用沥青。适合修筑路面的沥青材料主要为石油沥青、渣油和煤沥青，此外还有天然沥青。集料是沥青路面材料中矿物质粒料的总称，根据粒径的不同，可分为天然集料和人造集料两大类。天然集料有碎石、砾石、砂、石屑等；人造集料有烧矾土、稳定的坚实的冶金矿渣。矿粉最常用的为石灰石粉。

3) 沥青路面的结构组合设计

(1) 沥青路面结构组成。

沥青路面结构层可由面层、基层、底基层、垫层组成。

面层是直接承受车轮荷载反复作用和自然因素影响的结构层，一般由 1～3 层组成，其表层可根据使用要求设置耐磨的抗滑层或密级配的沥青层，中面层、下面层可根据道路等级、沥青层的厚度、气候条件等选择适当的沥青结构层。基层、底基层、垫层、土基都是起主要承重作用的层次，基层材料应具有较高的强度和稳定性，底基层材料的强度和稳定性可比基层材料略低一些。基层、底基层视道路等级和交通量需要可设一层或两层，垫层是设在底基层和土基之间的结构层，一般设一层。

(2) 沥青路面结构组合设计要求。

① 适应行车荷载作用的要求。

在道路上行驶的车辆有大小客车、载货车、牵引车、挂车等，这些行车荷载作用在路面上是比较复杂的。路面不仅要承受较长时间的静荷载，还要承受多次重复的动荷载，不但承受垂直力，还要承受水平力的作用。路面在垂直力作用下，产生的应力和变形随深度向下而递减，水平作用产生的应力和变形随深度递减的速度更快。路面表面还同时承受车轮的磨耗作用。因此，要求路面面层具有足够的强度和变形能力。面层以下的各层强度和抗变形的能力可以自上而下逐渐减小。这样在路面结构组合设计时，各结构层应按强度和刚度自上而下的递减规律安排，以使各结构层材料的效能充分发挥。因此，结构层的层数越多越能体现强度或刚度沿深度递减的规律，但就施工工艺、材料规格及强度形成原理而言，层数又不宜过多，也就是不能使结构层厚度过小。路面各种结构层的最小厚度和适宜厚度可参考表 4-37。

表 4-37　各类结构层的最小厚度和适宜厚度

<table>
<tr><th colspan="2">结构层类型</th><th>施工最小厚度/cm</th><th>结构层的适宜厚度/cm</th><th>结构层类型</th><th>施工最小厚度/cm</th><th>结构层的适宜厚度/cm</th></tr>
<tr><td rowspan="3">沥青混凝土热拌沥青碎石</td><td>粗粒式</td><td>5.0</td><td>6～8</td><td rowspan="2">沥青表面处治</td><td rowspan="2">1.0</td><td rowspan="2">层铺 1～3，拌和 2～4</td></tr>
<tr><td>中粒式</td><td>4.0</td><td>4～6</td></tr>
<tr><td>细粒式</td><td>2.5</td><td>2.5～4</td><td>水泥稳定类</td><td>15.0</td><td>16～20</td></tr>
<tr><td colspan="2"></td><td></td><td></td><td>石灰稳定类</td><td>15.0</td><td>16～20</td></tr>
<tr><td colspan="2">沥青石屑</td><td>1.5</td><td>1.5～2.5</td><td>石灰工业废渣类</td><td>15.0</td><td>16～20</td></tr>
<tr><td colspan="2">沥青砂</td><td>1.0</td><td>1.0～1.5</td><td>级配碎、砾石</td><td>8</td><td>10～15</td></tr>
<tr><td colspan="2">沥青贯入式</td><td>4.0</td><td>4～8</td><td>泥结碎石</td><td>8</td><td>10～15</td></tr>
<tr><td colspan="2">沥青上拌下入式</td><td>6.0</td><td>6～10</td><td>填隙碎石</td><td>10</td><td>10～12</td></tr>
</table>

设计沥青路面时，其厚度应考虑道路的等级、交通量的大小、重车所占的比例、选用沥青的质量等因素综合考虑确定。从强度和造价考虑，宜自上而下、由薄到厚。各级公路沥青层推荐厚度见表 4-38。

表 4-33　沥青层推荐厚度

公路等级	推荐厚度/cm	公路等级	推荐厚度/cm
高速公路	12～18	三级公路	2～4
一级公路	10～15	四级公路	1～2.5
二级公路	5～10		

② 保证沥青路面的稳定性好。

在潮湿或某些中湿路段上修筑沥青路面时，由于沥青层不透气，使路基和基层中水分蒸发的通路被隔断，因而向基层积聚。如果基层材料中含土量多(如泥结碎石、级配砾石)，尤其是土的塑性指数较大时，遇水变软，强度和刚度急剧下降，导致路面开裂破坏。为了保证沥青路面的水稳定性，基层一般应选择水稳定性好的材料，对于潮湿和中潮湿路段更应如此。

在季节冰冻地区，当冻深较大，路基土为易冻土时，路面常产生冻胀和翻浆。为了保证路面的稳定性，在路面结构中应设置防止冻胀和翻浆的垫层。在确定路面的总厚度时，除满足强度要求外，还应满足防冻厚度的要求，以防止产生导致路面开裂的不均匀冻胀。防冻的厚度与路基的潮湿类型、路基土类、道路冻深以及路面结构材料的热物理性有关。根据经验及试验观测，路面最小防冻厚度值见表 4-39。

如按强度计算的路面总厚度小于表 4-39 所列厚度时，应增设或加厚垫层使路面总厚度达到表列厚度要求。

表 4-39　路面最小防冻厚度

路基类型	土质	黏性土、细亚黏土			粉性土		
	基、垫层类型 / 冻深/cm	砂石类	稳定土类	工业废渣类	砂石类	稳定土类	工业废渣类
中湿	50～100	40～45	35～40	30～35	45～50	40～45	30～40
	100～150	45～50	40～45	35～40	50～60	45～50	40～45
	150～200	50～60	45～55	40～50	60～70	50～60	45～50
	大于 200	60～70	55～65	50～55	70～75	60～70	50～65
潮湿	60～100	45～55	40～50	35～45	50～60	45～55	40～55
	100～150	55～60	50～55	45～50	60～70	55～65	50～60
	150～200	60～70	55～65	50～55	70～80	65～70	60～65
	大于 200	70～80	65～75	55～70	80～100	70～90	65～80

注：1. 对潮湿系数小于 0.5 的地区，Ⅱ、Ⅲ、Ⅳ等干旱地区防冻厚度应比表中值减少 15%～20%；
2. 对Ⅱ区砂性土路基防冻厚度应相应减少 5%～10%。

③ 考虑各类结构层特点。

路面结构通常是用密实级配、嵌挤及由结合料稳定形成的板体等方式构成的，影响路

面结构层构成的因素，除材料选择、施工工艺外，路面结构组合也是十分重要的。例如沥青面层不能直接铺筑在片石基层上，而应在其间加设碎石过渡层，否则片石不平稳或松动都会反映到沥青面层上，造成面层不平整甚至沉陷开裂。这类片石也不能直接铺在软弱的路基上，而应在其间铺粒料层。

为了保证路面结构的整体性和结构层之间应力的连续性，应尽量使结构层之间结合紧密稳定。

在进行沥青路面设计时，要按照面层耐久、基层坚实、土基稳定的要求，贯彻因地制宜、合理选材、方便施工、利于养护的原则以及沥青路面结构组合设计要求，结合具体情况，进行分析比较，以使路面结构组合设计做到技术先进、经济合理。

(3) 沥青路面结构层厚度设计步骤。

新建沥青路面通常按以下步骤进行路面结构设计。

① 根据任务书的要求，确定路面等级及路面类型，计算设计年限内一个车道的累计当量轴次和设计弯沉值。

② 按路基土类与干湿类型，将路基划分为若干路段(在一般情况下，路段长度不宜小于 500m)，确定各路段的土基回弹模量值。

③ 根据已有经验和规范推荐的路面结构，拟定几种可能的路面结构组合厚度与方案，根据选择的材料进行配合比试验及测定各结构层材料的抗压回弹模量、抗拉强度，确定各结构层材料设计参数。

(4) 根据设计弯沉值计算路面厚度。

对于高等级的公路沥青混凝土面层及其半刚性基层、底基层，应验算拉应力，如不能满足要求，或调整路面结构层厚度，或变更路面结构组合，或调整材料配合比，提高材料极限抗拉强度，再重新计算。上述计算应采用弹性多层体系理论编制的程序进行。对城市道路的沥青混凝土面层，应验算剪应力。对于季节性冰冻地区高级和次高级路面，尚应验算冻土厚度是否满足要求。

(5) 沥青路面结构组合图式。

路面结构的组合图式见表 4-40。

表 4-40　柔性路面典型结构组合图式

柔性路面等级	典型结构组合图式	结构层次	路面材料类型	厚度/cm	适用条件
高级路面		面层	沥青混凝土或热拌沥青碎石	4～8	P≤40; i≤5; 应加强维修
		联结层	冷拌沥青(砾)石或沥青贯入碎(砾)石	6～10	
		基层	水泥稳定砂砾或泥灰碎(砾)石或工业废渣	15～30	
		底基层	石灰土或工业废渣或干压碎石	计算确定	

续表

柔性路面等级	典型结构组合图式	结构层次	路面材料类型	厚度/cm	适用条件
次高级路面		面层	冷拌沥青碎(砾)石或沥青贯入碎(砾)石	4～10	P≤40; i≤5; 应加强维修
		基层	水泥稳定砂砾或泥灰结碎(砾)石或工业废渣	15～30	
		底基层	石灰土或工业废渣或干压碎石	计算确定	
		面层	沥青碎(砾)石表面处治	3	P≤40; i≤5; 应加强维修;泥结碎(砾)石基层,仅适用于干燥路段
		基层	泥灰结碎(砾)石或泥结碎(砾)石	15～30	
		底基层	石灰土或工业废渣或干压碎石	计算确定	
中级路面		面层	泥结碎(砾)石或级配(砾)石	15～30	必须加强养护
		基层和底基层	工业废渣或混铺块碎石	计算确定	

注：1. 适用条件栏内的 *P* 是指标准车后轴重(*t*)，*i* 系指道路纵坡(%)；

2. 当有足够依据时，可不受本表道路纵坡规定的限制。

(6) 沥青路面结构实例。

沥青路面结构实例见图 4-25。

4) 沥青路面结构选型

场地道路采用沥青路面时，一般情况下，多采用从道路标准图册中选用路面结构。路面结构选型主要根据道路等级，交通等级，面层、基层的类型系数，设计弯沉，土基回弹模量等具体因素确定。可参照《城市道路——沥青路面》图册中的城市支路、中小城市次干路典型结构选型，见图 4-26、图 4-27。

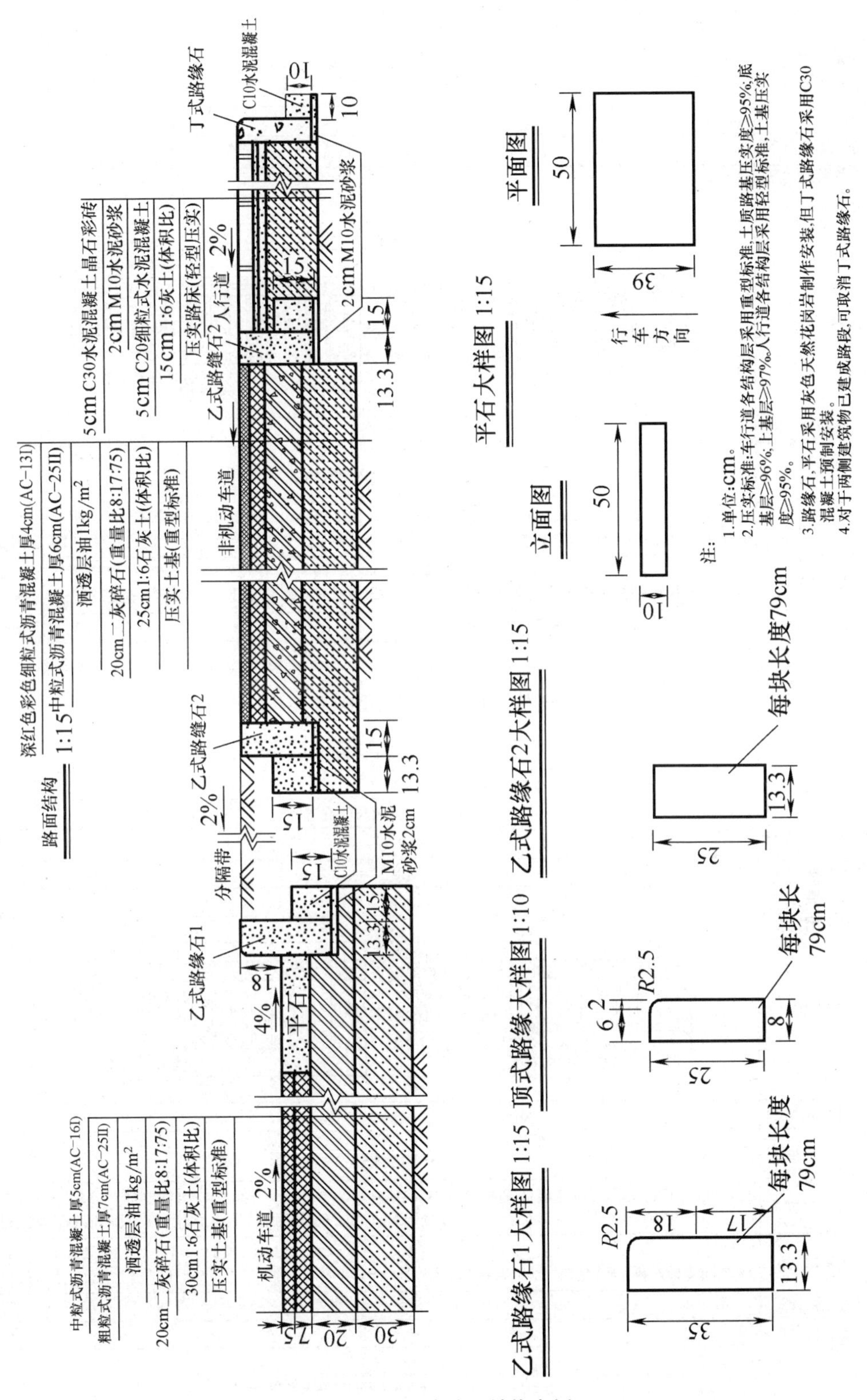

图4-25　沥青路面结构实例

<table>
<tr><td colspan="2">城市道路等级</td><td colspan="10">支路、中小城市次干路</td></tr>
<tr><td colspan="2">道路等级系数</td><td colspan="10">1.2</td></tr>
<tr><td colspan="2">交通等级</td><td colspan="10">中交通</td></tr>
<tr><td colspan="2">一个车道标准轴载累计作用次数</td><td colspan="10">7×10^6</td></tr>
<tr><td colspan="2">面层类型系数</td><td colspan="10">1.0</td></tr>
<tr><td colspan="2">基层类型系数</td><td colspan="10">1.0</td></tr>
<tr><td colspan="2">设计弯沉(0.01mm)</td><td colspan="10">30.8</td></tr>
<tr><td colspan="2">路面结构图式</td><td colspan="5">细粒式沥青混凝土
中粒式沥青混凝土
透层油、下封层
骨架密实型无机结合料稳定粒料类
无机结合料稳定细粒土类</td><td colspan="5">细粒式沥青混凝土
中粒式沥青混凝土
透层油、下封层
骨架密实型无机结合料稳定粒料类
砂砾、碎石类</td></tr>
<tr><td colspan="2">土基回弹模量/MPa</td><td colspan="2">25</td><td colspan="2">30</td><td colspan="2">35</td><td colspan="2">40</td><td colspan="2">50</td></tr>
<tr><td rowspan="4">路面结构组合</td><td>面 层/cm</td><td colspan="10">8 [3.5AC−13、4.5AC−16]</td></tr>
<tr><td>基 层/cm</td><td>34 (2层)
稳定骨架粒料类</td><td>40 (2层)
稳定骨架粒料类</td><td>32 (2层)
稳定骨架粒料类</td><td>37 (2层)
稳定骨架粒料类</td><td>20
稳定骨架粒料类</td><td>36 (2层)
稳定骨架粒料类</td><td>20
稳定骨架粒料类</td><td>36 (2层)
稳定骨架粒料类</td><td>19
稳定骨架粒料类</td><td>34 (2层)
稳定骨架粒料类</td></tr>
<tr><td>底基层/cm</td><td>17
稳定土类</td><td>13
沙砾、碎石类</td><td>19
稳定土类</td><td>18
砂砾、碎石类</td><td>38 (2层)
稳定土类</td><td>19
砂砾、碎石类</td><td>37 (2层)
稳定土类</td><td>16
砂砾、碎石类</td><td>38 (2层)
稳定土类</td><td>20
砂砾、碎石类</td></tr>
<tr><td>总 厚/cm</td><td>59</td><td>61</td><td>59</td><td>63</td><td>66</td><td>63</td><td>65</td><td>60</td><td>65</td><td>62</td></tr>
<tr><td colspan="2">备 注</td><td colspan="10"></td></tr>
</table>

图 4-26　支路、中小城市次干路典型结构(一)

<table>
<tr><td colspan="2">城市道路等级</td><td colspan="10">支路、中小城市次干路</td></tr>
<tr><td colspan="2">道路等级系数</td><td colspan="10">1.2</td></tr>
<tr><td colspan="2">交通等级</td><td colspan="10">中交通与轻交通界限</td></tr>
<tr><td colspan="2">一个车道标准轴载累计作用次数</td><td colspan="10">4×10^6</td></tr>
<tr><td colspan="2">面层类型系数</td><td colspan="10">1.0</td></tr>
<tr><td colspan="2">基层类型系数</td><td colspan="10">1.0</td></tr>
<tr><td colspan="2">设计弯沉(0.01mm)</td><td colspan="10">34.4</td></tr>
<tr><td colspan="2">路面结构图式</td><td colspan="5">细粒式沥青混凝土
中粒式沥青混凝土
透层油、下封层
骨架密实型无机结合料稳定粒料类
无机结合料稳定细粒土类</td><td colspan="5">细粒式沥青混凝土
中粒式沥青混凝土
透层油、下封层
骨架密实型无机结合料稳定粒料类
沙砾 碎石类</td></tr>
<tr><td colspan="2">土基回弹模量/MPa</td><td colspan="2">25</td><td colspan="2">30</td><td colspan="2">35</td><td colspan="2">40</td><td colspan="2">50</td></tr>
<tr><td rowspan="4">路面结构组合</td><td>面 层/cm</td><td colspan="10">8 [3.5AC−13、4.5AC−16]</td></tr>
<tr><td>基 层/cm</td><td>33(2层)
稳定骨架粒料类</td><td>37(2层)
稳定骨架粒料类</td><td>32(2层)
稳定骨架粒料类</td><td>36(2层)
稳定骨架粒料类</td><td>31(2层)
稳定骨架粒料类</td><td>35(2层)
稳定骨架粒料类</td><td>18
稳定骨架粒料类</td><td>34(2层)
稳定骨架粒料类</td><td>18
稳定骨架粒料类</td><td>33(2层)
稳定骨架粒料类</td></tr>
<tr><td>底基层/cm</td><td>16
稳定细粒土类</td><td>14
砂砾、碎石类</td><td>16
稳定细粒土类</td><td>15
砂砾、碎石类</td><td>16
稳定细粒土类</td><td>16
砂砾、碎石类</td><td>37(2层)
稳定细粒土类</td><td>17
砂砾、碎石类</td><td>35(2层)
稳定细粒土类</td><td>17
砂砾、碎石类</td></tr>
<tr><td>总 厚/cm</td><td>57</td><td>59</td><td>56</td><td>59</td><td>55</td><td>59</td><td>63</td><td>59</td><td>61</td><td>58</td></tr>
<tr><td colspan="2">备 注</td><td colspan="10"></td></tr>
</table>

图 4-27　支路、中小城市次干路典型结构(二)

4. 水泥混凝土路面

1) 水泥混凝土路面的优缺点

优点：①强度高；②稳定性好；③耐抗性好；④养护费用少；⑤有利于夜间行车；⑥抗滑性能好。

缺点：①对水泥及水的需要量大；②有接缝；③养护期较长；④修复困难。

2) 对材料及配合比的要求

(1) 对混凝土的基本要求：较高的抗弯拉强度，较低弹性模量及膨胀系数，具有耐磨、耐冻、耐冲击和耐振动等耐久性。

(2) 材料组成：水泥(普通水泥)、砂、碎石与砾石。

(3) 水泥混凝土性能：抗震强度、抗折强度、抗压强度。

(4) 水泥混凝土原材料配合比：水灰比的确定、砂率的确定、单位用水量的确定(kg/m^3)。

3) 对土基、基层和垫层的要求

(1) 对土基的要求。

密实、均匀、平整、处于弹性状态，防止因水分变化而引起的体积变化或因过于湿软产生较多的塑性变形。要求土基表面至 60cm 深度范围压实系数达到 0.98 以上，干旱地区达 0.95 以上。

土基不稳定或不均匀支承，可能在下述情况下发生。

① 膨胀性黏土不均匀收缩和膨胀变形；

② 不均匀冻胀；

③ 软弱地基不均匀沉降；

④ 填挖交替或新老填土交替；

⑤ 填料不均质、压实不均匀或压实度不足。

(2) 基层的作用及对基层的要求。

基层的作用如下。

① 防止或产生唧泥、错台和断裂病害的出现；

② 改善接缝的传荷能力及其耐久性；

③ 缓解土质不均匀冻胀或不均匀体积变形；

④ 为面层施工提供稳定的工作面。

对基层的要求如下。

① 应具有足够的抗压强度和扩散应力的能力；

② 应有平整的路面，保证面层的厚度均匀；

③ 应和面层有良好的结合，避免面层沿基层滑动；

④ 应具有足够的水稳定性。

基层厚度：一般为 15～20cm。

常采用的基层：有砂砾基层、碎石基层、石灰类基层、水泥稳定砂砾基层；石灰类基层包括石灰煤渣土、石灰土、石灰煤渣、水淬渣、石灰渣等；

基层有时分上基层和底基层两层，底基层材料比上基层低。

(3) 对垫层的要求。

垫层设在基层与土基层之间，主要用来调节和改善水和温度的状况。在下列情况下须在基层下设垫层。

① 季节性冰冻地区；

② 地下水位高，排水不良、路基湿软；

③ 透水性基层下需设反滤层时。

常用垫层材料：松散颗粒材料，如砂、砾石、炉渣、片石等；

整体性材料，如石灰土、炉渣石灰土等。

垫层的厚度：一般为15～20cm。其宽度与路床顶面相同。

4) 水泥混凝土路面的构造

(1) 结构形式。

水泥混凝土路面的结构形式有厚边式和等厚式等。目前我国大多为就地浇筑的等厚式无钢筋路面，少数在板边、板角和接缝处配置少量钢筋，见图4-28。

(2) 水泥混凝土路面板平面尺寸划分。

水泥混凝土路面一般采用矩形，其纵向和横向楼缝应垂直相交，纵缝两侧的横缝不得互相错位，见图4-29。

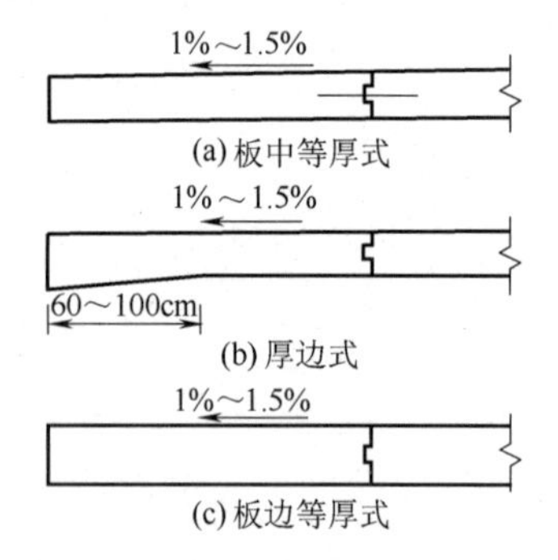

图4-28 水泥混凝土路面结构形式

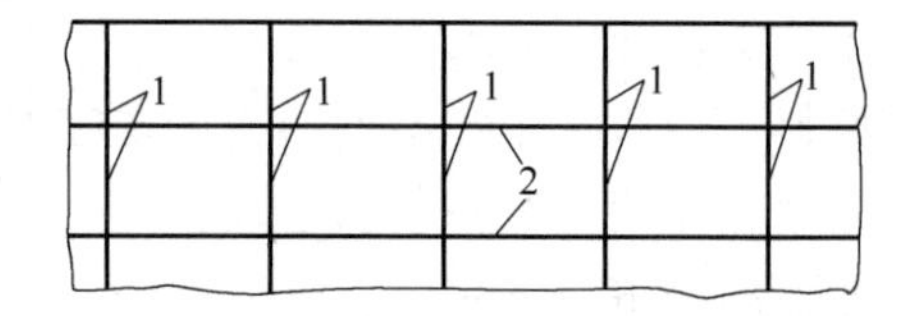

图4-29 板的分块与接缝

1—横缝；2—纵缝

(3) 混凝土路面接缝构造设计。

混凝土面层是由一定厚度的混凝土面板组成的，具有热胀冷缩的性质。由于一年四季气温的变化，混凝土板会产生不同程度的膨胀和收缩。而在一昼夜，白天气温升高，混凝土板顶面温度较底面为高，这种温度坡差会造成面板的中部突起。夜间气温降低，混凝土板顶面温度较底面为低，会使板的周围和角隅翘起。这些变形会受到面板与基础之间的摩阻力和黏结力以及板自重和车轮荷载等的约束。致使板内产生过大的应力，造成板的断裂或拱胀破坏。

为了避免这些缺陷，水泥混凝土路面不得不在纵横两个方向设置许多接缝，把整个路面分割成为许多板块。水泥混凝土路面的接缝可分为纵缝和横缝两大类。与路线中线平行的接缝称为纵缝，与路线垂直的接缝称为横缝。

横缝共有3种：缩缝、胀缝和施工缝，见图4-30～图4-32。

纵缝的构造与布置，见图4-33、图4-34。

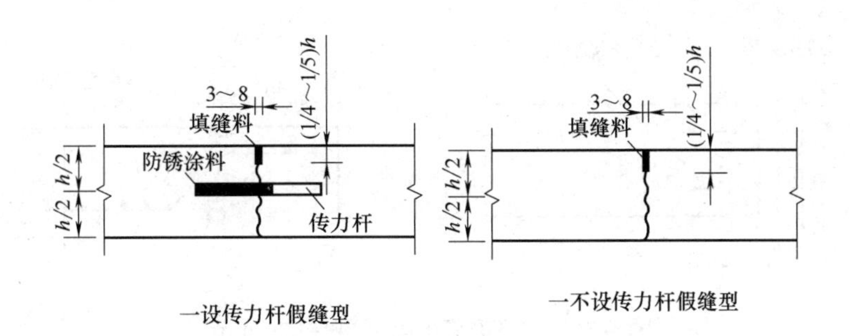

图 4-30　横向缩缝构造形式(尺寸单位：mm)

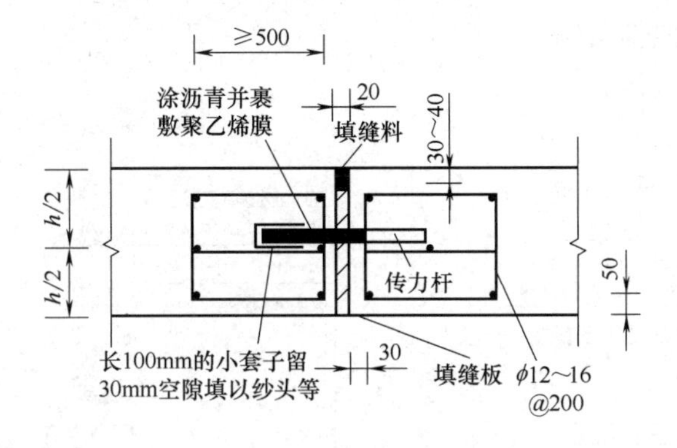

图 4-31　横向胀缝构造形式(尺寸单位：mm)

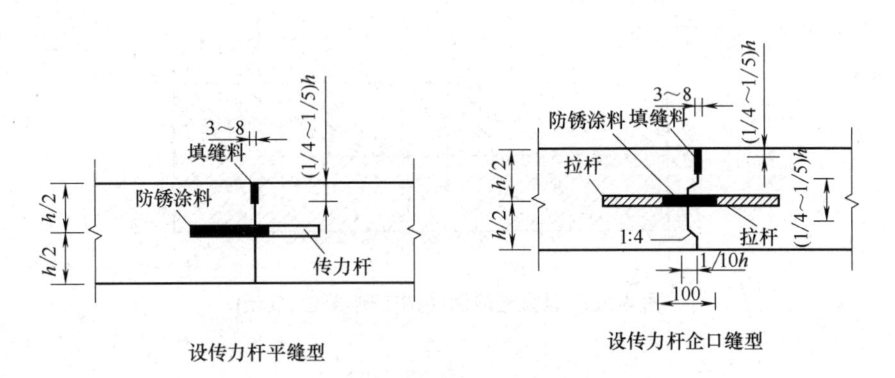

图 4-32　横向施工缝构造形式(尺寸单位：mm)

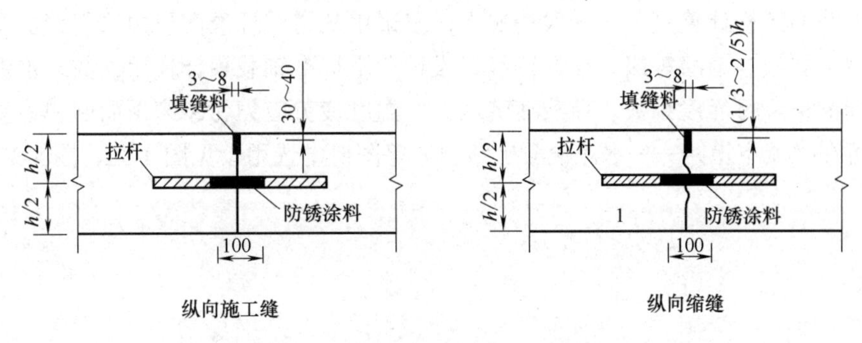

图 4-33　纵缝的构造形式(尺寸单位：mm)

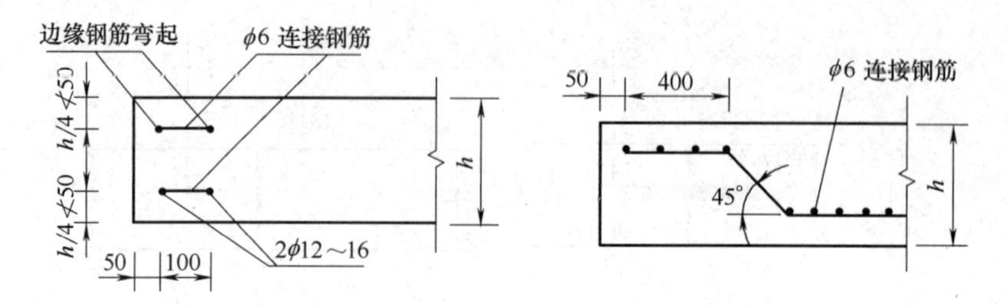

图 4-34 边缘钢筋布置(尺寸单位：mm)

5) 混凝土路面结构实例

混凝土路面结构实例见图 4-35。

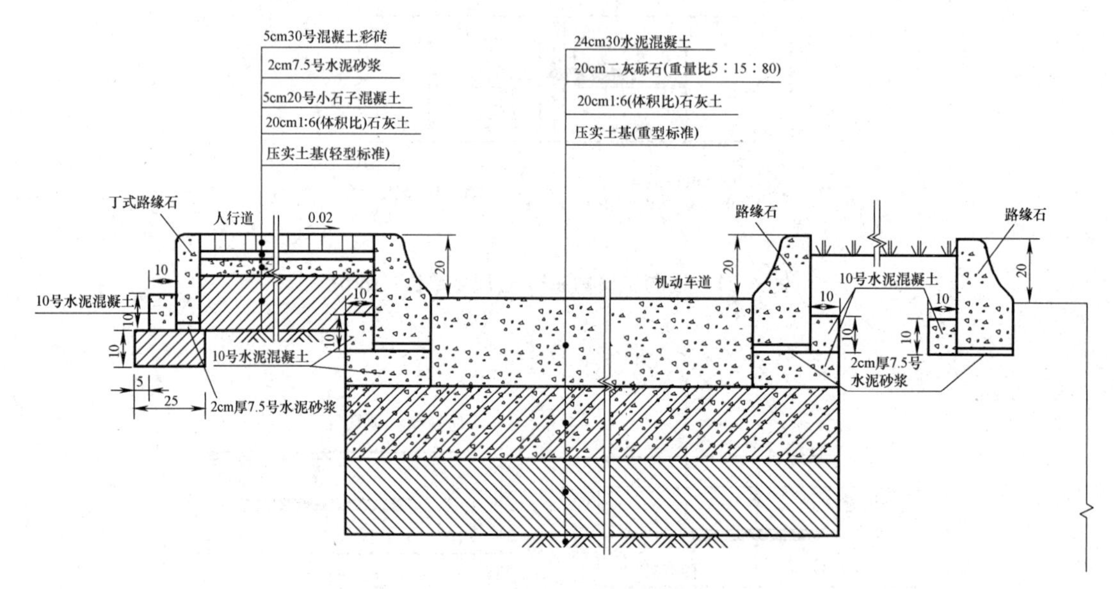

图 4-35 混凝土路面结构实例(单位：cm)

6) 混凝土路面结构选型

混凝土路面结构计算复杂，一般情况下，多采用从道路标准图册中选用路面结构。路面结构选型主要根据道路等级、交通等级、设计车道标准轴载累计作用次数、水泥混凝土弯拉强度标准值、可靠度系数、荷载疲劳应力、温度疲劳应力、路床顶面回弹模量等因素来确定。可在《城市道路——水泥混凝土路面》等图册中选用，见图 4-36、图 4-37。

城市道路等级			城市主干路、城市次干路	
交通等级			中等交通	
设计车道标准轴载累计作用次数N_e			250 000	50 000
水泥混凝土弯拉强度标准值f_r/MPa			4.5	4.5
设计基准期/a			20	20
可靠度系数γ_r			1.13	1.13
路面结构组合	面层/mm		210(普通混凝土)	200(普通混凝土)
	基层	上基层/mm	150(二灰碎石)	150(二灰碎石)
		底基层/mm	150(二灰土)	150(二灰土)
	垫层/mm		150(石灰土)	150(石灰土)
	路面结构总厚/mm		660	650
路床顶面回弹模量E_0/MPa			30.0	30.0
基层顶面当量回弹模量E_t/MPa			207.765	207.765
水泥混凝土弯拉弹性模量E_c/MPa			28 000	28 000
荷载疲劳应力	接缝传荷能力应力折减系数k_r		0.87	0.87
	荷载疲劳应力系数k_f		2.03	1.85
	综合影响系数k_c		1.20	1.20
	荷载疲劳应力σ_{pr}		2.665	2.603
温度疲劳应力	公路自然区划		Ⅶ	Ⅶ
	最大温度梯度/(℃/m)		98	98
	温度梯度疲劳应力σ_{tr}		1.269	1.203
$\gamma_r(\sigma_{pr}+\sigma_{tr})$			4.446	4.301

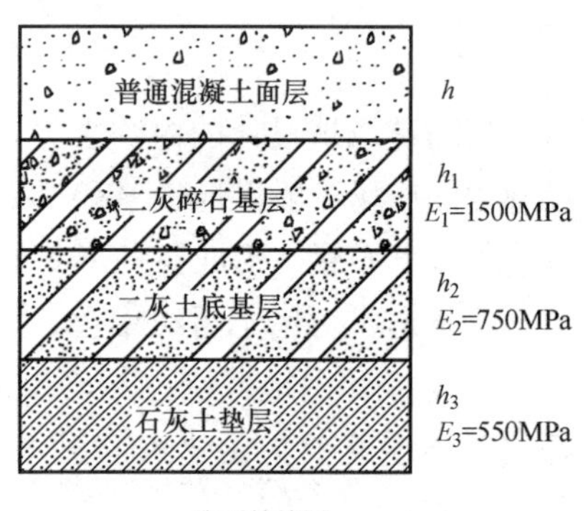

路面结构图

注：工程项目所在地区自然区划为Ⅱ、Ⅳ、Ⅴ、Ⅵ区时，水泥混凝土面层厚度可减薄10mm。

图 4-36　城市主干路、城市次干路水泥混凝土路面典型结构图

城市道路等级			城市支路	
交通等级			轻交通	
设计车道标准轴载累计作用次数N_e			30 000	10 000
水泥混凝土弯拉强度标准值f_r/MPa			4.0	4.0
设计基准期/年			20	20
可靠度系数γ_r			1.07	1.07
路面结构组合	面层/mm		190(普通混凝土)	180(普通混凝土)
	基层	上基层/mm	150(二灰碎石)	150(二灰碎石)
		底基层/mm	150(二灰土)	150(二灰土)
	垫层/mm		150(石灰土)	150(石灰土)
	路面结构总厚/mm		640	630
路床顶面回弹模量E_0/MPa			25.0	25.0
基层顶面当量回弹模量E_t/MPa			188.274	188.274
水泥混凝土弯拉弹性模量E_s/MPa			27 000	27 000
荷载疲劳应力	接缝传荷能力应力折减系数k_r		0.87	0.87
	荷载疲劳应力系数k_f		1.79	1.69
	综合影响系数k_c		1.10	1.10
	荷载疲劳应力σ_{pr}		2.521	2.555
温度疲劳应力	公路自然区划		Ⅶ	Ⅶ
	最大温度梯度/(℃/m)		98	98
	温度梯度疲劳应力σ_{tr}		1.184	1.134
$\gamma_r(\sigma_{pr}+\sigma_{tr})$			3.966	3.947

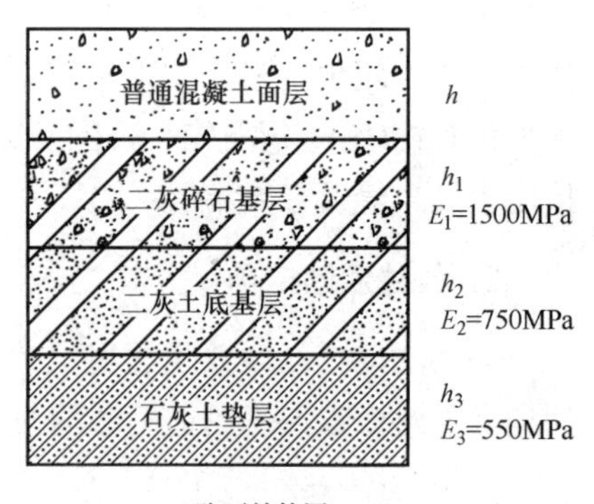

路面结构图

注：工程项目所在地区自然区划为Ⅱ、Ⅳ、Ⅴ、Ⅵ区时，水泥混凝土面层厚度可减薄10mm，最小厚度不应小于180mm。

图 4-37　城市支路水泥混凝土路面典型结构图

4.3 场地中的广场布置

广场是场地设计的内容之一，它与场地内的道路共同为人流提供活动和交流的场所。场地内的广场一般以场(厂)区出入口、行政办公大楼、文化活动中心、体育活动中心、食堂等建筑成群布置，形成各种形式的广场，以供人们休闲、活动之用。

广场通常可用于组织集会、交通集散、居民游览休闲等，应按照城市总体规划确定的性质、功能和用地范围，结合交通特征、场地地形、周围自然环境等进行布置，并处理好与毗连道路及主要建筑物出入口的衔接，以及与周围建筑物相协调，同时注意广场的艺术风貌。

广场应按人流、车流分离的原则，布置分隔、导流等设施，并采用交通标志与标线指示行车方向、停车场地、步行活动区。

4.3.1 广场的分类

广场按其性质、用途及在道路中的地位不同可分为集散广场、公共活动广场、交通广场、纪念性广场以及商业广场等，有些广场兼有多种功能。

1. 集散广场

集散广场主要用于解决人流、车流的交通集散。这类广场要有足够的行车面积、停车面积和行人活动的空间，应根据高峰时间人流和车流量的大小、公共建筑物主要出入口的位置，结合场地地形合理地布置车辆和人群的进出通道、停车场地、步行活动地带等。如大型体育馆(场)、展览馆、公园及影剧院的门前广场，应结合周围道路进出口，采取适当的措施引导车辆及行人集散。

2. 公共活动广场

公共活动广场主要供居民文化、休息活动。有集会功能时，应根据集会人数计算场地用地，并对大量人流迅速集散的交通组织以及各种车辆的停放场地进行合理的布置。

3. 交通广场

交通广场包括桥头广场、环形交通广场等，应处理好广场与所衔接的道路交通，合理确定交通方式和广场的平面布置，减少人车的相互干扰；必要时，应设人行天桥或人行地道。

4. 纪念广场

纪念性广场是具有特殊纪念意义的广场，应以纪念性建筑物为主体，结合地形布置绿化，并对活动场地进行铺装。为了保持广场环境的安静与安全，广场内一般不设停车场，以免导入车流。

5. 商业广场

商业广场应以人的活动为主，合理地布置商业建筑、人流活动区。广场人流出入口应与周围公交车站相协调，减少人流、车流的相互干扰。

4.3.2　广场布置形式

场地的建筑群体的空间组合，一般是围绕广场、道路、庭院，以建筑物、建筑小品铺装场地和绿化等来组合和划分不同的空间，同时把形象较好的建筑用于空间组合中。建筑场地广场的布置形式如下。

1. 规整形广场

广场形状严谨对称，有比较明显的纵、横轴线。规整形广场有正方形、矩形和梯形广场。

1)　正方形广场

自场地出入口进入场(厂)前区，在主要道路的正前方及左右两侧布置建筑物，广场平面形状呈正方形。主体建筑位于广场的纵轴线上，两侧布置陪衬建筑，连成横轴线，形成封闭式或半封闭空间，见图 4-38(a)；也有在纵轴线上布置建筑小品，远处对景建筑，把主体建筑布置在横轴线上，形成敞开和半封闭空间，见图 4-38(b)。

2)　矩形广场

矩形广场布置与正方形广场相仿，按广场的进深不同，分横向和纵向两种。横向进深较小，两侧间距离加大，有时长宽过于悬殊，使广场有狭长感，似较宽的主干道路，削弱了广场的气氛，当面向出入口的建筑体形较为高大时，则给人以局促感，见图 4-39(a)；而纵向进深较大，通常是主干道路局部加宽铺装场地，其两侧沿街布置建筑，并以高大的建筑作对景、借景，此种形式道路顺畅，景观也较好组织，见图 4-39(b)、图 4-39(c)。

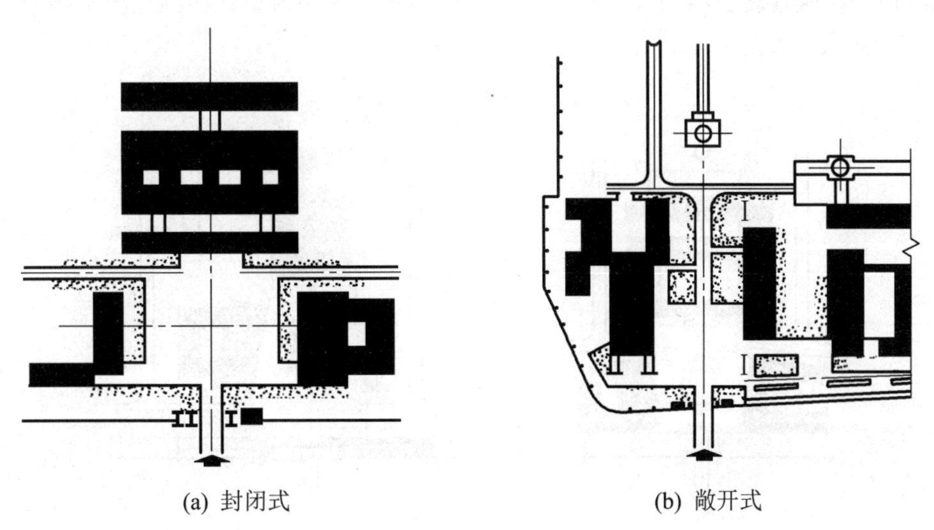

(a) 封闭式　　(b) 敞开式

图 4-38　正方形广场

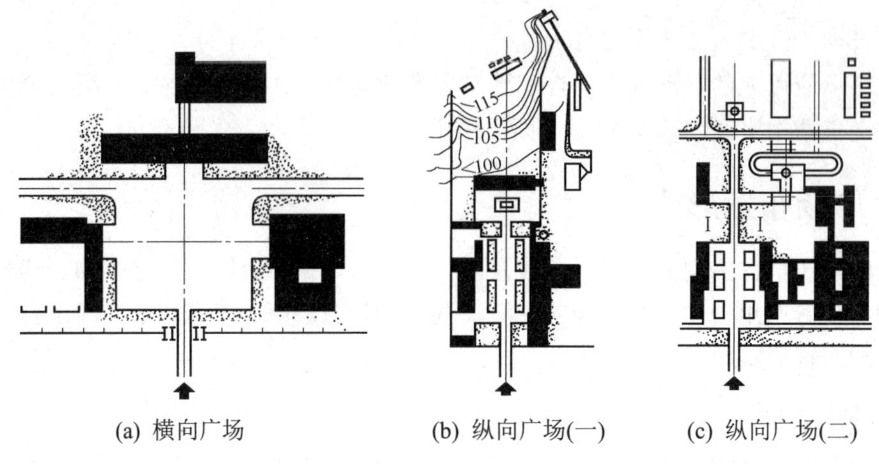

(a) 横向广场　　(b) 纵向广场(一)　　(c) 纵向广场(二)

图 4-39　矩形广场

3)　梯形广场

梯形广场有明显的方向性，容易突出主体。主体建筑布置在广场的纵向主轴线上，两侧建筑由前向后间距逐渐加宽，从而减弱了两侧强烈的透视消失，使得在广场入口处观看时感到中央主体在人的距离比实际距离要近一些，广场也显得宽大，更突出主体建筑的宏伟效果，见图 4-40(b)；如果把梯形广场方向改变，则会使人在视觉上增强了透视效果，感到广场向纵向加深，见图 4-40(a)。

这两种布置形式的两侧建筑平面和体形必须与周围建筑、道路或地形相协调，否则会破坏群体空间面貌。

2. 不规则广场

由于用地和环境的要求，广场平面布置呈不规则状。这种广场无严谨的相互垂直的纵、横轴线，但仍按轴线转折组织建筑群体，其平面布置、空间组织、比例尺度常顺应客观条件而不同，见图 4-41。

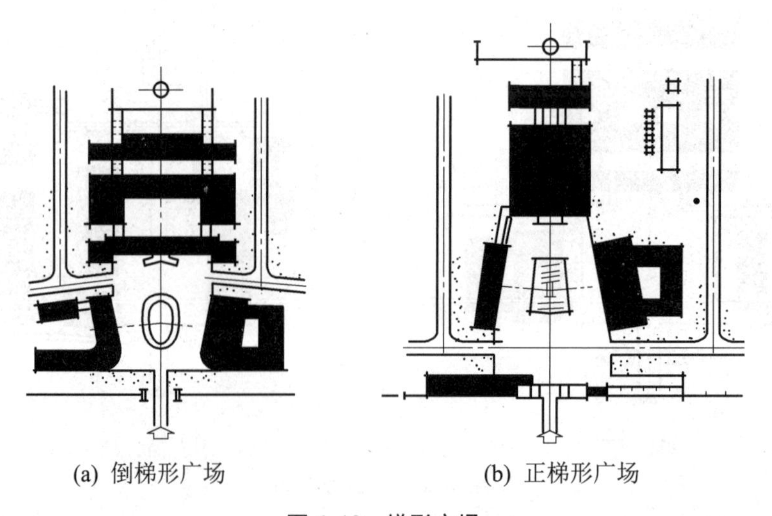

(a) 倒梯形广场　　(b) 正梯形广场

图 4-40　梯形广场

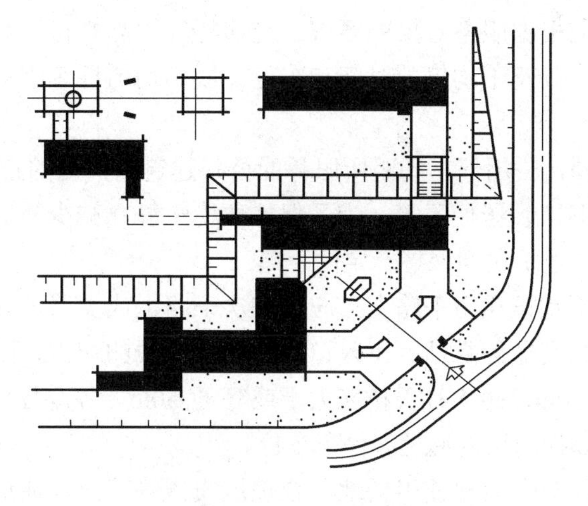

图 4-41　不规则广场

上述不同形式的广场，由于建筑物的组合、地面铺装、绿化布置不同，而形成封闭、半封闭和敞开式的广场空间，在广场的空间组织中，应注意使建筑物的主从分明，功能合理，并处理好各建筑物入口处之间的交通联系。

4.4　停车场的布置

无论是民用建筑场地，还是工业建筑场地，在进行场地设计时，都应设置一定的停车场(库)，以供车辆停放。

4.4.1　停车场(库)的分类

按停车车辆性质不同，可分为机动车停车场(库)和非机动车停车场(库)。机动车停车场(库)，按其停放车辆的不同，可分为小客车停放场、公交车停放场、货车停放场；按停车服务对象的不同，可分为专用停车场、公用停车场；按其建筑类型不同，可分为地面停车场、地下或半地下停车库；按其停车数量不同，可分为特大型、大型、中型和小型 4 类，见表 4-41。

表 4-41　汽车库建筑分类

规模	特大型	大型	中型	小型
停车数/辆	＞500	301～500	51～300	＜50

4.4.2　停车场(库)的设置及服务半径

停车场的设置，应结合场地的总体布置和道路交通组织需要合理布局。在大型公共建筑、办公大楼前等处应布置适当容量的停车场，大型建筑物的停车场应与建筑物位于主干路的同侧。人流、车流量大的公共活动广场、集散广场，宜就近适当分散安排停车场。

停车场的规模，应根据服务对象的要求、交通特征、高峰日平均吸引车次总量、停车场地日有效周转次数，以及平均停放时间和车位停放不均匀性等因素，结合场地交通发展规划确定。

停车场的服务半径，公用停车场距所服务的公共建筑入口处的距离宜采用 50～100m；对于医院、学校、图书馆、居住区等，为了保持环境宁静、减少交通噪声或废气污染的影响，应使停车场与这类建筑之间保持一定的距离。

停车场的出入口不宜设在主干路上，应设在次干路上或支路上并远离道路交叉口；不得设在人行横道、公共交通停靠站、出入口缘石转弯曲线的切点，距铁路道口的最外侧钢轨外缘应大于或等于 30m，距人行天桥应大于或等于 50m。停车场出入口及停车场内应设置交通标志、标线，以指明场内通道和停车车位。

停车场的平面设计应有效地使用场地，合理地安排停车区及通道，以便于车辆进出，满足防火、安全要求，并留出布置附属设施的位置。

停车场采用的设计车型及外廓尺寸，见表 4-42。设计时以停车场停车高峰时所占比重大的车型为设计车型。

表 4-42 设计车型外廓尺寸及换算系数

<table>
<tr><th colspan="4" rowspan="2">项目
车型</th><th colspan="3">设计车型外廓尺寸/m</th><th rowspan="2">换算系数</th><th rowspan="2">备 注</th></tr>
<tr><th>总 长</th><th>总 宽</th><th>总 高</th></tr>
<tr><td rowspan="11">机动车</td><td rowspan="2">小型</td><td colspan="2">微型汽车(≤0.6t)</td><td>3.20</td><td>1.60</td><td>1.80</td><td>0.6</td><td></td></tr>
<tr><td colspan="2">小型汽车(0.6～3.0t)</td><td>5.00</td><td>1.80</td><td>1.60</td><td>1.0</td><td></td></tr>
<tr><td rowspan="2">中型</td><td colspan="2">大客车Ⅰ(≤9t)</td><td>8.70</td><td>2.50</td><td>3.20</td><td rowspan="2">2.0</td><td></td></tr>
<tr><td colspan="2">大货车Ⅰ(≤9t)</td><td>8.70</td><td>2.50</td><td>4.00</td><td></td></tr>
<tr><td rowspan="4">大型</td><td colspan="2">大客车Ⅱ(9～15t)</td><td>12.00</td><td>2.50</td><td>3.20</td><td rowspan="2">2.5</td><td></td></tr>
<tr><td colspan="2">大货车Ⅱ(9～15t)</td><td>10.00</td><td>2.50</td><td>4.00</td><td></td></tr>
<tr><td colspan="2">铰接客车</td><td>18.00</td><td>2.50</td><td>3.20</td><td rowspan="2">3.5</td><td></td></tr>
<tr><td colspan="2">铰接货车</td><td>16.00</td><td>2.50</td><td>4.00</td><td></td></tr>
<tr><td rowspan="3">摩托车</td><td colspan="2">三轮</td><td>2.40</td><td>1.75</td><td>2.50</td><td>0.6</td><td></td></tr>
<tr><td rowspan="2">两轮</td><td>双人</td><td>2.10</td><td>0.75</td><td>2.50</td><td rowspan="2">0.4</td><td></td></tr>
<tr><td>单人</td><td>1.90</td><td>0.75</td><td>2.50</td><td></td></tr>
<tr><td colspan="2" rowspan="3">非机动车</td><td colspan="2">自行车</td><td>1.93</td><td>0.60</td><td>2.25</td><td>0.2</td><td></td></tr>
<tr><td colspan="2">三轮车</td><td>3.40</td><td>1.25</td><td>2.50</td><td>—</td><td></td></tr>
<tr><td colspan="2">板车</td><td>3.70</td><td>1.50</td><td>2.50</td><td>—</td><td></td></tr>
</table>

注：1. 机动车总长为车辆前保险杠至后保险杠的距离；非机动车总长为前轮前缘至后轮后缘的距离；三轮车、板车总长为车体(车轮、车把或车厢)前缘至后缘的距离；

2. 机动车总宽为车辆的车厢宽度(不包括后视镜)；非机动车总宽，如自行车为车把宽度，其余车种为车厢宽度；

3. 机动车总高为车辆的车厢顶至地面的高度；非机动车总高，如自行车为骑车人骑在车上时头顶至地面的高度，其余车种为载物顶部至地面的高度。

停车位的面积应根据车辆类型、停放方式、车辆进出、乘客上下所需的纵向与横向净距的要求确定。车辆停放的纵、横向净距见表 4-43。机动车停车场用地面积，宜按照当量小汽车的停车位数及单位停车面积进行计算，停车场用地面积=单位停车面积×停车位数。单位停车面积一般宜取 25～30m^2；停车楼和地下停车库的建筑面积，每个车位宜为 30～35 m^2。停车场内每个车位尺寸，与车辆类型、停车方式以及乘客上下所需的纵向和横向净距有关。停车位的有关设计参数见表 4-44。

表 4-43　车辆停放纵、横向净距　　单位：m

项　目		设计车型	
		微型汽车、小型汽车	中型汽车、普通汽车、铰接车
车间纵向净距		2.0	4.0
背对停车时车间尾距		1.0	1.0
车间横向净距		1.0	1.0
车与围墙、护栏及其他构筑物间	纵净距	0.5	0.5
	横净距	1.0	1.0

注：停车场内背对停车，两车间植树时，车间尾距 1.5m。

表 4-44　机动车停车场设计参数

停车方式 / 项目		平行式	斜列式				垂直式		备注
			30°	45°	60°	60°			
		前进停车	前进停车	前进停车	前进停车	后退停车	前进停车	后退停车	
垂直通道方向停车带宽度/m	A	2.6	3.2	3.9	4.3	4.3	4.2	4.2	
	B	2.8	4.2	5.2	5.9	5.9	6.0	6.0	
	C	3.5	6.4	8.1	9.3	9.3	9.7	9.7	
	D	3.5	8.0	10.4	12.1	12.1	13.0	13.0	
	E	3.5	11.0	14.7	17.3	17.3	19.0	19.0	
平行通道方向停车带长度/m	A	5.2	5.2	3.7	3.0	3.0	2.6	2.6	
	B	7.0	5.6	4.0	4.0	3.2	2.8	2.8	
	C	12.7	7.0	4.9	4.0	4.0	3.5	3.5	
	D	16.0	7.0	4.9	4.0	4.0	3.5	3.5	
	E	22.0	7.0	4.9	4.0	4.0	3.5	3.5	
通道宽度/m	A	3.0	3.0	3.0	4.0	3.5	6.0	4.2	
	B	4.0	4.0	4.0	5.0	4.5	9.5	6.0	
	C	4.5	5.0	6.0	8.0	6.5	10.0	9.7	
	D	4.5	5.8	6.8	9.5	7.3	13.0	13.0	
	E	5.0	6.0	7.0	10.0	8.0	19.0	19.0	

续表

停车方式 / 项目		平行式	斜列式				垂直式		备注
			30°	45°	60°	60°			
		前进停车	前进停车	前进停车	前进停车	后退停车	前进停车	后退停车	
单位停车面积/m²	A	21.3	24.4	20.0	18.9	18.2	18.7	16.4	
	B	33.6	34.7	28.8	26.9	26.1	30.1	25.2	
	C	73.0	62.3	54.4	53.2	50.2	51.5	50.8	
	D	92.0	76.1	67.5	67.4	62.9	68.3	68.3	
	E	132.0	98.0	89.2	89.2	85.2	99.8	99.8	

注：1. 表中A类为微型汽车，B类为小型汽车，C类为中型汽车，D类为普通汽车，E类为铰接车。
2. 表中所列数值是按通道两侧停车计算的；单侧停车时，应另行计算。

4.4.3 停车场停车数量指标

凡新建、改建、扩建的大型旅馆、饭店、商店、体育场(馆)、影剧院、展览馆、图书馆、医院、旅游场所、车站、码头、航空港、仓库等公共建筑和商业街(区)，必须配建或增建停车场；专用和公共建筑配建的停车场，原则上应在主体建筑用地范围内。大城市大中型民用建筑停车位标准见表4-45。

表4-45 大城市大中型民用建筑停车位标准(参考)

序号	建筑类别		计算单位	机动车停车位	自行车停车位
1	旅馆	一类	每套客房	0.3	—
		二类	每套客房	0.2	—
		三类	每套客房	0.1	—
2	外国居民公寓		每套客房	1	—
3	办公	外贸商业办公楼	1000m²	4.5～6.5	—
		其他办公楼	1000m²	2.5～4.5	20
4	饭庄	特级	1000m²	15	30
		一级	1000m²	7.5	40
5	商业	一类(面积>1万m²)	1000m²	2.5	40
		二类(面积<1万m²)	1000m²	2.0	40
6		购物中心	1000m²	3.9～5.8	—
7		医院	1000m²	2.0～3.0	15～25
8		展览馆	1000m²	2.5～4.0	45
9		电影院	100座	3.5	45
10		剧院	100座	3～10	45

续表

序号	建筑类别		计算单位	机动车停车位	自行车停车位
11	体育场馆	大型场＞15 000 座 馆＞4000 座	100 座	2.5～3.5	45
		小型场＜15 000 座 馆＜4000 座	100 座	1.0～2.0	—
12		会议中心	100 座	3.0～3.5	—
13	学校	中学	100 学生	0.5～0.8	80～100
		小学	100 学生	0.4～0.6	—
14		幼儿园	100 m^2	0.15～0.2	—
15	住宅	高档	每户	1	1～2
		普通	每户	0.5	2～3

注：本表引自《全国民用建筑工程设计技术措施(规划・建筑)》。

4.4.4　停车场车辆停放形式及停驶方式

1. 车辆停放形式

1)　平行式

平行于通道，相邻车辆头尾相接顺序停放。平行式停放占用的停车道宽度最小，多在 3m 以下，在设置适当的通行带后，车辆出入方便，适宜停放不同类型、不同车身长度的车辆；但前后两车要求净距大，单位停车面积大。平行式布置见图 4-42(a)。

2)　垂直式

垂直于通道，相邻车辆都垂直于通道停放。垂直式停放用地紧凑，沿通道单位长度内停放车辆较多，车辆出入便利；但占用停车道较宽，车辆出入需要通道宽度也大。垂直式布置见图 4-42(b)。

3)　斜列式

斜列式为与通道斜交成一定角度的停车排列形式，其斜度为 30°、45°、60°。斜列式停放对场地形状适应性强，出入方便；但因形成的三角地块利用率不高，其单位停车面积较平行式和垂直式要大，适用于场地的宽度形状受到限制时用。斜列式布置见图 4-42(c)。

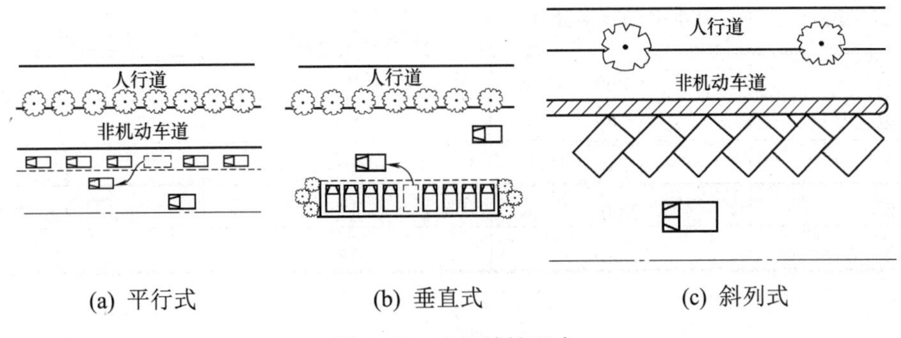

(a) 平行式　　(b) 垂直式　　(c) 斜列式

图 4-42　车辆停放形式

停车场布置示例见图 4-43。

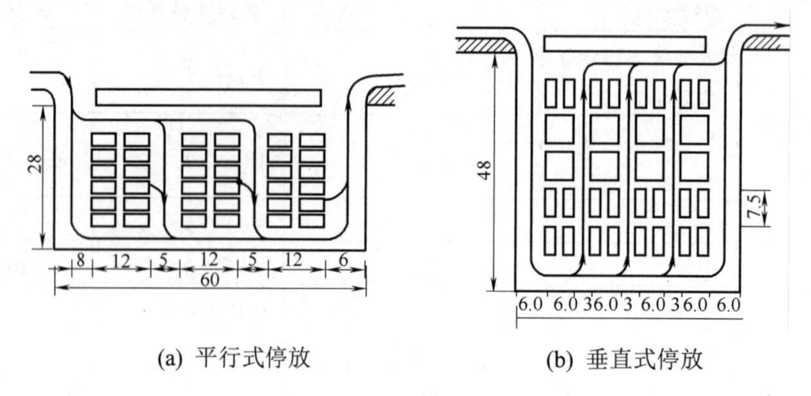

(a) 平行式停放　　(b) 垂直式停放

图 4-43　停车场布置示例

2. 车辆停驶方式

车辆的停驶方式一般分为顺车进倒车出、倒车进顺车出、顺车进顺车出 3 种，如图 4-44 所示。

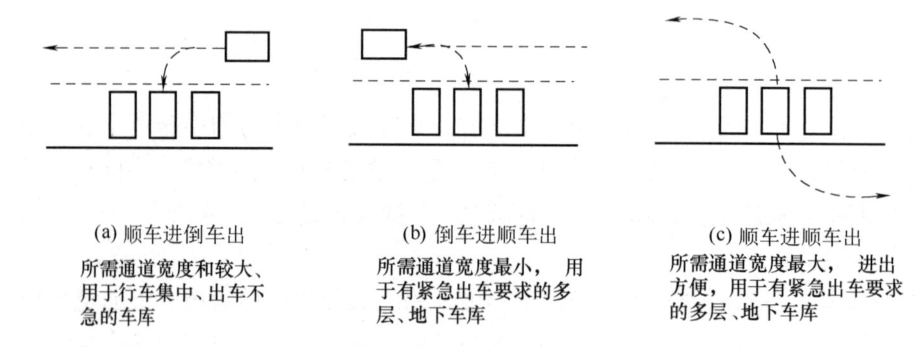

图 4-44　车辆停驶方式

3. 停车场通道的最小平曲线半径和最大纵坡

停车场通道的最小平曲线半径和最大纵坡见表 4-46。

表 4-46　停车场通道最小平曲线半径和最大纵坡度

车辆类型	最小平曲线半径/m	最大纵坡/%	
		通道直线坡度/%	通道曲线坡度/%
铰接车	13.00	8	6
大型汽车	13.00	10	8
中型汽车	10.50	12	10
小型汽车	7.00	15	12
微型汽车	7.00	15	12

4.4.5 停车场的防火间距

1. 停车场(库)的防火分类

停车场按防火类别不同划分为四类，见表 4-47。

表 4-47　停车场(库)的防火分类

名　称	防火类别			
	Ⅰ	Ⅱ	Ⅲ	Ⅳ
停车库	＞300 辆	151～300 辆	51～150 车	≤50 辆
修车库	＞15 车位	6～15 车位	3～5 车位	≤2 车位
停车场	＞400 辆	251～400 辆	101～250 辆	≤100 辆

2. 停车场(库)的防火间距

停车场(库)之间及其与其他建物筑物之间的防火间距，与停车场(库)及相邻建筑物的耐火等级有关，见表 4-48。

表 4-48　汽车场(库)的防火间距

汽车场(库)及耐火等级 \ 防火间距/m		建筑物的名称和耐火等级		
		停车库、修车库、厂房、车库、民用建筑		
		一、二级	三级	四级
停车库 修车库	一、二级	10	12	14
	三级	12	14	16
停车库		6	8	10

注：汽车库与其他建筑物的防火间距详见《高层民用建筑设计防火规范》《汽车库设计防火规范》《城市煤气设计规范》及《建筑设计防火规范》等。

3. 停车场与其他建筑物的卫生间距

为了防止噪声、尾气对周围环境的影响，停车场(库)与民用建筑之间应保持一定的卫生间距，见表 4-49。

表 4-49　停车场(库)与其他建筑物的卫生间距

设施 \ 邻近间距/m	停车场(库)的防火类型		
	Ⅰ～Ⅱ	Ⅲ	Ⅳ
医疗机构	250	50～100	25
学校、幼托	100	50	25
住宅	50	25	15
其他民用建筑	20	15～20	10～15

注：附建式车库及设在单位院内的汽车场(库)除外。

4.4.6 停车场出入口

1. 停车场出入口的位置

停车场出入口的位置应满足下列要求。

(1) 为了保证城市主干道的交通安全、畅通，机动车停车场的出入口不宜设在主干道上，可设在次干道和支路上，并距其道路交叉口应大于 50m。与城市主干道交叉口道路红线交点的距离不应小于 70m，并应右转出入车道。

(2) 停车场出入口距桥梁、隧道的坡道起止线、距地铁站出入口、过街天桥和地道出入口应大于 50m，出入口的路缘石转弯曲线切点距铁路平交道口的最外侧的钢轨外缘应不小于 30m。

(3) 当场地车流量较大时，停车场的出入口还应距非道路交叉口的过街人行道最边缘线不应小于 5m，距公交站台边缘不应小于 10m，距公园、学校、儿童及残疾人等建筑的出入口不应小于 20m。

(4) 停车场出入口与立体交叉口的距离或其他特殊情况时，应按当地城市规划主管部门的规定执行。

(5) 停车场出入口应符合行车视距的要求，应有良好的通视条件，其通视距离一般不应小于 50m。

2. 停车场出入口的数量

停车场出入口的数量取决于停车场的停车位数，停车位越多，出入口数量就要相应增加。

(1) 一般情况下，机动车停车场的出入口不宜少于两个，且出口、入口宜分开设置。当条件困难或停车位少于 50 个的停车场，可设置一个出入口。

(2) 当停车场有 50～300 个停车位时，应设置两个出入口；大于 300 个车位时，其出口和入口应分开设置；大于 500 个车位时，其出入口应不少于 3 个。

3. 停车场出入口的宽度

停车场出入口的宽度，一般不小于 7m；条件困难时，单向行驶的出入口宽度不小于 5m；如出入口合用时，其进出通道的宽度应采用双车道，宜采用 9～10m 的宽度。

4.4.7 自行车停车场

自行车使用灵活、方便，是人们出行的主要交通工具之一，在建筑场地内应设置自行车停车场。

自行车停车场应结合道路、广场、公共建筑和居住建筑布置，划定专用的用地，合理安排。自行车公共停车场用地面积，每个停车位宜为 1.5～1.8m^2。其服务半径宜为 50～100m，且不得大于 200m。

1. 停放形式

自行车停放的形式有垂直式和斜列式两种，其平面布置可根据场地条件，采用单排或双排，见图 4-45。

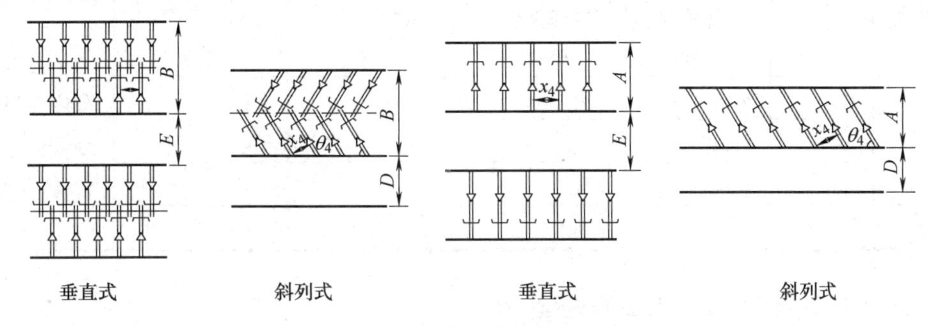

图 4-45 自行车停放方式

A—单车停车带宽度，m；*B*—双排停车带宽度，m；
D—侧停车通道宽度，m；*E*—两侧停车的通道宽度

2. 技术指标

自行车停车场的规模，应根据服务对象、平均停放时间、周转次数等因素确定。自行车车型尺寸见表 4-50。

表 4-50 自行车的车型尺寸

名称 尺寸 类型	车长/mm	车高/mm	车宽/mm	自行车车位尺寸/m^2
28 型	1940	1150	520～600	2.0×0.6
26 型	1820	1000		
20 型	1470	1000		

注：1. 车长：自行车为前轮前缘至后轮后缘的距离；
2. 车宽：自行车为车把宽度，m；
3. 车高：自行车为骑车人骑在车上时，头顶至地面的高度。

自行车停车带宽度及通道宽度如表 4-51。

表 4-51 自行车停车带宽度及通道宽度

停放方式		停车带宽度/m		停放车辆间距/m	通道宽度/m		备 注
		单排停车	双排停车		一侧停车	两侧停车	
斜列式	30°	1.00	1.60	0.50	1.20	2.00	
	45°	1.40	2.26	0.50	1.20	2.00	
	60°	1.70	2.77	0.50	1.50	2.60	
垂直式		2.00	3.20	0.70	1.50	2.60	

自行车单位停车面积见表 4-52。

表 4-52　自行车单位停车面积

<table>
<tr><th rowspan="2">停车方式</th><th colspan="5">单位停车面积/m²</th><th>备　注</th></tr>
<tr><th></th><th>单排一侧停车</th><th>单排两侧停车</th><th>双排一侧停车</th><th>双排两侧停车</th><td rowspan="5">地下自行车停车库坡道的坡度一般为12%～14%</td></tr>
<tr><td rowspan="3">斜列式</td><td>60°</td><td>2.20</td><td>2.00</td><td>2.00</td><td>1.80</td></tr>
<tr><td>45°</td><td>1.84</td><td>1.70</td><td>1.65</td><td>1.51</td></tr>
<tr><td>30°</td><td>1.85</td><td>1.73</td><td>1.67</td><td>1.55</td></tr>
<tr><td colspan="2">垂直式</td><td>2.10</td><td>1.98</td><td>1.86</td><td>1.74</td></tr>
</table>

3. 自行车公共停车场出入口的设置

(1)　长条形停车场应分成 15～20m 的段，每段应设一个出入口，其宽度不得小于 3m；

(2)　500 个车位以上的停车场，出入口数不得小于两个；

(3)　1500 个车位以上的停车场应分组设置，每组应设 500 个停车位，并应各设有一对出入口；

(4)　分场次活动的娱乐场所的自行车公共停车场，则分成甲乙两个场地，交替使用，各有自己的出入口；

(5)　大型体育、文娱设施的机动车停车场和自行车停车场应分组布置，其流线不应相交，并应与城市道路顺向衔接。

复 习 思 考

1. 场地道路的功能是什么？
2. 公路的分级及其技术指标是什么？
3. 城市道路的分类及其技术指标是什么？
4. 厂矿道路的分类及其技术指标是什么？
5. 场地道路布置的基本要求是什么？
6. 场地道路布置的基本形式是什么？
7. 道路平面设计的内容及方法是什么？
8. 道路纵断面设计的内容和方法是什么？
9. 道路横断面类别及形式是什么？
10. 道路路基的作用及典型断面形式是什么？
11. 沥青路面的分类及路面材料要求是什么？
12. 沥青路面结构组合设计的要求是什么？
13. 混凝土路面对基层和垫层的要求有哪些？
14. 对沥青路面和混凝土路面如何选择？
15. 绘图说明机动车停车场车辆停放的形式及行驶方式。

第5章　场地绿化与美化布置

本章主要阐述场地绿化的意义和作用，绿化布置的要求、形式，植物的分类及配置，居住区绿化、道路绿化及工厂绿化、树种的选择，居中区绿化、道路绿化及工厂绿化，树种的选择。绿化的技术要求，植物的栽植与养护，草坪以及场地美化。

5.1　绿化的意义和作用

场地环境的优劣，直接和间接地影响人们的身心健康。营造一个接近自然的郁郁葱葱的人工环境，是场地设计不可忽视的重要任务。特别是随着人们环保意识的不断增强，环境绿化与美化逐渐受到公众普遍的重视，缺乏绿化设施的场地是机械的、生硬的，很难满足人们对场地心理和精神上的需求。好的场地绿化是形成景观及环境质量优良场地的必要条件。

5.1.1　绿化的意义

工业生产散发出烟尘、排出废水、垃圾，有害气体、噪声以及城市生活污水、建设和生活垃圾、锅炉烟尘、汽车尾气、扬尘等有害物质，程度不同地污染着大气、水体和土壤。即使是现代工业，在生产工艺和生产设备上采取了各种技术措施，仍不能彻底消除这些有害物质。为了保护和改善环境，消除环境污染，对建筑场地进行绿化是非常必要的。在场地内和沿场地外围进行绿化，利用树木、花草能吸滞烟尘、吸收有害气体、减弱噪声、调节气候、释氧、保土、防风沙等多种功能，来净化空气、美化环境、调节小气候、减弱噪声、间隔车带、保护边坡等，可以给建筑场地创造一个良好的工作和生活环境。

建筑场地需要有良好环境，而绿化美化就是达到这种目的的重要手段。近年来，我国和国际上工业发达国家都具体规定了场地必要的绿地面积，一般要求场地绿化面积至少占场地总面积的20%左右。

为使场地绿化达到保护环境的目的，必须在有散发有害物质的周围或者在被保护设施周围，种植一定密度、宽度和合适种类的树木和草坪，要求在确定场地总平面布置图的同时安排好绿地面积，所以，绿化场地与美化设计就成为建筑场地设计中不可缺少的重要组成部分。

5.1.2 绿化的作用

如前所述，场地绿化可以起到净化空气、美化环境、调节小气候、减弱噪声、间隔车带和保护边坡等作用，现分别阐述如下。

1. 净化空气

人们在生产和生活中，会程度不同地向大气中散发出烟尘、粉尘、二氧化碳、二氧化硫、氟化氢、氮氧化物等。

植物对净化空气有明显的作用。树木能明显地阻挡、过滤和吸附烟尘及粉尘，从而减轻对大气的污染。这一方面是因为树木有比其占地面积约大 20 倍的叶片面积，使之具有强大的减低风速的作用，随着风速的急剧减缓，烟尘和粉尘被阻挡而降落。另一方面地由于树叶表面不平且多茸毛，有的还分泌出黏性的油脂和浆液，使烟尘和粉尘被叶面所吸附。经过雨水的冲洗，又能恢复其吸滞能力。草的茎和叶面同样具有吸附烟尘和粉尘的作用，同时又能固定地面的尘土，不使其飞扬。有资料表明，林带可以使较大颗粒的粉尘(降尘)减少 23%～52%，使较小颗粒的粉尘(飘尘)减少 37%～60%。实践证明，绿化区比非绿化区的空气含尘量明显下降，有的可以减少 50%；草坪覆盖地区比地面裸露地区空气含尘量可减少达 60%。

植物能很好地吸收二氧化碳，放出氧气，被称为“氧气的天然加工厂”。植物在进行光合作用时，吸收的二氧化碳要比排出的二氧化碳多 20 倍，空气中约 60%的氧气来源于林带绿地。据资料计算，每 $10m^2$ 的林带面积或 $25m^2$ 的草坪就可以吸收掉一个人每日排出的二氧化碳量。

植物大部分都能吸收二氧化硫，正常植物中均含有一定量的硫，一般叶片中的含硫量在 0.1%～0.3%(干)之间。植物吸收二氧化硫后便形成亚硫酸盐，并被氧化成硫酸盐，只要大气中二氧化硫的浓度不超过植物容许的限度，植物的叶片可以不断地吸收二氧化硫，使大气得以净化。

植物能很好地吸收氟化氢，正常情况下，叶片中氟化氢含量在 0～25ppm(干重)之间。只要大气中氟化氢的浓度不超过一定限度时，植物的叶片可以不断地吸收氟化氢而不受伤害。有资料表明，空气通过林带时，含氟量可被吸收掉 60%左右。

植物对氯、氨、二氧化氮、汞及重有色金属的气体等，均有一定的吸收能力。

2. 调节气候

成片的林带和大面积草坪，可以调节局部地区的温度、湿度，降低风速，起到改善局部地区气候的作用。

太阳的辐射热大部分被地面所吸收，使地表温度增高。不同质地的地表，其增温的幅度不同。据资料表明，有树荫遮盖的地表，比阳光直射的地表低 5～11℃，夏季绿地内的气温较非绿地内的温度一般低 3～5℃；较建筑地区低 10℃左右；墙面有垂直绿化的表面温度比没有绿化的温度低 5～14℃；而在冬季，绿地可以吸收阳光中的热量，地表温度可稍稍比裸露地面高一些，约 4℃。

植物叶片蒸腾的水分可提高林带内和草坪上空的湿度。一般树林内空气湿度较空旷地高 7%～14%，绿地内空气相对湿度比非绿地内可提高 10%～20%；草坪则可以提高相对湿度 4%～20%。

成片树林可以明显地降低风速。有资料表明，夏季林地可降低风速 50%，冬季林地可以降低风速 20%。此外，成片林地还有促进气流交换的作用，当绿地与其周围环境产生温差时，就会引起或加速空气流动的速度。据资料表明，在大气平静无风时，林带内冷空气向周围热空气移动，速度可达 1m/s。

3. 减弱噪声

植物的树冠，能构成“绿色的隔音壁”，一般情况下可以减弱噪声 5～8dB。一定宽度和一定树种配置的林带，可以形成一个连续、密集的障碍带，噪声可以减弱 10dB 以上。实测表明，宽 18m 的林带，可减弱噪声 16dB；而宽 36m 的林带，可减弱噪声 30dB。

4. 间隔车带

场地中，车辆来往频繁，道路纵横成网。在人行道与车行道之间的行道树，以及车行道分隔上、下行或分隔快慢车道路的绿化隔离带，除有遮阴、减噪和美化环境的功能外，另一个重要的功能就是间隔车带，减少机动车与非机动车、行人与车辆之间的相互干扰，以保障行人与行车的安全。

5. 保护边坡

雨水、风沙以及江、河流水不断地侵蚀台阶边坡、堤岸和河岸等，会造成水土流失、边坡和堤岸坍塌等。在边坡、堤岸和河岸上种植树木或草坪，利用树冠、草皮和地面上的落叶等，使地面免遭暴雨的直接冲击，缓和并削弱了雨水对土壤的溅蚀；同时树木和草皮的强大根系又可减弱雨水对坡面土壤的冲刷作用。植物的保持水土作用，绿地比非绿地可削弱径流 78%、冲刷 94%、洪峰流量 70%以上。

6. 美化环境

利用树木的不同形态、色彩，在场地内不同地点(如居住区、厂前区、车间或生产福利设施附近)种植树木或草皮，形成一个闭锁或开敞的空间，再配置一些建筑小品，就可以达到或衬托出建筑群体的宏伟容貌，或遮挡产生污染的车间和堆场的目的，美化环境，改善劳动条件，为居民和职工提供整洁、安静的工作和休息环境。

5.2　绿 化 布 置

5.2.1　绿化布置的要求

多年来的设计实践证明，只有在场地总平面布置的同时规划出合理的绿化用地，才能充分发挥出植物预定的功能，达到保护环境、增进职工身心健康的目的；那种在总平面布

置确定之后再以绿化来填补空白的做法，起不到绿化应有的作用。

为了搞好绿化设计，应结合总平面布置、竖向设计和管线综合布置统一安排绿化用地，并应符合下列要求。

(1) 绿化布置应符合场地总体规划，与总平面布置统一进行，合理安排绿化用地；

(2) 绿化布置应根据场地的性质、环保、厂容和景观要求，结合当地的自然条件、植物生态习性、抗污性能和苗木来源等因地制宜地进行布置；

(3) 应充分利用场地内非建筑地段及零星空地进行绿化；

(4) 应满足检修、安全、卫生及防火要求；

(5) 应满足管线和交通线路布置的技术要求。

场地中有纵横交错的管线和交通线路。管线一般多沿道路两侧铺设，在沿道路种植树木时，与管线之间要留有一定的距离。在选择树种时，在架空电力线下种植的树木，要选择生长缓慢而又耐修剪的植物；在下水道附近种植的树木，要选择根系趋水性不强的植物。在道路交叉口和道路与铁路平交道处，在视距规定的范围内不能种植高大的乔木，以保证行车的安全。

5.2.2 绿地的种类

1. 公共绿地

公共绿地包括市区级的综合公园、儿童公园、动物园、植物园、体育公园、纪念性园林、名胜古迹园林、游憩林荫带等。

2. 居住绿地

居住绿地包括居住区游园、居住小区游园、宅旁绿地、居住区公建庭园、居住区道路绿地等。

3. 交通绿地

交通绿地包括道路绿地、公路、铁路等防护绿地。

4. 附属绿地

附属绿地包括工业、仓库绿地，公用事业绿地，公共建筑庭园。

5. 风景区绿地

风景区绿地包括风景游览区、休养疗养区。

6. 生产防护绿地

生产防护绿地包括苗圃、花圃、果园、林场、卫生防护林、风沙防护林、水源涵养林、水土保持林等。

5.2.3 绿化布置的形式

绿化布置常用的形式，有规则式、自然式和混合式。

1. 规则式

绿化布置的几何图形规整严谨，多以绿地中轴对称布置，道路多用直线或有规则的几何图形。树木或绿地修剪整齐，在道路交叉点或视线集中处布置建筑小品，如喷泉、雕塑、亭子等。在广场中心常布置圆形、方形、环形等形状的花坛或喷泉、水池等，如图 5-1 所示。规则式布置适用于场地平坦地段。

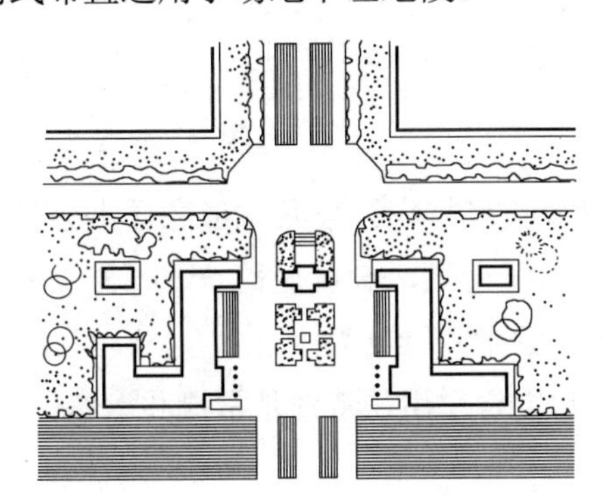
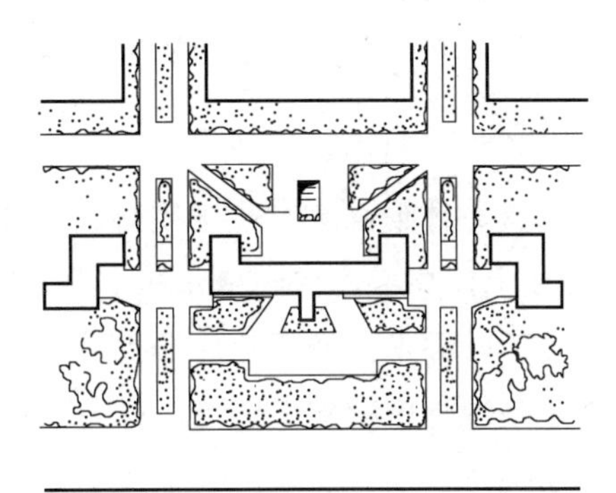

图 5-1　对称布置的示例

2. 自然式

在场地地形起伏较大地段，为了适应自然地形，不求对称，采用自然式布置，以达到自然之美。在土丘、坡地、溪流之处配植树木草地，有疏有密，再配以建筑小品，如假山、雕塑、花架等点缀，形成自然景色，如图 5-2 所示。

3. 混合式

混合式是规则式和自然式的有机结合，使绿化布置既有人工精巧美景，又有自然生态之田园风光，成为能适应不同场地地形的布置形式，如校园的绿化布置，在场地开阔地段采用自然式处理，在接近建筑地段特别是重要建筑周围采用规则式布置是合适的，如图 5-3 所示。

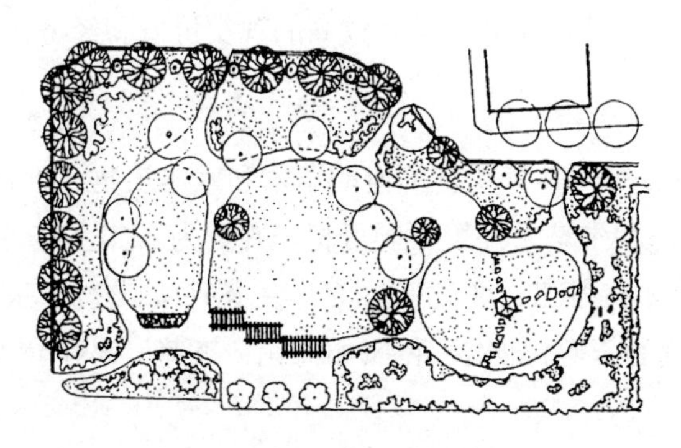

图 5-2　自然式绿地

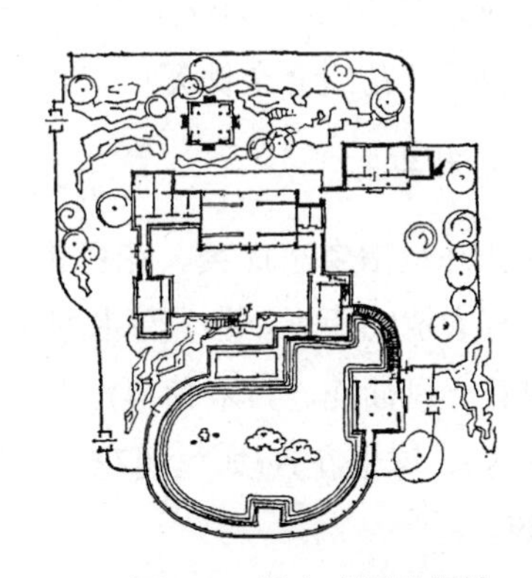

图 5-3　混合式园林绿地

5.3 植物的分类及配置

5.3.1 植物的分类

场地绿化的植物包括木本植物和草本植物。为了方便绿地规划和种植设计，常按植物的外部形态，将其分为乔木、灌木、藤木、竹类、花卉和草地 6 类。

1. 乔木

乔木具有体形高大、主干明显、分枝点高、寿命长等特点。按其体形高矮常分为大乔木(20m 以上)、中乔木(8～20m)和小乔木(8m 以下)；按一年四季树叶脱落状况不同又分为常绿乔木和落叶乔木；按其叶片形状不同还可分为阔叶乔木和针叶乔木。

乔木是绿化中的骨干植物，对场地绿化布置常起主导作用，特别是常绿乔木作用更大。

2. 灌木

灌木没有明显的主干，多呈丛生状态，或自基部分枝。一般分为大灌木(大于 2m)、中灌木(1～2m)和小灌木(小于 1m)。灌木分为常绿灌木和落叶灌木，主要作下木、植篱或基础种植。开花的灌木多用于重点地段绿化。

3. 藤木

凡植物不能自立、必须依靠其特殊器官(吸盘或卷须)或靠蔓延作用依附于其他植物体上的这类植物称为藤木，亦称攀缘植物，如地锦、紫藤、葡萄、凌霄等。藤木也分常绿藤木和落叶藤木，常用于垂直绿化，如花架、篱栅、岩石或墙壁上的攀缘物。

4. 竹类

竹类属于禾本科的乔木或灌木，干木质浑圆，中空而有节，皮翠绿色；也有呈方形、实心或其他颜色和形状(如紫竹、金竹、方竹、罗汉竹)，但为数极少。花不常开，一旦花开，大多数于开花后会全株死亡。竹类形体优美、叶片潇洒，具有较高的观赏价值和经济价值。

5. 花卉

花卉是指姿态优美、花色艳丽、花香郁馥，具有观赏价值的草木和木本植物，但通常多指草本植物而言。按其生长期、根部形态和生态条件等不同可将花卉分为 1 年生花卉(如鸡冠花、凤仙花、万寿菊等)、2 年生花卉(如金盏花、埋黄等)、多年生花卉(如芍药、玉簪、萱草等)、球根花卉(如大丽花、唐菖蒲、晚香玉等)和水生花卉(如荷花、玉莲、浮萍、菱角等)等。

6. 草皮

草皮是指种植低矮的草本植物主要用以覆盖地面，可作观赏及体育活动场地的规则草皮，以及供人们露天休闲活动而提供的面积较大而略带起伏地形的自然草皮。草地柔软如茵，给人们以开阔愉快的美感，在绿化中应用较为广泛。

5.3.2　植物配置的基本组合形式

绿化植物的配置，是根据功能、艺术构图以及生物学特性的不同要求，并在继承和发扬植物配置艺术传统的基础上，发展形成。主要有以下几种配置方式。

1. 孤植

孤植树主要是为表现植物的个体美，其表现形式是单纯作为构图艺术的孤植树或作为园林庇荫和构图艺术相结合的孤植树。孤植树位置要突出，体形要巨大、树姿要优美且富于变化，开花要繁茂，香味要浓郁，如榕树、黄果树、银杏、雪松、红枫、香樟、广玉兰等。孤植树也不意味着只栽一株树，为了构图的需要，增强其雄伟，有时也将两株或三株的同一树种紧密地栽在一起。孤植树通常布置在大草坪或林中空地的中心位置，与周围的景点要取得均衡和呼应。

2. 对植

凡乔、灌木以对称或非对称栽植在构图轴线两侧的，称之为对植。对植不同于孤植和丛植，对植永远是作为配景，而孤植和丛植可做主景。种植形式有对称种植和非对称种植两种。对称种植多用于规则式种植构图中，如在公园或在建筑物进出口的两侧常用此种形式；非对称种植多用在自然式的园林进出口两侧以及桥头、建筑物门口两侧。

对植的最简单形式是用两棵单株乔、灌木分布在构图中轴线两侧。属于对称种植的，必须采用体型大小相同，树种统一，与对称轴线的垂直距离相等。非对称种植的，要求树种统一，但体型大小和姿态可以有所不同，与中轴线的垂直距离大者要近，小者要远，以取得左右均衡、彼此呼应的效果。

3. 丛植

树丛的组成，通常由两株到多株乔木构成。树丛的组合主要考虑群体美，也要考虑在整体构图中表现出单体的个体美，所以选择单株植物的条件与孤植树相似。丛植在功能和布置要求上与孤植树基本相似，但其观赏效果远比孤植树更为突出。作为纯观赏性或诱导树丛，可用两种以上的乔木搭配栽植或乔灌木混合配置，也可同山石花卉相结合。丛植的配置的基本形式有两株配合、三株配合、四株配合、五株配合，甚至六株组合。

4. 树群

由多数乔木或灌木混合栽植的称树群。树群主要表现群体美，对单株的要求并不严格，但组成树群的每株树木，在群体形态上都要起到一定的观赏作用，所以规模不宜过大，树种不宜过多。树群可分为单纯树群和混交树群两类。树群的功能和布置要求与孤植和树丛

类同。树群一般布置在园路或庇荫广场的一侧，可种植树冠大的乔木，以供人们庇荫休息之用。

5. 树林

树林是指大量树木的组合，其数量大、面积大，且具有一定的密度和群落外貌，对周围的环境有明显的影响作用。树林有密林和疏林之分，通常布置在城市郊区，如森林公园、休闲疗养区、风景林等。

6. 植篱

植篱是指以园林植物成行列式紧密种植，组成不同高度、不同立面形状的篱笆、树墙或栅栏等。其功能有组成边界，组织空间，防止灰尘，吸收噪声，防风遮阴，充当雕塑、装饰小品、喷泉、花坛、花镜的背景，建筑基础栽植，以及作为绿色屏障隐蔽不美观的地段。植篱分为整形植篱和自然植篱两种，整形植篱用于规则式园林中，可选用常绿而耐修剪的灌木或乔木，如黄杨类、侧柏类、女贞类等可修剪成简单的几何形体；自然植篱多用于自然式的园林或庭院，用于分割空间、防风、遮阴、隐蔽不良景观等，常选用体积大、枝叶浓密、分枝点低的开花灌木，如木槿、构骨、构桔等，一般不加修剪，任其自然成长。

7. 花坛

凡在具有一定几何轮廓的植床内，种植各种不同色彩的观花或观叶的植物，从而形成具有鲜艳色彩或华丽图案的称为花坛。花坛富有装饰性，常用于主景或配景，其主要类型有独立式花坛、花坛群、花坛组群、带状花坛、连续花坛群、连续花坛组群。

8. 花台

花台是古典园林中特有的花坛形式，常用砖石砌成规则的几何形体，在内种植参差不齐、错落有致的观赏植物，以供平视欣赏植物的姿态、线条、色彩和闻香。花台和花坛一样，可做主景或配景用。花台应用在广场、道路交叉口，建筑物入口的台阶两旁以及花架走廊之侧。布置花台的常用植物有牡丹、杜鹃、山茶、梅花、五针松、腊梅、南天竹等。

9. 花境

花境是园林中从规则式到自然式构图的过渡形式，其平面轮廓与带状花坛相似。植床两边是平行的直线或平行的曲线，并且最少在一边用常绿木本或草本矮生植物(如马兰、麦冬等)镶边。花境内植物的配置是自然式的，主要平视欣赏植物本身所特有的自然美及植物自然组合的群落美。花境有单面观赏(2～4m)和双面观赏(4～6m)两种。

绿化的配置形式见图 5-4，绿化的组景形式见图 5-5。

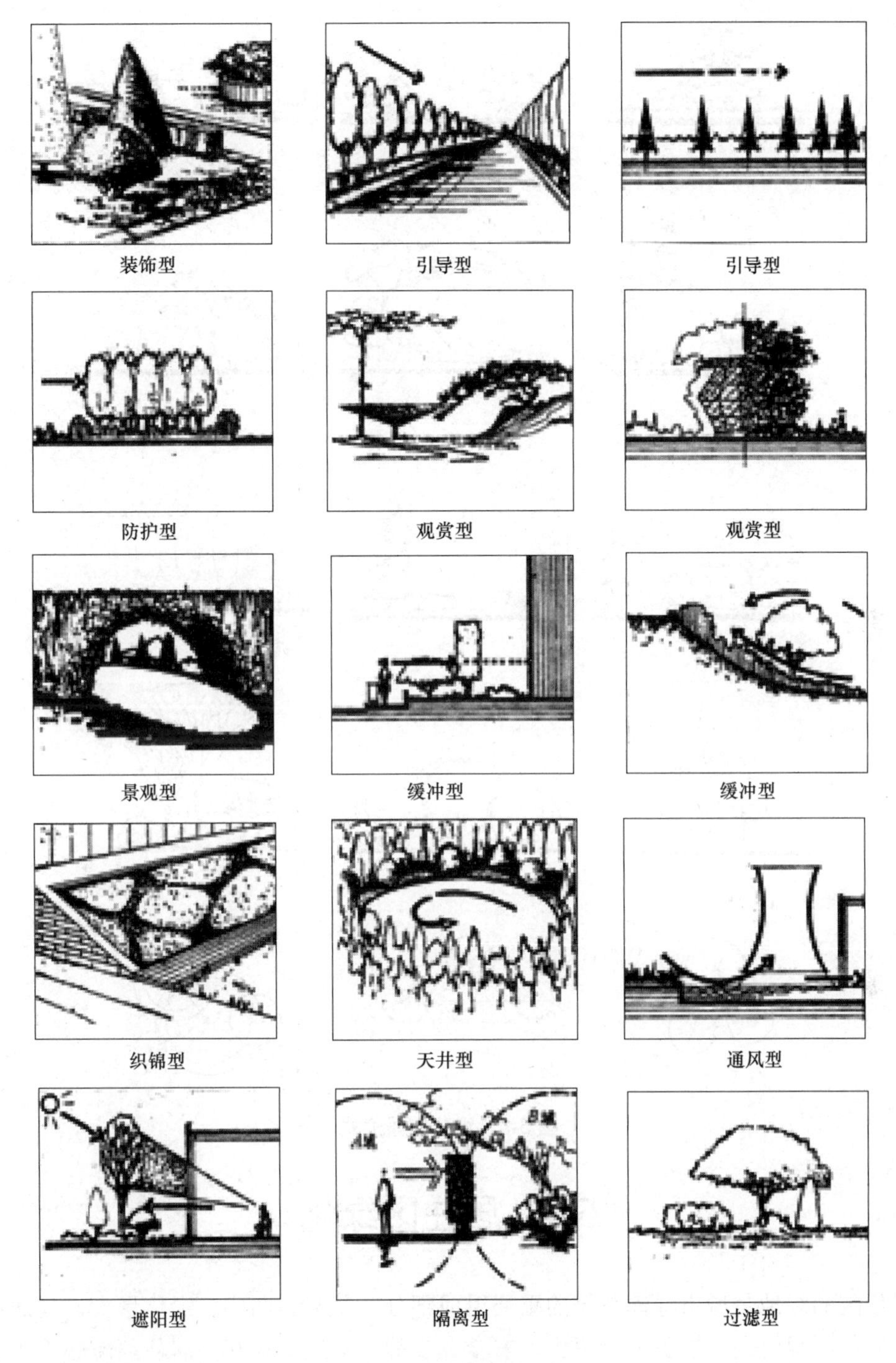

图 5-4　绿化配置形式

图 5-5 绿化组景形式

5.4 居住区绿化

居住区的绿地是城市绿地系统的重要组成部分。其分布面广、绿化量大，与居民关系密切。居住区绿化是为居民创造卫生、安全、安静、舒适、美观的居住环境必不可少的重要因素。它不仅可起到改善小气候、净化空气、减少污染、防止噪声等作用，而且在组织居住区群体建筑的多样化和赋予居住区地方特色方面有其独特的作用。一个美好的绿化环境还有利于人们消除疲劳，振奋精神。

5.4.1　居住区绿地的分类

居住区绿地按使用情况可以分为：为整个居住区服务的居住区级绿地和为一个居住小区服务的居住小区级绿地。

1. 居住区级绿地

1)　居住区公共绿地

居住公共绿地是为全居住区服务的有较大面积的整块绿地和带状分散的绿地。整块绿地相当于一个小型公园，是公共绿地的主要部分，绿地内应布置游戏、休息用地、体育活动场地和绿化种植用地。为了有利于减小服务半径的距离，通常布置在居住区中心地段，面积不小于 1 万 m^2。此外，居住小区公园、林荫道、居住区组团的小块绿地等，都属于公共绿地。

2)　居住区专用绿地

居住区专用绿地是指居住区公共建筑和公用设施内的绿地，如居住区内的中小学、幼儿园、老年之家、俱乐部、图书馆、医院等专用绿地。

3)　居住区道路绿地

居住区道路绿地是指居住区主要道路和次要道路上的沿街绿地。

2. 居住小区级绿地

1)　居住小区公共绿地

居住小区公共绿地是指为居住小区服务的集中整块面积绿地，包括儿童、青少年活动场地和休闲绿地。

2)　居住小区专用绿地

居住小区专用绿地是指居住小区级公共建筑内的绿地，如小学、幼儿园、社区医院、锅炉房等专门使用的绿地。

3)　居住小区道路绿地

居住小区道路绿地是联系住宅组群之间的道路和通向各户或各居住单元门口的小路，即居住小区内的主要道路和住宅小路的沿路绿化。

4)　住宅组群绿地

住宅组群绿地是为住宅组群服务的公用绿地，包括活动场地和绿化种植用地。

5)　宅旁绿地

宅旁绿地是指居住建筑四周或住宅内院的绿地。

3. 居住区的绿地率

新居住区建设不低于 30%，旧居住区改造不低于 25%。

5.4.2　居住区公共绿地

居住区内的公共绿地应根据居住区不同的规划组织结构类型，设置相应的中心公共绿地，包括居住区公园(居住区级)、小游园(小区级)和组团绿地(组团级)，以及儿童游戏场地和其他的块状、带状公共绿地。

1. 各级中心公共绿地的设置要求

(1) 各级中心公共绿地设置，应符合表 5-1 的规定。

表 5-1 各级中心公共绿地设置规定

中心绿地名称	设置内容	要求与服务半径	最小规模/(hm^2)
居住区公园	花木草坪、花坛水面、凉亭雕塑、小卖茶座、老幼设施、行车场地及铺装地面等	园内布局应有明显的功能分区，步行到达距离不宜超过 800m	1.0
小游园	花木草坪、花坛水面、雕塑、儿童设施和铺装地面等	园内布局应有一定的功能分区，步行到达距离不宜超过 400m	0.4
组团绿地	花木草坪、桌椅、简易儿童设施	可灵活布局	0.04

注：摘自《城市居住区规划设计规范》(GB 50180—93)。

(2) 至少应有一个边与相应级别的道路相邻。

(3) 绿化面积(含水面)不宜于小于 70%。

(4) 便于居民休闲、散步和交往之用，宜采用开敞式，以绿篱或其他通透式院落墙、栏杆做分隔。

(5) 组团绿地的设置应满足有不少于 1/3 的绿地面积在标准建筑日照阴影线范围之外的要求，并便于设置儿童游戏设施和适于成人游憩活动场所。其中院落式组团绿地的设置，还应同时满足表 5-2 各项要求。

表 5-2 院落式组团绿地设置要求

封闭型绿地		开敞型绿地	
南侧多层楼	南侧高层楼	南侧多层楼	南侧高层楼
$L_1 \geqslant 1.5L_2$ $L_1 \geqslant 30m$	$L_1 \geqslant 1.5L_2$ $L_1 \geqslant 50m$	$L_1 \geqslant 1.5L_2$ $L_1 \geqslant 30m$	$L_1 \geqslant 1.5L_2$ $L_1 \geqslant 50m$
$S_1 \geqslant 800m^2$	$S_1 \geqslant 1800m^2$	$S_1 \geqslant 500m^2$	$S_1 \geqslant 1200m^2$
$S_2 \geqslant 1000m^2$	$S_2 \geqslant 2000m^2$	$S_2 \geqslant 600m^2$	$S_2 \geqslant 1400m^2$

注：摘自《城市居住区规划设计规范》(GB 50180—93)，其中：L_1—南北两楼的正面间距；L_2—当地住宅的标准日照间距；S_1—北侧为多层楼的组团绿地面积；S_2—北侧为高层楼的组团绿地面积。

(6) 其他块状、带状公共绿地应用时满足宽度不小于 8m，面积不小于 $400m^2$，且符合日照、环境等要求。

2. 公共绿地的指标

公共绿地的总指标，应根据居住区人口规模分别达到：组团不少于 $0.5m^2$/人，小区(含组团)不小于 $1m^2$/人，居住区(含小区及组团)不少于 $1.5m^2$/人，并应根据居住区规划布局形式统一安排、灵活使用。

旧居住区改造可酌情降低，但不得小于相应指标的 70%。

5.4.3 居住区各类绿地的布置

1. 各类绿地的布置要求

(1) 居住区的各类绿地应统一规划，合理组织，使其服务半径能让居民方便地使用。应根据居住区的规划组织结构类型、不同的布局方式、环境特点及场地的具体条件，采用集中与分散相结合，点、线、面相结合的绿地系统。

(2) 绿地内的设施与布置应符合其功能要求，布局要紧凑，出入口的位置要考虑人流的方向，各种不同的活动之间要有分隔，以避免相互干扰。

(3) 要充分利用场地自然地形和现状条件，尽可能利用坡地、洼地、劣地进行绿化，节约用地，节省投资。

(4) 绿地的布置要能美化环境，既要考虑绿地的景观，注意绿地内外之间的借景，还应考虑四季景观的变化。

(5) 植物的配置要发挥绿化在卫生防护等方面的作用，改善居住环境与小气候。树种的选择和种植方式应力求投资少、有效益和便于管理，树木的形态及配置能配合组织居住区的建设空间。

居住区绿地的布置示例见图 5-6。

2. 公共绿地的布置

(1) 居住区公园主要供本地居民使用，位置应适中，居民步行距离不要超过 800m，其位置最好与居住区文化商业中心结合布置，也可与体育场地和设施相邻布置。独立的厂矿企业居住区公园，还应考虑单身职工使用的方便。居住区公园见图 5-7。

(2) 居住小区公园主要供小区居民就近使用，居民步行到达的距离不宜超过 400m，其位置最好与小区的公共建筑中心结合布置，方便居民使用。居住小区公园见图 5-8。

(3) 小块公共绿地，通常是结合居住组团布置，供组团内居民使用。其布置方式有开敞式、半开敞式和封闭式等，见图 5-9、图 5-10。

3. 公共建筑或公用设施专用绿地布置

公共建筑或公用设施专用绿地的规划布置首先应满足本身要求，同时结合周围环境分隔住宅组群空间，此外专用绿地的布置应符合不同的功能要求，见图 5-11、图 5-12。

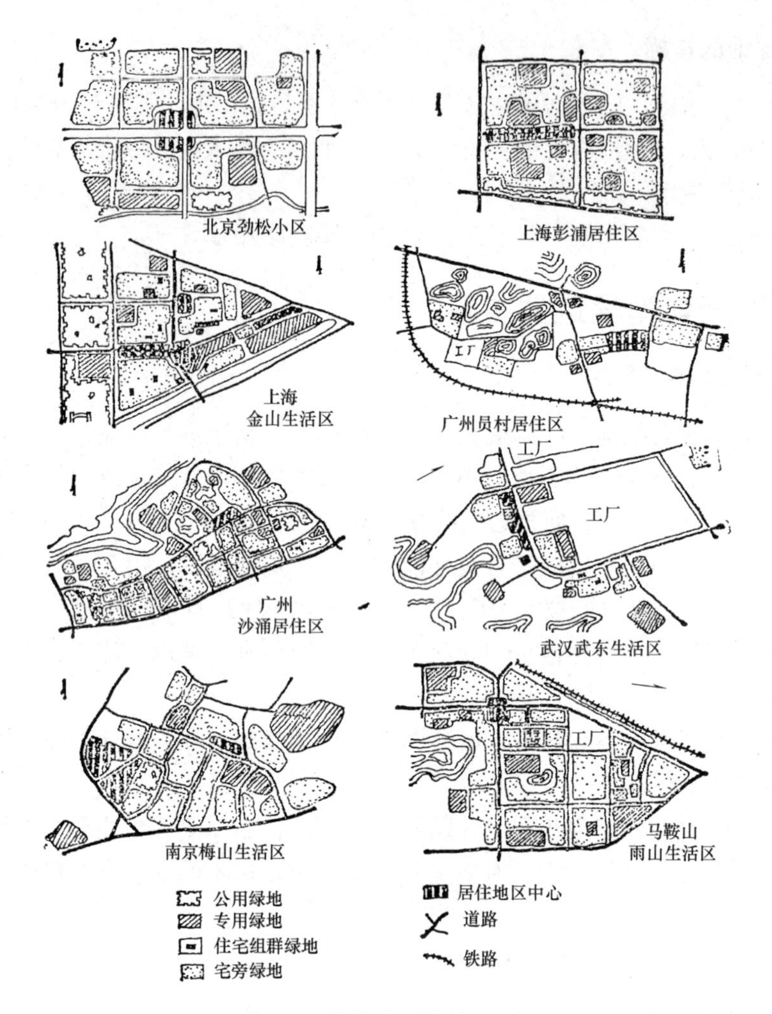

图 5-6 居住区绿地布置示例

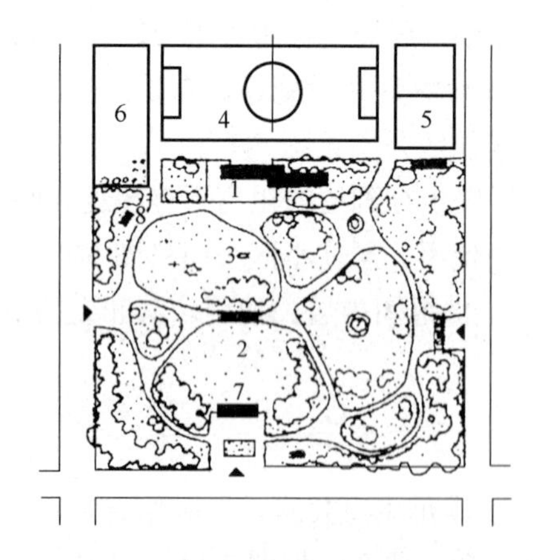

图 5-7 居住区公园

1—青少年文化阅览室；2—露天放映场；3—儿童游戏场；4—小足球场；5—篮、排球场；6—苗圃；7—宣传栏；8—厕所

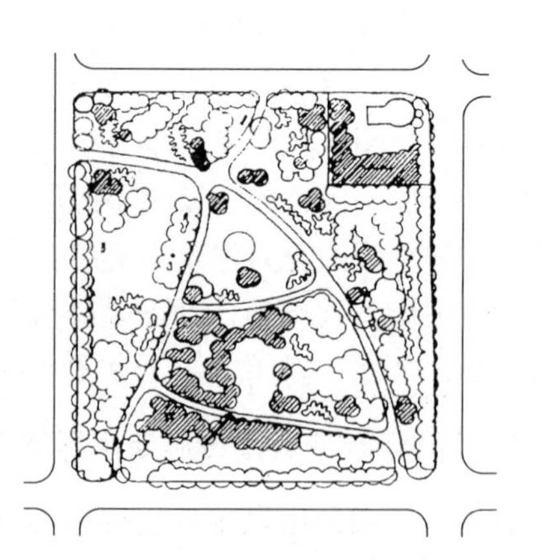

图 5-8 居住小区公园

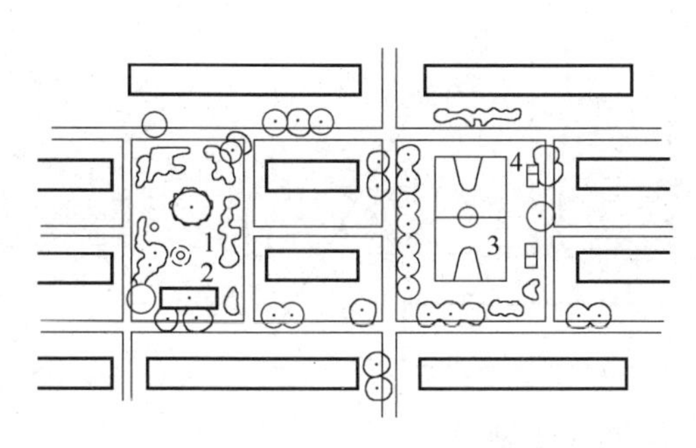

图 5-9　青少年活动场地

1—成人休息和儿童活动场地；2—居民活动室；
3—青少年活动场地；4—固定乒乓球桌

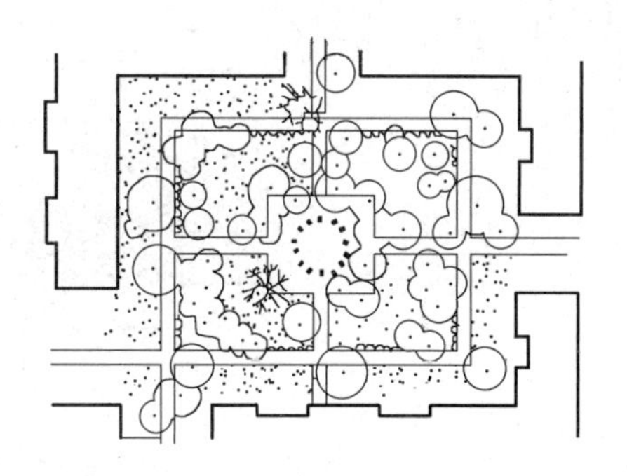

图 5-10　小块公共绿地

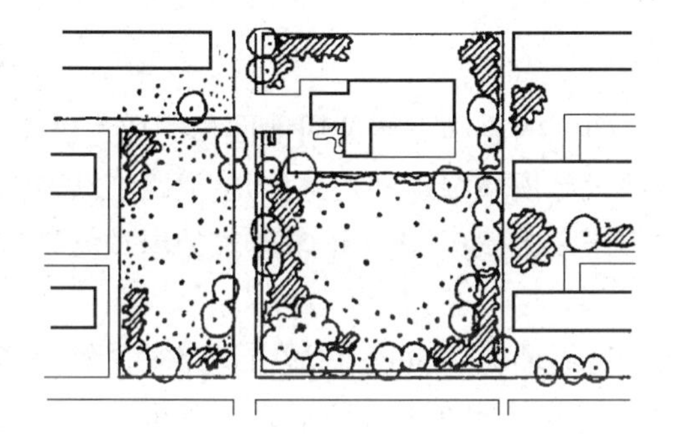

图 5-11　幼儿园的绿化布置

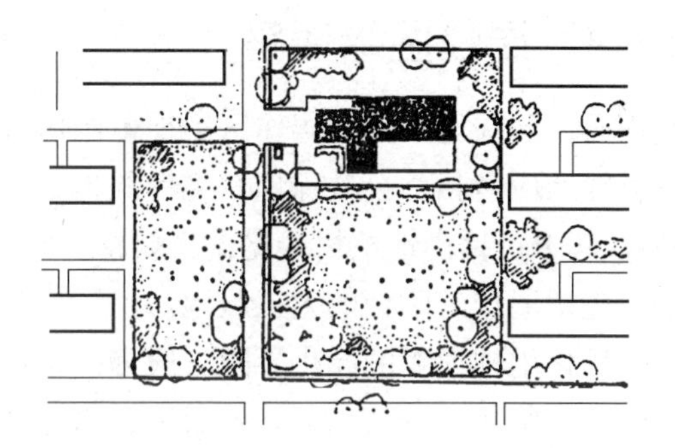

图 5-12　专用绿地与环境的关系示例

4. 宅旁和庭院绿地

宅旁和庭院绿地主要是满足居民休息、幼儿活动和安排杂物等需要，其布置方式随居住建筑的类型、层数、间距及建筑组合形式不同而异，如低层、多层住宅宅前常划分成院落并围以绿篱、栅栏或矮墙，见图 5-13；高层住宅建筑由于其间距较大，空间较开敞，其前后绿地一般作为公共活动的绿地，见图 5-14。

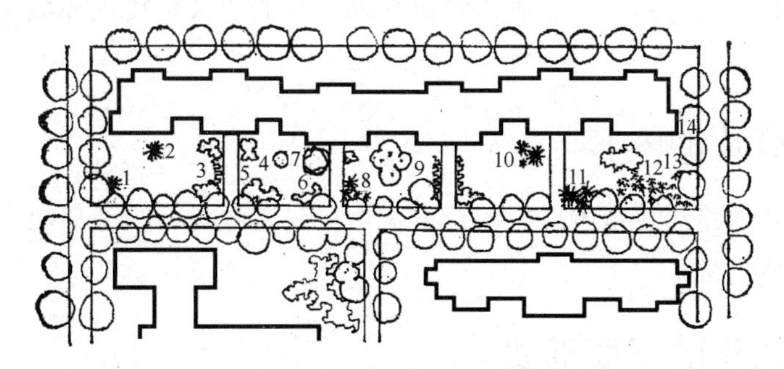

图 5-13　宅旁绿地布置

1—黑松；2—广玉兰；3—紫荆；4—黄杨；5—金钟花；6—海棠；7—绣球；8—罗汉松；
9—樟树；10—水杉；11—栀子花；12—桃树；13—夹竹桃；14—悬铃木

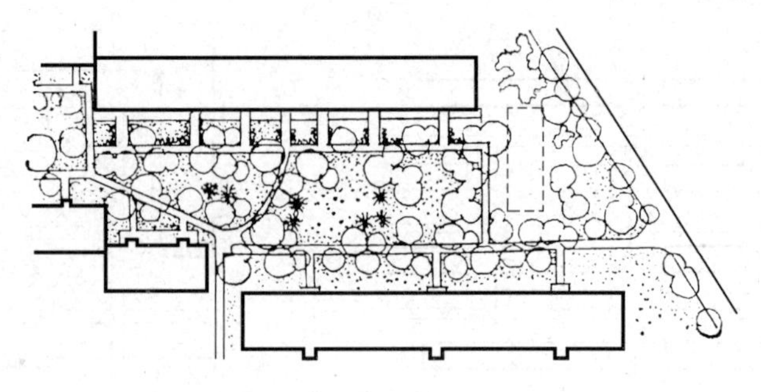

图 5-14　供公共活动的宅旁绿地

宅旁绿地中种植观赏植物，配以绿篱或栏杆，住宅门前选择不同树种，力求有变化地布置，能起识别不同住宅单元的作用。

5.4.4　居住区绿地率

居住区绿地率是指居住区用地范围内各类绿地面积的总和占居住用地面积的比率(%)。各类绿地应包括：公共绿地、宅旁绿地、公共服务设施所属绿地和道路绿地(道路红线内绿地)，其中包括当地植树绿化覆土要求，为方便居民出入的地下或半地下建筑的屋顶绿地，不应包括屋顶、阳台的人工绿地。

绿化用地面积的起止界限一般为：绿地边界距房屋墙脚 1.5m；临城市道路时，算至道路红线；临场地内道路时，有控制线算至控制线；道路外侧有人行便道时，算至人行便道的外边线，否则算至道路缘石外 1.0m；临围墙、院墙时，算至墙脚。

新居住区的绿地率不应低于 30%，旧居住区改造绿地率不应低于 25%。

5.5　道 路 绿 化

5.5.1　道路绿化的作用

道路绿化有利于卫生防护、有利于组织交通、有利于美化场地环境，因此，应重视道路的绿化布置。

5.5.2　道路绿化的内容

道路绿化包括道路红线范围以内的行道树、分隔带绿化、交通岛绿化以及附设在道路红线以内的游憩林荫路等。

5.5.3　道路绿化的断面形式

道路绿化的断面形式与道路的断面布置形式密切相关。场地内的道路一般为快、慢车混合行驶的道路，在车行道与人行道之间种植一排或数排行道树，如行车道为快、慢分开，或上、下行分开的“两快板”或“三块板”等，则其间应设有种植树木和草皮的分隔带。

场地内道路绿化布置的断面形式见图 5-15。

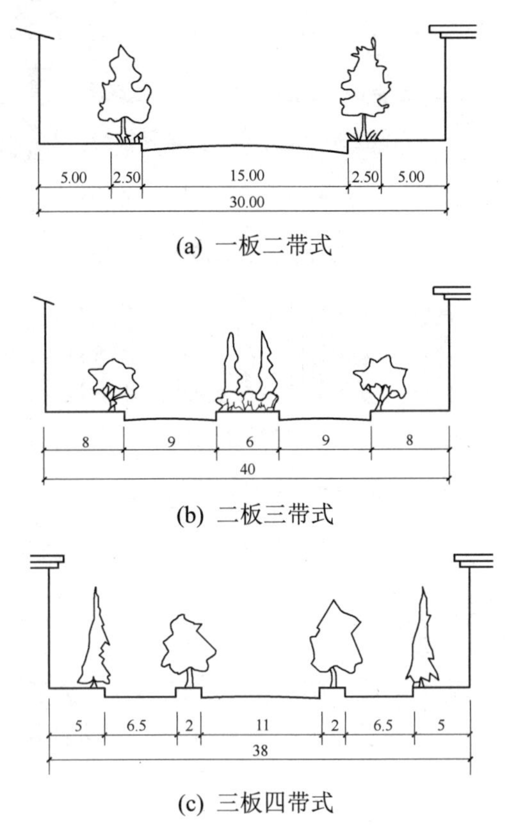

图 5-15　道路绿化断面形式

5.5.4　道路绿化的种植设计

1. 行道树的种植方式

行道树是以规律的形式种植在车行道两侧的人行道上用以遮阴的乔木，其种植方式有多种，常用的有树池式和种植带式两种。

1)　树池式

在人行道狭窄或行人过多的街道上经常采用树池种植行道树，其形状可方可圆，其边长或直径不得小于 1.5m，长方形树池的短边不得小于 1.2m，长短边比例不超过 1∶2。方形和长方形树池易于和道路及其两侧建筑物取得协调，故应用较多，圆形常用于道路圆弧转弯处。

2)　种植带式

种植带是在人行道与车行道之间或者留出一条不加铺装的种植带。种植带在人行横道处或人流较多公共建筑前面中断，见图 5-16。

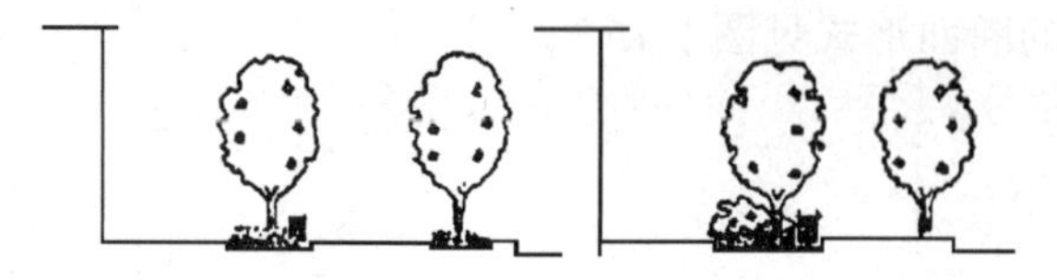

(a) 在人行道上布置两条种植带

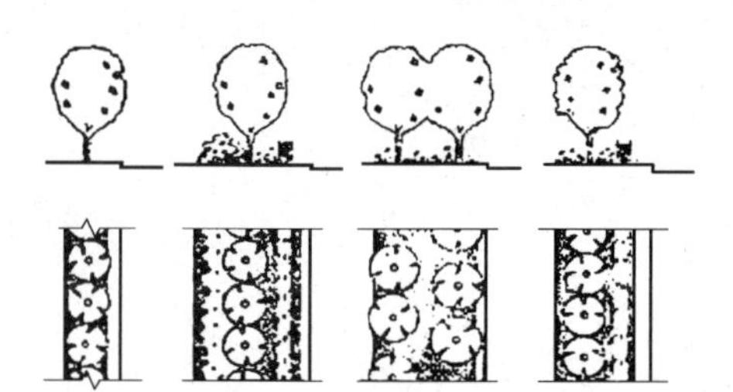

(b) 种植带栽植示意图

图 5-16　种植带绿化布置

2. 行道树种选择及定干高度

1)　行道树种选择的要求

行道树种选择应考虑以下要求。

(1)　适应场地环境、抗病虫害能力强、苗木来源容易、成活率高的树种；

(2)　树龄要长、树干通直、树姿端正、体形完美、冠大荫浓、花朵艳丽、芳香郁馥、叶色富于季节变化的树种；

(3)　耐强度修剪、愈合能力强的树种；

(4)　不选择带刺的或浅根树种；

(5)　不污染环境、保证行人安全的树种。

2)　行道树定干高度

行道树的定干高度应根据其功能要求、交通状况、道路性质、宽度以及行道树与车行道的距离、树木分级等确定。苗木胸径在 12～15cm 为直，其分枝角度越大的，干高不应低于 3.5m；分枝角度较小者，也不能小于 2m，否则会影响交通。

3. 交叉口绿化

为了保证行车有足够的安全视距，在道路交叉口及平交道口的树木，在视距范围内不得栽植高于 1m 的树木，见图 5-17。

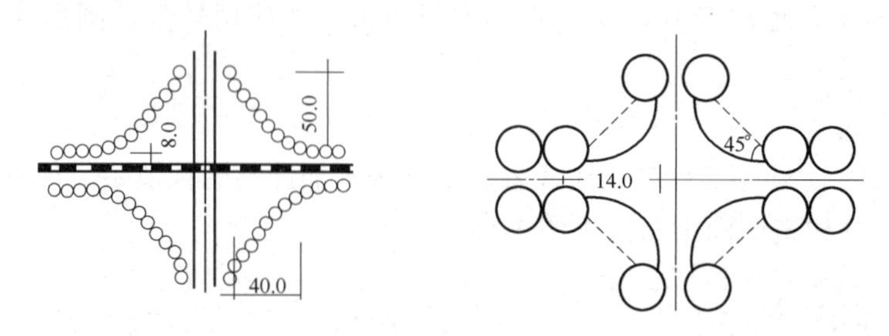

图 5-17　铁路与道路平交道口及道路交叉口绿化示例(单位：m)

该标准是以汽车行驶速度每小时 15 千米计算的，若速度大于该车速时，视距还需相应加大。道路交叉口绿化常布置绿篱或其他装饰性绿地。

4. 分隔带绿化

在车行道上设置分隔带，目的是将人流和车流分开，将机动车和非机动车分开，保证行人和行车的安全。分隔带的宽度依道路红线的宽度和行车道的性质而定，一般场地分隔带的宽度为 2～4m，最小不应小于 1.5m。

分隔带上可种植绿篱、灌木、花卉、草皮之类。

道路绿化布置实例见图 5-18。

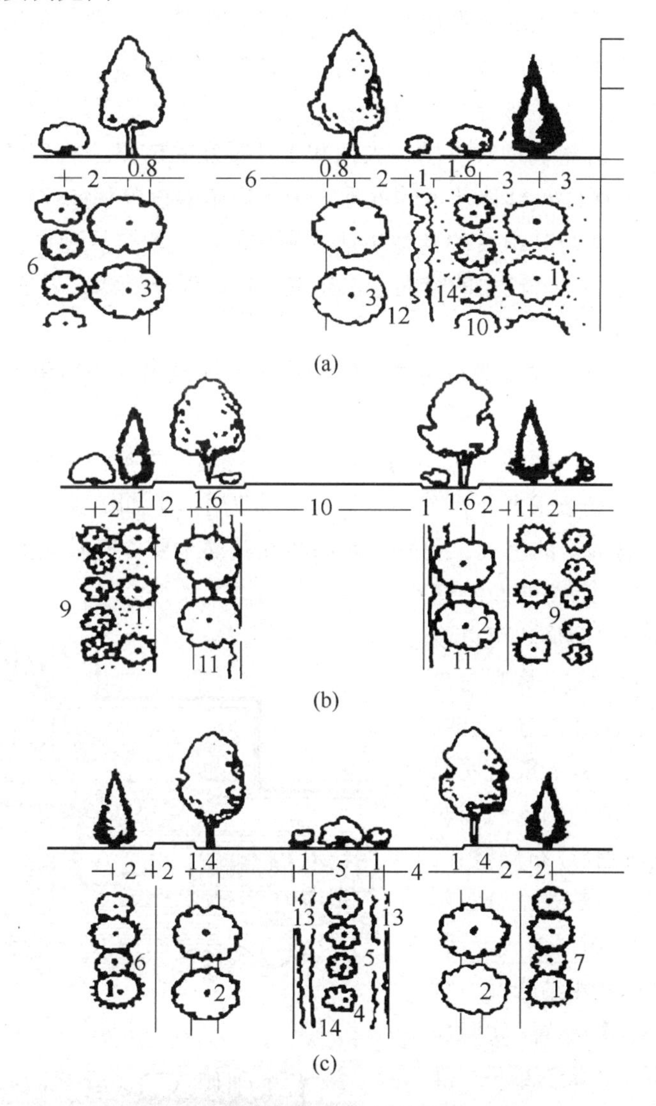

图 5-18　道路绿化布置实例(单位：m)

1—松柏；2—悬铃木；3—毛白杨；4—贴梗海棠；5—月季；6—连翘；7—丁香；8—木槿；9—榆叶梅；10—紫薇；11—侧柏篱；12—桧篱；13—黄杨篱；14—野牛草

5.6 工 厂 绿 化

工厂绿化是工厂总平面布置的有机组成部分，应综合考虑和合理安排，以充分支持园林绿化在改善卫生防护、保障生长、创造舒适美丽的休息环境等多种功能。工厂绿化的内容包括工厂道路的绿化、厂前区绿化、生产设施附近绿化和厂区周边绿化。

5.6.1 厂前区绿化

厂前区是工厂对外联系的主要出入口，也是工厂生产、技术、营销、行政管理中心。厂前区一般都有大小不同的广场，作为厂内外道路街接的枢纽，亦作为职工集散的场所，对城市的面貌和工厂的外观起着重要的作用。因此，厂前区是工厂绿化的重点。

厂前区一般由一组建筑物、广场、大门和工厂最宽的道路组成。考虑到建筑群体宏伟美观这一要求，厂前区建筑群体艺术的处理、美化设施的设置和绿化设计应做统一安排。

厂部管理办公楼或与其组合的其他生活福利建筑，一般是厂前区建筑群体的主体，往往后退建筑红线布置，留出较大的空间，以布置广场、停车场和必要的草坪、花坛、水池、雕塑或其他建筑小品。

工厂大门，在建筑形式上要与主体建筑相协调，在绿设计上应能明显地起到引导车流与人流的特点。

厂前区一般位于生产区盛行风向的上风侧，工厂生产中排出的有害物质影响往往不明显，树种选择对防污染要求并不严格，一般以观赏为主。因此，要从树冠形态、枝叶色彩和四季景观等方面做周密的考虑；另外，常绿树和花灌木要占有较大的比例。

广场绿化一般设计成供人游憩的“小游园”，绿地平面形式可以设计为规则对称式，自然式、规则与自然相结合式，以突出庄重大方、简洁、严整的气氛。规则对称式一般有明显的中轴线，广场内道路与树木组成对称的、有规律的几何图形，布局整齐、庄重，但比较呆板。自然式结合自然地形，外轮廓不规则，布局形式灵活，见图 5-19。规则与自然相结合并有规则整齐而又灵活自然的布置，实际应用较多。广场周围布置绿篱或乔、灌木，广场内的树木可以栽植成“排列式”“集团式”或“自然式”，排列式严整规则、形式庄重，自然式生动

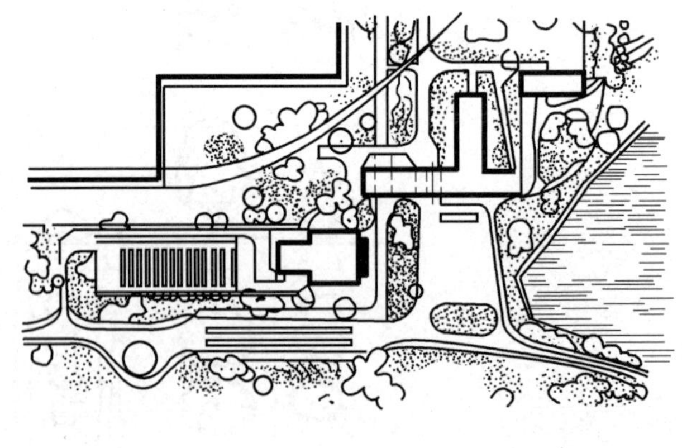

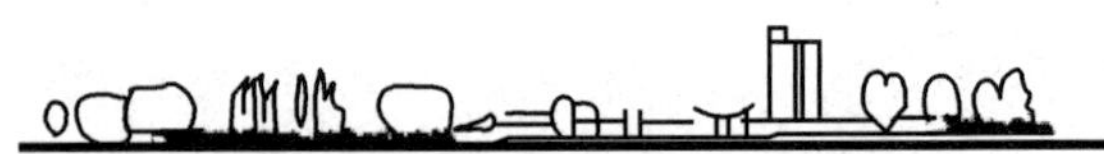

图 5-19 非对称型厂前区绿化布置示例

活泼，集团式兼有二者的风格。

厂前广场在景物布置上应注意散而不乱、多而不杂、主题明确。如用中心大花坛、喷水池或假山做主题，采用铺筑地面，并以花草、盆景、建筑小品互相联系，彼此呼应，形成完整的广场空间。

5.6.2　生产设施附近绿化

生产设施附近绿化包括车间和车间、生活间周围的绿化。车间根据其生产性质不同分为污染性和洁净的两种。

有污染性的车间，如散发大量烟尘及有害物质，且在植物抗性允许限度以内时，在其周围种植能抵抗这些有害物质的植物，采取密植的形式以充分发挥植物的净化作用；如浓度大于植物抗性允许限度以内时，则要使有害物质迅速得到扩散和稀释，在其周围，特别是盛行风向的下风侧不宜密植高大树木，而宜种植一些能吸收这些有害物质植被植物。

有强烈噪声源的车间，应在面向声源的一侧种植一排及数排树叶茂密、高低参差的乔木和灌木，形成一条吸声林带，以衰减噪声对其他车间的干扰。

对堆存容易飞尘的堆场四周，应种植密集的乔木和灌木林带，特别是在盛行风向的上风侧。

要求洁净的车间周围，建筑物的四周尽可能绿化，在面向污染源、主要道路的一侧要种植防护林带，以减少甚至消除有害物质、噪声、烟尘对其的侵袭。

车间生活福利设施是厂内重点绿化地点，在这些地区宜开辟供职工休息的“小游园”，小游园内宜造成一个安静的环境。园地内铺以草坪，规则地或自然地在其间种植一些乔木和灌木，有条件时可以布置花坛、水池、山石、花架、座椅或建筑小品等。

树种的选择，在车间生活福利设施周围以种值观赏花木为主，树木栽植成排列式、集团式或自然式。其他处所的树木以选择抗性树种为主，根据绿化的功能采取密植或疏透的栽植形式，见图 5-20。在要求清洁的车间周围，不能种植飞絮、散发臭味的植物；在有发生火灾危险的设施周围，不能种植针叶树，宜选择有防火功能的植物。

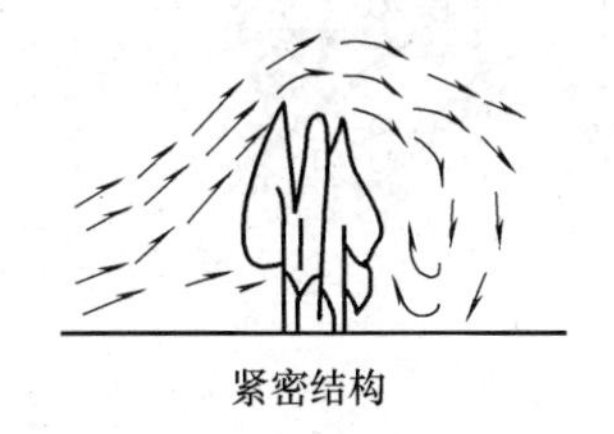
紧密结构

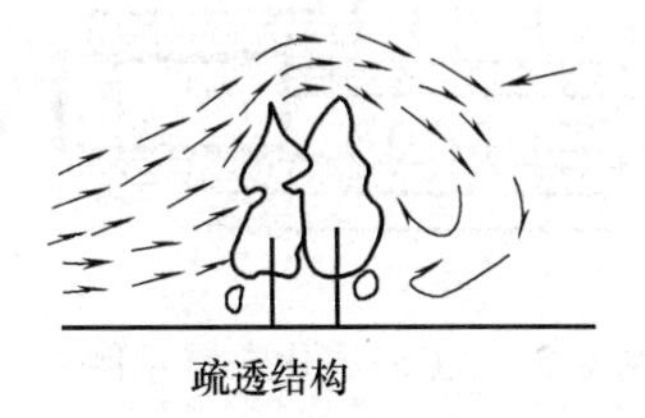
疏透结构

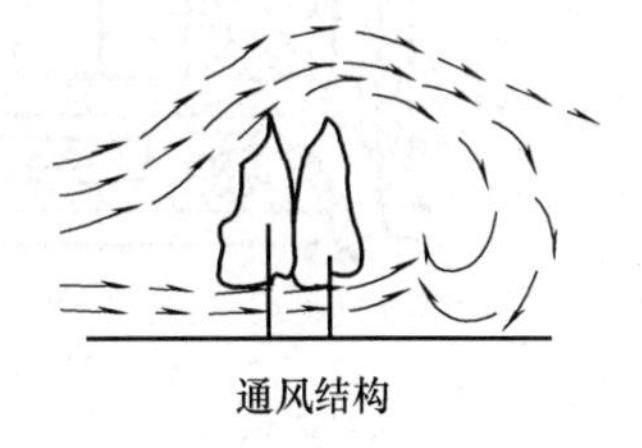
通风结构

图 5-20　绿化的栽植形式

5.6.3　工厂道路绿化

厂区道路绿化的功能应是遮阴、吸尘、防噪、间隔车带和美化厂容。通道内道路两侧多布置地上和地下管线，在管线设计时，要事先留出种植树木的位置。关于场地道路绿化见本章5.5节内容。

5.6.4　厂区周边绿化

厂区周边绿化，以往称为卫生防护地带绿化。在生产工艺和技术装备日趋进步的今天，生产中排出的有害物质的浓度已大幅度减少，不需要再规定工厂与居住区间有较宽的卫生防护地带。现代大型钢铁厂，也只需要周边留有不小于50m的绿地。

厂区周边绿化的功能是吸滞烟尘、吸收有害气体和减弱噪声，因此，要根据工厂生产的性质栽植一行至数行密集的林带，其树种应选用具有抗性的乔木、灌木和草皮。

工厂绿化布置实例见图5-21、图5-22。

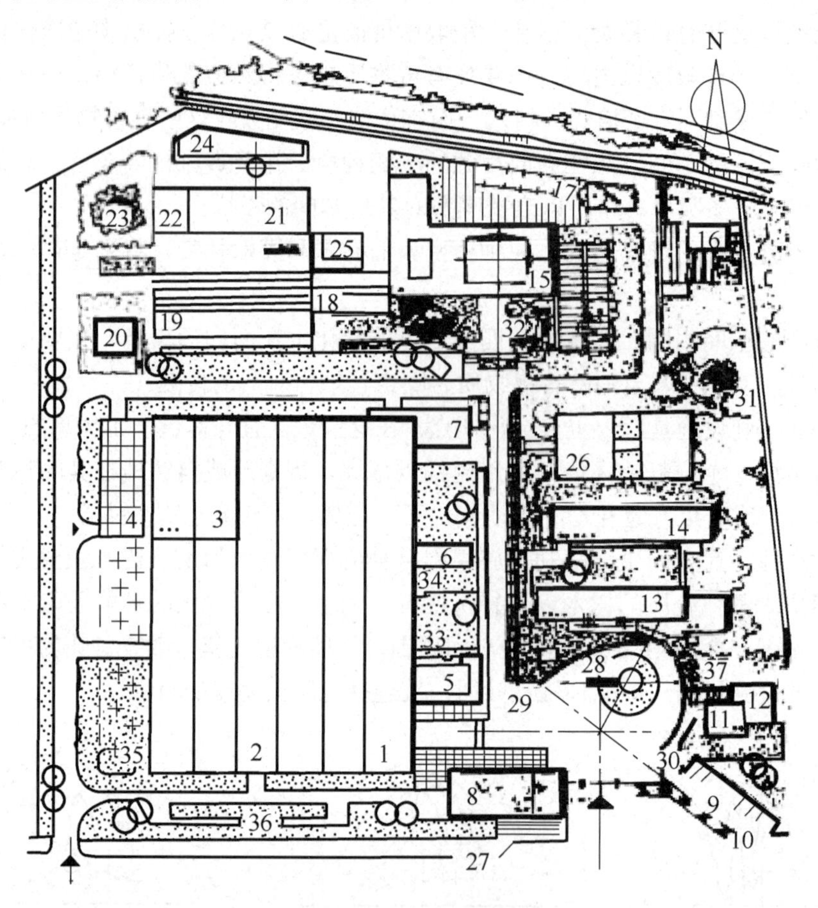

图5-21　工厂绿化布置示例

1—主厂房；2—辅助与修理；3—综合仓库；4—栈台；5—生活服务中心；6—办公楼；7—文化、休息中心；8—对外业务；9—存车处；10—值班员休息室；11—医务室；12—哺乳室；13—厂办公大楼；14—科教、实验；15—食堂；16—花房；17—菜棚；18—浴室；19—汽车库；20—变电；21—锅楼房；22—泵房及办公、生活室；23—水塔；24—煤堆；25—灰场；26—球场；27—界墙；28—小品；29—灯柱；30—宣传栏；31—亭；32—水池；33—蒸箱及活动小院；34—外楼梯兼修理梯；35—预留发展；36—休息廊；37—梯

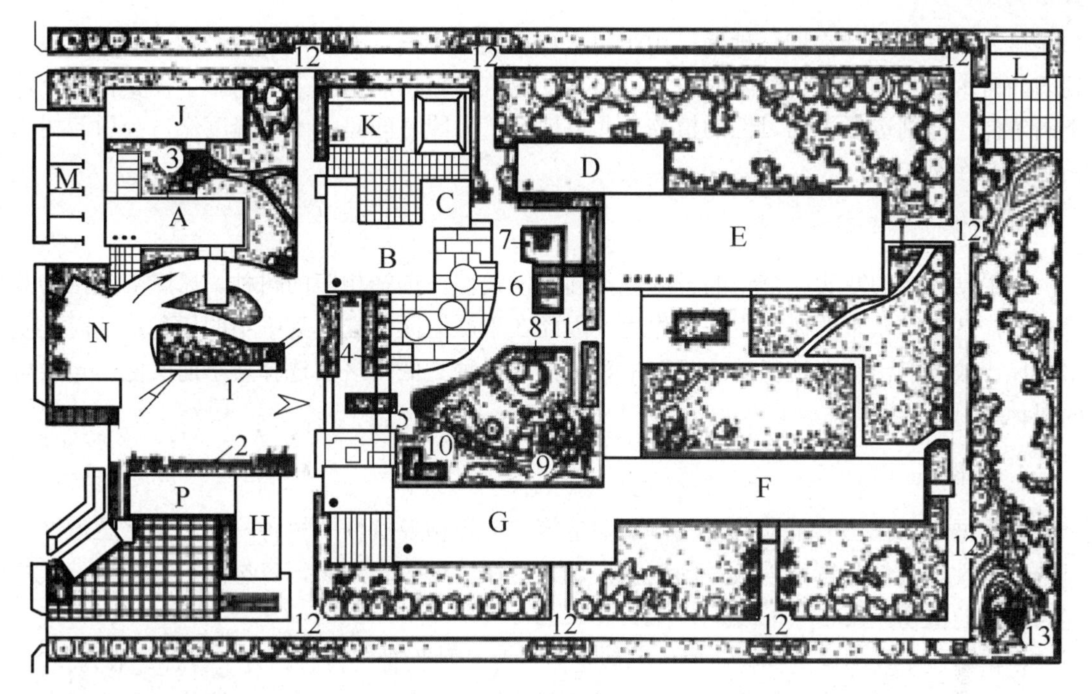

图 5-22　某仪表元件厂厂区绿化

1—旗杆；2—光荣榜；3—晒衣架；4—爬藤架；5—灯柱；6—露天餐厅凉台；7—水池(冷却水)；8—凳椅；9—假山石；10—花池；11—下沉式花圃；12—路端对景绿化；13—假山与亭子
A—厂部办公楼；B—单身宿舍；C—浴池；D—空调机房；E、F、G—生产厂房；H—总仓库；J—单身宿舍；K—锅炉房；L—花房；M—自行车棚；N—汽车停车场；P—汽车库

5.7　树种的选择

5.7.1　选择树种的因素

选择树种时，要考虑以下因素。

1. 土壤

土壤是植物生长发育的基础，是保证植物生长健壮的重要条件。要根据不同的土层厚度、酸碱度、密实度和含水量等因素选择不同的树种。

土层厚度，如浅于 40cm 时，可种植草皮；50～100cm 时，可种植灌木或浅根乔木；深于 100cm 时，可种植高大乔木。

一般植物易生长在密度为 1.5g/cm^2 的土壤中，板结的土壤，对植物根系的生长产生机械抗阻，这时，要选择抗土壤板结能力较强的植物。

黏性土壤或地下水位较高的土壤，含水量较高，要选择耐水湿的植物，以免烂根。

2. 日照

不同的纬度和海拔，大气中的云量、水蒸气饱和度和尘埃量也不同，对日照的时间和照度不一样；即使在同一地区，由于树木种植朝向不同，对日照也有影响。同一地区，朝阳的树木，阳光充沛；朝阴的树木，阳光受建筑物阻挡而常年处于阴影下，要根据上述不同条件，分别选择不同习性的植物。北方地区，日照时间短，土壤温度低，会引起树木枯梢，甚至死亡。

3. 气候

应根据气温的寒暖、空气的干湿等不同气候条件，选择相应的树种。风影响到植物蒸腾作用，从大陆吹来的风产生干燥作用，因此在干燥地区要选择耐干旱的树种；从海洋吹来的风比较湿润，沿海地区要选择深根和耐盐的树种。低雷区要选择矮小而又能迅速导电的树种等。

4. 抗性

应根据工厂排出的不同有害气体和烟尘等，选择相应抗性的树种。在污染严重地区，可选择抗性较强但吸毒能力较差的植物；反之，在污染较轻地区，可选择抗性较差但吸毒能力较强的植物。

根据上述主要因素选择树种时，一般选定少数几种为骨干树种，骨干树种一般为乔木。在满足各种功能的要求下，搭配一定数量的其他树种，使乔木、灌木、草皮和攀缘藤木有合适的比例，形成丰富多彩的绿化空间。还要做到：常绿树和落叶树、速生树和慢长树之间要有适当的比例。常绿树一般价格较贵，但落叶树过多，秋、冬季会因为树叶落尽而丧失绿化功能，同时增大了清扫工作量。速生树可以早日见到效果，容易成荫成材，但寿命较短，更新期也短。比例一般为，落叶树和常绿树为2∶1，乔木和灌木为3∶1；速生树和慢长树为3∶1。

5.7.2 常用绿化树种和草种

我国土地辽阔，地形有平原、盆地、丘陵、山地和高原之分，气候有寒温带、中温带、暖温带、亚热带和热带之分。自然条件相差悬殊，植物种类繁多，在实际选用时，应结合当地的条件，因地制宜地选择绿化树种和草种。

在选择时，还应考虑树种的生长地区、气候条件、土壤特性、环境污染程度、植物习性及经济效益等。

工厂绿化选择抗毒树种见表5-3。

表5-3 抗毒树种

气体名称	抗性极强	抗 性 强	抗性一般	抗 性 弱	抗性极弱
二氧化硫	刺槐、杨树、夹竹桃、黄杨、构树、桑树、无花果、向日葵、石竹、菊花、柑橘	青桐、海桐、蚊母、臭椿、石榴、白腊、蜀葵、美人蕉	紫荆、苹果、棕榈、郁李、鸢尾	白榆、水杉、悬铃木	雪松、黑松、樱花

续表

气体名称	抗性极强	抗性强	抗性一般	抗性弱	抗性极弱
二氧化碳及酸雾	龙柏、香樟、黄杨、珊瑚树、构树、桑树、刺槐、臭椿、八仙花、无花果	棕榈、枫杨、乌桕、石榴、合欢、月季、连翘	迎春、龙柏、夹竹桃	黑松、白榆、悬铃木	水杉
氯化氢	苦楝、龙柏、杨树、桑树、刺槐、无花果、小叶女贞、日本樱花、向日葵、美人蕉、紫茉莉、橡树、槐树	合欢、紫薇、红叶李、丁香、锦带花、白腊、乌桕、海桐、瓜子黄杨、蜀葵、栀子花、棕榈	白榆、女贞、夹竹桃、腊梅	广玉兰	黑松、雪松
氯气	接骨木、木槿、乌桕、紫荆、合欢	臭椿、刺槐、枫树、石榴、泡桐、苦楝、丝棉木、锦兰	黑松、白榆	香樟	广玉兰
二硫化碳	香樟、枇杷、棕榈、苦楝、石榴	黄杨、龙柏、小叶女贞	青枫、木香、紫薇、悬铃木		
醋酸	接骨木、夹竹桃				
水杨酸	苦楝、石榴、臭椿、悬铃木	棕榈、龙柏			
苯	月季(某些品种)、桑树、构树、无花果、黄柏	香樟、棕榈、广玉兰、悬铃木			
铅		香樟、无花果			
硝基苯		苦楝、臭椿			
氟化氢	龙柏、罗汉松、构树、夹竹桃、桑树、无花果、丁香、竹叶椒、黄莲木、柳榆、小叶女贞、葱兰、木芙蓉	黄杨、珊瑚树、蚊母、柳杉、海桐、腊梅、杜仲、胡颓子、银杏、通通木、石榴、枣树、柿树、毛蕊(中草药)	白榆、三角枫、紫荆、丝棉木、枫杨、蜀葵、丝瓜	合欢、桂花、海棠、杨梅、桃树、黑松、枇杷、白杨、扁柏、悬铃木	垂柳、雪松
氰化物		桑树、杨树、无花果、香樟、夹竹桃、珊瑚树、蚊母、龙柏			
氧化锰及臭氧	枇杷	香樟、海桐、日本女贞、海州常山、枫杨、夹竹桃、银杏、葡萄			

续表

气体名称	抗性极强	抗 性 强	抗性一般	抗 性 弱	抗性极弱
硫化氢	罗汉松、构树、蚊母、樱花、瓜子黄杨、月季、羽叶甘兰	夹竹桃、龙柏、悬铃木、黄杨、白榆、桑树	石榴	桂花	
氧、氯化锌		黄杨、女贞、夹竹桃、白杨、加杨	悬铃木	棕榈、杜仲、广玉兰	
砷化氢、三氧化二砷		夹竹桃		白杨	
醋酸、醇乙醛		喜树、枫杨、柳树、梓树	樱花	枇杷、桂花、海棠、白玉兰、香樟	雪松
粉尘		夹竹桃、白杨、构树、无花果、臭椿、蚊母			

注：本资料由原上海园林处绿化科研组提供。

5.8 绿化的技术要求

工厂绿化设计时，要考虑以下技术要求。

5.8.1 植物的株行距

树木合理的株行距应根据树木生长的快慢、树冠大小、苗木规格等因素决定，快长树的株行距可以适当大些；反之，慢长树应适当小些。树冠大的株行距可相应大些；反之树冠小的相应小些。苗木规格大时，株行距可放宽，苗木规格小时可缩小。有特殊需要时，如在重要建筑物前或是考虑交通的需要，可以适当放宽株行距。

为了早日发挥树木绿化的效果，早期可以密植，采用定株后间距的 0.5 或 0.25 栽植，以后再移。快长树的株行距，一般可以采用 4～8m，慢长树可以采用 3～7m。树冠小的植物，株行距一般采用 3～4m。上述间距，当采用大规格苗木时，可适当放宽。

5.8.2 植物与建(构)筑物及地下管线的最小水平间距

树木距地下管线过近，将影响其生长发育，而且在管线施工和检修时，树木将受到损伤；树木距地上管线过近，则将经常修剪，且树木的高度也受到地上管线的限制。为此，树木与地上、地下管线间应有合理的间距。植物与建(构)筑物及地管线的最小间距，一般可按表 5-4 选用。

表 5-4　树木与建(构)筑物及地下管线的最小间距

建(构)筑物及地下管线名称	最小间距/m	
	至乔木中心	至灌木中心
建筑物外墙：有窗	3.0～5.0	1.5
建筑物外墙：无窗	2.0	1.5
挡土墙顶或墙脚	2.0	0.5
高 2m 及 2m 以上的围墙	2.0	1.0
标准轨距铁路中心线	5.0	3.5
窄轨铁路中心线	3.0	2.0
道路边缘	1.0	0.5
人行道边缘	0.5	0.5
排水明沟边缘	1.0	0.5
给水管	1.5	不限
排水管	1.5	不限
热力管	2.0	2.0
煤气管	1.5	1.5
氧气管、乙炔管、压缩空气管	1.5	1.0
电缆	2.0	0.5

注：1. 表中间距除注明者外，建(构)筑物自最外边轴线算起，城市型道路自路面边缘算起，公路型道路自路肩边缘算起，管线自管壁或防护设施外缘算起，电缆按最外一根算起；

2. 树木至建筑物外墙(有窗时)的距离，当树冠直径小于 5m 时采用 3m，大于 5m 时采用 5m；

3. 树木至铁路、道路弯道内内侧的间距应满足视距要求；

4. 建(构)筑物至灌木中心是指灌木丛最外边的一株灌木中心。

5.8.3　绿地率及有关面积的计算

绿地率是反映场地绿化用地与场地用地的比率，以%表示，计算公式如下：

$$C = \frac{a_1}{a} \times 100\%$$

式中：C——绿地率，%；

a_1——绿化用地，hm^2；

a——厂区用地，hm^2。

一般新建工厂，绿地率要求达到 20%；当工厂对绿化有特殊要求时，绿地率应高于 20%。国外有学者提出了“绿视率”的理论，使人感到最舒适的视野时，绿地率最好为 25%。

不同绿化布置的用地面积按表 5-5 计算。

表 5-5 不同绿化布置的用地面积

序号	绿化布置种类	用地面积(m×m)	图 式	备 注
1	单行乔木	2.0×长度	2.0	孤株栽植为 $4.0m^2$，群体栽植时以实际面积计算
2	双行乔木(并列栽植)	6.0×长度	6.0	
3	双行乔木(错开栽植)	5.0×长度	6.0	
4	单行乔木及一行绿篱	2.5×长度	2.5	
5	单行乔木及两行绿篱	3.0×长度	3.0	孤株栽植为 $1.5m^2$，群体栽植时以实际面积计算
6	单行灌木	1.2×长度	1.2	
7	单行绿篱	0.7×长度	0.7	

注：表中未列出的，如草坪、花坛、苗圃，按实际面积计算，其中种植的乔木或灌木不另行计算。

5.9 植物的栽植与养护

树木的成活与生长好坏，与树种选择恰当与否有关，也与苗木准备 、植树季节、栽植方法有关；同时，还与树木成活后的养护有关。因此，要重视植物的栽植与养护工作。

5.9.1 苗木准备

苗木质量是保证植树成活的重要条件，因此在选择苗木时，除要符合设计提出的苗木规格外，还要注意选择树形端正、根系发达、生长健壮、无病虫害和被机械损伤的苗木。苗木挖掘时，要注意勿伤主根系，保持其完整性。根系的大小，如不留土球时，乔木为其胸径的 10 倍左右，灌木为树高的 1/3 左右；常绿树带有土球时，按其胸径的 10 倍左右考虑。

苗木应随挖、随运、随栽，苗木在运输过程中，要保持一定水分，而且要注意勿受损伤。苗木运到现场，如不能及时栽植时，要将露根苗木临时埋土盖严，或均放于假植沟中，将根部埋入土中。

苗木在栽植前要修剪树枝，分枝点的高度，绿地树木一般为树高的 1/2～1/3，行道树最好在 2.5m 以上。

大树移栽，对树木的选择应比一般苗木更为严格。根部要保留土球，其直径为胸径的 7～10 倍。土球外套以蒲包，绕以草绳，或装入木箱中。树木装入汽车，要固定住，勿使滚动

擦伤树干。最近，国外已使用专门移植大树的移植机，保证了移植的质量，而且也提高了工作效率。

5.9.2　植树季节

合适的植树季节因不同地区和不同树种而有所区别，要选择树木生命活动最微弱的时候移植。

东北地区，植树季节最好是在秋季树木落叶后、土地封冻前；华北地区，以春季种植为宜；华东地区，大部分树木可在冬季 11 月上旬树木落叶后至 12 月中、下旬，以及春季 2 月中旬至 3 月下旬树木发芽前种植；南方地区可以在 2、3 月份发芽前，或在 4～10 月新叶长出老化后种植。

即使在同一地区，也因为树木特性不同，按其发芽先后来安排种植的先后。

5.9.3　栽植方法

要根据施工图纸上标明的位置在现场放线定点，然后刨栽植坑，栽植坑规格见表 5-6，土质不好，或过黏、过硬，应比表列数字适当放大。大树的坑径，分别比土球或木箱大 30～40m 和 50～60cm，坑深比土球或木箱深 20～30cm。

表 5-6　栽植坑规格表

序　号	乔木胸径/m	灌木高度/m	常绿木高度/m	绿篱高度/m	坑径×坑高/cm
1			1～1.2	1～1.2(单行)	50×30
2		1.2～1.5	1.2～1.5	1.2～1.5(单行)	60×40
3	3～5	1.5～1.6	1.5～20		70×50
4				1～1.2(双行)	80×40
5	5～7	1.8～2.0	2.0～2.5		80×60
6				1.5～1.8(单行) 1.2～1.5(单行)	100×40
7	7～10	2.0～2.5	2.5～30		100×70
8				1.5～1.8(双行)	120×50
9			3.0～3.5		120×80

栽植坑坑壁宜直立，不得上大下小或上小下大。

填土前先施基肥，最好为有机肥料，每坑 10～20kg。填入的土质要经过筛选，除去石块、瓦砾以及其他有害物质。树基周围要围以树堰，直径一般为 60～110cm，高出地面约 30cm。较大规格的苗木，应在栽植后设支柱支撑。

5.9.4　树木养护

树木养护工作包括浇水、施肥、修剪、打药和除草。树木栽植后，要使土壤经常保持一定的水分。一般在栽植后的 3～5 年内，要连续灌水，南方地区更应注意；以后可以逐年减少，每年灌水1～2次。

场地内可以铺设专门灌水的管道，每隔20～30m设一阀门，接出胶管以利灌水；有条件时，可设喷灌器均匀洒水。

施肥的目的是强壮树势和改良土壤。基肥施于落叶后至发芽前，追肥施于发芽后至秋季前。施肥的方法有面施、沟施、穴施、发根外施4种。

修剪的目的是既保持主干的长势，又适应其天然树形。对要求有观赏的植物，可修剪成圆柱或圆锥体。修剪后的树形，应整齐高低协调，树冠对称。在架空线下的树木，剪修掉过高的树枝，保持一定的间距。修剪的方法有疏枝、短截、剥芽等。

打药和除草的目的是根治病虫害，除净杂草，使树木健康生长。

绿化管理人员应按绿地面积大小配备，一般小于10万m^2的设2人，大于10万m^2的按每10万m^2设1人考虑，道路按每千米2～3人考虑。机具有打药机、洒水车、剪子、油锯等。

5.10 草　　坪

5.10.1 草坪设计的内容

种植草坪是场地绿化的重要组成部分，特别是在不适于种植乔、灌木的场所，如管线带上、道路交叉口和平交道口视距范围内，应尽可能地种植草坪，减少地表裸露面积。

草坪设计包括平面布置及其图形、草种选择及其铺设等。

草坪铺设地点，在总平面布置时应统一考虑。草坪的图形，要结合场地总平面布置，可以设计为单体图形或单体图形组合的复合图形，见图5-23。图形设计要和周围群体建筑、广场、小游园组成有机的整体，力求达到发挥草坪功能与美化厂容的统一。

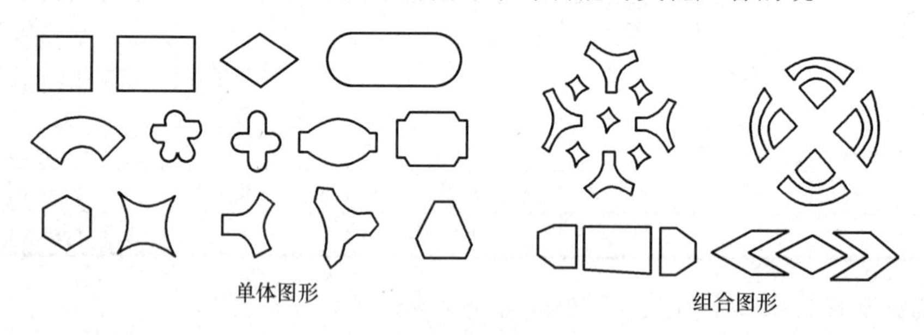

图5-23　草坪单体及组合图形

草种的选择应适应当地气候、场地排出有害物质的种类，选用生长迅速、覆盖率高、能抵抗病虫害、耐践踏、成本低廉和容易维护的草种。

5.10.2 草坪的种植

种植草坪时，要先平整场地，场地的坡度一般为0.3%～0.5%；在自然式庭院中，场地坡度可达10%。地表土壤如适宜栽植时，则应翻耕20～30cm的表土，沙质土壤可适当浅一些。树和无用的构筑物应清除。表土层的土块应打碎，石块和瓦砾等应除去。如表土不适宜于栽植时应换土，换土厚度约 30cm。土地平整后，可先施基肥。大面积草坪应事先做好盲沟或排水暗管，灌溉用的给水管道也应事先铺设。

草坪的种植有 3 种方法：播种、栽根茎和铺草块。

播种即利用种子繁殖。草籽先浸水发芽、选种、晾干，然后拌以细砂土，均匀撒播。撒播时土壤要含有一定水分，过干时可喷水。草籽播好后，上覆盖一层细砂土，厚度不小于 75cm，再用石碾轻压。播种后即可喷水，水点要细而均匀，以后要经常保持土壤湿润，经历 30～40 天后即可形成草坪。每公顷草坪需要的草籽量依草种不同而有差异，一般为 75～150kg。播种一般在春季进行。这种方法的优点是成本低，长成后的草坪生命力强，缺点是管理要求细致，杂草容易侵入，而且形成草坪的时间较长。

栽根茎即利用匍匐根及茎栽植，一般有点栽和条栽两种方法。点栽即用花铲挖成间距为 15～20cm、深 6～7cm 的点坑；条栽即拉成间距为 20～25cm、深 5～6cm 的条沟。将草根分开，分别埋入坑内或沟内，上覆土，不使草根露出，然后用石碾轻压 3 遍，再浇水。每平方米的根茎可栽约 $2m^2$。栽植根茎一般在春季进行。这种方法成本低，管理粗放，生命力较强，形成草坪的时间较快，但杂草容易侵入。

铺草块即带土移植草坪。将草坪切成 20～30cm 的草块，厚 5～7cm，送至现场，现场应事先用木桩打成方格，拉上水平的线绳，使其和设计标高一致。然后按线绳的高度铺放草块，草块顶面标高垫土找齐，脚踏上时无高低的感觉。草块间要挤紧，块缝力求错开，缝间填以细土。草块随铺随拍打，再用石碾轻压一遍，就可灌水。一般 10～15 天即形成新的草坪。这种方法形成草坪最快，杂草也可事先除去，但成本高昂，且生命力较弱。

5.11　场 地 美 化

5.11.1　群体建筑艺术

场地总平面布置除了满足使用功能外，还要遵循“适用、经济、在可能条件下注意美观”的原则。

建筑场地是由建(构)筑物、交通运输线路、工程管线、广场、绿化及建筑小品等构成的场地群体建筑。运用一般建筑构图的法则，采用必要的建筑手段，以满足对尺度、比例、对称、均衡、统一、对比等艺术处理上的要求，这就是场地群体建筑艺术必须研究的课题。随着我国现代化建设的发展，场地群体建筑艺术正日益为人们所重视。

场地群体建筑艺术处理包括以下几方面内容：群体空间的形成及其处理、建筑线的应用、个体建筑的体形及立面处理、色彩的运用等。

1. 群体空间的形成及其处理

每一场地都包含着若干相互联系的建设项目，同一建设项目中的若干建(构)筑物、交通运输线路、工程管线、绿化等构成了一个一个领域的空间，这个空间称之为群体空间。群体空间具有一定的范围、形状、大小、高低、色彩、气氛等特征。

根据使用功能的需要，群体空间可以为闭锁空间或开敞空间。闭锁空间多用于要求独立、安静的环境，而开敞空间给人以较为完整的群体空间形象。若干相互联系的闭锁空间或开敞空间，采用渐变或突变的过渡手法，使它们连续起来，可以形成一个统一而完整的形象。

可以利用空间景物产生层次观感效果的规律，确定主题建(构)筑物(近景)及作为背景(中、远景)的其他建(构)筑物或自然环境，构成一个多层次而又相互连续的建筑群体空间景象。

2. 建筑线的应用

总平面布置中，建筑一般多沿建筑线排列，形成一个整齐、规则的群体建筑空间。但在沿一条较长通道的两侧都这样布置时，就会产生呆板的感觉。如在成排的建筑群中，个别建筑物根据其功能和体形，如聚散人流较多的礼堂或道路交叉口四侧的建筑等，采取从建筑线后退的布置，这样形成前后参差、左右错落的布置方式，反而可以使局部空间产生收、扩的效果。山区总平面布置，可以依据地势，采取斜交、斜列、向心、放射等布置图形，既可收到减少土石方工程量的效果，也会得到比较完美的艺术效果。

通道的宽度要与其两侧建筑物的高度相协调，通道过窄会产生狭窄的感觉；反之，会产生空旷的感觉。同样，通道两侧都布置架空管线时，也会产生狭窄的感觉。

前后交错布置建筑物时，在较宽的部位可以布置广场、绿地、花坛等；也可以利用横跨通道的架空管线、运输机通廊，以及在通道终端布置高耸建(构)筑物来丰富街景。

3. 个体建筑的体形及立面处理

工业建筑在满足使用功能、体现生产性质的基础上，在体形和外部形象上也要尽可能地进行加工，使之得到较好的艺术效果。

应尽可能地将与之有关的辅助性建筑与主要建筑合并或组合，并用简单的平面图形。生活福利用房也可贴建于厂房面向道路的一侧，既方便使用，又丰富街景。

场地建筑的立面处理应反映所在地区的自然气候条件、建筑材料和结构形式的特点。

相邻建筑物间的体形及立面处理应尽可能协调。

4. 色彩的应用

色彩的运用不仅是为了建筑艺术处理上的需要，而且也是为了使用功能上的需要。现代建筑中，建筑物采用不同颜色的围护结构来区别不同的建筑特性，工程管线也涂以不同颜色来区别输送的不同介质。色彩的运用也可以起到警戒和安全的作用，交通工具和道口等采用醒目的黄色，可以引起行人的警觉。

建筑色彩有冷、暖之别，红、橙、黄色能给人以热烈、温暖的感觉；蓝、白色能给人寒冷、凉寂的感觉。一般说来，淡色使人感到远、虚、轻，深色使人感到近、实、重，色彩有动、静之异，互补色对比性强，使人感到跃动，同类色柔和谐调，使人感到宁静，建筑色彩要给人以和谐的感觉，一般是应该单纯而不单调、丰富而不杂乱、鲜艳而不污浊，所以处理建筑物色彩时，应该从群体建筑色彩的谐调出发，多考虑对人的身心健康有益、对场地环境增美有益。

5.11.2　建筑小品

场地建筑小品有宣传报、布告栏、画廊、标语牌、栏栅、灯柱、花坛、水池、雕塑、桌椅等，点缀并衬托场地群体建筑和美化环境。建筑小品的布置与造型、材料、构造、色彩等均需从属于主体建筑，并力求简单、实用、经济和美观。

建筑小品具有画龙点睛、提神醒目的作用，但要用得适宜。如有的在场地入口处适当地布置立体雕塑水池，易增开阔之感；有的场地在空地上布置假山，配以秀枝，颇有庭院特色。以水造景的建筑小品，见图 5-24。

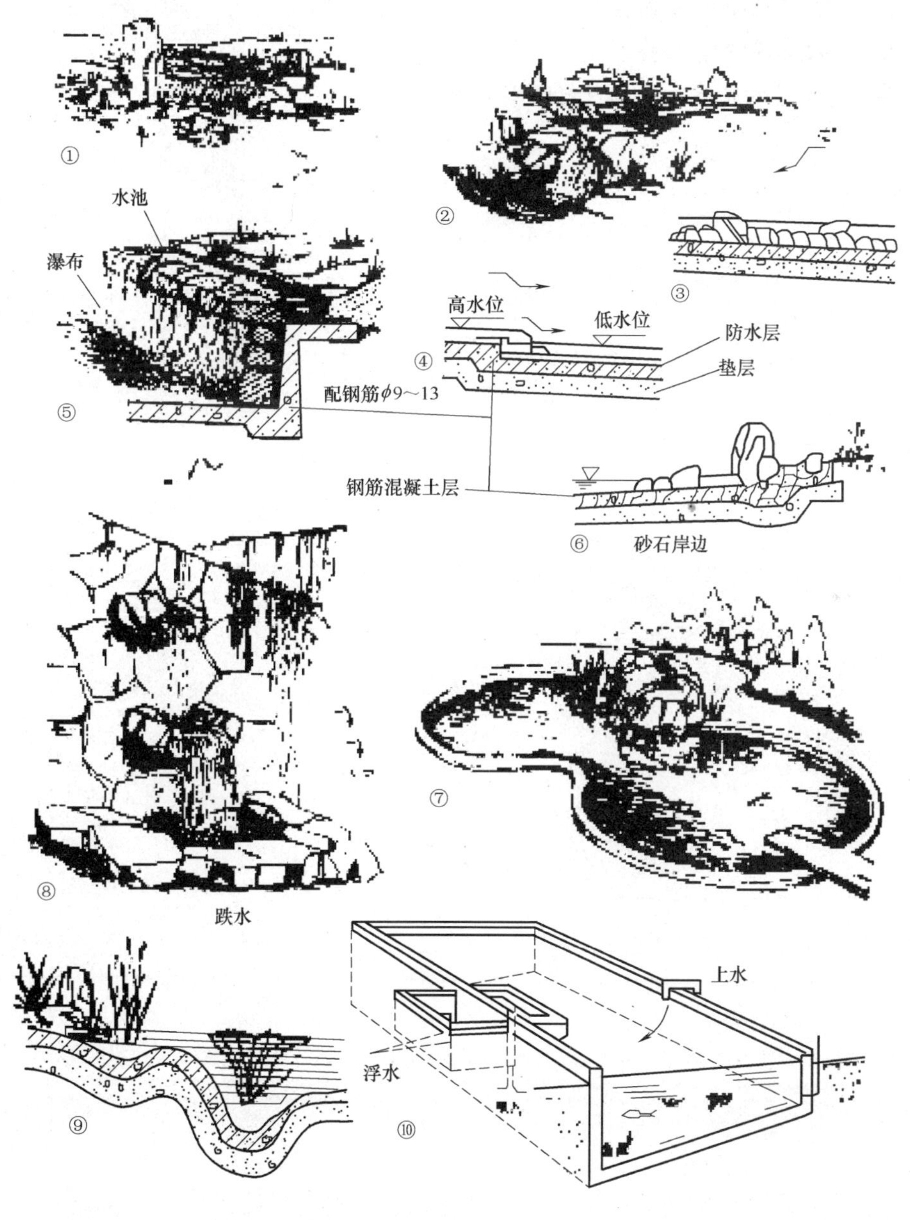

图 5-24　以水造景的建筑小品

复习思考

1. 场地绿化的作用是什么？
2. 绿化布置的要求有哪些？
3. 绿地的布置形式有哪几种？
4. 简述植物的分类及其配置的基本组合形式。
5. 居住区绿地的分类及其布置要求是什么？
6. 选择树种应考虑哪些因素？
7. 绿化的技术要求有哪些？
8. 群体建筑艺术及建筑小品包括哪些内容？

第6章　场地竖向设计

本章主要阐述场地竖向设计的概念、内容及基本要求，场地竖向设计的阶段、深度和成果及设计的步骤和方法，设计形式及表示方法，台阶式的竖向设计，场地平土方式及其设计标高的确定，场地土方计算及土方平衡，建(构)筑物的竖向设计，场地排雨水及场地防排洪设计。

6.1　场地竖向设计的概念、内容及基本要求

6.1.1　场地竖向设计的概念

建筑场地的自然地形往往是起伏不平的，很难满足场地总平面设计中各种建构(筑)物、交通运输线路、场地排雨水对场地高程方面的要求。因此，就必须对场地的自然地形根据总平面设计的技术要求进行合理的改造，使改造后的场地能满足建(构)筑物、交通运输线路、工程管线的布置；有利于场地雨水的排除；能满足场地内外高程衔接的要求；能使场地土方工程量小，挖方和填方基本平衡；能使环境与周围生态环境相协调，……这种对场地地面、建(构)筑物、交通运输线路等的高程做出的设计与安排，称为竖向设计或竖向布置。

6.1.2　场地竖向设计的内容

场地竖向设计的任务是：充分利用和改造自然地形，选择合理的竖向布置形式，确定场地的设计标高，计算场地土方工程量。其具体内容如下。

(1)　选择场地的竖向设计形式和平土方式；

(2)　确定场地平土标高，计算土石方工程量，力求使场地土方填挖方总量为最小，并接近于平衡；

(3)　确定建(构)筑物、铁路、道路、排水构筑物、管线地沟、露天堆场、广场等场地的整平标高，并使之相互协调；

(4)　确定场地合理的排雨水方式和排水措施，使地面雨水能以短捷路径迅速排除，保证场地不受洪水威胁；

(5)　合理布置竖向设计必要的工程设施(如挡土墙、护坡等)和排水构筑物(如排洪沟、

排水沟等)，并委托有关专业设计。

6.1.3 场地竖向设计的基本要求

进行场地竖向设计时，应满足下列技术要求。

1. 满足使用功能或生产工艺对高程的要求

不同的使用功能或不同的生产工艺流程对场地高程的要求是不同的，如选矿厂，为了便于物料的输送，原矿、粗破碎、中破碎、细破碎至粉矿仓的破碎工艺过程最好布置在 45°的坡地上，并采用阶梯布置。但对于钢铁联合企业中的冶炼车间，由于其铁水运输工艺要求场地坡度小、较平坦，因此，场地竖向设计的高差就要小；如果厂区采用阶梯布置，冶炼车间最好布置在同一台阶上，且与其他台阶间的高差应满足铁路线路的连接要求。对于民用建筑，应根据使用功能要求，合理确定场地高程，进行竖向设计。

通常情况下，为了充分利用地形，节约土方工程量，在满足使用功能对高程要求的条件下，往往把垂直于等高线方向的建筑物的尺寸定得小一些。

2. 适应场地内外运输和装卸作业对高程的要求

工厂运输是连接生产车间的纽带，是总平面布置和竖向设计的组成部分，特别对大型企业尤为重要。

工业场地标高的确定，应考虑到厂外铁路线路的接轨标高和厂内外铁路线路的纵坡要求，特别是在山区建厂，进入工业场地铁路线路的纵坡不宜过大(在某些情况下，工业场地标高受铁路线路纵坡的制约很大)。

当采用阶梯布置时，宜将联系密切的建(构)筑物布置在同一台阶上，以便布置交通线路。

当采用汽车运输、带式运输和其他机械运输时，相邻台阶或建(构)筑物间可采取较大的高差，一般可达 4～6m，个别可达 8m 以上。在山区建厂，应充分利用地形，使运输沿工艺流程自高而低。

竖向设计，应尽可能利用地形高差，创造方便的装卸条件，如高站台、低货位、高架卸车线、滑溜槽、半壁料仓、铁路站台、汽车站台、凹槽站台和卸货栈桥等。

3. 满足场地安全要求

使场地不被洪水、潮水、内涝水淹没。滨水场地标高应符合《防洪标准》(GB 50201—2014)的要求；山地、丘陵地区的场地标高应根据场地内外汇水情况确定。

4. 节约土石方工程量

利用地形节约土石方工程量，不但可减少投资，而且可加快建设进度，对山区建厂更为重要。总平面布置应同竖向布置统一考虑，因地制宜，充分利用地形，确定竖向布置形式，合理确定场地及建(构)筑物的设计标高，力求土石方工程量最小，并使填、挖方接近平衡。

5. 符合地形和地质条件

在平坦地区，建(构)筑物布置宜与地形等高线稍成角度，以利场地排水；在山坡地区，建(构)筑物纵轴宜顺等高线布置，以减少土方和基础埋设深度，便于交通联系。同时应避免贴山过近，以减少削坡土方工程量、挡土墙或护坡工程。

建(构)筑物应布置在地质良好地段，避开不良地质地段。对地下水位高的地段，尽可能避免挖方，对场地上层土质比场地下层土质好的地段，也应避免挖土，当建(构)筑物有大量地下工程时，可利用场地低洼地；当地形有条件时，可利用山头建立高位水池。

6. 考虑建(构)筑物基础埋设深度要求

确定填土深度时，应考虑建(构)筑物基础埋设深度，不应因填土过深而增加基础工程量。大中型企业的主要生产车间，建(构)筑物基础埋设深度一般为 2.5～4.5m，有的设备基础可达 4～6m 以上，其余的为 1～2.5m，但一般不小于 0.5m。对于民用建筑，其基础埋设深度可参考有关规定。

7. 湿陷性黄土地区竖向布置要求

在湿陷性黄土地区，建筑物周围 6m 范围以内的场地，平整后的坡度不宜小于 0.02，在建筑物周围 6m 以外，不宜小于 0.005；如不能满足此坡度要求或不利于排水时，应对周围地面进行防渗水处理。对于填方的部分，应分层夯实，使干密度不小于 $1.5g/cm^3$。

建筑物以外场地，尽可能利用天然地形，充分利用天然排水路线，场地平整后的坡度不宜小于 0.005。

建筑物防护范围内不宜布置雨水明沟；否则，应做成不漏水的。当场地的雨水由明沟或路面排水时，其纵向坡度不宜小于 0.005。

当建筑物处于下列情况之一时，应采取措施使地面和屋面雨水通畅地排入雨水排水系统。

(1) 建筑物邻近有露天吊车、栈桥、堆场或其他露天作业场时；

(2) 建筑平面为 E、U、H、L 等形状而造成封闭的场地时；

(3) 建筑场地邻近有铁路通过时。

山前斜坡上的建筑场地，应根据地形修筑截水沟，必要时，应采取防漏措施。

建筑场地铁路路基应有良好的排水系统，不得利用铁路道渣排水。

6.1.4　场地竖向设计的基础资料

竖向设计是在场地总平面布置的基础上进行的，主要基础资料如下。

1. 地形图

地形图是场地竖向设计的重要基础资料，表达了场地地物的平面位置和地貌的高低起伏形态。

场地地形图(建设用地的现状地形图)，比例尺一般采用 1∶500、1∶1000、1∶2000，并标 0.5～1.0m 等高距的等高线以及 50～100m 的间距纵横坐标网和地貌情况等；在山区考虑建筑场地外排洪问题时，为统计径流面积还要求提供 1∶2000～1∶100 000 的地形图。

2. 建筑场地的工程地质和水文地质资料

1) 工程地质资料

建设场地在通常情况下分为工程地质条件较好的场地和工程地质条件稍差的场地，由于工程地质条件的差异，对于场地处理也就不同，因此竖向设计必须有完整的工程地质资料，包括土层类别的性质，地基土层允许承载力，土层冻结深度，物理地质现象如冲沟、滑坡、岩溶、崩塌、沼池、高丘、断层、沉陷、地下古墓等。

2) 水文地质资料

水文地质资料包括场地水文地质构造，地下水的主要类型和特性，土层含水性、地下水位、水质等。

3. 总平面布置图

竖向设计是在场地总平面布置的基础上进行的，因此必须有场地总平面布置图。总平面布置图应标明地形和地物、测量坐标网和坐标值，场地施工坐标网和坐标值，建(构)筑物定位的施工坐标(或相互关系尺寸)、名称(或编号)、室内设计标高及层数，铁路、道路和排水构筑物等的坐标(或相互关系尺寸)，指北针或风玫瑰图，建(构)筑物采用编号时，还应列出建构筑物名称一览表、施工坐标网同测量坐标网的换算关系等。

4. 场地铁路和道路布置图

场地道路的平面图、纵断面图、横断面图，与建筑场地衔接的外部道路平面图、纵断面图、横断面图和控制点标高及道路纵坡、坡长等参数。

场地铁路的平面图、纵断面图、横断面图，与场地铁路接轨的接轨点坐标、标高，接轨铁路的平面、纵断面的资料及有关参数。

5. 场地排水与防洪规划资料

场地所在地面的降雨强度，场地地面雨水排除的流向及出口标高、坐标，雨水流向场地的径流面积。

对受洪水威胁的场地，应收集洪水频率的洪水水位，淹没范围，历史不同周期最大洪水位，历年逐月最大、最小平均水位等资料，场地所在地面的防洪标准和原有防洪设施，了解流向场地的泄水面积及流域内的土层性质、地貌及植被情况。

6. 地下工程管线的资料

地下工程管线的资料包括各种地下工程管线的平面布置图及其埋置深度要求、重力管线的坡度及坡向等。

7. 填土土源及弃土地点

当场地挖填方不能平衡时，应有取土土源或弃土地点的资料。

6.2　场地竖向设计的阶段、深度、成果及设计的步骤和方法

6.2.1　设计阶段

根据《建筑工程设计文件编制深度的规定》(2008 年版)，在建设项目决策以后，建筑工程一般分为初步设计和施工图设计两个阶段，大型及重要的民用建筑工程、工业建筑工程，在初步设计前应进行方案的优选，小型的技术要求简单的建筑工程，可以用方案设计代替初步设计。

6.2.2　设计深度及成果要求

1. 初步设计阶段竖向设计成果

初步设计阶段竖向设计成果包括以下内容。

1)　竖向设计说明书

竖向设计说明书应包括：概述场地自然地形、地貌的最低和最高标高，地形坡向、最大坡度和一般坡度，说明与竖向设计有关的自然条件因素，如不良地质构造、汇水面积、洪水位、降雨情况等。

说明决定竖向设计的依据，如与城市道路或公路衔接点、与场外铁路接轨点、干管的连接点标高、场地排雨水与防洪要求、土方施工要求、交通运输线路的技术条件、地形以及土方平衡的弃土或取土地点等。

说明场地竖向布置方式(平坡或阶梯式)、场地平整方案及场地雨水排除方式；采用独立排水系统的场地，应说明排水地点的地形、标高情况。

2)　竖向布置图

竖向布置图上必须标明场地的施工坐标网及其坐标值、施工坐标网与测量坐标网的换算公式、指北针或风玫瑰图，并绘出图例，图纸说明栏内应注明图面标注尺寸的单位、图纸比例、所采用高程系统的总称等。

初步设计阶段竖向布置图还需标明如下内容。

(1)　建(构)筑物的名称或编号，室内、外地坪设计标高；

(2)　场地外围的道路、铁路、河渠的位置及地面关键性标高；

(3)　道路、铁路和排水沟渠的控制点(起讫点、变坡点、转折点、交叉点等)设计标高及纵向控制坡度；

(4)　场地平整工程的竖向控制坡度(纵向、横向坡度)，并用坡向箭头表示地面坡向。

当场地自然地形平坦、土方工程量小、图面简单时，竖向布置图也可不单独绘制，有关需要表达的内容可绘在场地总平面布置图上。

3)　粗平土图

当场地整平改造及土方工程量较大时，在初步设计阶段，为了计算土方工程量及土方工程费用，必须计算场地挖方和填方土方工程量，通常采用粗平土图(见第 8 章图 8-33)。

4) 竖向设计的技术经济指标

竖向设计的技术经济指标主要有土方工程的挖方、填方工程量，沟渠、挡土墙、护坡等的长度、高度及其工程量。

2. 施工图设计阶段竖向设计成果

施工图设计阶段竖向设计成果包括场地平整图(或粗平图)、竖向布置图(场地排雨水图)，其详细内容见第 8 章 8.4 节。

6.2.3 场地竖向设计的步骤和方法

场地竖向设计是场地设计的重要组成部分，其工作程序与场地总平面设计相同，包括参加建设项目的决策、编制各个阶段的设计文件、配合现场施工并参加施工验收、进行回访总结等，具体设计步骤如下。

(1) 明确设计任务；
(2) 收集、核实、分析与竖向设计有关的资料；
(3) 确定场地竖向设计方案；
(4) 确定场地平土标高；
(5) 场地竖向的局部处理；
(6) 计算场地土方工程量；
(7) 进行场地排雨水设计。

6.3 场地竖向设计形式及表示方法

场地竖向设计的布置形式是指建筑场地各主要设计整平面之间的连接形式，根据设计整平面间连接方法的不同，竖向设计的布置形式通常可分为平坡式、阶梯式和混合式 3 种。

6.3.1 影响场地竖向设计的因素

竖向设计是场地总平面设计的一个重要组成部分，关系到场地的安全稳定，也直接影响到空间的组成。竖向设计一般是总平面设计之后进行的，不论平坦场地或坡地场地，都必须给出建(构)筑物的设计高程，进行场地排雨水设计，使建筑物与地形密切配合，以便创造出优秀的场地规划布局和建筑设计。当然，在坡地场地设计中，因地形、地质较复杂，支挡构筑物和排水构筑物多，竖向设计不仅难度大，而且关系到方案的可行性与场地开拓的经济性，所以竖向设计的重要性更为突出。影响场地竖向设计的因素主要包括以下几个方面。

(1) 自然地形坡度；
(2) 建设场地的宽度；
(3) 建筑物基础埋设深度；
(4) 建筑物使用功能和对场地宽度的要求；

(5) 场地采用的交通运输方式及其技术条件的要求；

(6) 建(构)筑物的密度；

(7) 各种管线的管网密度及其敷设要求；

(8) 场地工程地质和水文地质条件。

6.3.2 场地竖向设计的形式

1. 平坡式

平坡式就是把场地处理成接近于自然地形的一个或几个坡向的整平面，相邻整平面彼此之间连接处设计坡度和设计标高没有明显的高差变化，见图 6-1。

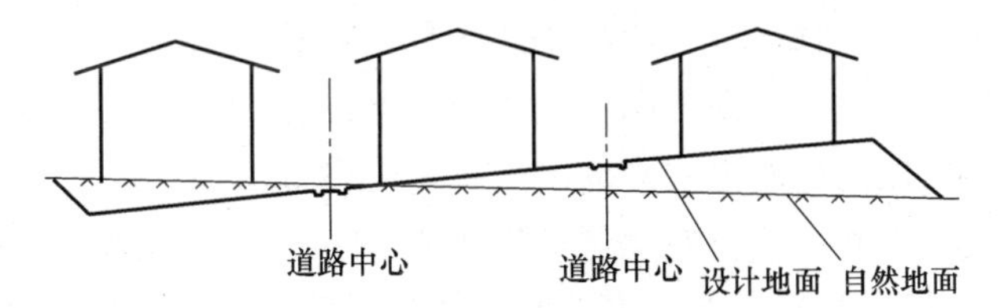

图 6-1　平坡式布置示意图

平坡式布置分下列 3 种类型。

(1) 水平型的平坡式，场地整平面无坡度。

(2) 斜面型的平坡式，场地整平面由一个或几个不同坡度的斜面组成，根据斜面的倾斜方向又分为单向斜面平坡和多向斜面平坡，见图 6-2。

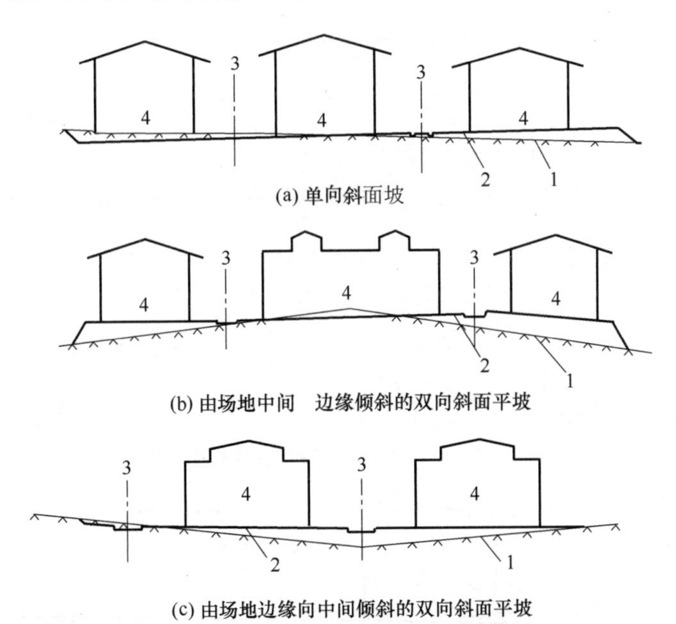

图 6-2　组合型的平坡式

1—自然地面；2—设计地面；3—道路中心；4—建筑物

(3) 组合型的平坡式，场地由几个接近于自然原地形的设计平面或斜面所组成，见

图 6-2。组合型平坡式分下列 3 种类型。

① 单向斜面坡。

② 由场地中间向边缘倾斜的双向斜面平坡。

③ 由场地边缘向中间倾斜的双向斜面平坡。

平坡式布置适用于下列情况：建筑场地地面自然地形坡度小于 2%的平缓地面；场地面积不大；建筑密度大；交通运输线路及管线密集；具有内排水的多跨度车间；地下水位高；对美化设施要求高；当场地自然地形坡度在 3%～4%之间，且场地的宽度较小时。

2. 阶梯式

阶梯式(台阶式)就是把场地设计成若干个台阶并以陡坡或挡土墙相连接而成，各主要整平面连接处有明显的高差，且高差一般在 1m 以上，见图 6-3。

阶梯式布置按其场地倾斜方向不同可分为 3 种形式：单向降低的阶梯、由场地中间向边缘降低的阶梯和由场地边缘向中间降低的阶梯，见图 6-4。

阶梯式布置一般适用于场地自然地形坡度大于 4%的地段，建筑场地的宽度较小、建筑物高差大于 1.5m 的地段，特别是在山区或丘陵地区建厂时，采用阶梯式布置比较适宜。

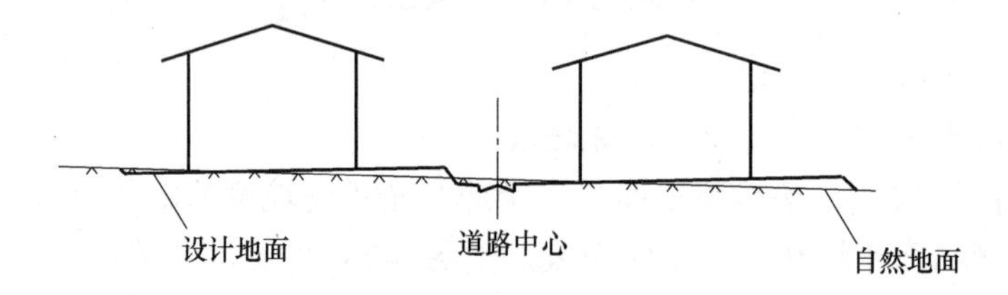

图 6-3 阶梯式布置示意图

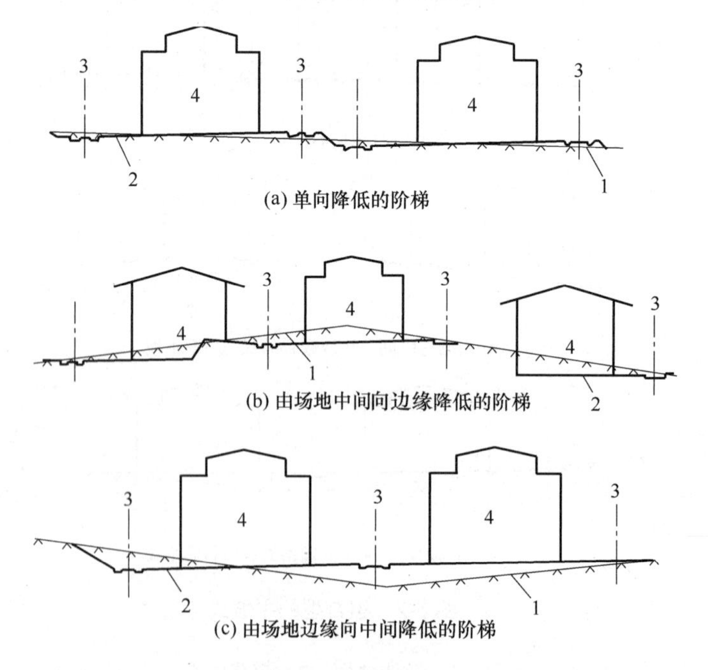

图 6-4 阶梯式布置的形式

1—自然地面；2—设计地面；3—道路中心；4—建筑物

3. 混合式

设计地面由若干个平坡或台阶混合组成。任意一种或几种平坡式与任意一种或几种阶梯式的混合。

6.3.3　竖向设计形式的比较

3 种竖向设计形式，各有利弊，在不同的地形条件下，经济效果也不一样，因之，在确定竖向设计形式时，必须进行认真的比较选择，见表 6-1。

表 6-1　竖向设计形式的比较

<table>
<tr><th colspan="2">分类名称</th><th>形式特点</th><th>形式比较</th><th>选用条件</th></tr>
<tr><td colspan="2">水平型平坡式</td><td>场地设计整平面无坡度</td><td>①能为铁路、道路创造良好的技术条件；②平整场地土方量大；③排水条件较差，往往需要结合排水管网</td><td>在自然地形比较平坦，场地面积不大，利用暗管排水，场地为渗透性土层的条件下选用</td></tr>
<tr><td rowspan="3">斜面型平坡式</td><td>单向斜面平坡式</td><td rowspan="3">场地设计整平面有平缓坡度，高差小于 1.0m</td><td rowspan="4">①能利用地形、便于排水；②可减少平整场地的土方量；③若两个坡面的连接处形成汇水形状，如 V、L 形时，此连接处需设排水明沟、雨篦井等，以便排水</td><td>在自然地形坡度较小，自然地面单向倾斜时选用</td></tr>
<tr><td>双向斜面平坡式</td><td>在自然地形中央凸出，向周围倾斜或在自然地形周围偏高，而中央比较低洼时宜选用</td></tr>
<tr><td>多向斜面平坡式</td><td rowspan="2">在自然地形起伏不平时宜选用</td></tr>
<tr><td colspan="2">组合型平坡式</td><td>场地由多个接近于自然地形的设计平面和斜面所组成</td></tr>
<tr><td rowspan="4">阶梯式</td><td>单向降低的台阶式</td><td rowspan="3">设计场地由若干个台阶相连接组成台阶布置，相邻台阶间以陡坡或挡土墙连接，且其高差不小于 1.0m</td><td rowspan="3">①能充分利用地形，可节约场地平整的土方量和建、构筑物的基础工程量；②排水条件比较好；③铁路、道路连接困难，防排洪沟、跌水、急流槽、护坡、挡土墙等工程增加</td><td rowspan="3">①在地形复杂、高差大，特别在山区和丘陵地区建厂采用较多；②在场地自然坡度较大，或自然地形坡度虽较小，但厂区宽度较大时，宜选用；③生产工艺有要求时，宜选用</td></tr>
<tr><td>由场地中央向边缘降低的台阶式</td></tr>
<tr><td>由场地边缘向中央降低的台阶式</td></tr>
<tr><td>混合式</td><td>设计地面由若干个平坡和台阶混合组成</td><td>平坡和台阶两种形式的优缺点兼有</td><td>当自然地形坡度有缓有陡时选用</td></tr>
</table>

6.3.4　竖向设计形式的选择

竖向设计形式应按照场地自然地形坡度、场地宽度、建(构)筑物基础埋设深度、交通运输方式及其技术条件等因素进行选择。

1. 按自然地形坡度和场地宽度选择

(1) 在自然地形坡度小于 3%、场地宽度不大时，宜采用平坡式布置；

(2) 当自然地形坡度大于 3%或自然地形坡度虽小于 3%但场地宽度较大时，宜采用阶梯式布置；

(3) 当自然地形坡度有缓有陡时，可考虑平坡式与阶梯式混合布置。

2. 按自然地形坡度、场地宽度与建(构)筑物基础埋设深度的概略关系式选择

一般情况下，当总平面布置和交通等条件许可且场地地形为单一斜面时(见图 6-5)，台阶宽度、自然地形和设计整平面横向坡度与填、挖高度存在下列关系：

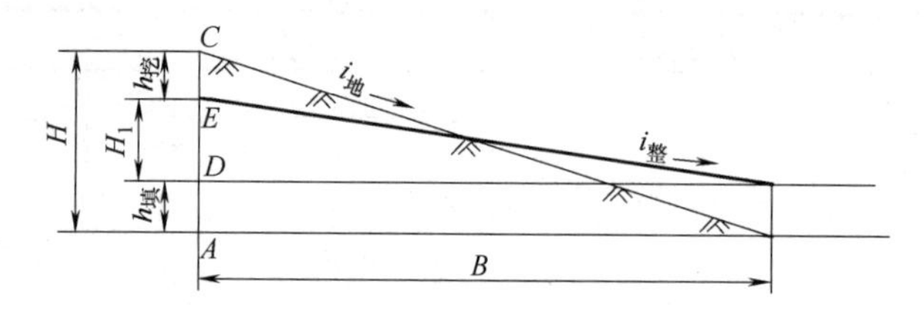

图 6-5　单一斜面时台阶宽度、坡度与填挖高度的关系

$$\sum H = H_{挖} + H_{填} = H - H_1 = \frac{B(i_{地} - i_{整})}{1000} \tag{6-1}$$

式中：H——自然地面 A 点和 C 点的标高差(m)；

$H_{挖}$——挖方高度(m)；

$H_{填}$——填方高度(m)；

H_1——设计地面 D 点和 E 点的标高差(m)；

B——场地宽度(m)；

$i_{地}$——自然地面坡度(‰)；

$i_{整}$——主要整平面坡度；该横向坡度可根据工艺、交通和场地排雨水等要求确定，一般在 0～20‰之间选用。

考虑土层松散系数和基槽余土的影响，为达到填挖平衡，场地土方的 $H_{挖}$ 和 $H_{填}$ 一般采用下列比例：

$$H_{挖} = (0.75\sim0.80)H_{填} \tag{6-2}$$

代入式(6-1)中得：

$$H_{填} = \frac{B(i_{地} - i_{整})}{1750\sim1800} \tag{6-3}$$

当 $H_{填}$ 小于基础埋设深度时，采用平坡式是经济合理的；当 $H_{填}$ 大于基础埋设深度时，由于填方较大，需要额外增加基础工程量，致使投资增加，这时要采用两个或多个台阶布置，台阶的数量、宽度和高度等的确定应根据总平面布置、交通运输线路布置、管线综合布置、场地绿化布置等，统一考虑其可能性和合理性。

为了直观地看出填方高度、场地宽度和自然地面横向坡度的关系，根据式(6-3)，假定

主要整平面$i_{整}=0$，$H_{挖}=0.8H_{填}$，制成图 6-6，可供当场地为单一横向坡度时，确定竖向设计形式时参考。

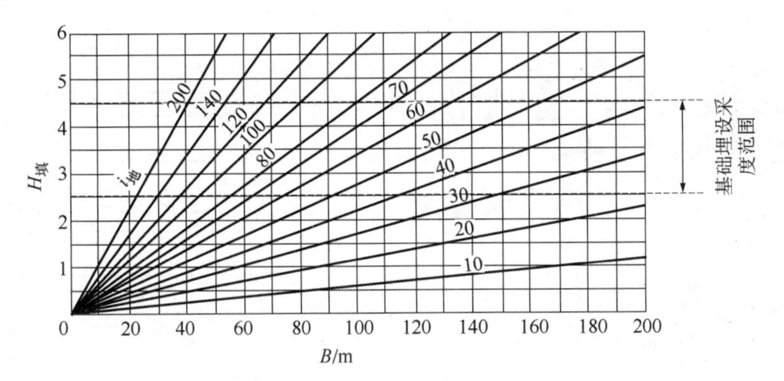

图 6-6　$H_{填}$、B 和$i_{地}$关系图

从图 6-6 中可以看出：当靠近填方坡顶地带无建(构)筑物基础时(如布置铁路、道路、堆场等)，可将查出的B适当放宽。

从图 6-6 可见，当$i_{地}$=20‰、基础深度为 2.5m、B在 225m 以下时，宜采用平坡式布置；反之，采用阶梯式布置。

当$i_{地}$=20‰、基础深度为 4.5m、B在 405m 以下时，可用平坡式布置。

6.3.5　场地竖向设计的表示方法

竖向设计常采用的表示方法有设计等高线法、设计标高法(高程箭头法)和纵横断面法 3 种。

1. 设计等高线法

设计等高线法就是将同一块场地设计标高相同的点用直线或曲线连接起来表示设计地面标高的方法。

1)　设计等高线法的原理

设计等高线类似于地形图的等高线，地形图的等高线是表示地貌的符号，表示地表面高低起伏的状态，包括山地、丘陵和平原。等高线是将地表面上高程相等的各相邻点在地形图上按比例连接而形成的闭合曲线，用以表达地貌的形态，见图 6-7、图 6-8。

2)　等高线的分类

为了便于表示和阅读地形图，按其特征可将等高线分为首曲线、计曲线、间曲线、助曲线等，见图 6-9。

首曲线(基本等高线)，是按规定的基本等高距绘制的等高线(0.15mm 的细实线)；计曲线(加粗等高线)，是从高程基准面算起每隔 4 根基本等高线加粗的等高线(0.3mm 的粗实线)；间曲线(半距等高线)，是按 1/2 基本等高距加绘的虚线，用来表示首曲线不能显示的地貌特征；助曲线(1/4 等高距等高线)，是用 1/4 基本等高距加绘的虚线。

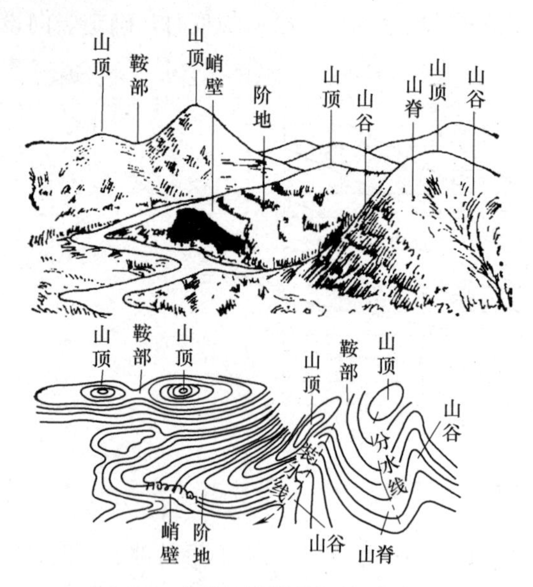

图 6-7　自然地形地貌与地形图

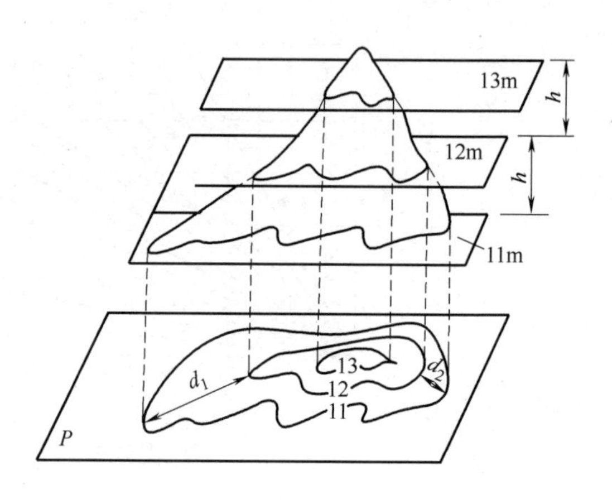

图 6-8　等高线(d_1、d_2为等高线平距)

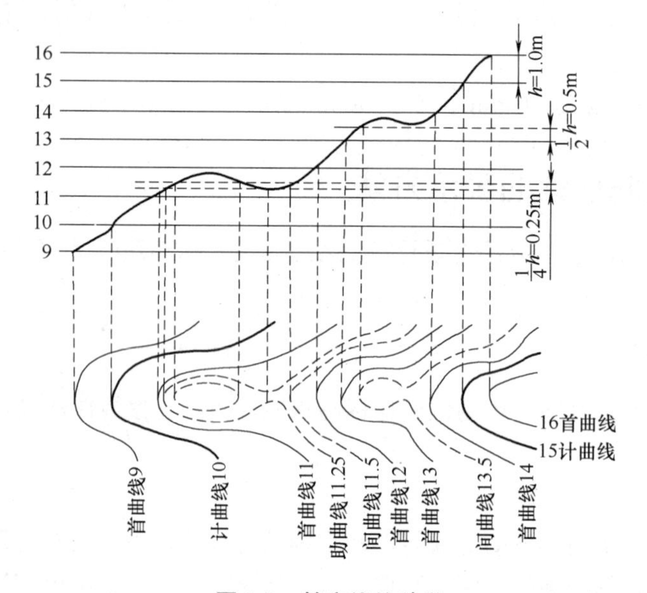

图 6-9　等高线的种类

3)　等高距和等高线平距

(1)　等高距。

地形图上相邻等高线之间的高差称为等高距，以 h 表示。地形图上等高距的选择与地形图的比例尺、地面坡度有关，见表 6-2。通常情况下，同一测区或同一幅地形图上的等高距是相同的。

表 6-2　地形图的等高距

单位：m

地面倾角	比 例 尺				备　注
	1∶500	1∶1000	1∶2000	1∶5000	
0°～6°	0.5	0.5	1.0	2.0	等高距为 0.5m 时，特征点高程可以 cm 为单位，其余均以 dm 为单位
6°～15°	0.5	1.0	2.0	5.0	
15°以上	1.0	1.0	2.0	5.0	

(2) 等高线平距。

地形图上相邻等高线之间的水平距离称为等高线平距，以 d 表示。等高线平距是随地势起伏而变化的，等高线平距愈大，则地面坡度愈小；等高线平距愈小则地面坡度愈大；等高线平距相等，则坡度相同。因此，根据坡度 $i=\frac{h}{d}$，通过地形图上等高线的疏密，可反映地面上坡度的陡与缓。

(3) 典型地貌的等高线。

地球上的地貌形态多种多样，了解和熟悉不同形态的地貌及其等高线特征(见图 6-10)，将有助于应用地形图进行竖向设计。

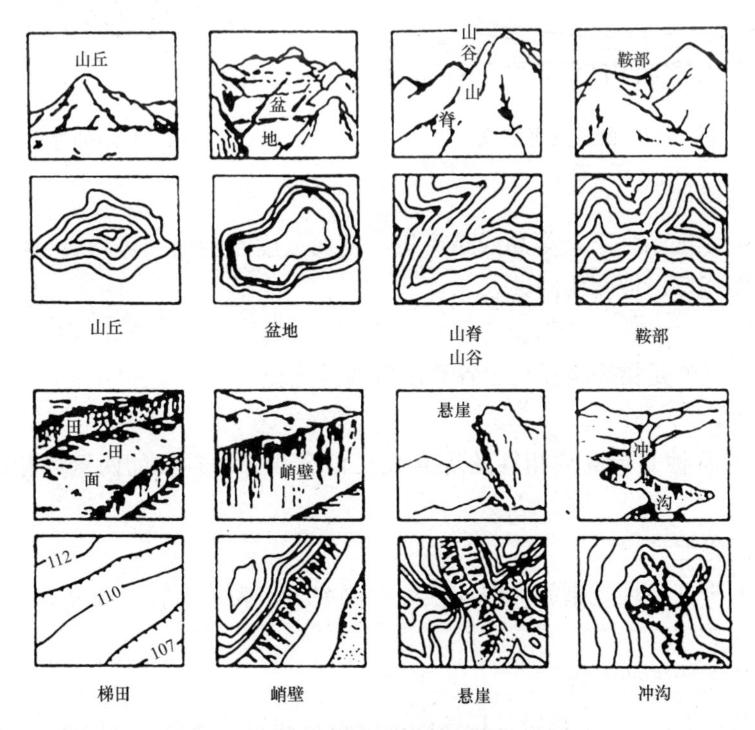

图 6-10　用等高线表示的典型地形

4) 等高线的特性

(1) 等高性。

同一等高线上各点的高程均相等，但高程相等的点不一定在同一条等高线上。

(2) 闭合性。

等高线是闭合曲线，不在图幅内闭合，就在图幅外闭合，不能在图中间断，而应中断于图框。

(3) 非交性。

不同高程的等高线不相交也不重合。除遇特殊地貌，如陡坎、峭壁处，等高线交集于陡坎或峭壁符号的两端，见图 6-11。在悬崖处等高线将相交，其交点必成偶数，且将被覆盖部分以虚线表示，见图 6-12。

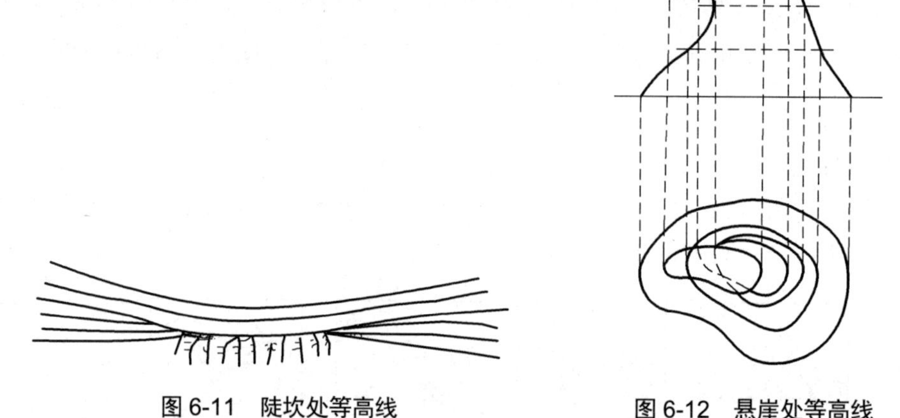

图 6-11　陡坎处等高线

图 6-12　悬崖处等高线

(4) 密陡稀缓性。

在相同等高距的条件下，等高线越密集，地面坡度越陡峻；等高线越稀疏，坡度越平缓；等高线平距相等，坡度相同。

(5) 正交性。

等高线的正交性是指等高线与山谷和山脊线呈正交。

(6) 对称性。

等高线的对称性是指高程相同的等高线在山脊线、山谷线的两侧以相同的数目对称出现。

(7) 凸脊凹谷性。

等高线的凸脊凹谷性是指等高线向低处一侧突出，表示山脊；向高处一侧凹进，表示山谷。

5) 设计等高线法的内容

设计等高线的高程，应根据设计场地的地形特点和设计需要的精度确定，一般采用 0.1、0.2、0.25、0.5m；当场地地形平坦时，可用 0.1m，当场地坡度较大时，可采用 0.25m 或 0.5m 高程。

当竖向设计采用等高线表示法时，应将设计标高在场地总平面图上的特殊点标出，如建(构)筑物的四角、室内地坪、道路路拱、铁路轨顶、侧沟以及排水沟底部等的标高。

6)　设计等高线法的优点

设计等高线表示法，可以明确地表示设计地面各点的标高，易于检查竖向设计各方面的相互关系是否正确，便于调整，其主要优点如下。

(1)　便于比较。

能较完整地将任何一块场地或一条道路的设计地形与原来的自然地形做比较，清楚反映场地设计地面的挖填方情况，设计等高线高于场地自然地形等高线的部分为填方，低于自然地形等高线的部分为挖方。挖方和填方范围明确，若填方量过大，则可降低设计等高线；若挖方量过大，则可提高设计等高线，调整起来容易。

(2)　整体性强。

可与场地总体设计同步进行，在场地总平面设计时，同时要考虑场地的竖向设计，这样才能保证既满足建(构)筑物的平面使用功能，也满足竖向设计要求。

如在判断设计地段的四周路口标高，道路的坡向、坡度以及道路与两侧用地的高差关系时反映清楚，调整容易。如调整路口的标高时，就会影响路口两侧的道路坡度、道路两旁室外场地的标高及建(构)筑物室内地坪标高。采用设计等高线法易于发现问题和便于调整，能有效地保证场地竖向设计的整体性。

7)　设计等高线法的适用范围

(1)　多用于地形变化不太复杂的丘陵地区的场地竖向设计；

(2)　多用于要求平整很严格的场地，如广场、大门前以及复杂的道路平交地段；

(3)　大量用于城镇建筑场地的竖向设计。

但由于此方法做起来麻烦，工作量大，且图面表示烦琐，因此通常是将设计等高线表示法和设计标高表示法结合起来使用，可以保证场地竖向设计的精度。

8)　设计等高线法的设计步骤

(1)　根据场地总体布局或总平面布置图，确定道路红线。根据平土标高，确定场地内各条道路的纵断面设计，确定道路交叉点、变坡点等控制点的标高。根据道路横断面，可求出道路红线的标高。

(2)　用插入法求出道路各转折点及建筑物四角的室外地坪设计标高。

(3)　场地内的坡度和道路的线形应结合自然地形、地貌，并根据设计总图的要求灵活布置。当场地地形坡度较大时，在满足功能要求及交通技术条件下，可将场地划分为台阶、布置护坡、挡土墙，并注明标高。

(4)　根据设计的场地地形、地貌的变化，通过地形分析，划分出若干排水区域，分别排向临近道路(见图 6-13)。场地排水系统可采用不同的方式，如设置自然排水、暗管排水或明沟排水等。地面坡度大时，应以石砌以免冲刷，有时也可设置沟管，并在低处设进水口。

以上步骤可以初步确定场地的四周边际线标高及场地内道路、建筑物四角室外地坪的设计标高，再连接成大片地形的设计等高线。设计等高线法的场地竖向设计示例见图 6-14。

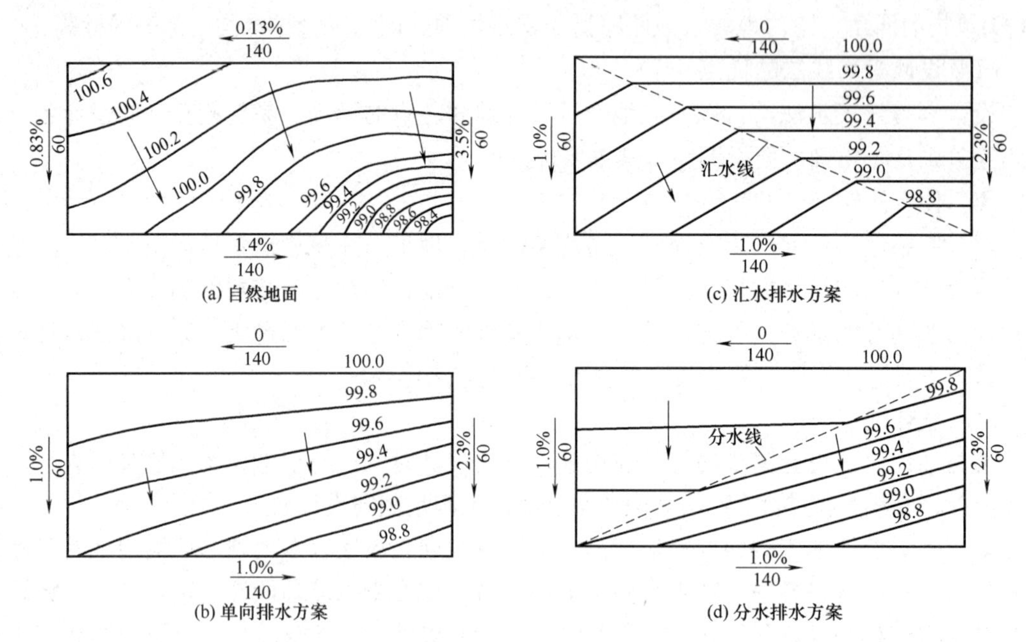

图 6-13　设计等高线法的 4 种排水方案(单位：m)

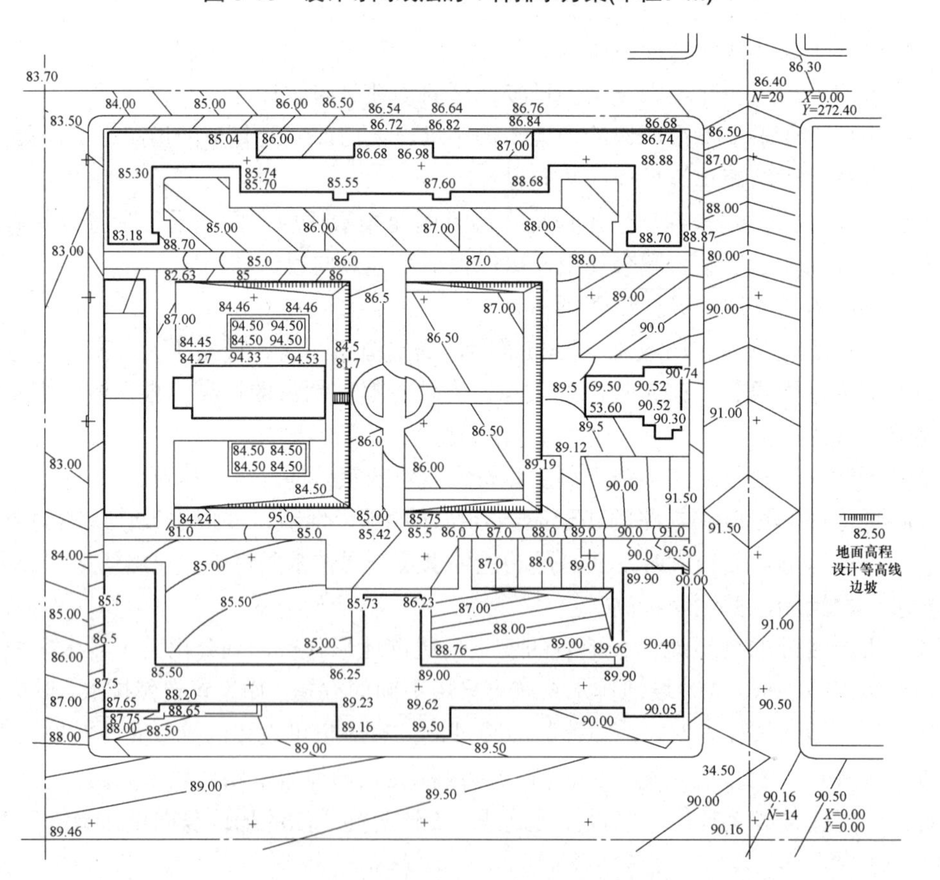

图 6-14　设计等高线法竖向设计示例(单位：m)

2. 设计标高法

设计标高法又称高程箭头法，就是用设计标高点和箭头来表示设计地面控制点的标高、坡向及排雨水方向；表示建(构)筑物的室内外地坪标高，以及道路中心线、明沟的控制点和坡向并标明变坡点之间的距离。点标得越多，设计地面表现得越完全，见图 6-15。

1)　设计标高法表示的内容

(1)　在总平面图上确定设计区域内的自然地形；

(2)　在总平面图上标注建筑物室内地坪及四角室外地坪标高；

(3)　标注场地内道路及铁路的控制点(起点、交叉点、变坡点……)处的标高；

(4)　注明明沟顶面和沟底起点、变坡点及转折点的标高、坡度、坡长及明沟的高宽比；

(5)　用箭头表明地面雨水的排水方向；

(6)　当设计地面采用谷或脊排雨水时，应注明谷线或脊线的起点标高、坡度、坡长及终点标高；

(7)　当场地地形比较复杂时，也可直接绘出剖面，并注明标高的变化，见图 6-15。

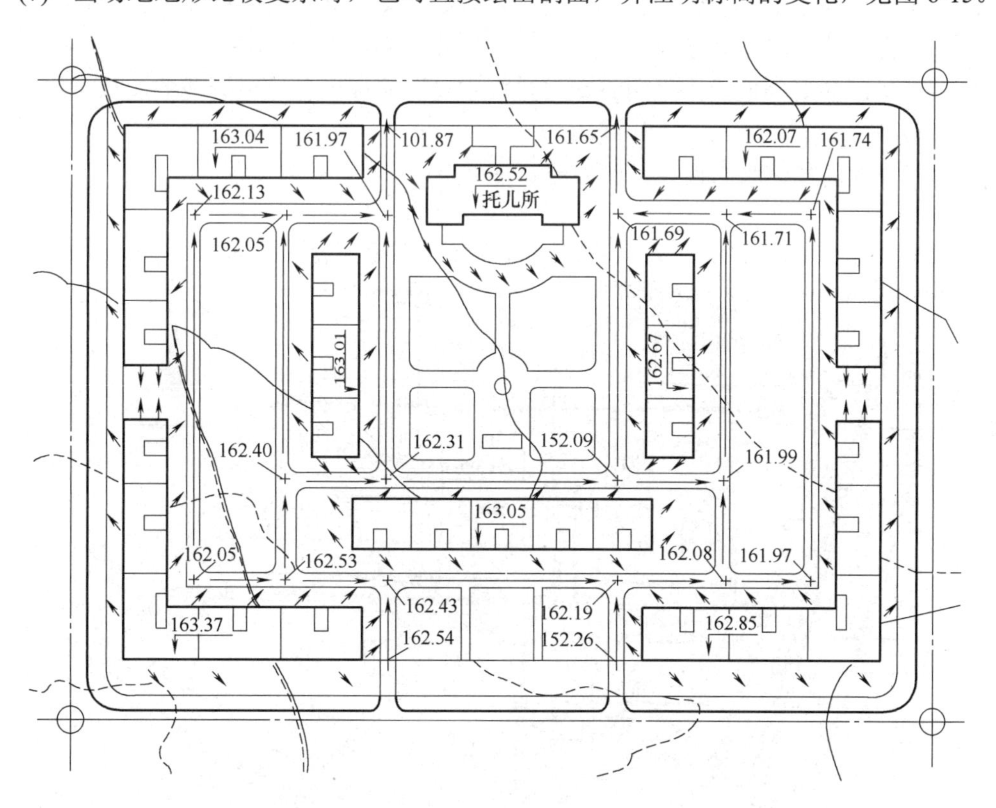

图 6-15　用设计标高法绘制的竖向设计图(单位：m)

2)　设计标高法的优缺点

设计标高法是一种简便易行的表示场地竖向设计的方法，竖向设计比较简单，总平面及地形的关系易于判断，制图工作量小，变动设计容易，修改简单，基本上可以满足场地竖向设计和施工要求；但设计意图表示得不够直观，比较粗略，特别在道路交叉口、道路类型变化处和广场的地面处理，不易交代清楚，当设计标高点标注较少时，易造成场地有些部位标高不明确，给施工造成一定的困难。

3) 设计标高法适用范围

设计标高法适用于建设场地起伏小、地形较平坦、场地雨水排除顺利的场地；场地对设计地面要求不严格时也常用此法。

4) 设计标高法的设计步骤

(1) 首先确定场地的设计标高，对于工业建筑而言，场地应满足生产工艺流程要求、交通运输技术条件要求(道路及铁路技术条件)以及场地排雨水要求，往往对于场地的自然地形应进行较大改造，这就需要确定场地平土标高，该平土标高的点选在何处，应根据场地大小确定，通常是将场地放在第一象限，把原点作为确定的平土标高点。

(2) 根据自然地形及雨水排出口位置，确定场地的纵、横向坡度及排雨水方向，计算方格交点的标高。

(3) 确定道路起点、终点、交叉点、变坡点标高以及铁路轨顶标高。

(4) 根据道路红线标高推算建筑物室内地坪标高，并确定建筑物四角点的室外地坪标高。

(5) 根据场地坡向、道路纵坡确定排雨水方向，并用箭头表示。

(6) 对场地的局部地段需采用谷或脊排雨水时，应标出谷线或脊线的起点、终点标高及坡度、坡长。

设计标高法的场地竖向设计示例如图 6-16 所示。

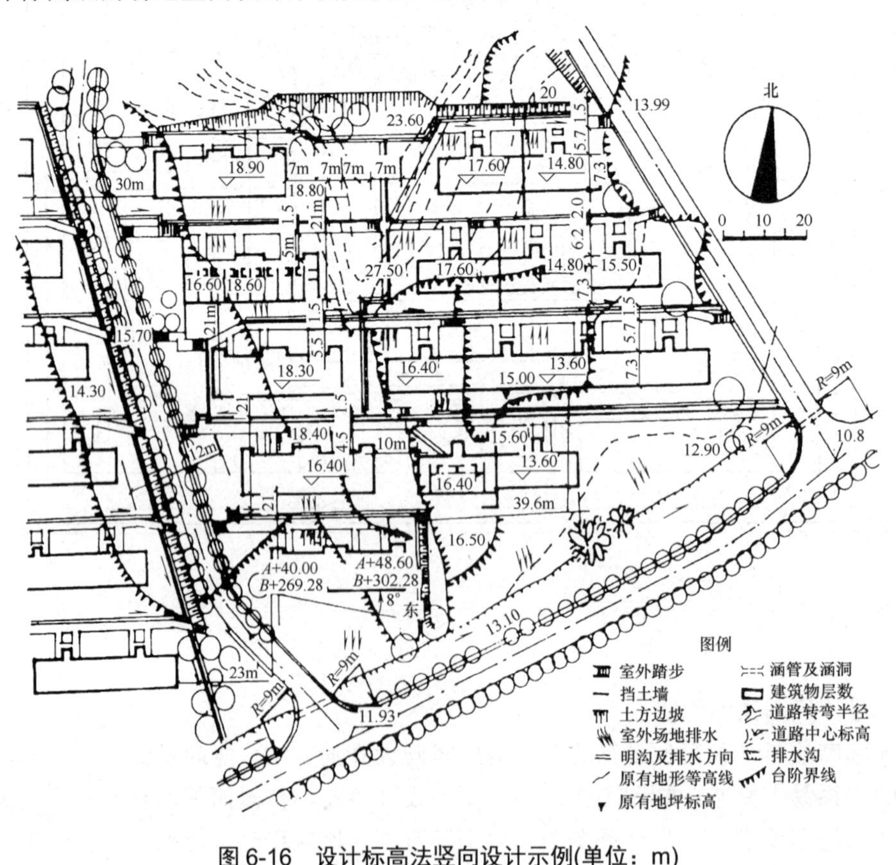

图 6-16 设计标高法竖向设计示例(单位：m)

3. 纵横断面法

首先在场地总平面图上根据竖向设计要求的精度，绘制出方格网(方格的边长越小，精度越高)，并在方格网每个交点上用统一比例注明自然地面标高和设计地面标高，并连线形成设计地形和自然地形断面。沿方格网的纵轴方向绘制出场地竖向设计的纵断面，沿方格网的横轴方向绘制出场地竖向设计的横断面，纵横断面交织分布，表达了场地的竖向设计。

1) 纵横断面法的设计内容及步骤

(1) 根据场地地形及场地对竖向设计的精度要求，在场地总平面图上绘制方格网，方格的边长可采用 10、20 或 40m，方格的边长大小与场地大小及总平面图比例和要求竖向的精度而异，图纸比例大时(如 1∶500、1∶1000)，方格的边长就大，图纸的比例小时(如 1∶2000、1∶5000)，方格的边长就小。

(2) 根据场地现状地形图中的自然等高线，用内插法求出方格网中交点的自然标高，并标注在交点右上方的横线上面。

(3) 选定起点标高，作为绘制纵横断面的起点，该标高应低于图中所有的自然标高。

(4) 绘制方格网的自然地面立体图，放大绘制方格网，并以起点标高作为基线标高，采用适当的比例，绘出场地自然地形的方格网立体图。

(5) 确定方格网交点的设计标高，根据立体图所示的场地自然地形起伏情况，考虑场地排雨水、建(构)筑物的布置、土方工程量的平衡、运输方式及技术条件的要求等因素，合理确定场地纵向和横向坡度以及方格网交点的设计标高。

(6) 计算场地的土方量，根据纵横断面所示的设计地形与自然地形的高差，计算场地的填、挖方工程量，若填、挖方量接近平衡，且填、挖方总量不大，则可认为所确定的设计标高和场地设计坡度是合适的；否则应对设计标高和设计坡度进行调整，按上述方法重新计算，直到达到要求为止。

(7) 绘制场地竖向设计地面线，根据最后确定的设计标高，在竖向设计成果图上标注方格网交点的设计标高，并按比例绘出场地竖向设计的地面线。

2) 纵横断面法的优缺点

纵横断面法的优点是对场地的自然地形和设计地形容易形成立体形态，易于考虑对自然地形的改造，并可根据需要调整方格网的密度，进而满足场地竖向设计的精度；但此方法工作量较大，费时较多。

3) 纵横断面法的适用范围

纵横断面法适用于场地形比较复杂的地段，或对场地竖向设计要求较精确时采用。

纵横断面法的场地竖向设计示例见图 6-17。

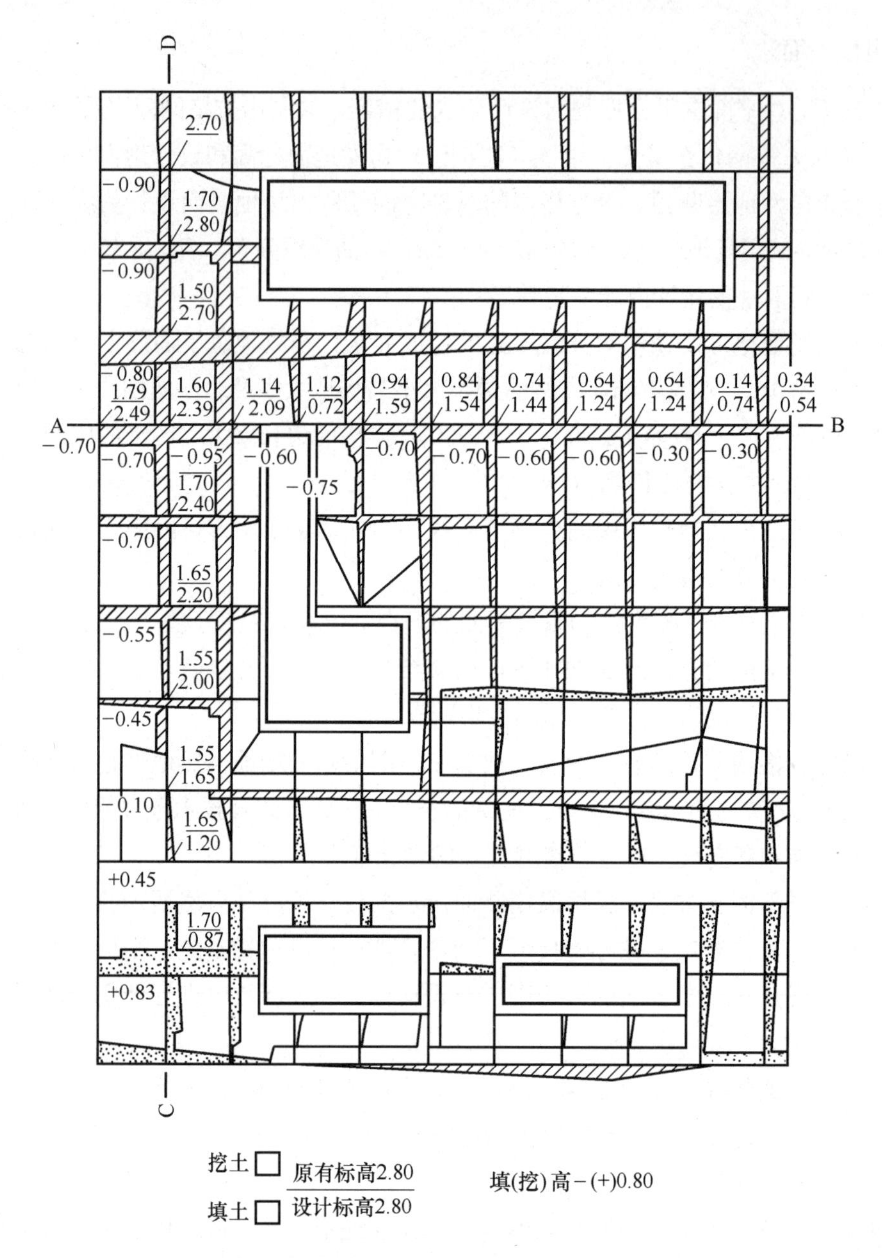

图 6-17 纵横断面法场地竖向设计示例(单位：m)

6.4 台阶式的竖向设计

6.4.1 台阶划分的原则

1. 按功能分区的要求划分台阶

将性质相同、功能相近、密切联系、对环境要求一致的建(构)筑物分成若干组，结合场地地形合理地进行分区并划分台阶。如中学可划分成教学区、行政后勤区、科学试验区、运动区；大型钢铁厂往往划分成焦化区、烧结区、炼铁区、炼钢区、轧钢区、机修区、厂前区等。在划分台阶时，尽可能按生产区或功能区划分台阶，以便于生产、运输联系和管线敷设。若场地条件许可，又不增加土方工程量，也可将几个生产区放在同一台阶上；反之，也可把一个生产区划分成几个台阶。

2. 按场地分区的重要程度划分台阶

台阶也可分为主要台阶和辅助台阶，主要台阶布置对全厂生产、运输有重大影响的车间，辅助台阶布置一般性的车间、生产辅助设施和堆场、仓库等。因此，应优先满足主要台阶在生产、运输、地形、地质和台阶宽度等方面的要求。

为了减少土方工程量，台阶的纵轴一般宜平行等高线布置，且应注意不良工程地质对台阶布置的影响，如滑坡、断层等。

3. 按交通运输线路的技术要求划分台阶

为了便于交通运输线路的连接和保证良好的运行条件，对于有铁路联系的建(构)筑物、堆场等尽可能布置在同一个台阶上；若布置在两个或多个台阶上，台阶的高差应满足交通运输线路技术条件的要求。

4. 按工艺流程划分台阶

在坡地建厂，为了充分地利用地形，往往按生产工艺流程把场地划分成由高到低的若干个台阶，见图 6-18。

5. 台阶的数量应适当

过多、过小的台阶数不利于生产经营，也不便于采用大型机械施工。

此外，在划分台阶时，还应考虑建(构)筑物可能的发展。

6.4.2　台阶宽度

1. 影响台阶宽度的因素

1)　企业规模的大小

一般来说，大中型企业车间设备较大、组成复杂，相应要求台阶的宽度要较大；小型企业因车间组成简单、设备较小，台阶的宽度也可较小。

2)　工艺性质

企业生产工艺性质不同，对台阶宽度的要求也不一样。工艺过程复杂且联系紧密的车间宜布置在一个台阶上，对台阶的宽度要求大，如钢铁厂的炼钢车间采用车铸系统时对台阶宽度要求就大；对工艺简单的企业，其车间台阶宽度较之前者就要小些。

3)　运输方式和运输特点

车间之间采用机械运输联系时，由于其对地形的适应性强，台阶的宽度可以相应小一些；若车间之间采用准轨铁路联系或运输一些炽热的液体货物时，则台阶的宽度就要加大，以便于把车间同运输线路布置在同一台阶上。

4) 建(构)筑物的形状、尺寸及其基础埋设深度

当建(构)筑物的尺寸大且长宽比又小时，则要求台阶的宽度就大，反之则小；当采用联合厂房时，比单体厂房要求台阶的宽度要大得多。建(构)筑物的基础埋设深度对台阶宽度也有影响，一般是基础深度越大，则允许台阶宽度越宽，反之则越窄。

5) 通道宽度

通道宽度加大，则要求台阶宽度相应增加；反之则减少。

2. 台阶宽度的确定

台阶宽度是根据总平面布置的要求确定的，当总平面布置需要的台阶宽度大于竖向设计允许的宽度时，可对上述影响台阶宽度的因素进行分析。通常采用的办法是压缩总平面布置需要的台阶宽度，使其小于或等于竖向设计允许的台阶宽度。具体措施如下。

(1) 减少同一台阶上的建(构)筑物，将生产运输联系较少或辅助生产性设施布置在其他台阶上；

(2) 在工艺布置允许的条件下，保持原建(构)筑物面积不变，增大其长宽比；

(3) 减少通道的组成内容或采取措施压缩通道的宽度；

(4) 将场地的整平面设计为斜坡面；

(5) 在某些情况下，经过技术经济论证，增加基础埋设深度合理时，也可增大允许的台阶宽度。

在一般情况下，允许的台阶宽度，可用下式求得：

$$B_{容} = \frac{(1750\sim1800)H_{填}}{i_{地} - i_{整}} \tag{6-4}$$

式中，$i_{整}$ 可在 5‰～20‰范围内选用，$H_{填}$ 一般不超过基础埋设深度(2.5～4.5m)。

当台阶需要的宽度 $B_{需}$ 小于或等于允许宽度 $B_{容}$ 时，则台阶的宽度就可以确定；如果 $B_{需}$ 大于 $B_{容}$，则需调整公式中的有关数值。也可采取上述措施压缩总平面布置所需台阶宽度。

6.4.3 台阶高度

台阶高度是指两相邻台阶间的高差。影响台阶高度的因素如下。

1. 场地的自然地面横向坡度、台阶宽度和台阶的整平坡度

当自然地面坡度越大时，台阶越宽，整平坡度越小，则台阶高度就越大；反之，就小。

2. 生产工艺及各种运输方式的技术条件

当生产工艺允许台阶间的高差大时，则台阶的高度可大，如选矿厂各车间就可布置在高差较大的几个台阶上。横向不同的运输方式的技术条件对台阶高度的要求也不一样：采用带式运输、管道运输等运输方式，允许台阶的高差大，如某钢铁厂炼铁主台阶与烧结车间主台阶间采用带式运输，台阶高度达 18m；机车车辆库辅助台阶与该库主台阶间采用汽车运输，台阶高度达 15m。若两台阶间采用铁路运输联系时，台阶的高度一般不宜大于 4m。不受运输方式限制的建(构)筑物，其台阶高度还可以更大些。

3. 建(构)筑物基础埋设深度

当建(构)筑物的基础埋设较深或额外地增加局部基础深度时，台阶的高度可适当地加高；如果建(构)筑物基础埋设较浅，则台阶高度就受到限制。

在确定台阶高度时，应认真地分析影响台阶高度的各种因素，并针对主要影响因素采取相应措施。

6.4.4　台阶的连接

两相邻台阶的连接通常采用自然放坡的方法。这种方法虽然节约基建投资，但增加了占地；当自然放坡有困难时，也可采用边坡防护和加固的方法；当受到用地条件限制或处于不良工程地质地段时，则必须采用挡土墙加固边坡的方法，不过这种方法工程量、投资大，一般不宜采用。

6.4.5　阶梯布置示例

1. 某工业场地阶梯布置

某工业场地阶梯布置示例见图 6-18。

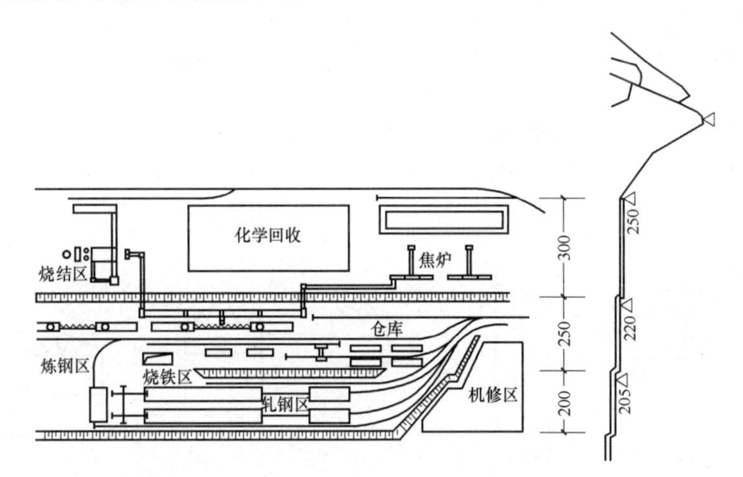

图 6-18　某工业场地阶梯布置示例(单位：m)

2. 铁路运输设施设置台阶示例

(1)　高货位、低站台和高站台、低货位，见图 6-19(a)、图 6-19(b)。

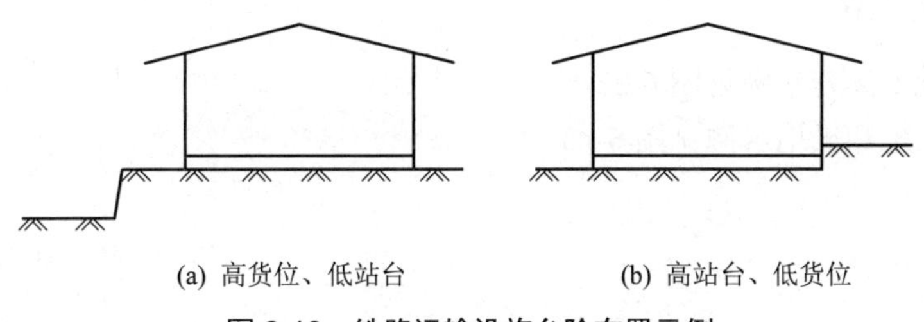

(a) 高货位、低站台　　(b) 高站台、低货位

图 6-19　铁路运输设施台阶布置示例

(2) 低于车间地坪标高的铁路进入厂房端跨的处理，见图 6-20(a)、图 6-20(b)。

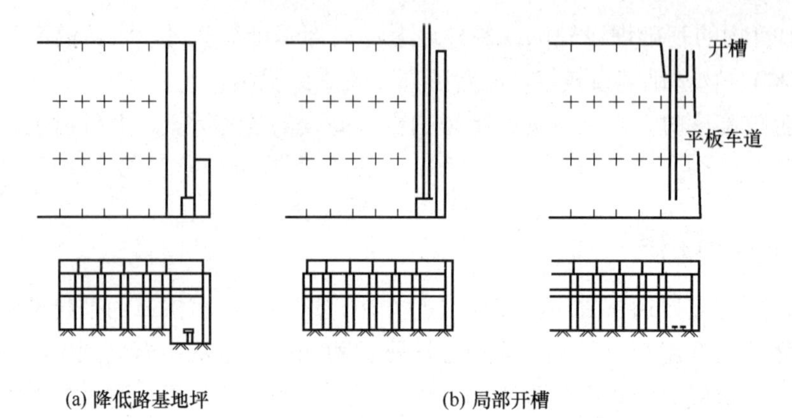

(a) 降低路基地坪　　(b) 局部开槽

图 6-20　低于车间地坪标高的铁路进入厂房端跨的处理方式

3. 不同台阶上相邻车间运输方式示例

不同台阶上相邻车间运输方式示例见图 6-21。

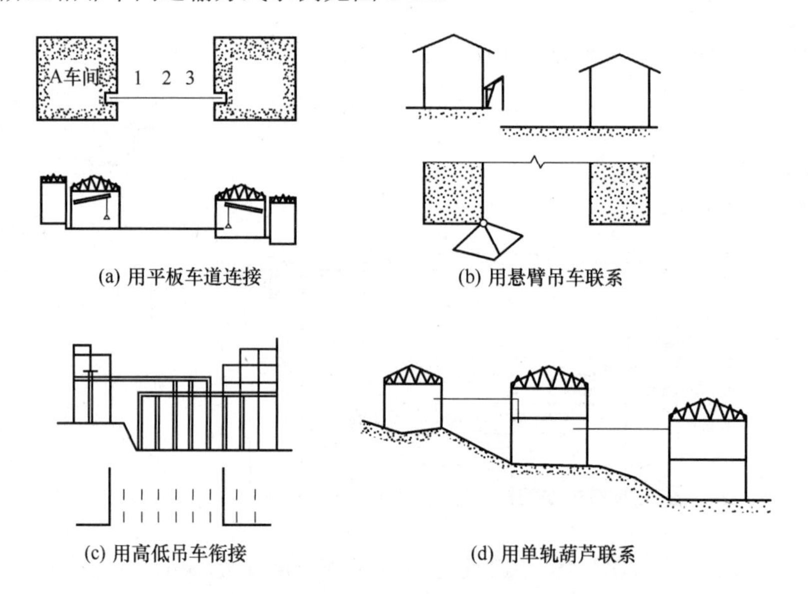

(a) 用平板车道连接　　(b) 用悬臂吊车联系

(c) 用高低吊车衔接　　(d) 用单轨葫芦联系

图 6-21　不同台阶上相邻车间运输方式示例

1—起卸机；2—栈台；3—轻机

4. 利用地形示例

(1) 利用地形高差示例见图 6-22。

(2) 利用高地和低地示例见图 6-23。

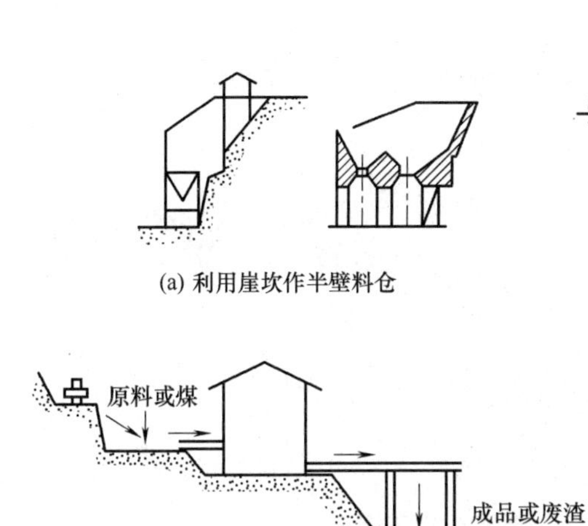

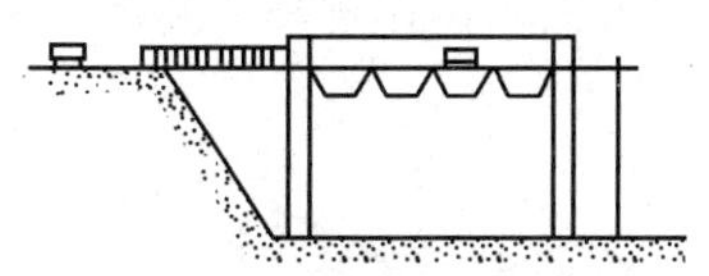

(a) 利用崖坎作半壁料仓　　(b) 利用高差设置栈桥

(c) 利用高差位能运输

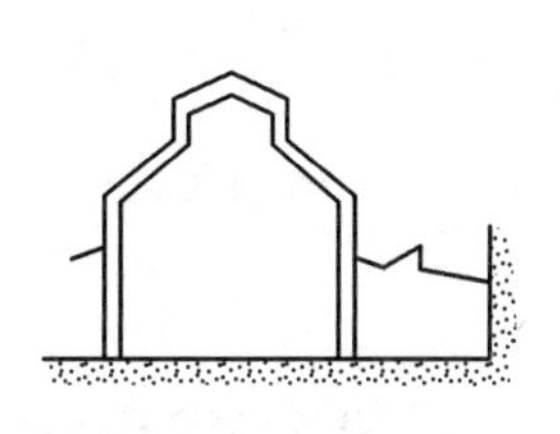

(d) 利用崖坎作侧墙

图 6-22　利用地形高差示例

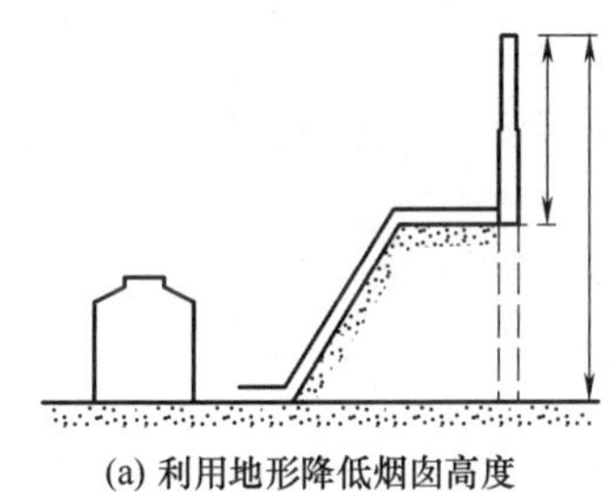

(a) 利用地形降低烟囱高度　　(b) 利用地形节省胶带长度

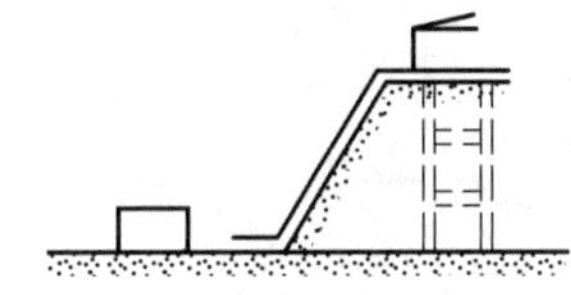

(c) 水塔设在高处

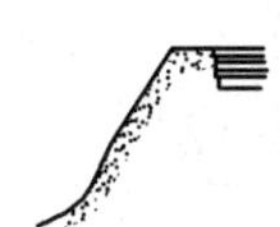

(d) 贮水池设在高地

(e) 利用洼地设置沉淀池

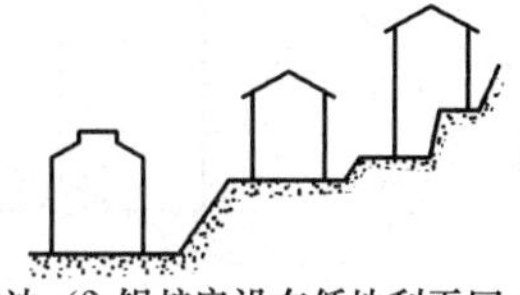

(f) 锅炉房设在低地利于回水

图 6-23　利用高地和低地示例

(3) 利用地形进行绿化，利用坚实岩层布置重型厂房，见图 6-24。

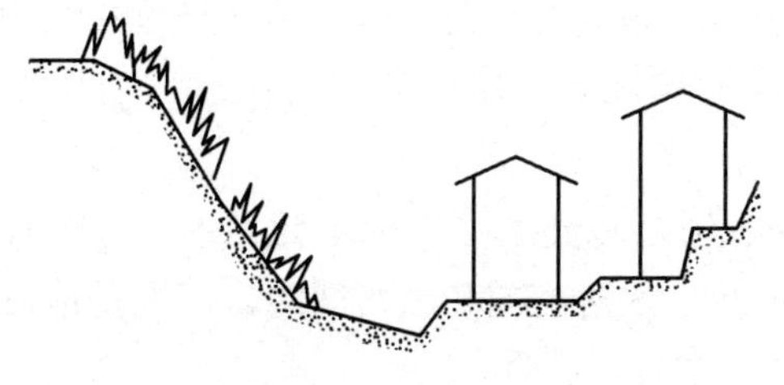

(a) 利用小山丘进行绿化

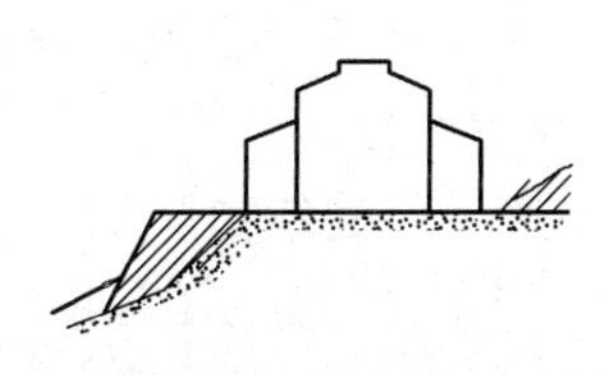

(b) 利用坚实的岩层布置重型厂房

图 6-24　利用地形、坚实岩层示例

(4) 利用天然山崖作屏障。易燃、易爆的危险品仓库有条件时宜设在山凹或山洞内，见图 6-25。

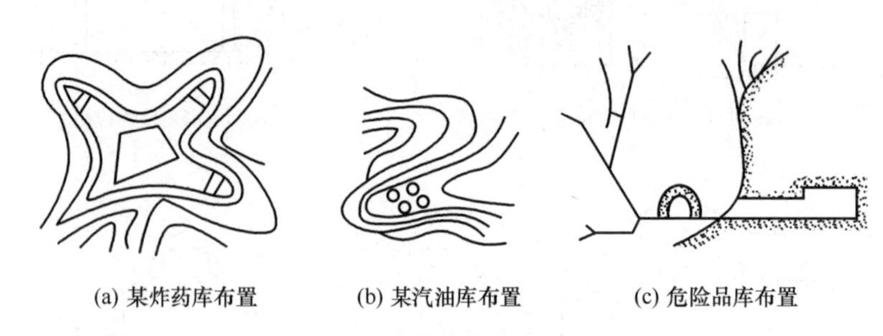

(a) 某炸药库布置　　(b) 某汽油库布置　　(c) 危险品库布置

图 6-25　利用山崖示例

5. 辅助建(构)筑物结合地形的处理方式

(1) 筑台：对于自然地面进行挖方或填方，形成平整的台阶，适用于平坡、缓坡坡地，并使建筑物垂直自然等高线布置在坡度小于 10%的坡地上或平行于等高线布置在坡度小于 12%～20%的坡地上，见图 6-26。

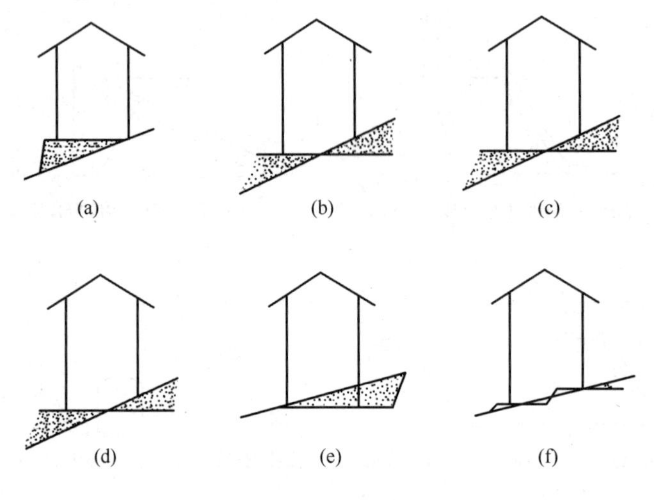

图 6-26　筑台示例

(2) 提高勒脚：将建筑物四周勒脚高度调整到同一标高，适用于缓坡、中坡坡地，适宜于垂直等高线布置在坡度小于 8%的坡地上，或平行于等高线布置在坡度小于 10%～15%的坡地上。勒脚的最大高度根据建筑物功能和性质确定。通常居住建筑勒脚的最大高度为 1.2m，见图 6-27。

(3) 跌落：当建筑物垂直于等高线布置时，以建筑开间或单元为单位，顺坡势形成阶梯式布置，以节约土石方工程量，见图 6-28，跌落高差和跌落间距，可根据地形变化进行调整，适宜于 4%～8%的坡地。

(4) 掉层：根据地形将建筑物的基底做成台阶，且使其台阶高差等于建筑一层或数层层高。适用于中坡、陡坡坡地，见图 6-29。可将建筑物垂直于等高线布置在坡度为 20%～35%坡地上，或平行于等高线布置在坡度为 45%～65%的坡地上。

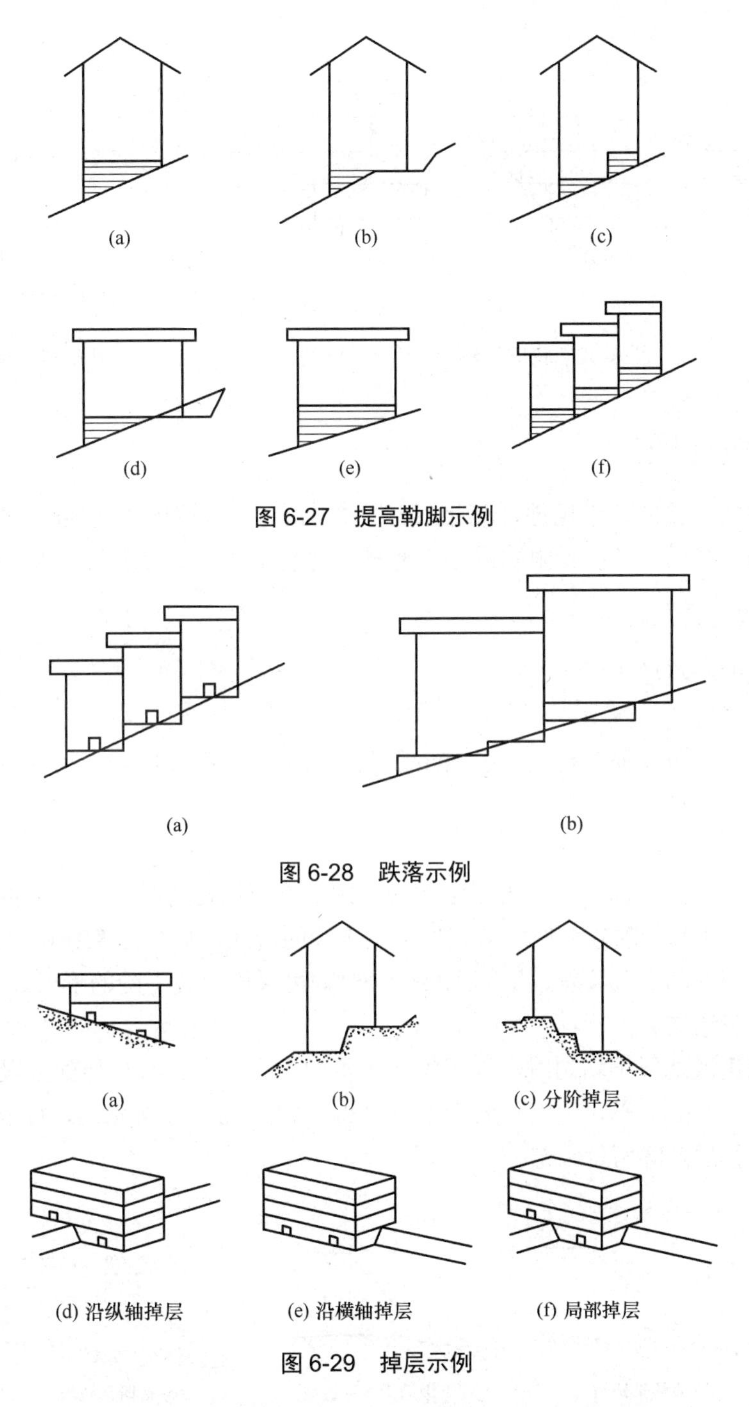

图 6-27　提高勒脚示例

图 6-28　跌落示例

图 6-29　掉层示例

(5) 错跌：当建筑物纵轴垂直于等高线时，可顺坡势逐层或隔层沿水平方向做一定距离的错动和重叠，形成阶梯布置，适用于陡坡、缓坡坡地，建筑物可垂直于等高线布置在坡度为 50%～80%的坡地上，见图 6-30。

(6) 错层：在建筑物同一楼层，做成不同标高，以适应倾斜地面，见图 6-31。建筑物可垂直于等高线布置于坡度为 12%～18%的坡地上，或平行于等高线布置于坡度为 15%～25%

的坡地上。

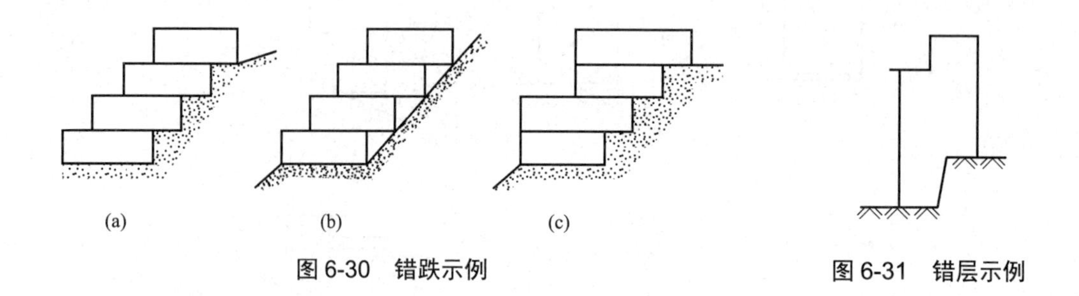

图 6-30　错跌示例　　图 6-31　错层示例

6.4.6　边坡处理

采用阶梯式布置的建设场地，其相邻台阶的连接，可采用自然放坡，也可采用边坡防护和加固措施；当场地条件受限制或处于地质不良地段时，可考虑采用挡土墙。

1. 自然放坡的边坡

1)　边坡的基本形式

(1)　直线形边坡。

当一般均质土边坡垂直高度小于 10m 及黄土边坡和岩石边坡垂直高度小于 15m 时，宜采用直线形边坡，见图 6-32(a)。

(2)　折线形边坡。

当边坡较高，且上部和下部土层土质的差别影响边坡稳定时，宜采用折线形边坡。当上部土质较好、下部土质较差时，宜采取上陡下缓的形式，见图 6-32(b)，但这种形式不适于黄土边坡；当上部土质较差、下部土质较好时，可采用上缓下陡的形式。

(3)　台阶形边坡。

当边坡较高或地层不均匀时，可根据降雨量的大小，在土石分界处分段设置平台做成台阶形，见图 6-32(c)。平台宽度一般为 1.5～3.0m，在平台上设排水沟，每个台阶的分段高度应根据土层性质及降雨量确定。

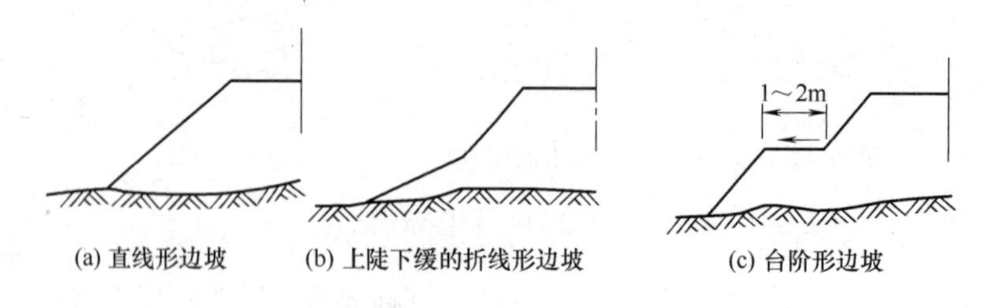

图 6-32　边坡的基本形式

2)　影响边坡坡度确定的主要因素

确定边坡坡度一般根据土层的类别、物理性质、结构、风化的程度、气候条件、边坡高度及施工方法等确定。对于边坡高度大于 20m 的挖方或填方边坡应进行特别设计，在特

殊情况下，对于填方的边坡还应进行稳定验算。

3) 边坡坡度要求

(1) 挖方边坡的要求。

影响挖方边坡的坡度除上述因素外，还需考虑工程地质和水文地质条件，当水文地质条件良好时，挖方边坡坡度允许值，见表 6-3～表 6-5。

表 6-3　一般土壤边坡坡度允许值

序号	土壤类别	坡度允许值
1	在天然湿度、层理均匀、不易膨胀的黏土、亚黏土、亚砂土和砂土(不包括细砂、粉砂)，挖方深度不超过 8m	1∶1.00～1∶1.25
2	土质同上，挖方深度为 8～12m	1∶1.25～1∶1.50
3	干燥地区内土质结构未经破坏的干燥黄土及类黄土，挖方深度不超过 12m	1∶1.00～1∶1.25

表 6-4　挖方土质边坡坡度允许值

序号	土的类别	密实度或状态	坡度允许值(高宽比)	
			坡高在 5m 以内	坡高为 5～10m
1	碎石土	密实	1∶0.35～1∶0.50	1∶0.50～1∶0.75
		中实	1∶0.50～1∶0.75	1∶0.75～1∶1.00
		稍实	1∶0.75～1∶1.00	1∶1.00～1∶1.25
2	粉土	$S_r \leqslant 0.5$	1∶1.00～1∶1.25	1∶1.25～1∶1.50
3	黏性土	坚硬	1∶0.75～1∶1.00	1∶1.00～1∶1.25
		硬塑	1∶1.00～1∶1.25	1∶1.25～1∶1.50
4	黄土	老黄土	1∶0.30～1∶0.75	
		新黄土	1∶0.75～1∶1.25	

注：1. 表中碎石土的充填物为坚硬或硬塑状态的黏土；

2. 对砂土或充填物为砂、土的碎石土，其边坡坡度允许值均按自然休止角确定；

3. S_r 为饱和度(%)。

表 6-5　挖方岩石边坡坡度允许值

序号	岩石类别	风化程度	坡度允许值(高宽比)	
			坡高在 8m 以内	坡高为 8～15m
1	硬质岩石	微风化	1∶0.10～1∶0.20	1∶0.20～1∶0.35
		中等风化	1∶0.20～1∶0.35	1∶0.35～1∶0.50
		强风化	1∶0.35～1∶0.50	1∶0.50～1∶0.75
2	软质岩石	微风化	1∶0.35～1∶0.50	1∶0.50～1∶0.75
		中等风化	1∶0.50～1∶0.75	1∶0.75～1∶1.00
		强风化	1∶0.75～1∶1.00	1∶1.00～1∶1.25

(2) 填方边坡的要求。

填方边坡主要取决于所填土层或石料的种类、性质、填方高度及其填方边坡的重要性。永久性填方的高度根据土层类别按表 6-6 采用。

当填方高度超过表 6-6 规定时，可将边坡做成折线形，分上、下两部分，上部分边坡仍采用 1∶1.50，下部分边坡采用 1∶1.75～1∶2.00；对于黄土或类黄土重要填方边坡可按表 6-7 采用。

表 6-6 填方边坡坡度允许值

序 号	土质类别	填方允许高度/m	坡度允许值
1	黏土、黄土、类黄土	6	1∶1.50
2	亚黏土、轻亚黏土	6～7	1∶1.50
3	亚砂土、细砂砂土	6～8	1∶1.50
4	中砂和粗砂砂土	10	1∶1.50
5	砾石土、碎石土	10～12	1∶1.50
6	易风化的软质岩石	12	1∶1.50
7	轻微风化、小于 25cm 的石料	<6	1∶1.35
8	轻微风化、大于 25cm 的石料	6～12	1∶1.50
9	其边坡选用最大石块整齐铺砌	<12	1∶1.50～1∶0.75
10	轻微风化、大于 40cm 的平整块石铺砌	<5	1∶0.50
11		5～10	1∶0.65
12		>10	1∶1.00

表 6-7 黄土或类黄土填筑重要地段边坡坡度

序 号	填方高度/m	自地面起高度/m	边坡坡度
1	6～9	0～3	1∶1.75
2		3～9	1∶1.50
3	9～12	0～3	1∶2.00
4		3～6	1∶1.75
5		6～12	1∶1.50

2. 边坡防护和加固

1) 一般要求

边坡的防护和加固，应根据当地的自然条件和具体情况，因地制宜，选择适宜的防护和加固措施。

土质和岩质边坡易受自然侵蚀破坏者，在不良的气象水文条件下，对于黏土、粉砂、砂土等松软土质和易于风化的岩质边坡，以及黄土、类黄土的缓边坡，均应在土方工程施工结束后及时进行防护和加固处理。

水是影响边坡稳定的重要因素，对湿陷性黄土边坡影响则更大，所以无论采用何种防护和加固，都应同时采取排水措施；对沿河沟的边坡，为防止水流的冲刷，也应进行防护。

为使边坡稳定、防止变形破坏或为节约土方工程量，有时需设置挡土墙等支撑构筑物。

2)　边坡防护加固措施

(1)　植物防护。

采用边坡种草、铺草皮、植树等来保护边坡。

(2)　喷浆法。

一般用 1∶3 或 1∶4 的水泥砂浆、1∶0.15 水泥石灰浆、1∶1.6 水泥石灰砂浆，喷浆厚度 1～2cm。

(3)　抹面法。

一般用石灰、炉渣混合灰浆抹两层，厚 2～3cm；石灰、炉渣、黏土三合土，厚 5cm；石灰、炉渣、黏土、河砂四合土，厚 8～10cm；1∶3 水泥砂浆，厚 2～3cm；1∶2∶9 水泥石灰砂浆，厚 2～3cm。为了增强冲刷能力，防止抹面裂缝，可在抹面上涂刷沥青保护层 1～2cm。

(4)　灌浆及勾缝。

用 1∶2 或 1∶3 的水泥砂浆或 1∶0.5∶3、1∶2∶9 的水泥石灰砂浆勾缝，用 1∶4 或 1∶5 水泥砂浆灌入坡面缝内；当裂缝很宽时，也可用混凝土灌注。

(5)　干砌片石护坡。

将片石干砌 1 层或 2 层至坡面，单层铺砌厚度一般不小于 0.20m，双层一般为 0.30～0.55m，铺砌层下设置垫层，常用碎石、砾石或砂砾混合物，垫层厚一般为 0.10～0.15m，坡脚基础一般修筑为墁石铺砌式基础，见图 6-33(a)，若基础需要较深时，可修筑成石垛式圬工石墙基础，见图 6-33(b)。

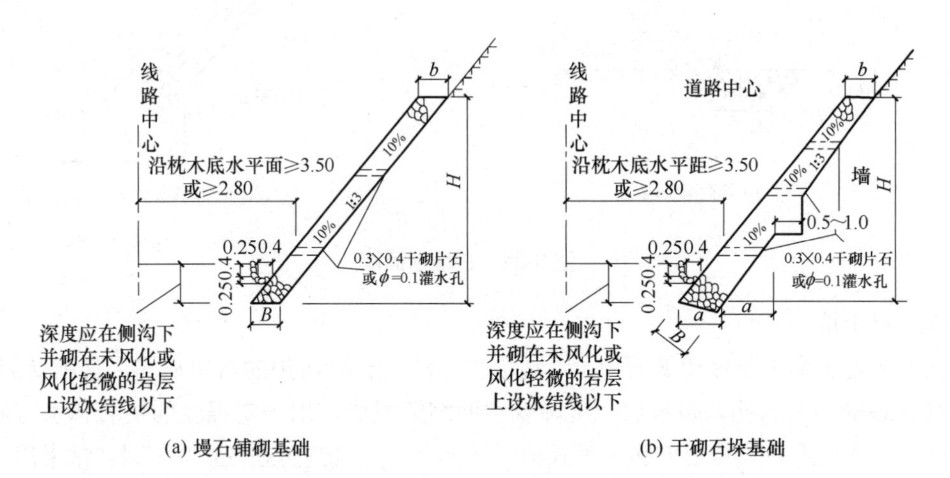

(a) 墁石铺砌基础　　(b) 干砌石垛基础

图 6-33　干砌片石护坡(单位：m)

(6)　浆砌片石护坡。

片石的厚度为 20～50cm，用 50 号水泥砂浆砌筑，一般设 10～40cm 的垫层，为了排除护坡后面积水，护坡下部应留有足够的泄水孔，泄水孔后 0.5m 范围内应设置反滤层。

(7) 混凝土护坡。

混凝土护坡常用于水流冲刷侵蚀的地方，其厚度与水的流速有关，一般为 6～30cm，也可按下面近似公式计算：

$$b = 0.05v^{\frac{2}{3}} \tag{6-5}$$

式中：b——混凝土厚度，m；

v——平均流速，m/s。

(8) 护墙。

护墙一般不承受墙后的侧压力，护墙的结构尺寸仅考虑护墙本身的稳定性及基底承载力。当边坡无渗水时，护墙可采用 50 号浆砌片石或块石砌筑；有渗水时，则采用 100 号浆砌片石或块石砌筑。

当护墙的高度超过 8m、其面坡为 1∶0.75～1∶1.0 时，通常于墙背中部设置耳墙 1 道，护墙高度超过 12m 时设置 2 道，间距 4～6m，耳墙宽一般为 0.5～1.0m，以增加其稳定性。0 护墙还必须设置伸缩缝、泄水孔、反滤层等。

等截面护墙高度，当边坡为 1∶0.3～1∶0.5 时，不宜超过 6m，当边坡缓于 1∶0.75～1∶1.0 时，不宜超过 10m。

变截面护墙高度，单级时不宜超过 12～20m，否则宜用双级或三级护墙(当面坡为 1∶0.3 时，则不设双级)；但其总高不宜超过 30m，且应在上下墙之间设置错台。

护墙断面图见图 6-34，其断面尺寸请参看有关资料。

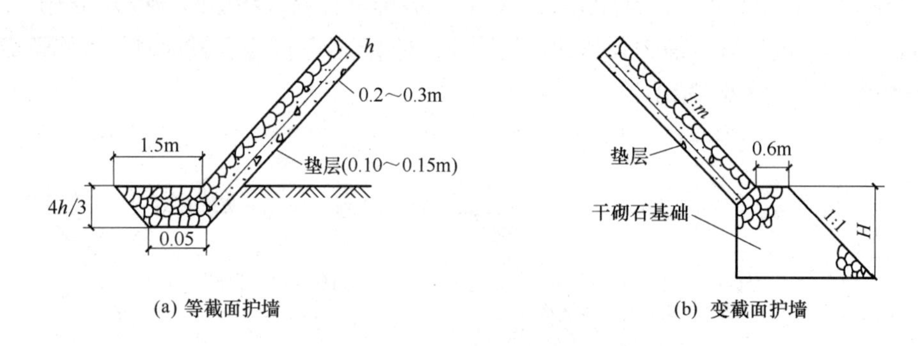

图 6-34 护墙断面图

(9) 挡土墙。

挡土墙用于维护土体边坡的稳定，边坡挡土墙是台阶防护的常用形式，它承受侧压力，由墙身、基础、泄水孔、防水层、沉降缝和伸缩缝组成，用一定强度的块石和水泥砂浆砌筑。挡土墙分为重力式挡土墙和衡重式挡土墙两种，当其高度在 5m 以下时，常采用重力式挡土墙，重力式挡土墙具有构造简单、施工方便、易于就地取材等优点。

重力式挡土墙按墙背的倾斜情况不同可分为仰斜、俯斜和垂直 3 种，见图 6-35。

重力式挡土墙的设计方法是先根据经验选定墙的形式和墙身截面尺寸，再验算墙身和地基的强度与稳定性。

边坡防护要选择合理的挡土墙形式，需考虑：使墙背的压力最小，从图 6-35 可以看出，仰斜墙主动土压力小，俯斜墙主动土压力大，墙背垂直时主动土压力介于二者之间，因此仰斜墙较合理。从填、挖方要求来看，当挖方时，因仰斜墙背与开挖的临时边坡紧密贴合，而俯斜墙背则需在墙背回填土，因此，仰斜比俯斜合理；当填方时，仰斜墙背填土夯实困难，当墙背垂直时，填土夯实较易，因此俯斜与垂直墙比仰斜墙合理；当墙前地形较平坦时，用仰斜墙较合理，墙前地形较陡时，用垂直墙较为合理。

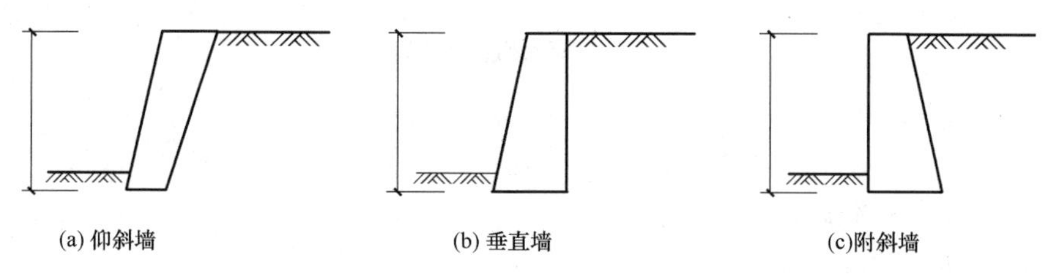

图 6-35　重力式挡土墙

关于重力式挡土墙的设计请参看土建工程有关资料。

挡土墙实例见图 6-36。

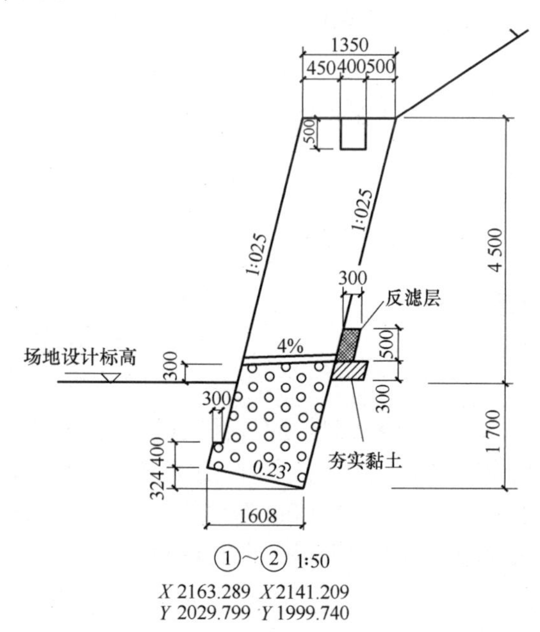

图 6-36　挡土墙实例(单位：mm)

6.4.7　坡顶、坡脚至建(构)筑物、铁路、道路的距离

1. 坡顶至建(构)筑物、铁路、道路的距离

边坡坡顶至建(构)筑物的距离，应考虑使用功能、交通线路及管线布置，建(构)筑物基础的侧压力对边坡或挡土墙的影响，消防及施工等方面的要求。

(1)　建(构)筑物基础侧压力对边坡或挡土墙的影响范围一般可按下式计算(见图 6-37)。

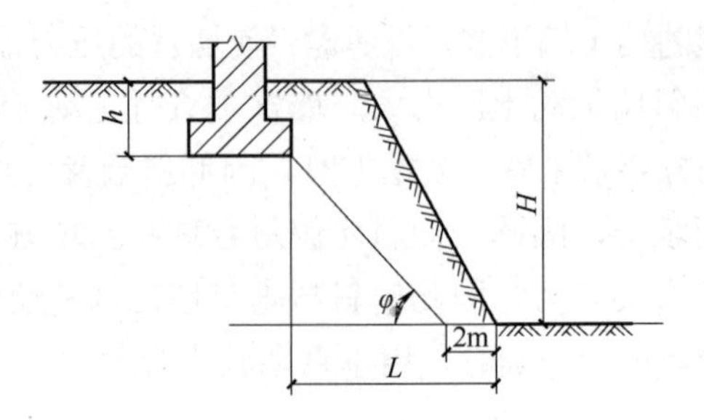

图 6-37　基础侧压力影响范围

$$L=\frac{H-h}{\tan\varphi}+(1\sim2)\,\mathrm{m} \tag{6-6}$$

式中：φ——土层内摩擦角，°；

H——边坡高度，m；

h——基础埋设深度，m。

当建筑物直接设在挡土墙上时，其距坡顶的距离可不做要求。

(2) 位于稳定边坡坡顶上的建筑物，当基础宽度小于或等于 3m 时，其基础底面外边缘线至坡顶的水平距离 S 按下式计算，但不得小于 2.5m。

条形基础为

$$S\geqslant 3.5B-\frac{H}{\tan\varphi} \tag{6-7}$$

矩形基础为

$$S\geqslant 2.5B-\frac{H}{\tan\varphi} \tag{6-8}$$

式中：B——建筑物基础宽度，m；

H——基础埋设深度，m；

φ——边坡坡角，°。

当边坡坡脚大于 45°、坡高大于 8m 时，应进行坡体稳定性验算。

(3) 当建筑物基础设在原土层上且边坡稳定时，建筑物外墙至坡顶的距离 b，除满足有关要求外，还必须大于散水坡(一般为 0.8～1.0m)或明沟的宽度，见图 6-38；当建筑物直接设置在挡土墙上时，其距坡顶的距离可无要求，见图 6-39。

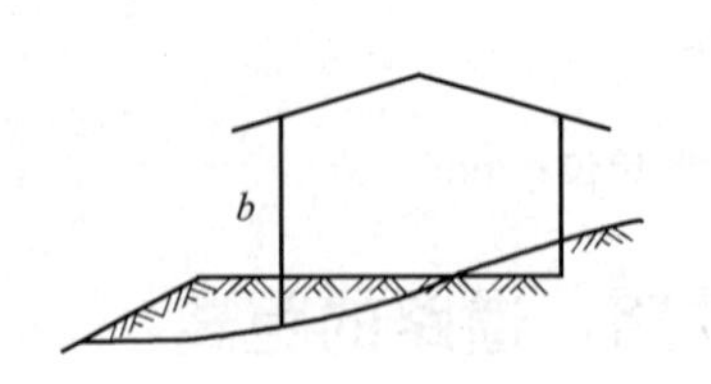

图 6-38　原土层上设置建筑物

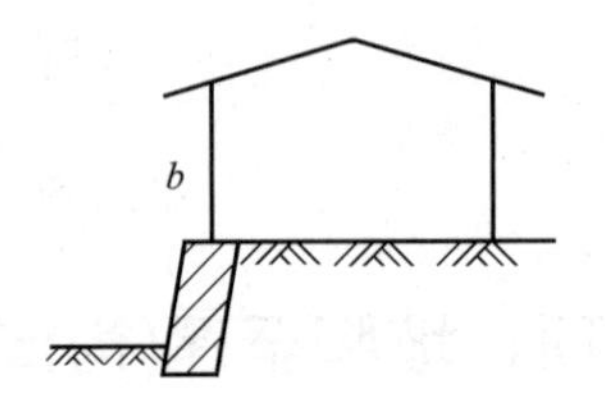

图 6-39　挡土墙上设置建筑物

2. 坡脚至建(构)筑物、铁路、道路的距离

坡脚至建(构)筑物的距离主要取决于建(构)筑物至坡脚间埋设管线、明沟、布置交通线路、消防、采光、通风、绿化及施工等的要求。一般情况下，建(构)筑物至坡脚的最小水平

距离按下式计算：

$$L_{脚}=l_1+l_2+l_3+l_4 \tag{6-9}$$

式中：$L_{脚}$——建(构)筑物距坡脚的最小水平距离，m；

l_1——散水宽度，m；

l_2——根据埋设管线、采光、通风、运输、消防、绿化及施工等要求确定需要的水平宽度，m；

l_3——排水沟的宽度，m；根据沟形、沟深及土质而定，一般为 0.6～1.5m；

l_4——护坡边宽度，m；不易风化的岩石，边坡高度低于 2m 或边坡已加固时，l_4 可不设；砂类土、黄土、易风化边坡，一般为 0.5～1.0m。

若不考虑 l_2 所需宽度，$L_{脚}$ 一般不小于 3m，困难时可不小于 2m。

当边坡进行铺砌防护时，或为不易风化的岩石类土时，若不考虑 l_2 的宽度，$L_{脚}\geqslant 2.0\text{m}$。

当边坡坡脚为挡土墙时，$L\geqslant H$，见图 6-40。

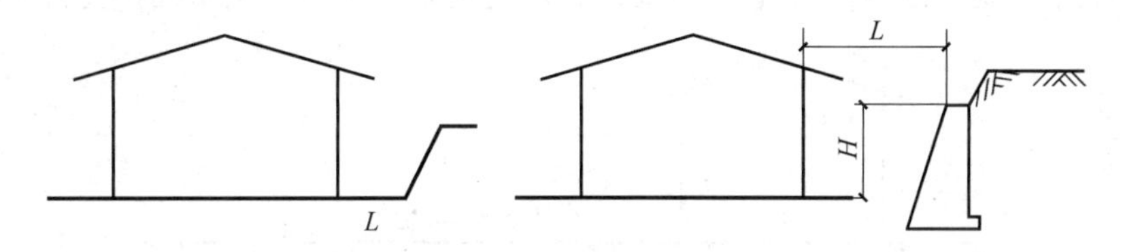

图 6-40　边坡坡脚为挡土墙

坡脚至铁路、道路的距离，可参照其路堤要求考虑。

6.5　场地平土方式及其标高的确定

6.5.1　场地平土方式分类

建设项目在施工初期，都必须对场地进行平整，方能进行大规模的施工。平土方式是指对建筑场地进行平整的方式即哪一部分挖方，哪一部分填方，哪一部分保留，挖填的数量等。

1. 连续式

连续式平土是对整个场地连续地进行平整而不保留原自然地形，以形成整体的整平面，见图 6-41。

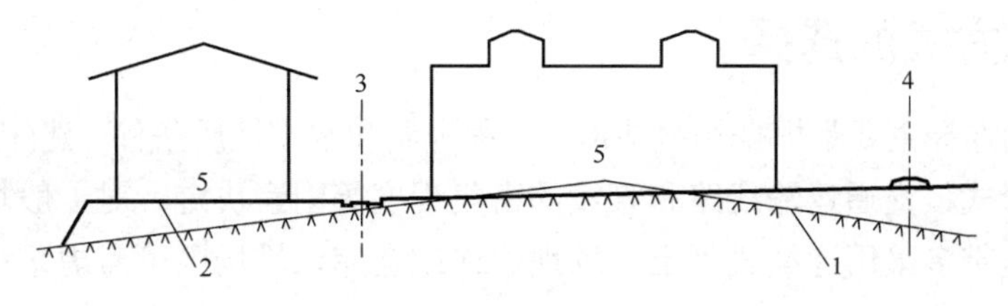

图 6-41　连续式平土

1—自然地面；2—平整面；3—道路中心；4—铁路中心；5—车间

适宜于连续式平土的条件如下。

(1) 场区自然地形平缓、变化不大；

(2) 场地土方工程量不大，且易于开挖；

(3) 建设场地的中心地带；

(4) 建(构)筑物密集的地段；

(5) 管线道路较多的地段；

(6) 采用机械化施工时。

连续式平土使场地成片，有利于建(构)筑物、管线及道路的布置，便于管理；但土方工程量较大。

2. 重点式

重点式平土是对与建(构)筑物有关的地段局部进行平整，而场地的其余部分适当地保留原有地形，整个场地不连成一个整体的整平面，而是分片的几个整平面，见图 6-42。

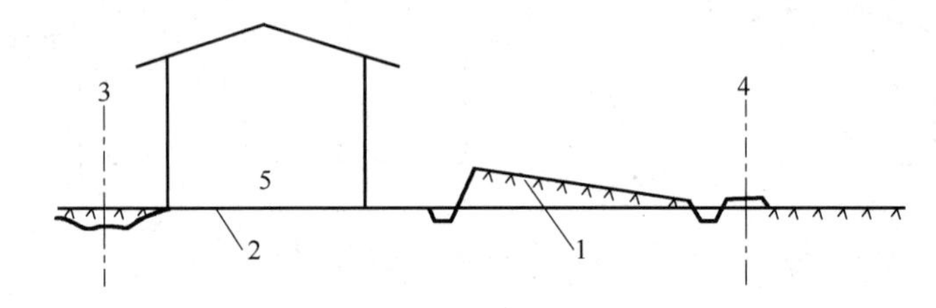

图 6-42 重点式平土

1—自然地面；2—平整面；3—道路中心；4—铁路中心；5—车间

适宜于重点式平土的条件如下。

(1) 自然地形复杂多变，连续平土时场地土方工程量较大；

(2) 岩质坚硬、土方工程大且不易施工的场地；

(3) 建(构)筑物密度不大的地段；

(4) 有特殊防护要求的建筑物或独立布置的单体建筑场地；

(5) 管线简单、运行联系不多的场地；

(6) 不用轨道运输联系的场地。

重点式平整的场地，由于局部保留了原自然地面，使得有些建(构)筑物之间距离较远，交通运输线路较长，管线也较长；但土方工程量则较小。

6.5.2 平土方式的选择

平土方式的选择主要是根据场地地形、工程地质和水文地质条件、建(构)筑物的布置特点、竖向布置形式、交通运输线路和管线的密集程度等因素决定。对一般场地来说，场前区及场地中心地带多采用连续式平土，场地边缘或仓库、堆场区可考虑采用重点式平土。对地形平坦的场地，整个场地可采用连续式平土；对山区坡地场地，由于地形及地质条件复杂，宜采用重点式平土。

6.5.3　场地平土标高的确定

平土标高是场地平整的依据，也是竖向设计的基础，因为只有场地平土标高确定之后，才能进行场地平整工作。然后，才能确定建(构)筑物和铁路、道路的主要设计标高，并在此基础上编制场地粗平土图和场地排雨水图。

1. 确定场地平土标高应考虑的主要因素

(1)　保证场地不受洪水淹没，且使场地雨水能迅速排除。沿江、河、湖、海的建设场地，场地标高应高于计算洪水位(包括波浪高度)0.5m 以上，当场地较低以填土提高场地标高有困难或不经济时，可采取筑堤防洪，并使堤顶标高高于计算洪水位(包括波浪高度)0.5m 以上。对于靠近城市的建设场地，其防洪堤标高应与当地标准取得一致，并应采取防止内涝和管涌措施。对山区场地，应特别重视防洪、排洪设计。山区地形坡度大、集流快、来势猛、洪水暴涨暴落，对场地及交通运输线路安全造成严重威胁，因此对山区的防洪、排洪，应因地制宜、统筹安排，采取综合治理措施，以确保场地不被洪水淹没。

(2)　必须满足场地内外运输要求。确定场地平土标高时，必须保证场地交通运输线路与铁路接轨点和城市道路连接的可能性以及建筑物与构筑物之间运输相互联系的可能性。对某些工业场地，铁路接轨点的标高对确定场地平土标高起着决定性的作用。

(3)　场地平土标高应高于地下水位。当场地地下水位高时不宜挖方，避免相对地使地下水位提高，增加基建投资，恶化施工条件；当场地地下水位很低时，可以适当地挖方，以提高场地耐力强度，减少基础的埋设深度和断面尺寸。

(4)　尽量减少土石方工程量和基础工程量，并使填、挖方接近平衡。宜使设计地面与自然地面尽量接近。位于地形变化较大的坡地场地，应充分利用自然地形，尽量避免大填大挖。

(5)　满足建筑物室内外高差的要求。建筑物室内地坪一般比室外场地高 0.15～0.30m，有时更大些；当有铁路进入建筑物时，应考虑铁路坡度和排水的要求。

(6)　考虑基槽余土和土层松散系数对场地标高的影响。基础余土量对场地平土标高和填、挖方平衡都有一定的影响，如果对其合理处理，就可以减少基础埋设深度，节约基建投资；对于场地填方地段，由于用挖松的土层充填，一旦土层夯实，就要影响场地标高，因此，应考虑土层松散系数。在填方地段，其实际填筑的场地标高应稍高于场地的设计标高。

2. 确定场地平土标高的方法

确定场地平土标高的方法有方格网法、断面法、经验估算法和最小二乘法。本节只介绍方格法和断面法。

1)　方格网法

(1)　确定场地的平土范围，一般以批准的初步设计方案的围墙为准，见图 6-43。

(2)　选定场地坐标系统，根据场地大小选用测量坐标系统或施工坐标系统、施工坐标和测量坐标的表达和换算关系。

(3) 建立坐标方格网，沿坐标系统的基轴，将场地以 5 的倍数划分成适当大小的方格。在初步设计时，方格的边长一般采用 25、50m，在施工图设计时，采用 10、20、40m。为了方便计算，通常将场地放在坐标第一象限。

(4) 在方格网的每个角点右下方，标注自然地面标高，再根据场地自然地形坡度、排水要求及交通运输线路的技术条件，确定场地的设计地面横向坡度 i_x 以及纵向坡度 i_y。一般情况下，横向坡度 i_x 宜采用 5‰～20‰，纵向坡度 i_y 宜采用 2‰～10‰。

(5) 确定坐标方格网原点 O 的设计标高 C_0。

C_0 含有 3 个高度：一是自然地面的平均高度；二是由于设计横坡和纵坡增加的高度；三是考虑了场地建(构)筑基础和管线、道路、铁路的基槽余土量而增加的高度。其计算步骤如下。

① 如图 6-43 所示，欲求坐标原点 O 的设计标高 C_0，需先假定一个基准水平面，该水平面的标高一般低于平土范围内原自然地面标高最低点。过坐标原点作标高为 C_0 的水平截面及设计地面，见图 6-44。从图中可以看出，要使场地填方和挖方平衡，就必须使原自然地面以下、基准水平面以上的体积 $V_{自}$ 等于设计地面以下、基准水平面以上的体积 $V_{设}$，并且过 C_0 作水平截面，将体积分为水平截面以上和水平截面以下两部分，再计算各有关部分的体积，即土石方量。

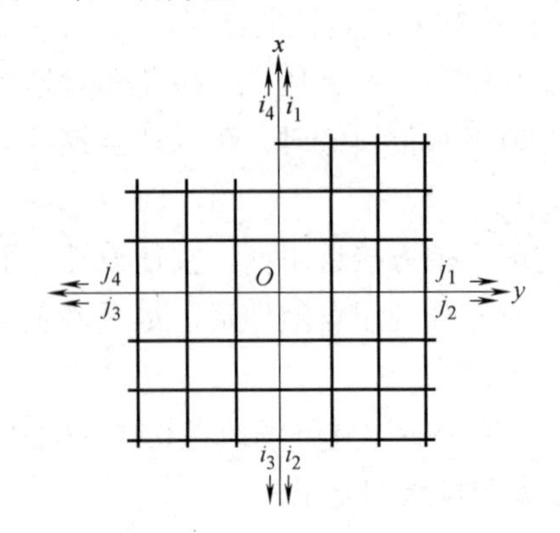

图 6-43 坐标系统及方格网

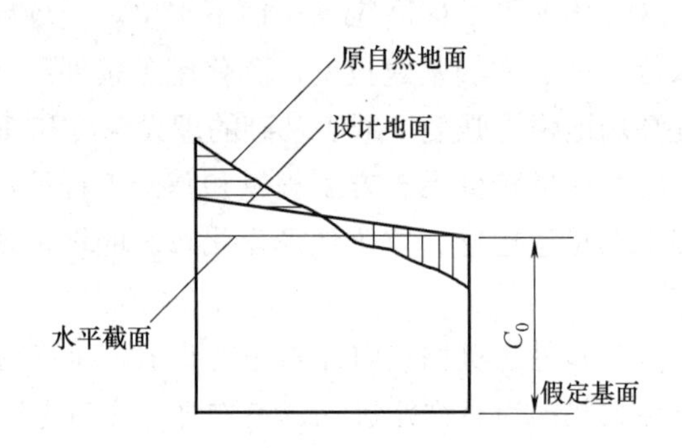

图 6-44 自然地面、假定基面和设计地面

② 计算 $V_{设}$、$V_{自}$。

自然地面以下、基准水平面以上的体积 $V_{自}$ 为

$$V_{自}=\frac{1}{4}a^2\left(\sum H_1+2\sum H_2+3\sum H_3+4\sum H_4\right) \tag{6-10}$$

式中，H_1、H_2、H_3、H_4 分别为 1 个方格、2 个方格、3 个方格、4 个方格的共同角顶原自然地面标高。

基准水平截面以上、设计地面线以下部分的体积 $V_{设}$ 为

$$V_{设}=\frac{a(i_1m_1+j_1n_1)}{2}\cdot a^2 \tag{6-11}$$

式中：i —— x 方向上场地设计坡度，i_1 即为第一象限 x 方向上场地设计坡度，从原点出发，上坡为“正”，下坡为“负”；

m——各象限 x 方向上方格数，m_1 即为第一象限 x 方向上的方格数；

n——各象限 y 方向上的方格数，n_1 即为第一象限的 y 方向的方格数；

a——方格的边长；

j——y 方向上场地设计坡度，j_1 即为第一象限 y 方向上场地设计坡度，从原点出发，上坡为“正”，下坡为“负”。

所以，整个柱体的体积即 4 个象限体积之和(即自然地面以下的体积)为 $V_{自}$，则：

$$V_{自}=\frac{\left(\sum H_1+2\sum H_2+3\sum H_3+4\sum H_4\right)}{4(m_1n_1+m_2n_2+m_3n_3+m_4n_4)}\cdot(m_1n_1+m_2n_2+m_3n_3+m_4n_4)\cdot a^2$$

设计地面以下、水平截面以上 4 个象限的体积之和为 $V_{坡}$，则：

$$V_{坡}=\frac{a(i_1m_1+j_1n_1)m_1n_1a^2}{2}+\frac{a(i_2m_2+j_2n_2)m_2n_2a^2}{2}+\frac{a(i_3m_3+j_3n_3)m_3n_3a^2}{2}+\frac{a(i_4m_4+j_4n_4)m_4n_4a^2}{2}$$
$$=\frac{a^3}{2}\left[(i_1m_1+j_1n_1)m_1n_1+(i_2m_2+j_2n_2)m_2n_2+(i_3m_3+j_3n_3)m_3n_3+(i_4m_4+j_4n_4)m_4n_4\right]$$

(6-12)

设附加土方量为 W，方格总数为 K，$K=m_1n_1+m_2n_2+m_3n_3+m_4n_4$。若填方等于挖方，则柱体的体积减去水平截面以上的体积就应等于水平截面以下的体积 $V_{水}$，则：

$$V_{水}=C_0(m_1n_1+m_2n_2+m_3n_3+m_4n_4)a^2$$

因为 $V_{水}=V_{自}-V_{坡}$，将上面各式代入整理即得

$$C_0=\frac{\sum H_1+2\sum H_2+3\sum H_3+4\sum H_4}{4(m_1n_1+m_2n_2+m_3n_3+m_4n_4)}-\frac{a}{2}\left[\frac{(i_1m_1+j_1n_1)m_1n_1+(i_2m_2+j_2n_2)m_2n_2}{m_1n_1+m_2n_2+m_3n_3+m_4n_4}+\frac{(i_3m_3+j_3n_3)m_3n_3+(i_4m_4+j_4n_4)m_4n_4}{m_1n_1+m_2n_2+m_3n_3+m_4n_4}\right]\pm\frac{W}{Ka^2}$$

(6-13)

若不考虑基槽余土量时，则 $C_{填}=C_0$。为了减少填方区域的基础埋设深度，如挖方区域平土标高提高，此时需对上式 C_0 进行修改，因 $C_{填}=C_0$，所以有：

$$C_{挖}=C_{填}+\frac{W}{F_{挖}} \quad (6\text{-}14)$$

$$C_{填}=\frac{\sum H_1+2\sum H_2+3\sum H_3+4\sum H_4}{4(m_1n_1+m_2n_2+m_3n_3+m_4n_4)}-\frac{a}{2}\left[\frac{(i_1m_1+j_1n_1)m_1n_1+(i_2m_2+j_2n_2)m_2n_2}{m_1n_1+m_2n_2+m_3n_3+m_4n_4}+\frac{(i_3m_3+j_3n_3)m_3n_3+(i_4m_4+j_4n_4)m_4n_4}{m_1n_1+m_2n_2+m_3n_3+m_4n_4}\right]$$

(6-15)

式中：$C_{挖}$——挖方区域的原点标高；

$C_{填}$——不考虑基槽余土量时的原点标高；

$F_{挖}$——挖方区域的面积，m^2。

用方格网法计算场地平土标高，只有先假定了设计坡度，才能计算平土标高，但预先假定的坡度不一定能满足土方量最小的要求，仍需通过一定的试算，才能求出接近最

小土方量的平土标高。

2) 断面法

采用将场地全部标高提高或降低同一高度的办法确定场地平土标高，其方法如下。

(1) 首先在场地平土范围内布置断面，见图 6-45。

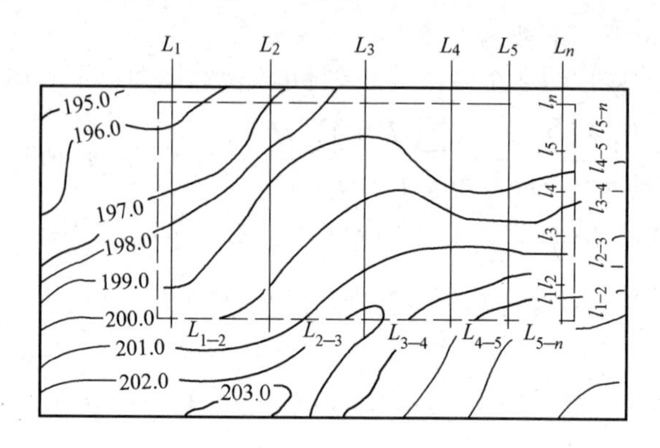

图 6-45 断面布置(单位：m)

(2) 根据自然地面的标高，绘出各条断面线上的横断面，见图 6-46。

(3) 在横断面图上绘出假定的平土线，其标高为 H_0。为了计算方便，平土线的标高最好采用断面分布区内的地形最低点，见图 6-47。

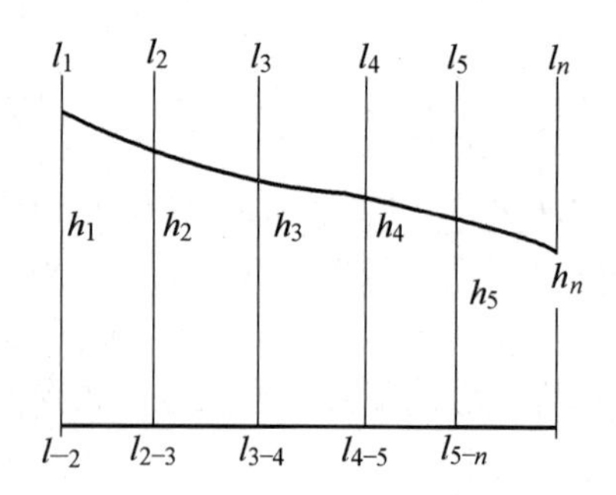

图 6-46 各条断面线上的横断面

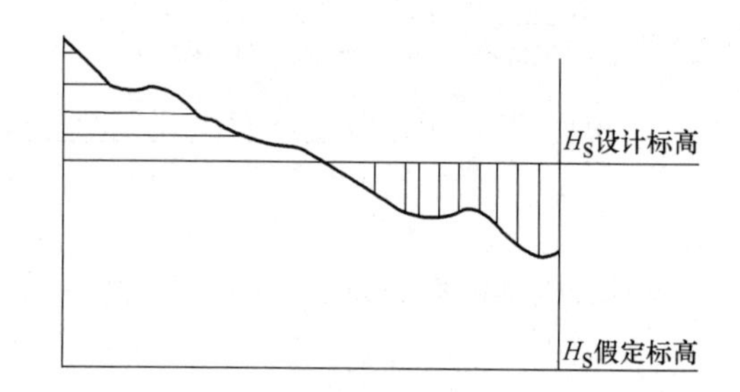

图 6-47 断面分布区地形最低处

(4) 计算由假定的平土标高和自然标高之间所包围的各断面的面积及平土范围的体积。

(5) 计算设计的平土标高 $H_平$，求出所有断面的面积后，即可用式(6-18)求出 $H_平$。

断面面积的求法很多，如数方格法，就是把带有每格为一个单位的方格透明纸，复在断面图上(比例要一致)，断面占有的方格数就是该断面面积。再如卡规法，就是把断面横向宽度分为一个单位的小块面积，各小块面积为 1×高，所以，用卡规量出各小块的高之累加数就是断面的面积，此法速度快、效率高、应用广。其他还有用求积仪直接量面积法以及化为规则的梯形计算法，见图 6-48。

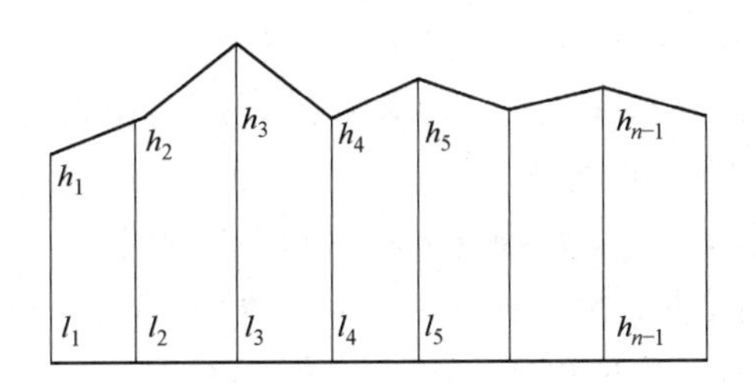

图 6-48　断面面积计算方法

断面面积 F 可用下式计算：

$$F=\frac{h_1+h_2}{2}\cdot l_{1-2}+\cdots+\frac{h_{n-1}+h_n}{2}\cdot l_{(n-1)-n} \tag{6-16}$$

$$V=\frac{F_1+F_2}{2}\cdot L_{1-2}+\cdots+\frac{F_{n-1}+h_n}{2}\cdot l_{(n-1)-n} \tag{6-17}$$

$$\begin{aligned} H_{平}&=H_0+\frac{\frac{1}{2}(F_1+F_2)L_{1-2}+\cdots+\frac{1}{2}(F_{(n-1)}+F_n)L_{(n-1)-n}}{\frac{1}{n}(l_{1-2}+\cdots+l_{(n-1)-n})(L_{1-2}+\cdots+L_{(n-1)-n})} \\ &=H_0+\frac{n}{2}\cdot\frac{(F_1L_{1-2}+F_2L_{2-3})+\cdots+(F_{n-1}L_{n-1}+F_nL_n)}{(l_{1-2}+\cdots+l_n)(L_{1-2}+\cdots+L_{(n-1)-n})} \end{aligned} \tag{6-18}$$

式中：$H_{平}$——设计的平土标高，m；

H_0——假定的平土标高，m；

F——按假定平土标高求得的每个断面的平土面积；$F_1\cdots F_n$ 分别为 $1\cdots n$ 断面上，假定平土标高与自然地面标高之间的面积(n 为自然数)，m；

l——断面的长度，m；

L——两相邻断面间的距离，m；

n——长度方面的断面数。

6.6　场地土方计算及土方平衡

6.6.1　场地土方计算方法

场地平土标高确定之后，便可以进行土方计算。目前，土方计算的方法较多，但大多都是用平均值或近似值简化计算各种不规则的几何体，其计算精度也能满足土方工程要求。设计工作中常用的有横断面计算法、方格网计算法、整体计算法和局部分块法等。

1. 横断面计算法

横断面的计算方法，是根据竖向布置图及场地变化特征，在垂直于自然地形等高线或垂直于多数建筑物的长轴上划分若干个断面，并分别计算每个断面的填、挖方面积，然后按相邻两断面的平均面积和相邻两断面之间的距离计算两相邻断面之间的填、挖方量。

横断面计算法计算简捷，但其计算精度不及方格网计算法，适用于场地地形起伏变化较大、自然地面复杂的地段；若在平坦地区采用，横断面间距可取大些。其计算步骤如下。

(1) 首先布置断面并画出横断面线。根据场地地形图和竖向布置图将场地划分为若干个断面，见图 6-49。划分断面的原则一般是：横断面的走向尽量垂直于等高线或主要建筑物的长轴线或道路、铁路中心线。在轴线上按自然地形的变化、设计场地竖向布置及对土方量精度的要求，确定断面的位置及数量，绘出垂直轴线的断面位置线，并按顺序对断面进行编号。横断面之间的间距视地形情况而定：当地形平坦时，采用 40～100m；当地形复杂时，采用 10～30m。其间距可以均等，也可以不等，在场地某些特征地段可另加设断面。

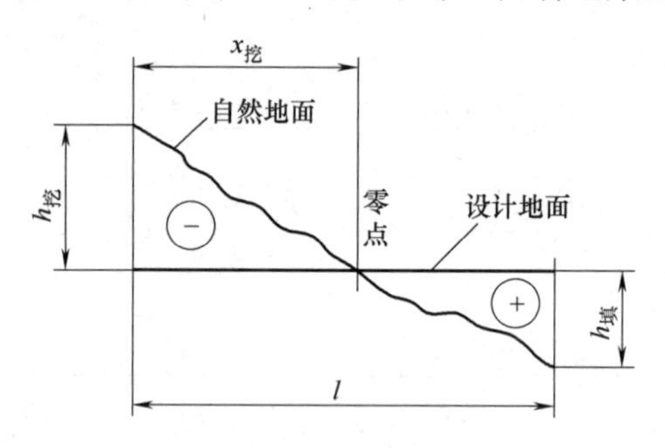

图 6-49 断面法

(2) 作横断面图。根据确定的断面位置，按水平为 1∶200～1∶500、垂直为 1∶100～1∶300 的比例给出每个横断面的自然地形和设计地面线，两线的交点为零点。零点的位置可按下式计算：

$$x_{挖} = \frac{h_{挖}}{h_{挖} + h_{填}} \cdot l \tag{6-19}$$

(3) 计算每个断面的挖、填方面积。零点及零线将断面分为挖方和填方，分别计算每个断面的填方和挖方面积，并按照断面编号顺序填入土方工程量。

(4) 计算相邻两横断面间的挖、填方体积，按下列公式计算：

$$V_{填(挖)} = \frac{F_1 + F_2}{2} \cdot L \tag{6-20}$$

式中：$V_{填(挖)}$——相邻两断面间的填方或挖方土方量，m^3；

F_1、F_2——相邻第一断面、第二断面的填方(或挖方)面积，m^2；

L——相邻两断面间的距离，m。

常用断面面积计算公式见表 6-8。

表 6-8 常用断面面积计算公式

图 示	面积计算公式
（图：h，1:n，b）	$F = h(b + nb)$

续表

图　示	面积计算公式
1:m　1:n　b	$F=h\left[b+\dfrac{h(m+n)}{2}\right]$
h_1　1:m　1:n　h_2　b	$F=b\dfrac{h_1+h_2}{2}+nh_1\cdot h_2$
a_1　a_2　a_3　a_4　a_5	$F=h_1\dfrac{a_1+a_2}{2}+h_2\dfrac{a_2+a_3}{2}+h_3\dfrac{a_3+a_4}{2}+h_4\dfrac{a_4+a_5}{2}+\cdots$
h_0　h_1　h_2　h_3　h_4　h_5　h_n　a　a　a　a　a　a	$F=\dfrac{1}{2}(h_0+2h+nh)\cdot a$ $h=h_1+h_2+h_3+h_4+h_5+\cdots+h_{n-1}$

(5) 列表汇总每个断面填方和挖方面积以及平整场地总的挖方和填方土方工程量，见表 6-9。

表 6-9　计算土方量统计

断面号	填方面积/m²	挖方面积/m²	断面间距/m		填方数量/m³	挖方数量/m³	备　注
1							
2							
3							
…							
合　计							

2. 方格网计算法

方格网计算法应用广泛，对于地形平缓和台阶宽度较大的场地尤为适用，其计算精度较高。

1) 方格网法计算土方的步骤

(1) 划分方格网。

将绘有等高线的总平面图划分为若干正方形的方格网，并尽量使其与施工坐标网或测量坐标网的纵横坐标网重合。方格大小根据自然地面的复杂程度和计算精度要求确定，通常是全部场地采用统一尺寸的方格进行计算；但在地形有特殊变化时，也可局部加密或放

疏方格。

方格的尺寸，初步设计一般采用 40～100m，施工图设计一般采用 20m 方格，对局部地段当地形复杂时，可采用 10m 方格。

如果采用阶梯竖向布置，可按台阶分别用方格网法计算土方量，对台阶边坡部分的土方工程量可单独计算后再汇总入各台阶的土方量中。

(2) 填入设计标高和自然标高。

根据地形图的自然等高线高程，在方格网各交点的右下角填入自然地面标高。根据场地整平设计标高和纵、横向设计坡度，计算出各方格网各角点的设计标高，并填入方格网各交点的右上方。

(3) 计算施工高度。

施工高度为设计地面标高与自然地面标高的差值，差值为“+”时表示填方，为“-”时表示挖方，并将施工高度分别填入各方格交点的左上角，见图 6-50。

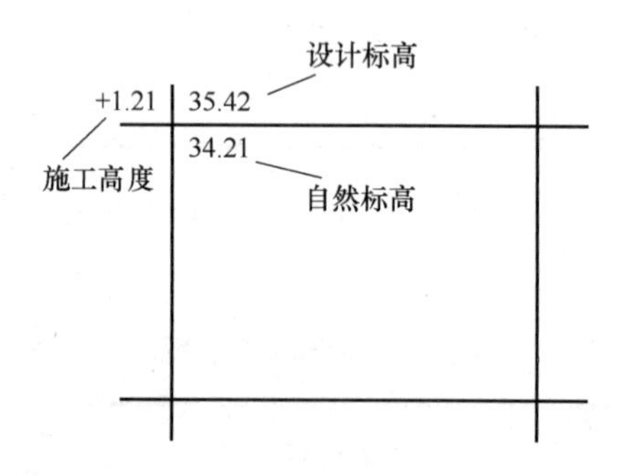

图 6-50 标注标高(单位：m)

零点与零点计算如下。

a. 零点：在方格网计算土方的图式中，从填方到挖方的过渡中间，总有一点是不填不挖的，此点即为零点。

b. 零点计算：当方格边长为 a 时，零点的位置见图 6-51(a)，零点计算公式如下：

$$x_{挖} = \frac{ah_{挖}}{h_{挖} + h_{填}} \tag{6-21}$$

$$x_{填} = \frac{h_{填}}{h_{挖} + h_{填}} \cdot a \tag{6-22}$$

式中：$x_{挖}$——零点距挖方角顶的水平距离，m；

$x_{填}$——零点距填方角顶的水平距离，m；

$h_{挖}$——挖方高度，m；

$h_{填}$——填方高度，m；

a——方格边长，m。

(4) 找出零点与零线。

① 图解法求零点。在实际设计工作中，为了计算方便，往往采取图解的方法近似地绘出零点，见图 6-51(b)，即用直尺或三角板按一定比例量出各相邻角点的挖方和填方高度，

则此两点连接线与该两角点方格边的交点，即为零点。

② 零线。用直尺将相邻方格上的零点连接起来，便得到零线，见图 6-52。零线是平整场地范围内填方和挖方的分界线。由零点连接成零线应符合下列要求。

a. 同一方格各边上的零点才能连接；

b. 一般情况下，一个零点最多与能够连接的两个点连接；

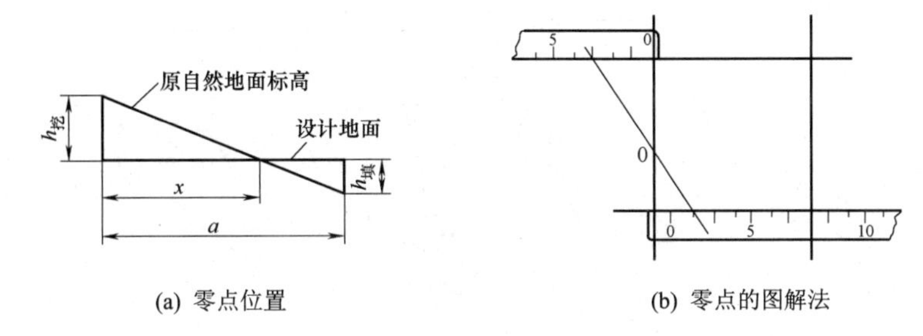

(a) 零点位置　(b) 零点的图解法

图 6-51　零点位置图解法求零点

c. 对于零线两侧填方与挖方一定分明；

d. 零线除遇到设计的台阶外，在平整场地范围内不能断开；

e. 方格角顶施工高度为零的点，可以看作填方点或挖方点，也可以看作零点；

f. 有时零点的连接要根据场地的具体情况而定，连接方法不同，对同一个地段可能成为填方或者挖方。

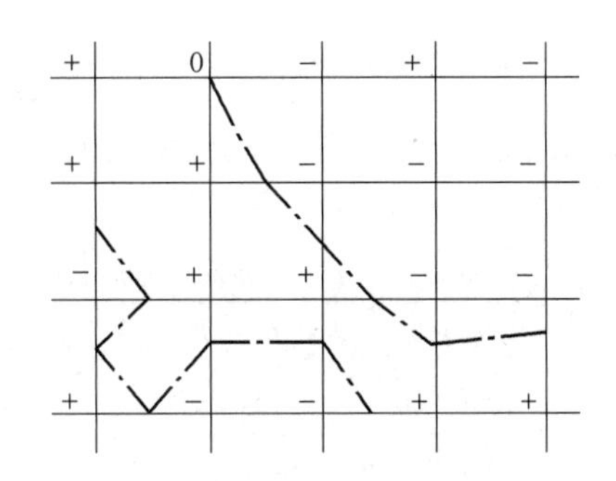

图 6-52　连接零点成零线

2) 方格网计算土方的基本公式

(1) 基本图形。

根据方格网各角点填挖高度及零线，可将土方体划分为三棱柱体、三棱锥体、底面为四边形的楔体、四方棱柱体等基本图形，见图 6-53。

(2) 基本公式。

方格网法计算土方，一般按下列几种情况分别计算。

① 四角点为全填方或全挖方，见图 6-54。计算公式如下：

$$V_{填(挖)}=\frac{a^2}{4}(h_1+h_2+h_3+h_4) \tag{6-23}$$

式中：$V_{填(挖)}$——方格土的填方或挖方，m^3；

h_1、h_2、h_3、h_4——分别为方格第一、第二、第三、第四角点的施工高度，m；

a——方格的边长，m。

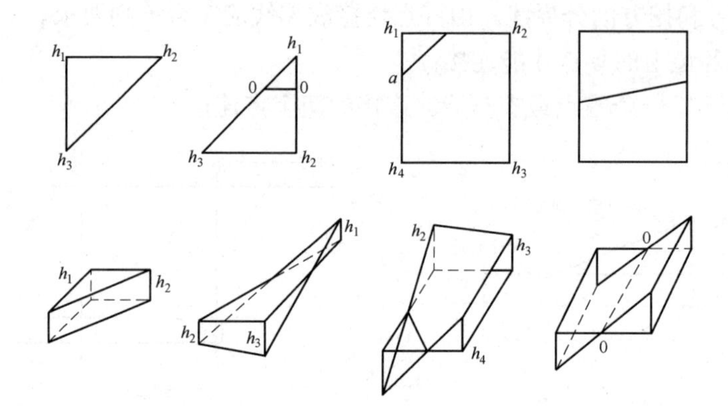

图 6-53　土方计算几何图形

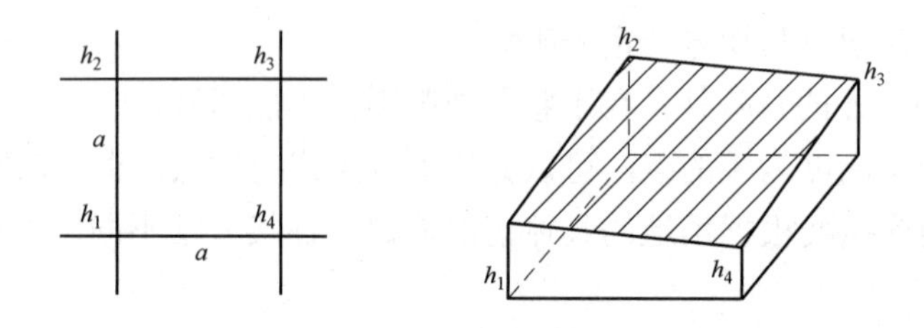

图 6-54　四角点全填或全挖

② 一侧两个角点填方(或挖方)，另一侧两个角点挖方(或填方)，见图 6-55。计算公式如下：

$$V_{填}=\left[\frac{h_1a}{h_1+h_2}\times\frac{h_1}{2}+\frac{h_2a}{h_2+h_3}\times\frac{h_2}{2}\right]\frac{a}{2}$$

$$=\frac{a^2}{4}\left(\frac{h_1^2}{h_1+h_2}+\frac{h_2^2}{h_2+h_3}\right) \tag{6-24}$$

$$V_{挖}=\left[\frac{h_4a}{h_4+h_3}\times\frac{h_4}{2}+\frac{h_3a}{h_3+h_2}\times\frac{h_3}{2}\right]\frac{a}{2}$$

$$=\frac{a^2}{4}\left(\frac{h_4^2}{h_4+h_1}+\frac{h_3^2}{h_3+h_2}\right) \tag{6-25}$$

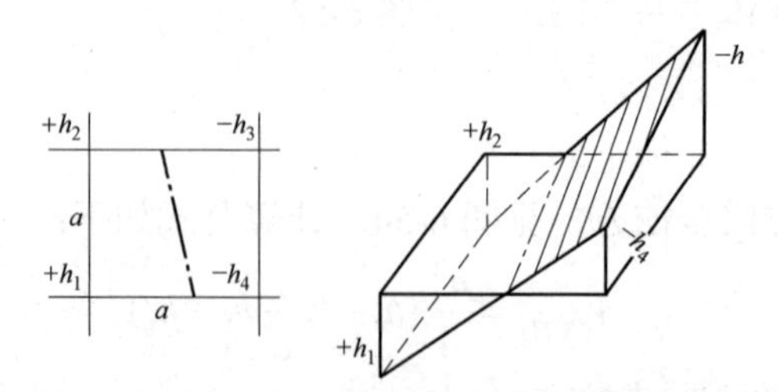

图 6-55　一侧两个角点填方(或挖方)、另一侧两个角点挖方(或填方)

当选用的方格边长较大、施工高度较小时，采用下列近似计算公式较为方便。

在方格零线一侧的填方边或挖方边的中点作一与其垂直的截面，用相似形关系可得

$$\frac{\frac{h_1+h_2}{2}}{\frac{h_1+h_2}{2}+\frac{h_3+h_4}{2}}=\frac{L_{填}}{a}$$

式中：$L_{填}$——填方面积的平均宽度，m。

所以方格的填方为

$$V_{填}=\frac{\frac{h_1+h_2}{2}}{\frac{h_1+h_2}{2}+\frac{h_3+h_4}{2}}\times a\frac{h_1+h_2}{4}=\frac{a^2(h_1+h_2)^2}{4(h_1+h_2+h_3+h_4)} \tag{6-26}$$

同理：

$$\frac{\frac{h_3+h_4}{2}}{\frac{h_1+h_2}{2}+\frac{h_3+h_4}{2}}=\frac{L_{挖}}{a}$$

式中：$L_{挖}$——挖方面积的平均宽度，m。

所以方格的挖方为

$$V_{挖}=\frac{\frac{h_1+h_2}{2}}{\frac{h_1+h_2}{2}+\frac{h_3+h_4}{2}}\times a\frac{h_3+h_4}{4}=\frac{a^2(h_3+h_4)^2}{4(h_1+h_2+h_3+h_4)} \tag{6-27}$$

(3)　相对两个角点填方(或挖方)，另外相对两个角点挖方(或填方)，见图 6-56。计算公式如下：

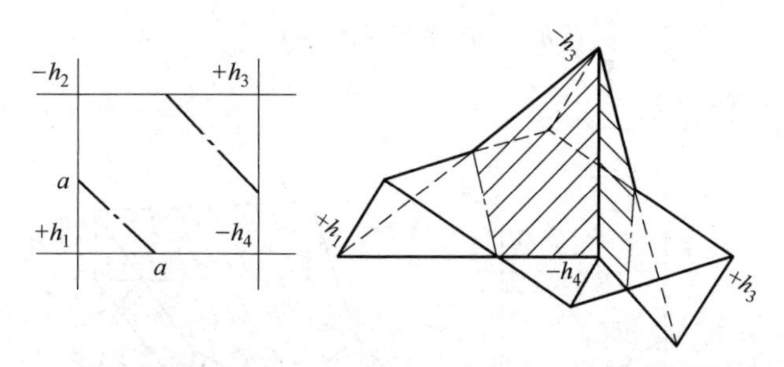

图 6-56　相对两个角点填方(或挖方)，另外相对两个角点挖方(或填方)

$$V_{填(挖)}=V_{1填(挖)}+V_{3填(挖)} \tag{6-28}$$

式中：$V_{1填(挖)}$、$V_{3填(挖)}$——分别为第一填方(或挖方)角点、第三填方(或挖方)角点所在方格的填方(或挖方)，m^3。

$$V_{1填(挖)}=\frac{a^2h_1^3}{6(h_1+h_2)(h_1+h_4)} \tag{6-29}$$

$$V_{3填(挖)}=\frac{a^2h_3^3}{6(h_3+h_2)(h_5+h_4)} \tag{6-30}$$

$$\begin{aligned}V_{填(挖)}&=\frac{h_2+h_4}{3}\times\frac{a^2}{2}+V_{1填(挖)}-\frac{h_1}{3}\times\frac{a^2}{2}+\frac{h_2+h_4}{3}\times\frac{a^2}{2}+V_{3填(挖)}-\frac{h_3}{3}\times\frac{a^2}{2}\\&=\frac{a^2}{6}(2h_2+2h_4-h_1-h_3)+V_{1填(挖)}+V_{3填(挖)}\end{aligned} \tag{6-31}$$

式中：$V_{1填(挖)}$、$V_{3填(挖)}$——绝对值代入。

(4) 相对两个角点为零，另外两个角点分别为一填、一挖，见图 6-57。计算公式如下：

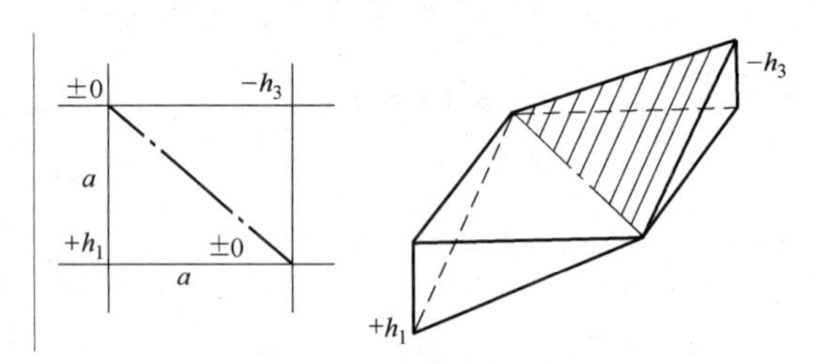

图 6-57　相对两个角点为零，另外两个角点为一填、一挖

$$V_{填(挖)}=\frac{a^2h_1}{6} \tag{6-32}$$

$$V_{挖(填)}=\frac{a^2h_3}{6} \tag{6-33}$$

(5) 一个角点为填方(或挖方)，另外 3 个角点为挖方(或填方)，见图 6-58。计算公式如下：

$$V_{填(挖)}=\frac{h_1a}{h_1+h_4}\times\frac{h_1a}{h_1+h_2}\times\frac{1}{2}\times\frac{h_1}{3}=\frac{a^2h_1^3}{6(h_1+h_4)(h_1+h_2)} \tag{6-34}$$

$$\begin{aligned}V_{挖(填)}&=\frac{h_2+h_3+h_4}{3}\times\frac{a^2}{2}+\frac{h_2+h_4}{3}\times\frac{a^2}{2}+V_{填(挖)}-\frac{a^2}{2}\times\frac{h_1}{3}\\&=\frac{a^2}{6}(2h_2+2h_4+h_3-h_1)+V_{填(挖)}\end{aligned} \tag{6-35}$$

式中，$V_{填(挖)}$ 采用绝对值代入。

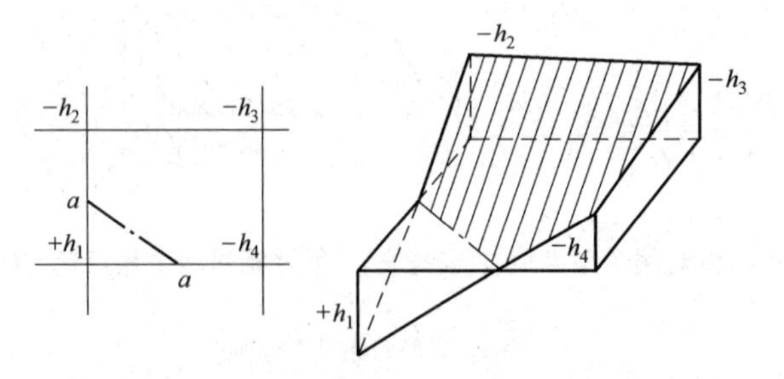

图 6-58　一个角点为填方(或挖方)，另外三个角点为挖方(或填方)

四角点方格网计算法土方示例，见图 6-59。

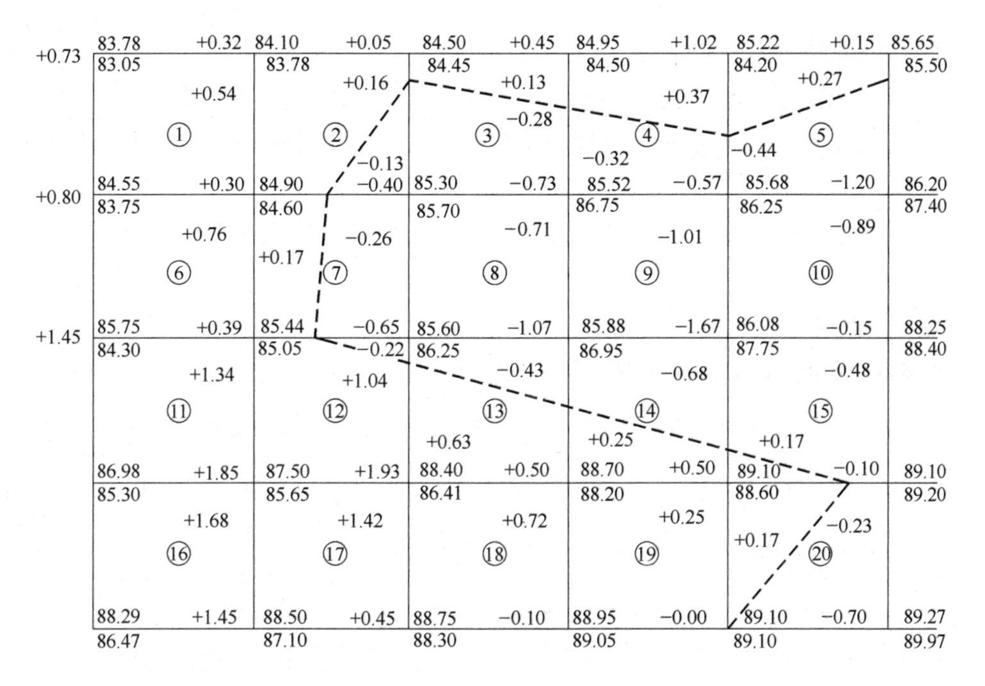

图 6-59　方格网计算法土方示例(单位：m)

3. 方格网整体计算法

(1) 在场地平整的坐标方格网上，根据零线将方格划分的不同情况(见图 6-60)，以半个方格(不论实际大小)为单位，分别按下式计算总的填方和挖方：

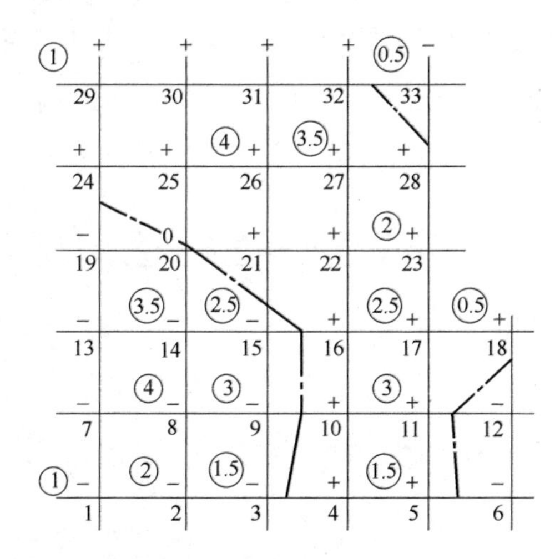

图 6-60　整体计算法(单位：m)

$$Q_{填} = \frac{a^2}{4}\left(4\sum h_{4填} + 3.5\sum h_{3.5填} + \cdots + 0.5\sum h_{0.5填}\right) \tag{6-36}$$

$$Q_{挖}=\frac{a^2}{4}\left(4\sum h_{4填}+3.5\sum h_{3.5填}+\cdots+0.5\sum h_{0.5填}\right) \tag{6-37}$$

式中：$Q_{填}$——总填方，m^3；

$Q_{挖}$——总挖方，m^2；

$h_{4填}$、$h_{3.5填}$、…、$h_{0.5填}$——分别为 4 个方格、3 个半方格……半个方格共同角顶的填方高度，m；

$h_{4挖}$、$h_{3.5挖}$、…、$h_{0.5挖}$——分别为 4 个方格、3 个半方格……半个方格共同角顶的挖方高度，m；

a——方格边长，m。

以图 6-60 为例，计算场地平整的填方与挖方如下：

$$Q_{填}=\frac{a^2}{4}[4h_{26}+3.5(h_{25}+h_{27}+h_{22})+3(h_{11}+h_{21}+h_{21}+h_{16}+h_{10})+2.5h_{17}$$
$$+2(h_{30}+h_{31}+h_{23})+1.5(h_{32}+h_{28}+h_5+h_4+h_{24})+0.5h_{18}] \tag{6-38}$$

$$Q_{填}=\frac{a^2}{4}[4h_8+3.5h_{14}+3h_9+2.5h_{15}+2(h_2+h_7+h_{13})+1.5(h_{19}+h_3)$$
$$+(h_1+h_{12})+0.5(h_6+h_{33})] \tag{6-39}$$

式中：h_1、h_2…h_{33}——分别为第 1、第 2……第 33 方格角顶的施工高度，m。

(2) 将正方形或长方形的场地边缘在划分方格时有意识地划成半格。这时，将各角点的施工高度作为虚线方格的平均高度，则填、挖方量分别为施工高度之和乘以方格面积，也称一点计算法，即

$$V_{填}=\sum h_{填}\cdot a^2 \qquad V_{挖}=\sum h_{挖}\cdot a^2$$

方格网一点计算法运算速度快，不易出差错，对于 10、100m 的方格只是移动 $\sum h$ 的位数，对于 20、40m 方格也只是 $\sum h$ 乘以 400 或 1600。由于计算简便，在设计中采用较多，见图 6-61，其计算公式如下：

$$\pm V=\frac{a^2}{4}\sum ph_{\rm p}$$

$$\pm V=\frac{a^2}{4}\left(\sum h_1+2\sum h_2+3\sum h_3+4\sum h_4\right) \tag{6-40}$$

式中：V——填方或挖方体积，m^3；

a——方格边长，m；

p——权数，分别为 1、2、3、4；

$h_{\rm p}$——相同重点计算次数之施工高度，m。

4. 三角棱柱体法

在方格网上，沿地形等高线用对角线将方格分成两个三角形。根据各角点施工高度填、挖不同，零线可将三角形划分为两种情况，见图 6-62，分别进行体积计算。

+0.5	+1.0	+1.20	+0.40	+0.40	+0.20	+0.3	
−0.8	621.00 −1.60	620.50 −1.0	620.30 −0.90	621.10 −1.20	621.10 0.70	621.30 −4.0	621.20
−1.6	622.30 −1.4	622.10 −0.40	622.50 −0.60	622.70 −0.70	622.70 −0.60	622.20 −0.40	621.90
−1.3	623.10 +1.5	622.90 −0.5	621.10 +0.6	622.10 +1.0	622.20 +0.90	622.10 +0.30	621.90
+1.0	622.90 −0.9	620.00 +0.40	621.00 +0.50	620.90 +0.60	620.50 0.70	620.70 +0.7	621.20
	620.50	620.70	621.10	621.00	620.90	620.90	621.90

填方高度+	1.5	2.5	2.0	1.5	2.0	1.7	1.3	($V_{填-}$) 29 250m³
挖方高度−	3.7	2.8	1.5	1.4	1.9	1.3	0.8	($V_{挖-}$) 33 500m³

图 6-61　一点计算法(a=50m)

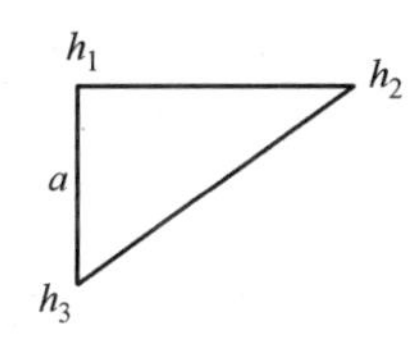

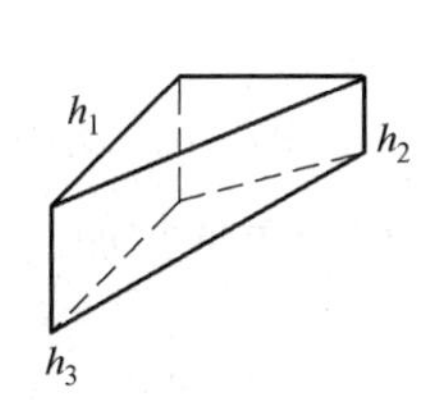

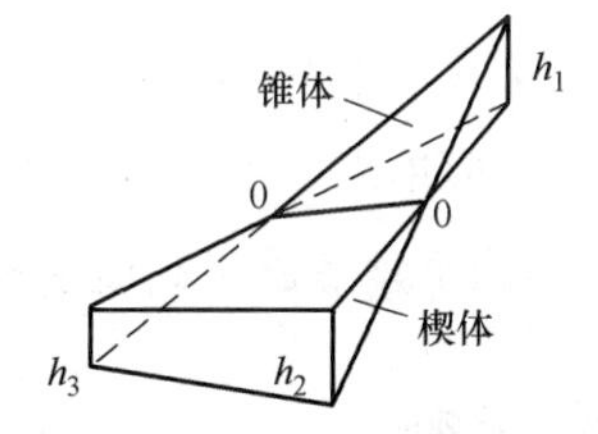

(a) 全部填方或全部挖方　　(b) 部分填方或部分挖方

图 6-62　三角棱柱体

(1) 对于全部填方或全部挖方的完整三角形，见图 6-62(a)，计算公式为

$$V_{填(挖)} = \frac{a^2}{6}(h_1 + h_2 + h_3) \tag{6-41}$$

式中：$V_{填(挖)}$——填方(或挖方)体积，m³；

h_1、h_2、h_3——三角形各角点的施工高度，m，均以绝对值代入；

a——方格边长，m。

(2) 对于部分填方与部分挖方的不完整三角形，见图 6-62(b)，计算公式为

$$V_{填(挖)} = \frac{a^2 h_1^3}{6(h_1 + h_2)(h_1 + h_5)} \tag{6-42}$$

$$V_{挖(填)} = \frac{a^2}{6}\left[\frac{h_1^3}{(h_1 + h_2)(h_1 + h_3)}\right] - h_1 + h_2 + h_3 \tag{6-43}$$

公式(6-43)也可以写为

$$V_{挖(填)} = \frac{a^2}{6}(h_2 + h_3 - h_1) + V_{挖(填)} \tag{6-44}$$

式中：$V_{挖(填)}$——用绝对值代入。

若用三角形法计算场地平整标高，则用三角棱柱体法计算土方量较为方便。

5. 四方棱柱体法

在方格网上，根据各角点施工高度填、挖不同，零线将正方形划分的情况见图 6-63。四方棱柱体法按以下公式计算。

(1) 当正方形为全部填方或挖方时，其体积按式(6-23)计算。

(2) 当正方形部分为填方和部分为挖方时，其体积按下式计算：

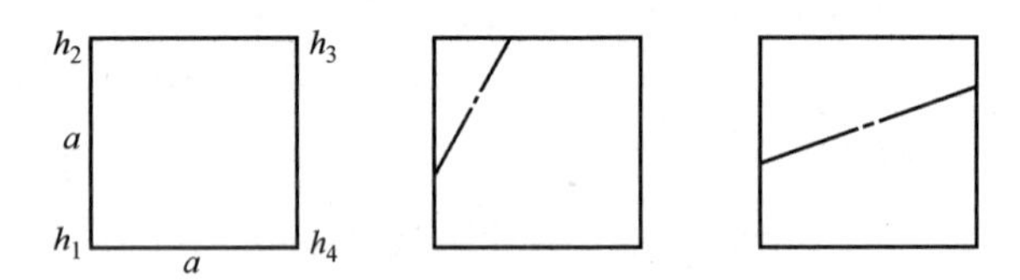

图 6-63 四方棱柱体

$$V_{挖(填)} = \frac{a^2}{4}\frac{\left[\sum h_{挖(填)}\right]}{\sum h} \tag{6-45}$$

式中：$V_{挖(填)}$——挖方或填方体积，m^3；

$\sum h_{挖(填)}$——正方形角点中填方(或挖方)施工高度总和，m，均用绝对值相加；

$\sum h$——正方形四个角点施工高度总和，m，均用绝对值相加。

6.6.2 场地土方平衡

1. 场地土方平衡应考虑的因素

在确定场地平土标高时，已考虑了填、挖平衡的要求，一般来说，这对于减少场地平整费用是有一定作用的。但在某些情况下，由于填、挖平衡反而会造成浪费，如填土过多不仅增加了建筑物基础埋设深度，而且对填方地段需分层碾压、夯实，使其达到要求的土层密实度，这样反而费时费力，造成浪费。还不如将挖方运出场地，充填场地周围低洼地或作为其他建设工程用。场地土方平衡除了考虑场地平土本身的填、挖方外，还必须考虑土层松散系数和建(构)筑物、机械设备等基础的余土量以及地下工程、铁路、道路、管线地沟等的余土量。

1) 土壤松散系数

在场地土方施工中，若用同样体积的挖方量去充填同样体积的填方量，则挖方量就有多余，这是由于土层经过挖掘后，原土体组织被破坏、体积增加所致。因此，在挖方量的运输和填方夯实时必须考虑土壤松散系数对土方平衡的影响。土壤松散系数是自然土经开

挖并运至填方区夯实后的体积与原体积的比值。将挖方用于填方时，计算挖方量时应增加土层松散部分。土层松散系数随土层的类别而异，通常用百分比表示。几种土层的松散系数，见表 6-10。

表 6-10　土层松散系数

<table>
<tr><th>土的分类</th><th>土的级别</th><th>土层的名称</th><th>最初松散系数</th><th>最终松散系数</th></tr>
<tr><td rowspan="2">一类土
(松软土)</td><td rowspan="2">Ⅰ</td><td>略有黏性的砂土，粉土，腐殖土及疏松的种植土；泥炭(淤泥)(种植土、泥炭除外)</td><td>1.08～1.17</td><td>1.01～1.03</td></tr>
<tr><td>植物性土、泥炭</td><td>1.20～1.30</td><td>1.03～1.04</td></tr>
<tr><td>二类土
(普通土)</td><td>Ⅱ</td><td>潮湿的黏性土和黄土；软的盐土和碱土；含有建筑材料碎屑、碎石、卵石的堆积土和种植土</td><td>1.14～1.28</td><td>1.02～1.05</td></tr>
<tr><td>三类土
(坚土)</td><td>Ⅲ</td><td>中等密实的黏性土或黄土；含有碎石、卵石或建筑材料碎屑的潮湿的黏性土或黄土</td><td>1.24～1.30</td><td>1.04～1.07</td></tr>
<tr><td rowspan="2">四类土
(砂砾坚土)</td><td rowspan="2">Ⅳ</td><td>坚硬密实的黏土或黄土；含有碎石、砾石(体积在 10%～30%、重量在 25kg 以下的石块)的中等密实
黏性土或黄土；硬化的重盐土；软泥灰岩(泥灰岩、蛋白石除外)</td><td>1.26～1.32</td><td>1.06～1.09</td></tr>
<tr><td>泥灰岩、蛋白石</td><td>1.33～1.37</td><td>1.11～1.15</td></tr>
<tr><td>五类土
(软土)</td><td>Ⅴ～Ⅵ</td><td>硬的石炭纪黏土；胶结不紧的砾岩；软的、节理多的石灰岩及贝壳石灰岩；坚实的白垩；中等坚实的页岩、泥灰岩</td><td rowspan="3">1.30～1.45</td><td rowspan="3">1.10～1.20</td></tr>
<tr><td>六类土
(次坚土)</td><td>Ⅶ～Ⅸ</td><td>坚硬的泥质页岩；坚实的泥灰岩；角砾状花岗岩；泥灰质石灰岩；黏土质砂岩；云母页岩及砂质页岩；风化的花岗岩、片麻岩及正常岩；滑石质的蛇纹岩；密实的石灰岩；硅质胶结的砾岩；砂岩；砂质石灰质页岩</td></tr>
<tr><td>七类土
(坚岩)</td><td>Ⅹ～XIII</td><td>白云岩；大理石；坚实的石灰岩、石灰质及石英质的砂岩；坚硬的砂质页岩；蛇纹岩；粗粒正长岩；有风化痕迹的安山岩及玄武岩；片麻岩；粗面岩；中粗花岗岩；坚实的片麻岩、粗面岩；辉绿岩；玢岩；中粗正常岩</td></tr>
</table>

续表

土的分类	土的级别	土层的名称	最初松散系数	最终松散系数
八类土(特坚石)	XIV～XVI	坚实的细粒花岗岩；花岗片麻岩；闪长岩；坚实的玢岩、角闪岩、辉长岩、石英岩；安山岩；玄武岩；最坚实的辉绿岩、石灰岩及闪长岩；橄榄石质玄武岩；特别坚实的辉长岩；石英岩及玢岩	1.45～1.50	1.20～1.30

注：1. 土的级别为相当于一般 16 级土石分类级别；

2. 一～八类土层，挖方转化为虚方时，乘以最初松散系数；挖方转化为填方时，乘以最终松散系数。

2) 土的压缩性

土的压缩率与压缩系数 K 的参考值见表 6-11。

表 6-11 土的压缩率与压缩系数 K 的参考值

土的类别		土的压缩率/%	$1m^3$ 原状土压实后的体积压缩系数
一～二类土	一般土质	10	0.90
	种植土	20	0.80
	砂土	5	0.95
三类土	天然湿度黄土	12～17	0.85
	一般土	5	0.95
	干燥坚实黄土	5～7	0.94

注：1. 深层埋藏的潮湿红胶土，开挖采空后水分散失，碎裂成 2～5cm 的小块，机械不易压碎，填筑压实后有 5%的胀余；

2. 胶结密实的砂砾土及含量接近 30%的坚密砂黏土有 3%～5%的胀余。

土的压缩性可用压缩率表示，用原状土和压实后的土的干密度计算压缩率为

$$\text{土压缩率} = \frac{\rho - \rho_d}{\rho_d} \times 100\% \tag{6-46}$$

式中：ρ——土压实后的干密度，g/cm^3；

ρ_d——原状土的干密度，g/m^3。

也可用最大密实度的干容量 $\rho_{d\max}$ 与压实系数计算压缩率：

$$\text{土压缩率} = \frac{K\rho_{d\max} - \rho_d}{\rho_d} \tag{6-47}$$

原状土核算为机械压实土时，其压缩率与压实系数的参考值见表 6-12。

3) 土的沉降量

原地面经机械往返运行或采用其他压实措施，其沉降量(n)通常在 3～30cm 之间，视不同土质而变化。一般可用下面经验公式计算沉降量：

$$n = \frac{p}{c} \tag{6-48}$$

式中：p——有效作用力，铲运机容量 6～8m^3 施工按 0.6MPa 计算；推土机(100 马力)施工按 0.4MPa 计算；

c——土的压陷系数，MPa/m，见表 6-12。

表 6-12　各种不同的原状土的压陷系数

原状土质	c/(MPa/m)
沼泽土	0.10～0.15
凝滞的土、细粒砂	0.18～0.25
松砂、潮湿的黏土、耕地	0.25～0.35
大块胶结的砂、潮湿的黏土	0.35～0.60
坚实的黏土	1.00～1.25
泥灰土	1.30～1.80

4)　建(构)筑物等的基槽余土

场地的平土工程一般在初步设计阶段根据粗平土图进行，以便于施工时“三通一平”，称为一次土方工程量。另外把建(构)筑物、机械设备等基础的基槽余土以及地下工程、铁路、道路、管线地沟等的余土称为二次土方工程量，因为这些土方量不可能在场地平整时就提出计算数据。但是，二次土方工程量对场地平土标高的确定和土方平衡是有影响的。余方工程量可参照表 6-13、表 6-14 内各种参数估算。

(1)　建(构)筑物基础、机械设备基础的余方估算，公式为

$$V_{建} = K_{建} \cdot A \tag{6-49}$$

式中：$V_{建}$——建(构)筑物基槽余方量，m^3；

$K_{建}$——建(构)筑物基槽余方量参数；

A——工业场地面积或建筑占地面积，m^2。

表 6-13　机械厂各车间建筑基础土方量

名　称	单位建筑面积 基础土方量 $K_{建}$/(m^3/m^2)	备　注
铸工车间(机械化)	1.0～1.5	
铸工车间(简单机械化)	0.4～0.6	无地下运输沟
锻工车间(重型)	0.4～0.8	有 3t 以上锻锤
锻工车间(轻型)	0.3～0.4	有大型机床
金工车间(重型) 金工车间(轻型)	0.3～0.5 0.2～0.3	
辅助建筑、仓库、办公、一般生活建筑等	0.1～0.3	有地下设施时应另行计算

注：1. 基础土方量指标，指 1m^2 建筑占地面积的指标；

2. 建筑场地为软弱地基时，$K_{建}$ 乘以 1.0～1.2。

表 6-14　某大型钢铁厂基槽余土量实例

厂区名称	单位厂区面积基槽余土量/(m^3/m^2)
选矿区	0.21
烧结区	0.23
焦化区	0.36
耐火区	0.24
炼铁区	0.21
炼钢区	—
轧钢区	0.55
机修区	0.21

(2) 道路、铁路路槽余方量估算，公式为

$$V_{道} = K_{道} \cdot F \cdot h \tag{6-50}$$

式中：$V_{道}$——道路路槽余方量，m^3；

$K_{道}$——道路系数，见表 6-15；

F——道路总面积，m^2；

h——拟设计的路面层厚度，m。

关于铁路的余方量计算，可参考铁路设计手册有关部分。

(3) 管线地沟余方量估算，公式为

$$V_{沟} = K_{管} \cdot V_{道} \tag{6-51}$$

式中：$V_{沟}$——管线地沟的余方量，m^3；

$K_{管}$——管线系数，与地形坡度有关，见表 6-15。

表 6-15　管线地沟余方量估算

项目 \ 地形	平坡地	5%～10%	10%～15%	15%～20%
每万平方米土方量/m^3	2000～4000	4000～6000	6000～8000	8000～10 000
占地建筑面积土方量/m^3	2～4	3～4	4～8	10
道路系数 $K_{道}$	0.08～0.12	0.15～0.20	0.20～0.25	＞0.25
管线地沟系数 $K_{管}$				
无地沟	0.15～0.12	0.12～0.10	0.10～0.05	≤0.05
有地沟	0.40～0.30	0.30～0.20	0.20～0.08	≤0.08

注：每万平方米土方量是一次土方量和二次土方量之和。

(4) 地下室的余方量估算，公式为

$$V_{地} = K_{地} \cdot nV_{建} \tag{6-52}$$

式中：$V_{地}$——地下室挖方工程量，m^3；

$K_{地}$——地下室在挖方时的参数，包括垫层、放坡、室内外标高差，一般取 1.5～2.5，地下室位于填方量多的地段取下限值，填方量少或挖方地段取上限制；

n——地下室面积与建筑物占地面积之比。

2. 场地土方平衡

将场地竖向布置整平土方工程量、基槽等余方量填入土方平衡表，进行余土缺土统计，见表 6-16。

表 6-16　土方平衡表

序号	土方工程名称	第一期工程				第二期工程				第三期工程			
		填/m^3	挖/m^3	余/m^3	缺/m^3	填/m^3	挖/m^3	余/m^3	缺/m^3	填/m^3	挖/m^3	余/m^3	缺/m^3
1	竖向布置土方工程												
2	建筑基础、地下室、围墙基础												
3	铁路、公路路基												
4	工程管线地沟												
5	道路、人行道路槽余土												
6	从土方中取用的砂、砾石												
7	耕土层的剥离(取 0.1～0.2m)												
8	挖土的松土量												
9	余土缺土统计												

6.7　建(构)筑物的竖向设计

建(构)筑物的竖向设计是在场地整平的基础上进行的，其主要内容是确定建(构)筑物的室内外地坪标高及处理好相互间的关系。

6.7.1　确定控制标高

能够对于建(构)筑物、铁路、道路、仓库、堆场、广场等起控制作用的特殊点的设计标高称为控制标高。控制标高的作用是为了有效地组织场地排水，便于厂内外铁路、道路的衔接，使各标高之间相互协调。为此，在进行建(构)筑物竖向设计时，首先必须将场地的几个特殊点的设计标高确定下来，这些特殊点如下。

(1) 场地内铁路、道路出入口的标高，应满足与铁路接轨点、道路衔接点连接的技术条件以及场内交通运输要求。

(2) 场地最低点雨水、污水排出口的标高。为了使各种水顺利地排出场地，雨水、污水排出口的标高应高于最高洪水位 0.5m 以上；同时，还应考虑与场地外其他排水系统的联系短捷、方便。

(3) 场地最高点的标高以及同周围高程的关系。

(4) 阶梯布置时，阶梯的高度、连接两阶梯铁路线路的标高，应根据地形特点、使用功能要求和运输技术条件确定。

6.7.2 建(构)筑物的竖向处理

场地平土标高确定以后，就可以确定建(构)筑物的设计标高。

1. 建筑物地坪标高的确定

为了防潮和防止场地雨水进入建筑物内，应根据各种建筑物的使用功能合理地确定其室内外地坪标高。在通常情况下，室内地坪标高应高于室外地坪标高 15～30cm，对于有特殊要求的建筑物地坪，应根据使用功能、交通运输条件等具体要求而定。如沉降较大的重型建筑物可达 30～50cm；当有铁路进入建筑物时，若要求室内地坪同铁路轨面标高相同，则道床采用埋入式，室内地坪标高比室外平土标高为 45～60cm(即铁路上部建筑的高度)。当仓库设有汽车站台时，室内地坪应高于室外地坪 90～120cm。建筑场地地坪标高的表示见图 6-64、图 6-65。

2. 铁路纵坡标高的确定

铁路竖向标高的确定主要是指铁路纵坡标高的确定。铁路的竖向标高与场地整平标高之间分路堤、路堑、明道渣、暗道渣或半明半暗道渣，见图 6-66，由于在确定场地平土标高时已考虑到铁路纵向坡度的因素，因此在场地整平范围内不会出现高路堤和深路堑。但由于场地整平采用的坡度在某些地段同铁路纵坡不相适应，因此可能会在局部地段出现路堤或路堑的情况，一般出现在场区边缘地带是允许的，但在场地中心地带不宜采用，以免影响交通和排雨水。为了便于铁路养护和利于排雨水，在确定厂内铁路标高时多采用明渣式道床，对于暗渣、半明半暗渣的道床多用于进出车间的连接处，以便于适应车间地坪的要求。在确定铁路纵坡标高时，应根据运输线路技术条件和对运输的要求等因素确定。

3. 道路纵坡标高的确定

场地内道路是货流、人流联系的主要设施，连接点多，布置成网，其纵断面坡度允许的变化范围相对较大，因此，道路纵坡标高尽量与场地平整标高相一致。对于厂区边缘地带也可采用路堤或路堑。道路与平整场地标高的关系见图 6-67。

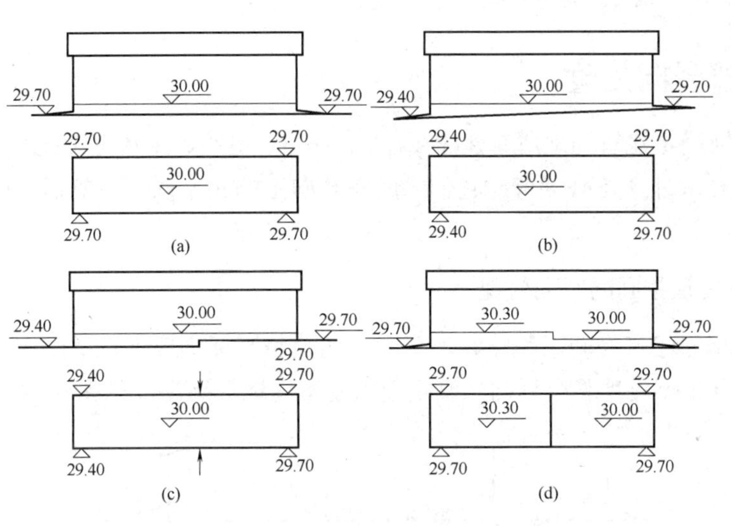
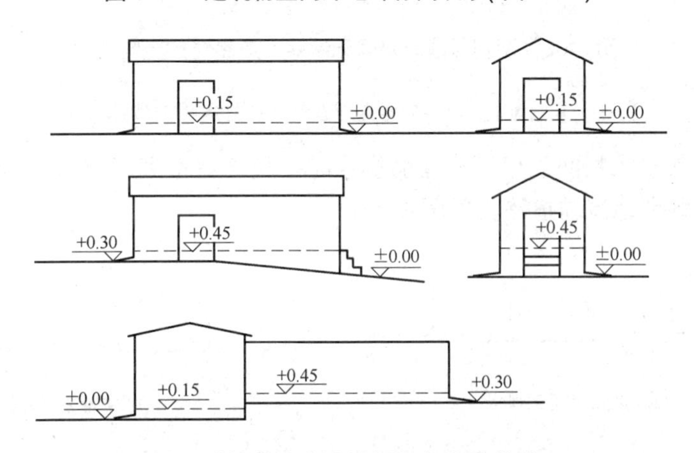

图 6-64　建筑物室内外地坪标高表示(单位：m)

图 6-65　建筑物室内外地坪标高关系(单位：m)

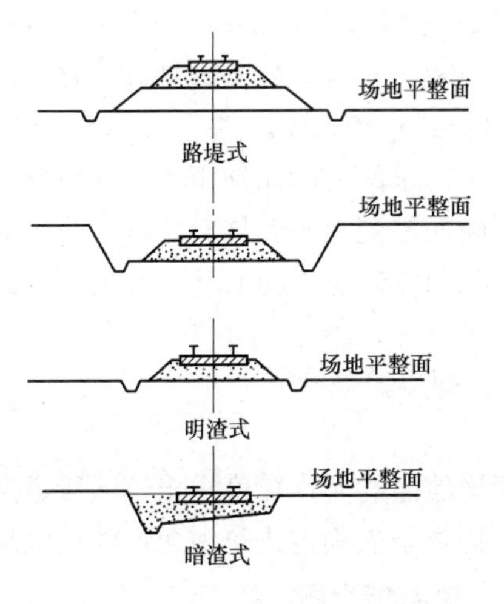

图 6-66　铁路与平整场地标高关系

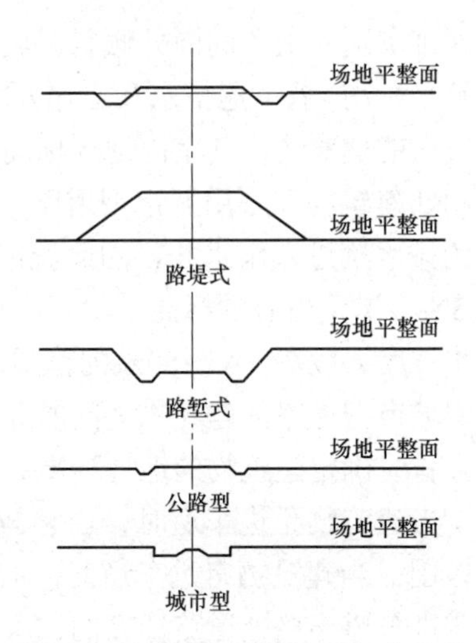

图 6-67　道路与平整场地标高关系

6.7.3 局部竖向处理

为了合理地确定建筑场地所有建(构)筑物、铁路、道路、排水等设施的标高，除考虑各自对竖向布置要求外，还必须考虑它们之间在竖向上的相互联系，然后才能最后确定它们的标高。

1. 两相邻建筑物间的竖向处理

(1) 当两相邻建筑物间无铁路、道路时，场地整平标高应保证两建筑物间场地的雨水顺利地排出，并根据场地整平标高来确定建筑物室内地坪标高，见图 6-68。

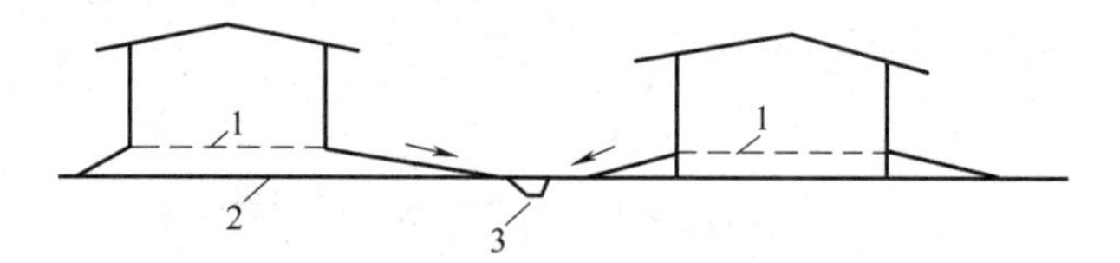

图 6-68 两相邻建筑物间无铁路、道路时的竖向处理

1—室内地坪 2—场地整平面 3—雨水明沟或篦井

(2) 当两相邻建筑物间利用道路路面排水时，且高差不大，则两建筑物间的场地坡度应保证场地雨水顺利地流向道路，见图 6-69。

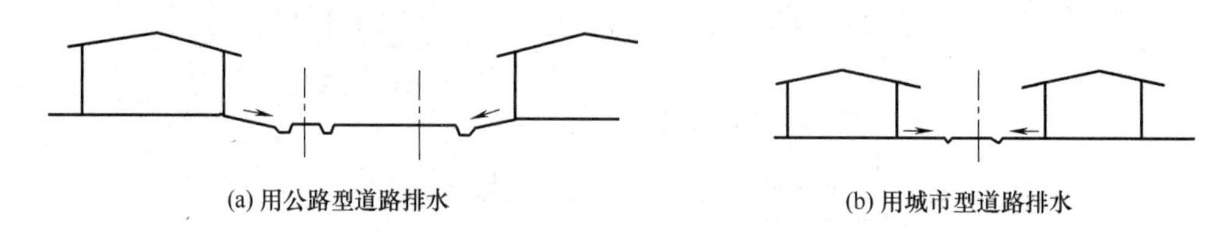

(a) 用公路型道路排水 (b) 用城市型道路排水

图 6-69 两建筑物高差不大时的竖向处理

车间进车道应由车间向外倾斜，坡度一般为 5‰～6‰，建筑物室内地坪标高尽可能接近室外整平标高。若考虑排水和运输要求，室内地坪标高一般可比室外地坪高 0.15～0.30m，没有进车道的建筑物，其室内地坪标高比室外地坪高 0.15～0.60m。

当相邻建筑物间采用城市型道路时，一般情况下，车间之间场地雨水排向道路，然后沿道牙的排水槽进入雨水井，因此城市型道路的纵断面原则上不允许有平坡部分，其最小坡度为 3‰。道路中心的标高一般可比车间地坪标高低 0.25～0.30m 以上，车间至道路间的场地排水坡度一般在 5‰～60‰的范围内变动。

采用城市型道路，建筑物之间的标高确定可按下列步骤进行。

① 首先确定建筑物的地坪标高。

② 当建筑物无进车道时，由它与道路之间整平地面的允许坡度求出该区段道路标高的许可范围；当建筑物有进车道时，应根据通行车辆类型来确定进车道允许的最大坡度，再求出与进车道连接处道路标高的许可变动范围，并使之相协调。

③ 根据道路标高的许可变动范围，结合铁路标高和雨水管道的布置，拟定道路的纵断面和道路纵断面设计的最大坡长。对于部分铺有进车道地段的长度 L，可按下式求出：

$$L=\frac{H_{大}-H_{小}}{i_{小}\cdot 1000} \tag{6-53}$$

式中：L——设计道路最大允许坡长，m；

$H_{大}$——车间地坪标高与道路流水槽标高之间的最大差，m；

$H_{小}$——车间地坪标高与道路流水槽标高之间的最小差，m；此数值由整平面倾向道路的最小坡度确定；

$i_{小}$——道路排水槽最小允许纵坡，‰，一般路面采用 3‰～4‰。

对于没有进车道地段之长度 L'，可按下式求出：

$$L'=\frac{H'_{大}-H_{小}}{i_{小}\cdot 1000} \tag{6-54}$$

式中：L'——设计纵向道路最大允许坡长，m；

$H'_{大}$——车间地坪标高与道路流水槽标高之间最大允许差，m；此数值由建筑物与道路之间整平面最大允许坡度确定。

④　确定车间进车道的坡度。

⑤　设计建筑物和道路之间地面的排水。

⑥　用设计标高法或设计等高线法表示建筑物之间的竖向设计。

当相邻建筑物间采用公路型道路时，一般是用公路型道路边沟的纵坡来排除雨水，只要满足雨水从边沟和建筑物之间地坪以及由路面流入边沟或代替边沟的流水槽中流去即可，而对道路的标高没有什么特别要求，道路的纵坡可以灵活变动，也可是平坡。其步骤如下。

①　确定边沟和建筑物之间的设计地面，向边沟或流水槽的排水坡度一般采用 10‰～30‰。

②　根据建筑物进车道的允许坡度，确定道路行车部分的标高极限；如进车道坡道倾向于建筑物内，则建筑大门外应留有适当的水平距离。

③　选择边沟或流水槽的最小深度，使其底面低于连接建筑物与边沟或流水槽的整平面，但不小于 0.1～0.20m。

(3)　当场地整平标高差较大时，则两建筑物的地坪标高差也较大，可做成陡坡，见图 6-70(a)。若建筑物之间的水平距离又受到一定限制时，则将建筑物之间设计成阶梯式，沿每一建筑物设行车道，见图 6-70(b)。若彼此间有联系时，可用渡线联系；若绿化美化要求高，可用挡土墙把台阶连接起来；若建筑物间距大于 30～40m、美化要求不高，也可采用边坡连接。

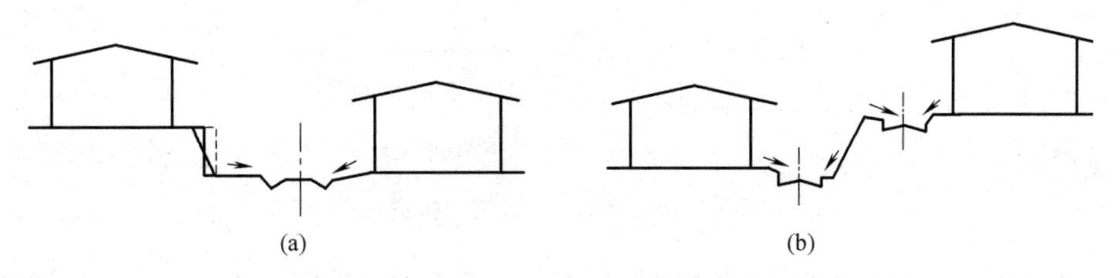

图 6-70　场地整平高差较大时的竖向处理

2. 道路连接建(构)筑物的竖向处理

道路与建(构)筑物的连接一般是通过建筑物引道、回车场或小型广场。道路一般不进入建筑物内，因此，处理道路与建(构)筑物的连接标高，实际上是处理好建筑物与其引道、回车场和小型广场的连接标高。

(1) 当道路通入建筑物内时，建筑物地坪标高应高于道路路面标高，建筑物引道的坡度允许在40‰～80‰，困难时可达40‰～110‰。

(2) 如无道路车辆通入建筑物内，则可根据建筑物连接的引道、回车场和小型广场的标高来确定室内地坪标高。在某些特殊情况下，室内地坪标高也可低于引道路面标高，但必须处理好建筑物和室外场地的排水问题。对于某些大型建筑物因有好几个出入口，有的铁路有关，有的与道路连接，应根据具体情况确定。通常是由于铁路纵坡变化小，其标高变化幅度也小；而道路纵坡和标高变化幅度较大，回车场和小型广场的标高、排水方式也较多，故一般是根据铁路轨顶标高确定室内地坪标高，再由室内地坪标高确定道路路面、回车场地和小型广场的标高。最后进行全面检查，如彼此标高不协调，还必须做适当的调整。图6-71所示为场地整平高差较大时的竖向处理。

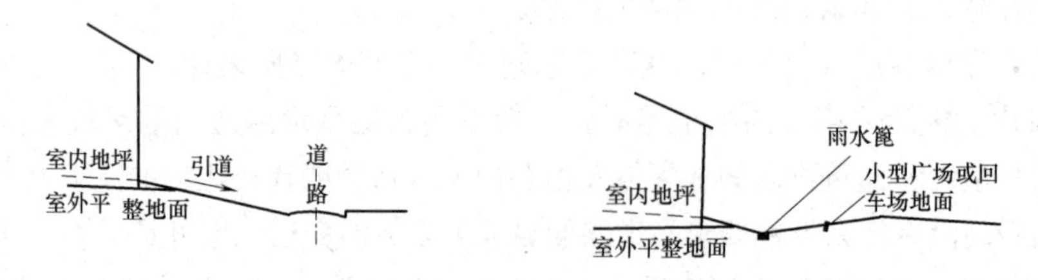

图6-71　建筑物与道路、广场的连接

6.7.4　通入铁路的建筑物地坪标高处理

为了保证运输作业的安全，通入建筑物内的铁路必须保持一段长度的平直段，一般不小于20m，其轨面标高是相同的。通入铁路的建筑物地坪标高(见图6-72)处理方法一般有以下几种。

(1) 建筑物室内地坪标高和铁路轨面标高相同，为了便于车间内部物料搬运和人流通过，道床宜采用暗渣式。

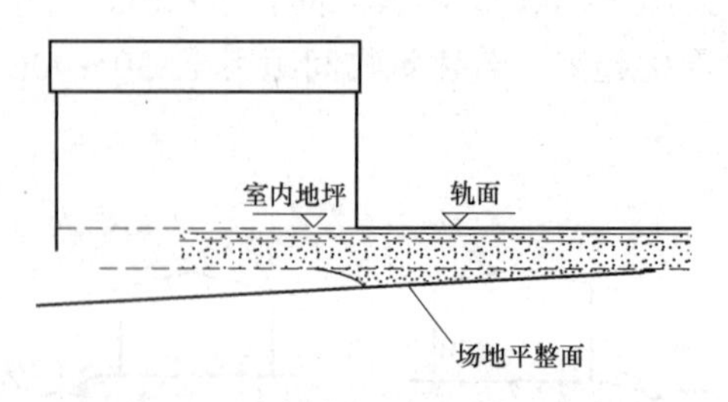

图6-72　铁路通入建筑物内标高示意

(2) 建筑物室内地坪标高比铁路轨面标高低一个钢轨的高度，为了便于对铁路的清扫、维修，在某些车间内，可将钢轨露出，道床可采用暗渣式或明渣式。

(3) 在建筑物内有装卸作业时，若设站台，则站台顶面应高于铁路轨面 1.1m。

6.7.5　道路交叉口的竖向处理

交叉口是道路交通的咽喉，交叉口竖向设计是道路设计与施工的关键部位。道路交叉口竖向设计的目的，是为了统一协调在交叉口行车、排水和建筑艺术方面的要求，使相交的道路在交叉口有一个平顺的共同面，以利人行和车辆交通，迅速排除交叉口范围内的雨水，并使车行道、人行道的各点标高与建筑场地的标高协调、美观。

交叉口的竖向设计应满足下列要求。

(1) 主要道路通过交叉口时，其设计纵坡不变。

(2) 相交道路的等级相同而纵坡不同时，则各自的纵坡不变，只改变其横坡，一般是改变纵坡较小的道路横断面形状，使其与较大纵坡道路的纵坡一致。

(3) 为了保证雨水的顺利排除，交叉口应至少有一条道路的纵坡离开交叉口；如交叉口位于凹形地段时，还应设地下排水管道和雨水口。常用的道路交叉口类型有“十”字形，“T”字形、“X”形、“Y”形、环形 5 种。以“十”字形交叉口为例，交叉口竖向设计有 6 种基本形式。

① 在凸形地形上的交叉口，道路纵坡全由交叉口向外倾斜，不需设置雨水口，见图 6-73。

② 在凹形地形上的交叉口，相交道路的纵坡方向全指向交叉口，向内倾斜，地面水向交叉口集中，必须设置雨水口，见图 6-74。

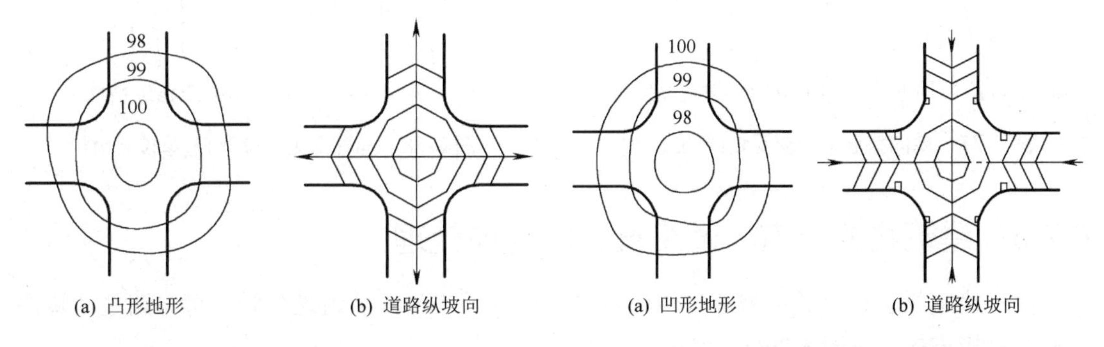

(a) 凸形地形　(b) 道路纵坡向

图 6-73　在凸形地形上的交叉口

(a) 凹形地形　(b) 道路纵坡向

图 6-74　在凹形地形上的交叉口

③ 在分水线上的交叉口，三条道路由交叉口向外倾斜，而另一条道路的纵坡向交叉口倾斜。设计时相交道路的横断面不变，并在纵坡指向交叉口道路的人行横道线外设置雨水口，防止雨水流入交叉口，见图 6-75。

④ 在汇水线上的交叉口，三条道路的纵坡向交叉口倾斜，而另一条道路的纵坡由交叉口向外倾斜。设计时两条相对倾向交叉口中心的道路，将其路拱纵坡的相交转折点外移，在三条倾向交叉口中心道路的街角处，形成坡度较缓的半环形地带，并设置雨水口截流雨水，见图 6-76。

⑤ 在斜坡地形上的交叉口，相邻两条道路的纵坡向交叉口中心倾斜，另外两条道路

的纵坡向交叉口外倾斜。设计时，应在向交叉口倾斜的两条路的一侧街沟转角处设置雨水口，见图 6-77。

⑥ 在马鞍形地形上的交叉口，相对两条道路的纵坡向交叉口中心倾斜，另两条道路的纵坡由交叉口中心背向向外倾斜。设计时，应在纵坡向交叉口中心倾斜的道路进入交叉口的街角处设置雨水口，以利排水，见图 6-78。

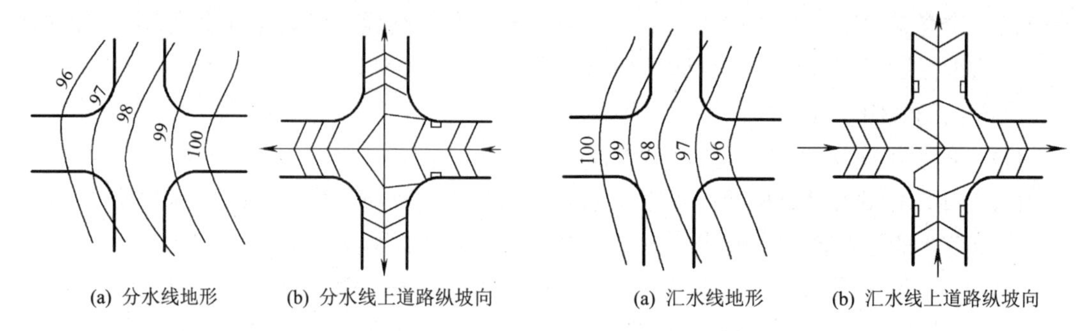

(a) 分水线地形 (b) 分水线上道路纵坡向

图 6-75 在分水线上的交叉口(单位：m)

(a) 汇水线地形 (b) 汇水线上道路纵坡向

图 6-76 在汇水线上的交叉口(单位：m)

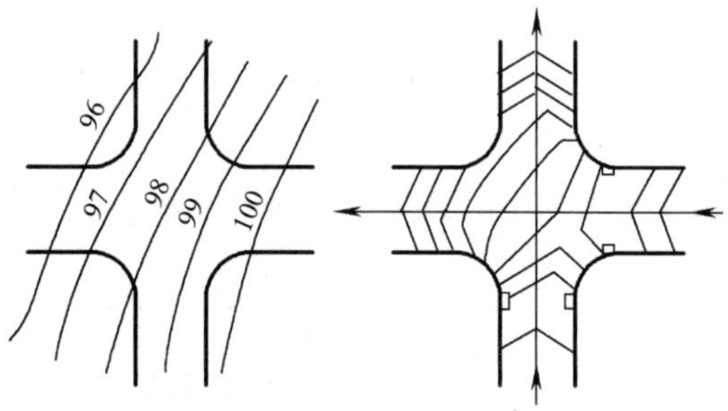

(a) 单向斜坡地形 (b) 单向斜坡道路纵坡向

图 6-77 单向斜坡地形交叉口(单位：m)

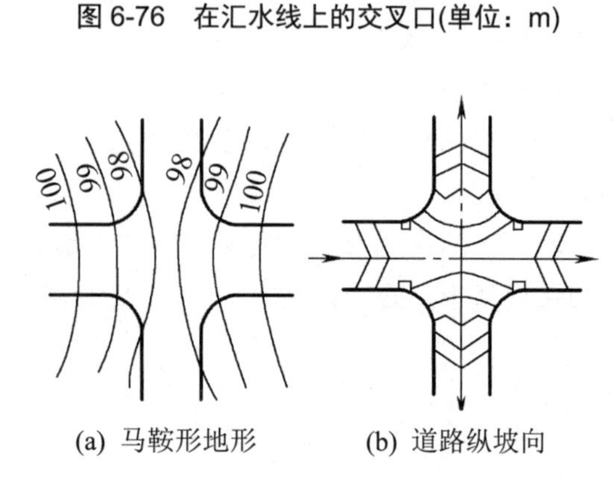

(a) 马鞍形地形 (b) 道路纵坡向

图 6-78 马鞍形地形交叉口(单位：m)

6.7.6 建筑物的引道与道路直交的竖向处理

(1) 建筑物引道与城市型双坡道或坡向外侧的城市型单坡道连接时，可与路边或道路中心点直接连接，见图 6-79(a)、(b)。

(2) 建筑物之间的道路为坡向内侧的城市型单坡道或城市型双坡道与引道连接时，可与道路路边直接连接，见图 6-79(c)、(d)。

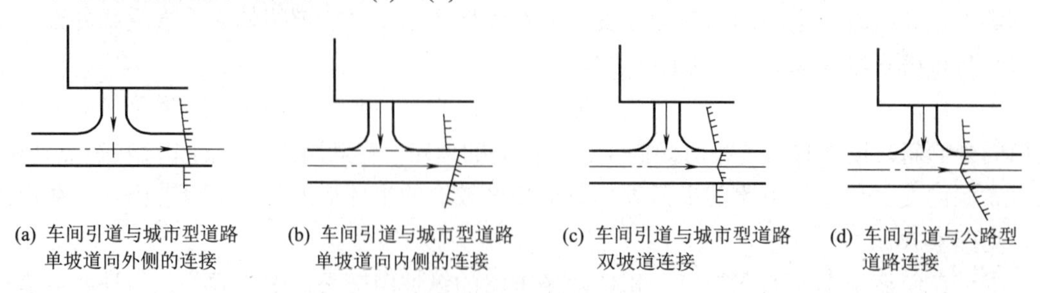

(a) 车间引道与城市型道路单坡道向外侧的连接 (b) 车间引道与城市型道路单坡道向内侧的连接 (c) 车间引道与城市型道路双坡道连接 (d) 车间引道与公路型道路连接

图 6-79 车间引道与道路直交的竖向处理

6.7.7　道路与铁路平面交叉处的竖向处理

(1) 道路和铁路直交时，见图 6-80。

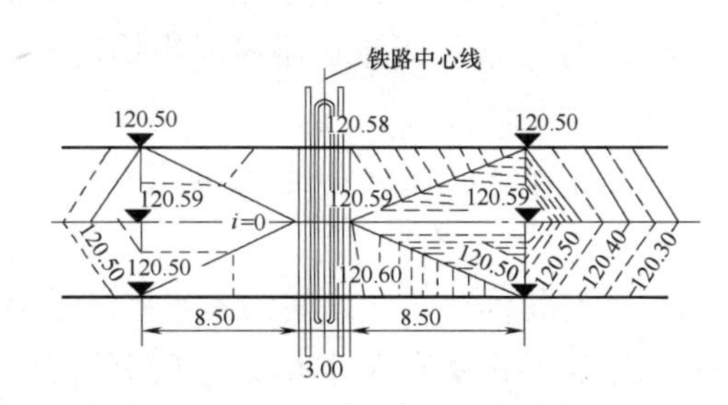

图 6-80　道路与铁路直交(单位：m)

(2) 道路和铁路斜交时，不宜小于 45°，见图 6-81。

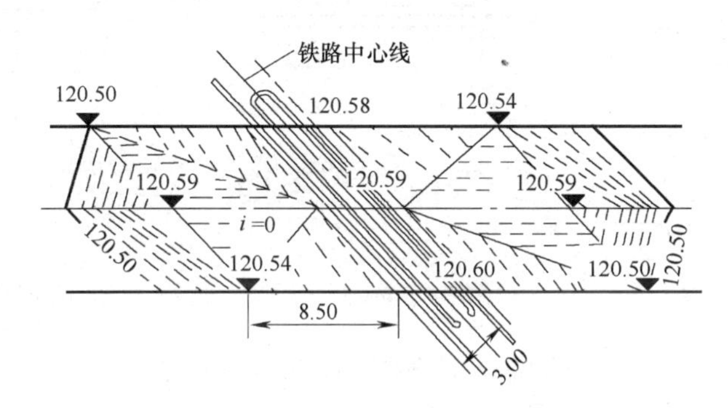

图 6-81　道路和铁路斜交(单位：m)

6.7.8　小型广场的竖向处理

小型广场由于面积小，在其内部不需单设排水设施，一般采用广场纵坡由建筑物向外倾斜的单面坡或双面坡将水排入广场边缘或广场所连接的道路边沟或雨水篦井，见图 6-82(a)、图 6-82(b)。

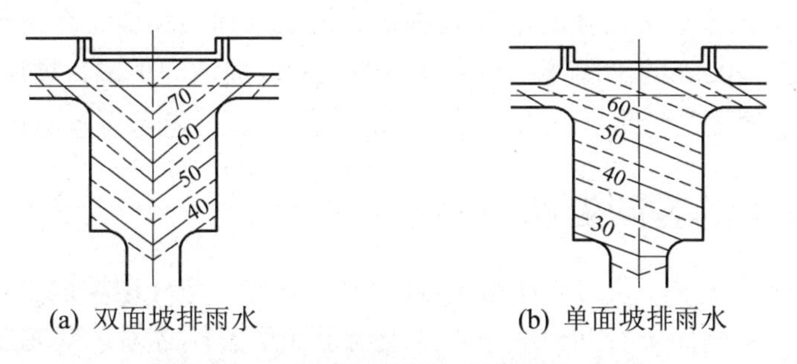

(a) 双面坡排雨水　　(b) 单面坡排雨水

图 6-82　小型广场的竖向处理(单位：m)

6.7.9　露天堆场的竖向处理

为了保证露天堆场的雨水能迅速排除，且使堆场范围以外的雨水不至于排入堆场内，必须合理地确定露天堆场地面的坡度和场地排水设施。在一般情况下，堆场地面坡度宜采用 5‰～20‰向外倾斜的横坡，对于粉状物料(精矿粉、煤炭)地面坡度宜采用 5‰～10‰，以免雨水把物料冲走。当在堆场范围外设排水明沟时，其应距堆场边 5.0m 以外，困难时不得小于 3.0m；当堆场雨水排入下水管时，雨水口距粉料堆场边不宜小于 15m。

当堆场有铁路时，其竖向处理见图 6-83。

(1) 当堆场中间有一条铁路时，以铁路中心为分水线，做成向外的两面横坡，见图 6-83(a)。

(2) 当堆场有两条铁路，标高相同时，线路间的雨水穿过铁路排走，见图 6-83(b)；若标高不同且相差较大时，宜以较高的铁路作为分水线，线路间的雨水穿过较低的铁路排走，见图 6-83(c)。

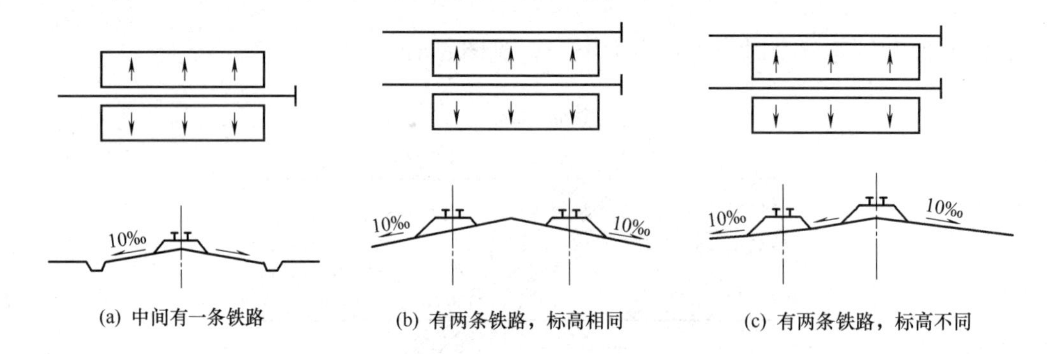

图 6-83　堆场有铁路时的竖向处理

此外，两条铁路间设有栈桥或龙门吊车时，可在两条铁路中间设排水槽，雨水向两端排出；若堆场较长且附近有雨水下水，也可在排水槽中设雨水井，但雨水井周围不能堆存物料；若两条线路中间有道路，也可用道路路面排水。

6.7.10　露天装置场地的竖向处理

露天装置场地的地面坡度，一般纵坡采用 5‰～10‰，横坡采用 5‰～20‰；在山区，也可纵坡采用 10‰，横坡采用 40‰。对一些炉、塔组周围的场地，宜用砖或混凝土做成厚 10～15cm、高 15～20cm 的小围堰，小围堰内的地面做成坡向地漏，坡度 3‰～5‰，以排除地面雨水和冲洗地面的污水。在有些炉、塔、泵组的周围也可设置明沟排水。

6.7.11　厂前区的竖向处理

厂前建筑物场地地坪标高的选择比较自由，办公大楼室内外地坪最小差值为 50～60cm，厂前区道路应避免纵断面上有凸出变坡点，当由于地形条件必须设变坡点时，变坡点应布置在交叉点处，其整平面要求平稳地连接，避免采用锯齿形断面。由于厂前建筑艺术和绿化美化要求较高，所以厂前一般采用城市型道路。

综上所述，建筑物的竖向布置和局部竖向处理由于具体条件和要求不同，采用的处理方法也是多种多样的，在具体使用时，应结合场地的地形、地质、建(构)筑物同交通运输线路的联系、排水等因素灵活选用。

6.8　场地排雨水设计

场地排雨水设计是场地竖向设计的重要任务之一。为了保证场地的安全，必须使场地的雨水有组织地迅速排出，为此，就要进行场地排雨水设计。本节主要介绍场地排雨水方式及场地排雨水系统；场地排雨水设计的一般要求和明沟设计及其最优断面。

6.8.1　场地排雨水方式及场地排雨水系统

1. 场地排雨水方式

场地排雨水方式有自然排雨水方式、明沟排雨水方式和暗管排雨水方式 3 种。

1)　自然排雨水方式

自然排雨水方式就是在场地不设置任何排水设施，利用地形、地质和气象上的特点等排出雨水。

自然排雨水方式一般适用于下列情况。

(1)　场地雨量较小；

(2)　场地自然地形坡度较大、渗水性很强的土层地区；

(3)　局部小面积地段，当雨水排入沟(管)有困难时。

2)　明沟排雨水方式

明沟排雨水方式就是在场地上只设置排雨水明沟而不设雨水管道，场地雨水靠明沟排出。排雨水明沟除一般的排雨水明沟外，还有城市型道路路面的排水槽，公路型道路和铁路侧沟、截水天沟，建筑物散水明沟等。

明沟排雨水方式一般适用于下列情况。

(1)　设计整平面有适于明沟排雨水的地面坡度；

(2)　场地边缘地带，或多尘易堵、雨水夹杂大量泥沙和石子的场地；

(3)　采用重点式平土方式的场地或地段；

(4)　埋设地下管道不便的岩石地段。

3)　暗管排雨水方式

暗管排雨水方式就是在场地上除设置地面集水设施外，还设有雨水篦井、下水管道和检修井等排出雨水。根据地面集水设施不同，可划分为：城市型道路路面排水槽暗管排雨水方式，公路型道路明沟暗管排雨水方式，铁路明沟暗管排雨水方式，铁路、公路带盖板排雨水沟暗管排雨水方式，建筑物散水明沟暗管排雨水方式，地漏暗管排雨水方式。

暗管排雨水方式一般适用于下列情况。

(1)　场地面积较大、地形平坦且不宜采用明沟排雨水的地段；

(2)　大部分建筑物屋面采用内排雨水时；

(3)　场地交通线路复杂或地下管线密集时；

(4) 场地地下水位较高地段；

(5) 交通采用城市型道路，且对厂容环境要求较高及场地处于湿陷性黄土地区时。

2. 场地排雨水系统

场地排雨水系统可分为以下 4 种。

(1) 自然排雨水系统，整个场地全部采用自然排雨水方式排水。

(2) 明沟排雨水系统，整个场地全部采用明沟排雨水方式排水。

(3) 暗管排雨水系统，整个场地全部采用暗管排雨水方式排水。

(4) 混合排雨水系统，整个场地不同地段采用不同的排雨水方式排水，如场地办公区采用暗管排雨水，场地边缘采用明沟或自然排雨水方式排水。在通常情况下，当场地地面平坦时，多采用暗管或混合排雨水系统；当场地位于坡地且有较适宜的坡度时，多采用明沟或自然排雨水系统。

6.8.2 场地排雨水设计的一般要求

1. 设计基础资料完整可靠

场地排雨水设计必须有完整可靠的资料，通常情况下，应有以下基础资料。

(1) 场地现状地形图，比例尺 1∶1000 或 1∶500；

(2) 工程地质及水文地质资料，如土层性质、最高洪水位、内涝水位、山洪情况及防洪设施等，当地暴雨强度计算公式；

(3) 当地的建筑材料；

(4) 场地总平面图。

2. 充分了解场地内外的排雨水情况

(1) 了解场地外排雨水情况，场地外的雨水是否有可能排入场地内，洪水有无可能向场地内倒灌；

(2) 了解场地内雨水排出的流向，如排入明渠、排水沟或雨水管道，与其衔接点的坐标，沟底或管底标高；

(3) 了解场地雨水排出口处水体的正常水位、最高水位及上下游水工构筑物情况；

(4) 了解场地雨水的排出对农田及附近单位有何影响；

(5) 了解场地所在地区水冲刷和水土流失情况；

(6) 了解建设项目临近场地排雨水设施及场地排雨水处理方法；

(7) 改扩建项目，应了解原有场地排水情况和排水构筑物使用情况及存在的问题。

3. 适宜的场地排水坡度

场地整平的设计坡度，应保证场地地面雨水尽快排入雨水口或雨水明沟内，一般采用 5‰～20‰。只有在个别地段有困难时才允许采用不小于 3‰的坡度。最大坡度应根据场地的土质和交通路线技术条件选用，一般不宜超过 60‰。

4. 雨水口的布置

在采用暗管排雨水方式时，其雨水口的布置，应位于集水方便、与雨水管道有良好连接条件的地段。雨水口通常布置在道路、停车场、广场和绿地的积水处。一般情况下，雨水口的布置都应避免设在建筑物的出入口处、分水点以及其他地下管道的上面。

一个雨水口负担的汇水面积，一般是根据重现期、降雨强度、土层性质、铺砌情况和雨水口形式等因素确定。一般情况下，每个雨水口的汇水面积采用 3000～5000m^2，在多雨的地区可小些，在干旱少雨地区可以大一些。

道路交叉口处雨水口的布置，见图 6-84。

雨水口的间距一般按其能负担的汇水面积以及道路坡度确定，一般宜为 25～50m。按道路纵坡确定的雨水口间距见表 6-17。

表 6-17　场地内道路雨水口间距

道路纵坡/%	<0.3	0.3～0.4	0.4～0.6	0.6～0.7	0.7～3.0	>3.0
雨水口间距/m	30～40	40～50	50～60	60～80	80	80～100

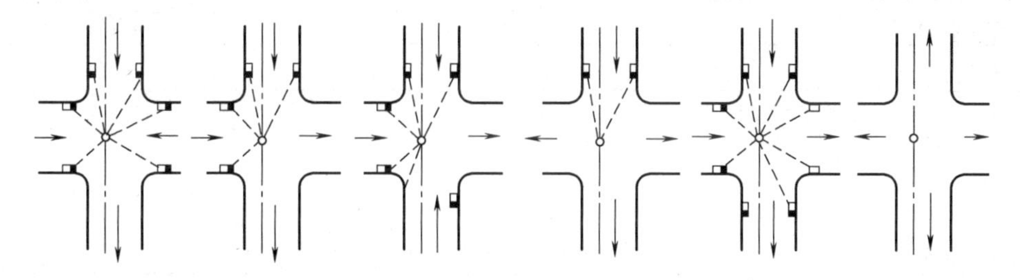

图 6-84　道路交叉口处雨水口的布置

5. 截水沟的布置

设置截水沟的目的是截引坡顶上方的地面径流，当径流面积不大且设置截水沟确有困难时，或坡面有坚固的铺砌时，方可允许雨水直接排入坡脚下的排水沟内。

若在坡顶设置截水沟，沟边与坡顶之间应有不小于 5m 的安全距离；当土质良好、边坡不高、沟内有铺砌时，可不小于 2m。

为了防止地面水漫流至边坡，可在坡顶处加设挡水堰。

截水沟的位置宜选择在地形平坦、地质稳定的挖方地段，尽可能使水流排出距离最短。截水沟以分散设置为宜，以免其过长，并尽可能与自然地形和沟渠结合考虑。

截水沟主要地段应铺砌加固，其转弯半径不小于沟内水面宽度的 5 倍。

6.8.3　明沟布置

1. 明沟的布置要求

(1)　雨水明沟一般宜沿铁路和道路布置(路侧有装卸作业者除外)，并尽量使雨水循最短路径排至雨水口或场地外。

(2) 为了减少工程量，明沟应尽量减少同铁路、道路和人行道的交叉；当必须交叉时，宜垂直相交。

(3) 对于不整平地段的明沟，应尽量与原地形相适应。

(4) 明沟交汇处应防止水流逆行，并应考虑铺砌。

(5) 明沟转弯处其中心线曲线半径一般不应小于水面宽度的 5 倍，但铺砌加固时，可不小于水面宽度的 2.5 倍；三角形明沟一般采用 1∶2～1∶3 的边坡。在明沟转弯处，不宜设跌水和急流槽。

(6) 土明沟边缘距建(构)筑物之间的最小水平距离应符合表 6-18 的规定。

表 6-18　土明沟与建构筑物之间的最小水平间距

建筑物名称	最小间距/m
建筑物基础边缘	3.0
围墙	1.5
堆场(木材、煤场等)	5.0(困难时可为 3.0)
铁路中心线	2.6
道路边缘	0.5～1.0
乔木中心	1.0
灌木中心	0.5
人行道	1.0
地上地下管线	1.0(可燃气体管 1.5)
挖方边坡坡脚	0.5～1.0(加固、岩石边坡不限)
填方边坡	2.0(当土质好时)
边坡坡顶	5.0(当土质好，边坡不高且加固时，可为 2.0)

2. 明沟的断面

明沟断面形式有梯形、矩形和三角形。梯形断面一般采用较多，矩形断面用于地形受限制和岩石地段，三角形断面只有在雨量较小、汇水面积不大时才采用。

明沟断面尺寸一般为：明沟起点的深度不宜小于 0.2m，梯形和矩形明沟的深度至少应为计算水深加 0.15m，明沟的最大深度不宜大于 1m。梯形明沟沟底宽度不宜小于 0.3m，矩形明沟的沟底宽度不宜小于 0.4m。按流量计算的明沟，沟顶应高于计算水位 0.2m 以上。

3. 明沟的边坡要求

明沟边坡视土质及铺砌条件而定，无铺砌的明沟边坡根据土层性质按表 6-19 选用。用砖石或混凝土铺砌的梯形明沟可采用 1∶0.75～1∶1.00 的边坡。

4. 雨水明沟的纵坡和流速

为了使雨水顺利排出，明沟应有适宜的纵坡，以免淤积和冲刷。明沟的最小设计纵坡不宜小于 5‰，困难时不宜小于 3‰，特困难时也不应小于 2‰。沟底纵坡应逐渐增大。

表 6-19　无铺砌明沟边坡

土壤性质	边　坡
密实的细砂、中砂、粗砂或轻亚黏土	1∶1.50～1∶2.00
粉质黏性土或黏土、砾石或卵石	1∶1.25～1∶1.50
半岩性土	1∶0.50～1∶1.00
风化岩石	1∶0.25～1∶0.50
岩石	1∶0.10～1∶0.25
粉砂	1∶3.00～1∶3.50
松散的细砂、中砂、粗砂	1∶2.00～1∶2.50

明沟的最小设计流速为 0.4m/s，不淤的平均流速可按下式近似计算：

$$v \geqslant ah^{0.64} \tag{6-55}$$

式中：a——淤积系数，见表 6-20；

h——明沟水深，m；

v——不淤的平均流速，m/s。

表 6-20　淤积系数

水流挟带物	a
粗粒砂	0.50～0.71
中粒砂	0.54～0.57
细粒砂	0.39～0.41
粉　砂	0.34～0.37

明沟的最大设计流速与明沟的构造有关，在通常情况下，当明沟的水流深度 h 为 0.4～1m 时，其最大的设计允许流速可按表 6-21 选用。

表 6-21　明沟最大设计流速

明沟的构造	最大设计允许流速/(m/s)
黏质砂土	0.8(0.4)
砂质黏土	1.0
黏土	1.2
石灰岩或中砂岩	4.0
沟底草皮护面	1.0
沟底和边坡草皮护面	1.6
干砌块石	2.0
浆砌块石或砖	3.0
混凝土	4.0

注：当 h 小于 0.4m 大于 1m 时，表列数值应乘以下列系数，$h<0.4$m，0.85；$h>1.0$m，1.25；$h \geqslant 2.0$m，1.40。

5. 排水明沟的结构断面图示例

矩形排水明沟结构断面图示例见图 6-85。

梯形排水明沟结构断面图示例见图 6-86。

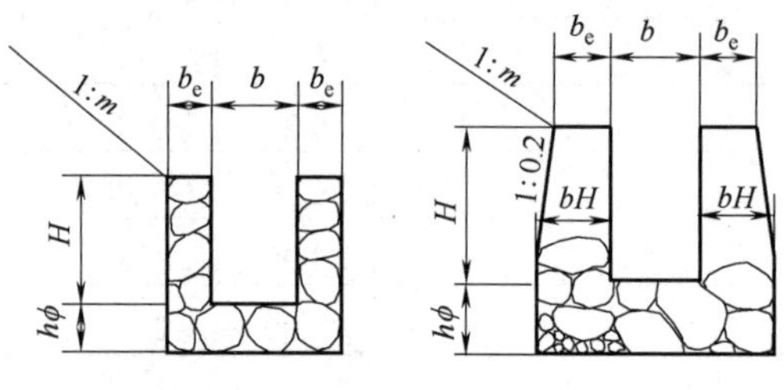

(a) 浆砌片石矩形排水明沟 (b) 浆砌片石矩形排水明沟

图 6-85 矩形排水明沟结构断面图

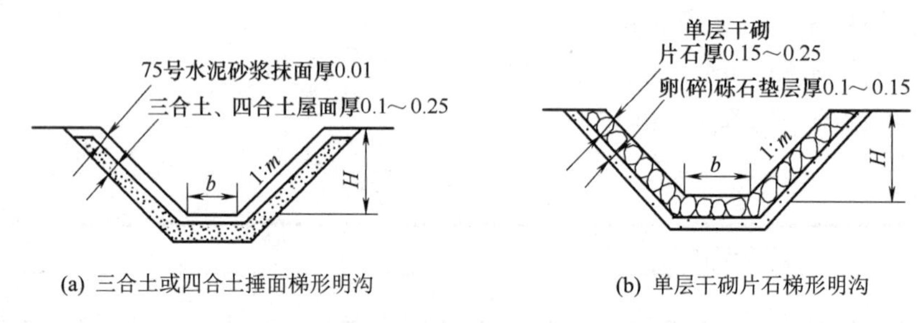

(a) 三合土或四合土捶面梯形明沟 (b) 单层干砌片石梯形明沟

图 6-86 梯形排水明沟结构断面图(单位：m)

6.8.4 明沟断面设计

1. 明沟计算

1) 计算步骤

(1) 在竖向设计图上划分排水流向，确定排水系统；

(2) 根据排水系统，划分每一支段沟(管)的排水范围，确定每一支段的径流系数，干沟(管)所负担的总的汇水面积应等于支段沟(管)的汇水面积之和；

(3) 根据场地整平标高，建(构)筑物室内外地坪标高，铁路、道路标高，确定各沟(管)的标高和坡度；

(4) 进行水力计算，确定每一支段负担的雨水量，选择明沟(管)的断面尺寸；

(5) 检查明沟(管)的通过流量能力及流速是否符合要求。

2) 雨水流量计算

明沟、管道、涵洞的雨水设计流量按下列公式计算：

$$Q = q \cdot \psi \cdot F \tag{6-56}$$

式中：Q——雨水设计流量，L/s；

q——设计暴雨强度，$L/s \cdot hm^2$；

ψ——径流系数，按表 6-22、表 6-23 选用；

F ——汇水面积，hm^2。

表6-22 径流系数 ψ 值

地面种类	ψ
各种屋面、沥青和混凝土路面	0.9
沥青表面处治的碎石路面、大块石铺砌路面	0.6
级配碎石路面	0.45
干砌砖石和碎石路面	0.40
非铺砌土地面	0.10～0.30
公园或绿地	0.15

表6-23 综合径流系数

区域情况	ψ
市区	0.5～0.8
郊区	0.4～0.6

设计暴雨强度 q 按下列公式计算：

$$q=\frac{167A_1(1+c\lg P)}{(t+b)^n} \tag{6-57}$$

式中：q ——设计暴雨强度，$L/s\cdot hm^2$；

t ——降雨历时，min；

P ——设计重现期，a；

A_1、c、n、b ——参数，根据统计方法计算确定。

3) 明沟水力计算

(1) 计算步骤。

在明沟水力计算中，常遇到的情况是已知流量 Q、梯形明沟沟底宽度 b 和边坡坡率 m，求水深 h 及沟底纵坡 i。一般步骤如下。

① 首先假设水深 h 及沟底纵坡；

② 计算有效断面积 $(W=b\cdot h+m\cdot h^2)$；

③ 计算湿周 $(\rho=b+2h\sqrt{1+m^2})$；

④ 计算水力半径 $\left(R=\dfrac{W}{\rho}\right)$；

⑤ 计算平均流速应不超过明沟构造允许的最大流速；

⑥ 决定设计流量，并与已知的流量比较，若相差不超过 5%，则认为 h 及 i 的选择符合要求；否则，需重新选定。

(2) 水力计算公式。

流量公式：

$$Q=W\cdot v \tag{6-58}$$

流速公式：

$$v = C\sqrt{Ri}$$

式中：Q——雨水流量，m^3/s；

W——水流有效断面积，m^2；

v——水流速，m/s；

C——流速系数，按表 6-24 选用；

R——水力半径，m，常用明沟的 R 值按表 6-25 选用；

i——明沟纵坡度，%。

流速系数为

$$C = \frac{1}{n}R^y$$

式中，y 为可变指数，其计算如下：

$$y = 2.5\sqrt{n} - 0.13 - 0.75\sqrt{R}(\sqrt{n} - 0.10)$$

当 $R \leqslant 1$ 时，$y \approx 1.5\sqrt{n}$；

当 $R > 1$ 时，$y \approx 1.3\sqrt{n}$；

式中的 n 为粗糙系数，按表 6-26 选用。

对于加固的沟渠，一般可取 $y = \frac{1}{6}$。

表 6-24　流速系数按 $C = \frac{1}{n}R^y$ 决定的值

k \ n	0.013	0.015	0.017	0.020	0.025	0.030
0.10	54.3	45.1	38.1	30.6	22.4	17.3
0.12	55.8	46.5	39.5	32.6	23.5	18.3
0.14	57.2	47.8	40.7	33.0	24.5	19.1
0.16	58.4	48.9	41.8	41.8	25.4	19.9
0.18	59.5	49.8	42.7	42.7	26.2	20.6
0.20	60.4	50.8	43.6	35.7	26.9	21.3
0.22	61.3	51.7	44.4	36.4	27.6	21.9
0.24	62.1	52.5	45.2	37.1	28.3	22.5
0.26	62.9	53.2	45.9	37.8	28.8	23.0
0.28	63.6	54.0	46.5	38.4	29.4	23.5
0.30	64.3	54.6	47.2	39.0	29.9	24.0
0.35	65.8	56.0	48.6	40.3	31.1	25.1
0.40	67.1	57.3	49.8	41.5	32.2	26.0
0.45	68.4	58.4	50.9	42.5	33.1	26.9
0.50	69.5	59.5	51.9	43.5	34.0	27.8

续表

n / k	0.013	0.015	0.017	0.020	0.025	0.030
0.55	70.4	60.5	52.8	44.4	34.8	28.5
0.60	72.2	61.4	53.7	45.2	35.5	29.2
0.65	72.2	62.2	54.5	45.9	36.2	29.8
0.70	73.0	63.0	55.2	46.6	36.9	30.4
0.80	74.5	64.3	56.5	47.9	38.0	31.5
0.90	75.5	65.5	57.5	48.8	38.9	32.3
1.00	76.9	66.8	58.8	50.0	40.0	33.3
1.10	78.0	67.2	59.8	50.9	40.0	34.1
1.20	79.0	68.5	60.7	51.8	41.6	34.8
1.30	79.9	69.5	61.5	52.5	42.3	35.5
1.50	81.5	71.0	62.9	53.9	43.6	36.7
1.70	82.9	72.3	64.3	55.1	44.7	37.7
2.00	84.8	73.4	65.9	56.6	46.0	38.9
2.50	87.3	76.4	68.1	58.7	47.9	40.6
3.00	89.4	78.3	69.8	60.3	49.3	41.9

表 6-25　常用明沟的水力半径 *R*

水深 *h* / m	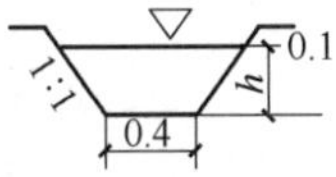 1:1, 0.4, *h*, 0.1	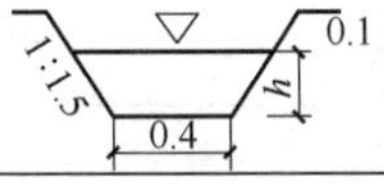 1:1.5, 0.4, *h*, 0.1	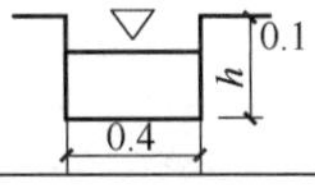 0.4, *h*, 0.1	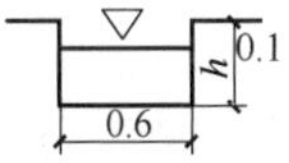 0.6, *h*, 0.1
0.3	0.17	0.17	0.12	0.15
0.4	0.21	0.22	0.13	0.17
0.5	0.24	0.26	0.14	0.19
0.6	0.29	0.30	0.15	0.20
0.7	0.32	0.35	0.16	0.21
0.8	0.36	0.39	0. 16	0.22
0.9	0.40	0.43	0. 16	0.23
1.0	0.43	0.47	0. 17	0.23
1.1	0.45	0.52	0. 17	0.24
1.2	0.51	0.56	0. 17	0.24
1.3	0.54	0.60	0. 17	0.24
1.4	0.58	0.64	0. 18	0.25
1.5	0.62	0.68	0. 18	0.25

表 6-26 粗糙系数 n

明沟构造	n
黏质砂土、粗砂	0.030
砂质黏土	0.030
黏土	0.030
土明沟(有草皮护面)	0.025～0.030
浆砌块石(不抹面)	0.017
干砌块石(毛石、卵石)	0.020～0.025
混凝土管及各种抹面	0.013～0.014
浆砌砖(不抹面)	0.015
木槽	0.012～0.014

(3) 明沟最优断面。

当等腰梯形明沟的有效断面积W为已知时，求明沟边坡倾角θ、水深h、底宽b等于多少时，才使明沟的湿周ρ最小，见图 6-87。明沟的湿周ρ越小，明沟对水的阻力及水的渗透也就越小，因此，这样的明沟断面尺寸应该是最优的。

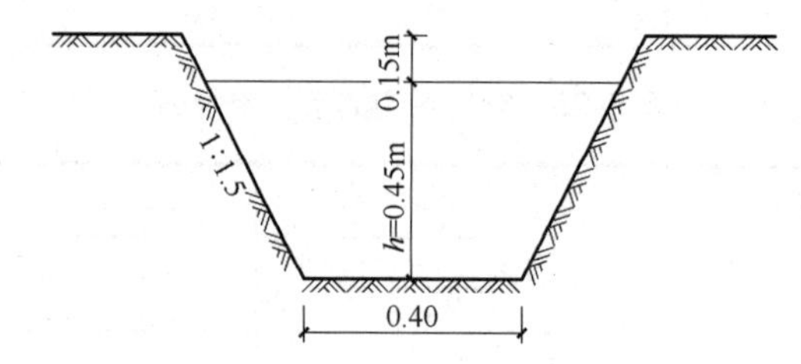

图 6-87 明沟最优断面

① 建立函数关系式。

$$\rho = AB + BC + CD = b + \frac{2h}{\sin\theta} \tag{6-59}$$

因为：

$$W = \frac{1}{2}(b + b + 2h \cdot \cot\theta) \cdot h = \frac{Q}{v_{容许}}$$

所以：

$$b = \frac{W}{h} - h \cdot \cot\theta \tag{6-60}$$

将b代入式(6-59)中得：

$$\rho = \frac{W}{h} + \frac{2\cos\theta}{\sin\theta} \cdot h \qquad \left(h > 0, 0 < \theta < \frac{\pi}{2}\right)$$

② 求$\rho_{\min}$。

当$\rho\dfrac{\partial f(x,y)}{\partial x} = 0$成立时，驻点$(x_0, y_0)$作为函数$f(x, y)$的驻点。

因为 $\frac{\partial\rho}{\partial h}=-\frac{W}{h^2}+\frac{2-\cos\theta}{\sin\theta}$　　$\frac{\partial\rho}{\partial h}=\frac{1-2\cos\theta}{\sin^2\theta}\cdot h$

令

$$-\frac{W}{h^2}+\frac{2-\cos\theta}{\sin\theta}=0 \tag{6-61}$$

$$\frac{1-2\cos\theta}{\sin^2\theta}\cdot h=0 \tag{6-62}$$

解以上方程组，由式(6-62)，$1-2\cos\theta=0$，$\cos\theta=\frac{1}{2}$

所以 $\theta=60^\circ$

代入式(6-61)中，求出　　$h=\frac{\sqrt{W}}{4\sqrt{3}}$

将 θ、h 代入式(6-60)中求出　　$b=\frac{2\sqrt{W}}{4\sqrt{3}\sqrt{3}}$

所以只有当 $\theta=60^\circ$、$h=\frac{\sqrt{W}}{4\sqrt{3}}$、$b=\frac{2\sqrt{W}}{4\sqrt{3}\sqrt{3}}$ 时，才能使 ρ 最小。

因此，当明沟为等腰梯形时，只要知道有效断面积，就可以求出 b、h。而一般情况下，水流量是已知的。同理可以求出矩形、等腰三角形的明沟最优断面。

2. 明沟设计示例

场地位于西安地区，场地面积为 9hm^2，拟为明沟排水系统；场地雨水拟先汇集到底宽为 0.4m 的砂质黏土土明沟 $(n=0.025, m=1.5)$，然后通过涵管穿越铁路路堤下排至城市排水系统。

1)　雨水设计流量计算

按下式计算雨水设计流量：

$$Q=\frac{1}{1000}\cdot F\cdot q\cdot\psi$$

其中，$F=90\,000\text{m}^2$，$\psi=0.4$（参照径流系数表），$q=\frac{384(1+0.9\lg P)}{t^{0.45}}$（参照“全国各主要城市暴雨计算公式”表中西安地区公式），取 $P=1$年，$t=10\min$，则：

$$q=\frac{384(1+0.9\lg P)}{t^{0.45}}=\frac{384(1+0.9\lg 1)}{10^{0.45}}=\frac{384}{2.82}=136.2(\text{L/s}\cdot\text{hm}^2)$$

故有：

$$Q=\frac{1}{1000}\cdot F\cdot q\cdot\psi=\frac{1}{1000}\times 9\times 136.2\times 0.4=0.490(\text{m}^3/\text{s})$$

2)　确定排水明沟断面

按以下计算步骤进行。

①　先假定水深 $h=0.45$m 及沟底纵坡 $i=0.005$。

②　计算明沟有效断面积 $W=bh+mh^2=0.4\times 0.45+1.5\times 0.45^2=0.484(\text{m}^2)$

③　计算明沟湿周 $\rho=b+2h\sqrt{1+m^2}=0.4+2\times 0.45\sqrt{1+1.5^2}=2.023(\text{m})$

④ 计算明沟水力半径 $R=\frac{W}{\rho}=\frac{0.484}{2.023}=0.239(\mathrm{m})$

⑤ 计算平均流速 $v=C\sqrt{Ri}$，按 $R=0.239$ 及 $n=0.025$（查流速系数 C 值表 6-24），得 $C=28.3\approx28$，所以 $v=C\sqrt{Ri}=28\sqrt{0.239\times0.005}=0.98(\mathrm{m/s})$

查表 6-21，知砂质黏土最大允许流速为 1.0m/s，所以符合要求。

⑥ 计算设计流量 $Q=W\cdot v=0.484\times0.98=0.474(\mathrm{m^3/s})$ 与实际流量 $Q=0.490(\mathrm{m^3/s})$ 比较相差 5%，所以选择的 h 及 i 符合要求。

根据上述结果确定明沟断面，见图 6-88。

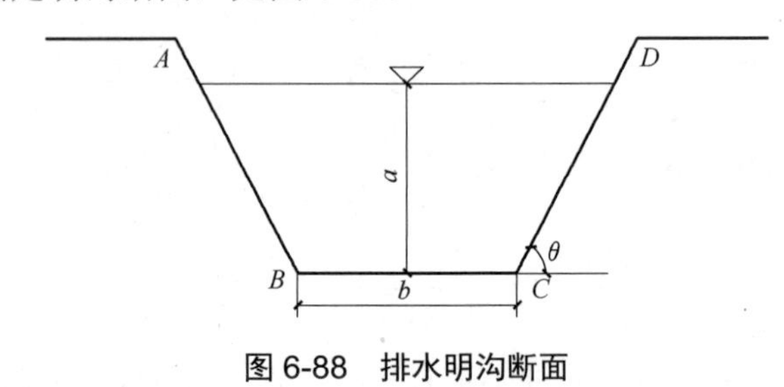

图 6-88 排水明沟断面

6.9 场地防排洪设计

防排洪设计是场地设计的重要组成部分，特别是山区建设尤为重要。由于山区暴雨后，洪水暴涨，时间短、水量大，有时夹带泥沙、石块，水流急、来势猛，为确保建筑场地、居住区和交通运输设施免受洪水的威胁，应在建设项目一开始就必须对防排洪予以足够的重视并采取有效的措施。当然，对在平原和江河沿岸以及沿海的建设场地更应重视防排洪设计。以往在场地设计时，由于对防排洪重视不够，解决不当，致使有的场地受山洪侵袭，给场地的建设和生产以及人民的生命和财产造成极大的损失，这些教训应引起人们足够的重视。

6.9.1 防排洪设计要求

(1) 应节约用地，尽量少占农田不占良田，在可能的条件下应结合施工造地还田。

(2) 应与场地所在地区的农田水利化措施相结合，以达到支援农业，减少防排洪工程量的目的。

(3) 应因地制宜，既保证洪水宣泄畅通，也应尽量减少防排洪工程量。

(4) 对场地所在地区的汇水面积及其周围地区的地形、地貌、土层、径流、气象等的现状、过去的情况和将来的规划进行调查研究，弄清内在关系，分析比较，确定合理的设计数据。

(5) 对位于山区的场地应充分了解山区洪水特点。

① 地形地度大，集流时间短、水流急、来势猛、径流量大；

② 山区河沟的汇水面积多在 $10\mathrm{km}^2$ 以下，洪水历时短，计算时应以洪峰流量为主；

③　由于影响洪水因素甚多(如降雨强度、降雨历时、降雨分布、洪水区的面积、形状、坡度、径流量等)，因此洪水区内按全面积均匀降雨计算；

④　通常迎风雨的山坡上较背风坡上降雨量多。

6.9.2　防排洪措施

防排洪措施通常有以下办法。

(1)　进行水土保持，种树植草；

(2)　修建水库调节洪水；

(3)　利用相邻水库调蓄洪水；

(4)　利用流域内干、支流上的水库群联合调蓄洪水；

(5)　沿河修建防护堤；

(6)　沿防护区修筑围堤；

(7)　向下游河道分洪；

(8)　向海洋分洪；

(9)　跨流域分洪；

(10) 利用洼地、民垸、坑塘分洪；

(11) 利用湖泊滞蓄洪水；

(12) 利用河槽调蓄洪水；

(13) 修建排水工程；

(14) 挖高填低；

(15) 整治河流。

6.9.3　防排洪设计与场地设计的关系

防排洪设计应与场地设计统一考虑，否则，单有合理的场地设计而没有防排洪的合理解决，那么场地建设也达不到合理、安全和具有经济效果的目的。如山区选择场地时，应尽量选在汇水面积小的地方，以免因汇水面积过大而开挖很大的排洪沟，且应保证场地不受洪水威胁。对山区的防排洪设施应进行各种情况的比较，一般考虑下列 3 种情况。

(1)　沿山沟排洪：若原山沟有足够的排洪能量，同时可满足小面积的坡面流截洪的排泄，按此情况考虑能达到投资少、技术简单。

(2)　沿山沟截洪：必须选择好排出口。

(3)　分洪，或者在原山沟上游截洪，减少汇水面积。

排水沟系的设计必须与总平面布置相结合，权衡轻重，对于主要建筑物布置应保证不受洪水淹没，应避开冲沟，布置在合适的地点；必要时，建筑物地坪可适当地抬高。同时在场地设计时应合理确定排洪沟的位置，排洪沟设计应保证洪水宣泄畅通。

6.9.4 防洪设计

1. 设计流量

由于流量计算的方法较多，各地区计算公式又不尽相同，特别是山区，无降水资料或有降水资料而年限很短，所以设计洪峰流量的确定应根据当地的具体情况，深入进行调查，将调查和计算相结合，认真进行分析比较而确定。

2. 防洪设计标准

防洪设计应根据建设场地的性质、重要程度、受淹损失，结合地形、地势、汇水面积、排洪沟所在位置等因素确定。

(1) 城市根据其社会经济地位的重要性或非农业人口的数量分为 4 个等级，各等级的防洪标准按表 6-27 的规定确定。

表 6-27 城市的等级和防洪标准

等 级	重 要 性	非农业人口(万/人)	防洪标准 (重现期/年)
Ⅰ	特别重要的城市	＞150	＞200
Ⅱ	重要的城市	150～50	200～100
Ⅲ	中等城市	50～20	100～50
Ⅳ	一般城镇	＜20	50～20

(2) 冶金、煤炭、石油、化工、林业、建材、机械、轻工、纺织、商业等工业建筑场地根据其规模分为 4 个等级，各等级的防洪标准按表 6-28 的规定确定。

表 6-28 工矿企业的等级和防洪标准

等 级	工矿企业规模	防洪标准(重现期/年)
Ⅰ	特大型	200～100
Ⅱ	大型	100～50
Ⅲ	中型	50～20
Ⅳ	小型	20～10

注：1. 各类工矿企业的规模，按国家现行规定划分。

2. 如辅助厂区(或车间)和生活区单独进行防护的，其防洪标准可适当降低。

如中南地区某厂因位于山区，根据该厂地区的地形、地势和汇水面积的大小，该厂设计洪水频率时，厂房部分采用 20%～50%，居住区部分采用 10%～20%。

3. 排洪沟

排洪沟是为了使山洪能顺利排入较大河流或河沟而设置的防洪措施，主要是对原有冲沟的整治，加大其排水断面，理顺沟道线形，使山洪排泄顺畅。截洪沟是排洪沟的一种特殊形式，可在山坡上选择地形平缓、地质条件较好的地带修建，也可在坡脚修建截洪沟，拦截坡面水，在沟内积蓄或送入排洪沟内。

1)　排洪沟平面布置应考虑的主要因素

(1)　排洪沟尽可能利用原有沟渠，适当整修，但应满足排洪要求。

(2)　当排洪沟附近布置有建筑物时，排洪沟最好选择在靠近山地一侧，以便充分利用地形减少护岸工程。

(3)　排洪沟的位置尽可能选择在地形平缓、地质较稳定地带，以防止坍塌变形，并可减少工程量。

(4)　排洪沟一般不宜穿过建筑场地，当不得不这样布置时，应尽量减少该排洪口的流量，尽量不妨碍重要建筑物的扩建。

(5)　为了保证洪水的宣泄无阻，排洪沟尽可能采用明沟，并尽量减少弯道。沟底的宽度应尽量保持一致，如有变化，应设置渐变段。渐变段的长度一般为 5～20 倍的底宽。

(6)　主、支沟相交时，应尽量顺水相交，转弯处其中心线的半径应不小于沟内水面宽度的 5～10 倍。在与河道相交时，其交汇角对下游方向大于 90° 并做成弧形。其交汇处应适当铺砌，以防冲刷。

2)　排洪沟的配置类型

(1)　场地位于斜坡上可顺山沟坡脚布置主排洪沟，见图 6-89。

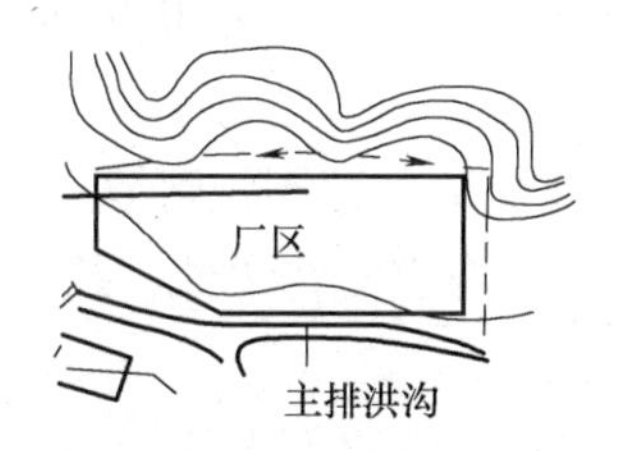

(a) 在沟地上游布置截洪沟

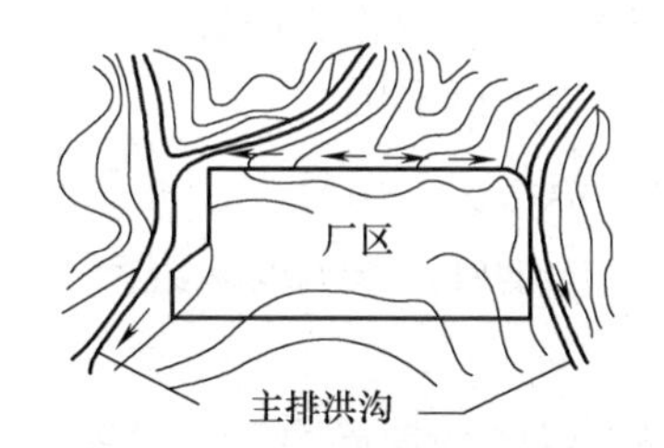

(b) 排洪沟顺山沟坡脚两侧布置

图 6-89　顺山沟坡脚布置

(2)　场地位于凹地内可顺原有河沟布置主排洪沟，见图 6-90。

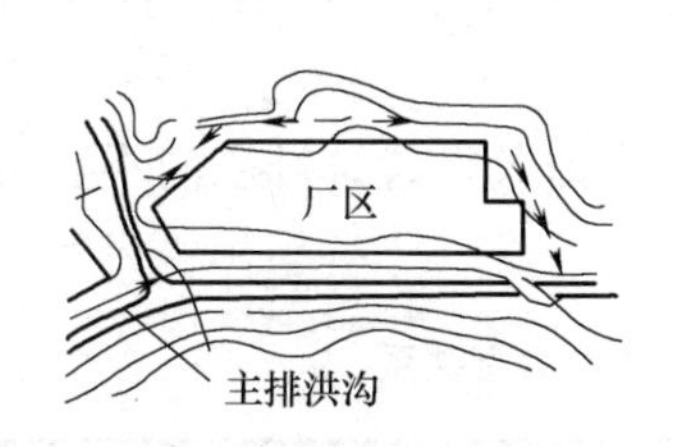

(a) 顺河沟布置排洪沟

(b) 在山沟坡脚主排沟分流布置

图 6-90　顺山沟、河沟布置

(3)　排洪沟穿越建设场地的设置，这种类型的排洪沟一般应尽量避免。因存在妨碍发展、纵向管线穿越困难、交通受阻、厂区整体被切割、不甚美观等问题。当不得不这样布置时，应尽量减少该排洪口的流量，尽量不妨碍重要车间的发展。可在坡地和沟地上游布置截洪沟，见图 6-91。

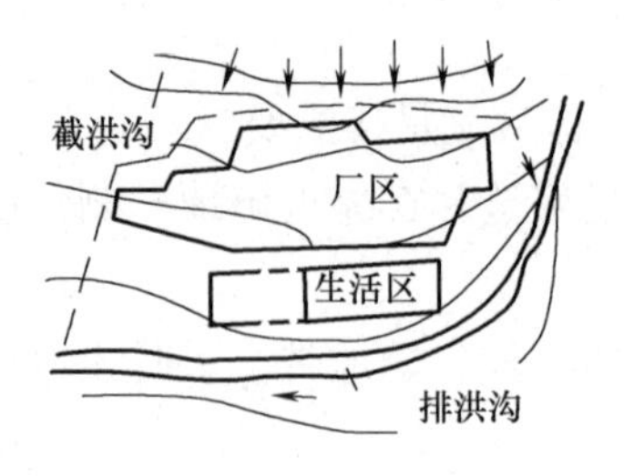

(a) 在坡地上游布置截洪沟

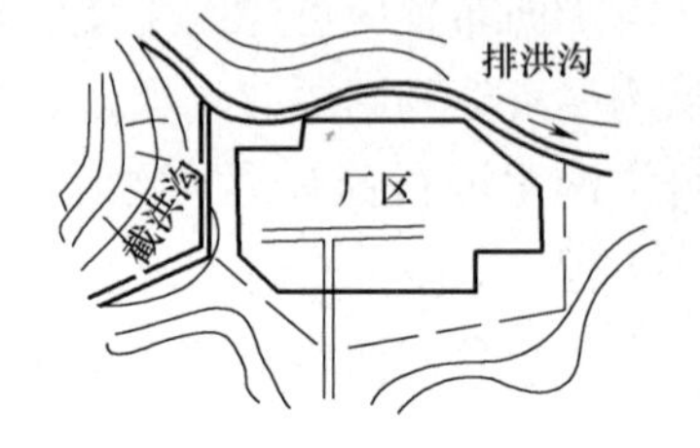

(b) 在沟地上游布置排洪沟

图 6-91 在坡地和沟地上游布置

(4) 当有其他防洪设施可被利用或场地无洪水形成时，可不另设排洪沟。

3) 排洪沟的断面及铺砌

(1) 排洪沟的沟底纵坡。

① 在主沟和支沟相接地段(特别是垂直相接的)，支沟纵坡应适当大些，以免产生壅水现象。

② 排洪沟的沟底纵坡，应自起端至出口不断增大或排洪沟沟底纵坡与山沟坡度相吻合，以不使排洪沟内产生沉积为原则。最小允许流速一般不小于 0.4m/s，如超过基底土层最大允许流速时，应加以铺砌。

③ 当防洪沟纵坡大、流速产生冲刷时，为减少铺砌范围，可隔一定距离设跌水或急流槽，并应有坚实的铺砌。跌水或急流槽不得设置在沟道的转弯处，跌水高差一般以 0.5～1.5m 为宜。

④ 排洪沟出口底部标高最好应在河、沟相应频率的洪水位以上，一般应在常水位以上。

(2) 排洪沟的横断面。

① 考虑排洪沟施工和维护的方便，沟底的最小宽度一般不应小于 0.4m。

② 考虑排洪沟在使用时因淤积使断面减小，沟的实际深度为有效水深加设计超高 0.2～0.3m。

③ 排洪沟沟底的宽度应尽量保持一致。从水力条件看，排洪沟不宜采用很浅很宽的断面，表 6-29 数值可供选择断面时参考。

表 6-29 沟深与沟底宽的适宜关系

沟深 $h=0.4$	<2	2～3	>3
$\beta=\dfrac{b}{n}$	<1.0～1.2	<1.2～1.5	<2.0

注：b 为沟底宽。

④ 排洪沟常用断面是梯形，其边坡值参见本章 6.4.6 节。

4)　排洪沟与管道的连接

(1)　排洪沟接入管道。

①　连接处排洪沟应加以铺砌，其高度以不低于设计超高为宜，长度自格栅算起3～5m，厚度不宜小于0.15m。

②　需要跌水且跌差为0.3～2.0m时，在跌水前3～5m应进行铺砌，见图6-92(a)；当跌差大于2m时需进行水力计算。

③　管道设置挡土墙的端墙或格栅，栅条间隙采用100～150mm。

(2)　管道接入排洪沟。

其要求同排洪沟接入管道，见图6-92(b)。

4. 防洪堤

当建设场地沿江(河)、沿海，其场地标高低于洪水位标高时，采用填土提高场地标高防止水淹不经济或不可能，可采用筑堤防洪。当沿江(河)场地位于城市时，其防洪堤规划、设计施工、管理应由城市防汛部门统一考虑，不再考虑防洪堤设施，只设防洪泵站，强排洪水期间场地产生污水、生活下水和雨水。当场地需专设防洪堤时，应在场地总体规划时统一考虑。

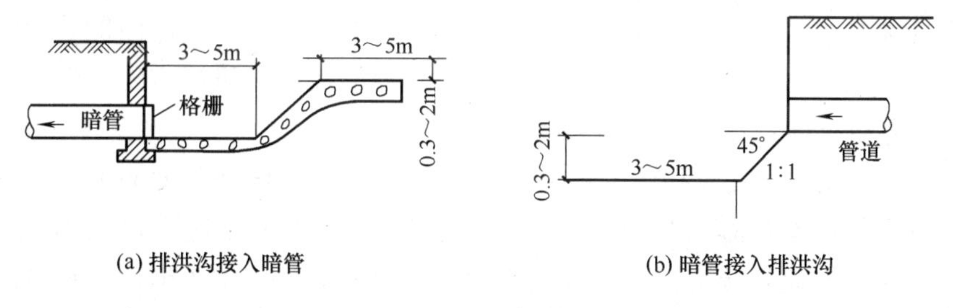

(a) 排洪沟接入暗管　　(b) 暗管接入排洪沟

图6-92　排洪沟与管道的连接

1)　防洪堤设计

(1)　设计的基础资料。

①　地质资料：筑堤地带的地质稳定性、地质构造、物理性能及岩层倾斜度和覆盖层厚度。

②　水文资料：筑堤地带的水文情况、地下水位高度、汇水面积、河床断面、水流特性及浪高。

③　气象资料：当地年平均最大降水量、昼夜小时降水量、一次暴雨持续时间及其雨量、全年盛行风向及最大风速。

④　筑堤地带地貌及植被情况：如水田、旱地、林木分布情况及水土流失情况等。

⑤　了解江河规划情况。

⑥　搜集当地暴雨强度的计算方法、历史上最大洪水标高、近百年内的洪水次数及其标高。

2) 确定设计洪水位和洪水频率

设计洪水位和洪水频率应根据被保护的城市，厂矿企业，铁路、公路及其他工程的重要性来确定。设计洪水位考虑波浪侵袭高、安全超高及凹岸水流离心超高，可根据具体情况在1～20m范围内选用，防洪标准按国标《防洪标准》选用。

3) 防洪堤的布置

(1) 布置要求。

① 在围堤定线时，应符合城市规划要求，并应选择较高的地段，以减少土方工程量；

② 围堤的路线要和设计淹没线以及流向相适应；

③ 当在堤顶筑路时，应符合道路的要求；

④ 尽量减少拆迁；

⑤ 应与场地建(构)筑物保持适当的距离；

⑥ 起点应选在水流较平顺地段，布置成“八”字形，并要嵌入其他堤岸、土丘、山丘中3～5m，终点应根据需要采用封闭式或开口式，一般都采用封闭式。

(2) 布置形式。

建筑场地防洪堤是场地总平面布置的重要组成部分，必须在场地总体规划时统一考虑，合理地安排场地用地、堤岸和滩地。防洪堤的布置可参考下列形式。

① 当场地位于河流干流和支流一侧或两侧时，可沿干流及支流两侧筑堤，部分地面水、生产污水、生活污水用泵排出。这种形式对排泄支流的流量很方便，但缺点是增加了围堤长度和道路桥梁的投资，见图6-93。

② 只沿干流筑堤，支流和地面水用水泵(或不用水泵)抽出。这种形式只有在支流流量很小、堤内有适当的蓄水面积(如在洼地和洪峰持续时间较短等情况下)方可采用。它的作用是：当洪水来时将支流和城市或场地地面水暂时储蓄在堤内，洪水退后，再把堤内的水放出，见图6-94。

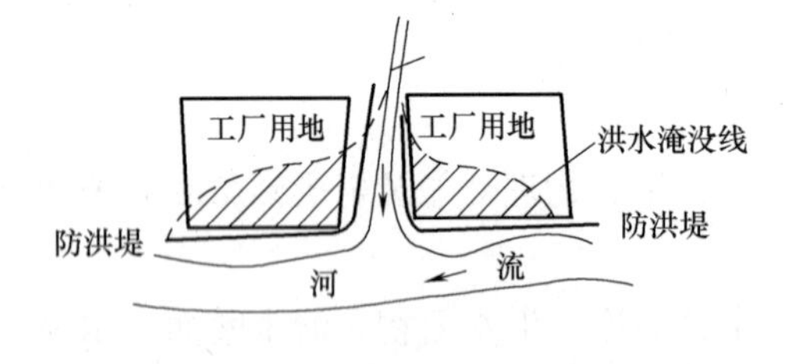

图6-93 沿干流、支流筑防洪堤

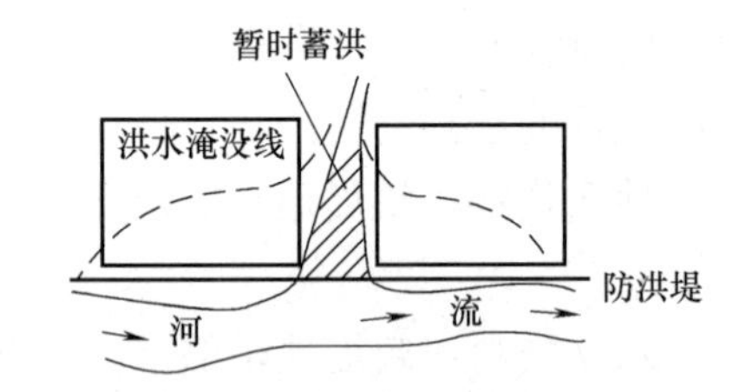

图6-94 沿干流筑防洪堤

③ 沿河流的一侧筑堤，见图6-95。

④ 沿干流筑堤，把支流下游部分的水用管道排出，即利用流水本身的压力排出，不需抽水设备。这种形式只有在场地具有适宜的坡度时才能采用，见图6-96。

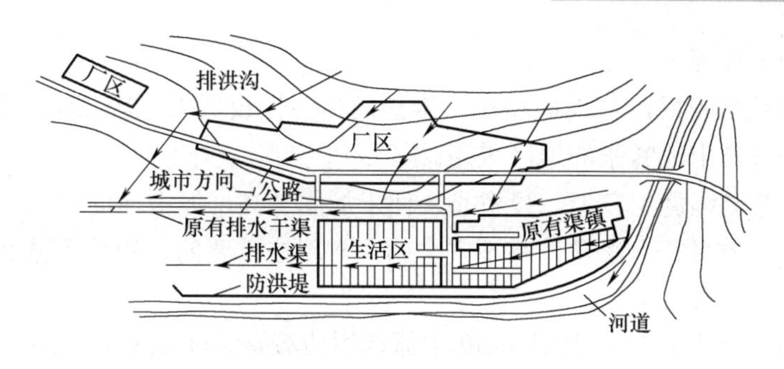

图 6-95　沿河流一侧筑防洪堤

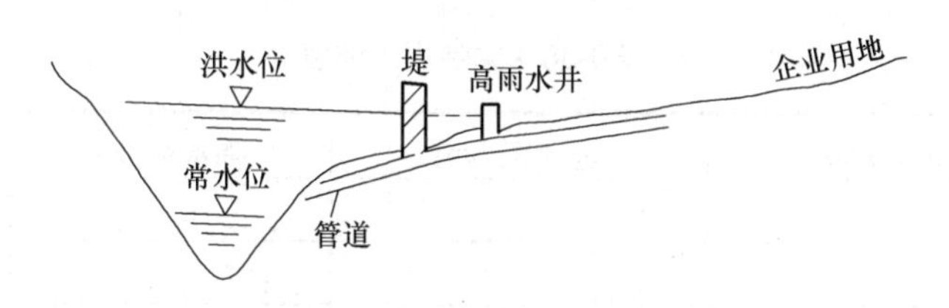

图 6-96　用暗管排出堤内积水

4)　防洪堤顶部高程及宽度确定

(1)　顶部高程确定。

①　设计洪水位(h_h)：根据确定的洪水频率，用经验公式推算设计洪水位。如是特别重要工程，须用观测洪水位来校核；一般场地不用校核。

②　波浪侵袭高(h_b)：一般规范、规定中为 0.5m。波浪侵袭高度的确定与河面宽度、风速大小、临水面、堤边坡角大小、护面粗糙及渗透性有关。

③　安全超高(h_a)：规定采用不小于 0.5m。

④　河道弯曲水位超高(Δh)：在弯曲的河道横断面上，水流因离心力的作用，形成水面倾斜，外缘凹侧河岸会有超高现象。超高值 Δh 按下式计算：

$$\Delta h = \frac{v^2 B}{Rg} \tag{6-63}$$

式中：B ——河弯处水面宽度，m；

R ——河弯曲半径，m；

v ——水流平均速度，m/s；

g ——重力加速度，$g = 9.81\text{m/s}^2$

(2)　堤顶宽度确定。

防洪堤顶部宽度与堤身的结构有关：刚性结构顶宽按结构要求确定；柔性结构顶宽应按要求进行设计，一般情况下，当柔性堤堤高小于 10m 时，顶宽在 1.5～2.5m，大于 10m 时，应按土层稳定性计算确定。

当在堤顶筑路时，应按道路要求确定。

5)　防洪堤的结构类型及边坡

(1)　堤身结构类型。

堤身结构类型有刚性堤和柔性堤两类。刚性堤如钢筋混凝土堤、素混凝土堤、块石砌体等；柔性堤如土堤等。

刚性堤防洪效果较好，占地面积小，维护简单，但投资大，施工期较长，加固加高受到一定限制，一般在用地紧张的地区采用。

柔性堤取材容易，施工方便，投资小，便于加固加高，但占地面积大，维护工作量大，堤身在洪水浸泡下容易产生渗水，有不安全感，常用在重要的、用地不紧张地区。

(2) 柔性堤的边坡。

(3) 当堤高小于 10m 时，按表 6-30 中值选用边坡 m_1、m_2 值；堤高大于 10m 时，应按土层稳定性计算确定。

表 6-30 柔性堤边坡值

序 号	堤高 H/m	堤顶宽 b/m	临水坡 m_1	背水坡 m_1
1	≤5	1.5	1.5	1.3
2	6～7	2.0	1.5	1.3～1.5
3	8～10	2.5	1.5～1.75	1.5～1.75

(4) 防洪堤结构断面类型。

防洪堤结构断面类型见图 6-97。

6) 堤岸防护措施

当水流速大于允许流速时，应采取防护措施，可根据水深、流速、用地条件、当地防护材料及施工条件选择不同的防护方式。

(1) 片石砌筑加固。

片石砌筑加固是在产石地区最普遍的加固方式，有浆砌护坡和干砌护坡两种。

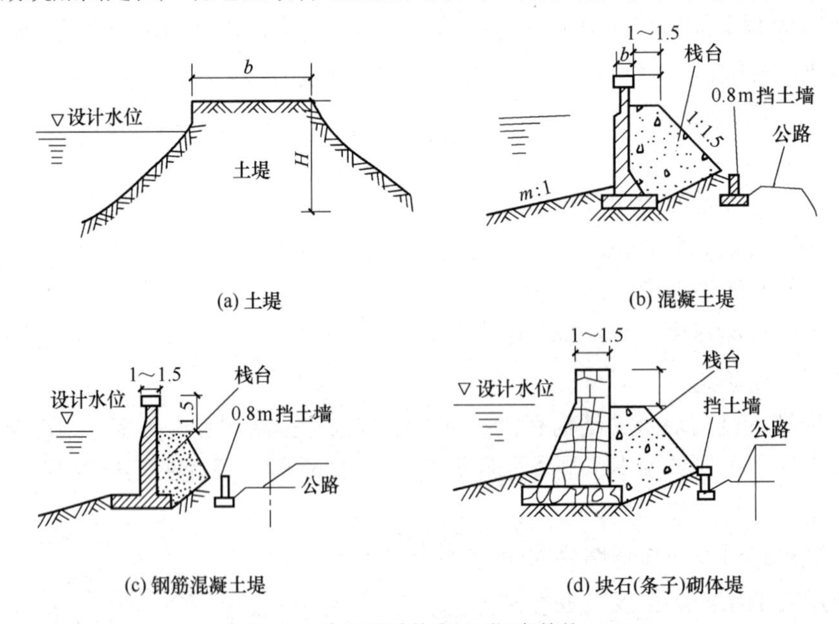

(a) 土堤　(b) 混凝土堤

(c) 钢筋混凝土堤　(d) 块石(条子)砌体堤

图 6-97 防洪堤结构断面类型(单位：m)

(2) 草坡护坡。

草坡护坡适用于淹没时间不长、浪和水流流速较小且种植条件较为有利的情况。土堤常水位以上部分常用此法。

(3) 稍捆加固。

稍捆加固适用于缺少石料、盛产树枝地区，将去叶的枝条捆成 4～7m 长、直径 25～30cm 的柴捆。

(4) 抛石加固。

抛石加固适用于防护水下部分的边坡和坡脚，以防止水流对河岸边坡坡脚淘空，增强边坡稳定性，适用于盛产石料地区或防洪抢险时用此法加固。

(5) 石床防护。

石床防护一般是用毛石混凝土、浆砌片石或石笼等修成适用于水流湍急的堤脚的河床。

复 习 思 考

1. 场地竖向设计的内容是什么？
2. 场地竖向设计的基本要求是什么？
3. 场地竖向设计的成果有哪些？
4. 场地竖向设计形式如何选择？
5. 简述场地竖向设计等高线法的设计步骤。
6. 简述场地竖向设计标高法的内容及设计步骤。
7. 台阶划分的原则、台阶的宽度和高度如何确定？
8. 台阶边坡防护措施有哪些？
9. 简述场地平土方式的分类及其适用条件。
10. 确定场地平土标高应考虑哪些因素？
11. 简述方格网法确定场地平土标高的步骤和方法。
12. 简述方格网法计算土方的步骤和方法。
13. 简述方格网整体计算法的步骤和方法。
14. 建筑物、构筑物室内外地坪标高如何确定？
15. 道路十字交叉口竖向设计的基本形式有哪些？
16. 场地排雨水方式有哪些？
17. 简述场地明沟断面设计的步骤和方法。

第 7 章　管线综合布置

本章主要阐述了场地管线综合布置的任务和目的，管线的种类和特性，管线的敷设方式，管线综合布置的一般原则、技术要求及管线综合图的作法。

7.1　管线综合布置的任务和目的

各类建筑场地总平面设计，除对建(构)筑物、道路、铁路、绿化等进行布置外，还必须对各种工程技术管线进行综合布置，布置的繁简程度取决于管线的种类和数量。一般来讲，工业建筑场地总平面设计的管线种类比民用建筑场地总平面设计要多，综合管线布置也相应地要复杂得多。

工业场地生产过程中需要和产生的大部分液态、气态物质和一部分粉状固态物质，往往采用管道输送；而各种机电、通信设备需要的电能，则一般采用输电线路输送。所谓管线，就是这些输送管道和输电线路的统称。

工业场地需要敷设的管线种类很多，数量很大，据粗略统计，一座中型钢铁联合企业，需要敷设近 50 种、长约 1000km 的户外管线(总图定位长度约 200km)。这些管线不仅性质、用途、管径、管材、输送压力等各不相同，而且对布置也各有不同的要求；同时由于各种管线的布置系统、路径、敷设方式、架设高度、埋设深度不一样，它们在平面和竖向上的相互关系又是错综复杂的。为了将这些错综复杂、要求不同的管线统筹安排好，一般在各专业开展管线设计之前，需要由总图专业设计人员先进行管线综合布置，其任务就是根据确定的场地总平面布置和各管线专业提供的管线资料，合理地组织好各种管线的路径，协调好管线之间、管线与其他设施之间在平面和竖向上的相互关系，使管线布置既符合安全、防火、卫生的规定和满足施工、检修的要求，又力求管线顺直、短捷、投资最省、占地最少。

很显然，管线综合布置是一项十分重要而又错综复杂的工作，将各专业提交的管线资料简单地加以汇总通常很难满足管线综合布置的任务要求，必须详细了解各管线的介质和特性，熟悉管线布置的技术原则和要求，通过综合分析、统一规划并进行必要的技术经济比较，才能真正做好这项工作。

管线设计本属有关专业的工作，但由于各种管线最终要在总平面布置中落实，因此各种管线的介质、特性和布置要求，以及与建(构)筑物的相互关系也直接影响到总平面布置。

要搞好场地总平面设计，就必须了解管线的种类、特性、用途、要求和走向、位置、敷设方式以及地上、地下管线距建(构)筑物的最小水平、垂直距离等，只有了解管线的上述知识，方能配合管线专业解决各种管线布置时发生的矛盾，做好管线综合布置。

7.2　管线的种类和特性

建筑场地敷设的管线种类，因企业的性质、规模和当地的条件而有所不同。一般来说，民用建筑比工业建筑中的建材、煤炭、轻工、纺织、电力、机械加工等场地敷设的管线种类相对少一些，而石油化工、冶金等场地敷设的管线种类相对更多一些。为了便于搞好管线综合布置，现将一些常用管线的特性，包括输送介质的来源、用途、性质和对布置的要求等，逐一简要叙述如下。

7.2.1　气体管道

1. 煤气管道

生活和生产用的煤气，主要来源于焦炉、高炉、纯氧顶吹转炉和封闭式铁合金电炉生产过程中副产的煤气，利用烟煤、无烟煤发生炉制成的煤气，以及利用重油蓄热裂解制成的煤气等。

煤气是一种以氢或一氧化碳或不饱和烃为主的混合气体。工业和民用主要用作燃料(如加热、烘烤、点火等)和化工原料(如利用焦炉煤气和转炉煤气制合成氨)。

开始由炉内抽(逸)出的煤气称荒煤气，它含有各种杂气、杂质和灰尘，容易堵塞、腐蚀管道和设备，送往用户前均需先进行净化处理。如从焦炉炭化室抽出的荒煤气，需经鼓风冷凝先脱焦油，然后洗氨、脱萘、脱粗苯、脱硫等，结合化学回收加以净化；由高炉逸出的荒煤气，含尘量较大，一般通过重除尘器、文氏管、洗涤塔以至电除尘，加以除尘净化；从烟煤冷煤气炉抽出的荒煤气，含有焦油和灰尘，一般经过竖管、电捕焦油器、洗涤塔、雾滴分离器等加以净化。各类煤气经净化后，根据用户对煤气热值的不同要求，或单一品种的煤气经加压通过管道送往用户，或几种煤气经混合、加压(或加压，混合)后通过管道送往用户。

煤气的输送压力有低压($0<p\leqslant0.05$MPa)、中压($0.05\text{MPa}<p\leqslant1.5$MPa)、次高压($1.5\text{MPa}<p\leqslant3$MPa)和高压($3\text{MPa}<p\leqslant8$MPa)之分，使用本厂煤气的企业，由于输送距离不远，多数采用低压输送。

低压煤气管道的直径较大，在工业场地内多采用架空敷设，城市煤气一般采用埋地敷设。架空敷设时，煤气管道通常采用卷焊钢管；埋地敷设时，低、中压煤气管道一般采用铸铁管，次高压和高压煤气管道一般采用卷焊钢管。

煤气属于可燃气体，有毒(因含一氧化碳)，且易燃、易爆，因此煤气管道应尽量避免布置在通风不良和经常有人操作、停留的地带，并需注意远离明火和高温物体的地点，不得平行敷设在送电线路的下面和架设在无关的建筑物上面，也不允许穿(跨)越易燃、易爆材料堆场和仓库。此外，架空煤气管道系统设有冷凝水排水器、管道补偿器、人孔、闸阀、放散管以及梯子、平台等附属设施，这些附属设施对于保证管网周围安全运行有着十分重要的作用，布置管道时需注意同时安排好它们的位置。

2. 天然气管道

天然气来源于油田或油气田。从油井中伴随石油逸出的天然气，称油田伴生气，主要成分是甲烷、乙烷，可用来制取液化石油气，也可用作燃料或化工原料。从气井开采出来的天然气，有干天然气和含油天然气两种：干天然气的主要成分是甲烷，可供工业和民用作燃料或用作工业制造炭黑、合成氨、合成石油、甲醇等的原料；含油天然气含有大量的丙烷、丁烷、戊烷，主要供化工企业作为原料，也可供其他工业企业作为燃料。

上述各种天然气中，有时硫化氢、二氧化碳、凝析油、水等的含量超过标准。为防止管道产生水化物与冷凝水结冰的堵塞和减少对管道与设备的腐蚀，在送往用户前，一般在井场需进行深度脱水、脱硫、油气分离等处理。

经处理后的天然气采用卷焊钢管输送，主要供给邻近油(气)田和天然气输送干管的工业企业使用。在厂外一般采用埋地敷设，在厂内多为架空敷设，也可采用埋地敷设。进厂压力一般要求不低于 4MPa。

天然气属于可燃气体，具有易燃、易爆的特性，但无毒，天然气管道布置的要求与煤气管道基本相同。

3. 液化石油气管道

液化石油气主要来源于天然气、油田伴生气和石油炼厂气，在一定条件下，它们均需经过适当分离处理才能获得液化石油气。

液化石油气的主要成分是丙烷和丁烷，在标准状态下(20℃、760mmHg)呈气态；但适当降低温度或升高压力，就可成为液态。

液化石油气无毒，主要供工业或民用作为燃料。可用管道输送，也可充瓶输送，当采用管道输送时，一般采用无缝钢管埋地敷设。输送压力，随用户要求和输送距离而定。

液化石油气的爆炸浓度极限下限仅约 2%(体积百分比)，其气态时比空气重 1.5 倍左右。一旦漏气，就在低洼处聚积，遇火极易造成爆炸事故。布置液化石油气管道时，应特别注意远离明火和热源，具体布置要求与天然气管道相同。

4. 乙炔管道

工业企业需要的乙炔，主要来源于本企业的乙炔发生站。一般以碳化钙为原料，在水的作用下分解产生，主要供钢坯、废钢、铸件和金属结构等作切割、气焊用。

乙炔管径比较细，厂内主要架空敷设，有条件时也可沿墙敷设。工作压力有低压($0<p\leqslant0.007$MPa)、中压(0.007MPa$<p\leqslant$0.15MPa)、高压(0.15MPa$<p\leqslant$0.25MPa)之分。低压时，宜采用无缝钢管；中压时，应采用管内径不超过 80mm 的无缝钢管；高压时，应采用管内径不超过 20mm 的无缝钢管。

乙炔气是不饱和的碳氢化合物，在常温和大气压下为无色气体，但工业乙炔气因含有磷化氢、硫化氢等杂质，具有特殊的气味。乙炔气的爆炸浓度极限下限仅为2%，具有易燃、易爆的特性，爆炸主要是由于氧化、分解、化合 3 种原因引起。乙炔管道应远离明火、热源布置，可与不燃气体管道(不包括氯气管道)、压力不超过 1.3MPa 的蒸汽管、热水管、给水管和同一使用目的氧气管共架敷设，但应该布置在支架的最上层。如沿建筑物的外墙或屋顶上敷设时，该建筑物应为一、二级耐火等级的丁、戊类生产厂房。其余布置要求与液化石油气管道相同。

5. 氢气管道

工业企业需要的氢气，一般来源于本企业的氢气站或氢氧站。目前主要采用电解水法、水煤气转化法、氨分解法等制取。制取的氢气，一般先通过管道送贮气柜，然后根据用户对氢气的用量、纯度等要求，分别以下列 3 种方式供应用户。

(1) 用户对氢气的纯度、压力要求不高时，可由贮气柜用管道直接输送给用户；

(2) 用户对氢气质量要求严格时，需先进行脱氧、除水等处理，然后再用管道输送给用户；

(3) 用量少时，可加压充瓶输送给用户。

氢气具有可以被金属吸收、在高温时能从许多化合物中夺取氧以及能容易地与非金属化合等物理和化学性质，在现代工业中广泛地用作保护、携带和还原气体。目前在冶金企业中，在金属热处理、合金高温机械试验和炉内钢材加热等过程中主要用氢作为保护气体，以及利用金属氢化法进行粉末冶金制取钽、铌等稀有金属；在化工企业中，主要用氢作为原料，生产合成氨、甲醇、液化燃料、核燃料，以及用于尼龙生产、油脂氢化；在电子工业企业中，氢主要用于钨钼丝加工、真空电子管金属零件的热处理及硅、锗的提取。氢气管道一般较细，多采用焊接钢管或无缝钢管架空敷设，也可以直接埋地敷设。

氢气是一种无色、无味、无臭的可燃气体，氢与氧的混合物、氢与空气的混合物具有爆炸性(氢气的爆炸浓度极限下限约为 4%)。

6. 氧气管道

工业企业需要的氧，一般来源于本企业或邻近企业的氧气站。目前主要采用空气深度冷冻分离法制取。

氧为强烈的氧化、助燃剂。在石油化工企业中，主要用以裂解重油生产烯烃气，也可作为粉煤气化剂制取煤气；在钢铁和机械等企业中，主要用于钢、铁等的强化冶炼，钢坯、铸件等的表面火焰清理，废钢、连铸坯等的火焰切割，金属结构件的焊接，以及采用部分氧化法制取油煤气等。

氧可以气态或液态存在。一般工业企业主要采用气态氧，用量大、要求连续供氧的用户，一般采用管道输送；用量少、可间断供氧的用户，通常充瓶输送。输送压力有低压($0<p\leqslant0.16$MPa)、中压(1.6MPa$<p\leqslant$3.0MPa)、高压(3.0MPa$<p\leqslant$15MPa)之分。管材按压力大小选用。对气态氧压力小于 0.6MPa 时，一般采用水煤气管或直焊、卷焊钢管；压力为 0.6～1.6MPa 时，一般采用卷焊钢管或无缝钢管；压力为 1.6～3.0MPa 时，一般采用螺焊钢管或无缝钢管；

压力为 3.0～15MPa 时，一般采用无缝钢管或黄铜管。

氧气管道在厂区内主要采用架空敷设，只有当管径小或受场地限制无法立支架时，才采用地下敷设。

由于氧气为强烈的氧化、助燃剂，如在技术上处理不当，很容易导致燃烧和爆炸，如当氧气与乙炔、氢气、甲烷等可燃气体以一定比例混合时，会形成爆炸性混合物。氧气输送过程中，当管道中有油脂、氧气铁屑或煤粉、炭粒等小颗粒燃烧物存在时，随着气流运动与管壁摩擦产生大量摩擦热，会导致氧气管道燃烧。因此布置氧气管道时，必须充分注意上述特性，远离明火和高温热源；严禁氧气管道与燃油管道共沟敷设，共架敷设时，氧气管道宜布置在燃油管道的上面；如沿建筑物的外墙或屋顶上敷设时，该建筑物应为一、二级耐火等级的厂房(不包括有爆炸危险的厂房)。

7. 氮气管道

氮气是在制氧气过程中分离出来的，工业企业需要的氮气，主要来源于本企业或邻近企业的氧气站。

氮气是惰性气体，可以以气态或液态形式存在。在化工企业中，主要用作合成氨的原料气及置换气；在钢铁工业中，氮气多数用作保护气体，少量用于燃气管道吹扫和用作高炉、转炉等炉口的密封气体。液态氮则被广泛用作低温冷源及食品贮藏等。化工企业作原料气时用氮量较大，其他工业企业用氮量一般较少。用氮量大的或要求连续供氮的用户采用管道输送，其余用户一般充瓶输送；当采用管道输送时，低压气态氮一般采用水煤气管、直焊或卷焊钢管，低压液态氮一般采用铝合金管或不锈钢管。

氮无毒，但在一定浓度时会使人窒息。氮气管道对布置无特殊要求，在厂区内主要与其他管道共架敷设，也可沿建筑物外墙敷设。

8. 蒸汽管道

工业企业需要的蒸汽，一般来源于本厂的锅炉，也有些企业由地区的热电站集中供应。

蒸汽有过热蒸汽和饱和蒸汽两种，压力有低压(0.8～1.3MPa)、次中压(2.5MPa)、中压(3.9MPa)、次高压(5～6MPa)、高压(6～12.9MPa)、超高压(13～15.9MPa)等之分。中高压过热蒸汽主要供透平发电机、透平鼓风机等作动力用，为缩短管道长度，这些消耗蒸汽量多的设备通常和锅炉布置在同一个建筑物内。对其余用户一般供给 0.8～1.3MPa 的低压过热蒸汽或饱和蒸汽(饱和蒸汽容易变成凝结水，不适合长距离输送)，主要用于以下场合。

(1) 生产上，供锻压设备作动力用，供各种生产设施加热、蒸馏、防冻、干燥用，供重油雾化燃烧、油库消防、油管伴热以及供燃气、燃油管道吹扫用；

(2) 生活上，供各车间的生活间和食堂、浴室等加热、淋浴、洗涤、做饭等需要的热水；

(3) 采暖地区，供生产车间、公共建筑、生活住宅等采暖用。

蒸汽管道的管材，压力大于 1.6MPa 和温度大于 200℃时，一般采用无缝钢管；压力小于 1.6MPa 和温度低于 200℃时，一般采用加厚水煤气管。为防止散热，所有蒸汽管道均外裹绝热材料。

蒸汽管道的敷设方式，主干管，一般采用架空敷设，并尽量架设在煤气管道上；次干管和直径较细的支管，可根据情况采用架空或地下敷设。采用地下敷设时，一般敷设在不通行管沟内；如管径较细、管道较短、土质较好、地下水较深、土层和地下水腐蚀性较小时，也可直埋，但需采用合适的保温结构和防水措施。

蒸汽管道具有散热、热胀冷缩和饱和蒸汽容易变为凝结水等特性，布置时需要注意以下几点。

(1) 蒸汽管道通常隔一定长度设有弯管伸缩器(又称膨胀圈)，弯管伸缩器水平布置时占地较宽，需注意不碰相邻的管线。

(2) 采用管沟敷设时，为防止使其他管线过分受热产生不利影响，一般不应与电缆以及输送怕热、易燃、易挥发介质的管道同沟敷设。

(3) 间接加热用的饱和蒸汽，经使用后基本变为凝结水，如决定送回锅炉房重复使用，需注意同时安排好凝结水管的位置；如凝结水管靠重力自流，还需注意选择地形适合自流的路径。

9. 压缩空气管道

工业企业生产需要的压缩空气，主要来源于本企业的空压机站。厂区大、用量大的大中型企业，一般设几个空压机站，分区供气；用量不大的中小型企业，一般设一个空压机站，集中供气；个别用量很小、位于厂区边缘的用户，则往往自备小型空压机，就近供气。

压缩空气主要供空气锤、压砖机、砂型机、凿岩机、气动闸门、风力管道输送等作动力用，以及供生产设备和容易积灰的场所清扫用。

压缩空气开始由空压机排出时，温度较高，且含有水蒸气、油气和渣滓等杂质。为避免它们对管道和风动设备(工具)等产生不良影响，一般需先经冷却器冷却、油水分离器初步净化、贮气罐进一步分离净化和稳压贮存，然后再通过管道送往各用户。

压缩空气管道的工作压力一般为 0.8MPa，管径一般为 10～330mm。当管径大于 200mm 时，通常采用直缝焊钢管；当管径小于 200mm 时，通常采用无缝钢管或焊接钢管。

工业企业内的压缩空气管道，一般布置成树枝状系统，多数采用架空敷设。架空敷设时，如设计平放的伸缩器，需注意安排其位置；沿地面敷设时，如地形有起伏，应适当支承，以使管线保持一定的便于油、水排出的坡度。

10. 空气管道(简称风管)

工业企业各种鼓风炉、除尘通风系统以及冷却、冷凝系统等需要的低压(0.4MPa 以下)空气，通常由靠近用户的鼓风机站或风机室供给。空气管道的长度一般比较短，但由于压力低(有的仅 0.03MPa)、风量大(有的在 1.7 万 m^3/min)，管道直径却往往比较粗。如钢铁厂 70t 炼钢电炉烟气除尘的风管，直径达 2.2m；由鼓风机站至大型高炉热风炉的冷风管道，直径也均在 1.2m 以上。

空气管道一般采用卷焊钢管，架空敷设。由于管径比较粗，压力比较小，布置时：①应力求路由顺直、短捷，流体阻力最小；②应考虑具有设立支吊架的位置；③设有伸缩器时，应注意安排好它的位置，并尽量将法兰接口及阀件布置在管道弯曲力矩较小的部位；

④当管道横跨通道时，应根据需要保持一定的净空，不得妨碍车辆和人行交通。

7.2.2　液体管道

1. 供水管道

工业企业生产设施的洗涤、冷却、除尘和选矿、熄焦、渣铁粒化、水力输送、制取蒸汽以及生活饮用、消防等，每天需要消耗或补充大量的水。用水量较多的大中型企业，一般自建水源地和输水、净化设施；用水量少的小型企业，往往由城市自来水厂直接供应。

自己供水的企业，通常取地下水或江、河、湖泊、水库等地表水作水源。地下水一般采用打井抽水的办法；地表水视水位涨落幅度，分别通过设在岸边或河中的固定取水构筑物或移动取水构筑物取水。

由水源地抽取的原水，一般先通过管(渠)输送至场地内的水厂或贮水池，根据原水中悬游物质、胶体物质、细菌及其他有害成分的含量和用户对水质的要求，在水厂分别进行沉淀、澄清、过滤、消毒(一般生活饮用水需消毒，生产用水不消毒)等净化处理，然后再通过管道用泵分送各用户。如原水水质符合标准或用户对水质要求不高，亦可不经净化处理，直接由贮水池通过管道用泵分送各用户。

供水管道分输水管(渠)和配水管道两部分。

1)　输水管(渠)

输水管(渠)是指由水源地至场地内水厂或贮水池之间的管(渠)。该管(渠)一般设一条，用水量大、要求确保连续供水的场地，通常设两条或两条以上。是修重力自流渠道还是建埋地管道，根据管(渠)沿线的地形、地质条件和可能渗漏、污染等情况确定。

2)　配水管道

配水管道是指由水厂至各用户之间的管道。该管道按用途不同可分为生产上水、生活上水和消防上水 3 种管道(大部分场地的消防用水常利用生活上水，不专设消防上水管道)。3 种管道一般埋地敷设，在布置拥挤地段也可采用管沟敷设，只有在南方非冻结地区或特殊需要时才考虑架空敷设。配水管网通常布置成环状；如允许间断供水，亦可布置成树枝状，但一般应留有将来连成环状管网的可能。

供水管道的管材，根据管内工作压力、外部荷载、供水安全要求等因素选用。重力自流渠道，一般采用混凝土渠、石渠、砖渠，个别也有采用土渠的；重力自流管道，一般采用陶土管、混凝土管或钢筋混凝土管；压力水管，一般采用自应力或预应力钢筋混凝土管、铸铁管、钢管等。

布置供水管道时，为防止管道腐蚀，应尽量避开腐蚀性土层、堆存或产生腐蚀性物质地带以及电蚀严重的地带。为避免生活饮用水受污染，生活饮用水管道还需避开垃圾堆、有毒害物质堆场，并尽量远离生活污水、有毒生产废水管道布置。此外，供水管道系统通常具有阀门井(外形尺寸往往较大)、水表井、检查井、进气阀(孔)和排气阀(在管道制高点)、泄水阀和泄水管(在管道低凹处)等附属构筑物，需注意合理安排好它们的位置，避免碰撞相邻管线。

2. 排水管道

场地内的排水管道，按用途不同可以分为生产下水、生活下水和雨水 3 种管道。过去多数场地采用合流制，如有的把生活下水与雨水合流排出，也有的把 3 种下水合流排出。采用合流制时基建投资省，但往往污染环境和影响下水的综合利用。现在新建场地一般均要求采用分流制或留有将来改为分流制的可能。

1) 生产下水管

生产下水管用以排泄生产过程中产生的废水或污水。其中，生产废水仅轻度沾污或温度升高，符合排放标准，可以直接外排；污水因含无机物、有机物、微生物等污染物质和酸、碱、酚、汞、氰、铬、油等有毒物质，对人、畜、水产、植物危害较大，按规定应先进行净化处理，然后才能流入全厂性的生产下水管道外排。

2) 生活下水管

生活下水管用以排泄厕所、浴室、厨房以及其他生活设施排出的污水。由于生活污水含有各种污染物质，为保护环境，一般由用户排出后，先通过管道送生活污水处理厂进行生化处理，达到排放标准后，再通过管道排出场地。

3) 雨水管

雨水管用以排泄场地内的雨水。场地雨水通常采用以下两种方式排泄。

(1) 明沟：多用于厂区边缘地带和多尘、易堵的生产区；

(2) 暗管：多用于建(构)筑物、铁路、道路密集的场地和不适宜采用明沟排水的场地。

采用暗管排雨水时，场地雨水一般先汇流到设置在各排水区低处的雨水篦子内，然后再通过雨篦支管流入雨水管道排出场地外。

以上 3 种管道，一般采用埋地敷设的方式，靠重力自流排水；只有在受地形限制的局部低洼处，才考虑用泵提升。排水管的管材，支管一般采用陶土管或混凝土管；干管一般采用钢筋混凝土管；个别外部荷载大或对渗漏要求严格的地段，采用铸铁管或钢管。

根据排水管道的特性，布置管道时应注意以下几点。

(1) 因排水管一般靠重力自流，选择路径时应充分考虑管道自流的地形条件，并尽量敷设在易于清理沉淀物的地带。

(2) 生活、生产污水管道破裂后容易产生污染，应尽量远离生活上水管布置；对于含有腐蚀性介质的排水管，布置时还应注意对建(构)筑物基础和相邻管线的影响。

(3) 排水管道在转弯处、交汇处、跌水处、变径和变坡处均需设置检查井。为减少检查井的数量，应尽量顺直布置，少转弯，并尽量避开地形突变的地段。

3. 循环水管道

为节约生产用水和解决工、农业争水的矛盾，目前场地内的给排水设计已由过去的大部分采用直流制改为绝大部分采用循环制，即将洗涤、冷却、选矿、洗煤、冲渣、熄焦等用过的水，经处理后在固定区域内再循环使用。

循环水有净、浊之分。一般间接冷却循环使用的水称净循环水，其余的循环水称浊循环水。循环水的处理方法，就净循环水而言，由于使用后主要是水温升高，一般采取自然通风或机力通风的办法加以冷却处理；就浊循环水而言，则根据使用后水中有害杂质的含量和种类，分别采用不同的方法处理。这两种循环水，处理前分别称净回水和浊回水，处理后分别称净环水(或称净循环上水)和浊环水(或称浊循环上水)。净、浊回水通常靠余压或重力自流送去处理；经处理后的净、浊环水，通常通过水泵加压送给用户。

上述各种循环水管，多数采用埋地敷设。管材根据输送压力和介质的性质选用，布置要求分别与给水和排水管道相同。

4. 软水管道

场地需要的软水，主要来源于本企业的软水站，供各种工业锅炉和各种冶炼炉、加热炉的汽化冷却设施以及蒸汽机车等使用。这些设备或设施，一般不宜直接用生产上水，因为生产上水中常含有钙盐、镁盐、钠盐、氧气、二氧化碳等杂质，容易使这些设备或设施结附水垢、腐蚀和污染产生的蒸汽。水的软化处理，用量大时，通常采用离子交换法；用量小和要求不严时，通常采用投药沉淀法。软水站一般靠近热电站、锅炉房等主要用户布置，其余用户通过管道供应。一般场地软水用户不多，用量不大，因而软水管道往往不是很长，管径不是很粗。

软水管道一般采用钢管，埋地敷设，在非冻结地区也可采用架空敷设。软水管道的布置要求与生产上水管道相同。

5. 燃油管道

目前生产和生活用燃油，除个别用柴油和偶尔用原油外，主要为重油。

重油是原油经常压、减压蒸馏后或经热裂化后所得渣油的混合物，含碳、氢、硫、氧、氮等元素，主要供各种工业加热炉、热处理炉、干燥炉、锅炉、隧道窑、回转窑等作燃料，供高炉、平炉作喷吹燃料，以及用以蓄热裂解制取煤气。

重油的凝固点较高、黏度较大，由铁路油槽车运来后，不仅卸车、贮存均需加热，同时为防止从油罐向用户输送时重油在管道内凝固，沿重油管路还需敷设供伴热、吹扫用的蒸汽管道。

场地内的重油管道，一般采用架空敷设，并尽量与煤气管道或其他管道(氧气管道除外)共架敷设；条件适宜时，也可采用沿地面敷设；只有在特殊情况下才采用管沟敷设。压力<1.6MPa、管径＜50mm 的重油管，一般采用水煤气管；压力<1.6MPa、管径≥250mm 的重油管，一般采用卷焊钢管或螺旋电焊钢管。架空敷设的重油管路系统附属设施较多，除油管本身设有阀门、补偿器、排水器外，伴热的蒸汽管还设有伸缩器和疏水器等。

重油的闪点通常在 120℃以上，属可燃液体Ⅱ类。一般情况下重油不易着火，但加热后其油气存在火灾危险，因此选择重油管道路径时同样需避开明火地段，并尽量避免靠近氧气管道布置。

以上管道特性和布置要求，均指重油而言，如为原油或柴油时，对油的卸车、贮存、管道输送是否需要加热和设伴热蒸汽管道，应根据使用油品的凝固点确定。如油品的闪点低于 45℃，管道布置应严格按易燃液体的要求考虑。

6. 碱液管道

工业生产需要的碱种类较多，但使用管道输送的主要是烧碱(即氢氧化钠)。

烧碱的化学性很强，能与许多有机、无机化合物发生中和、浓缩、皂化、醇化等化学反应。烧碱主要供化工、农药、医药、合成纤维、造纸等企业作原料；其他企业，如纺织、印染、轻工、冶金、石油等企业用途也很多。

烧碱出厂时有液体碱和固体碱两种产品。用量大的企业一般采用液体碱，由火车或汽车槽车运来后先卸至贮罐内贮存，然后再用泵通过管道送往用户；购买固体碱的企业，多数在使用前则需先加水融化，然后再用泵通过管道运往用户。

烧碱具有较强的腐蚀性，尤其对普通金属和人体的腐蚀性更大，当采用管道输送时，为确保安全，对管材选择和管道布置一般应注意以下几点。

(1) 碱管一般应采用耐腐蚀的硬塑料管或内衬玻璃的铸铁管架空敷设。

(2) 为避免碱管渗漏腐蚀其他金属管道，碱液管道不应与其他管道同沟敷设，也不宜与其他管共架敷设；必须共架敷设时，碱液管道应布置在其他管道的下面。

(3) 为防止碱管渗漏危害人体，碱液管道应避开经常有人操作和停留的地带布置。

7. 酸管道

工业生产需要的酸，主要是硫酸、硝酸和盐酸。用量小的企业，通常采用坛子运输和贮存；用量大的企业，由火车或汽车槽车运来后，一般先卸至贮罐内贮存，然后再用泵通过管道送往用户。

硫酸、硝酸和盐酸能与多种金属氧化物等发生化学反应。对化工和有色冶金企业，主要用作原料；对石油、钢铁、机械制造、纺织、制革等企业，主要用于磺化、脱水、中和以及钢材和加工件镀层前的酸洗除油等。

外来的酸一般浓度比较高，使用时需根据需要加水稀释。使用过的废酸，为防止污染环境，多数企业均回收处理，继续加以利用。

各种酸对普通金属材料均具有较强的腐蚀性，其腐蚀率因酸的浓度和温度而不同。在常温下，一般酸浓度较低时腐蚀率高，浓度很高时腐蚀率低；在浓度相同时，温度越高，腐蚀率越高。因此，在管材选用上，浓硫酸一般采用高硅铸铁管，稀硫酸一般采用塑料管或硬铅管；浓硝酸一般采用高硅铸铁管，稀硝酸一般采用不锈钢管；盐酸则通常采用硬塑料管或内衬玻璃的铸铁管。酸管一般管道不长，管径较细，多数采用架空敷设。为防止酸管渗漏腐蚀其他管道。酸管不允许架设在金属管道上面，并尽量避免靠近蒸汽管道布置。其余布置要求与碱液管道相同。

7.2.3 固体(粉料)管道

1. 气力输送管道

钢铁厂内的煤粉和耐火粉料，水泥厂内的水泥、煤粉和尘料，发电厂的粉煤灰，以及港口的谷物装船等，通常采用气力管道输送。

气力管道输送系统主要由贮料仓、仓式泵、压缩空气源、输送管道和物料收集装置等部分组成。在发送地，物料一般由贮料仓流入仓式泵，借助泵体内的压缩空气喷嘴，通过管道送往目的地；至目的地后，再由平旋分离器、布袋分离器等装置将物料收集入仓或堆存。

气力输送的距离不长(一般在1.2km以内)，但管道内风速的变化较大，为防止管道堵塞，通常采用变径管路系统，即将整条管道分为若干段，按风速变化，逐段将管径加粗。

气力输送的管道一般采用焊接钢管、无缝钢管或铸石管，管径为100～200mm；转弯处磨损比较严重，通常采用带有铸石内衬的弯管。为便于检修，气力输送管道多数采用架空敷设；当采用地下敷设时，一般敷设在通行管沟内。

由于气力输送管道易堵塞、易磨损，因此布置时应注意沿线地形、地物的变化，力求使管道顺直、短捷，平面和竖向转弯最少，并尽量布置在便于检修的地带。如沿线设有供吹扫用的压缩空气管道时，尚需注意同时安排好其位置。

2. 水力输送管道

选矿厂、洗煤厂的尾矿，火力发电厂的粉煤灰，水泥厂湿法生产需要的黏土、生料、赤泥、电石渣等，通常采用水力管道输送。部分企业的精矿粉、选精煤和沉淀池内的泥浆，有时也采用此种方式运输。

采用水力管道输送时，一般需将粉料先加水搅拌，制成料浆，然后通过管道靠自流或加压送往目的地。至目的地后，有用物料一般经浓缩、干燥后供用户使用。由浓缩池排出的水，多数企业则返回发送地，加以循环利用。

水力输送管道，用于厂内运输时一般比较短，用于厂外运输时往往比较长。管材通常采用无缝钢管、铸铁管或铸石管。管径粗细不等，最粗的为950mm，多数为100～300mm。敷设方式主要根据方便检修和节省用地等因素确定：在厂区内，一般采用架空敷设；在厂区外和厂区边缘，则多采用埋地或沿地面敷设。

水力输送管道，由于介质容易沉淀而往往产生堵塞现象，为改善此情况，就布置而言，应着重注意以下两点。

(1) 自流输送时，为防止介质沉淀，管道纵坡有比较严格的要求，布置时应尽量选择地形适合自流的路径。

(2) 长距离输送时，为防止停机时介质沉淀，在沿线加压站附近常设有排浆池，排浆池往往占地较宽，布置时需一并做好安排。

此外，水力输送管道磨损的情况比一般液体管道严重，为防止偏磨，管道通常还需定期翻转。布置时除力求管道顺直而外，还尽量将管道敷设在便于检修的地带。

7.2.4 输电线路

1. 电力线路

场地的电源，主要来自地区电力系统，有些大型厂还设有自备电站。为保证工厂用电的可靠性，多数场地内均设有两回路独立电源(一路工作、一路备用)；只有少数场地因难以从地区电力系统取得两回路独立电源，或突然停电不致造成人身伤亡和设备损坏时，才允许只设一路工作电源。

由地区电力系统送来的电，通常先送到总变电所。大、中型厂一般经总变电所和车间(或区)变电所两次变、配电后，再分别向各用电设备供电；小型厂则往往经工厂变电所一次变、配电后直接向各用电设备供电。

由地区电力系统至工厂总变电所的电力线路，称送电线路。送电线路一般为高压架空线，常用电压为 10、35、110、220kV。导线通常为铝绞线或钢芯铝线。杆塔主要采用预应力钢筋混凝土电杆，个别运输、施工困难地段采用铁塔。

由工厂总变电所至车间变电所以及由车间变电所至用电设备的电力线路，称配电线路。配电线路有低压(1kV 以下)、高压(1～10kV)两类。低压时常用电压为 220V、380V，高压时常用电压为 6kV、10kV。高、低压配电线路在厂区边缘和空旷地带，通常采用架空线；在建筑密集地区，往往采用电缆线。架空配电线路采用的导线和杆塔种类，与架空送电线路大体相同。配电电缆线路的敷设方式和电缆种类，主要根据同一路径电缆根数等因素确定。一般电缆根数少于 6 根时，采用直埋敷设；6～12 根时，采用电缆沟敷设；超过 15 根时，采用电缆隧道敷设；电缆根数不超过 12 根，而与铁路、道路交叉较多时，往往采用电缆管组敷设。通常直埋敷设时，采用有外被层的铠装电缆，在电缆沟或隧道内敷设时，采用裸铠装电缆或塑料护套电缆，在管组内敷设时采用塑料护套电缆。

上述送、配电线路具有各自的特性，为保证安全供电和防止影响其他设施，布置时应注意以下几点。

(1) 电缆线路受潮、过分受热和被腐蚀，将损坏绝缘产生短路，应避免靠近输送腐蚀介质的管道和易渗漏的水池布置，并尽量避开地下水位较高的地区、地中有杂散电流的地带和堆腐蚀性物质的地段。

(2) 电缆隧道断面尺寸较大，应尽量避免与自流管道交叉。

(3) 高压架空线倒杆后，可能引起附近的人、畜触电和相邻的设施着火，应避开人员集中的建筑区和具有火灾、爆炸危险的厂房、仓库、堆场、管道等布置。

(4) 高压架空线对弱电线路和设施有干扰，应尽量避免靠近电台和通信线路布置。

2. 通信线路

建筑场地的通信线路，主要是电话线，还有广播线、有线电视和铁路信号线等。电话线通常包括厂区电话、调度电话、会议电话、专用电话、直通电话以及接至场地内的市区电话等线路。

通信线路的敷设方式及其所用的导线一般有以下几种。

(1) 同一路径电缆容量较少且沿线有建筑物可利用时，通常采用裸铅包电缆或全塑电缆，挂墙敷设。

(2) 用户的位置和数量比较固定，并要求线路安全隐蔽时，一般采用钢带铠装电缆，直埋敷设。

(3) 同一路径电缆容量和根数不太多，或用户的位置和数量变动比较大，或埋地敷设有困难时，一般采用裸铅包电缆或全塑电缆，架空敷设。

(4) 同一路径的电缆容量近期较多、以后又可能增加时，以及特别重要的线路，通常采用裸铅包电缆，放在管道(或管组)内敷设。

(5) 场地外距离较远的电话线，通常采用镀锌钢丝，明线架设。

上述通信线路，均为弱电线路，容易受电磁干扰；此外，地下电缆还具有怕潮、怕热、怕腐蚀等特性。为此应注意以下两点。

(1) 架空明线不允许与电力线同杆架设。

(2) 架空通信电缆一般也不宜与电力线同杆架设；当同杆架设时，彼此间应保持一定的防护距离。

地下通信电缆的布置要求与电力电缆相同。

7.3 管线的敷设方式

7.3.1 影响管线敷设方式的因素

建筑场地管线的敷设一般分为地下敷设和架空敷设两种方式，采用哪一种敷设方式，应根据下列因素并经技术经济比较后确定。

(1) 管线输送介质的化学和物理性质，主要考虑介质易燃、易爆、有毒、有害的程度和防冻、散热的要求。

(2) 管线输送的压力，是重力自流还是加压输送，以及压力大小。

(3) 管线的材质和管径。

(4) 管线施工、检修要求和检修频繁程度。

(5) 管线沿线地形起伏程度和跨越、穿越铁路、道路、山脊、河谷的情况。

(6) 沿线工程地质、水文地质条件，主要考虑土层冻结厚度、地下水深度、土层和地下水有无腐蚀性、是否存在不良工程地质现象。

(7) 沿线生产设施的性质，以及建(构)筑物、运输线路和管线的密集程度。

(8) 建筑场地所在地区的气温、风速、降水量、积雪厚度等气象条件。

(9) 建筑场地总平面布置的要求。

7.3.2 地下敷设方式

在工程地质条件较好、地下水位较低、土层和地下水无腐蚀性、地形较平坦、风速较大并要求管线隐蔽时，无腐蚀性、毒性、爆炸危险性的液体管道，含湿的气体管道，以及电缆和水力输送管道等，通常采用地下敷设。根据管线的性质，同一路径的管线数量、施工和检修的条件以及建筑场地总平面布置的要求，地下管线敷设方式可分为直接埋地、管沟和管涵敷设 3 种方式。其中管沟敷设又分为通行地沟、半通行地沟和不通行地沟 3 种。

1. 直接埋地

直接埋地包括单管(线)埋地敷设、管组埋地敷设、多管同槽埋地敷设 3 种，见图 7-1、图 7-2、图 7-3。

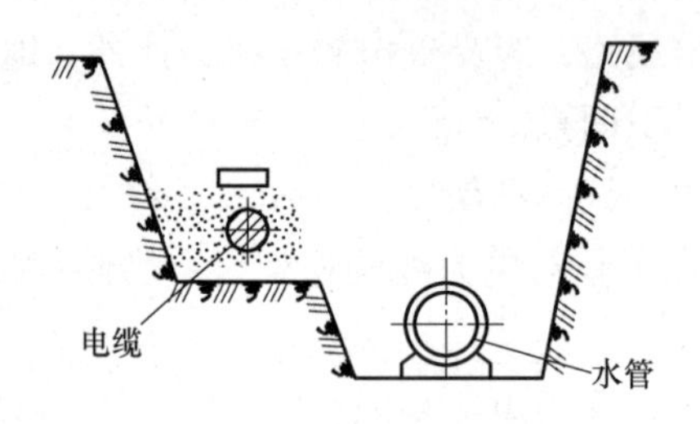

图 7-1 单管直接埋地

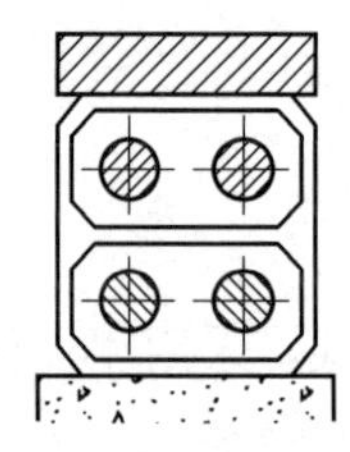

图 7-2 管组直接埋地

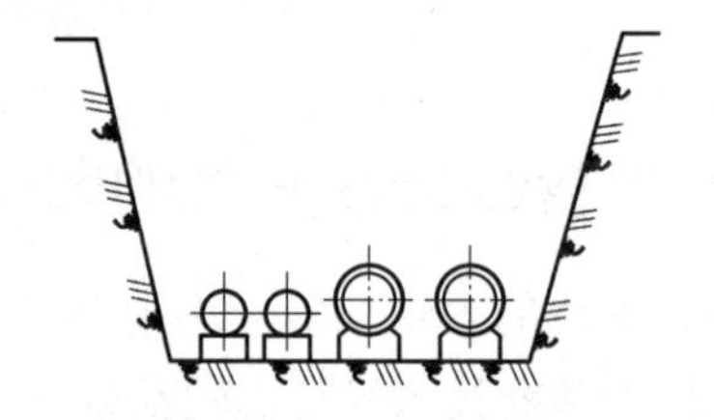

图 7-3 多管同槽埋地

直接埋地敷设在工业建筑场地中应用最为广泛。因为它不需要建造管沟、支架等构筑物，施工简单，投资最省，管道的防冻条件和电缆的散热条件也较好。但它也有一定的缺点，主要是管路不明显，增加和修改管线难，管线泄漏不易发现，检修时需要挖开。对一般不需要经常检修、自流怕冻的给水管道、排水管道、城市煤气管道、天然气管道、低黏度的燃油管道、水力输送管道以及同一路径根数较少的电缆，常采用直接埋地敷设。

2. 综合管沟

采用综合管沟敷设方式，可节约用地，维修管理方便，沟内管道及金属支架不易腐蚀，延长了使用年限；但增加了基建投资。综合管沟有不通行管沟、半通行管沟和通行管沟。

1) 不通行管沟

不通行管沟，用于单层敷设性质相同的管线，在建筑场地中应用也较多。因为它的外形尺寸小，占地面积少，并能保证管线自由变形。此外，对比架空敷设和采用其他管沟，不通行管沟消耗的材料少，投资省。其缺点是工作人员不能进入沟内操作，发现事故较难，对管线检修也不方便。一般同一路径根数不多的电缆和距离较短、数量较少、直径较细的给水管、蒸汽管等，常采用此种方式敷设，见图 7-4、图 7-5。

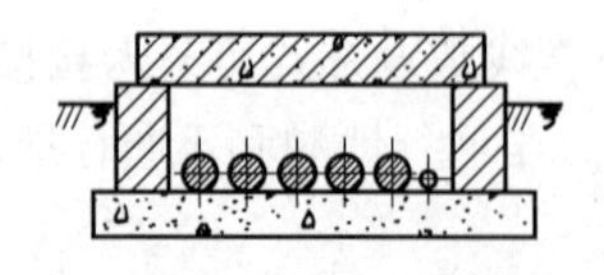

图 7-4 不通行电缆沟

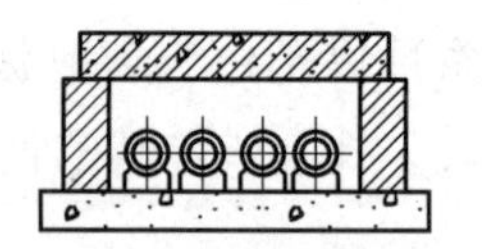

图 7-5 不通行管沟

2)　半通行管沟

半通行管沟，用于单层或双层敷设性质相同或类似的管线。半通行管沟的沟内净高，一般不小于 1.4m；通道净宽，一般单侧布置时不小于 0.5m，双侧布置时不小于 0.7m。此外，根据管沟长度，可设置一定数量的人孔和通风口。半通行管沟的优点是工作人员可以弓身进入沟内操作，与不通行管沟相比，虽然管线检修条件有所改善，但管沟消耗的材料较多，投资较贵，在建筑场地中应用不甚广泛，一般只是在同一路径的电缆根数多时或地下压力水管和动力管数量较多、管径较大或距离较长时，才采用此种敷设方式，见图 7-6、图 7-7。

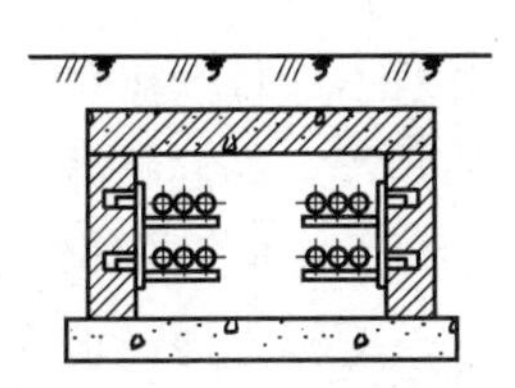

图 7-6　半通行电缆沟

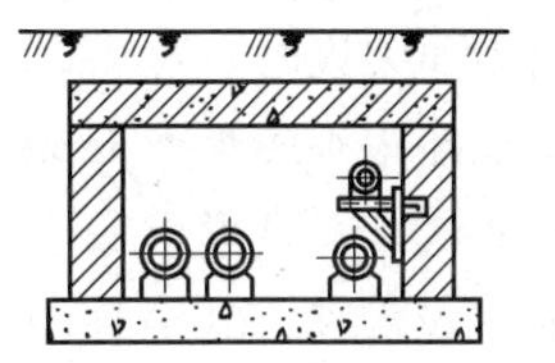

图 7-7　半通行管沟

3)　通行管沟

通行管沟包括多层敷设的综合管沟、电缆隧道、电力母线隧道 3 种，见图 7-8～图 7-10。

通行管沟的沟内净高一般不小于 1.8m，通道净宽一般不小于 0.7m，并在转角处、交汇处和直线段每隔一定距离处，设有安装孔、出入口和通风室。其主要优点是工作人员可以进入沟内对管线进行安装和检修，操作条件比其他管沟好；此外，沟内的管线均为多层布置，管线占地面积相对也比较少。但通行管沟消耗的材料很多，投资很大，建设周期较长。就动力管道而言，民用建筑场地及小型工业建筑场地一般很少采用通行管沟；只有在大型工业建筑场地或当总平面布置拥挤、管线密集的局部地段，通过认为比较经济合理时方可采用。

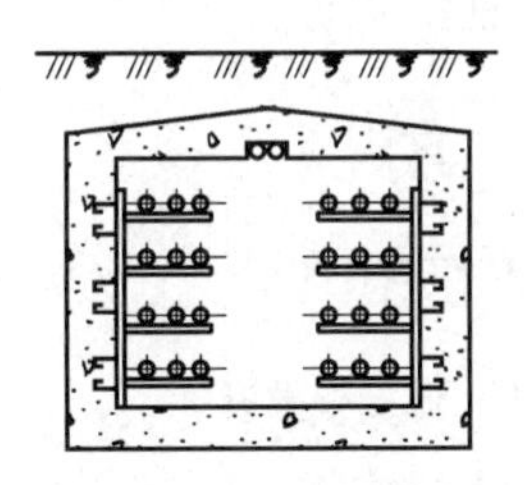

图 7-8　通行综合管沟

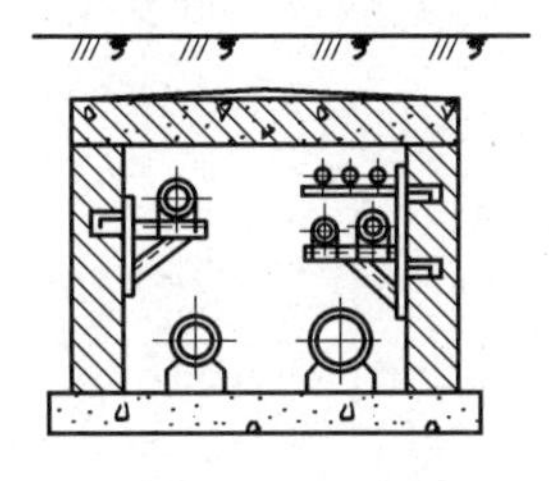

图 7-9　电缆隧道

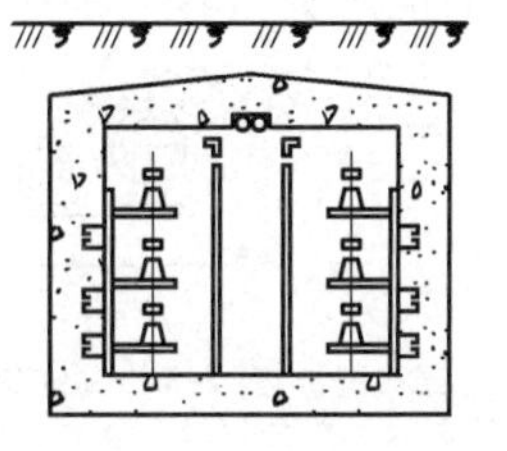

图 7-10　电力母线隧道

3. 管涵

当管道穿越铁路车站时，常采用管涵的方式敷设管道。管涵敷设方式同管沟敷设类似。

7.3.3　架空敷设方式

在地形复杂、多雨潮湿、地下水位较高、冻层较厚、土层和地下水的腐蚀性较大以及铁路、道路较多的建筑场地，蒸汽、煤气、燃油等动力管道，电力、通信等输电线路，以及水力、风力输送管道等，通常采用架空敷设；在湿陷性黄土地区和永久性冻结地区，压力水管等也往往采用架空敷设。架空敷设在工业建筑场地中应用也很广泛。因为它对管线安装、检修、增添、修改均较地下敷设方便，管路明显、易辨，可以及时发现管线的缺陷和事故，并能适应复杂的地形变化。但它也存在一定的缺点，如在寒冷地区，水管、蒸汽管等需加设保温层；架空管线多时，场区立面显得拥挤、零乱；有时支架、铁塔消耗的材料较多，投资较大。根据管线敷设的地点和沿线交通运输繁忙的程度，架空管线通常采用以下 4 种方式敷设。

1. 沿地面架设

管道沿地面架设时，为不妨碍地面流水和避免管道被水浸泡，由管道(包括保温层)表面至地面的垂直净距不应小于 0.3m，也不应小于当地最大积雪厚度。跨越铁路、道路时，管道支架一般做成立式Π形，保证车辆、行人安全通过，并兼作管道本身的伸缩器。

沿地面架设敷设方式消耗的材料少、投资省、施工简单、检修方便，但影响车辆和人行交通。因此，仅适合于山区建筑场地和不妨碍交通、不影响发展的场地边缘地带，架设各种动力管道和气力、水力输送管道时采用。为防止触电、中毒等事故，避免污染环境，各种电力线、生活下水管和输送有毒、有害介质的管道，不允许采用此种方法敷设。沿地面架设管道，见图 7-11。

2. 低支架

为方便人行交通，敷设在低支架上的管道，由管道(包括保温)表面至地面的垂直净距一般为 2～2.5m。为保证行车安全，跨越铁路、道路时，管道支架也通常做成立式Π形。

低支架敷设方式与采用高支架相比，消耗材料较少，投资较省，施工、检修较方便；但管道下净空较低，跨越铁路、道路较困难。一般仅适合于人行交通频繁而铁路、道路较少的地段，架设各种动力管道、通信电缆和气力、水力输送管道时采用。为保证人身安全，各种电力线路一般不允许采用此种方式敷设。低支架敷设方式，见图 7-12。

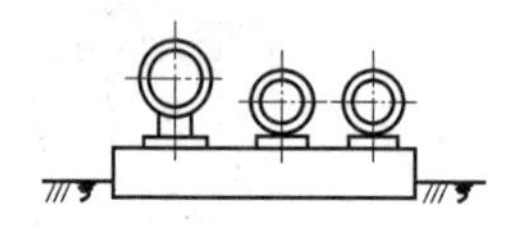

图 7-11　沿地面敷设

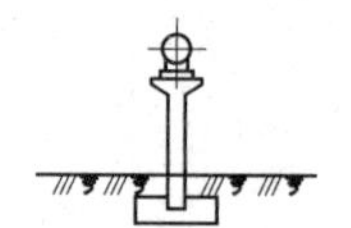

图 7-12　低支架敷设

3. 高支架

高支架包括各种形式的单层高支架和多层高支架。

高支架上的管线一般为多层、共架布置，其架设高度，由最低的管线(包括保温层)表面至地面和道路路面的垂直净距一般不小于 5m；困难时，在保证安全的前提下可减至 4.5m；至非电气化铁路轨面的垂直净距一般不小于 5.5m；此种敷设方法的优点是管线运行条件好，不影响交通，并可节省较多的管线占地面积；但消耗材料较多，投资较大，采用多层布置时，管道吊装、检修、操作不如低支架和沿地面敷设方便。一般电力线路采用此种方式架设，动力管道和其他管道主要在跨越铁路、道路较多的地段采用。高支架敷设方式，见

图 7-13～图 7-16。

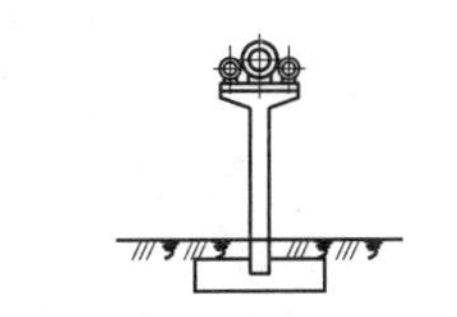

图 7-13　T 形单层高支架

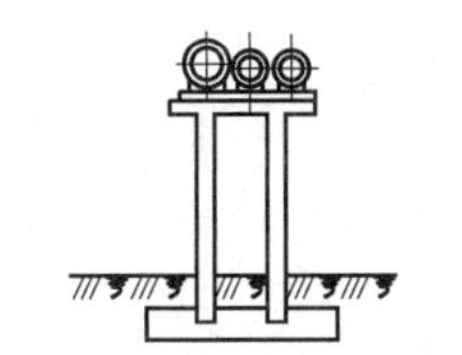

图 7-14　Π形单层高支架

图 7-15　H 形双层高支架

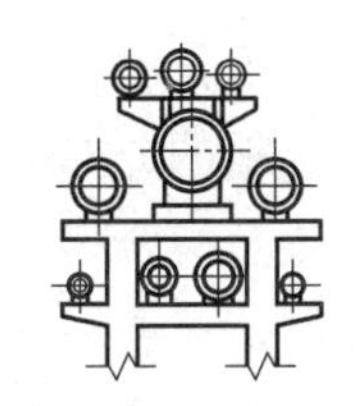

图 7-16　Π形多层高支架

4. 沿墙(柱)敷设

此种方式是在墙(柱)上预埋支吊架或打卡子，敷设高度视墙(柱)的情况、门窗的高度和车辆、行人安全通过的要求而定。沿墙(柱)敷设，消耗材料少，施工简单，投资少，检修方便，并可节省管线占地面积；但仅适合于沿线有墙(柱)可以利用且生产设施与管线相互无影响时采用。由于墙(柱)、支吊架和卡子的承载力小，多用于挂设电力、通信电缆和敷设直径较细的动力管道等。沿墙(柱)敷设方式，见图 7-17、图 7-18。

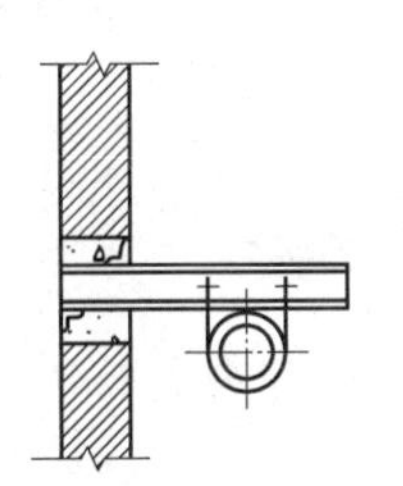

图 7-17　沿墙(柱)敷设(一)

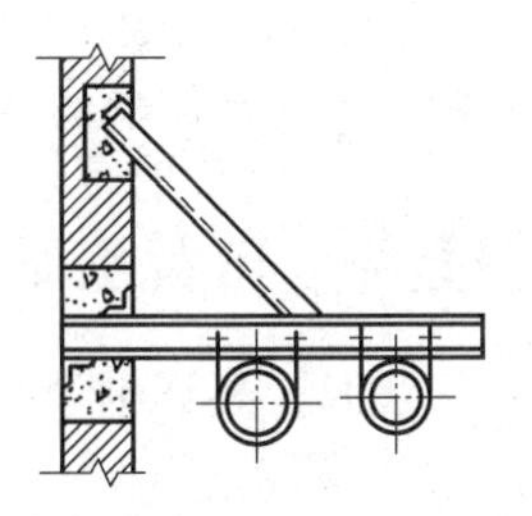

图 7-18　沿墙柱敷设(二)

7.4　管线综合布置的一般原则

由前面内容可知，建筑场地敷设的管线是相当复杂的，要把这些复杂的管线统筹安排好，需要考虑的因素很多，概括起来主要是以下两个方面。

一是要认真考虑管线综合布置的一般原则，合理安排各种管线的路径，使管线布置不光经济合理的大前提；二是要仔细考虑管线综合布置的技术要求，正确采用各种管线间距，使管线布置建立在安全可靠的基础之上。

很显然，以上两方面的因素是相辅相成而又互相补充的，它们对搞好管线综合布置都非常重要，忽视哪一个方面都不行。尤其不能急于为了解决管线布置上存在的某些具体矛盾，把注意力仅仅放在查有关管线间距的规定上，而放松以致忽视按管线布置的一般原则合理安排各种管线的路径。这样做，从根本上来说是难以把管线综合布置搞好。总结以往设计的实践经验，管线综合布置应考虑和遵循以下原则。

7.4.1 管线综合布置应符合建筑场地总体规划和总平面布置的要求

1. 管线综合布置应与建筑场地总体发展规划相适应

对可行性研究报告中明确规定一次规划、分期建设的项目，在进行初期管线综合布置时，要根据建筑场地的分期总平面布置图，相应地考虑后期主干管线的走向和用地，既要使初期建设的管线短捷合理，又要考虑后期建设的主干管线有方便的衔接条件。为避免拆迁管线，影响使用，一般情况下初期建设的管线不应从规划的后期用地范围内穿过，也不应占用预留给后期建设项目和管线的位置。

对可行性研究报告未明确规定远景规模的场地，初期建设和各种主干管线，宜尽量避开主要建(构)筑物等设施以后有可能发展的部位或用地范围布置，并适当预留管线本身以后改建、扩建的用地。

2. 管线综合布置应与场地总平面布置图相协调

管线综合布置一般以确定的场地总平面布置图为依据，通盘安排各种管线的路径和位置，并使管线之间、管线与建(构)筑物、铁路、道路之间在平面和竖向上彼此协调。如由于场地总平面布置图确定的通道过宽则多占用土地，过窄又使管线综合布置产生困难，或由于个别建(构)筑物布置不当致使管线明显拉长、交叉增加，则应根据实际情况，对原定的建筑场地总平面图合理地加以调整，力求管线综合布置更加经济合理。

7.4.2 管线综合布置应确保使用安全及生产需要

(1) 布置管线时，要详细了解和考虑各种管线的特性，满足各条管线本身平面、断面的技术要求。

(2) 要具体分析相邻管线之间、管线与相邻建(构)筑物、铁路、道路之间在平面和竖向上彼此可能产生的影响，妥善做好安排，避免相互干扰。

(3) 易燃、易爆、有毒、有害管线与相邻设施之间的防护距离，应符合国家现行有关安全、防火、卫生技术标准的规定。如总平面布置拥挤、符合规定有困难时，则应设法调整管线布置，或与有关管线专业研究，采取确保安全的有效措施。

(4) 不允许停水、停电的建筑物或构筑物，当采用双回路供电、双管供水时，为保证在一路管线发生事故后，不影响另一路管线能够继续安全运行，在不增加管线长度的前提下，双回路供电线路和供水管道最好采用不同的路径。

7.4.3　管线综合布置应力求费用最少

(1) 主干管线应靠近主要用户布置，并力求路径短捷。沿道路敷设的干管，则应布置在支线最多的一侧，以节省支管的长度，减少与道路的交叉。

(2) 管线应尽量与道路平行布置，并力求顺直，转弯最少。转弯少，不仅可减少某些管线因转弯而设置的固定装置、检查井和其他设施，节省工程造价，而且可减少管道转弯的阻力损失和弯管的磨损，降低运营费用。

(3) 应尽量减少管线之间，管线与铁路、道路之间，尤其是自流管道与电缆隧道和通行管沟之间的交叉。因为管线相互交叉，有时需设防护；管线与铁路、道路交叉，有时管线需要抬高或加固；自流管道与外形尺寸大的管沟、隧道交叉，有时会迫使整个自流管道系统的埋设深度下降。所有这些均将增加管线建设的投资，降低管线的运行条件。当交叉不可避免时，为缩短交叉部分的长度，彼此应呈直角相交，困难时交角不宜小于 45°。

(4) 为节省管线的基建投资和经营费用，管线布置尚应注意以下几点。

① 要充分注意管道沿线的地形起伏变化，因地制宜地布置。

a. 建筑场地在山区时，管线应尽量依山就势平行等高线布置，避开陡坎、深沟，避免大填、大挖；

b. 布置液体管道时，为节约用电，应充分利用地形，优先考虑全部或部分自流输送，只有受地形限制时，才考虑加压输送；

c. 布置重力自流管道时，应选择地形适合自流的路径，避免因局部通过低洼地段而影响整个管道系统的埋设深度。

② 要充分注意管道沿线的工程地质和水文地质条件，尽量避开下列地带布置。

a. 高填土尚未沉实的地带；

b. 经常积水的低洼地带；

c. 流沙、淤泥和地下水较高的地带；

d. 电蚀和化学腐蚀严重的地带；

e. 滑坡、塌方、冲刷、溶洞等不良工程地质地带。

7.4.4　管线综合布置要注意节约用地

(1) 就整个建筑场地而言，为使管网布局合理，管线布置要注意适当均匀；但就具体通道而言，为节约用地，平行道路的干管和出入建筑物的支管则应尽量集中布置。

(2) 管线之间，管线与建(构)筑物、铁路、道路之间的间距，采用要适当。一般应综合分析下列有关因素后，采用最小值。

① 建(构)筑物的使用功能、耐火等级以及自然通风、采光和门窗开闭的要求；

② 建(构)筑物基础大小、埋设深度、承受和传递侧压力的条件；

③ 铁路和道路的形式、荷载等级及安全运输的要求；

④ 管线性质、管材强度、工作压力和安全运行的要求；

⑤ 管线及其附属构筑物的外形尺寸、埋设深度、架设高度和配置关系；

⑥ 地形和工程地质、水文地质条件；

⑦ 管线施工、检修的要求；

⑧ 绿化植物的种类。

常用管线占地概略宽度，见表 7-1。

表 7-1 常用管线占地概略宽度

单位：m

管线名称	管径及敷设情况	占地概略宽度	管线名称	管线及敷设情况	占地概略宽度
给水管	管径 0.5～1.2 管径 0.1～0.5	2.0～2.5 1.0～1.5	煤气管	地下 架空	1.5～2.5 1.0～1.5
排水管	管径 1.0～1.5 管径 0.5～1.0	3.0～3.5 1.5～2.0	电力电缆	1～2 根(地下) 5～8 根(地下)	0.4～0.5 0.9～2.1
雨水管	管径 ≥1.5 管径 1.0～1.5 管径 0.3～1.0	2.5～3.5 2.0～2.5 2.0	通信电缆	1～7 孔电缆管组 19～37 孔电缆管组	0.4～0.7 1.0～1.2
			石油管		1.5～2.5
热力管	独立支架架空敷设 考虑伸缩器无沟敷设 考虑伸缩器有沟敷设	1.0～2.0 3.0～4.5 4.5～6.0	压缩空气管		1.0～1.5
			其他地上管道	1～3 根	1.0～2.0

注：1. 多层排列的大型综合管线支架，以支架基础外缘计算；

2. 通行、半通行及不通行管沟，以管沟外壁计算；

3. 占地宽度考虑了施工、检修时所需要的地表宽度。

(3) 为减少相邻管线(或支架基础)埋设的高差，缩小管线布置的间距，平行道路敷设的管线，宜按照管线的埋设深度自建筑物开始向道路方向由浅而深排列。其顺序通常为：通信电缆、电力电缆、压缩空气、蒸汽管道、煤气或天然气、氢气、乙炔气、氮气、氧气管道或管架，生活、生产供水管道，生产、生活排水管道，照明、通信电杆，雨水排水管道。

(4) 尽量将敷设标高相同(或相近)、性质相互无影响的管线共架、共槽、分层敷设，不仅可为机械化施工创造方便的条件，并可大大压缩管线间距，节省管线占地。据分析：6 根架空管线，共架敷设比分架敷设可节省用地 50%～60%；10 根埋地管线，同槽敷设比分槽敷设可节省用地 30%～40%。

(5) 应充分利用各种可以利用的空地、间隙和墙(柱)布置管线。

① 蒸汽管道的弯管伸缩器、煤气或天然气管道的固定支架、给水管道的阀门井、电缆隧道和通行管沟的出入口和通风室以及输电线路转角电杆的拉线等，一般占地较宽，为压缩管线间距，节省管线用地，上述这些管线的附属构筑物应尽量相互交错布置；也可将蒸汽管道的弯管伸缩器竖立布置，或在其占地宽度范围内插空布置其他管线，或采用填料式套管伸缩器。

② 输送介质相互有影响的管线，其间距一般较大，如有可能，可在中间布置与二者无影响的管线。

③ 在不影响建(构)筑物扩建前提下，可利用建(构)筑物突出部分两侧的空地布置管线。但管线不应斜穿，宜与建(构)筑物的轴线平行布置。

④ 沿线有建(构)筑物墙(柱)可以利用时，可将与建(构)筑物相互无影响的电缆和直径较细的管道挂墙(柱)敷设。

⑤ 高压架空送、配电线路的通廊一般占地较宽(通廊的概略占地宽见表 7-2)，为节省场区用地，应尽量布置在建筑场地外或其边缘。当布置在建筑场地内时，可在通廊内布置一些高压送、配电线路倒杆、断线后不致发生危险的埋地管线。

表 7-2　单回路高压电力架空线通廊概略占地宽度

单位：m

经过地区	60～110kV 双杆	35kV	
		单　杆	双　杆
非居住区	30	25	30
居住区或场区	18	12	15

注：本表是采用混凝土杆塔时的概略占地宽度。

7.4.5　管线综合布置应满足施工、检修和操作的要求

(1) 管线应尽量靠近道路布置，为管线施工、检修和操作提供方便的运输条件。

(2) 管线及其附属构筑物、附属装置与周围其他管线和设施之间，应按本章 7.5 节的有关规定，保持一定的距离，保证管线施工、检修和操作能正常进行。如敷设直径较大、单件较重的管道时，尚需考虑管道吊装设备进行和作业的必要条件。

(3) 为避免检修时相互影响，直接埋地的管线一般不允许上下重叠布置，也不允许重叠布置在铁路、道路车行道和根深的乔木下面。

(4) 管线多层共架、共沟敷设时，应尽量将检修次数多的管线放在便于检修的位置。对通行、半通行管沟而言，应靠近通道布置；对架空管架而言，则应放在顶层或靠两侧布置。

7.4.6　管线综合布置应适当注意场地建筑的整体美观

(1) 各种管线应尽量整齐布置，并与周围的环境相协调。

(2) 管线跨越道路时，道路两侧的支架和道路上空的蒸汽管道立式伸缩器应尽量与道路中心线对称布置，并尽量避免在道路上空改变管径和改变架设高度。

(3) 沿主干道两侧布置的电缆隧道和通行管沟，其通风室、出入口的大小和高度宜尽量划一，并适当注意建筑美观。

(4) 架空管线应尽量布置在道路的一侧，两侧都布置架空管线，容易使人产生通道拥挤狭窄的感觉。

(5) 管线沿墙敷设时，为保持建筑物外表整齐美观，应尽量沿水平或垂直方向顺序排

列布置。

(6) 在平土区域内，地上管架基础的顶面标高和地下管线检查井、阀门井等的井顶标高，应注意按平土以后的相关标高设计，避免平土后出现土台或洼坑，既有碍观瞻，又不便于管线操作、检修。

(7) 沿道路两侧种植的行道树或灌木丛是场地绿化、美化的重要组成部分，布置管线时，应根据绿化设计预留其位置，并避免管线与之相互影响。

7.5 管线布置的一般要求

7.5.1 地下管线布置的要求

(1) 地下管线应尽量避开布置在荷载大的堆场和有重型车辆活动的场所，并保持一定的埋设深度，防止液体管道、含湿气(汽)体管道冻结，节省管线加固的投资。

(2) 埋地压力水管应远离建(构)筑物和铁路布置，避免管道损坏后冲刷建(构)筑物基础和铁路路基。埋设较深的其他管线，则应尽量布置在建(构)筑物基础和铁路的侧压力影响范围以外。

(3) 为防止埋地电缆和金属管道被电蚀和化学腐蚀，布置时应尽量避开地中有杂散电流的地带和堆存具有腐蚀性液体的地段，并尽量避免与有轨电车、直流电力电缆和直流电气化铁路轨道平行靠近布置。

(4) 电力电缆与母线受潮或过分受热后，容易产生短路，布置直埋电缆、电缆沟、电缆与母线隧道时应适当远离散发热量的蒸汽管、热水管、带有伴热管的重油管以及易渗漏的贮水池等构筑物。热力管道、给水管道、排水管道与电缆沟、电缆隧道、母线隧道交叉时，一般不允许横穿，而应从电缆沟和隧道的上面或下面绕行，并分别在交叉处加设隔热层、防水层和避免在交叉处设有管接头。

(5) 为防止生活饮用水受污染，生活饮用水管不应穿过垃圾堆和有毒物质污染区，也不应与生活污水管道和含有酚、氰、铬、硫、汞、油、甲醛、酸碱等有毒有害物质的生产污水管道平行靠近布置，当生活饮用水管道与上述有毒有害的污水管道交叉时，生活饮用水管道应敷设在上面且不允许在交叉处有接口重叠；如必须敷设在下面时，则生活饮用水管道应按规定加设套管。

(6) 为确保安全，埋地的易燃、可燃液体和可燃气体管道，不应靠近埋地的高压电缆、热力管道以及易燃、易爆材料堆场和熔融金属等高温介质可能溢出的场所布置，并严禁通过烟道、地下室、通风地沟和从建(构)筑物、露天堆场的下面穿过。上述管道的检查井，应单独设置，不允许其他管道直接穿过。

(7) 为避免消防水管的功能受到影响或遭到破坏，消防用水管道不应靠近高压电力线路和具有易燃、易爆特性的管道布置；为方便消防操作，消火栓也不宜紧靠道路边沟、围墙和建筑物的外墙布置。

(8) 各种地下管线或管沟可与雨水明沟保持一定距离平行布置，但横穿时须保证雨水明沟底部有足够的流水面积，并根据管道的性质和所用的管材采取必要的防护措施。在交叉处，管沟一般需要断开(通行管沟除外)，只让管线穿过雨水明沟；金属管道需加防水层，热水管道需加防水层和保温层，有害的气体、液体管道需加防水套管。

7.5.2　地上管线布置的要求

(1)　不得妨碍车辆和人行交通，并避免受移动运输、装卸设备损伤。

①　采用沿地面敷设的管线，应尽量避免与人流、货流交叉；采用低支架敷设的管线，则应尽量避免与货流交叉。根据场地总平面布置的要求，上述管线还应设置一定数量的立式Π形管道，以利车辆和行人通过。

②　平行和跨越铁路、道路的地上管线，应按规定布置在铁路、道路的建筑限界以外，并尽量避免布置在公路型道路单车道的路肩上，以确保车辆安全运行。

③　为防止地上管线被撞坏，布置地上管线和支架(杆、塔)时应尽量避开运输、装卸设备经常活动的露天堆场和露天作业场地。

(2)　不得影响建筑物的自然通风和采光，以及门窗正常开闭。

①　沿建筑物墙(柱)敷设的管线，应避开门窗，布置在适当的位置。

②　靠近建筑物平行布置直径较大的管道时，应根据管道直径和架设高度，考虑对建筑物自然通风和采光的影响，并按规定与建筑保持一定的距离。

(3)　为确保安全，布置易燃、可燃液体和可燃气体管道时，一般应注意以下几点。

①　应避开有明火操作的场所和装有铁水、熔渣、红钢锭等热货物的车辆经常停留的地带。

②　应敷设在非燃烧体的支架上。如沿建筑物的外墙或屋顶上敷设时，该建筑物应为一、二级耐火等级和丁、戊类生产厂房。

③　严禁穿过生活间、办公室，也不应穿过与其无生产联系的建筑物。

④　煤气管道应避开通风不良、经常有人操作和停留的地带布置。严禁在建筑物上架设煤气主管、在煤气管道上面平行架设高压电力线路和在煤气管道下面修建易燃的房屋和仓库。

⑤　乙炔管道应避开热源布置，靠近热源布置时，宜采取隔热措施，保证管壁温度不超过 70℃。

(4)　布置架空送、配电线路时，为满足本身的技术要求和避免对邻近设施产生不良影响，一般应注意以下要求。

①　在寒冷和空气污秽地区，为避免导线结冰，防止沾染污秽物质影响导线绝缘，布置高压架空送、配电线路时应尽量远离产生水雾的喷水池、冷却塔和散发对导线或绝缘物有损害的气体、灰尘、油污的生产车间和设施。

②　选择送、配电线路转角杆(塔)位置时，应尽量结合线路耐张段的长度确定，避免形成独立档，避免转角兼大跨越，避免耐张段两边代表档距不等产生较大的不平衡张力而影响杆(塔)的安全。此外，尚需考虑在转角处有足够的施工紧线和设置拉线的位置。

③　为防止倒杆或导线坠落时引起火灾、爆炸事故，布置高压送、配电线路时应尽量远离甲类火灾危险性的生产厂房、甲类物品仓库、易燃和易爆材料堆场、汽油加油站以及

可燃、易燃、易爆的液体和气体贮罐；必须靠近布置时，应按规定保持一定的防火间距。一般情况下，高压送、配电线路不应跨越屋顶用燃烧材料修建的建筑物。对耐火屋顶的建筑物，亦应尽量不跨越，如需跨越时，需取得有关单位的同意，且导线至屋顶的垂直距离不应小于规定的数值。

④ 为避免对弱电线路产生电磁干扰，高压送、配电线路应尽量避免与架空通信线路接近和交叉。当需交叉时，则应将电力线路架设在通信线路的上方。

⑤ 管线沿建筑物墙(柱)敷设时，要充分考虑生产的特性、管线的特性以及相互之间的影响，并尽量避开墙(柱)邻近有高压、高温、潮湿、易腐蚀和有强烈机械振动的地段布置。

7.5.3 场地外管线布置的要求

(1) 应了解管线沿线的城市规划和其他规划，尽量使管线布置与之相协调。

(2) 尽量靠近现有或规划的公路、邻近可以协作的施工电源和通信线路，便于管线施工、操作和检修。

(3) 尽量不占或少占良田，不拆或少拆民房和其他建筑。

(4) 尽量避免管线穿越或跨越较宽的河流和较高的山包；遇到上述情况时，管线路径需经多方案比较后确定。如决定从上空跨越通航的河道，管线架设的高度应满足船只通航的要求，并尽量利用现有或规划新建的铁路、公路桥梁敷设；如决定从河底穿越通航的河道，则应尽量避开船只停泊的锚地，并根据河道疏浚深度和水流冲刷情况确定管线的埋设深度。

(5) 尽量避免或减少管线穿越或跨越交通枢纽和铁路、公路干线；必须穿越或跨越时，应取得主管部门的同意。当需要穿越或跨越铁路车站时，为减少对车站作业影响和缩短穿越或跨越长度，穿越或跨越的位置宜尽量选择在车站两端的进站信号机以外。

(6) 为避免相互影响，厂外架空高压送电线路布置时应远离弱电线路、电台、机场、射击场、电气化铁路，不允许架空电力线路、架空通信线路由机场跑道两端至近距离导航台之间通过。

(7) 为节省投资、保证安全运行，布置厂外管线时，还应尽量避开可能塌陷的矿区、长期积水的沼泽区、洪水淹没区、爆炸危险区、人造林区、化学腐蚀严重地区、洪峰口以及泥石流、断裂带等不良的工程地质地区。

7.5.4 改、扩建工程新增管线的布置要求

改、扩建工程布置新增管线时，除遵循上述有关原则外，应尽量避免拆迁和影响现有设施，减少对生产的干扰，同时还要在保证安全的前提下，尽量节省管线的投资和占地，满足管线施工、检修的基本要求。

(1) 新增管线应尽量避开现有建(构)筑物、铁路、道路和管线布置，并注意施工新增管线时不影响现有管线的使用，保证生产、运输作业的正常进行。

(2) 新增管线之间、新增管线与现有管线和其他设施之间的间距，应尽量满足有关技术规范的规定。如场地总平面布置拥挤难以符合规定时，则应对情况加以具体分析，并针

对可能产生的问题，与管线专业和施工、生产或使用单位配合，相应地从工艺上、布置上、施工上研究采取缩小间距的可行措施，既保证施工、使用安全，又尽量节省工程投资。

缩小管线占地的措施，除 7.4.4 节中已经提到的外，过去改、扩建工程中采用下列一些特定的办法，可结合工程的具体情况参考采用。

① 新增的架空管线较多时，可对现有管架加固、加高、加宽，以增加管线敷设的层数和根数。

② 新增埋地的压力管道较多时，可调整它们的埋设深度，尽量使之相同或相近，同槽敷设，同时施工，其间距可按管线附属构筑物错位布置后的最小关系尺寸确定。采取上述两种办法时，应注意邻近管线输送介质的相互影响，并采取必要的隔热、防湿、防火、加固措施。

③ 可将新增管线(热力管道、酸碱管道除外)布置在绿化地带内(如草坪、灌木丛)，但不允许紧贴乔木的根部布置。

④ 可将不经常检修的管道和检修时不需开挖的管道或通行管沟布置在道路车行道的下面，但需注意将通行管沟的通风室、出入口等放在车行道以外不影响交通的地方。

⑤ 架空管线与地下管线可互相利用空间上下重叠布置。即将架空管道的支架骑跨在地下管线、管沟、排水沟的上面或将直埋管线敷设在支架基础中间，见图 7-19，或布置在基础两侧的台阶上，见图 7-20。为防止管道渗漏影响支架基础，通过基础的管段可加设套管；如满足不了地下管线埋设深度要求，可根据需要将支架基础局部下降，或对管道采取必要的防冻和加固措施。

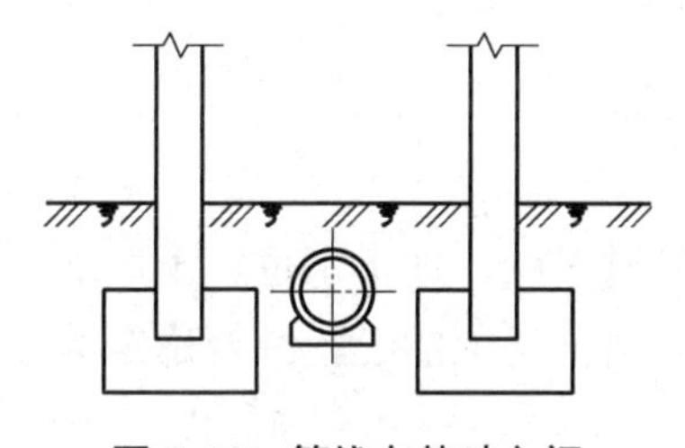

图 7-19　管线在基础之间

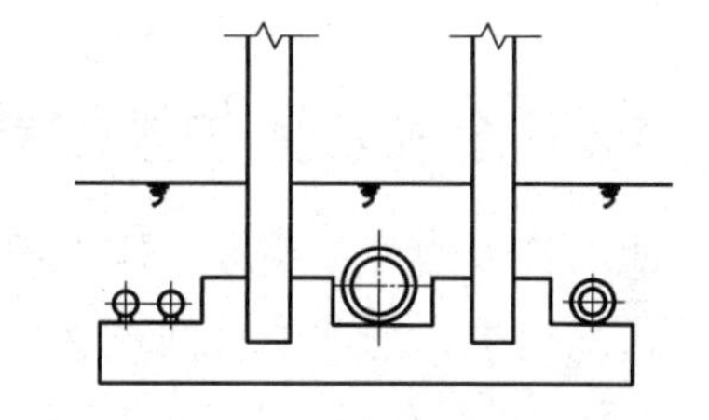

图 7-20　管线在基础两侧

⑥ 土质不好时，可采取加局部挡板或满堂板、挖直槽的施工方法；相邻管线的埋设深度不同时，可采取同时挖槽、下管(自下而上)和回填的施工方法。如此也可缩小管线间距。

⑦ 困难情况下，地下管线多时可采用综合管沟敷设；但此办法投资较大，须通过分析比较后确定。

⑧ 特殊困难情况下，可与有关单位商量，将直埋管线上下重叠布置；但此办法下面的管线检修困难，采用时要特别慎重。为尽量改善其条件，布置时应力求重叠管段最短，垂直净距能满足检修的要求，并注意将检修次数多的、埋设浅的、直径细的管线敷设在上面，将检修少的、有污染的、有腐蚀性的管道敷设在下面。此外，在选择上层管线的材质时，尚需考虑具有检修下层管线时能临时架空的条件。

7.5.5 管线综合布置处理矛盾一般原则

(1) 临时性的让永久性的。

(2) 新建的让现有的。

(3) 管径小的让管径大的。

(4) 有压的让自流的。

(5) 可弯曲的让不可弯曲的或难以弯曲的。

(6) 施工工程量小、易施工的让施工工程量大、难施工的。

(7) 断、裂、渗、漏后影响小的让影响大的。

(8) 检修次数少的让检修次数多的。

(9) 管道转弯磨损较轻的让磨损较重的。

7.5.6 各种管线的埋设顺序

(1) 离建筑物的水平排序，由近及远宜为：电力管线或电信管线、煤气管、热力管、给水管、雨水管、污水管。

(2) 各类管线的垂直排序，由浅入深宜为：电信管线、热力管、小于 10kV 电力电缆、大于 10kV 电力电缆、煤气管、给水管、雨水管、污水管。

7.6 管线布置的技术要求

7.6.1 地下管线布置的技术要求

(1) 地下管线的埋设深度，应根据外部荷载、管材强度、地下水位、土层冻结厚度、输送介质防冻要求、与其他管线交叉情况等因素，并结合当地的经验综合确定。一般不应小于表 7-3 所列的数值。

表 7-3 地下管线的最小埋设深度

序 号	管线名称			从地面至管顶(沟顶)的最小埋设深度/m
1	煤气管道			土层冰冻线以下，且不小于 0.8
2	天然气管道	厂区内		土层冰冻线以下，且不小于 0.8
		厂区外	水田	土层冰冻线以下，且不小于 0.8
			旱地	土层冰冻线以下，且不小于 0.8
			荒地	土层冰冻线以下，且不小于 0.8
3	乙炔气、氧气、氮气管道	介质不含湿		不小于 0.7
		介质含湿		土层冰冻线以下
4	氢气管道			土层冰冻线以下，且不小于 1.0

续表

序　号	管线名称			从地面至管顶(沟顶)的最小埋设深度/m
5	压缩空气管道	直埋		一般为0.5～0.8[①]
		不通行管沟		不小于0.3
6	蒸汽管道	直埋		不小于0.7(管道保温结构顶部至地面)
		不通行管沟		不小于0.3
7	石油液化气管道	土层冰冻线以下		
8	给水管道	非冻结地区		不小于0.7[②]
		冻结地区	管径 $d \leqslant 0.3$	土层冻结厚度+d+0.2[③]
			$0.3 < d \leqslant 0.6$	土层冻结厚度+0.75d
			$d > 0.6$	土层冻结厚度+0.5d
9	排水管道	一般		不小于0.7[④]
		冻冻层内无保温措施的污水管道	$d \leqslant 0.35$	土层冻结厚度-0.3，但不得小于0.7
			$d \geqslant 0.4$	土层冻结厚度-0.5，但不得小于0.7[⑤]
10	燃油管沟			不小于0.5
11	电力电缆	直埋和排管		不小于0.7[⑥]
		电缆管道		不小于0.3
12	通信电缆	直埋[⑥]		不小于0.7
		电缆管道		一般为0.8～1.2

注：① 饱和压缩空气管和蒸汽凝结水管宜设在土层冰冻线以下，敷设在冰冻线以上时，应采取必要的保温措施，保证管道在冬季不发生冻结现象；水温较高的管道，其埋设深度可根据该地地区或条件类似地区的经验确定；

② 当管道强度足够或采取相应措施时，可小于0.7；

③ 给水管道在冻结地区的埋设深度引自《给水排水设计手册》；

④ 土层冰冻线很浅(或冰冻线虽深而有保温措施)，且管道保证不受地面荷载损坏时，可小于0.7；

⑤ 冰冻层内无保温措施的污水管道的埋设深度引自《室外排水设计规范》(GB 50014—2006)；

⑥ 直埋电力、电信电缆在保护套管内时，可小于0.7。

(2) 为满足管道(沟)排水或自流的要求，直埋含湿气(汽)体管道和重力自流管道以及地下管沟的纵坡，一般不应小于下列数值。

① 电缆沟、电缆隧道，不应小于0.5%；动力管沟、综合管沟，不应小于0.2%。各种管沟并应设置排水和集水的构造措施。

② 含湿乙炔气、氧气、氮气、压缩空气管道和蒸汽管道，不应小于0.2%；含湿煤气管道、燃油管道(有压时)和凝结水管道，不应小于 0.3%。上述各种管道并需在管段最低处设置排水装置。

③ 重力自流管道的最小纵坡，一般根据管径和输送介质的特性确定。

a. 自流燃油管道及其他易流的液体管道，不应小于0.5%。

b. 自流泥浆管道，不应小于 1%。

c. 自流污水管道，管径 150 mm 时，不应小于 0.7%；管径 200mm 时，不应小于 0.4%；管径 300mm 时，不应小于 0.25%。

d. 自流雨水或合流管道，管径为 200mm 时，不应小于 0.4%；管径为 300mm 时，不应小于 0.25%。

上述地下管道(也包括地上管道)的纵坡，是我国有关现行技术规范中规定的数字。目前在有些国外设计中，自流水管和含湿气(汽)体、液体管道的纵坡已改为平坡，管道内的水凭借管段之间的落差或管道内的压力而流动。此做法可节省一定的设计和施工工作量，但有的管道因平坡而需要适当加大管径，有些直径较细的支管能否也做成平坡尚缺乏经验，还有待今后进一步实践和总结。

(3) 地下管线至与其平行的建(构)筑物、铁路、道路及其他管线的最小水平间距，应根据建(构)筑物基础的外形和埋深，铁路与道路的形式和荷载，管线输送介质的性质、管径和埋深，管材和管内工作压力，检查井等的结构和外形，工程地质和水文地质条件以及管线的施工方法等因素综合确定。

① 地下管线相互间最小水平净距：各种地下管线之间最小水平间距，工业建筑场地(工厂和矿山)不应小于表 7-4(1)的规定，民用建筑场地不应小于表 7-5(1)的规定。

② 地下管线与建(构)筑物、铁路、道路之间最小水平间距，工业建筑总平面不得小于表 7-4(2)的规定，民用建筑总平面不得小于表 7-5(2)的规定。

(4) 地下管线之间、地下管线与建(构)筑物基础和铁路、道路之间的最小水平净距，埋设深度、标高相同或相近时，可采用表 7-4、表 7-5 中的数值；如埋设深度、标高彼此相差较大时，为避免施工挖土时相互影响和受建筑物基础、铁路等侧压力的影响，尚应按实际情况进行检算。

① 埋深不相同的管道之间水平净距的检算。

a. 无支撑时，见图 7-21，两管道之间水平净距按下式计算：

$$L = m\Delta h + B \tag{7-1}$$

式中：L——两管道之间的水平净距，m；

1∶m——沟槽边坡的最大坡度，见表 7-6；

Δh——两管道沟槽槽底之间高差，m；

B——检算时所取两管施工宽度之和($B=b_1+b_2$)，其数值见表 7-7。

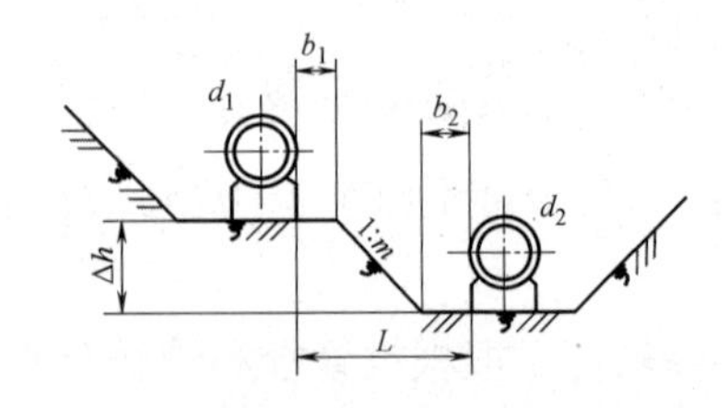

图 7-21　无支撑时两管道间水平净距

表 7-4(1)　地下管线之间的最小水平间距(m)

名称	规格	给水管/mm				排水管/mm 清净雨水管			排水管/mm 生产与生活污水管			热力沟(管)	煤气管压力 p/MPa					压缩空气管	乙炔管	氢氧气气管管	电力电缆/kV			电缆沟(管)	通信电缆	
		<75	75~150	200~400	>400	<800	800~1500	>1500	<300	400~600	>600		<0.01	≤0.2	≤0.4	0.8	1.6				<1	1~10	<35		直埋电缆	电缆管道
给水管(mm)	<75	—	—	—	—	0.7	0.8	1.0	0.7	0.8	1.0	0.8	0.5	0.5	0.5	1.0	1.2	0.8	0.8	0.8	0.6	0.8	1.0	0.8	0.5	0.5
	75~150	—	—	—	—	0.8	1.0	1.2	0.8	1.0	1.2	1.0	0.5	0.5	0.5	1.2	1.2	1.0	1.0	1.0	0.6	0.8	1.0	1.0	0.5	0.5
	200~400	—	—	—	—	1.0	1.2	1.5	1.0	1.2	1.5	1.2	0.5	0.5	0.5	1.2	1.5	1.2	0.2	1.2	0.8	1.0	1.0	1.2	1.0	1.0
	>400	—	—	—	—	1.0	1.2	1.5	1.2	1.5	2.0	1.5	0.5	0.5	0.5	1.5	2.0	1.5	1.5	1.5	0.8	1.0	1.0	1.5	1.2	1.2
排水管/mm 清净雨水管	<800	0.7	0.8	1.0	1.0	—	—	—	—	—	—	1.0	1.0	1.2	1.2	1.5	2.0	0.8	0.8	0.8	0.6	0.8	1.0	1.0	0.8	0.8
	800~1500	0.8	1.0	1.2	1.2	—	—	—	—	—	—	1.2	1.0	1.2	1.2	1.5	2.0	1.0	1.0	1.0	0.8	1.0	1.0	1.2	1.0	1.0
	>1500	1.0	1.2	1.5	1.5	—	—	—	—	—	—	1.5	1.0	1.2	1.2	1.5	2.0	1.2	1.2	1.2	1.0	1.0	1.0	1.5	1.0	1.0
排水管/mm 生产与生活污水管	<300	0.7	0.8	1.0	1.2	—	—	—	—	—	—	1.0	1.0	1.2	1.2	1.5	2.0	0.8	0.8	0.8	0.6	0.8	1.0	1.0	0.8	0.8
	400~600	0.8	1.0	1.2	1.5	—	—	—	—	—	—	1.2	1.0	1.2	1.2	1.5	2.0	1.0	1.0	1.0	0.8	1.0	1.0	1.2	1.0	1.0
	>600	1.0	1.2	1.5	2.0	—	—	—	—	—	—	1.5	1.0	1.2	1.2	1.5	2.0	1.2	1.2	1.2	1.0	1.0	1.0	1.5	1.0	1.0
热力沟(管)		0.8	1.0	1.2	1.5	1.0	1.2	1.5	1.0	1.2	1.5	—	1.0 (1.0)	1.0 (1.5)	1.0 (1.5)	1.5 (2.0)	2.0 (4.0)	1.0	1.5	1.5	1.0	1.0	1.0	2.0	0.8	0.6
煤气管压力 p/MPa	<0.01	0.5	0.5	0.5	0.5	1.0	1.0	1.0	1.0	1.0	1.0	1.0(1.0)	—	—	—	—	—	1.0	1.0	1.0	0.8	1.0	1.0	1.0	0.5	1.0
	≤0.2	0.5	0.5	0.5	0.5	1.2	1.2	1.2	1.2	1.2	1.2	1.0(1.5)	—	—	—	—	—	1.0	1.0	1.2	0.8	1.0	1.0	1.0	0.5	1.0
	≤0.4	0.5	0.5	0.5	0.5	1.2	1.2	1.2	1.2	1.2	1.2	1.0(1.5)	—	—	—	—	—	1.0	1.0	1.5	0.8	1.0	1.0	1.0	0.5	1.0
	0.8	1.0	1.0	1.0	1.0	1.5	1.5	1.5	1.5	1.5	1.5	1.5(2.0)	—	—	—	—	—	1.2	1.2	2.0	1.0	1.0	1.0	1.0	1.2	1.0
	1.6	1.5	1.5	1.5	1.5	2.0	2.0	2.0	2.0	2.0	2.0	2.0(4.0)	—	—	—	—	—	1.5	2.0	2.5	1.5	1.5	1.5	1.5	1.5	1.5
压缩空气管		0.8	1.0	1.2	1.5	0.8	1.0	1.2	0.8	1.0	1.2	1.0	1.0	1.0	1.0	1.2	1.5	—	1.5	1.5	0.8	0.8	1.0	1.0	0.8	1.0
乙炔管		0.8	1.0	1.2	1.5	0.8	1.0	1.2	0.8	1.0	1.2	1.5	1.0	1.2	1.5	2.0	2.5	1.5	—	1.5	0.8	0.8	1.0	1.5	0.8	1.0
氧气管、氢气管		0.8	1.0	1.2	1.5	0.8	1.0	1.2	0.8	1.0	1.2	1.5	1.0	1.2	1.5	2.0	2.5	1.5	1.5	—	0.8	0.8	1.0	1.5	0.8	1.0
电力电缆/kV	<1	0.6	0.6	0.8	0.8	0.6	0.8	1.0	0.6	0.8	1.0	1.0	1.0	1.0	1.0	1.0	1.5	0.8	0.8	0.8	—	—	—	0.5	0.5	0.5
	1~10	0.8	0.8	1.0	1.0	0.8	1.0	1.0	0.8	1.0	1.0	1.0	1.0	1.0	1.0	1.0	1.5	0.8	0.8	0.8	—	—	—	0.5	0.5	0.5
	<35	1.0	1.0	1.0	1.0	1.0	1.0	1.0	1.0	1.0	1.0	1.0	1.0	1.0	1.0	1.0	1.5	1.0	1.0	1.0	—	—	—	0.5	0.5	0.5
电缆沟(管)		0.8	1.0	1.2	1.5	1.0	1.2	1.5	1.0	1.2	1.5	2.0	1.0	1.0	1.0	1.0	1.5	1.0	1.5	1.5	0.5	0.5	0.5	—	0.5	0.5
通信电缆	直埋电缆	0.5	0.5	1.0	1.2	0.8	1.0	1.0	0.8	1.0	1.0	0.8	0.5	0.5	0.5	1.0	1.5	0.8	0.8	0.8	0.5	0.5	0.5	0.5	—	—
	电缆管道	0.5	0.5	1.0	1.2	0.8	1.0	1.0	0.8	1.0	1.0	0.6	1.0	1.0	1.0	1.0	1.5	1.0	1.0	1.0	0.5	0.5	0.5	0.5	—	—

注：1. 表列间距均自管壁、沟壁或防护设施的外缘或最外一根电缆算起。
2. 当热力沟(管)与电力电缆间距不能满足本表规定时，应采取隔热措施，以防电缆过热，特殊情况下可酌减且最多至一半。
3. 局部地段电力电缆穿管保护或加隔板后与给水管道、排水管道、压缩空气管道的间距可减少到 0.5m，与穿管通信电缆的间距可减少到 0.1m。
4. 表列数据系按给水管在污水管上方制定的。生活饮用水给水管与污水管之间的间距应按本表数据增加 50%，生产废水与雨水沟(渠)和给水管之间的间距可减少 20%；和通信电缆、电力电缆之间的间距可减少 20%，但不得小于 0.5m。
5. 当给水管与排水管共同埋设的土壤为沙土类，且给水管的材质为非金属或非合成塑料时，给水管与排水管间距不应小于 1.5m。
6. 仅供采暖用的热力沟与电力电缆、通信电缆及电缆沟之间的间距可减少 20%，但不得小于 0.5m。
7. 110kV 级的电力电缆与本表中各类管线的间距，可按 35kV 数值增加 50%。电力电缆排管(即电力电缆管道)间距要求与电缆沟同。
8. 氧气管与同一使用目的的乙炔管道同一水平敷设时，其间距可减至 0.25m，但管道上部 0.3m 高度范围内，应用沙类土，松散土填实后再回填。
9. 括号内为距管沟外壁的距离。
10. 管径系指公称直径。
11. 表中“—”表示间距未做规定，可根据具体情况确定。
12. 压力大于 1.6MPa 的燃气管道与其他管线之间的距离尚应满足现行国家标准《城镇燃气设计规范》(GB 50028)的规定。

表 7-4(2)　地下管线与建筑构筑物之间的最小水平间距

单位：m

名称 / 规格	给水管/mm				排水管/mm						热力沟(管)	煤气管压力 p(MPa)					压缩空气管	氢气管 乙炔管 氧气管	电力电缆/kV	电缆沟	通信电缆
					清净雨水管			生产与生活污水管				低压	中压		次高压						
间距 / 规格 / 名称	<75	75~150	200~400	>400	<800	800~1500	>1500	<300	400~600	>600		<0.01	$B\leqslant$0.2	$A\leqslant$0.4	0.8	1.6					
建筑物、构筑物基础外缘	1.0	1.0	2.5	3.0	1.5	2.0	2.5	1.5	2.0	2.5	1.5	0.7	1.0	1.5	5.0	13.5	1.5	5,6,7	0.6	1.5	0.5
铁路(中心线)	3.3	3.3	3.8	3.8	3.8	4.3	4.8	3.8	4.3	4.8	3.8	4.0	5.0	5.0	5.0	5.0	2.5	2.5	3.0 (10.00)	2.5	2.5
道路	0.8	0.8	1.0	1.0	0.8	1.0	1.0	0.8	0.8	1.0	0.8	0.6	0.6	0.6	1.0	1.0	0.8	0.8	0.8	0.8	0.8
管架基础外缘	0.8	0.8	1.0	1.0	0.8	0.8	1.2	0.8	1.0	1.2	0.8	0.8	0.8	1.0	1.0	1.0	0.8	0.8	0.5	0.8	0.5
照明、通信杆柱(中心)	0.5	0.5	1.0	1.0	0.8	1.0	1.2	0.8	1.0	1.2	0.8	1.0	1.0	1.0	1.0	1.0	0.8	0.8	0.5	0.8	0.5
围墙基础外缘	1.0	1.0	1.0	1.0	1.0	1.0	1.0	1.0	1.0	1.0	1.0	0.6	0.6	0.6	1.0	1.0	1.0	1.0	0.5	1.0	0.5
排水沟外缘	0.8	0.8	0.8	1.0	0.8	0.8	1.0	0.8	0.8	1.0	0.8	0.6	0.6	0.6	1.0	1.0	0.8	0.8	1.0	1.0	0.8
高压电力杆柱或铁塔基础外缘	0.8	0.8	1.5	1.5	1.2	1.5	1.8	1.2	1.5	1.8	1.2	1.0 (2.0)	1.0 (2.0)	1.0 (2.0)	1.0 (5.0)	1.0 (5.0)	1.2	1.9 (2.0)	1.0 (4.0)	1.2	0.8

注：1. 表列间距除注明外，管线均自管壁、沟壁或防护设施的外缘或最外一根电缆算起；道路为城市型时，自路面边缘算起，为公路型时，自路肩边缘算起。

2. 为距建筑物外墙面(出地面处)的距离。

3. 如受地形限制不能满足要求，采取有效的安全防护措施后，净距可适当缩小，但低压管道不应影响建、构筑物基础的稳定性，中压管道距建筑物基础不应小于 0.5m，且距建筑物外墙面不应小于 1m，次高压燃气管道距建筑物外墙不应小于 3.0m。其中当次高压 A 管道采取有效安全防护措施或当管道壁厚不小于 9.5mm 时，距建筑物外墙面不应小于 6.5m，当管壁厚度不小于 11.9mm 时，距建筑物外墙面不应小于 3.0m。

4. 为距铁路路堤坡脚的距离。

5. 氢气管道，距有地下室的建筑物的基础外缘和通行沟道的外缘的水平间距为 3.0m，距无地下室的建筑物的基础外缘的水平间距为 2.0m。

6. 乙炔管道，距有地下室及生产火灾危险性为甲类的建筑物、构筑物的基础外缘和通行沟道的外缘的水平间距为 2.5m；距无地下室的建筑物基础外缘间距为 1.5m。

7. 氧气管道，距有地下室的建筑物基础外缘和通行沟道的外缘的水平间距为：氧气压力≤1.6MPa 时，采用 2.0m；氧气压力＞1.6MPa 时，采用 3.0m.；距无地下室的建筑物基础外缘水平间距为：氧气压力≤1.6MPa 时，采用 1.2m；氧气压力＞1.6MPa 时，采用 2.0m。.

8. 高压电力杆柱或铁塔(基础外边缘)距本表中管线间距，应按表列照明及通信杆柱间距增加 50%。

9. 距离由电杆(塔)中心算起，括号内为氢气管线距电杆(塔)的距离。

10. 表中所列数值特殊情况下可酌减且最多减少一半。

11. 通信电缆管道，距建筑物、构筑物基础外缘的水平间距，应为 1.2m；电力电缆排管(即电力电缆管道)间距与电缆沟同。

12. 指距铁路轨外缘的距离，括号内距离为直流电气化铁路路轨的距离。

13. 表列埋地管道与建筑物、构筑物基础外缘的间距，均是指埋地管道与建筑物、构筑物的基础在同一标高或其以上时，当埋地管道深度大于建筑物、构筑物基础深度时，应按土壤性质计算确定，但不得小于表列数值。

14. 当为双柱式管架分别设基础时，在满足本表要求时，可在管架基础之间敷设管线。

15. 压力大于 1.6MPa 的燃气管道与建、构筑物之间的距离尚应满足现行国家标准《城镇燃气设计规范》(GB 50028)的规定。

表 7-5(1)　各种地下管线之间最小水平净距

单位：m

管线名称		给水管	排水管	煤气管			热力管	电力电缆	电信电缆	电信管道
				低压	中压	高压				
排水管		1.5	1.5							
煤气管	低压	1.0	1.0							
	中压	1.5	1.5							
	高压	2.0	2.0							
热力管		1.5	1.5	1.0	1.5	2.0				
电力电缆		1.0	1.0	1.0	1.0	1.0	2.0			
电信电缆		1.0	1.0	1.0	1.0	2.0	1.0	0.5		
电信管道		1.0	1.0	1.0	1.0	2.0	1.0	1.2	0.2	

注：1. 表中给水管与排水管之间的净距适用于管径小于或等于 200mm，当管径大于 200mm 时应大于或等于 3.0m；

2. 大于或等于 10kV 的电力电缆与其他任何电力电缆之间应大于或等于 0.25m，如加套管，净距可减至 0.1m；小于 10kV 电力电缆之间应大于或等于 0.1m；

3. 低压煤气管的压力为小于或等于 0.005MPa，中压为 0.005～0.3MPa，高压为 0.3～0.8MPa。

表 7-5(2)　各种管线与建(构)物之间的最小水平净距

单位：m

管线名称		建筑物基础	地上杆柱(中心)	铁路(中心)	城市道路侧石边缘	公路边缘	围墙或篱笆
给水管		3.0	1.0	5.0	1.0	1.0	1.5
排水管		3.0	1.5	5.0	1.5	1.0	1.5
煤气管	低压	2.0	1.0	3.75	1.5	1.0	1.5
	中压	3.0	1.0	3.75	1.5	1.0	1.5
	高压	4.0	1.0	5.00	2.0	1.0	1.5
热力管		-	1.0	3.75	1.5	1.0	1.5
电力电缆		0.6	0.5	3.75	1.5	1.0	0.5
电信电缆		0.6	0.5	3.75	1.5	1.0	0.5
电信管道		1.5	1.0	3.75	1.5	1.0	0.5

注：1. 表中给水管与城市道路侧石边缘的水平间距 1.0m 适用于管径小于或等于 200mm，当管径大于 200mm 时应大于或等于 1.5m；

2. 表中给水管与围墙或篱笆的水平间距 1.5m 适用于管径小于或等于 200mm，当管径大于 200mm 时应大于或等于 2.5m；

3. 排水管与建筑物基础的水平间距，当埋深浅于建筑物基础时应大于或等于 2.5m；

4. 表中热力管与建筑物基础的最小水平间距，对于管沟敷设的热力管道为 0.5m，对于直埋闭式热力管道管径小于或等于 250mm 时为 2.5m，管径大于或等于 300mm 时为 3.0m，对于直埋开式热力管道为 5.0m。

地下管线与绿化树种间的水平净距，宜符合表 7-5(3)的规定。

表 7-5(3)　管线与绿化树种间的最小水平净距

管线名称	最小水平净距/m	
	乔木(至中心)	灌　木
给水管、闸井	1.5	不限
污水管、雨水管、探井	1.0	不限
煤气管、探井	1.5	1.5
电力电缆、电信电缆、电信管道	1.5	1.0
热力管	1.5	1.5
地上杆柱(中心)	2.0	不限
消防龙头	2.0	1.2
道路侧石边缘	1.0	0.5

表 7-6　沟槽边坡的最大坡度(不加支撑)

土壤名称	边坡坡度 1：*m*		
	人工挖土并将土抛于沟边上	机械挖土	
		在沟底挖土	在沟边上挖土
砂土	1：1.00	1：0.75	1：1.00
亚砂土，含砾石、卵石土	1：0.67	1：0.50	1：0.75
亚黏土	1：0.50	1：0.33	1：0.75
黏土、泥炭岩、白垩土	1：0.33	1：0.25	1：0.67
干黄土	1：0.25	1：0.10	1：0.33

注：1. 表中砂土不包含细砂和粉砂，干黄土不包含类黄土；

2. 在无地下水的天然温度的土中开挖沟槽时，如深度不超过下列规定，沟壁可做成直立壁；

堆填的砂土或砾石土　　1.00m

亚黏土或亚砂土　　1.25m

黏土　　1.50m

特别坚实的土　　2.00m；

3. 若人工挖土把土抛于沟侧面随时运往弃土场时，边坡坡度可采用机械在沟底挖土一栏的数据；

4. 在个别情况下，如有足够资料和经验，或采用多斗挖土机，均可不受本表限制。

表 7-7　管道施工宽度

管径/mm		*B*/m
d_1 (标高在上的管道)	d_2 (标高在下的管道)	
200～300	200～300	0.7
200～300	350～450	0.8
200～300	500～1200	0.9

续表

管径/mm		B/m
d_1(标高在上的管道)	d_2(标高在下的管道)	
350～450	200～300	0.8
350～450	350～450	0.9
350～450	500～1200	1.0
500～1200	200～300	0.9
500～1200	350～450	1.0
500～1200	500～1200	1.1

b. 采用支撑加固沟壁时，两管道之间水平净距，见表 7-8。

表 7-8 采用支撑加固沟壁时两管道之间水平净距

管径/mm \ 净距 \ 管径/mm	200～300	350～450	500～1200
200～300	0.85	0.95	1.05
350～450	0.95	1.05	1.15
500～1200	1.05	1.15	1.25

② 管道与建(构)筑物基础之间水平净距的检算。

a. 管道埋深低于建(构)筑物基础底面时，见图 7-22，其水平净距按下式计算：

$$L=\frac{H-h}{\tan\varphi}+b \tag{7-2}$$

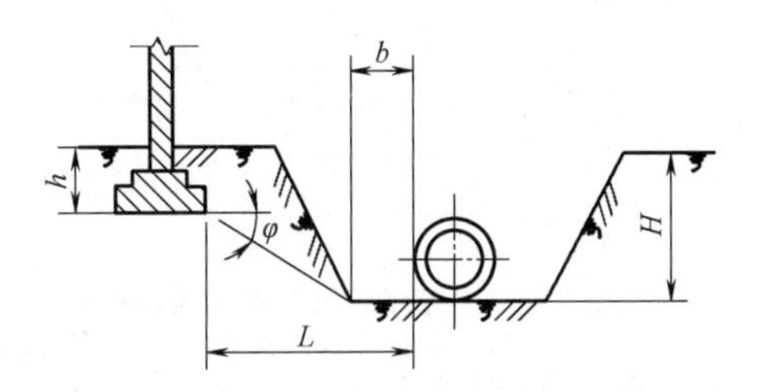

图 7-22 管道埋深低于建(构)筑物基础底

式中：L——管道与建(构)筑物基础之间的水平净距，m;

H——管道埋设深度，m;

h——建(构)筑物基础埋设深度，m;

φ——土壤内摩擦角，°，见表 7-9;

b——管道施工宽度，m；无支撑时，按下式计算：

$$b=\frac{a-d}{2} \tag{7-3}$$

式中：a——沟底宽度，m，见表 7-10;

d——管道外径，m。

表 7-9 土壤内摩擦角φ值

单位：°

土壤种类		流动性	塑性	硬性
黏土类	黏土	12	25	37
	重亚黏土	15	28	40
	亚黏土	20	32	40
	粉质亚黏土	10	20	30
砂土类	亚砂土	15～18	20～25	22～27
	粉砂及粉质亚砂土	18～22	22～25	27～33
	细砂	22～28	25～30	27～33
	中砂	25～28	27～30	30～33
	粗砂及砂砾	30～35	30～35	33～37
	砾石及卵石	40	40	40
粉砂土	软泥	10	18	30
	软泥质土壤	12	20	30
	黄土	25	30	—
	黄土型亚黏土	25	30	—
有机质土壤	泥炭土壤	15	20	30
	疏松植物质土	—	33	40
	密实植物质土	—	33	40

b. 管道埋深高于建(构)筑物基础底面时，见图 7-23，其水平净距按下式计算：

$$L = A + mH + b \tag{7-4}$$

式中：A——安全用地宽度，m，一般大于或等于建筑物散水坡宽度。

③ 管道与铁路之间水平净距的检算：

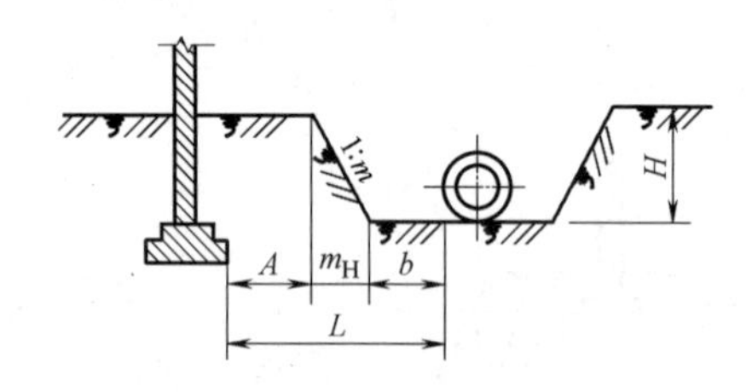

图 7-23 管道埋深高于建(构)筑物基础底

如图 7-24 所示，管道与铁路之间水平的净距，按下式计算：

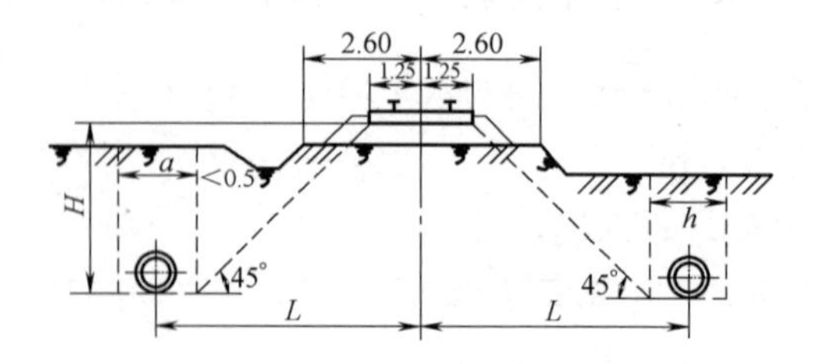

图 7-24 管道中心与铁路中心线间水平净距

$$L = 1.25 + H + \frac{a}{2} \geqslant 3.8(\text{m}) \tag{7-5}$$

式中：L——管道中心至铁路中心距离，m；

H——轨枕底至管道底之间的高差；m；

a——管沟底宽，m，见表 7-10。

表 7-10　深度在 1.5m 以内的沟底宽度

种类/宽度/管径/mm	铸铁管、钢管、石棉水泥管	钢筋混凝土管、混凝土管	陶 土 管
100～200	0.7	0.9	0.8
250～350	0.8	1.0	0.9
400～450	1.0	1.3	1.1
500～600	1.3	1.5	1.4
700～800	1.6	1.8	—
900～1000	1.8	2.0	—
1100～1200	2.0	2.3	—
1300～1400	2.2	2.6	—

注：1. 当沟槽深度为 2.0m 以内及 3.0m 以内并有支撑时，沟底宽度分别增加 0.1 及 0.2m；深度超 3.0m 的沟槽，每加深 1.0m，沟底宽应增加 0.2m；当沟槽为板柱支撑，沟深 2.0m 以内及 3.0m 以内时，其沟底宽度应分别增加 0.4、0.6m。

2. 机械开挖沟槽时，沟底宽度应根据挖土机械的切削尺寸确定；

3. 对于现场浇筑或拼装的混凝土、钢筋混凝土沟渠、砖砌的沟渠及综合安装时的管道沟底宽度，应由施工组织设计确定。

一般情况下，地下管道与建(构)筑物基础和铁路、道路之间的最小水平间距，应满足按上述有关公式检算的结果；如总平面布置拥挤不能满足时，当对管道采取必要的加固或施工措施后，以上检算的水平间距可适当缩短。

(5) 地下管线与铁路、道路及其他管线交叉时的垂直间距，应根据铁路和道路形式、荷载、管线性质、管(渠)形状、管径、管材、管内工作压力、管线敷设方式和防护措施等因素综合确定。

(6) 管道与道路之间的水平净距(见图 7-25)，按下式计算：

$$L = m\Delta h + \frac{a}{2} \tag{7-6}$$

式中：L——管道中心至道路边的距离，m；

a——管沟底宽，m，见表 7-10；

Δh——管底和路面之间的高差，m。

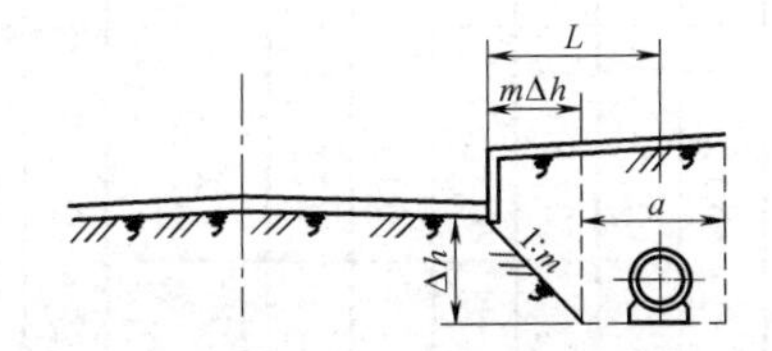

图 7-25　管道中心与道路边缘的水平净距

① 地下管线相互交叉的最小垂直净距，工业建筑总平面见表 7-11(1)，民用建筑总平面见表 7-11(2)。

表 7-11(1)　地下管线相互交叉的最小垂直净距

单位：m

管线名称 / 净距 / 管线名称	给水管	排水管	煤气管	氧气管	乙炔管	热力管(沟)	压缩空气管	燃油管	电力电缆(电压在35kV 及以下)	通信及信号电缆	综合管沟	排水明沟
给水管	0.15	0.4	0.15	0.25	0.25	0.15	0.10	0.25	0.25/0.5	0.15/0.5	0.5	0.5
排水管	0.4	0.15	0.15	0.15	0.25	0.15	0.15	0.25	0.25/0.5	0.15/0.5	0.5	0.5
煤气管	0.15	0.15	0.15	0.25	0.25	0.15	0.15	0.25	0.25/0.5	0.15/0.5	0.5	0.5
氧气管	0.25	0.25	0.25		0.25	0.25	0.25	0.25	0.25/0.5	0.5/0.5	0.25	0.5
乙炔管	0.25	0.25	0.25	0.25		0.25	0.25	0.25	0.25/0.5	0.5/0.5	0.25	0.5
热力管(沟)	0.10	0.15	0.15	0.25	0.25		0.15	0.25	0.5	0.25/0.5		0.5
压缩空气管	0.15	0.15	0.15	0.25	0.25	0.15		0.25	0.25/0.5	0.25/0.5		0.5
燃油管	0.25	0.25	0.25	0.25	0.25	0.25	0.25		0.25/0.5	0.25/0.5	0.5	0.5
电力电缆(电压在35kV 及以下)	0.25/0.5	0.25/0.5	0.25/0.5	0.25/0.5	0.25/0.5	0.5	0.25/0.5	0.25/0.5	—	0.5	0.5	0.5
通信及信号电缆	0.15/0.5	0.15/0.5	0.15/0.5	0.25/0.5	0.25/0.5	0.25/0.5	0.25/0.5	0.25/0.5	0.5	—	—	—
综合管沟	0.5	0.5	0.5	0.25	0.25	—	—	0.5	—	—	—	—
排水明沟	0.5	0.5	0.5	0.5	0.5	0.5	0.5	0.5	0.5	0.5	—	—

注：1. 表列数值是指下面管道的顶部(当为管沟或有套管、保温层时，以管沟、套管、保温层顶部计)与上面管道(管沟)基础顶部的净距；

2. 表中分数：给水与排水的分子数值，是指给水管在无毒害雨水排水管上面时允许的最小垂直间距；分母数值，是指给水管在生活污水管、生产污水管、合流管上面时允许的最小长间距；电力电缆与其他埋地管线的分子数值，是指交叉地段电缆穿管、加隔板保护或加隔热层保护后允许的最小垂直间距；分母数值，是指直埋电缆允许的最小垂直间距。

3. 电力电缆与通信电缆交叉时，通信电缆必须敷设在电力电缆上面。

② 地下管线穿越铁路、道路的最小垂直净距，见表 7-12。

表 7-11(2)　各种地下管线之间最小垂直净距

单位：m

管线名称＼净距＼管线名称	给水管	排水管	煤气管	热力管	电力电缆	电信电缆	电信管道
给水管	0.15	—	—	—	—	—	—
排水管	0.4	0.15	—	—	—	—	—
煤气管	0.1	0.15	0.1	—	—	—	—
热力管	0.15	0.15	0.1	—	—	—	—
电力电缆	0.2	0.5	0.2	0.5	0.5	—	—
电信电缆	0.2	0.5	0.2	0.15	0.2	0.1	0.1
电信管道	0.1	0.15	0.1	0.15	0.15	0.15	0.1
明沟沟底	0.5	0.5	0.5	0.5	0.5	0.5	0..5
涵洞基底	0.15	0.15	0.15	0.15	0.5	0.2	0.25
铁路轨底	1.0	1.2	1.0	1.2	1.0	1.0	1.0

表 7-12　地下管线穿越铁路、道路最小垂直净距

单位：m

名称＼净距＼管线名称		铁路(至轨面)	道路(至路面)
给水、排水管		1.4	1.0
煤气管		1.4	0.8
热力管(沟)		1.2	0.7
压缩空气管		1.2	0.7
氧气管		1.2	0.7
乙炔管		1.2	0.7
燃油管		1.4	1.0
电力电缆		1.4	1.3
通信及信号电缆	采用混凝土管、塑料、石棉水泥管时	1.9	0.7
	采用钢管时	1.4	0.4
综合管沟顶面		1.2	1.0

7.6.2　架空管线布置的技术要求

架空管线至与其平行的建(构)筑物、铁路、道路及其他管线的水平间距，应根据建(构)筑物的耐火等级和生产的火灾危险性类别，建筑物自然通风、采光等的要求，建(构)筑物和管线支架的基础外形与埋设深度，铁路、道路的形式和安全运行的要求，管线的性质、管

径、管材和工作压力，电力杆(塔)的结构外形和拉线要求，以及管线沿线的气象、地形、工程地质条件等因素综合确定。

1. 架空管线相互间的最小水平间距

(1) 架空动力管道相互间的最小水平间距，见表 7-13。

(2) 架空电力线相互间及与其他架空管线的最小水平净距，见表 7-14。

表 7-13 架空动力管道相互间的最小水平净距

单位：m

管道名称 \ 净距 \ 管道名称	煤气管	氧气管	乙炔管	热力管	压缩空气管	燃油管	给、排水管
煤气管	0.5	0.5	0.5	(0.25)	(0.25)	(0.5)	(0.25)
氧气管	0.5	—	0.5	0.25	0.25	0.5	0.25
乙炔管	0.5	0.5	—	0.25	0.25	0.5	0.25
热力管	(0.25)	0.25	0.25	—	0.15	(0.5)	(0.25)
压缩空气管	0.25	0.25	0.25	0.15	—	(0.25)	0.15
燃油管	(0.5)	0.5	0. 5	(0.5)	(0.25)	—	(0.25)
给、水排管	(0.25)	0.25	0.25	(0.25)	0.15	(0.25)	—

注：1. 乙炔管与同一使用目的的氧气管平行敷设时，其最小水平净距可减少到 0.25m。

2. 表中括号内的数值引自有关设计参考资料。

表 7-14 架空电力线相互间及与其他架空管线的最小水平净距

单位：m

架空电力线电压/kV \ 净距 \ 架空管线	1 以下	1～10	35～110	154～220	330
煤气管	1.5	3.0	4.0		
氧气及乙炔管	1.5	2.0	4.0		
热力管	1.5	2.0	4.0		
压缩空气管	1.5	2.0	4.0		
弱电线路	1.0	2.0	4.0	5.0	6.0
电力线路	2.5	2.5	5.0	7.0	9.0

注：1. 表中数值是指架空电力线在最大风偏情况下，导线外侧边缘与电力线路、弱电线路导线或管道任何部分的净距，最大风偏值由电力网专业结合设计进行检算和调整；

2. 架空电力线与弱电线路、电力线路的最小水平净距，在开阔地区不应小于电杆高度；

3. 表列数值是指架空电力线的电压为 1～20kV 时最小水平净距。

2. 架空管线与建(构)筑物、铁路、道路之间的最小水平净距

(1) 架空动力管道与建(构)筑物、铁路、道路之间的最小平净距，见表7-15。

表7-15 架空动力管道与建(构)筑物、铁路、道路之间最小水平间距

单位：m

建(构)筑物名称	煤气管	氧气管	乙炔管	热力管	压缩空气管	燃油管
房屋建筑	5.0/3.0					5.0/3.0
一、二级耐火等级建筑物		允许沿外墙	2.0	允许沿外墙		
三、四级耐火等级建筑物		3.0	3.0	(3.0)		
有爆炸危险的厂房		4.0	4.0			
铁路中心线	3.8/2.8	3.8	3.8	3.8	3.8	3.8
道路路面边缘或排水沟边缘	1.5/0.5	1.0	1.0	0.5～1.0	1.0	1.0
人行道路边	(0.5)	(0.5)	(0.5)	0.5	0.5	(0.5)
熔化金属、熔渣出口及其他明火地点	10.0	10.0	10.0			(10.0)

注：1. 表中分数，分子数值为一般情况的最小水平间距，分母数值为特殊困难情况的最小水平间距；

2. 煤气管与熔化金属、熔渣出口及其他明火地点的最小水平净距，特殊困难时，距离可适当缩短，但应用耐火材料覆盖管壁受热部位；

3. 表中括号内数值，为引自有关设计参考资料。

(2) 架空电力线路与建(构)筑物、铁路、道路的最小水平净距，见表7-16。

表7-16 架空电力线路与建(构)筑物、铁路、道路接近的最小水平净距

单位：m

<table>
<tr><th colspan="3" rowspan="2">接近的建(构)筑物名称</th><th colspan="6">架空电力线电压/kV</th></tr>
<tr><th>1以下</th><th>1～10</th><th>35</th><th>35～110</th><th>154～220</th><th>330</th></tr>
<tr><td rowspan="2">建筑物</td><td colspan="2">外侧导线最大风偏时对建筑物的最近凸出部分</td><td>1.0</td><td>1.5</td><td>3.0</td><td>4.0</td><td>5.0</td><td>6.0</td></tr>
<tr><td colspan="2">外侧导线最大风偏时对爆炸物、易燃或可燃(气)体生产厂房、仓库、油(气)罐等</td><td colspan="6">架空电力线与甲类火灾危险性的生产厂房、甲类物品仓库、易燃材料堆场以及可燃或易燃、易爆液(气)体贮罐的防火间距，不应小于杆(塔)高度的1.5倍</td></tr>
<tr><td rowspan="3">道路</td><td rowspan="2">送电线路杆(塔)外缘至路基边缘</td><td>开阔地区</td><td></td><td></td><td colspan="4">交叉：8.0m；平行；最高杆(塔)高</td></tr>
<tr><td>路径受限制地区</td><td></td><td></td><td>5.0</td><td>5.0</td><td>5.0</td><td>6.0</td></tr>
<tr><td colspan="2">配电线路电杆至路面边缘</td><td></td><td>0.5</td><td>0.5</td><td></td><td></td><td></td></tr>
<tr><td colspan="3">铁路：杆(塔)外至轨道中心</td><td colspan="6">交叉：5.0m；平行；最高杆(塔)高+3.0m</td></tr>
<tr><td colspan="3">行道树：外侧导线最大风偏时至树梢间</td><td>1.0</td><td>2.0</td><td>3.5</td><td>3.5</td><td>4.0</td><td>5.0</td></tr>
</table>

(3) 架空通信电缆或明线、铁路信号导线(电缆)与建(构)筑物、铁路、道路的最小水平净距，见表 7-17。

表 7-17　架空通信电缆或明线、铁路信号导线(电缆)与建筑物、铁路、道路接近的最小水平间距

单位：m

接近的建(构)筑物名称	最小水平净距
建筑物：导线至建筑物外缘	2.0
道路：杆路至路面边缘或排水沟边缘	0.5
人行道：杆路至路边	0.5
铁路：杆路至最近钢轨	$1\frac{1}{3}$地面上电杆的高度
树木：导线至树枝间	1.3

3. 架空管线相互交叉和跨越建(构)筑物、铁路、道路的垂直间距

架空管线相互交叉和跨越建(构)筑物、铁路、道路的垂直间距，应根据管线性质和防护措施、管径和工作压力、建(构)筑物的耐火等级和生产的火灾危险性类别、铁路和道路安全运行的要求等因素综合确定。

1) 架空管线相互交叉的垂直净距

(1) 架空动力管道相互交叉的最小垂直净距，见表 7-18。

表 7-18　架空动力管道相互交叉的最小垂直净距

单位：m

架空管道	煤气管	氧气管	乙炔管	热力管	压缩空气管	燃油管	给、排水管
煤气管	—	0.25	0.25	0.25	0.25	0.25	0.25
氧气管	0.25	—	0.25	0.10	0.10	0.25	0.10
乙炔管	0.25	0.25	—	0.25	0.25	0.25	0.25
热力管	0.25	0.10	0.25	—	0.10	(0.25)	(0.10)
压缩空气管	0.25	0.10	0.25	0.10	—	(0.25)	0.10
燃油管	0.25	0.25	0.25	(0.25)	(0.25)	—	(0.25)
给排水管	0.25	0.10	0.25	(0.10)	0.10	(0.25)	—

注：1. 架空煤气管与其他动力管道交叉的最小垂直净距，一般采用 0.25m；当管径＜300mm 时采用该管道直径，当管径≥300mm 时采用 0.3m；

2. 氧气管道与燃油管道路交叉时，氧气管道应放在燃油管道的上面；

3. 表中括号内数值，为引自有关设计参考资料。

(2) 架空电力线相互交叉及与其他架空管线交叉的最小垂直净距，见表 7-19。

表 7-19　架空电力线相互交叉及与其他架空管线交叉的最小垂直净距

单位：m

跨越的架空管线 \ 架空电力线电压/kV	1 以下	1～10	35～110	154～220	330
煤气管(电力线在上)	3.0	3.5	4.0	5.0	6.0
(电力线在下)	1.5	3.0	不允许	—	—
氧气及乙炔管(电力线在上)	1.5/2.5	3.0	4.0	5.0	6.0
热力及压缩空气管(电力线在上)	1.5/2.5	2.0	3.0	5.0	6.0
通信及铁路信号线(电力线在上)	1.25	2.0	3.0	4.0	5.0
电力线，电压　1 以下	1.0	2.0	3.0	4.0	5.0
(电压高的线路在上面)1～10	2.0	2.0	3.0	4.0	5.0
35～110	3.0	3.0	3.0	4.0	5.0
154～220	4.0	4.0	4.0	4.0	5.0
330	5.0	5.0	5.0	5.0	6.0

注：1. 表中数值是指架空电力线在最大弧垂情况下，最下层导线与其他架空管线顶面的最小垂直净距，最大弧垂值由电力专业结合设计进行检算和调整(下同)。

2. 表中分数，分子数值是指管道上无人通过的最小垂直净距，分母数值是指管道路上有人通过的最小垂直净距。

3. 电力线与通信线、信号线的交越档时，如电力线无防雷保护装置且电压在 1kV 及以上时，最小垂直净距应按表列数值加 2m。

4. 电力线与通信线、信号线等弱电线路交叉时，其交叉角应符合下列要求：

一级弱电线路：交叉角应≥45°

二级弱电线路：交叉角应≥30°

一级弱电线路是指首都与各省(市)、自治区人民政府所在地区及其相互间联系的主线路；首都至各重要工矿城市、海港的线路；首都通达国外的国际线路；由邮电部指定的其他国际线路和国防线路；铁道部与各铁路局及各铁路局之间联系用的线路；铁路信号自动闭塞装置专业线路。

二级弱电线路是指各省(市)、自治区人民政府所在地区与各地(市)、县及其相互间的通信线路；相邻两省(自治区)各地(市)、县相互间的通信线路；一般市内电话线路；铁路局与各站、段相互间的线路；铁路信号闭塞装置的线路。

(3)　架空通信及铁路信号电缆、明线相互交叉的最小垂直间距，见表 7-20。

表 7-20　架空通信及铁路信号电缆、明线相互交叉的最小垂直净距

单位：m

交叉的线路	最小垂直净距
通信线路相互交越(包括通信线路与广播线相互交越)	0.6
铁路信号电缆或导线	0.6

注：两通信线路交越时，一级线路应在二级线路上面通过，交叉角不应小于 30°。

2)　架空管线跨越建(构)筑物、铁路、道路的最小垂直净距

(1)　架空动力管道跨越铁路、道路的最小垂直净距，见表 7-21。

表 7-21　架空动力管道跨越铁路、道路的最小垂直净距

单位：m

跨越的建(构)筑物 \ 动力管道	煤气管	氧气管	乙炔管	燃油管	热力管、压缩空气管
准轨铁路(至轨面)	6.0	6.0	6.0	6.0	5.5
电气化铁路(至轨面)	1.5(在接触线上)	6.55	6.55	1.5(在接触线上)	6.55
道路(至路面)	5.0	5.0	5.0	5.0	5.0
人行道(至路面)	2.2(2.5)	2.2(2.5)	2.2(2.5)	2.2(2.5)	2.2(2.5)

注：1. 煤气管至准轨铁路轨面和至道路路面的最小垂直净距，《城市煤气设计规范》和《煤气安全试行规程》规定的数值不同，前者规定：跨越铁路时为 5.5m，跨越道路时为 4.5m；后者规定，跨越铁路时为 6.0m，跨越道路时，大、中型企业为 6.0m，小型企业为 4.5m；

2. 如采用表内数值，当架空管道跨越有超限车辆通过的铁路、道路时，其最小垂直间距根据车辆和装载货物后的总高度适当加高。

3. 表中街区内人行道为 2.2m，街区外的人行道为括号内 2.5m。

(2)　架空电力线跨越建(构)筑物、铁路、道路最小垂直净距，见表 7-22。

表 7-22　架空电力线跨越建(构)筑物、铁路、道路最小垂直净距

单位：m

跨越的建(构)筑物 \ 架空电力线电压/kV	1 以下	1～10	35～110	154～220	330
建筑物	2.5	3.0	4.0/5.0	6.0	7.0
铁路(至标准轨轨面)	7.5	7.5	7.5	8.5	9.5
(至窄轨轨面)	6.0	6.0	7.5	7.5	8.5
(至电气化铁路承力索或接触)	3.0	3.0	3.0	4.0	5.0
电车道(至有轨轨面或无轨路面)	9.0	9.0	10.0	11.0	12.0
(至承力索或接触线)	3.0	3.0	3.0	4.0	5.0
道路(至路面)	6.0	7.0	7.0	8.0	9.0
灌木或行道树	1.0	1.5	3.0	3.5	4.5

注：1. 架空电力线不应跨越屋顶为燃烧材料建成的建筑物，对耐火屋顶建筑物亦应尽量不跨越，如需跨越时，应取得有关单位的同意；

2. 表中分数：分子数值是指电力线电压为 35kV 时跨越建筑物的最小垂直间距，分母数值是指电力线电压为 60～110kV 时的最小垂直净距。

3)　架空通信电缆或明线、架空铁路信号导线(电缆)跨越建(构)筑物、铁路、道路的最小垂直间距

架空通信电缆或明线、架空铁路信号导线(电缆)跨越建(构)筑物、铁路、道路的最小垂直间距见表 7-23。

表 7-23　架空通信电缆或明线、架空铁路信号导线(电缆)跨越建(构)筑物、铁路、道路的最小垂直净距

单位：m

跨越的建(构)筑物	最小垂直间距
建筑物(至屋顶)	1.0
铁路(至轨面)	7.0
道路(至路面)	5.5
乡村大道、人行道(至路面)	4.5

注：表中数值是指通信、信号电缆或明线在最大弧垂情况下与屋顶、轨面、路面的最小垂直净距。

(1) 不宜共架(杆、塔)敷设的管线，见表 7-24。

表 7-24　不宜共架(杆、塔)敷设的管线

<table>
<tr><th colspan="2">管线名称</th><th>不宜共架(杆、塔)敷设的管线</th><th>附　注</th></tr>
<tr><td colspan="2">氧气管</td><td>燃油管、乙炔管(同一使用目的除外)、导电线路(氧气管专用的除外)</td><td>氧气管必须与燃油管共架时，宜布置在燃油管的上面，且净距不应小于 0.5m。燃油管和氧气管可以伴随煤气管共架敷设，但应分别敷设在煤气管道的两侧</td></tr>
<tr><td colspan="2">煤气、乙炔等可燃气体管</td><td>导电线路(煤气、乙炔等管道专用的除外)</td><td></td></tr>
<tr><td colspan="2">热力管</td><td>汽油、苯类等易挥发的易燃物质管道</td><td>必须共架时，热力管应敷设在这些管道上面</td></tr>
<tr><td colspan="2">酸、碱等强腐蚀性管道</td><td>各种金属管、电缆</td><td>必须共架时，酸、碱管道应放在金属管、电缆的下层</td></tr>
<tr><td rowspan="2">通信线</td><td>电缆</td><td>二线一地式电力线路</td><td>通信电缆尽量不与电力线共杆，如与 1～10kV 电力线共杆时，其净距不应小于 2.5m；如与 1kV 以下电线共杆时，其净距不应小于 1.5m</td></tr>
<tr><td>明线</td><td>电力线路</td><td></td></tr>
</table>

(2) 不宜同沟敷设的管线，见表 7-25。

表 7-25　不宜同沟敷设的管线

管线名称	不宜同沟敷设的管线	附　注
煤气管	除共用一炉的空气管道外，严禁与电缆和其他管道同沟敷设	当需同沟敷设时，需采取有效的防护措施
易燃可燃液体管	氧气管、乙炔管、煤气管、电缆、给水管、压缩空气管、热水管(重油伴热管除外)	
电缆	热力管、易燃和可燃液体管、煤气和乙炔等可燃气体管	电力电缆与通信电缆同沟敷设时，彼此应远离，各放管沟的一侧
氧气管	燃油管、导电线路(氧气管专用的导电线路除外)	氧气管可和同一使用目的的燃气管道同沟敷设，但管沟内必须填满砂子，并严禁与其他沟道相通，与不燃气体管道同沟敷设时，氧气管道宜布置在最上面
酸、碱等强腐蚀性管道	电缆和各种金属管道	

续表

管线名称	不宜同沟敷设的管线	附 注
热力管	冷却水管、饮用水管、电缆、易燃液体管、煤气和乙炔管、可燃气体管以及输送易挥发、易爆、有毒害、有腐蚀性介质的管道	
给水管	易燃和可燃液体管、煤气和乙炔等可燃气体管、高压电缆、排水管	生活饮用水管一般不应与排水管、热力管同沟敷设，当同沟敷设时，应放在排水管的上面、热力管的下面

7.6.3 湿陷性黄土地区和 6 度及以上地震区管线布置的技术要求

1. 湿陷性黄土地区管线布置的技术要求

湿陷系数 $\delta_s \geqslant 0.015$ 的黄土属于湿陷性黄土，湿陷性黄土具有遇水下陷的特性。因此，在湿陷性黄土地区布置管线时，要特别注意埋地水管、雨水明沟、水渠、水池等渗漏对邻近建(构)筑物和其他管线的不良影响。

为避免建(构)筑物基础和管线遇水下沉而遭到破坏，埋地水管、排水沟、引水渠应尽量远离建(构)筑物布置，各种管线也应尽量远离水池布置；当需要靠近布置时，应尽量缩短靠近的长度，并采用有效的防水措施。彼此之间防护距离要求分述如下。

(1) 在湿陷性黄土场地内，埋地水管、排水沟、雨水明沟等与建筑物之间的防护距离，不宜小于表 7-26 所列数值；难以满足时，应采取与建筑物相应的防水措施。

表 7-26 埋地水管、排水沟、雨水明沟等与建筑物之间的防护距离

单位：m

各类建筑	地基湿陷等级			
	Ⅰ	Ⅱ	Ⅲ	Ⅳ
甲	—	—	8～9	11～12
乙	5	6～7	8～9	10～12
丙	4	5	6～7	8～9
丁	—	5	6	7

注：1. 埋地水管是指给水管、排水管、热力管以及一切有水、水溶液或汽的管道。

2. 计算防护距离时，对建筑物宜自外轴线算起；对于高耸结构，宜自基础外缘算起；对管道、排水沟，宜自其外壁算起；对水池，宜自壁边缘(喷水池等宜自回水坡边缘)算起。

3. 建筑物类别：建筑物应根据其重要性、地基受水浸湿的可能性的大小和在使用上对不均匀沉降限制的严格程度，分为甲、乙、丙、丁四类。

甲类建筑：是指高度大于 40m 的高层建筑；高度大于 50m 的构筑物；高度大于 100m 的高耸结构；对国民经济有重大意义的特别重要的建筑；地基受水浸湿可能性大的重要建筑物(或车间)；对不均匀沉降有严格限制的工业与民用建筑物；

乙类建筑：指高度 24～40m 的高层建筑；高度 30～50m 的构筑物；高度 50～100m 的高耸结构；对国民经济有重大意义的建筑物；地基受水浸湿可能性较大或可能性小的重要建筑；地基受水浸湿可能性大和较大的工业与民用建筑物(或车间)；地基受水浸湿可能性大和较大的工业与民用建筑物(或车间)；地基受水浸湿可能性小，但对不均匀沉降有一定限制的工业与民用建筑物；

丙类建筑：指地基受水浸湿可能性很小的一般工业与民用建(构)筑物；架空管道支架可按丙类建筑物考虑；

丁类建筑：指次要的工业与民用建筑物。

4. 湿陷性黄土地基的湿陷等级，按现行《湿陷性黄土地区建筑规范》规定划分。

5. 对陇西地区、陇东、陕北地区中的Ⅲ级自重湿陷性黄土地基，当湿陷性黄土层的厚度大于 12m，压力管道与各类建筑物之间的防护距离宜按湿陷性黄土层的厚度值采用。

6. 当湿陷性土层内有碎石土、砂土夹层时，防护距离可大于表中数值。

7. 采用基本防水措施的建筑物，其防护距离不得小于一般地区的规定。

(2) 在湿陷性黄土场地内，埋地水管、雨水明沟与架空管道支架之间的防护距离，应按表 7-26 规定的数值采用；难以符合规定时，应处理管道支架地基，或对埋地水管、雨水明沟采取防水措施。

(3) 在自重湿陷性黄土场地内，各种管道之间或不漏水的雨水水沟与管道之间的距离不应小于 2.5m，未铺砌的雨水明沟与管道之间的防护距离不应小于 5.0m。

(4) 在自重湿陷性黄土场地内，埋地管道与水池之间的防护距离，应按表 7-26 中对甲、乙类建筑物规定的数值采用，但小型水池(如集水池、化粪池等)可不受此限制。

(5) 新建水渠与建筑物之间防护距离，在非自重湿陷性黄土场地内不得小于 12m，在自重湿陷性黄土场地不得小于湿陷性土层厚度的 3 倍，并不应小于 25m。

(6) 在防护范围内的雨水明沟，不得漏水。

在自重湿陷性黄土场地宜设混凝土雨水明沟；防护范围外的雨水明沟，宜做防水处理，沟底下均应设灰土(或土)垫层。

2. 6 度及以上地震区管线布置的技术要求

根据近些年国内外地震调查资料分析，过去发生 6 度及以上地震时，由于地震系数高、加速度快以及管线设计(包括管线构造设计和管线布置)未充分考虑地震的影响，各种地上、地下管线往往均遭到不同程度的破坏。为了最大限度地减轻管线震害的程度，除对发震等级目前人力尚不能控制外，对管线构造和管线布置，则应总结过去的经验教训，并采取相应的防震和抗震措施。

就管线构造而言，主要立足于“抗”，即根据具体条件，提高管线构造的抗震能力。如为了防止管道震坏和拉断，对地下管道采用延性较好、强度较高的管材，采用柔性较好的管道连接或加强管道结构的整体刚度；为避免支架倾倒和破坏，避免管线相互碰撞和甩落地面，对架空管道采用强度较高、稳定性较好的支架和改进管道支架间的连接等。

就管线布置而言，主要立足于“防”，其具体技术要求如下。

(1) 管网系统布置要合理，当管线局部遭受震害后，使其余完好的管线在震后仍能继续加以利用。

① 给水、煤气干管宜布置成环状，有两个热源的热力主干管之间应尽量连通。

② 不同水源的输水干管，不宜平行敷设在同一个通道内，应拉开距离分别布置；用水量较大的场地的自备生活饮用水供水系统，应尽量与城市配水管网连通。

③ 排水管网系统，宜采用分区布置、就近处理和分散出口的方案，系统之间或系统内部的主干管及干管，应尽量设置连通管。

(2) 管线路径应尽量选择在稳定岩石、稳定土等对防震有利的地带，并尽量避开下列危险和不利的地带。

① 发震的构造断裂带(当管线必须穿过断裂带时，应呈直角相交)。

② 河、湖、坑、沟(包括故河道，暗藏的坑、沟)的边缘地带和可能产生滑坡的山脚下。

③ 地下水位高、土壤松散软湿、地震时可能液化的地带。

④ 高填土和地质有突变的地带。

⑤ 悬崖峭壁和可能崩塌的地带。

(3) 管线敷设方式采用要适当，并尽量将管线布置在避免造成次生灾害和便于抢修、能迅速恢复使用的地方。

① 为减轻震害，有条件时各种管线应尽量采用地下敷设，并尽量将地下管线布置在道路车行道的下面。

② 必须架空敷设的易燃、易爆、有毒、有害、有腐蚀性的液体和气体管道，应远离建(构)筑物布置，避免墙、柱震倒砸坏管线，引起火灾、爆炸、中毒等次生灾害。

③ 架空管线一般不应采用沿建筑物墙(柱)敷设的方式；当沿建筑物墙(柱)敷设时，该建筑物的抗震设防标准不应低于规定的设计烈度。

④ 当设计强度为 8 度、9 度时，场地配水管道应尽量与供热管道同沟敷设，并在供热管道的下面。

⑤ 热力管道、压缩空气管道，在 8 度以上地震区不得采用无沟敷设方式，只能架空敷设或管沟内敷设。

7.7 管线综合平面图

7.7.1 管线综合平面图的意义

管线综合平面图是总平面设计施工图的重要组成部分，一般是在铁路、道路、平土、排水、绿化施工图的基础上，根据各专业提交的初步管线路径资料，通过综合、协调、定位绘制而成的。由于该图准确地标明了建筑全部管线、建(构)筑物、铁路、道路等的平面，清晰地反映了场地总平面设计的全貌，不仅各种管线放线施工时需要利用该图对照和校核，同时对设计、施工、生产和管理还具有其特定的重要作用。

1. 在设计阶段，是各专业开展管线设计的重要依据

建筑场地需要敷设的管线种类很多、数量很大、关系很复杂，在管线未经综合、定位以前，各专业无法孤立地开展各自的管线设计，必须通过绘制管线综合平面图，确定各管线的平面位置以及与其他管线、设施交叉和邻近的关系以后，才能具体计算管线的设计数据，商定相互交叉的设计标高，提交委托的设计资料，以及绘制管线的平、断面设计图纸等。

2. 在施工阶段，是进行施工现场管理、编制施工组织设计的重要条件

设计单位现在一般不发建筑场地综合总平面图，施工单位了解整个工程布置情况，合理安排施工顺序，确定施工料场、运输线路和临时设施的位置，以及解决施工中发生的矛盾等，主要是依靠管线综合平面图。

3. 在投产以后，是建筑场地管理的重要技术档案

因为管线综合平面图准确反映了现场各种设施的位置，不仅便于对管线进行操作和检修，而且在建筑场地改(扩)建时，哪儿有空地、能否放得下、对原有设施相互有何影响，查阅管线综合平面图就会一目了然，既可节省大量测量工作，又为改(扩)建工程的设计和施工

提供了极为方便的条件。

7.7.2 管线综合平面图的作法

1. 管线综合平面图设计程序

在正常情况下，管线综合设计应划分为初步设计和施工图设计两个阶段，即在初步设计阶段先确定设计原则、干管路径、主要设计参数以及绘制设计方案、编制工程概算等，经审查批准后赋予施工图设计阶段，再进行管线定位和绘制管线施工详图等具体工作。但在以往的设计中，由于原则多变，按初步设计确定的场地总平面布置绘制的干管综合布置图，往往对管线施工图设计起不到应有的指导和控制作用。为了避免此无效劳动，目前多数工程已将管线综合工作全部改在施工图设计阶段进行。对复杂的工程，通常在施工图设计阶段的场地总平面布置方案确定后，先绘制管线综合布置图；待铁路、道路、平土、排水、绿化施工图完成后，再具体进行管线的定位和设计工作；对一般工程，则管线综合、定位等工作全部在铁路、道路、平土、排水、绿化施工图完成后连续进行。

为了使管线综合设计具有立法性，有条件时应按正常设计程序划分为初步设计和施工图设计两个阶段进行，其设计程序大致分为下面几个步骤。

(1) 总图专业根据铁路、道路、平土、排水、绿化施工图描制总平面资料图(图上应准确标明建(构)筑物、铁路、道路等的位置，场地整平标高，室内地坪标高，道路路面标高等)，提交各管线专业。

(2) 各管线专业根据总平面资料图，考虑管线的初步路径并绘制在总平面资料图上，同时在资料图上标明管线出入口和检查井、阀门井、通风井、人孔(或出入口)、消火栓、支架、杆塔、梯子、平台、伸缩器等管线附属构筑物的初步位置，标明管线的敷设方式、管径、电压或工作压力、管沟的外壁尺寸、支架基础的概略尺寸、伸缩器的平面尺寸和共架的管道排列断面等，然后连同委托设计任务书一并返回总图专业。

(3) 总图专业接到各专业提交的初步路径等资料后，第一步，先按管线布置的一般原则和技术要求进行管线综合，对存在的矛盾和问题同有关专业协商、修改，最后请工程总设计师主持，各专业参加，对管线综合布置图进行讨论和确认；第二步，按照确认后的管线综合布置图，对各管线逐条进行计算和定位，并按坐标(或相对尺寸)绘制管线综合平面图，经描晒后先作为管线定位资料图提交各管线专业。

(4) 各管线专业按定位资料图进行管线的平、断面设计，并在设计过程中相互商定管线交叉点的设计标高，如交叉点的设计标高经协商难以取得统一意见时，一般由工程总设计师组织，总图专业协助，有关管线专业参加，进一步协调，并根据管线综合布置处理的原则最后做出决定。

(5) 各管线专业根据设计的管线平、断面图，委托土建专业设计管沟、支架、梯子、平台等管线的附属构筑物。

(6) 土建专业将上述管线附属构筑物的设计资料图提交总图专业及有关管线专业。

(7) 总图专业按土建专业提交的上述资料图，核对并修改管线综合平面图；如发现问题，及时报告工程总设计师，并组织各专业协商、修改。

(8) 各专业把管线施工图完成后，由总图专业会同工程总设计师，组织各专业对管线综合平面图和各专业对口的管线施工图进行会审；如会审无误，经相互会签后即可送晒发往建设单位。

2. 管线综合平面图图纸格式

管线综合平面图的图纸格式，可参见图 7-26。

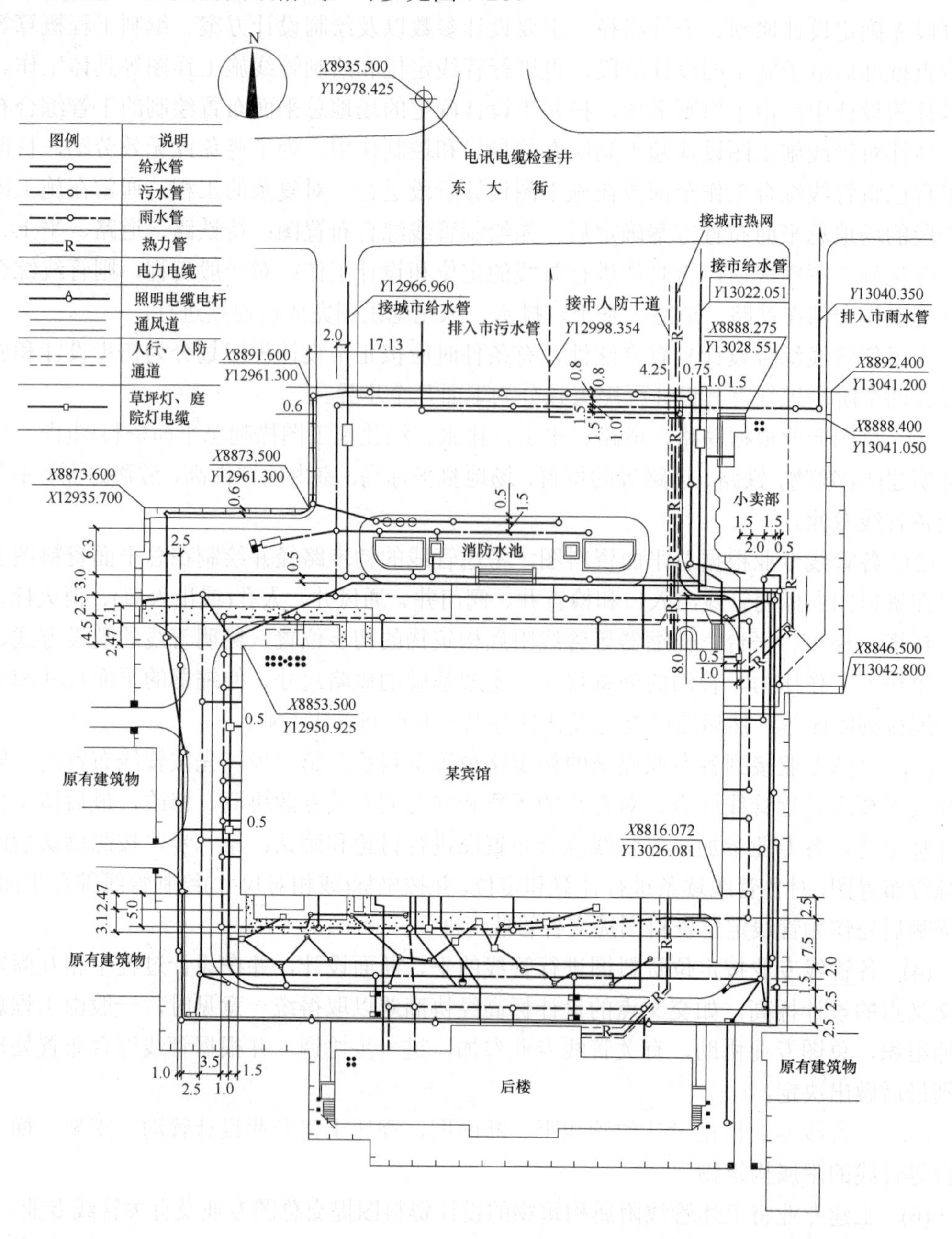

图 7-26　管线综合平面布置图(m)

1)　图纸比例

施工图，一般采用 1∶500；如其他施工图的比例为 1∶1000 且图面比较简单时，亦可采用 1∶2000，个别图面复杂的亦可采用 1∶1000。

2)　图线

管线综合平面图的主题是管线，为此，图中新设计的管线及其附属构筑物应以粗实线表示，图中的建(构)筑物、铁路、道路、现有管线和坐标网应以细实线表示。

3)　管线图例

由于管线的种类较多，用几种不同的线条很难把它们全部区分开来，为此设计中均采用由线条加字母、数字组合起来的图例表示，如“—S_1—”“—X_3—”“—R_2—”“—M_2—”……。图例中的“字母”，分别表示是哪一“类”管线，字母右下方的“数字”，分别表示是该类中的哪一“种”管线。以图例“—S1—”为例，字母“S”表示水管类，数字“1”表示生产用的管道，整个图例“S1”即表示是生产上水管。管线的图例很多，常用的管线图例，可参见表 7-27。

表 7-27　常用管线图例

序　号	名　称	图　例	说　明
1	上水管	—S—	通用符号
2	生产上水管	—S_1—	
3	生活上水管	—S_2—	
4	生产、生活消防上水管	—S_3—	
5	生产消防上水管	—S_4—	
6	生活消防上水管	—S_5—	
7	消防上水管	—S_6—	
8	高压供水管	—S_7—	
9	软化水管	—S_8—	
10	低温水管	—S_{10}—	
11	城市上水管	—S_{11}—	
12	供水明渠	—S_{14}—	
13	供水暗渠	—S_{15}—	
14	下水管	—X—	通用符号
15	生产下水管	—X_1—	自流
16	生产下水管	—X_2—	压力
17	生活下水管	—X_3—	自流
18	生活下水管	—X_4—	压力
19	生产、生活下水管	—X_5—	自流
20	生产、生活下水管	—X_6—	压力

续表

序号	名称	图例	说明
21	生产、雨水下水管	—X_7—	自流
22	生产、雨水下水管	—X_8—	压力
23	生活雨水管	—X_9—	
24	雨水下水管	—X_{10}—	
25	地下排水管	—X_{11}—	
26	排水暗沟	—X_{12}—	
27	排水明沟	—X_{13}—	
28	循环水管	—XH—	通用符号
29	净循环水上水管	—XH_1—	
30	浊循环水上水管	—XH_2—	
31	净回水管	—XH_3—	自流
32	净回水管	—XH_4—	压力
33	浊回水管	—XH_5—	自流
34	浊回水管	—XH_6—	压力
35	化学污水下水管	—H—	通用符号
36	含酚污水管	—H_1—	自流
37	含酚污水管	—H_2—	压力
38	含酸污水管	—H_3—	自流
39	含酸污水管	—H_4—	压力
40	含碱下水管	—H_5—	
41	氰化物排水管	—H_8—	
42	酸碱污水下水管	—H_9—	
43	盐液管	—H_{10}—	
44	硫酸输送管	—H_{16}—	
45	盐酸输送管	—H_{19}—	
46	酸盐输送管	—H_{20}—	
47	废盐液、酸液排出管	—HF—	通用符号
48	乳化液管道	—RH—	通用符号
49	碱液管道	—JY—	通用符号
50	浓碱液管	—JY_1—	
51	淡碱液管	—JY_2—	
52	热力管	—R—	通用符号
53	生活热水管	—R_3—	

续表

序　号	名　称	图　例	说　明
54	热水回水管	—R_4—	
55	采暖温水送水管	—R_5—	
56	采暖温水回水管	—R_6—	
57	凝结水管	—N—	通用符号
58	凝结水管	—N_1—	
59	凝结回水管	—N_2—	自流
60	凝结回水管	—N_3—	压力
61	含油凝结水管	—N_4—	
62	蒸汽管	—Z—	通用符号
63	蒸馏水管	—ZL—	通用符号
64	压缩空气管	—YS—	通用符号
65	鼓风管	—GF—	通用符号
66	热鼓风管	—GF_1—	高炉鼓风
67	冷鼓风管	—GF_2—	高炉鼓风
68	通风管	—TF—	通用符号
69	真空管道路	—ZK—	通用符号
70	油管	—Y—	通用符号
71	原油管	—Y_1—	
72	煤焦油管	—Y_2—	
73	车用汽油管	—Y_3—	
74	燃料油管	—Y_5—	
75	柴油管	—Y_6—	
76	煤油管	—Y_7—	
77	重油管	—Y_9—	
78	溶剂油管	—Y_{10}—	
79	润滑油管	—Y_1—	
80	沥青油管	—Y_{14}—	
81	透平油管	—Y_{15}—	
82	回油管	—Yh—	通用符号
83	废油回收管	—FY—	通用符号
84	煤气管	—M—	通用符号
85	高炉煤气管	—M_1—	
86	焦炉煤气管	—M_2—	

续表

序号	名称	图例	说明
87	发生炉热煤气管	—M_3—	
88	发生炉冷煤气管	—M_4—	
89	发生炉水煤气管	—M_5—	
90	发生炉富氧煤气管	—M_6—	
91	混合煤气管	—M_7—	
92	天然煤气管	—M_8—	
93	林德煤气管	—M_9—	
94	转炉煤气管	—M_{10}—	
95	粉煤管	—FM—	通用符号
96	氧气管	—YQ—	通用符号
97	氧气管	—YQ_1—	
98	液氧管	—YQ_2—	
99	氮管	—DQ—	通用符号
100	氮气管	—DQ_1—	
101	液氮管	—DQ_3—	
102	氢气	—QQ—	通用符号
103	氢气管	—QQ_1—	
104	液氢管	—QQ_2—	
105	氩管	—YA—	通用符号
106	氩气管	—YA_1—	
107	液氩管	—YA_2—	
108	氨管	—AQ—	通用符号
109	氨气管	—AQ_1—	
110	液氨管	—AQ_2—	
111	空气管	—K—	通用符号
112	二氧化碳管	—E—	通用符号
113	保护气管	—BH—	通用符号
114	乙炔管	—YI—	通用符号
115	沼气管	—ZQ—	通用符号
116	灰浆管	—HZ—	通用符号
117	尾矿浆管	—PK—	通用符号
118	精矿浆管	—JK—	通用符号
119	低压电力线	—W—	通用符号
120	低压架空电线	—W—	
121	低压直埋电缆	—W—	
122	高压电力线	—WW—	通用符号

续表

序　号	名　称	图　例	说　明
123	高压架空电线	—WW—	
124	高压直埋电缆	—WW—	
125	通信线	—T—	通用符号
126	通信架空线	—T—	
127	通信直埋线	—T—	
128	广播线	—G—	通用符号
129	广播架空线	—G—	
130	广播直埋线	—G—	
131	管沟敷设	—Z·R—	共沟时用

3. 管线的断面布置形式

管线的断面布置形式见图 7-27。

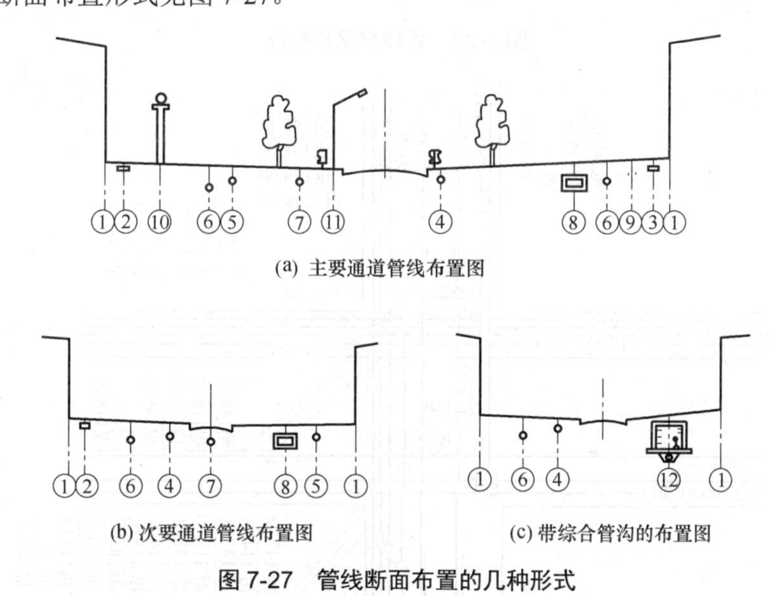

图 7-27　管线断面布置的几种形式

1—基础处缘；2—电力电缆；3—通信电缆；4—生活饮用水和消防给水管；5—生产给水管；6—排水管；7—雨水管；8—热力管沟、压缩空气管；9—乙炔管、氧气管；10—煤气管；11—照明电杆；12—可通行的综合地沟(设有生产给水管、热力管、压缩空气管、雨水管、电力电缆、通信电缆等)

7.7.3　管线交叉点标高

该图的作用主要是检查和控制交叉管线的标高。图纸比例大小及管线的布置和管线综合平面图相同，并在道路的每个交叉口上编上号码，便于查对，见图 7-28。

管线种类多且比较复杂的交叉点，应将比例尺放大，一般采用 1∶500。将管道直径、地面控制标高直接标注在平面图上，然后将管线交叉点两相邻的管的外壁标高引出，标注在图上空白处，这样就可以清楚地看到管线的全面情况，见图 7-29。

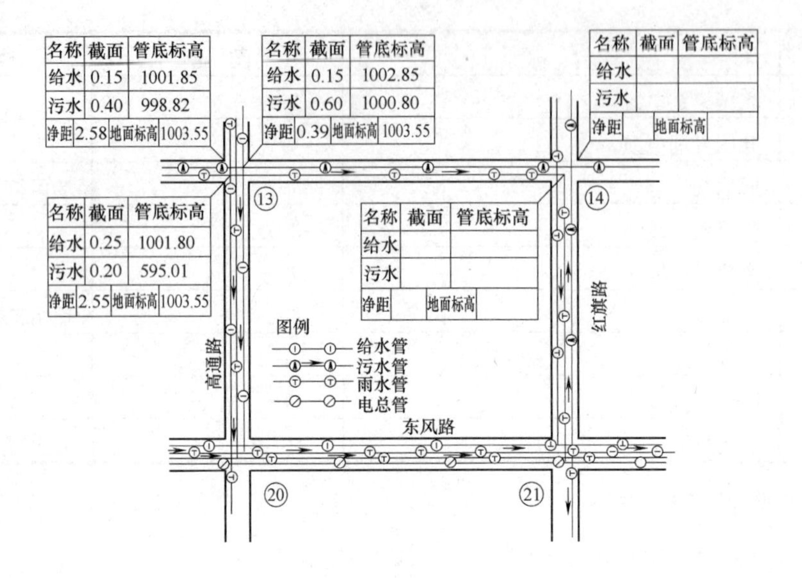

图 7-28　管线交叉点标高

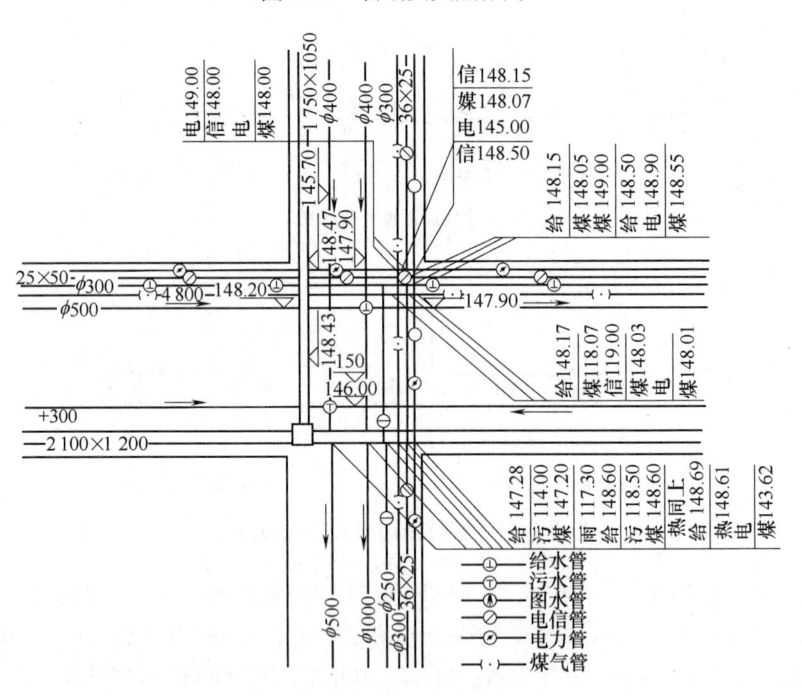

图 7-29　交叉点管线的标高

注：$\frac{150}{\quad}$ 路面标高；信42.5电信在上面外底标高为42.5m / 煤42.4煤气在下面上顶标高为42.4m

图中热力管道简称热；给水管道简称给；污水管道简称污；雨水管道简称雨；电力管道简称电；电信管道简称信；煤气管道简称煤。

复 习 思 考

1. 管线综合布置的任务是什么？
2. 管线的种类及其特点有哪些？
3. 管线的地下敷设方式有哪几种？
4. 管线的架空敷设方式有哪几种？
5. 管线综合布置的一般原则是什么？
6. 地下管线布置的技术要求？
7. 架空管线综合布置的技术要求？
8. 管线综合布置的内容、步骤和方法？

第 8 章　场地总平面设计阶段及其深度

本章阐述场地总平面方案设计、初步设计、施工图设计阶段的内容及其深度。

8.1　设计过程和设计阶段

建设项目具有固定性、多样性和复杂性的特点，这就要求设计工作必须按一定的设计程序分阶段进行，以保证设计质量。

设计工作是按照委托和承包的方式进行的，建设单位(或其上级机关)根据本部门基本建设远景规划和近期计划任务的要求，编制可行性研究报告，经审批后，可以向设计单位提出设计委托书，并提供批准的可行性研究报告和进行设计所必需的原始资料，双方签订合同，确定交付设计文件的质量、日期和进度要求等。

可行性研究报告及其有关文件是设计的依据，有了委托书和设计依据，设计单位便可以开始进行设计。

建设场地选择是建设工作的开始，必须认真贯彻党的建设方针、政策和有关规范、规定，严格按照场址选择的要求、程序进行，对于场址的定点必须持慎重的态度，进行多方案比较，提出最优选址报告。

可行性研究报告和选址报告经批准以后，设计单位即可根据委托的可行性研究报告内容编制设计文件。目前，民用建筑工程设计分为方案设计、初步设计和施工图设计 3 个阶段，工业建筑的大中型建设项目一般按初步设计和施工图设计两个阶段进行。对于民用和工业用的一些小型建设项目，可视具体情况适当简化，采用方案设计和施工图设计两个阶段。

初步设计编制的目的是为了进一步确定拟建项目在指定的地点和规定的期限内进行建设的技术可能性和经济合理性，并在此基础上确定主要技术方案、总投资和主要技术经济指标，以利于在建设和使用中最有效地利用人力、物力和财力。就工业建筑而言，初步设计一般由技术经济部分、工艺设计和土建设计 3 部分组成。

经济部分的内容有建设地点、企业生产能力和车间组成、生产品种的依据，企业的原料燃料、动力等主要物资资源的供应来源和地点，企业和国民经济其他建设项目的经济联系，以及专业化和协作化的依据；生产机械化、自动化水平和职工的需要量；主要生产成本分析和投资分析、劳动生产率、生产成本、利润率、装备率、基本建设投资回收期等主要技术经济指标。

工艺设计部分则要确定企业的技术水平、出厂产品的目录和数量、企业组成和生产大纲，包括主要设备的选择、技术方案和工艺过程的依据。此外还包括企业的生产组织、工作制度、劳动定员以及采用设计方案同先进企业的比较等。

土建设计部分主要是决定设计工程的主体平面设计和结构方案设计的工艺要求，包括企业设计、工业建筑设计(包括选择厂房的层数和层高、厂房的平面布置和柱网、厂房的面积、厂房的结构方案等)、暖气通风设计、给水排水设计等。

初步设计是分专业进行的，为了保证工程的整体性，各专业都有一定的分工。对于大中型复杂的综合性工程，其设计的整体性更为重要，必须保证设计各个组成部分(包括工艺、土建、总图、动力、环保)之间的互相联合和协调。这种协调是通过参加设计的各设计单位之间互相配合、有计划地协作来实现的，是由设计单位的协调计划来保证的。当建设工程由两个或两个以上的设计单位共同完成时，必须指定一个主体设计单位承担对整个设计的技术经济合理性和所有部分设计工作协调的责任。

按两个阶段设计时，初步设计及总概算应提交审批。初步设计批准以后，才能进行施工图设计。

施工图设计，是按单项分专业进行的，是初步设计阶段所确定技术方案的具体化，并不变动业已确定的设计方案，不需提交审批，其质量由设计单位负责。在交付施工单位时，须经建设单位技术负责人签署同意。施工图发出后，设计单位应派人到施工现场进行施工管理，与建设、监理、施工单位共同会审施工图，进行设计交底，介绍设计意图和技术要求，修改不符合实际和有错误的图纸；掌握施工进度和质量情况，参加工程验收，编写工作总结；并参加试车投产或试运营工作，解决试车投产或试运营过程中发生的各种有关设计问题。

在上述各阶段的设计工作完成后，工程项目设计负责人还必须组织好与设计有关的全部工程档案的清理和归档工作。

以上为建设工程的设计过程和设计阶段，了解这些内容，可以配合有关专业，按整个要求做好场地总平面设计工作。下面就方案设计、初步设计和施工图设计的阶段和总平面设计的深度进行阐述，其中各阶段的文件编制深度引自《建筑工程设计文件编制深度规定》。

8.2 方案设计

民用建筑工程的方案设计文件用于办理工程建设的有关手续，是民用建筑工程不可少的设计阶段。方案设计文件应达到报批方案设计文件编制的深度，并应满足编制初步设计文件的需要。对于无审批需求的建筑工程，经有关主管部门同意，且合同中有不做初步设计的约定，在方案设计审批后，可直接进入施工图设计。在此情况下，方案设计文件的深度，达到本节的要求即可。

8.2.1　设计文件

在方案设计阶段，总平面设计文件应包括设计说明、设计图纸、根据合同约定增加鸟瞰图或总体模型。

8.2.2　设计说明

(1) 概述场地现状、特点和周边环境情况及地质地貌特征，详尽阐述总体方案的构思意图和布局特点，以及在竖向设计、交通组织、防火设计、景观绿化、环境保护等方面所采取具体措施。

(2) 说明关于一次规划、分期建设，以及原有建筑和古树名木保留、利用、改造(改建)方面的总体设想。

8.2.3　设计图纸

(1) 场地的区域位置。

(2) 场地的范围，用地或建筑物各角点坐标或定位尺寸、道路红线。

(3) 场地内及四邻环境的反映(四邻原有及规划的城市道路和建筑物，场地内需要保留的建筑物、古树名木、历史文化遗存，现有地形及标高，水体及不良地质情况等)。

(4) 场地内拟建建(构)筑物、道路、停车场、广场及绿地的布置并表示出主要建筑物与用地界限(或道路红线、建筑红线)以及相邻建筑物之间的距离。

(5) 拟建主要建筑物的名称、出入口位置、层数及设计标高，以及地形复杂时主要道路、广场的控制标高。

(6) 指北针及风玫瑰图，比例。

(7) 根据需要绘制反映方案特性的分析图：功能分区、空间组合及景观分析、交通分析(人流及车流组织、停车场布置及停车泊位数量等)、地形分析、绿地布置、日照分析、分期建设等。

8.3　初 步 设 计

8.3.1　初步设计的原则

(1) 初步设计必须以上级批准的可行性研究报告和批准的建设项目场址以及工程地质、水文及水文地质勘查报告为依据；并吃透上级下达的有关文件，熟悉并掌握场地总平面设计的基础资料，如资源资料、技术经济资料、自然条件资料、科学实验资料等，深入场地现场，调查分析，使初步设计达到深度要求。

(2) 初步设计应遵循基本建设规定的技术政策和设计程序，执行有关的标准、规定和规范。

(3) 初步设计必须兼顾技术先进、适用和经济合理的要求，必须兼顾建设和使用的要求，既要积极地采用国内外的先进技术，又要结合我国国情，因地制宜地讲求经济效果，既要考虑到建设的又好又快又省，更要考虑到使用和生产的经济，必须全面权衡，合理地确定初步设计方案。

(4) 初步设计必须兼顾工业生产和农业生产两方面的要求，既要使工业建设满足使用、生产的基本要求，又要考虑到节约土地，保护和支援农业。

(5) 初步设计必须正确处理近期和远期的要求，既要从当前使用、生产、要求出发进行设计，又要适当考虑今后发展的可能，做到近期和远期的正确结合。

(6) 初步设计必须贯彻有利生产、方便生活的原则，做到既要兼顾生产，也要兼顾生活。

(7) 初步设计方案应进行多方案比选，通过技术经济分析和比较，从中选择消耗最小、效果最好、技术先进、经济合理的最佳设计方案，以提高基本建设投资的经济效果。

8.3.2 初步设计的要求及内容

1. 初步设计的要求

初步设计的要求是：作为安排基建计划和控制基建投资使用的文件；作为主要设备订货、生产准备、使用土地和使用基建投资的依据；作为施工准备的依据；作为施工图设计的依据。

2. 初步设计的性质及主要工作内容

1) 初步设计的性质

初步设计是在国家建设方针政策的指导下，根据上级批准的可行性研究报告在确定的建筑场地上进行的，提出在技术上可行、经济上合理的总平面设计方案及其根据。初步设计完成以后，经建设、施工、生产和设计单位会审以后报上级机关批准。

2) 初步设计的主要工作内容

(1) 根据使用功能要求，结合场地的自然条件、建设条件和限制条件，对场地使用及功能进行分析，按照建筑朝向、建筑间距、防火、防噪声、防振、间距及卫生防护间距，并考虑交通线路的技术条件等因素，确定建筑布置形式，合理布置建(构)筑物。

(2) 根据场地对交通运输的要求，结合场地外围的交通条件和场地条件，在满足交通线路的技术要求及场地环境保护等条件下，选择场地内交通运输方式，确定场地主要出入口位置，合理地组织人流和交通流，进行道路、铁路、广场和停车场(库)的设计。

(3) 进行场地交通组织设计，在保证使用和安全的前提下，选用最合理的组织方案，确定运输设备、称量设施及运输组织系统机构和人员编制。

(4) 选择场地的最佳平土标高并计算土(石)方工程量。

(5) 进行绿化美化设计。

(6) 提出总平面设计的技术经济指标及其概算。

8.3.3 初步设计文件的编制

在初步设计阶段，总平面设计文件应包括设计说明书、设计图纸。

1. 设计说明书

1)　设计依据及基础资料

(1)　摘述方案设计依据资料及批示中与总平面设计有关的主要内容。

(2)　有关主管部门对本工程批示的规划许可技术条件(用地性质、道路红线、建筑控制线、城市绿线、用地红线、建筑物控制高度、建筑退让各类控制线距离、容积率、建筑密度、绿地率、日照标准、高压走廊、出入口位置、停车泊位数等)，以及对总平面布置、周围环境、空间处理、交通组织、环境保护、文物保护、分期建设等方面的特殊要求。

(3)　本工程地形图编制单位、日期，采用的坐标、高程系统。

(4)　凡设计总说明中已阐述的内容可以从略。

2)　场地概述

(1)　说明场地所在地的名称及在城市中的位置(简述周围自然与人文环境、道路、市政基础设施与公共服务设施配套和供应情况，以及四邻原有和规划的重要建筑物与构筑物)。

(2)　概述场地地形地貌(如山丘范围、高度，水域的位置、流向、水深，最高最低标高、总坡向、最大坡度和一般坡度等地貌特征)。

(3)　描述场地内原有建筑物、构筑物，以及保留(包括名木、古迹、地形、植被等)、拆除的情况。

(4)　摘述与总平面设计有关的自然因素，如地震、湿陷性或膨胀性土、地裂缝、岩溶、滑坡与其他地质灾害。

3)　总平面布置

(1)　说明总平面设计构思及指导思想；说明如何因地制宜，结合地域文化特点及气候、自然地形，综合考虑地形、地质、日照、通风、防火、卫生、交通以及环境保护等要求布置建筑物、构筑物，使其满足使用功能、城市规划要求以及技术安全、经济合理性、节能、节地、节水、节材等要求。

(2)　说明功能分区、远近期结合、预留发展用地的设想。

(3)　说明建筑空间组织及其与四周环境的关系。

(4)　说明环境景观和绿地布置及其功能性、观赏性等。

(5)　说明无障碍设施的布置。

4)　竖向设计

(1)　说明竖向设计的依据(如城市道路和管道的标高、地形、排水、最高洪水位、最高潮水位、土方平衡等情况)。

(2)　说明如何利用地形，综合考虑功能、安全、景观、排水等要求进行竖向布置；说明竖向布置方式(平坡式或台阶式)、地表雨水的收集利用及排除方式(明沟或暗管)等；如采用明沟系统，还应阐述其排放地点的地形与高程等情况。

(3) 根据需要注明初平土石方工程量。

(4) 防护措施，如针对洪水、滑坡、潮汐及特殊工程地质(湿陷性或膨胀性土)等的技术措施。

5) 交通组织

(1) 说明人流和车流的组织、路网结构、出入口、停车场(库)的布置及停车数量的确定。

(2) 消防车道及高层建筑消防扑救场地的布置。

(3) 说明道路主要的设计技术条件(如主干道和次干道的道路宽度、路面类型、最大及最小纵坡等)。

6) 主要技术经济指标表

(1) 民用建筑场地主要技术经济指标，见表 8-1。

表 8-1 民用建筑场地主要技术经济指标

序 号	名 称	单 位	数 量	备 注
1	总用地面积	hm^2		
2	总建筑面积	m^2		地上、地下部分应分列，不同功能性质部分应分列
3	建筑基地总面积	hm^2		
4	道路广场总面积	hm^2		含停车场面积
5	绿地总面积	hm^2		可加注公共绿地面积
6	容积率			(2)/(1)
7	建筑密度	%		(3)/(1)
8	绿地率	%		(5)/(1)
9	小汽车/大客车停车泊位数	辆		室内、室外分列
10	自行车停放数量	辆		

注：1. 当工程项目(如城市居住区)有相对应的规划设计规范时，技术经济指标的内容应按其执行。

2. 计算容积率时，通常不包括±0.00 以下地下建筑面积。

(2) 工业建筑场地主要技术经济指标如下。

① 场(厂)区用地面积，m^2；

② 建筑物、构筑物用地面积，m^2；

③ 建筑系数，%；

④ 铁路长度，km；

⑤ 道路及广场用地面积，m^2；

⑥ 绿化占地面积，m^2；

⑦ 绿化率，%；

⑧ 土(石)方工程量，m^3。

不同类型的行业，除列出上述指标外，还可根据其特点和需要列出本行业有特殊要求的技术经济指标。

分期建设的工程项目，除应列出本期工程的主要技术经济指标外，有条件时，还应列出近期和远期工程的主要技术经济指标。

改(扩)建场地的总平面设计，除列出上述规定的指标外，还宜列出场地原有的有关的技术经济指标。局部或单项改(扩)建工程的总平面设计技术经济指标可视具体情况决定。

2. 设计图纸

1)　区域位置图(根据需要绘制)

区域位置图的比例一般采用 1∶5000～25000，图内应绘出拟建场地的外形、地理位置与周围的环境关系，现有外部的铁路、车站、公路、河流及码头；场地拟建的专用线、车门和公(道)路，现有或拟建的水源和热电站，以及与场地有关的设施；拟建居住区的位置、场地发展方向，废料场位置，风玫瑰图。

2)　总平面图

(1)　保留的地形和地物。

(2)　测量坐标网、坐标值，场地范围的测量坐标(或定位尺寸)、道路红线、建筑控制线、用地红线。

(3)　场地四邻原有及规划的道路、绿化带等的位置(主要坐标或定位尺寸)和主要建筑物及构筑物的位置、名称、层数、间距。

(4)　建筑物、构筑物的位置(人防工程、地下车库、油库、贮水池等隐蔽工程用虚线表示)与各类控制线的距离，其中主要建筑物、构筑物应标注坐标(或定位尺寸)、与相邻建筑物之间的距离及建筑物总尺寸、名称(或编号)、层数。

(5)　道路、广场的主要坐标(或定位尺寸)，停车场及停车位，消防车道及高层建筑消防扑救场地的布置，必要时加绘交通流线示意。

(6)　绿化、景观及休闲设施的布置示意，并表示出护坡、挡土墙、排水沟等。

(7)　指北针或风玫瑰图。

(8)　主要技术经济指标表(见表 8-1)。

(9)　说明栏内注写：尺寸单位、比例、地形图的测绘单位、日期，坐标及高程系统名称(如场地为建筑坐标网时，应说明其与测量坐标网的换算关系)，补充图例及其他必要的说明等。

3)　竖向布置图

(1)　场地范围的测量坐标值(或定位尺寸)。

(2)　场地四邻的道路、地面、水面，及关键性标高(如道路出入口)。

(3)　保留的地形、地物。

(4)　建筑物、构筑物的位置名称(或编号)，主要建筑物和构筑物的室内外地坪设计标高、层数，有严格限制的建筑物、构筑物高度。

(5)　主要道路、广场的起点、变坡点、转折点和终点的设计标高，以及场地的控制性标高。

(6)　用箭头或等高线表示地面坡向，并表示出护坡、挡土墙，排水沟等。

(7) 指北针。

(8) 注明：尺寸单位、比例、补充图例。

(9) 竖向布置图可视工程的具体情况与总平面图合并。

(10) 根据需要利用竖向布置图绘制土方图及计算初平土方工程量。

8.4 施工图设计

8.4.1 施工图设计的目的和要求

施工图设计是将工程设计意图通过图纸表达出来，由施工单位根据它进行施工，达到生产或使用的目的。

工程设计图纸是一种表达设计意图的语言，施工图当然就是表达对工程项目的施工结果和方法意图的语言。所以对施工图纸要求图面整洁、安排恰当、图例统一、线条粗细分明、文字和数字清楚无误，能明确地表达设计意图并满足施工要求。

8.4.2 施工图设计的图纸内容

场地总平面设计的施工图可归纳为总平面布置图(即建(构)筑物、铁路、道路定位图)，竖向布置图或场地排雨水图，综合管道(线)图，场地土方图(即场地平整图或初平土图)、道路(铁路)的纵、横断面图，单体的车站平面及断面图，以及其他结构的详图和表格、目录等。

施工图纸一般采用比例见表 8-2。

表 8-2 施工图图纸组成及比例

序 号	图纸名称	一般采用比例	备 注
1	总平面布置图	1∶500；1∶1000	
2	竖向布置图(场地排雨水图)	1∶500；1∶1000	
3	综合管线图	1∶500；1∶1000	
4	场地平整图	1∶500；1∶1000	
5	绿化布置图	1∶500；1∶1000	
6	车站平面图	1∶500；1∶1000	
7	铁路线路平面图	1∶500；1∶1000	
8	铁路线路纵断面图	纵向 1∶100；1∶200 横向 1∶1000；1∶2000	
9	铁路路基横断面图	1∶100；1∶200	
10	公路路线平面图	1∶1000；1∶2000	
11	公路路线纵断面图	纵向 1∶100；1∶200 横向 1∶1000；1∶2000	
12	公路路基横断面图	1∶100；1∶200	
13	场地断面图	1∶100；1∶200	

续表

序　号	图纸名称	一般采用比例	备　注
14	通道断面图	1∶100；1∶200	
15	复用图、参考图	见图	
16	其他图	见图	

对场地总平面实际做的施工图中，总平面布置图、竖向布置图或场地排雨水图、场地平整图、综合管线图等是主要的图纸，现简述如下。

1. 总平面布置图绘制说明

(1) 总平面布置图主要包括建筑物，除排水、挡土墙以外的构筑物、道路(铁路)等定位及标注有关标高。

(2) 图中须绘出施工坐标网(用细贯通线)及测量坐标网(用长 30mm 细十字线)，如用测量坐标网作为施工坐标网时，只用细贯通线绘出测量坐标网。坐标网数值，一般标注在图纸左方及下方距图框内 15mm 空白中；当图面较长或较大时，可增注图纸右下方或标注 4 个方向的坐标数值。

(3) 平土范围内一般不绘地形、地貌，除矿区总平面图四周须绘制地形、地貌外，其他总平面布置图可根据具体情况确定。

(4) 建(构)筑物按建筑图中的±0.00 平面上的柱或墙的行列线绘制，没有标注行列线的建(构)筑物，应按内径或内壁尺寸绘制，新设计的建筑物用粗实线绘制，铁路、道路、构筑物用中粗实践绘制。

(5) 建筑物标注室内地坪标高(扳道房可不标注标高)。构筑物标注代表性的标高，必要时在标高附近加以注名，如“池顶”等。

道路中心线连接点或交叉绘十字线，并标注标高。

(6) 方形建(构)筑物标注三点坐标，圆形建(构)筑物标注中心点坐标，铁路、道路标注起讫点、曲线转向角交点及道岔中心点坐标，扳道房等小的建(构)筑物可不标注坐标，而用与附近道岔中心等的相对尺寸定位。

(7) 建(构)筑物、铁路、道路等坐标数值一般可直接标注在图上，图面密集或建(构)筑物等较多时，可用坐标编号和另列坐标表。

坐标编号，一般从建筑物左下角开始，按顺时针方向编号，坐标数值取小数点后两位。

建(构)筑物名称，一般直接写在图上，亦可采用①、②等数字编号和列表方式。

(8) 道路用 3 条线表示。矿区道路绘制路肩线和中心线。场区道路绘制路面线及中心线。道路交叉及单向转弯处曲线半径，矿区道路标注道路中心线，场区道路标注路面内缘，在曲线内测均只标注曲线半径数值。

(9) 矿区道路编号，一般用阿拉伯数字，必要时主要道路用罗马数字，次要道路用阿拉伯数字接主要道路编号。

场区道路编号，根据其形式(城市型或公路型)及路面宽度，按先宽后窄顺序编。每一编号的道路形式及路面宽度应相同。道路编号一般用“1 号道路”等，如道路较多按场区范围编号时，可在编号前冠以代表该区的中文字，如“钢 1 道路”等。上述编号在该道路的全长或分段长(道路较长时)内，分开一定距离书写。在每一编号道路上应绘出断面示意图，并标注路面及路肩宽度。

道路很少时，亦可不编号。

(10) 矿区道路曲线转向角交点编号，在阿拉伯数字前冠以该道路的编号数字。两数字间用短横线相连，例如：1-1、2-1 等。

场区道路曲线转向角交点，按道路编号顺序用 N_1、N_2 等连续编号。

(11) 铁路干线用罗马数字编号，支线或其他线用阿拉伯数字接干线连续编号。

道岔(包括厂内一般车站)用阿拉伯数字顺序编号。道岔型号在说明时统一说明(少数不同型号的道岔，在道岔编号附近标注道岔号数)。

(12) 铁路坡度标应相互对应。为了便于现场确定坡度标的位置，如坡度标附近有道岔时，须标注最近一组道岔的中心距离。

(13) 铁路曲线内侧，一般标注曲线要素。道岔中心至相邻的道岔中心或至曲线起讫点等的直线段长度前冠以 1，例如：1 表示该直线段长度为 125.47m。

(14) 场地总平面布置图应绘出风向频率玫瑰图，局部性总平面布置图可绘制指北针。

2. 竖向布置图或场地排雨水图绘制说明

(1) 竖向布置图主要包括排水构筑物、挡土墙等定位及坐标和有关标高。

(2) 图中不绘测量坐标网，在平土范围内一般不绘制地形、地貌。

(3) 建(构)筑物、铁路、道路等均用细实线绘制，预留部分用细虚线绘制，新设计的排水构筑物用中粗实线绘制。

(4) 建筑物墙侧雨水沟及雨水口，当与场地排水沟有关系时，用细线绘出，但不标注标高及编号，其他雨水口可只标注标高不写编号。

(5) 挡土墙标注起讫点及转角点处墙顶外侧坐标，涵管(洞)标注中心坐标及编号，其他管径、材料等，均列入涵管(洞)表中。

(6) 图中须标注的标高处如下。

① 建筑物室内地坪，较大建筑物外墙四周转角处，较小建筑物 1～3 个转角处；同一建筑物分段标高不同时，其变坡处的坡顶及坡脚；

② 挡土墙起讫点、转角点、变坡点(包括垂直变高的上、下点)以及挡土墙较长时，中间适当处的墙顶标高及挡土墙外附近适当处平土标高；

③ 分水线的起讫点或适当处；

④ 道路变坡点及道路中心线连接点或交叉点；

⑤ 涵管(洞)进、出口底面；

⑥ 雨水口进水面及排水沟起讫点、变坡点(均用引出线标注标高)；

⑦ 堆场有代表性的地点；

⑧　排水沟等有关标注，见图 8-1。

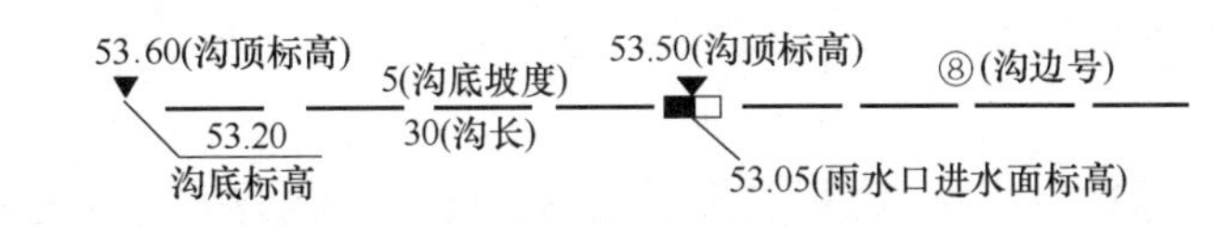

(a) 排水沟及雨水口处

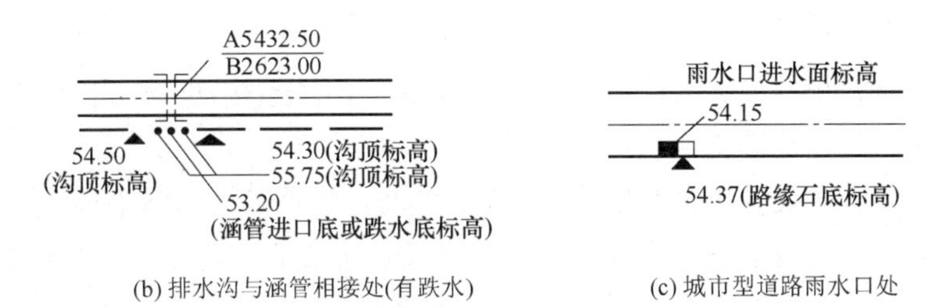

(b) 排水沟与涵管相接处(有跌水)　　(c) 城市型道路雨水口处

图 8-1　排水沟标注

注：图 8-1(c)如路缘石顶距雨水口高度沿道路均相同时，可不标注路缘石顶标高，但在图中须加以说明。

(7)　排水沟用①、②等数字，按先加固沟后土沟顺序编号。

(8)　标高以米为单位，取小数点后两位，排水坡度以千分之一计，一般取整数，必要时取小数点后一位。

3．综合管线图绘制说明

(1)　图中不绘制测量坐标网及地形、地貌。

(2)　新设计及原有的建(构)筑物、铁路、道路、管线等均用细实线绘制，新设计的管线用中粗实线绘制。

(3)　架空管线须绘出杆或支架的中心位置。大的支架基础，须在图中用细虚线表示出其基础最外边线。铁路绘中心线，道路只绘路面线，均不标注编号。

(4)　图面简单时，管线坐标一般可直接标注在图上；图面复杂时，管线坐标点可进行编号，另附坐标表。

(5)　管线标注转角点、连接点及起讫点的中心坐标。架空管转角处的支架，如不在转角中心点时，须标注该支架与转角中心点的距离，中间支架或杆须标注相邻支架或杆的中心点距离。

(6)　干管线的转角及支管线与干管线的连接点，按每一种管线，分别用阿拉伯数字顺序编号。例如，干管线编号为 30，支管线连接点第一点的编号为 31。

雨水井用阿拉伯数字编号，雨水口编号用阿拉伯数字前冠以相连接的雨水井编号，两数字间用短横线相连。例如，有两个雨水口，其相连的雨水井编号为 25，则雨水口编号分别为 25-1、25-2。

(7)　几种管线共架或共沟时，只绘出主要管线中心线，但在该管线中心线上，须标注共架或共沟各管线代表符号。

(8)　改、扩建场地设计中，原管线符号与本管线符号不同时，在图中须将新旧管线符号列出加以说明。

(9) 地下管线与铁路交叉须进行加固时，应标注管线中心与铁路中心交点坐标，如斜交时须注明角度。

(10) 图中一般只标注建(构)筑物标高，必要时标注与管线有关的平土标高。

(11) 当通道断面图附在本图时，在该断面图中的管线标注中文名称(不用代号)。

4. 场地平土图绘制说明

(1) 图中不绘制测量坐标网，在平土范围内除保留的建(构)筑物、小山及需单独计算的水塘等须绘出外，其他地形、地貌可不绘入。

(2) 图中用细虚线仅绘出主要建(构)筑物、铁路、道路等，但均不标注名称或编号。

(3) 平土区填方顶线或挖方底线，平土分区及台阶线的转角点，均须标注坐标。

(4) 当地形图比例为 1∶500、采用“整体计算法”时，方格网一般采用 20m×20m。

(5) 在平土图范围内须分区平土时，则平土分区用罗马数字编号，编号写在该平土区适中位置，编号右侧写平土标高。

(6) 在平土区四周如有填、挖时，宜绘出边坡，其土方工程量可按边坡线主要变化点分段计算，并标注在该段边坡的适中位置。

平土区内的台阶边坡线可不绘出。边坡土方工程量已包括在各方格土方数量中，必要时可用断面法单独计算。

(7) 平土区内只有一个设计标高时(整体计算法)，则在该区适中位置标注一个设计标高。如平土区内按一定纵、横坡度平土时，则在各方格交点处的右上方，分别标注不同的设计标高。

标高及填、挖高度取小数点后两位，土方工程量取整数。

(8) 整体计算法，是将每个方格交点处的填、挖高度分别累加起来，乘以 100(方格网为 10m×10m 时)或乘以 400(方格网为 20m×20m 时)，即为总的填、挖土方工程量。对平土区四周处为整方格时，其中间点按填、挖高度的 1/2 计算，转角点按填、挖高度的 1/4 计。如图 8-2 所示，+2.40、+2.80 则分别按+1.20 和+0.70m 计，图中不同方向的斜线部分，分别表示转角点及中间点所包括的计算土方工程量的范围。必要时，对平土区四周绘出边坡并计算其土方工程量。

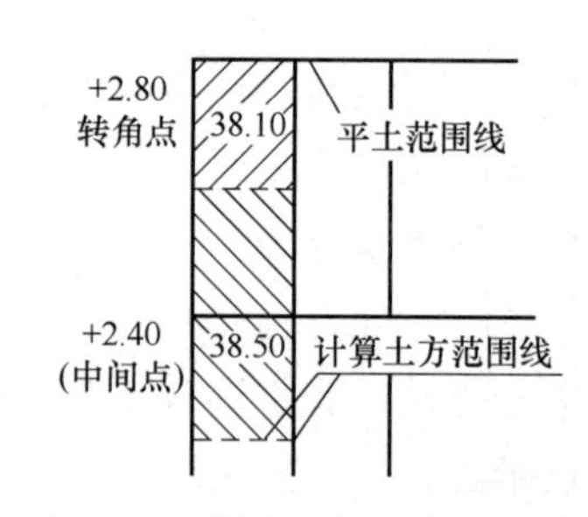

图 8-2 中间点、转角点土方计算

(9) 如平土区内需分区计算土方工程量时，在场地平土图下面，按分区列出数量计算表，分别累计计算。

(10) 有石方工程量时，其数量应另行列出。

5. 车站平面图绘制说明

(1) 厂外车站的股道等，一般采用假设基线，用相对距离定位。假设基线有两种方式。

① 以车站正线为横轴线(亦称 A 轴线)，以贯通站房中心且与正线相垂直的中心线为纵

轴线(亦称B轴线)，两轴线的交点为坐标零点。

② 在大的车站两端道岔区，可分别选定某点(如最外股道的道岔连接曲线交点或道岔中心等)作为假设基线的零点。

坐标零点，向上和向右方向的距离为正值，向下和向左方向的距离为负值。

(2) 车站建(构)筑物，一般采用与附近道岔中心线或原有建筑物等相对关系尺寸定位。如有关定位需与厂(场)区施工坐标或测量坐标联系时，图中应绘出有关坐标网。

(3) 新建车站在横轴线方向，须有两点坐标或里程及方位角，以控制车站正线方位角。

(4) 股道编号，一般以距站房最近股道起，向外用阿拉伯数字顺序编号，其中正线用罗马数字。如车站正线须编为Ⅰ号线时，则Ⅰ号线靠站房一侧的股道，从相邻股道起用2、4等偶数数字编号；另一侧用3、5等奇数数字编号，对改、扩建车站的原有股道或路局股道，必要时用括号，以便与新设计股道或场(厂)区股道相区别。

(5) 道岔和扳道房的编号，以车站中心为界，车站中心一端的道岔和扳道房用偶数数字编号，另一端用奇数数字编号。每端的道岔，由最外一组开始向车站中心进行编号，渡线和交叉渡线的道岔应连续编号。

如需区分路、场(厂)两单位的道岔，或新设计与原有道岔等，可分别用2、4等及N_2、N_4等编号。

(6) 警冲标只标出其位置可不定位，进(出)站信号机、道岔中心、曲线转向角交点以及涵管(洞)平交道、平过道的中点须定位，如车站正线有里程时，对后3项亦可用里程标注位置。

跨线桥及地道定两端中点位置。

(7) 车站横断面位置，在车站平面图的上方用剖切线示出，剖切线上标注里程，(当正线有里程时)或断面编号。

(8) 股道有效长度取整数，大中型车站股道有效长度可取5的倍数，股道间距取小数点后一位。

(9) 站内道岔采用同一型号时，图上可不标注，在说明中加以说明；只有少数不同型号的道岔，可在图中标注；其他多数型号的道岔，在说明中加以说明。

(10) 车站平面图，如包括车站地面排水等，则与前述有关图中要求相同。

6. 铁路、公路平面图绘制说明

(1) 矿区两条及以上的铁路、公路应编号，其中干线用罗马数字编号，支线用阿拉伯数字接干线顺序编号。

当矿区铁路干线为复线时，应表示或说明空、重车方向。

(2) 矿区铁路、公路转向角交点，用阿拉伯数字前冠以该线的编号数字、两数字间用短横线相连，如1-1、2-1等。

(3) 矿区铁路、公路路基有填、挖时，须绘出边坡，侧沟只绘出其符号及表示出出口排水方向，可不标注标高，涵管(洞)须标注进出口标高、编号、中心里程及线路的交角，涵管(洞)的孔径、材料等列入涵管(洞)表中，桥梁均由有关专业设计，不另列表，图中须注明中心里程、编号、跨度及材料。

(4) 场(厂)区外公路，用单线绘出其中线，场(厂)区外铁路、公路须标注各直线段的方位角，并在曲线内侧注明曲线函数，填挖地段可不绘填挖边坡。

(5) 铁路、公路有纵断面图时，图中不绘坡度标；曲线起讫点标注里程时，不绘曲线起讫点符号；有坐标表时，矿区铁路、公路在曲线内侧，可只标注曲线半径。

(6) 铁路、公路的挡土墙、护坡，须标注起讫点里程和材料，涵管(洞)两边的护坡，可只标注长度。挡土墙两端及中间墙高变化处，须标注标高。

(7) 铁路、公路均采用公里桩加百米桩标注有关桩号，其中仅在标注线路长度的公里桩前冠以 K 字代号，如 K_5 等，百米桩取小数点后两位，铁路公里桩及百米桩标注在铁路中线上侧，字头一般朝向图纸左端，公路公里桩及百米桩标注在公路中线下侧，字头一般朝向图纸上方。

曲线起讫点里程，标注在曲线内侧，桥涵中心里程，标注在桥涵横向中线的延长线上，隧道标注名称和长度。字头一般朝向图纸左端。

7. 铁路、公路断面图绘制说明

(1) 厂外或矿区铁路、公路及厂区内未进行平土地区或单独设计的铁路、道路，一般须进行纵、横断面设计。

(2) 在铁路密集处，采用横断面法定线，或设置挡土墙，涵洞以及特殊设计的路基，应设计路基横断面图。

(3) 当铁路轨道类型、公路路面结构分段不同时，在其纵断面图下表中的第一行，分别增加“轨道类型”“路面结构”一栏或在图中统一说明。

(4) 当纵坡坡段两端高差较大、纵坡线超出图框线或在标高基线以下而须折断绘制时，可按图 8-3 所示方式绘制。

(5) 当铁路、公路采用里程定位时，横断面应相应采用里程编号；当采用坐标定位时，横断面采用Ⅰ-Ⅰ、Ⅱ-Ⅱ(横断面少时)等或 1-1、2-2 等编号。

(6) 同一张图中绘制较多的横断面图时，图中横断面应按里程先后或编号顺序，从下到上、从左到右绘制，上下横断面的路基中线(或铁路干线)应相互对齐。

(7) 同一张图中相同类型的横断面，可只在该类型的第一个横断面中标注路基面宽度、排水坡度、边坡坡度及侧沟断面尺寸等。其他同类型的横断面不再标注，但应在图纸中加以说明。

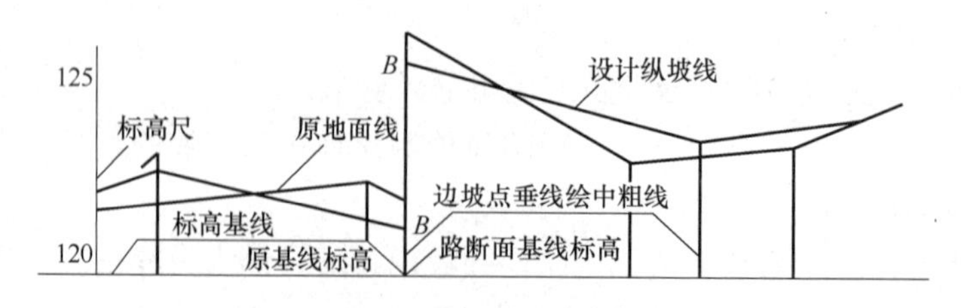

图 8-3 纵坡线折断示例

(8) 横断面图的里程或编号，填、挖高度，填、挖面积均写在断面图中下面居中位置。填、挖高度，以 m 为单位，取小数点后两位。填、挖面积以 m^2 为单位，取小数点后一位。

8. 场地通道断面图绘制说明

(1) 当矿区工业场地地形复杂、建(构)筑物等布置较密集的地段，在有代表性的位置上，剖切绘制场地断面图；当厂(场)区铁路、道路，管线等较多的通道，必要时绘制通道断面图，以便更明确地分别反映出该断面处建(构)筑物、铁路、道路、管线以及场地平土、排水之间的平面及竖向相互关系等。

(2) 场地断面剖切线，应垂直建筑物和主要铁路线或道路，必要时可用转折剖切线，剖示出相邻近两处的剖面情况。

(3) 从通道一端视线方向所能见到的通道范围内的建(构)筑物、铁路、道路、管线及大的建(构)筑物基础等，均按比例绘出其轮廓线。

(4) 场地断面图下面注写Ⅰ-Ⅰ断面、Ⅱ-Ⅱ断面等，并在总平面布置图中，相应绘出其剖切线及编号。

通道断面图一般绘在综合管线图中，在通道断面图下写明“××车间(或建筑物名称)至××车间通道断面图”。综合管线图中不绘剖切线。

8.4.3 总平面图、竖向图和综合管线图之间的关系

该 3 张图中总平面图是起主导作用的，因为设计中的主要内容全包括在这套图内。总平面图既要求考虑所有建(构)筑物、铁路、道路等工程设施的平面布置、竖向布置，又要完成铁路、道路等工程设施的部分详细设计，同时也是另外两套图的设计基础。在总平面布置时要考虑到总的流水方向、排水方式、管线用地、必要的通道宽度；铁路、道路设计时更需要考虑铁路、道路的排水、路基形式等。

一般在总平面图完成后(平面位置坐标和竖向设计标高已选定完)才能开始做场地竖向布置图或场地排雨水图。而排雨水图内的排水沟、雨水口、涵管等排水构筑物的标高、位置确定后，才能提交水道等有关专业，经其同意返回才能开始做综合管线图。

当然在做综合管线图时，可能局部修改排水沟、雨水口等排水构筑物的布置；而在做竖向布置图或场地排雨水图时也可能出现需要修改局部的建(构)筑物的平面位置和标高。所以 3 张图之间需要调整、相互补充才能达到协调统一。

8.4.4 施工图设计的工作程序

施工图设计的工作程序大致可分为 3 个阶段，即设计准备、施工图设计和结尾工作。

1. 设计准备

1) 技术业务上的准备

主要通过这 3 个阶段的工作对工程项目的内容、设计原则、原始资料等进行详细的了解，做到掌握客观情况和设计的具体内容、目的要求等，为下一阶段工作开展做好充分准

备。具体要求如下。

(1) 了解上阶段设计(初步设计)的内容、有关规定，如总平面布置、竖向布置原则，交通线路等级，道路宽度，附近的四邻关系等。

(2) 上级对上阶段设计的审批意见。

(3) 检查原始基础设计资料的情况以及对现场情况的调查了解，如地形图、细部坐标、工程地质资料、气象资料(风向、雨量等)、铁路、道路、管线与外部的关系、交接条件和交接地点的资料(坐标及标高)。

(4) 设计资料的收集，其中包括与此相类似的工程项目的设计图纸、复用图、标准图等。

(5) 专题准备，结合工程具体情况对上阶段设计中遗留下的问题、审批中明确要求进一步研究的问题以及估计到可能产生的问题进行调查研究，搜集有关资料。

(6) 对有关规范、规定、制图标准、参考资料等书籍文件查阅学习。

(7) 工具准备，包括制图工具和工具书。

2) 制订工作计划

(1) 确定图纸产品的内容，计划图纸数量及工作量。

(2) 根据计划安排及设计总负责人对设计进度的要求，制定本专业的图纸进度、校审、出图等时间。

3) 工程标准和工程原则的确定

一般情况下工程标准和工程原则在上阶段设计中已经确定，但对大的项目，由于参加设计的人员较多，为避免做法不统一，相互矛盾，所以要统一规定并公布，做到人人明确，认识统一。如遇到需改变上阶段设计的情况、新产生的问题或者要改变工程标准和工程量以及工作进程时，需提请召开技术会议讨论解决，经有关总负责人同意后执行。

2. 施工图设计

1) 总平面布置图的设计

(1) 总平面布置图一般是在地形图上画。首先打好坐标方格网，在上阶段准备工作的基础上，根据建筑或各工艺专业提供建筑物的(车间)平面图、各辅助专业提供的有关辅助设计平面布置图(上述各图内容均属施工设计阶段的)，按运输工艺流程绘制平面图。

平面图绘好以后，应请有关专业共同研究确定，并经本专业组内审核同意(有时需要作局部修改)。

(2) 坐标计算。建筑物的尺寸应按土建专业提供的建筑图，此图如果与主体工艺专业有矛盾时，以土建专业为准；也可提请有关专业查对，落实统一。建筑物编出角点号(一般顺时针编)、铁路编出股道、道岔、转点号。

坐标计算就是对建(构)筑物具体的定位。建(构)筑物的定位一般有 3 种方法，第一种对暂时的、局部的或简单的工程可用相对关系表示，即首先在场地内选定一个施工坐标原点(一般在中心地区的比较明显的点，如某一个建筑物的特征点)，只确定或算出该点的绝对坐标，而其他建(构)筑物、铁路、道路均以该原点为基点，设计相互尺寸关系可供施工定位，见图 8-4。

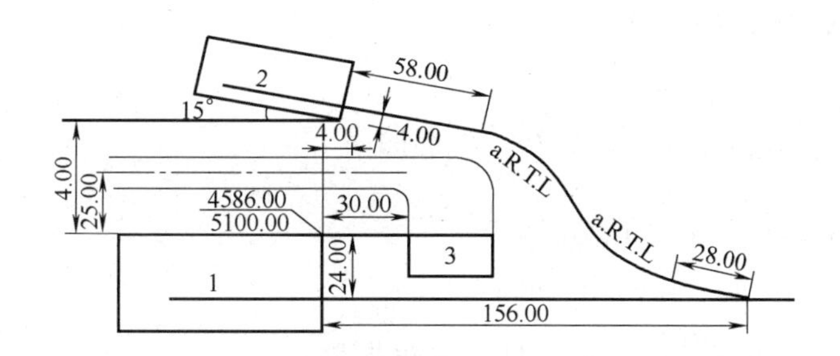

图 8-4　相对关系确定坐标(单位：m)

选定建筑物“1”的角点为原点，而建筑物“2”和“3”以及铁路、道路的位置均可依次标出相互尺寸关系。第二种方法就是直接用测量坐标系统进行定位计算，此法坐标计算复杂，一般不常用。第三种方法就是建立相对坐标系统(或施工坐标系统)进行定位计算，此法计算、标注坐标都比较方便，也适用于较大的和复杂的工程项目。下面重点介绍第三种方法。

从上述第二种方法即按照测量坐标系统测绘的场区地形图上进行总平面布置的定位计算，因为建筑场地、建筑轴线与坐标方格网往往形成一个复杂的角度，对设计计算和施工放线带来很多不便，如果建立一个新的相对坐标系统(施工坐标)，使其与建筑场地大多数建(构)筑物的建筑轴线保持垂直、平行关系，则设计计算和放线施工就方便多了。国家测量坐标系统网与相对坐标(施工坐标)系统网之间要进行换算。

坐标系统方向的确定：如图 8-5 所示，x 轴指向北为正，y 轴指向东为正，则方向角的确定同数学坐标中的正切。

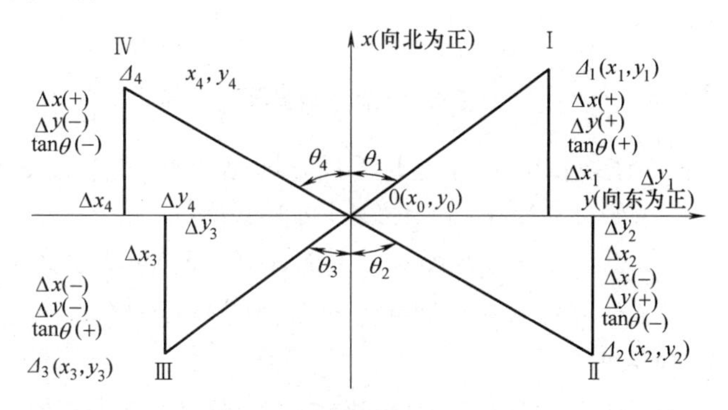

图 8-5　坐标系统方向的确定

第一象限：$\Delta x_1 = x_1 + x_0 =$ 正(+)值

$\Delta y_1 = y_1 - y_0 =$ 正(+)值

$\tan\theta_1 = \dfrac{+\Delta y_1}{+\Delta x_1} =$ 正(+)值，方向东北

第二象限：$\Delta x_2 = x_2 - x_0 =$ 负(−)值

$\Delta y_2 = y_2 - y_0 =$ 正(+)值

$\tan\theta_2 = \dfrac{+\Delta y_2}{-\Delta x_2} =$ 负(−)值，方向东南

第三象限：$\Delta x_3 = x_3 - x_0 =$ 负(−)值

$\Delta y_3 = y_3 - y_0 =$ 负(−)值

$\tan\theta_3 = \frac{-\Delta y_3}{-\Delta x_3} =$ 正(+)值，方向西南

第四象限：$\Delta x_4 = x_4 - x_0 =$ 正(+)值

$\Delta y_4 = y_4 - y_0 =$ 负(−)值，

$\tan\theta_4 = \frac{-\Delta y_4}{+\Delta x_4} =$ 负(−)值，方向北西

坐标系统换算的公式，一般有两种方法。

第一种：如图 8-6(a)所示，当 A、B 坐标系统按 x、y 坐标系统顺时针转 θ 角，则由 x、y 坐标系统换算为 A、B 坐标系统，即已知 P 点在 x、y 坐标系统的坐标(x_P, y_P)，求 P 点在 A、B 坐标系统的坐标(A_P, B_P)的公式：

$$A_P = \Delta x\cos\theta + \Delta y\sin\theta = (x_P - x_0)\cos\theta + (y_P - y_0)\sin\theta$$

$$B_P = \Delta y\cos\theta + \Delta x\sin\theta = (y_P - y_0)\cos\theta - (x_P - x_0)\sin\theta$$

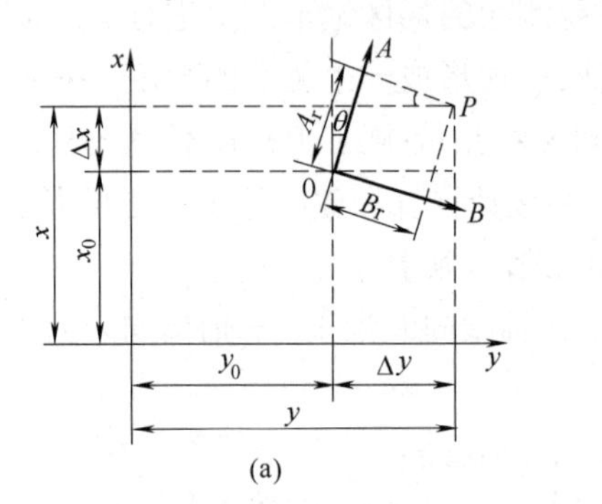

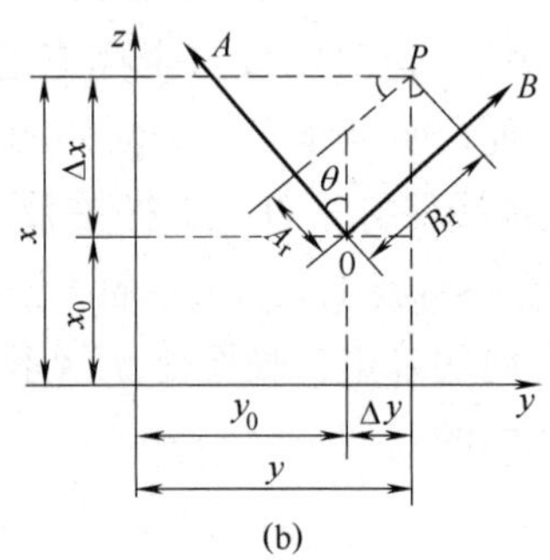

图 8-6　坐标系统换算

反之由 A、B 坐标系统换算出 x、y 坐标系统，即已知 P 点在 A、B 坐标系统中的坐标(A_P, B_P)，求 P 点在 x、y 坐标系统中的坐标(x_P, y_P)的公式：

$$x_P = x_0 + \Delta x = x_0 + A_P\cos\theta - B_P\sin\theta$$

$$y_P = y_0 + \Delta y = y_0 + B_P\cos\theta + A_P\sin\theta$$

其中：$\Delta x = x_P - x_0$，$\Delta y = y_P - y_0$。

第二种：如图 8-6(b)所示，当 A、B 坐标系统按 x、y 坐标系统逆时针转 θ 角，则由 x、y 坐标系统换算为 A、B 坐标系统，即已知 P 点在 x、y 坐标系统中的坐标(x_P, y_P)，求 P 点在 A、B 坐标系统中的坐标(A_P, B_P)的公式：

$$A_P = \Delta x\cos\theta - \Delta y\sin\theta = (x - x_0)\cos\theta - (y_P - y_0)\sin\theta$$

$$B_P = \Delta y\cos\theta + \Delta x\sin\theta = (y - y_0)\cos\theta + (x_P - x_0)\sin\theta$$

反之由 A、B 坐标系统换算为 x、y 坐标系统，即已知 P 点在 A、B 坐标系统中的坐标(A_P, B_P)，求 P 点在 x、y 坐标系统中的坐标(x_P, y_P)的公式：

$$x_P = x_0 + \Delta x = x_0 + A_P\cos\theta + B_P\sin\theta$$

$$y_P = y_0 + \Delta y = y_0 + B_P\cos\theta - A_P\sin\theta$$

其中，$\Delta x = x_P - x_0$，$\Delta y = y_P - y_0$。

常用的坐标计算方法及公式如下。

① 已知 A 点坐标$(x_1,\ y_1)$，B 点坐标$(x_2,\ y_2)$，求：AB 长度及 AB 线的方向角θ，如图 8-7 所示。

解：在△ABC 中：

$$AB = \sqrt{\Delta x^2 + \Delta y^2}$$

因为 $\tan\theta = \dfrac{\Delta y}{\Delta x}$

所以 $\theta = \arctan\dfrac{\Delta y}{\Delta x}$

如果先求出θ角，则，

$$AB = \frac{\Delta x}{\cos\theta} \quad 或 \quad AB = \frac{\Delta y}{\sin\theta}$$

② 已知 A 点坐标(x_1, y_1)，方向角θ，求：沿方向角θ方向上，从 A 点截取线段 AB 长为 b 时，B 点的坐标(x_2, y_2)，如图 8-8 所示。

解：在△ABC 中：

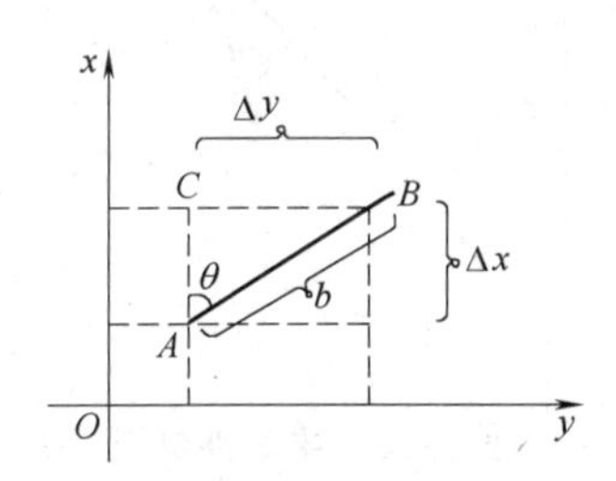

图 8-7　计算方法之一

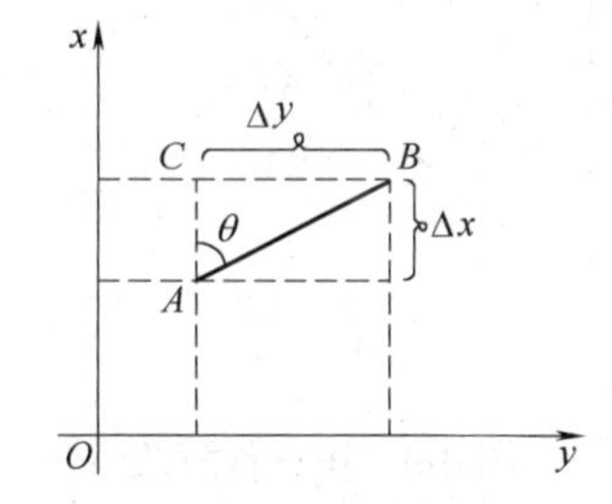

图 8-8　计算方法之一

$$\Delta y = b\sin\theta$$

$$\Delta x = b\cos\theta$$

所以

$$x_2 = x_1 + \Delta x = x_1 + b\cos\theta$$

$$y_2 = y_1 + \Delta y = y_1 + b\sin\theta$$

③ 已知 A 点坐标(x_1, y_1)，C 点的坐标(x_2, y_2)，过 A 点的直线方向角是θ_1，过 C 的直线点方向角是θ_2，这两条直线相交于 B 点，求：B 点坐标(x, y)。

解一：如图 8-9 所示，首先延长 BA 交于 F 点，并做出辅助点 E、D、G。

从图中可看出：

$$x_1 - x_2 = \Delta x$$

$$y_1 - y_2 = \Delta y$$

$$x - x_1 = \Delta x_1$$

$$y - y_1 = \Delta y_1$$

AB 线方向角θ_1的正切，即 $\tan\theta_1 = m_1$

CB 线方向角θ_2的正切，即 $\tan\theta_2 = m_2$

则
$$AE = \Delta x_1 (m_2 - m_1)$$
$$ED = \Delta x m_2$$
所以
$$AE + ED = \Delta y$$
即
$$\Delta x_1 (m_2 - m_1) + \Delta x m_2 = \Delta y$$
所以
$$\Delta x_1 = \frac{\Delta y - \Delta x m_2}{m_2 - m_1}$$
或
$$\Delta x_1 = \frac{\Delta x m_2 - \Delta y}{m_1 - m_2}$$
$$\Delta y_1 = m_1 \Delta x_1$$

所以可得(x, y)坐标如下：
$$x = x_1 + \Delta x_1$$
$$y = y_1 + \Delta y_1$$

解二：如图 8-10 所示，过 A 点作 $AF // BC$。

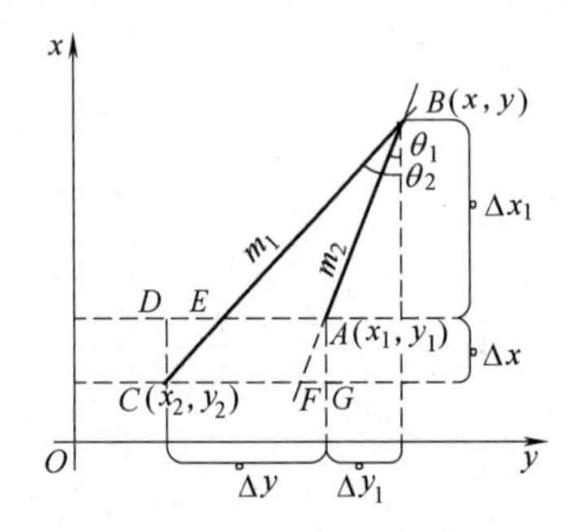

图 8-9　第一种解法

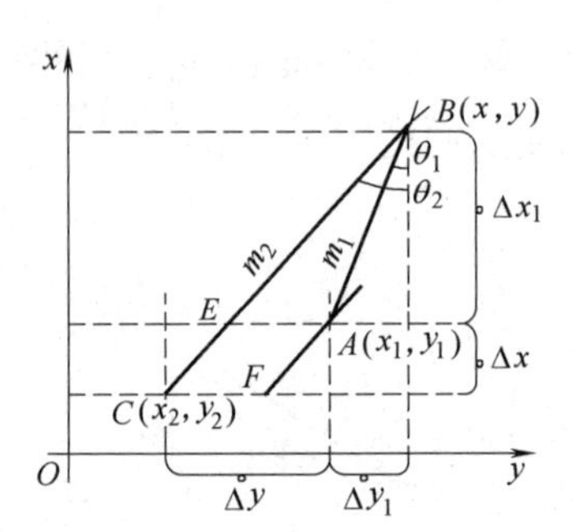

图 8-10　第二种解法

从图中同样可以看出如下关系：
$$x_1 - x_2 = \Delta x$$
$$y_1 - y_2 = \Delta y$$
$$x - x_1 = \Delta x_1$$
$$y - y_1 = \Delta y_1$$

AB 线方向角 θ_1 的正切 $\tan\theta_1 = m_1$，BC 线方向角 θ_2 的正切 $\tan\theta_2 = m_2$。

在平行四边形 ▱ $EAFC$ 中：
$$EA=CF$$
$$EA = \Delta x_1 (m_2 - m_1)$$
$$CF = \Delta y - \Delta x m_2$$
$$\Delta x_1 (m_2 - m_1) = \Delta y - \Delta x m_2$$
所以
$$\Delta x_1 = \frac{\Delta y_1 - \Delta x m_2}{m_2 - m_1}$$
或
$$\Delta x_1 = \frac{\Delta x m_2 - \Delta y}{m_1 - m_2}$$

$$\Delta y_1 = \Delta x_1 m_1$$

所以，可得 B 点坐标(x, y)如下：

$$x = x_1 + \Delta x_1$$
$$y = y_1 + \Delta y_1$$

④　已知一条直线与一点 C 的坐标(x_1, y_1)，求：这点到直线的垂直距离。

解一：若表示直线的是一个点的坐标及方向角，如图 8-11 所示，从直角三角形 ADC 中：

$$L = CD = \sin(\theta_1 - \theta_2)\sqrt{(x_1 - x_2)^2 + (y_1 - y_2)^2}$$

其中：

$$x_1 - x_2 = \Delta x$$
$$y_1 - y_2 = \Delta y$$
$$\theta_1 = \arctan\frac{\Delta y}{\Delta x}$$

则

$$L = \sin(\theta_1 - \theta_2)\sqrt{\Delta x^2 + \Delta y^2}$$

解二：若表示直线的是两个点的坐标 $A(x_2, y_2)$，$B(x_3, y_3)$，如图 8-12 所示。

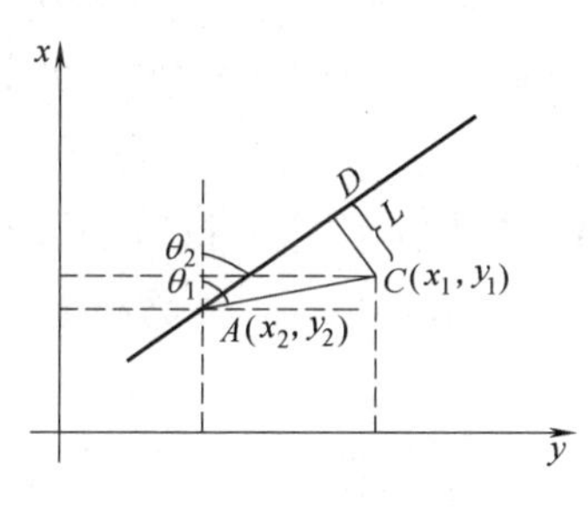

图 8-11　第一种解法

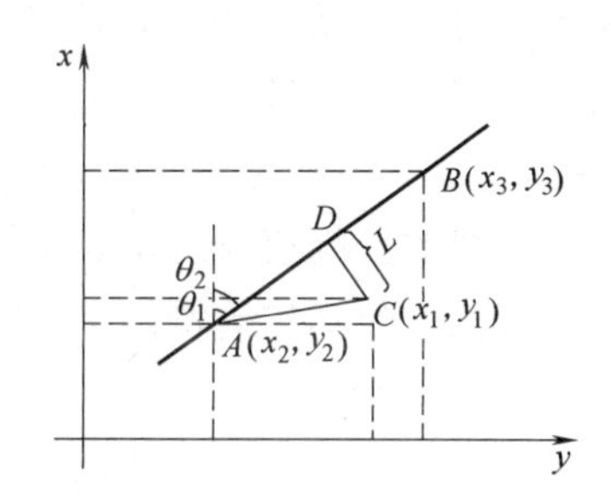

图 8-12　第二种解法

先求出

$$\theta_1 = \arctan\frac{y_1 - y_2}{x_1 - x_2}$$
$$\theta_2 = \arctan\frac{y_3 - y_2}{x_3 - x_2}$$

再代入直角三角形求 L 的公式得：

$$L = \sin(\theta_1 - \theta_2)\sqrt{\Delta x^2 + \Delta y^2}$$

其中，$x_1 - x_2 = \Delta x$，$y_1 - y_2 = \Delta y$。

⑤　已知与圆曲线相切的直线，切点坐标 $A(x_1, y_1)$，圆半径为 R，一点 $P(x_P, y_P)$，求 P 点到圆曲线的最短距离。

解：若 P 点在圆曲线外侧，如图 8-13 所示。

已知与圆曲线相切的直线方向角 θ_1，那么根据坐标计算之二所得出的方法求得圆曲线的坐标。

$$x_0 = x_1 + \Delta x = x_1 + R\cos\theta_0$$
$$y_0 = y_1 + \Delta y = y_1 + R\sin\theta_0$$

其中

$$\theta_0 = 90^\circ - \theta_1$$

进一步可利用坐标计算之一求出 OP 长：

$$OP = \sqrt{(x_1 + R\cos\theta_0)^2 + (y_1 + R\sin\theta_0)^2}$$

则 $CP=OP-R$

若 P 点在圆曲线内侧

则 $CP=R-OP$

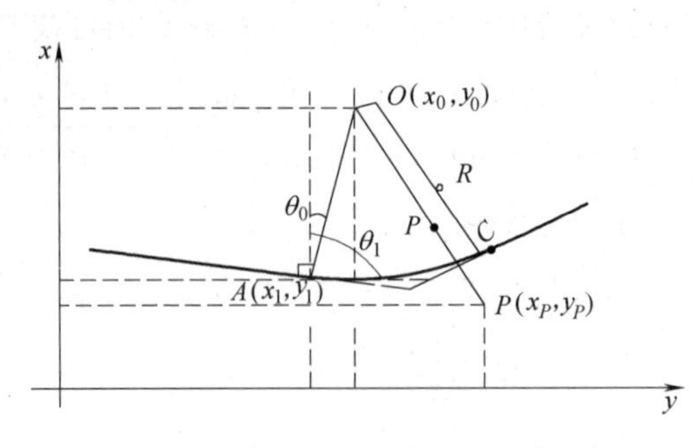

图 8-13 计算方法

上述 5 种坐标计算的方法，前 3 种多用于定位计算，后两种多用于对个别坐标点的验算。一般对建筑物、铁路、道路坐标定位应分别进行计算，先算建筑物及出入口，后计算铁路、道路。

(3) 按计算的坐标值绘制正式图纸(也称为上图版)，作为施工图设计的成品之用。

(4) 定标高，包括建筑物标高、铁路轨面标高、道路中心线标高，铁路和道路的坡度、坡长等。

(5) 提出要委托其他各专业设计的任务书，根据设计的进展情况，分别提出运输建(构)筑物、铁路和公路照明的设计任务书等。

(6) 图面整理。

(7) 整附图、附表、工程量表、图例、图签、说明。

(8) 审核、有关专业汇签。

(9) 出图。

2) 竖向布置图或场地排雨水图

(1) 根据图板或正式的总平面布置图，用细线将建筑物、铁路、道路等绘制在一张图上。

(2) 根据平面布置和竖向布置原则，结合场地自然条件，分别确定和计算出建筑物的室外标高、铁路及道路路肩标高。

(3) 根据排水方式、总的排水方向和排水原则，分小区进行排水设计。在图纸上要表示出场地标高及排水方向，分水岭的位置、标高，排水沟的位置、排水方向、沟边沟底的坡度及标高，雨水口的布置及雨水口顶的标高等。

(4) 委托水道专业设计任务，在委托的平面图上有水口位置、标高、汇水面积等。

(5) 水沟及其他排水构筑物的设计，如小沟、桥涵、挡土墙计算与设计、选型或采用复用图。

(6) 整理图面，如水沟、涵管等的编号。

(7) 整理有关工程量表、附表，图例、说明、图签等。

(8) 审核，有关专业汇签。

(9) 出图。

3) 综合管线图

编制程序见第 7 章内容。

3. 结尾工作

此段工作对提高设计水平、丰富设计资料是完全必要的，在实践过程中，不断总结，不断前进。结尾工作分以下几点。

(1) 设计资料整理(包括设计任务书、计算资料有关的附图、附表等)。

(2) 图板的整理。

(3) 工作小结。

8.4.5 施工图设计文件的编制

在施工图设计阶段，总平面设计文件应包括图纸目录、设计说明、设计图纸、计算书等。

1. 图纸目录

应先列新绘制的图纸，后列选用的标准图和重复利用图。

2. 设计说明

一般工程分别写在有关的图纸上。如重复利用某工程的施工图图纸及其说明时，应详细注明其编制单位、工程名称、设计编号和编制日期；列出主要技术经济指标表(见表 8-1，该表也可列在总平面图上)，说明地形图、初步设计批复文件等设计依据、基础材料。

3. 总平面图

(1) 保留的地形和地物。

(2) 测量坐标网、坐标值。

(3) 场地范围的测量坐标(或定位尺寸)、道路红线、建筑控制线、用地红线等的位置。

(4) 场地四邻原有及规划的道路、绿化带等的位置(主要坐标或定位尺寸)，以及主要建筑物和构筑物及地下建筑物等的位置、名称、层数。

(5) 建筑物、构筑物(人防工程、地下车库、油库，贮水池等隐蔽工程以虚线表示)的名称或编号、层数、定位(坐标或相互关系尺寸)。

(6) 广场、停车场、运动场地、道路、围墙、无障碍设施、排水沟、挡土墙、护坡等的定位(坐标或相互关系尺寸)。如有消防车道和扑救场地，需注明。

(7) 指北针或风玫瑰图。

(8) 建筑物、构筑物使用编号时，应列出“建筑物和构筑物名称编号表”。

(9) 注明尺寸单位、比例、坐标及高程系统(如为场地建筑坐标网时，应注明与测量坐标网的相互关系)、补充图例等。

4. 竖向布置图或场地排雨水图

(1) 场地测量坐标网、坐标值。

(2) 场地四邻的道路、水面、地面的关键性标高。

(3) 建筑物和构筑物名称或编号、室内外地面设计标高、地下建筑的顶板面标高及覆土高度限制。

(4) 广场、停车场、运动场地的设计标高，以及景观设计中水景、地形、台地、院落的控制性标高。

(5) 道路、坡道、排水沟的起点、变坡点、转折点和终点的设计标高(路面中心和排水沟顶及沟底)、纵坡度、纵坡距、关键性坐标，道路表明双面坡或单面坡、立道牙或平道牙，必要时标明道路平曲线及竖曲线要素。

(6) 挡土墙、护坡或土坎顶部和底部的主要设计标高及护坡坡度。

(7) 用坡向箭头表明地面坡向；当对场地平整要求严格或地形起伏较大时，可用设计等高线表示。地形复杂时宜表示场地剖面图。

(8) 指北针或风玫瑰图。

(9) 注明尺寸单位、比例、补充图例等。

5. 场地平土图

(1) 场地范围的测量坐标(或定位尺寸)。

(2) 建筑物、构筑物、挡墙、台地、下沉广场、水系、土丘等位置(用细虚线表示)。

(3) 20m×20m 或 40m×40m 方格网及其定位，各方格点的原地面标高、设计标高、填挖高度、填区和挖区的分界线，各方格土石方量、总土石方量。

(4) 土石方工程平衡表(见表 8-3)。

表 8-3 土石方工程平衡表

序号	项目	土石方量/m^3		说明
		填方	挖方	
1	场地平整			
2	室内地坪填土和地下建筑物、构筑物挖土、房屋及构筑物基础			
3	道路、管线地沟、排水沟			包括路堤填土、路堑和路槽挖土
4	土方损益			指土壤经过挖填后的损益数
5	合　计			

注：表列项目随工程内容增减。

6. 管道综合图

(1) 总平面布置。

(2) 场地范围的测量坐标(或定位尺寸)，道路红线、建筑控制线、用地红线等的位置。

(3) 保留、新建的各管线(管沟)、检查井、化粪池、储罐等的平面位置，注明各管线、化粪池、储罐等与建筑物、构筑物的距离和管线间距。

(4) 场外管线接入点的位置。

(5) 管线密集的地段宜适当增加断面图，表明管线与建筑物、构筑物、绿化之间及管线之间的距离，并注明主要交叉点上下管线的标高或间距。

(6) 指北针。

(7) 注明尺寸单位、比例、图例、施工要求。

7. 绿化及建筑小品布置图

(1) 平面布置。

(2) 绿地(含水面)、人行步道及硬质铺地的定位。

(3) 建筑小品的位置(坐标或定位尺寸)、设计标高、详图索引。

(4) 指北针。

(5) 注明尺寸单位、比例、图例、施工要求等。

8. 详图

包括道路横断面、路面结构、挡土墙、护坡、排水沟、池壁、广场、运动场地、活动场地、停车场地面、围墙等详图。

9. 设计图纸的增减

(1) 当工程设计内容简单时，竖向布置图可与总平面图合并。

(2) 当路网复杂时，可增绘道路平面图。

(3) 场地平土图和管线综合图可根据设计需要确定是否出图。

(4) 当绿化或景观环境另行委托设计时，可根据需要绘制绿化及建筑小品的示意性和控制性布置图。

10. 计算书

设计依据及基础资料、计算公式、计算过程、有关满足日照要求的分析资料及成果资料均作为技术文件归档。

8.4.6 场地设计施工图常用表格

场地设计施工图常用表格见表 8-4～表 8-17。

表 8-4 建、构筑物坐标计算表

序号	建(构)筑物名称	坐标编号	方向角				线长	增减竖直				坐标数值				备注
			方向	度	分	秒		±	ΔA	±	ΔB	±	A	±	B	

计算者： 校对者：

表 8-5 铁路坐标计算表

序号	铁路编号	坐标编号	道岔编号	方向角				线长	增减数值				坐标数值				转向角			半径	切线长	曲线长	备注
				方向	度	分	秒		±	ΔA	±	ΔB	±	A	±	B	度	分	秒				

计算者： 校对者：

表 8-6　公(道)路坐标计算表

序号	公路编号	坐标编号	方向角				线长	增减数值				坐标数值				转向角			半径	切线长	曲线长	备注
			方向	度	分	秒		±	ΔA	±	ΔB	±	A	±	B	度	分	秒				

计算者：　　　　　　　　　　　　　　校对者：

注：厂区道路坐标计算时，表中转向角及有关栏目可不列入。

表 8-7　建(构)筑物名称及坐标表

序　号	名　称	坐标编号	坐标、数值		备　注
			A	B	

表 8-8　××坐标表

序　号	坐标编号	坐标数值		备　注
		A	B	

表 8-9　主要工程量表

序　号	工程项目及名称	单　位	数　量	备　注

注：1. 本表为综合性工程量表。当总平面布置图中包括场地排雨水工程时，则该工程量均列入本表中；
2. 当表中列入占地、建筑面积及建筑系数时，则将表题改为“技术经济指标表”。

表 8-10　铁路工程量表

序号	铁路编号	起讫点		铁路等级	铁路全长/m		道岔(组)					车　档		路基工程/m³				备注
		起	讫		全长	铺轨长	道岔编号	钢轨类型	号数	数　量		形式	数量	挖方	填方	干砌片石	浆砌片石	
										左开	右开							
合计																		

表 8-11　道路工程量表

序号	道路编号	道路类型	路面种类	路面结构	路面宽度/m	起讫点			全长/m	路面面积/m²	路基工程/m³				备注
						起点	经由	讫点			挖方	填方	干砌片石	浆砌片石	
合计															

注：路基工程项目不计算时可取消。

表 8-12　土方工程量计算表

平土区域编号	平土标高/m	填方/m^3			挖方/m^3						备注
		场地	边坡	合计	场地	边坡	基坑余土	小计	松散系数/%	合计	
合计											

注：1. 如在平土区域内有除树根、除耕植土、挖淤泥、抛块石等工程量时，在表下加注说明；

2. 表中项目可根据工程的具体情况增减。

表 8-13　路基工程量计算表

里程桩号或断面编号	断面面积/m^2		平均断面面积/m^2		距离/m	土方工程量/m^3		备 注
	填	挖	填	挖		填	挖	

注：有石方工程量时，其数量应单独计算或注明。

表 8-14　场地排水工程量表

序　号	工程名称	单　位	数　量	备　注

表 8-15　涵管(洞)表

序　号	编　号	孔径或尺寸/mm	材料及类型	长度/m	备　注

表 8-16　雨水井坐标表

序　号	雨水井编号	坐标数值		备　注
		A	*B*	

表 8-17　排水沟表

编　号	沟　型	加固情况及材料	沟底宽/m	平均沟深/m	长度/m	加固材料/m^3	备　注

注：加固沟分别列入，土沟可按沟底宽及平均深度大致相同的，合为一项列入。

8.4.7　场地总平面实例

1. 场地总平面方案实例

1)　民用建筑场地总平面布置实例

民用建筑场地总平面布置实例见图 8-14～图 8-18。

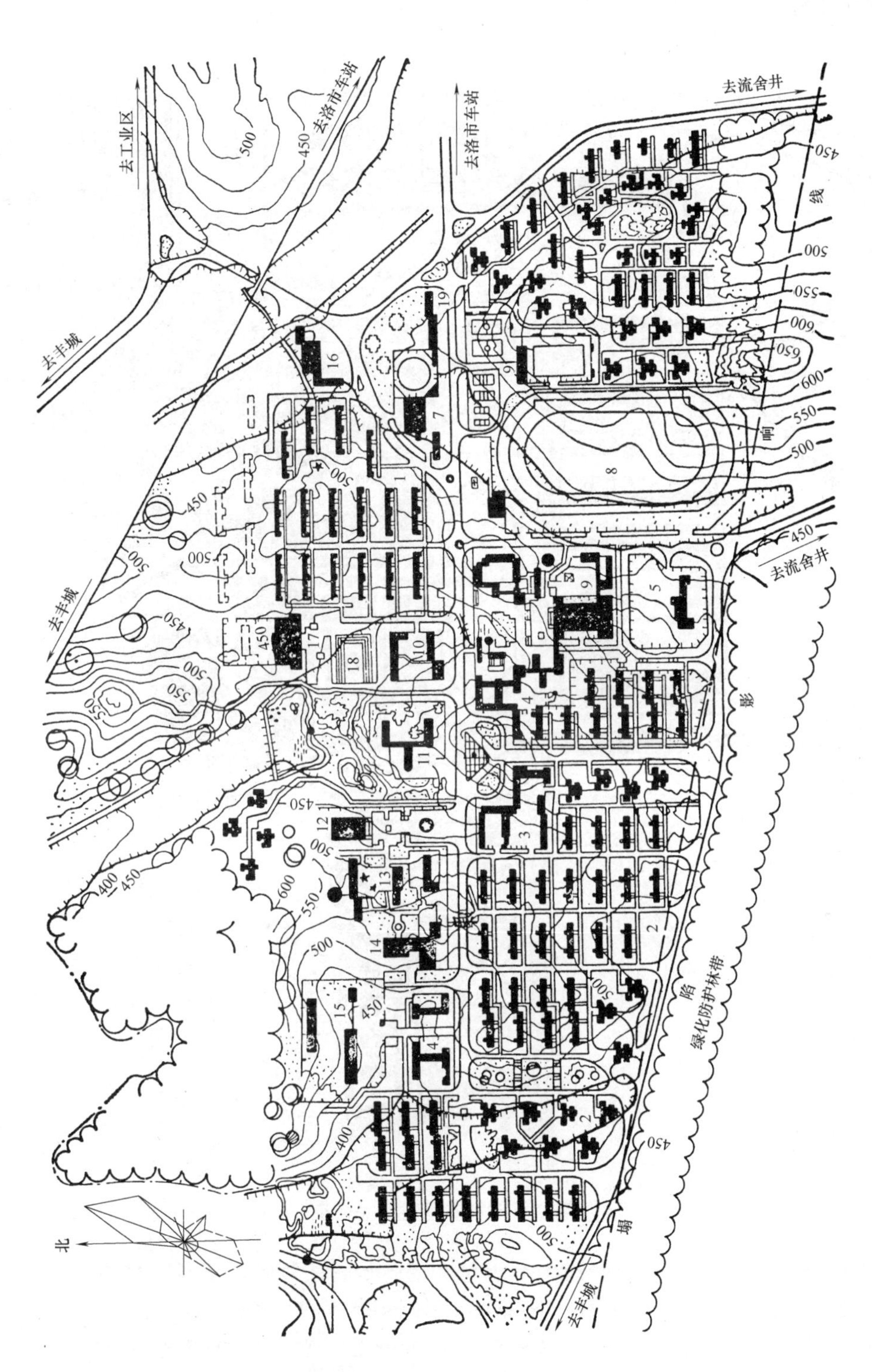

图 8-14　某居住小区总平面

1—单身宿舍；2—家属住宅；3—乡镇管理；4—商店；5—综合服务；6—影剧院；7—体育馆；8—体育场；9—游泳池；10—图书馆及文娱活动室；11—托儿所；12—俱乐部；13—矿务局机关；14—局机关食堂；15—中、小学；16—汽车站；17—公共食堂；18—露天剧场；19—旅店

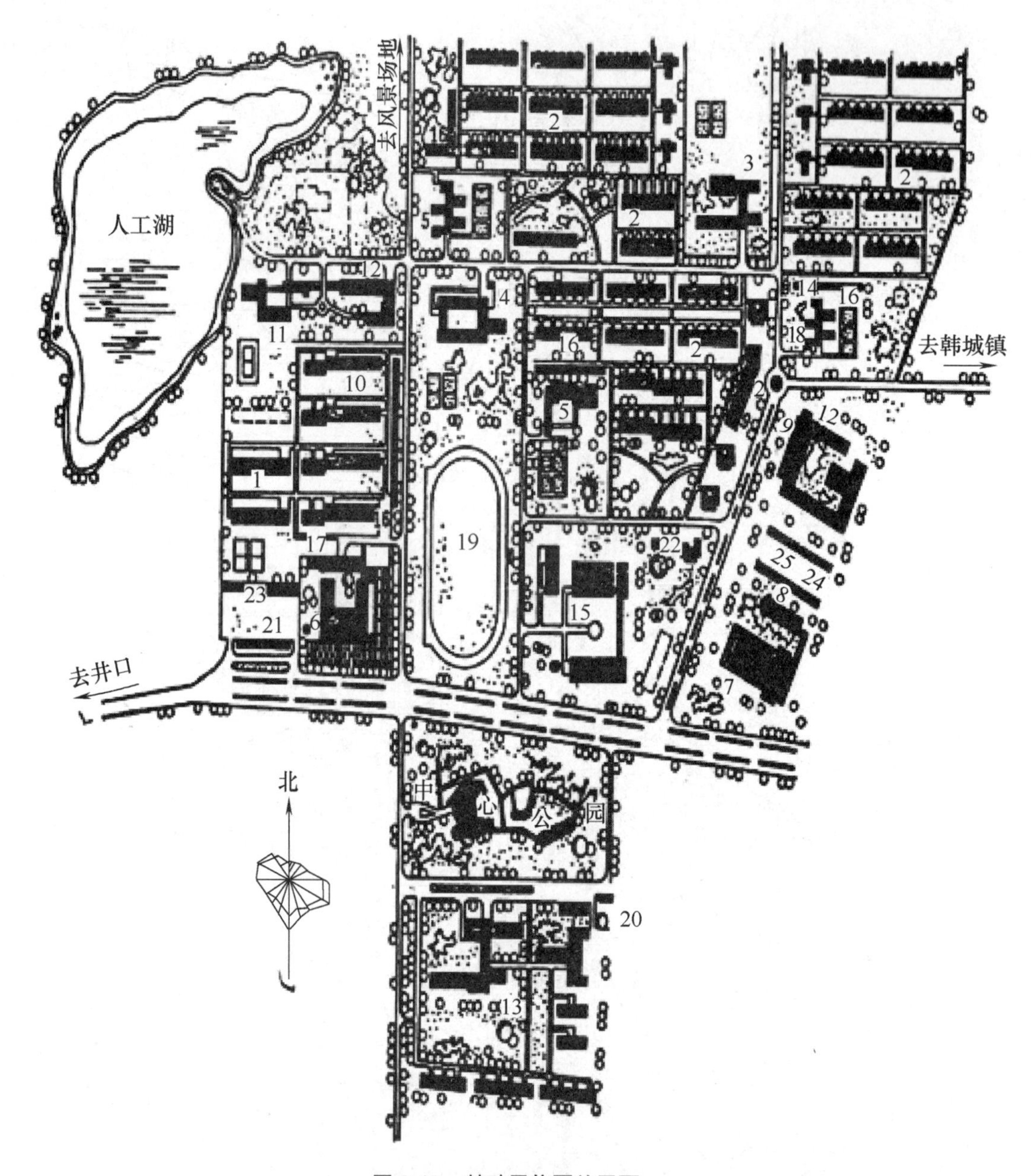

图 8-15　某矿居住区总平面

1—单身宿舍；2—家属住宅；3—小学校；4—中学校；5—托儿所、幼儿园；6—职工食堂；7—俱乐部；8—文化宫；9—商店；10—招待所；11—专家招待所；12—探亲房；13—医院；14—汽车库；15—锅炉房；16—自行车棚；17—冷库；18—居委会；19—运动场；20—水源、水泵房；21—汽车站；22—给水泵房；23—变电所；24—厕所；25—农贸市场

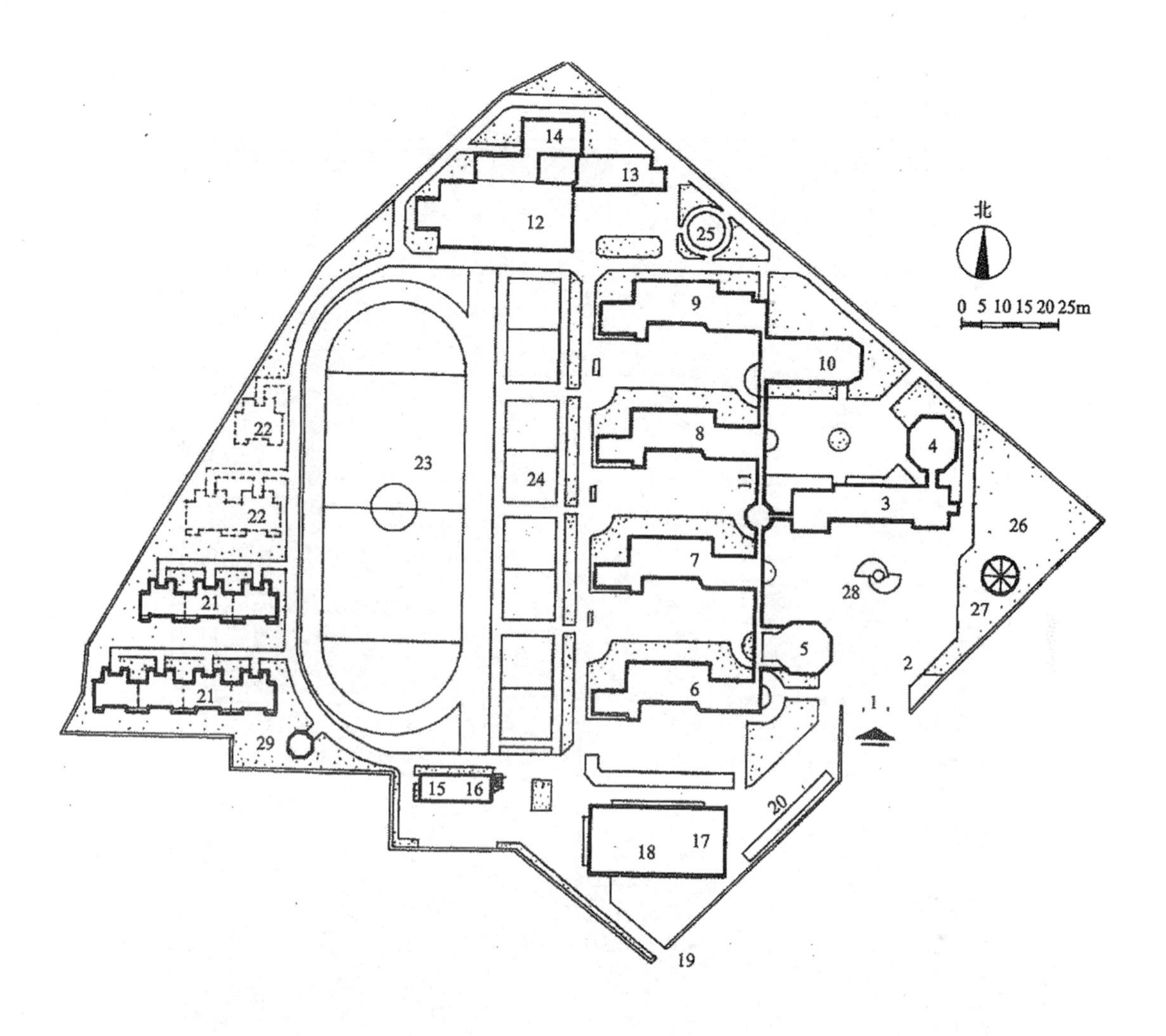

图 8-16　某中学总平面

1—主校门；2—传达室；3—综合办公楼；4—会议接待室；5—小学多功能教室；6—小学普通教室；7—小学专用教室；8—中学普通教室；9—中学专用教室；10—中学阶梯教室；11—联系廊；12—多功能体育教室；13—家政、音乐教室；14—家政、单身宿舍；15—配电房；16—汽车库；17—食堂；18—劳动技术用房；19—侧门；20—自行车棚；21—职工住宅；22—备用住宅；23—250m 跑道田径场；24—篮球场；25—气象园地；26—自然科学实验园地；27—温室；28—雕塑；29—厕所

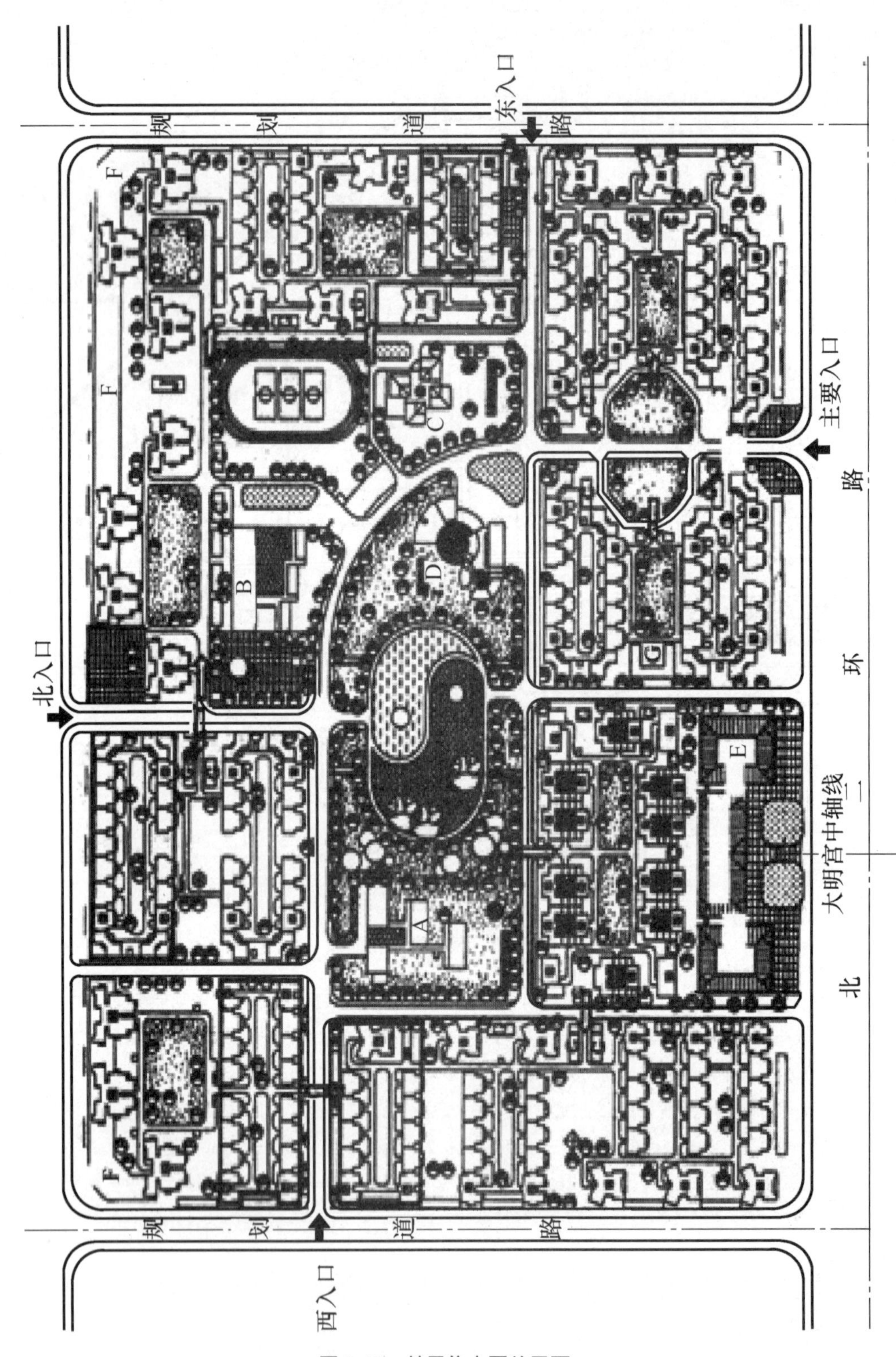

图 8-17　某居住小区总平面

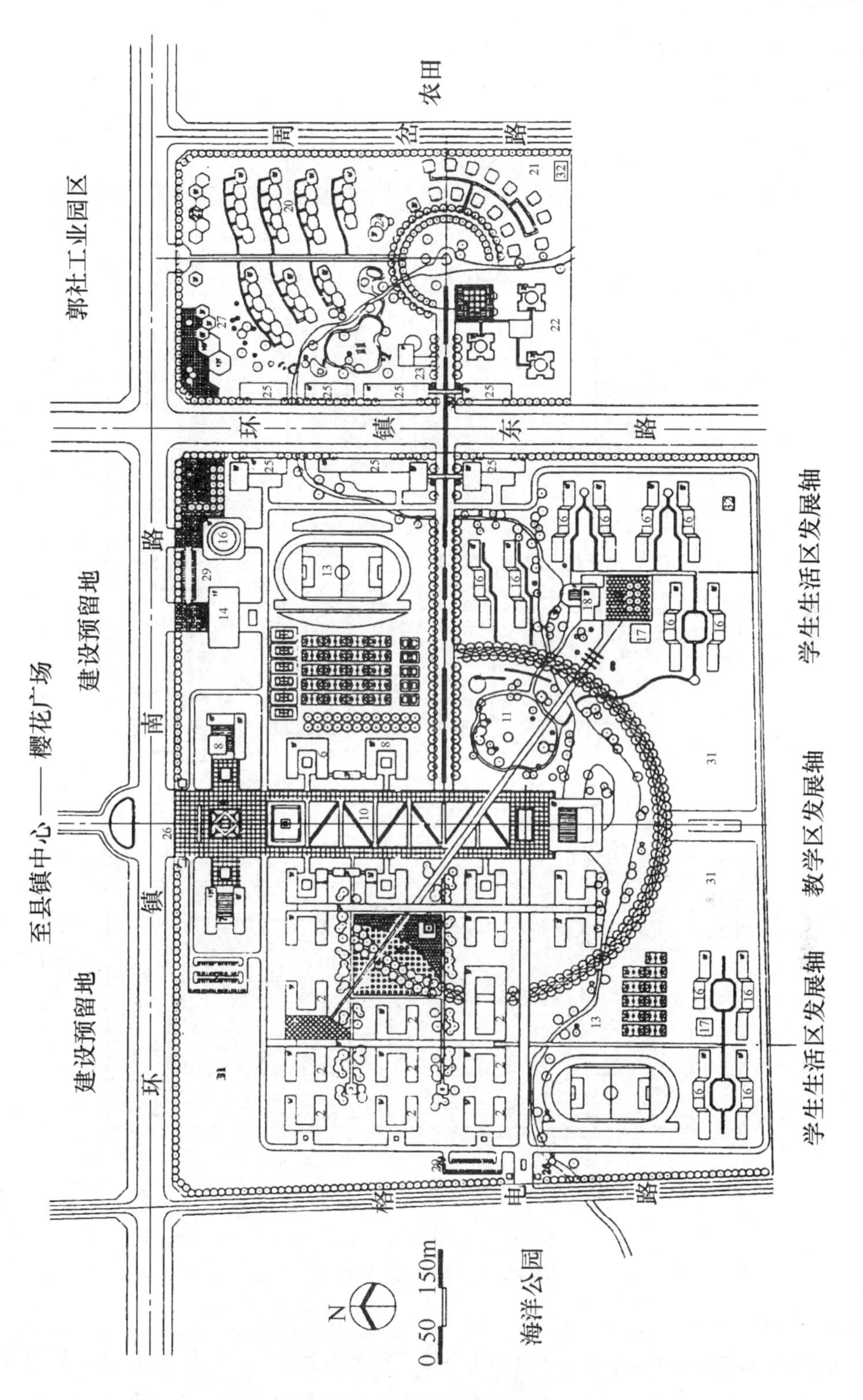

图 8-18　某校园规划总平面

2) 工业建筑场地总平面布置实例

工业建筑场地总平面布置实例见图 8-19～图 8-22。

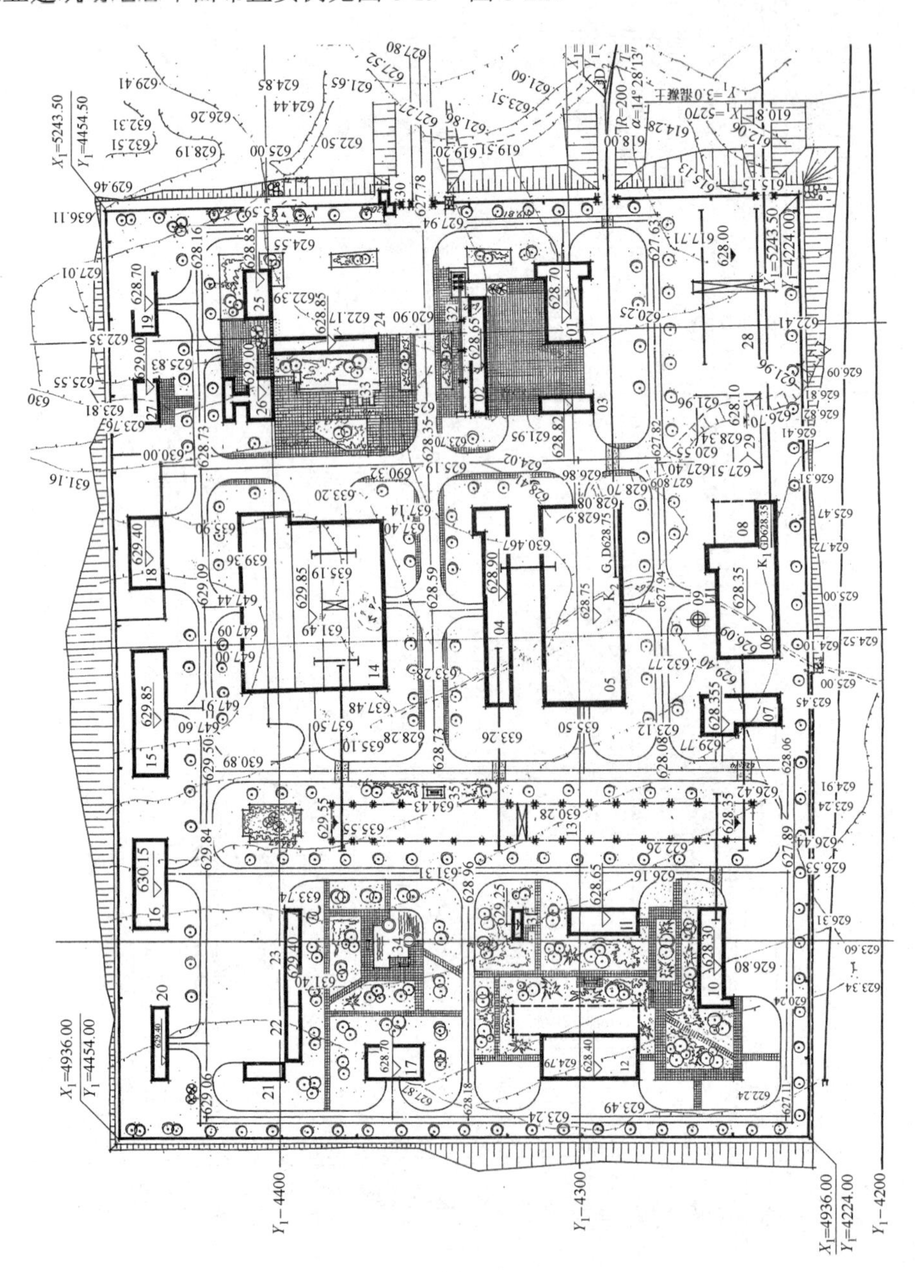

图 8-19　某机修厂总平面

1—木模车间；2—木模库；3—空压站；4—有色铸造；5—铸铁车间；6—铸钢车间；7—清洗间；8—扩建用地；9—烟囱；10—锻造车间；11—热处理；12—铆焊车间；13—栈桥；14—机械加工车间；15—电修车间；16—修旧；17—乙炔；18—变电所；19—锅炉房；20—油库；21—仓库；22—料库；23—金属材料库；24—办公室；25—会议室；26—食堂；27—浴室；28—木材堆场；29—煤堆场；30—传达室及大门；31—厕所；32—宣传栏；33—建筑小品；34—水池；35—雕塑

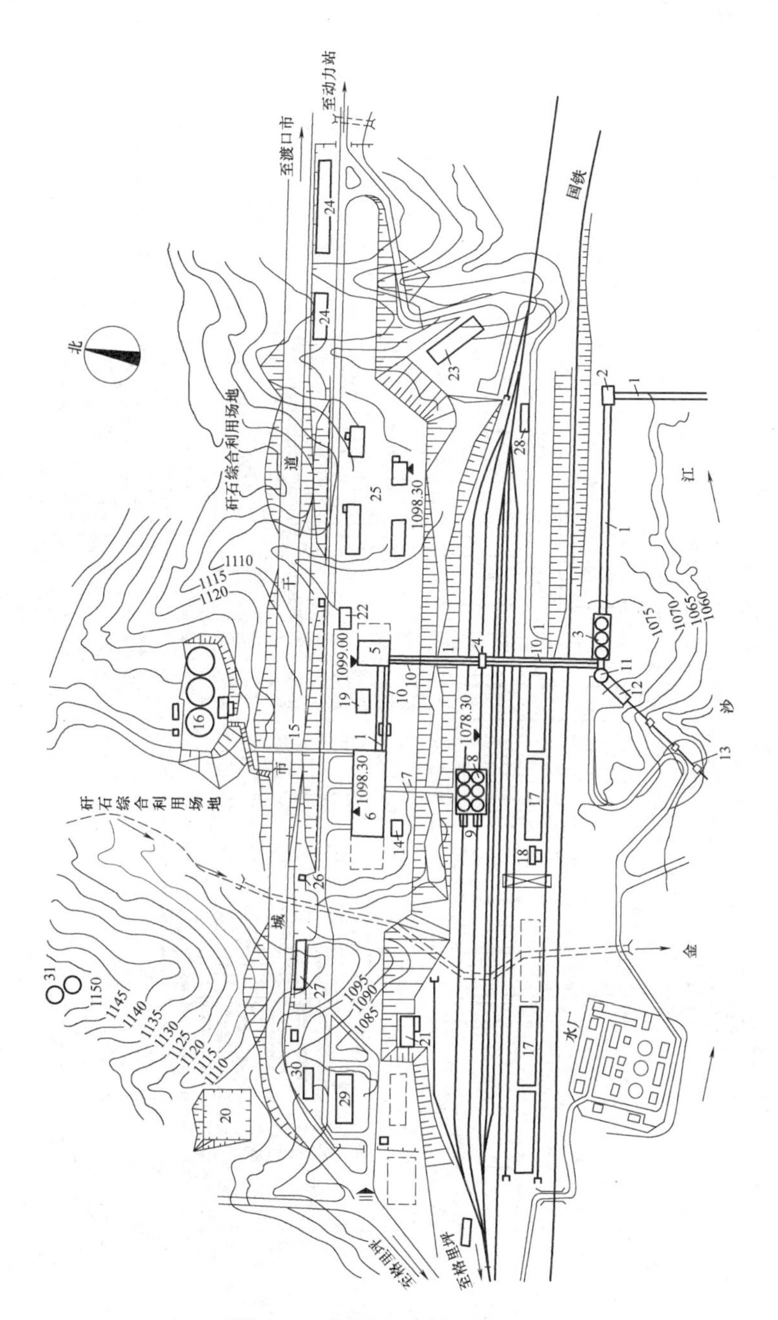

图 8-20　某矿区选煤厂总平面

1—原煤胶带输送机走廊；2—I 号转载点；3—原煤仓；4—II 号转载点；5—准备车间；6—主厂房；7—精中煤胶带输送机走廊；8—精中煤装车仓；9—轨道衡及计量室；10—矸石胶带输送机走廊；11—矸石仓；12—索道站；13—矸石外运索道；14—集中水池及泵房；15—去浓缩车间管桥；16—浓缩车间；17—煤泥沉淀池；18—澄清水池及泵房；19—筛别试验室；20—35kV 变电所；21—浮选药剂站；22—重介质仓库；23—材料棚；24—材料库；25—机修车间；26—油脂库；27—汽车库；28—铁路站房；29—办公楼；30—哺乳室；31—清水池

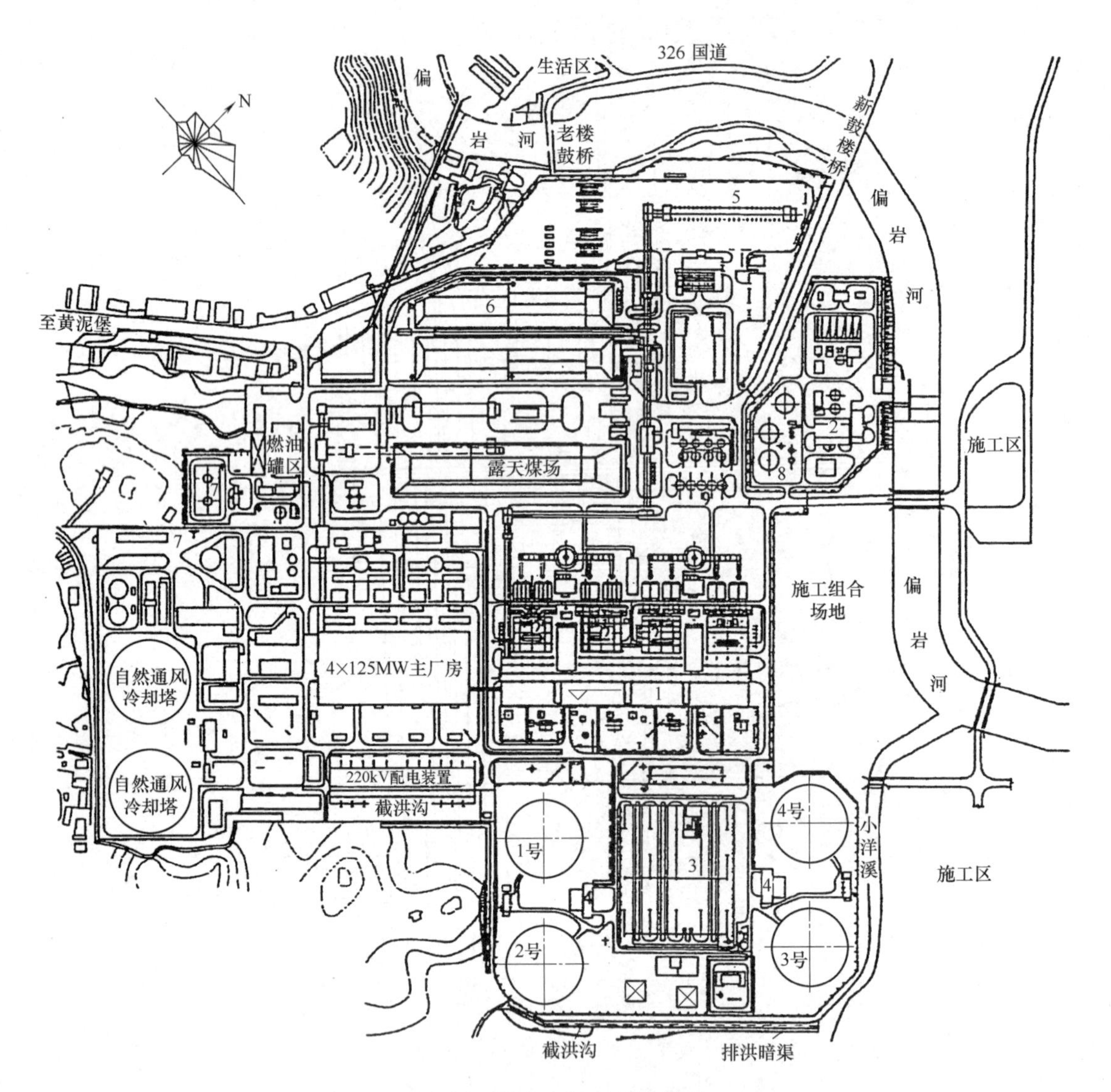

图 8-21　某火力发电厂总平面

1—主厂房；2—化学水处理区；3—配电装置区；4—循环水泵房；5—卸煤沟；6—储煤场；7—油区；8—水预处理区；9—灰库区

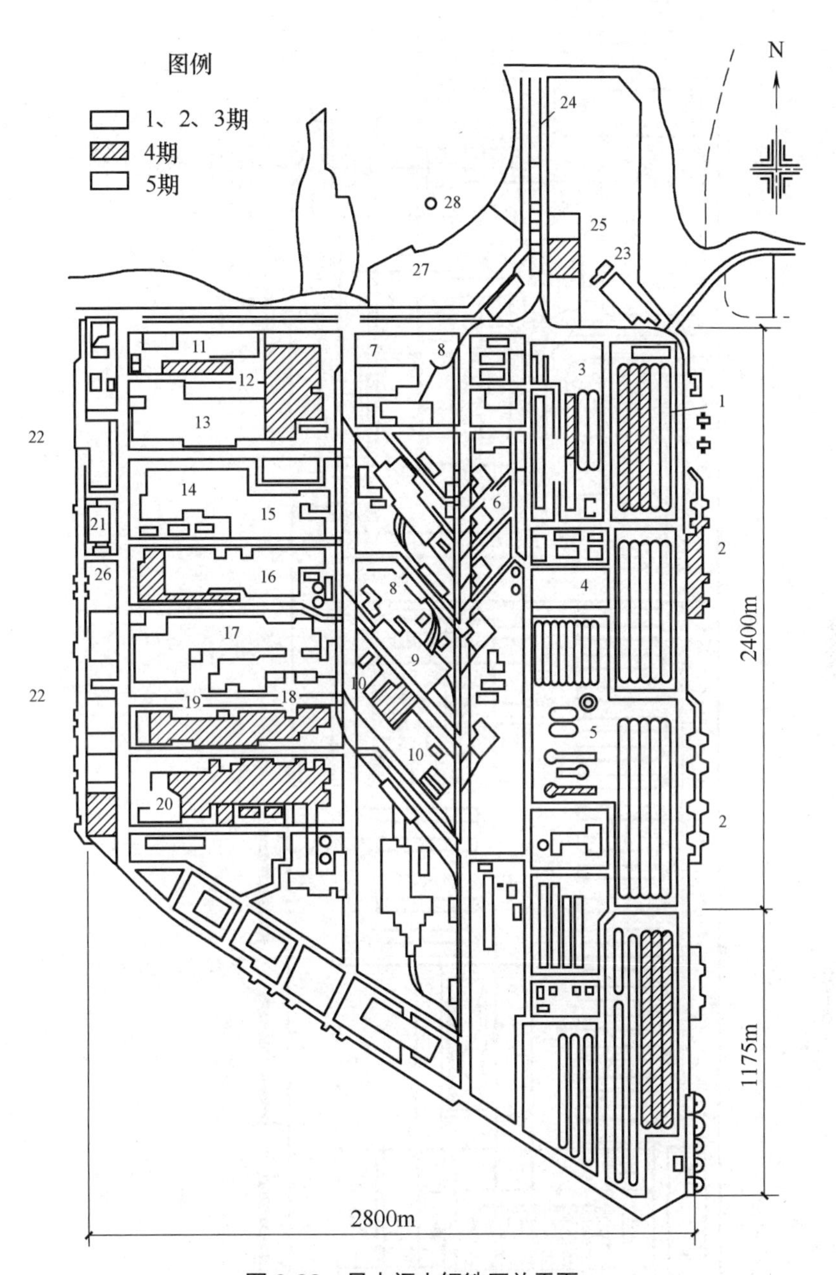

图 8-22　日本福山钢铁厂总平面

1—煤场；2—原料码头；3—焦炉；4—烧结厂；5—矿石准备场；6—高炉；7—变电所；8—氧气；9—氧气转炉；10—连铸间；11—镀锌；12—镀锡；13—冷轧带钢；14—第一热轧带钢；15—板坯粗轧；16—钢板轧机；17—第一大型；18—钢坯；19—第二大型；20—第二热轧带钢；21—仓库；22—成品码头；23—动力厂；24—工厂铁路；25—石灰焙烧；26—医院；27—工厂总办公室；28—UOE 钢管

3)　交通建筑场地总平布置实例

交通建筑场地总平布置实例见图 8-23～见图 8-26。

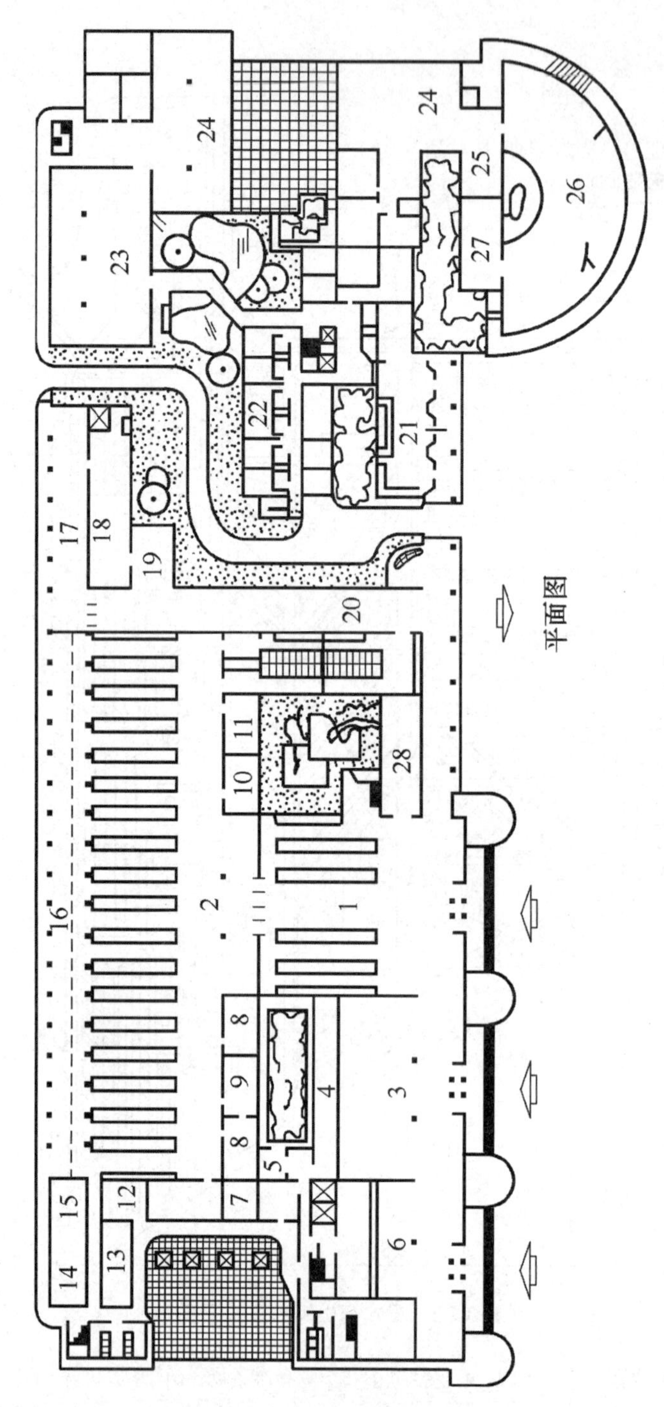

图 8-23　某汽车客运站总平面

1—后续班次旅客候车厅；2—对班候车厅；3—售票厅；4—售票室；5—票据室；6—托运厅；7—财务室；8—站务室；9—公安办公室；10—小卖部；11—茶水室；12—电控室；13—贵宾室；14—调度室；15—广播室；16—发送站台；17—到达站台；18—到达行包库；19—行李行政厅；20—旅客出站库；21—司乘公寓门厅；22—客房；23—旅客餐厅；24—客房；25—配餐；26—营业餐厅；27—餐厅；28—客服室

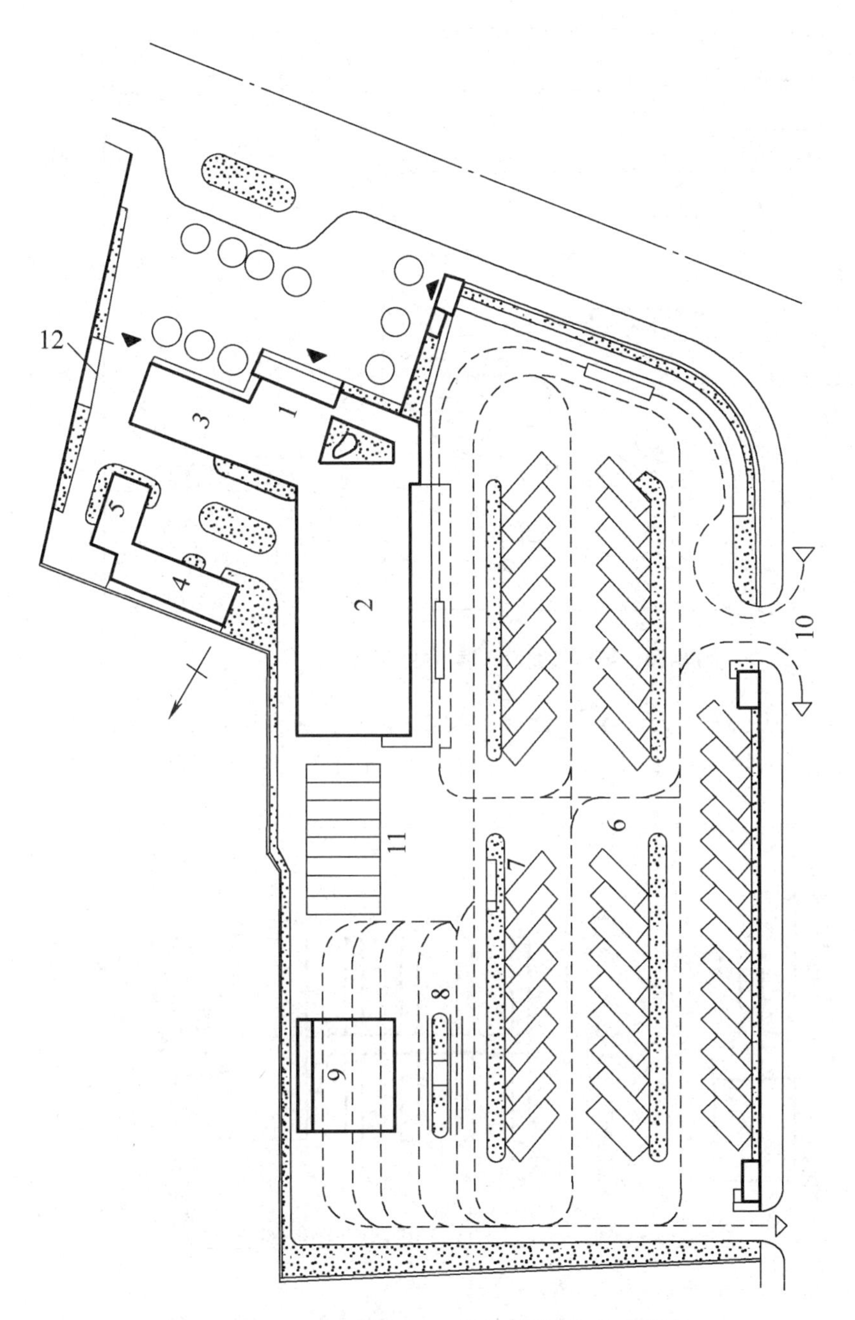

图 8-24　某市北区汽车站总平面

1—门厅；2—候车厅；3—宿舍；4—食堂；5—浴室；6—停车场；7—加油站；8—汽车站；9—保修车间；10—车辆出入口；11—停车场；12—自行车存车处

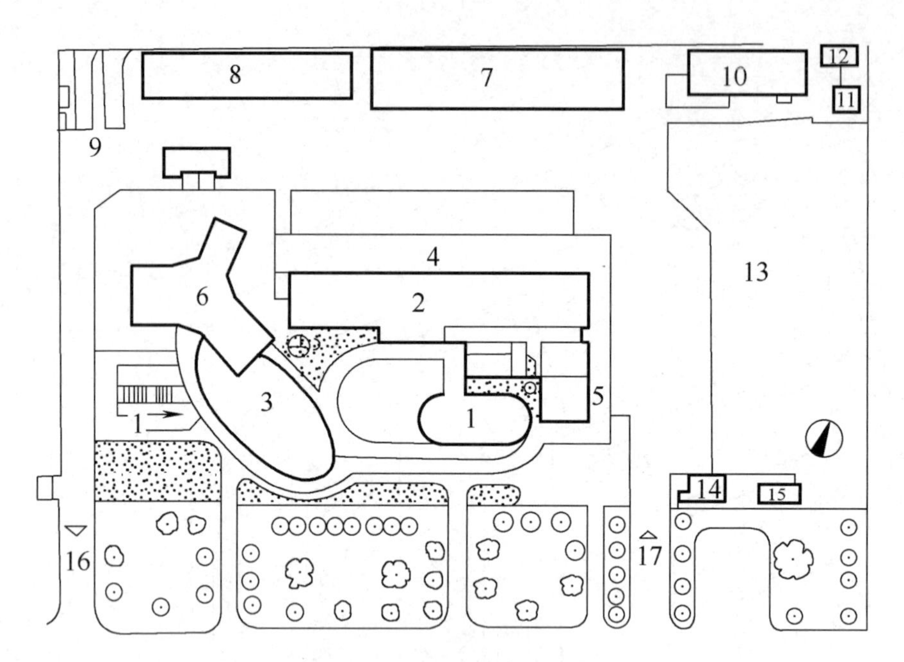

图 8-25　某市长途汽车客运站总平面

1—售票厅；2—对班候车厅；3—候车厅；4—站台；5—旅客出站口；6—综合服务楼；7—保修车间；8—小修车间；9—洗车台；10—食堂；11—浴室；12—餐厅；13—停车场；14—传达室；15—配电间

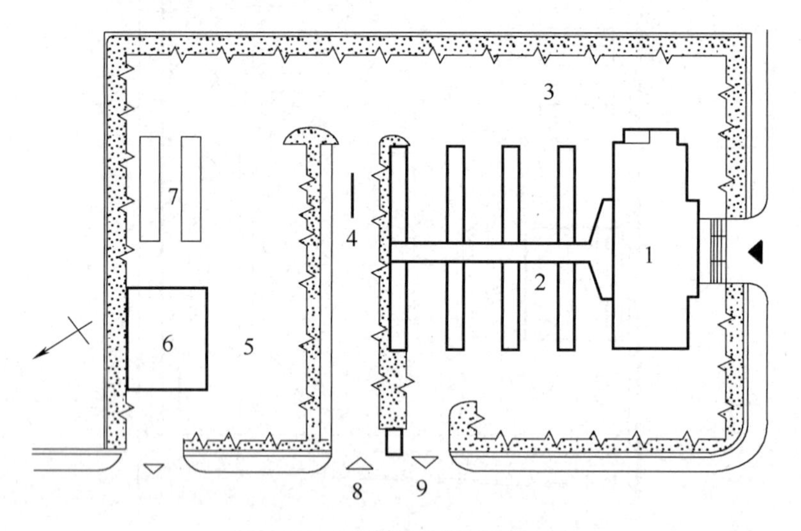

图 8-26　某镇汽车站总平面

1—站房；2—站台；3—停车场；4—加油站；
5、8—车辆入口；6—保修车间；7—洗车台；9—车辆出口

2. 总平面施工图实例

1)　民用建筑总平面施工图示例

民用建筑总平面施工图示例见图 8-27～图 8-31。

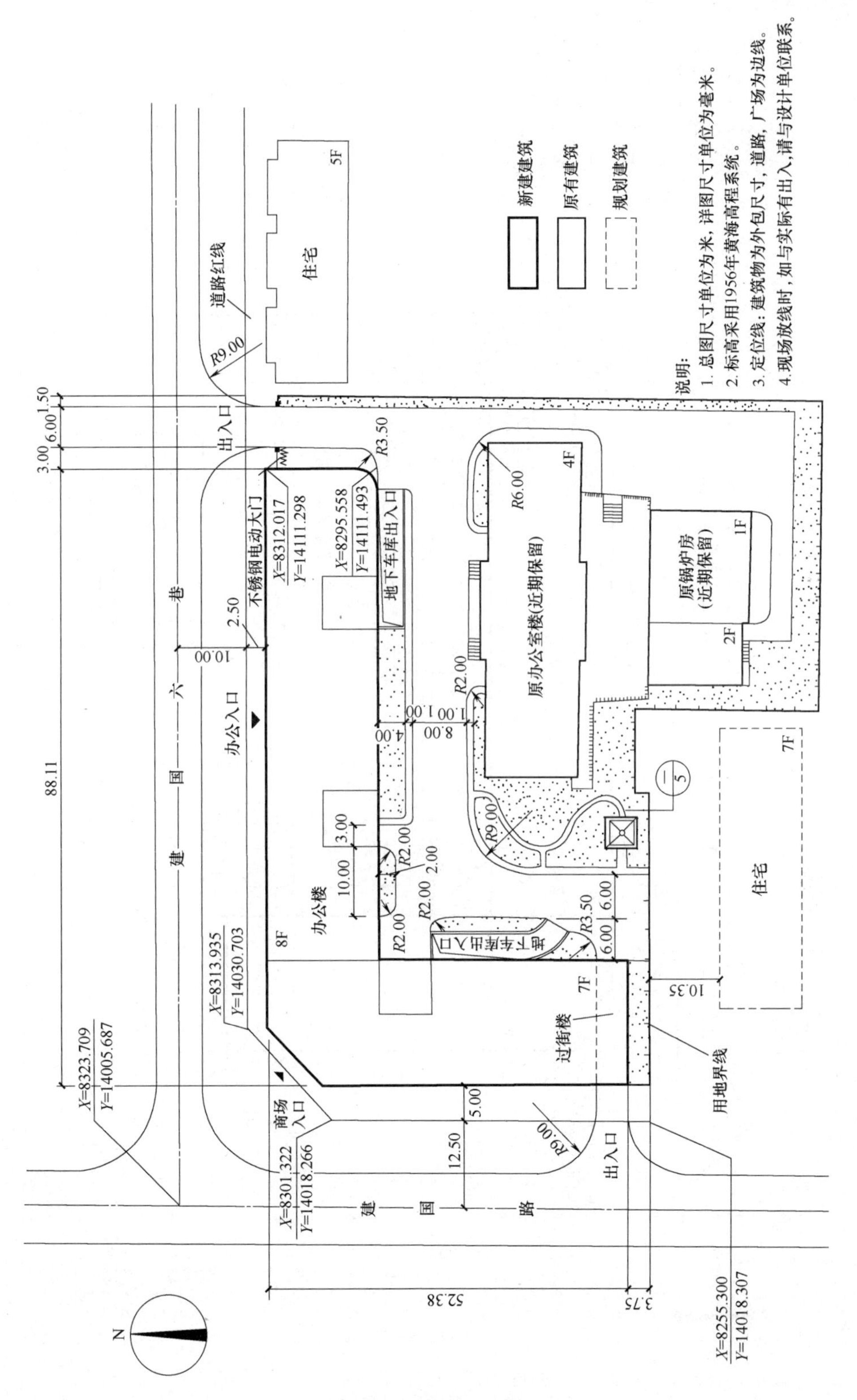
新建建筑
原有建筑
规划建筑
说明：
1. 总图尺寸单位为米，详图尺寸单位为毫米。
2. 标高采用1956年黄海高程系统。
3. 定位线：建筑物为外包尺寸，道路，广场为边线。
4.现场放线时，如与实际有出入，请与设计单位联系。
住宅
5F
道路红线
R9.00
出入口
不锈钢电动大门
X=8312.017
Y=14111.298
X=8295.558
Y=14111.493
地下车库出入口
R3.50
R6.00
4F
原办公室楼(近期保留)
原锅炉房
(近期保留)
1F
2F
建国六巷
办公入口
10.00
2.50
88.11
R2.00
1.00
4.00
8.00
3.00
10.00
2.00
6.00
办公楼
8F
7F
过街楼
住宅
7F
10.35
用地界线
商场入口
X=8313.935
Y=14030.703
X=8323.709
Y=14005.687
X=8301.322
Y=14018.266
5.00
12.50
R9.00
建国路
52.38
3.75
X=8255.300
Y=14018.307
N

图 8-27　总平面布置图

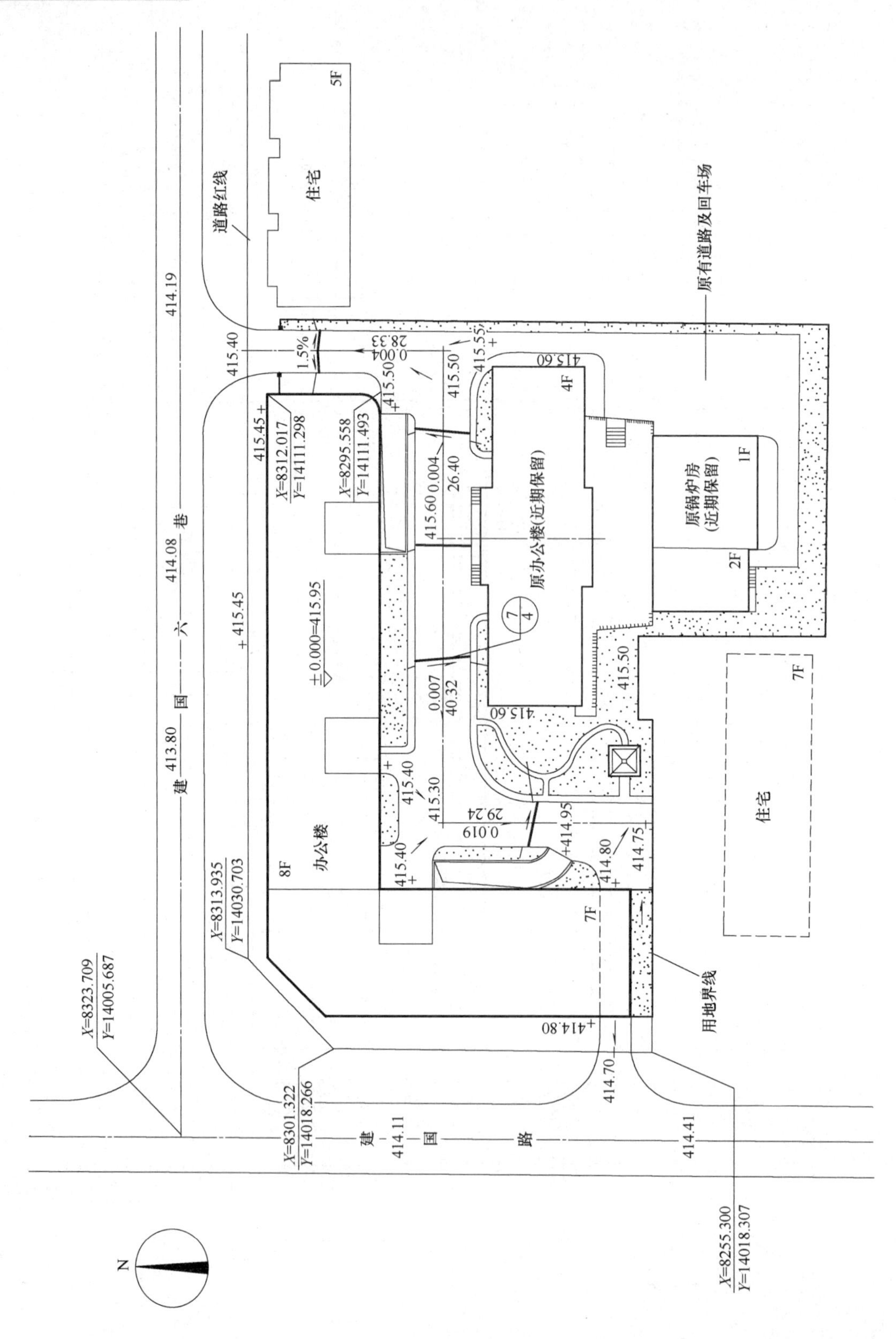
道路红线
住宅
5F
原有道路及回车场
原办公楼(近期保留)
4F
原锅炉房
(近期保留)
1F
2F
办公楼
8F
7F
住宅
7F
用地界线
建国六巷
建国路
±0.000=415.95
X=8312.017
Y=14111.298
X=8295.558
Y=14111.493
X=8313.935
Y=14030.703
X=8323.709
Y=14005.687
X=8301.322
Y=14018.266
X=8255.300
Y=14018.307
414.19
414.08
413.80
414.11
414.41
415.40
415.45
1.5%
28.33
0.004
26.40
0.007
40.32
29.24
0.019
415.50
415.55
415.60
414.95
414.80
414.75
414.70
415.30
N

图 8-28 竖向设计图

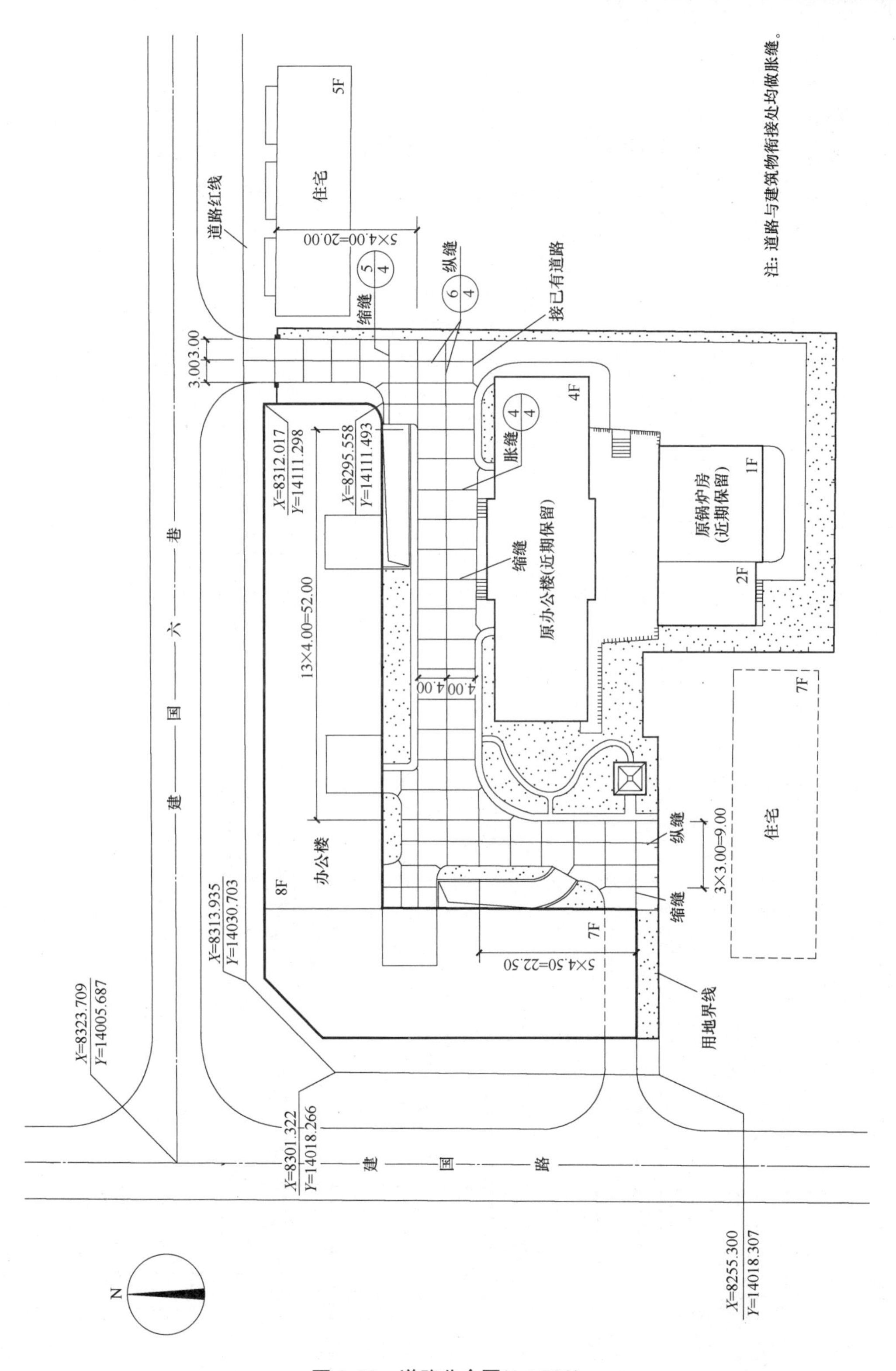

图 8-29　道路分仓图(1：500)

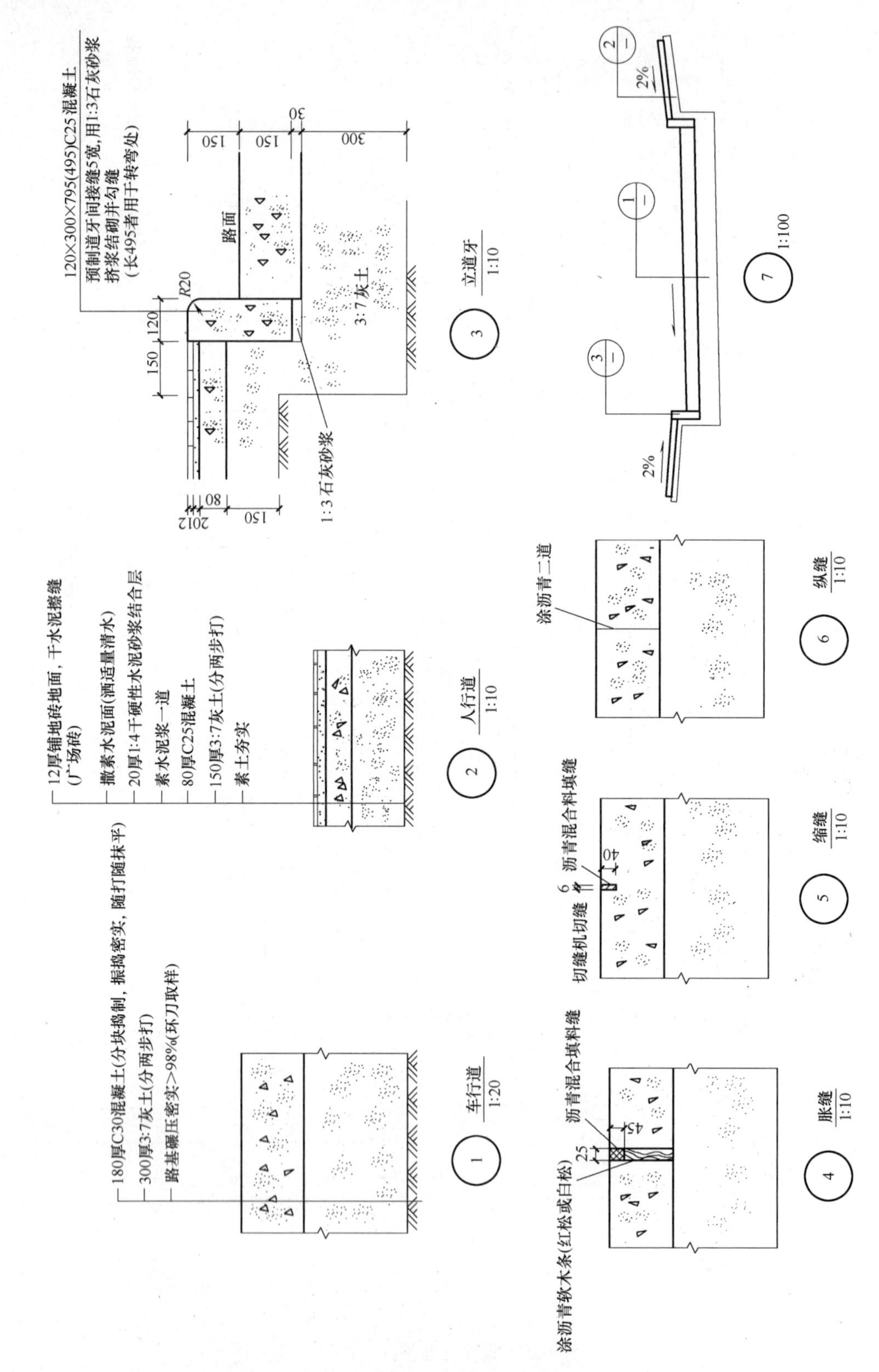
180厚C30混凝土(分块捣制，振捣密实，随打随抹平)
300厚3:7灰土(分两步打)
路基碾压密实>98%(环刀取样)
1
车行道
1:20
12厚铺地砖地面，干水泥擦缝
(广场砖)
撒素水泥面(洒适量清水)
20厚1:4干硬性水泥砂浆结合层
素水泥浆一道
80厚C25混凝土
150厚3:7灰土(分两步打)
素土夯实
2
人行道
1:10
120×300×795(495)C25混凝土
预制道牙间接缝5宽,用1:3石灰砂浆
挤浆结砌并勾缝
(长495者用于转弯处)
R20
150
120
150
150
30
300
20
12
80
150
路面
3:7灰土
1:3石灰砂浆
3
立道牙
1:10
涂沥青软木条(红松或白松)
沥青混合填料缝
25
45
4
胀缝
1:10
切缝机切缝
6
沥青混合料填缝
40
5
缩缝
1:10
涂沥青二道
6
纵缝
1:10
2%
2%
7
1:100

图 8-30　道路详图

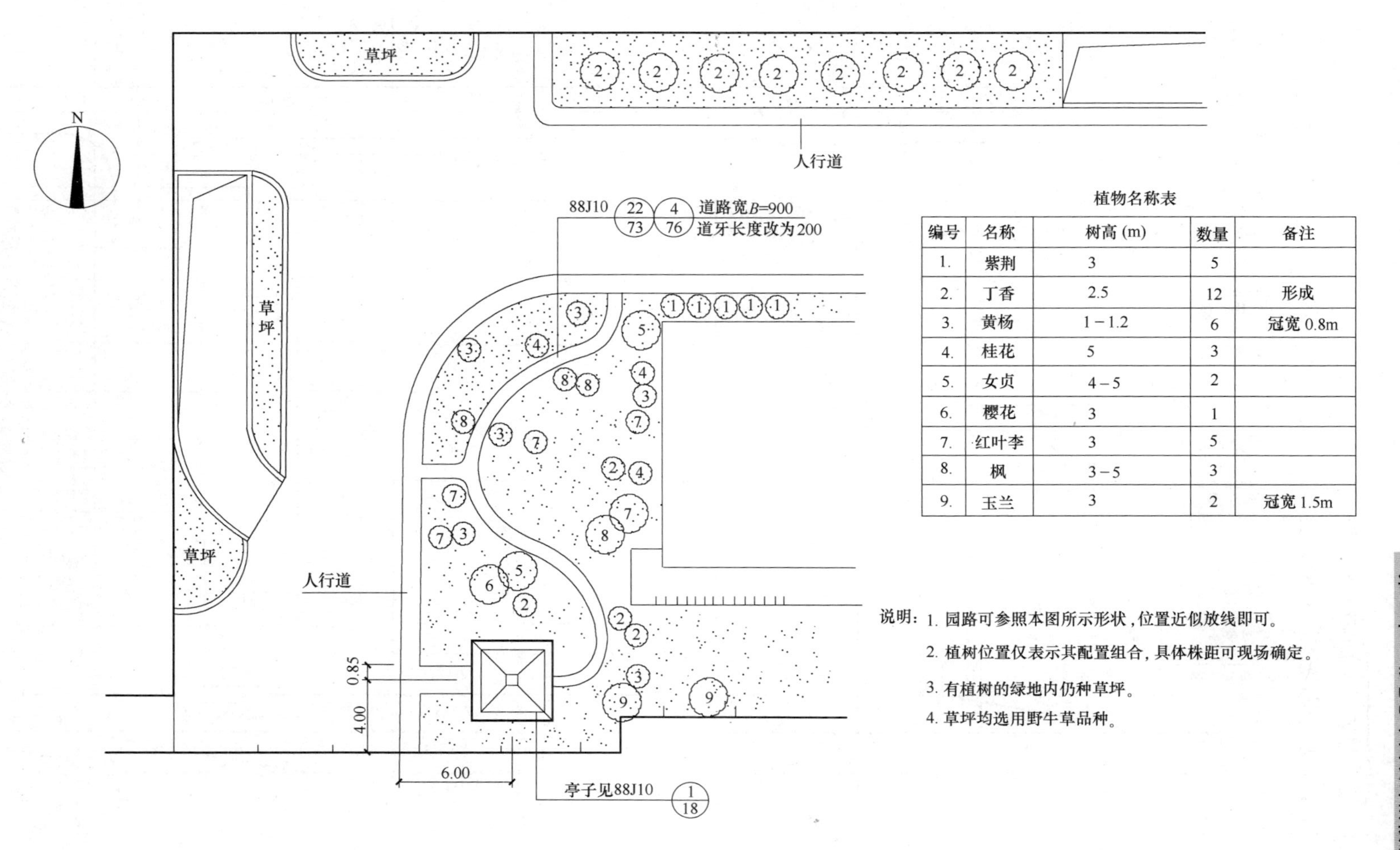

植物名称表

编号	名称	树高 (m)	数量	备注
1.	紫荆	3	5	
2.	丁香	2.5	12	形成
3.	黄杨	1－1.2	6	冠宽 0.8m
4.	桂花	5	3	
5.	女贞	4－5	2	
6.	樱花	3	1	
7.	红叶李	3	5	
8.	枫	3－5	3	
9.	玉兰	3	2	冠宽 1.5m

说明：1. 园路可参照本图所示形状，位置近似放线即可。
2. 植树位置仅表示其配置组合，具体株距可现场确定。
3. 有植树的绿地内仍种草坪。
4. 草坪均选用野牛草品种。

图 8-31　绿化布置图(1：200)

2) 工业建筑总平面施工图示例

工业建筑总平面施工图示例见图 8-32～图 8-35。

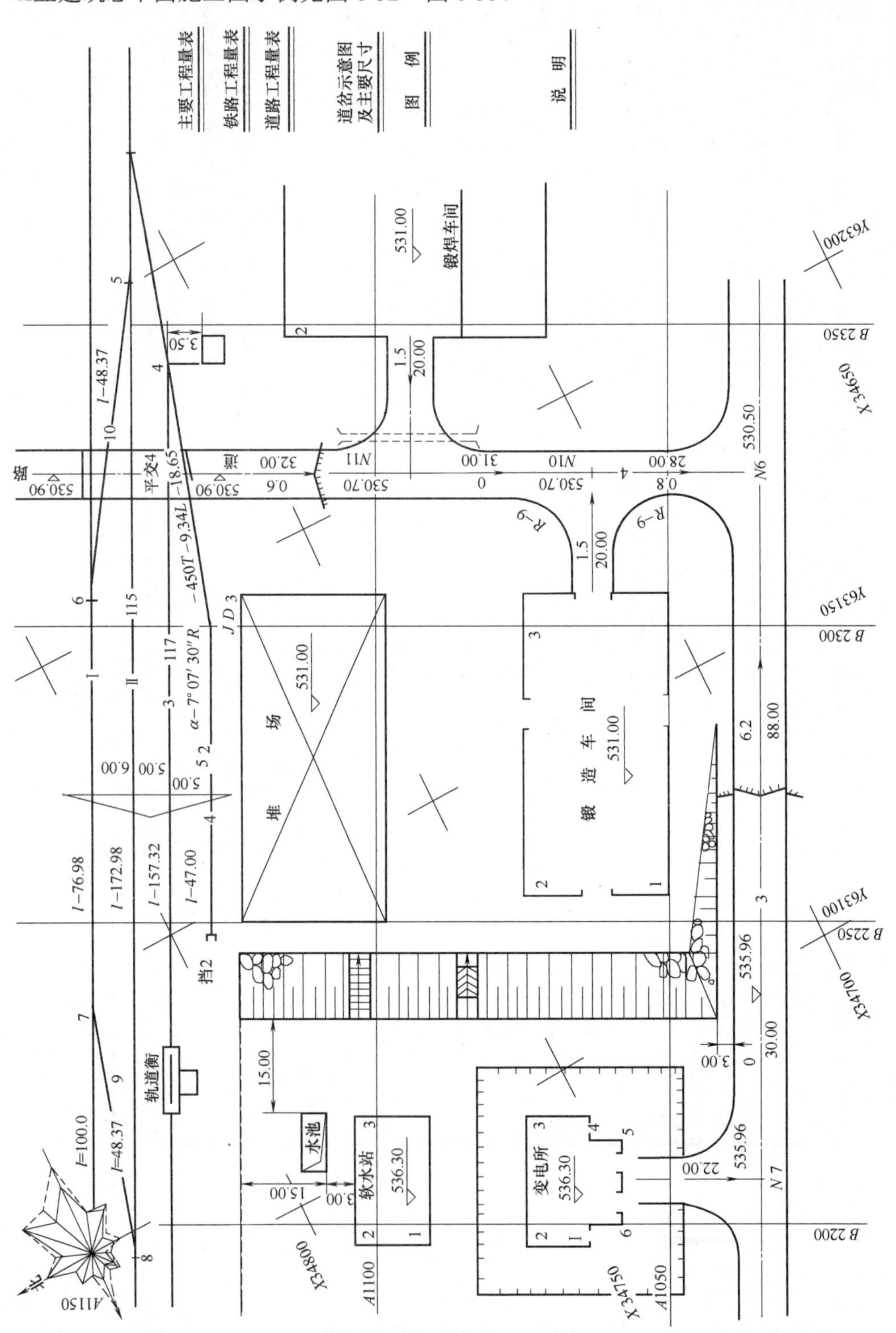

图 8-32 总平面布置土图图式

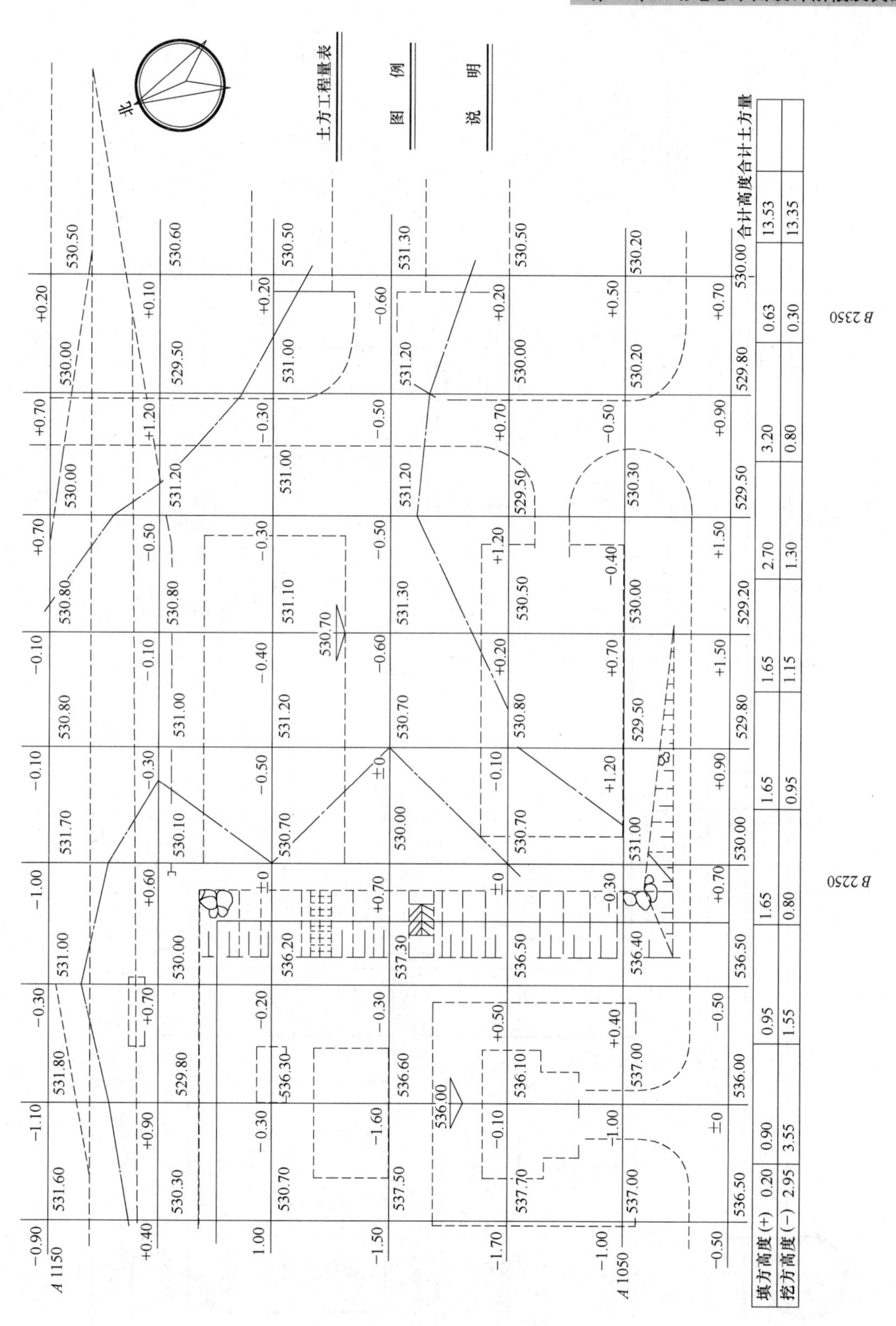

图 8-33　场地粗平土图图式

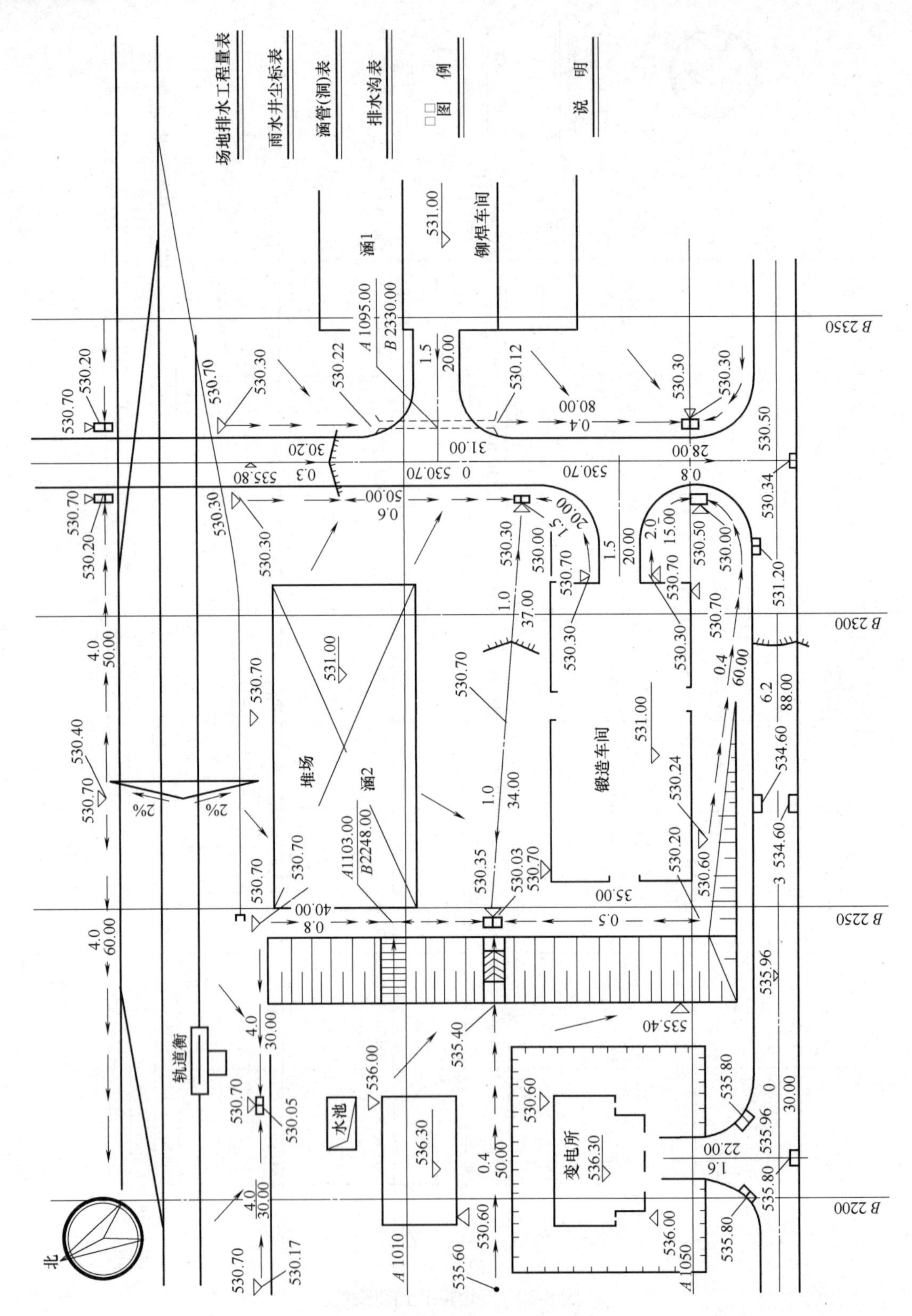

图 8-34　场地排雨水图图式

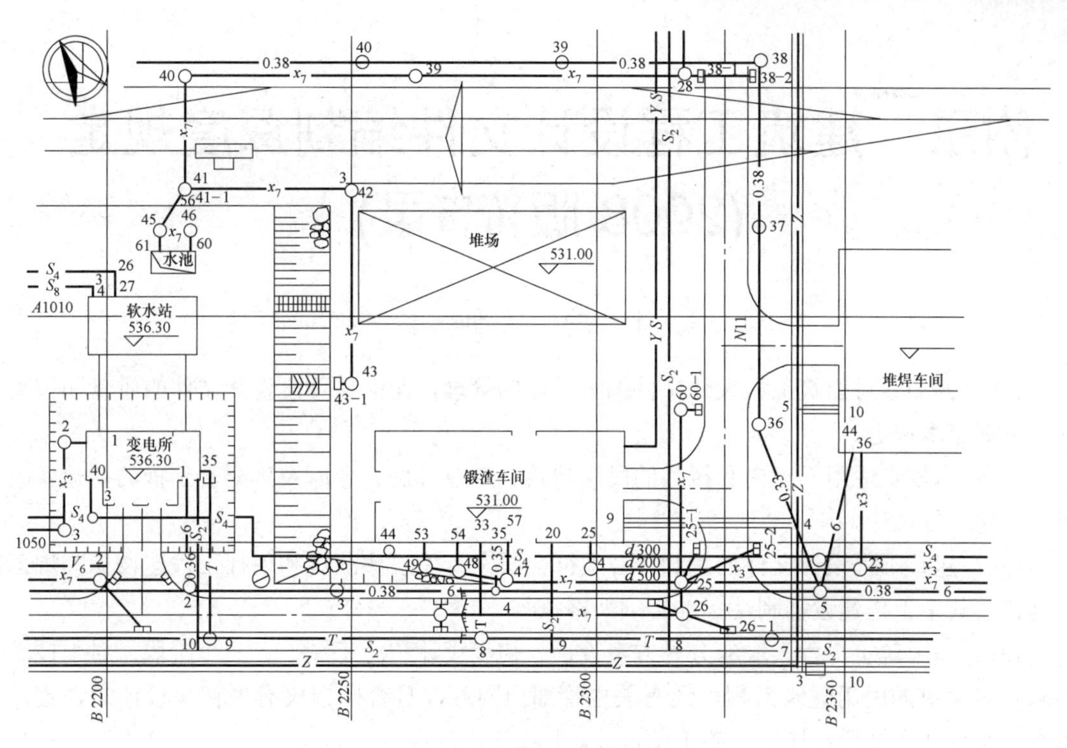

图 8-35 管线综合图图式

复 习 思 考

1. 场地设计阶段如何划分？
2. 方案设计阶段场地设计的内容及图纸要求是什么？
3. 初步设计阶段场地设计的内容及图纸要求是什么？
4. 施工图设计阶段图纸内容及要求是什么？
5. 场地坐标系统的换算方法。

附录　建筑工程设计文件编制深度规定 (2008 版)(节录)

1　总　　则

1.0.1 为加强对建筑工程设计文件编制工作的管理，保证各阶段设计文件的质量和完整性，特制定本规定。

1.0.2 本规定适用于境内和援外的民用建筑、工业厂房、仓库及其配套工程的新建、改建、扩建工程设计。

1.0.3 建筑工程设计文件的编制，必须符合国家有关法律法规和现行工程建设标准规范的规定，其中工程建设强制性标准必须严格执行。

1.0.4 民用建筑工程一般应分为方案设计、初步设计和施工图设计三个阶段；对于技术要求相对简单的民用建筑工程，经有关主管部门同意，且合同中没有做初步设计的约定，可在方案设计审批后直接进入施工图设计。

1.0.5 各阶段设计文件编制深度应按以下原则进行(具体应执行第 2、3、4 章条款):

1 方案设计文件，应满足编制初步设计文件的需要。

注：本规定仅适用于报批方案设计文件编制深度。对于投标方案设计文件编制深度，应执行住房城乡建设部颁发的相关规定。

2 初步设计文件，应满足编制施工图设计文件的需要。

3 施工图设计文件，应满足设备材料采购、非标准设备制作和施工的需要。对于将项目分别发包给几个设计单位或实施设计分包的情况，设计文件相互关联处的深度应当满足各承包或分包单位设计的需要。

1.0.6 在设计中宜因地制宜正确选用国家、行业和地方建筑标准设计，并在设计文件的图纸目录或施工图设计说明中注明被应用图集的名称。

重复利用其他工程的图纸时，应详细了解原图利用的条件和内容，并作必要的核算和修改，以满足新设计项目的需要。

1.0.7 当设计合同对设计文件编制深度另有要求时，设计文件编制深度应同时满足本规定和设计合同的要求。

1.0.8 本规定对设计文件编制深度的要求具有通用性。对于具体的工程项目设计，执行本规定时应根据项目的内容和设计范围对本规定的条文进行合理的取舍。

1.0.9 本规定不作为各专业设计分工的依据。本规定某一专业的某项设计内容可由其他专业承担设计，但设计文件的深度应符合本规定要求。

2 方案设计

2.1 一般要求

2.1.1 方案设计文件。

1 设计说明书，包括各专业设计说明以及投资估算等内容；对于涉及建筑节能设计的专业，其设计说明应有建筑节能设计的专门内容；

2 总平面图以及建筑设计图纸(若为城市区域供热或区域煤气调压站，应提供热能动力专业的设计图纸，具体见 2.3.3 条)；

3 设计委托或设计合同中规定的透视图、鸟瞰图、模型等。

2.1.2 方案设计文件的编排顺序

1 封面：项目名称、编制单位、编制年月；

2 扉页：编制单位法定代表人、技术总负责人、项目总负责人的姓名，并经上述人员签署或授权盖章；

3 设计文件目录；

4 设计说明书；

5 设计图纸。

2.2 设计说明书

2.2.1 设计依据、设计要求及主要技术经济指标。

1 与工程设计有关的依据性文件的名称和文号，如选址及环境评价报告、用地红线图、项目可行性研究报告、政府有关主管部门对立项报告的批文、设计任务书或协议书等。

2 设计所执行的主要法规和所采用的主要标准(包括标准的名称、编号、年号和版本号)。

3 设计基础资料，如气象、地形地貌、水文地质、地震基本烈度，区域位置等。

4 简述政府有关主管部门对项目设计的要求，如对总平面布置、环境协调、建筑风格等方面的要求。当城市规划等部门对建筑高度有限制时，应说明建筑、构筑物的控制高度(包括最高和最低高度限值)。

5 简述建设单位委托设计的内容和范围，包括功能项目和设备设施的配套情况。

6 工程规模(如总建筑面积、总投资、容纳人数等)、项目设计规模等级和设计标准(包括结构的设计使用年限、建筑防火类别、耐火等级、装修标准等)。

7 主要技术经济指标，如总用地面积、总建筑面积及各分项建筑面积(还要分别列出地上部分和地下部分建筑面积)、建筑基底总面积、绿地总面积、容积率、建筑密度、绿地率、停车泊位数(分室内、室外和地上、地下)，以及主要建筑或核心建筑的层数、层高和总高度等项指标；根据不同的建筑功能，还应表述能反映工程规模的主要技术经济指标，如住宅的套型、套数及每套的建筑面积、使用面积，旅馆建筑中的客房数和床位数，医院建筑中的门诊人次和病床数等指标；当工程项目(如城市居住区规划)另有相应的设计规范或标准时，技术经济指标应按其规定执行。

2.2.2 总平面设计说明。

1 概述场地现状特点和周边环境情况及地质地貌特征，详尽阐述总体方案的构思意图和布局特点，以及在竖向设计、交通组织、防火设计、景观绿化、环境保护等方面所采取的具体措施。

2 说明关于一次规划、分期建设，以及原有建筑和古树名木保留，利用、改造(改建)方面的总体设想。

2.3 设计图纸

2.3.1 总平面设计图纸。

1 场地的区域位置；

2 场地的范围(用地和建筑物各角点的坐标或定位尺寸)；

3 场地内及四邻环境的反映(四邻原有及规划的城市道路和建筑物、用地性质或建筑性质、层数等，场地内需保留的建筑物、构筑物、古树名木、历史文化遗存、现有地形与标高、水体、不良地质情况等)；

4 场地内拟建道路、停车场、广场、绿地及建筑物的布置，并表示出主要建筑物与各类控制线(用地红线、道路红线、建筑控制线等)、相邻建筑物之间的距离及建筑物总尺寸，基地出入口与城市道路交叉口之间的距离；

5 拟建主要建筑物的名称、出入口位置、层数、建筑高度、设计标高，以及地形复杂时主要道路、广场的控制标高；

6 指北针或风玫瑰图、比例；

7 根据需要绘制下列反映方案特性的分析图：功能分区、空间组合及景观分析、交通分析(人流及车流的组织、停车场的布置及停车泊位数量等)、消防分析、地形分析、绿地布置、日照分析、分期建设等。

3 初 步 设 计

3.1 一般要求

3.1.1 初步设计文件。

1 设计说明书，包括设计总说明、各专业设计说明。对于涉及建筑节能设计的专业，其设计说明应有建筑节能设计的专项内容；

2 有关专业的设计图纸；

3 主要设备或材料表；

4 工程概算书；

5 有关专业计算书(计算书不属于必须交付的设计文件，但应按本规定相关条款的要求编制)。

3.1.2 初步设计文件的编排顺序。

1 封面：项目名称、编制单位、编制年月；

2 扉页：编制单位法定代表人、技术总负责人、项目总负责人和各专业负责人的姓名，

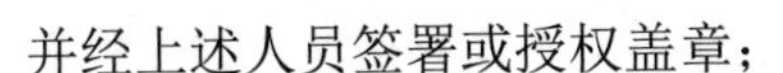

并经上述人员签署或授权盖章；

3 设计文件目录；

4 设计说明书；

5 设计图纸(可单独成册)；

6 概算书(应单独成册)。

3.2　设计总说明

3.2.1 工程设计依据。

1 政府有关主管部门的批文，如该项目的可行性研究报告、工程立项报告、方案设计文件等审批文件的文号和名称；

2 设计所执行的主要法规和所采用的主要标准(包括标准的名称、编号、年号和版本号)；

3 工程所在地区的气象、地理条件、建设场地的工程地质条件；

4 公用设施和交通运输条件；

5 规划、用地、环保、卫生、绿化、消防、人防、抗震等要求和依据资料；

6 建设单位提供的有关使用要求或生产工艺等资料。

3.2.2 工程建设的规模和设计范围。

1 工程的设计规模及项目组成；

2 分期建设的情况；

3 承担的设计范围与分工。

3.2.3 总指标。

1 总用地面积、总建筑面积和反映建筑功能规模的技术指标；

2 其他相关技术经济指标。

3.2.4 设计特点。

1 简述各专业的设计特点和系统组成；

2 采用新技术、新材料、新设备和新结构的情况。

3.2.5 提请在设计审批时需解决或确定的主要问题。

1 有关城市规划、红线、拆迁和水、电、蒸汽、燃料等能源供应的协作问题；

2 总建筑面积、总概算(投资)存在的问题；

3 设计选用标准方面的问题；

4 主要设计基础资料和施工条件落实情况等影响设计进度的因素；

5 明确需要进行专项研究的内容。

注：总说明中已叙述的内容，在各专业说明中可不再重复。

3.3　总平面

3.3.1 在初步设计阶段，总平面专业的设计文件应包括设计说明书、设计图纸。

3.3.2 设计说明书。

1 设计依据及基础资料。

(1) 摘述方案设计依据资料及批示中与本专业有关的主要内容；

(2) 有关主管部门对本工程批示的规划许可技术条件(用地性质、道路红线、建筑控制线、城市绿线、用地红线、建筑物控制高度、建筑退让各类控制线距离、容积率、建筑密度、绿地率、日照标准、高压走廊、出入口位置、停车泊位数等)，以及对总平面布局、周围环境、空间处理、交通组织、环境保护、文物保护、分期建设等方面的特殊要求；

(3) 本工程地形图编制单位、日期，所采用的坐标、高程系统；

(4) 凡设计总说明中已阐述的内容可从略。

2 场地概述。

(1) 说明场地所在地的名称及在城市中的位置(简述周围自然与人文环境、道路、市政基础设施与公共服务设施配套和供应情况，以及四邻原有和规划的重要建筑物与构筑物)；

(2) 概述场地地形地貌(如山丘范围、高度，水域的位置、流向、水深，最高最低标高、总坡向、最大坡度和一般坡度等地貌特征)；

(3) 描述场地内原有建筑物、构筑物，以及保留(包括名木、古迹、地形、植被等)、拆除的情况；

(4) 摘述与总平面设计有关的自然因素，如地震、湿陷性或胀缩性土、地裂缝、岩溶、滑坡与其他地质灾害。

3 总平面布置。

(1) 说明总平面设计构思及指导思想；说明如何因地制宜，结合地域文化特点及气候、自然地形综合考虑地形、地质、日照、通风、防火、卫生、交通以及环境保护等要求布置建筑物、构筑物，使其满足使用功能、城市规划要求以及技术安全、经济合理性、节能、节水、节材等要求；

(2) 说明功能分区、远近期结合、预留发展用地的设想；

(3) 说明建筑空间组织及其与四周环境的关系；

(4) 说明环境景观和绿地布置及其功能性、观赏性等；

(5) 说明无障碍设施的布置。

4 竖向设计。

(1) 说明竖向设计的依据(如城市道路和管道的标高、地形、排水、最高洪水位、最高潮水位、土方平衡等情况)；

(2) 说明如何利用地形，综合考虑功能、安全、景观、排水等要求进行竖向布置；说明竖向布置方式(平坡式或台阶式)、地表雨水的收集利用及排除方式(明沟或暗管)等；如采用明沟系统，还应阐述其排放地点的地形与高程等情况；

(3) 根据需要注明初平土石方工程量；

(4) 防灾措施，如针对洪水、滑坡、潮汐及特殊工程地质(湿陷性或膨胀性土)等的技术措施。

5 交通组织。

(1) 说明人流和车流的组织、路网结构、出入口、停车场(库)的布置及停车数量的确定；

(2) 消防车道及高层建筑消防扑救场地的布置；

(3) 说明道路主要的设计技术条件(如主干道和次干道的路面宽度、路面类型、最大及

最小纵坡等)。

6 主要技术经济指标表(见表3.3.2)。

表3.3.2　民用建筑主要技术经济指标表

序号	名　称	单位	数量	备　注
1	总用地面积	hm^2		
2	总建筑面积	m^2		地上、地下部分可分列，不同功能性质部分应分列
3	建筑基底总面积	hm^2		
4	道路广场总面积	hm^2		含停车场面积
5	绿地总面积	hm^2		可加注公共绿地面积
6	容积率			(2)/(1)
7	建筑密度	%		(3)/(1)
8	绿地率	%		(5)/(1)
9	小汽车/大客车停车泊位数	辆		室内、外应分列
10	自行车停放数量	辆		

注：1. 当工程项目(如城市居住区)有相应的规划设计规范时，技术经济指标的内容应按其执行；
2. 计算容积率时，通常不包括±0.00以下地下建筑面积。

3.3.3 设计图纸。

1 区域位置图(根据需要绘制)。

2 总平面图。

(1) 保留的地形和地物；

(2) 测量坐标网、坐标值，场地范围的测量坐标(或定位尺寸)，道路红线、建筑控制线，用地红线；

(3) 场地四邻原有及规划的道路、绿化带等的位置(主要坐标或定位尺寸)和主要建筑物及构筑物的位置、名称、层数、间距；

(4) 建筑物、构筑物的位置(人防工程、地下车库、油库、贮水池等隐蔽工程用虚线表示)与各类控制线的距离，其中主要建筑物、构筑物应标注坐标(或定位尺寸)、与相邻建筑物之间的距离及建筑物总尺寸、名称(或编号)、层数；

(5) 道路、广场的主要坐标(或定位尺寸)，停车场及停车位、消防车道及高层建筑消防扑救场地的布置，必要时加绘交通流线示意；

(6) 绿化、景观及休闲设施的布置示意，并表示出护坡、挡土墙、排水沟等；

(7) 指北针或风玫瑰图；

(8) 主要技术经济指标表(见表3.3.2)；

(9) 说明栏内注写：尺寸单位、比例、地形图的测绘单位、日期，坐标及高程系统名称(如为场地建筑坐标网时，应说明其与测量坐标网的换算关系)，补充图例及其他必要的说明等。

3 竖向布置图。

(1) 场地范围的测量坐标值(或定位尺寸)；

(2) 场地四邻的道路、地面、水面，及其关键性标高(如道路出入口)；

(3) 保留的地形、地物；

(4) 建筑物、构筑物的位置名称(或编号)，主要建筑物和构筑物的室内外设计标高、层数，有严格限制的建筑物、构筑物高度。

(5) 主要道路、广场的起点、变坡点、转折点和终点的设计标高，以及场地的控制性标高；

(6) 用箭头或等高线表示地面坡向，并表示出护坡、挡土墙、排水沟等；

(7) 指北针；

(8) 注明：尺寸单位、比例、补充图例；

(9) 本图可视工程的具体情况与总平面图合并；

(10) 根据需要利用竖向布置图绘制土方图及计算初平土方工程量。

4 施工图设计

4.1 一般要求

4.1.1 施工图设计文件。

1 合同要求所涉及的所有专业的设计图纸(含图纸目录、说明和必要的设备、材料表，见 4.2～4.8 节)以及图纸总封面；对于涉及建筑节能设计的专业，其设计说明应有建筑节能设计的专项内容；

2 合同要求的工程预算书；

注：对于方案设计后直接进入施工图设计的项目，若合同未要求编制工程预算书，施工图设计文件应包括工程概算书(见第 3.10 节)。

3 各专业计算书。计算书不属于必须交付的设计文件，但应按本规定相关条款的要求编制并归档保存。

4.1.2 总封面标识内容。

1 项目名称；

2 设计单位名称；

3 项目的设计编号；

4 设计阶段；

5 编制单位法定代表人、技术总负责人和项目总负责人的姓名及其签字或授权盖章；

6 设计日期(即设计文件交付日期)。

4.2 总平面

4.2.1 在施工图设计阶段，总平面专业设计文件应包括图纸目录、设计说明、设计图纸、计算书。

4.2.2 图纸目录。

应先列新绘制的图纸，后列选用的标准图和重复利用图。

4.2.3 设计说明。

一般工程分别写在有关的图纸上。如重复利用某工程的施工图图纸及其说明时，应详

细注明其编制单位、工程名称、设计编号和编制日期；列出主要技术经济指标表(见表 3.3.2，该表也可列在总平面图上)，说明地形图、初步设计批复文件等设计依据、基础资料。

4.2.4 总平面图。

1 保留的地形和地物；

2 测量坐标网、坐标值；

3 场地范围的测量坐标(或定位尺寸)，道路红线、建筑控制线、用地红线的位置；

4 场地四邻原有及规划的道路、绿化带等的位置(主要坐标或定位尺寸)，以及主要建筑物和构筑物及地下建筑物等的位置、名称、层数；

5 建筑物、构筑物(人防工程、地下车库、油库、贮水池等隐蔽工程以虚线表示)的名称或编号、层数、定位(坐标或相互关系尺寸)；

6 广场、停车场、运动场地、道路、围墙、无障碍设施、排水沟、挡土墙、护坡等的定位(坐标或相互关系、尺寸)。如有消防车道和扑救场地，需注明；

7 指北针或风玫瑰图；

8 建筑物、构筑物使用编号时，应列出“建筑物和构筑物名称编号表”；

9 注明尺寸单位、比例、坐标及高程系统(如为场地建筑坐标网时，应注明与测量坐标网的相互关系)、补充图例等。

4.2.5 竖向布置图。

1 场地测量坐标网、坐标值；

2 场地四邻的道路、水面、地面的关键性标高；

3 建筑物、构筑物名称或编号、室内外地面设计标高、地下建筑的顶板面标高及覆土高度限制；

4 广场、停车场、运动场地的设计标高，以及景观设计中水景、地形、台地、院落的控制性标高；

5 道路、坡道、排水沟的起点、变坡点、转折点和终点的设计标高(路面中心和排水沟顶及沟底)、纵坡度、纵坡距、关键性坐标，道路表明双面坡或单面坡、立道牙或平道牙，必要时标明道路平曲线及竖曲线要素；

6 挡土墙、护坡或土坎顶部和底部的主要设计标高及护坡坡度；

7 用坡向箭头表明地面坡向；当对场地平整要求严格或地形起伏较大时，可用设计等高线表示。地形复杂时宜表示场地剖面图；

8 指北针或风玫瑰图；

9 注明尺寸单位、比例、补充图例等。

4.2.6 土石方图。

1 场地范围的测量坐标(或定位尺寸)；

2 建筑物、构筑物、挡墙、台地、下沉广场、水系、土丘等位置(用细虚线表示)；

3 20m×20m 或 40m×40m 方格网及其定位，各方格点的原地面标高、设计标高、填挖高度、填区和挖区的分界线，各方格土石方量、总土石方量；

4 土石方工程平衡表(见表 4.2.6)。

表 4.2.6　土石方工程平衡表

序号	项　目	土石方量/m³		说　明
		填　方	挖　方	
1	场地平整			
2	室内地坪土和地下建筑物、构筑物挖土、房屋及构筑物基础			
3	道路、管线地沟、排水沟			包括路堤填土、路堑和路槽挖土
4	土方损益			指土壤经过挖填后的损益数
5	合计			

注：表列项目随工程内容增减。

4.2.7 管道综合图。

1 总平面布置；

2 场地范围的测量坐标(或定位尺寸)，道路红线、建筑控制线、用地红线等的位置；

3 保留、新建的各管线(管沟)、检查井、化粪池、储罐等的平面位置，注明各管线、化粪池、储罐等与建筑物、构筑物的距离和管线间距；

4 场外管线接入点的位置；

5 管线密集的地段宜适当增加断面图，表明管线与建筑物、构筑物、绿化之间及管线之间的距离，并注明主要交叉点上下管线的标高或间距；

6 指北针；

7 注明尺寸单位、比例、图例、施工要求。

4.2.8 绿化及建筑小品布置图。

1 平面布置；

2 绿地(含水面)、人行步道及硬质铺地的定位；

3 建筑小品的位置(坐标或定位尺寸)、设计标高、详图索引；

4 指北针；

5 注明尺寸单位、比例、图例、施工要求等。

4.2.9 详图。包括道路横断面、路面结构、挡土墙、护坡、排水沟、池壁、广场、运动场地、活动场地、停车场地面、围墙等详图。

4.2.10 设计图纸的增减。

1 当工程设计内容简单时，竖向布置图可与总平面图合并；

2 当路网复杂时，可增绘道路平面图；

3 土方图和管线综合图可根据设计需要确定是否出图；

4 当绿化或景观环境另行委托设计时，可根据需要绘制绿化及建筑小品的示意性和控制性布置图。

4.2.11 计算书。设计依据及基础资料、计算公式、计算过程、有关满足日照要求的分析资料及成果资料均作为技术文件归档。

(总图制图标准(GB/T 50103—2010)(选摘))

3 图 例

3.0.1 总平面图例应符合表 3.0.1 的规定。

表 3.0.1 总平面图例

序 号	名 称	图 例	备 注
1	新建建筑物	X= Y= ① 12F/2D H=59.00m	新建建筑物以粗实线表示，与室外地坪相接处±0.00 外墙定位轮廓线 建筑物一般以±0.00 高度处的外墙定位轴线交叉点坐标定位。轴线用细实线表示，并标明轴线号 根据不同设计阶段标注建筑编号，地上、地下层数，建筑高度，建筑出入口位置(两种表示方法均可，但同一图纸采用一种表示方法) 地下建筑物以粗虚线表示其轮廓 建筑上部(±0.00 以上)外挑建筑用细实线表示 建筑物上部连廊用细虚线表示并标注位置
2	原有建筑物		用细实线表示
3	计划扩建的预留地或建筑物		用中粗虚线表示
4	拆除的建筑物		用细实线表示
5	建筑物下面的通道		—
6	散状材料露天堆场		需要时可注明材料名称
7	其他材料露天堆场或露天作业场		需要时可注明材料名称

续表

序 号	名 称	图 例	备 注
8	铺砌场地		—
9	敞棚或敞廊		—
10	高架式料仓		—
11	漏斗式贮仓		左、右图为底卸式，中图为侧卸式
12	冷却塔(池)		应注明冷却塔或冷却池
13	水塔、贮罐		左图为卧式贮罐 右图为水塔或立式贮罐
14	水池、坑槽		也可以不涂黑
15	明溜矿槽(井)		—
16	斜井或平硐		—
17	烟囱		实线为烟囱下部直径，虚线为基础，必要时可注写烟囱高度和上、下口直径
18	围墙及大门		—
19	挡土墙	5.00 1.50	挡土墙根据不同设计阶段的需要标注 墙顶标高 墙底标高
20	挡土墙上设围墙		—
21	台阶及无障碍坡道	1. 2.	1. 表示台阶(级数仅为示意) 2. 表示无障碍坡道
22	露天桥式起重机	G_n= (t)	起重机起重量 G_n，以吨计算 “+”为柱子位置

续表

序号	名称	图例	备注
23	露天电动葫芦	G_n= (t)	起重机起重量 G_n，以吨计算 “+”为支架位置
24	门式起重机	G_n= (t) G_n= (t)	起重机起重量 G_n，以吨计算 上图表示有外伸臂 下图表示无外伸臂
25	架空索道		“I”为支架位置
26	斜坡卷扬机道		—
27	斜坡栈桥(皮带廊等)		细实线表示支架中心线位置
28	坐标	1. X=105.00 Y=425.00 2. A=105.00 B=425.00	1. 表示地形测量坐标系 2. 表示自设坐标系 坐标数字平行于建筑标注
29	方格网交叉点标高	−0.50 77.85 78.35	“78.35”为原地面标高 “77.85”为设计标高 “−0.50”为施工高度 “−”表示挖方(“+”表示填方)
30	填方区、挖方区、未整平区及零线	+ − + −	“+”表示填方区 “−”表示挖方区 中间为未整平区 点划线为零点线
31	填挖边坡		—
32	分水脊线与谷线		上图表示脊线 下图表示谷线
33	洪水淹没线		洪水最高水位以文字标注
34	地表排水方向		—

续表

序号	名称	图例	备注
35	截水沟	1 40.00	“1”表示1%的沟底纵向坡度，“40.00”表示变坡点间距离，箭头表示水流方向
36	排水明沟	107.50 + 1 40.00 107.50 1 40.00	上图用于比例较大的图面 下图用于比例较小的图面 “1”表示1%的沟底纵向坡度，“40.00”表示变坡点间距离，箭头表示水流方向 “107.50”表示沟底变坡点标高(变坡点以“+”表示)
37	有盖板的排水沟	1 40.00 1 40.00	—
38	雨水口	1. 2. 3.	1. 雨水口 2. 原有雨水口 3. 双落式雨水口
39	消火栓井		—
40	急流槽		箭头表示水流方向
41	跌水		
42	拦水(闸)坝		—
43	透水路堤		边坡较长时，可在一端或两端局部表示
44	过水路面		—
45	室内地坪标高	151.00 (±0.00)	数字平行于建筑物书写
46	室外地坪标高	143.00	室外标高也可采用等高线

续表

序　号	名　称	图　例	备　注
47	盲道	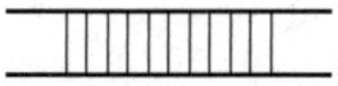	—
48	地下车库入口	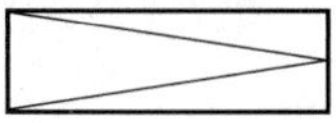	机动车停车场
49	地面露天停车场		—
50	露天机械停车场	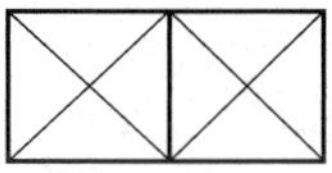	露天机械停车场

3.0.2 道路与铁路图例应符合表 3.0.2 的规定。

表 3.0.2　道路与铁路图例

序　号	名　称	图　例	备　注
1	新建的道路	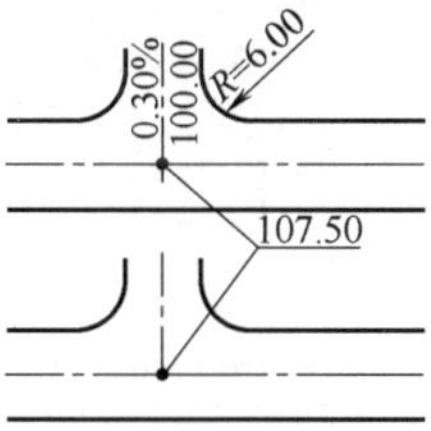	“R=6.00”表示道路转弯半径；“107.50”为道路中心线交叉点设计标高，两种表示方式均可，同一图纸采用一种方式表示；“100.00”为变坡点之间距离，“0.30%”表示道路坡度，→表示坡向
2	道路断面	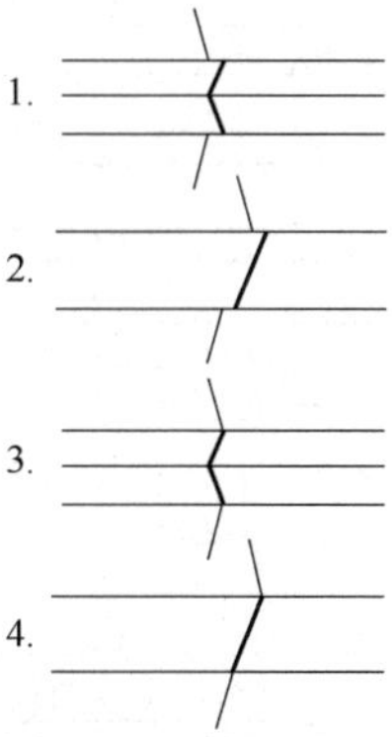	1. 为双坡立道牙 2. 为单坡立道牙 3. 为双坡平道牙 4. 为单坡立道牙
3	原有道路	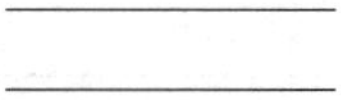	—
4	计划扩建的道路		—

续表

序　号	名　称	图　例	备　注
5	拆除的道路		—
6	人行道		—
7	道路曲线段	JD $\alpha = 95°$ $R = 50.00$ $T = 60.00$ $L = 105.00$ R	主干道宜标以下内容： JD 为曲线转折点，编号应标坐标 α为交角 T 为切线长 L 为曲线长 R 为中心线转弯半径 其他道路可标转折点、坐标及半径
8	道路隧道		—
9	汽车衡		—
10	汽车洗车台		上图为贯通式 下图为尽头式
11	运煤走廊		—
12	新建的标准轨距铁路		—
13	原有的标准轨距铁路		—
14	计划扩建的标准轨距铁路		—
15	拆除的标准轨距铁路		—

续表

序　号	名　称	图　例	备　注
16	原有的窄轨铁路	GJ762	—
17	拆除的窄轨铁路	GJ762	“GJ762”为轨距(以 mm 计)
18	新建的标准轨距电气铁路		—
19	原有的标准轨距电气铁路		—
20	计划扩建的标准轨距电气铁路		—
21	拆除的标准轨距电气铁路		—
22	原有车站		—
23	拆除原有车站		—
24	新设计车站		—
25	规划的车站		—
26	工矿企业车站		
27	单开道岔	n	“1/n”表示道岔号数，n 表示道岔号
28	单式对称道岔	n	
29	单式交分道岔	1/n 3	
30	复式交分道岔	n	

续表

序号	名称	图例	备注
31	交叉渡线	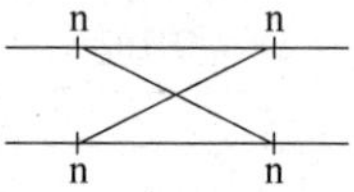 n n n n	—
32	菱形交叉		
33	车挡	 	上图为土堆式 下图为非土堆式
34	警冲标		—
35	坡度标	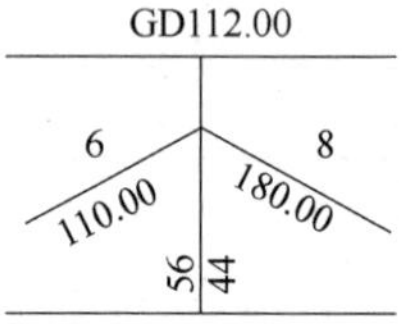 GD112.00 6 8 110.00 180.00 56 44	"GD112.00"为轨顶标高，"6""8"表示纵向坡度为6‰、8‰，倾斜方向表示坡向，"110.00""180.00"为变坡点间距离，"56""44"为至前后百尺标距离
36	铁路曲线段	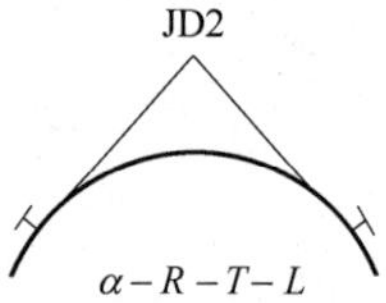 JD2 $\alpha-R-T-L$	"JD2"为曲线转折点编号，"α"为曲线转向角，"R"为曲线半径，"T"为切线长，"L"为曲线长
37	轨道衡	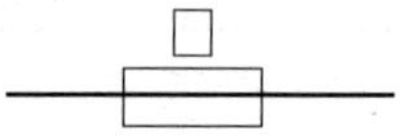	粗线表示铁路
38	站台	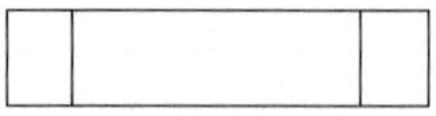	—
39	煤台	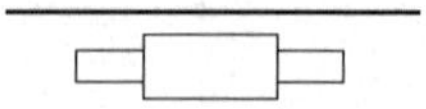	粗线表示铁路
40	灰坑或检查坑	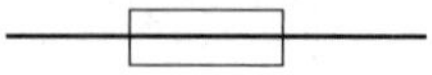	
41	转盘		

续表

序　号	名　称	图　例	备　注
42	高柱色灯信号机	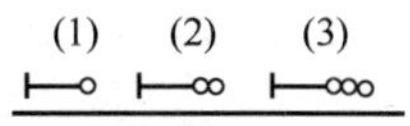 (1) (2) (3)	(1) 表示出站、预告 (2) 表示进站 (3) 表示驼峰及复式信号
43	矮柱色灯信号机	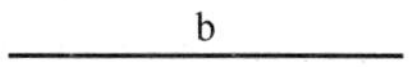 b	—
44	灯塔		左图为钢筋混凝土灯塔 中图为木灯塔 右图为铁灯塔
45	灯桥	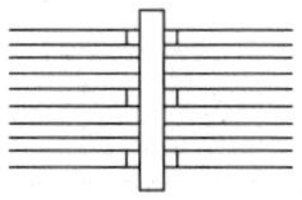	—
46	铁路隧道		—
47	涵洞、涵管	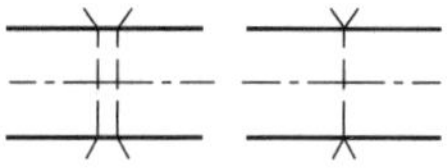 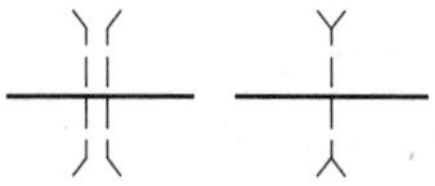	上图为道路涵洞、涵管，下图为铁路涵洞、涵管 左图用于比例较大的图面，右图用于比例较小的图面
48	桥梁	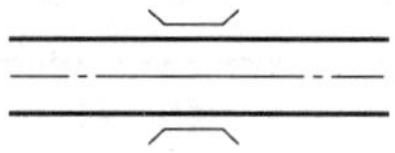 	用于旱桥时应注明 上图为公路桥，下图为铁路桥
49	跨线桥		道路跨铁路
			铁路跨道路

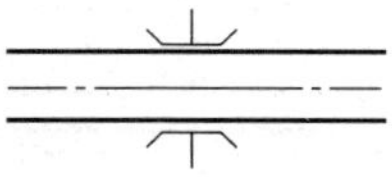

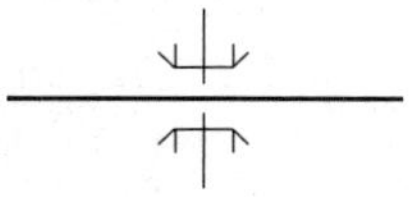

续表

序号	名称	图例	备注
49	跨线桥		道路跨道路
			铁路跨铁路
50	码头		上图为固定码头 上图为浮动码头
51	运行的发电站		—
52	规划的发电站		—
53	规划的变电站、配电所		—
54	运行的变电站、配电所		—

3.0.3 管线图例应符合表 3.0.3 的规定。

表 3.0.3 管线图例

序号	名称	图例	备注
1	管线	—— 代号 ——	管线代号按国家现行有关标准的规定标注 线型宜以中粗线表示
2	地沟管线	代号 代号	—
3	管桥管线	—+— 代号 —+—	管线代号按国家现行有关标准的规定标注
4	架空电力、电信线	—○— 代号 —○—	“○”表示电杆 管线代号按国家现行有关标准的规定标注

3.0.4 园林景观绿化应符合表 3.0.4 的规定。

表 3.0.4 园林景观绿化图例

序 号	名 称	图 例	备 注
1	常绿针叶乔木	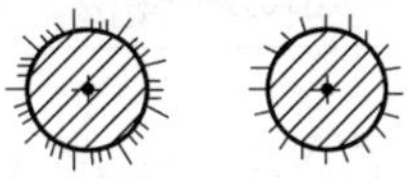	—
2	落叶针叶乔木	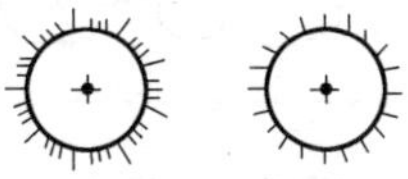	—
3	常绿阔叶乔木	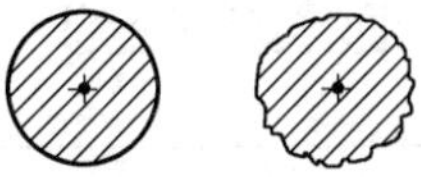	—
4	落叶阔叶乔木		—
5	常绿阔叶灌木		—
6	落叶阔叶灌木		—
7	落叶阔叶乔木林		—
8	常绿阔叶乔木林		—
9	常绿针叶乔木林	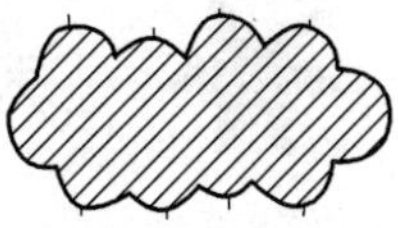	—
10	落叶针叶乔木林	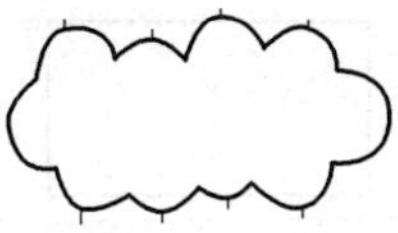	—

续表

序号	名称	图例	备注
11	针阔混交林		—
12	落叶灌木林		—
13	整形绿篱		—
14	草坪	1. 2. 3.	1. 草坪 2. 表示自然草坪 3. 表示人工草坪
15	花卉		—
16	竹丛		—
17	棕榈植物		—
18	水生植物		—

续表

序　号	名　称	图　例	备　注
19	植草砖	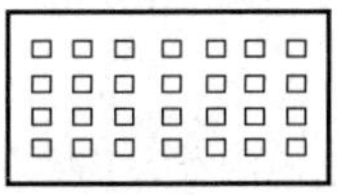	—
20	土石假山		包括“土包石”“石抱土”及假山
21	独立景石		—
22	自然水体	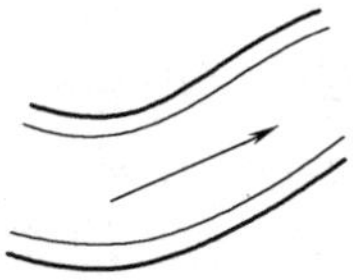	表示河流 以箭头表示水流方向
23	人工水体	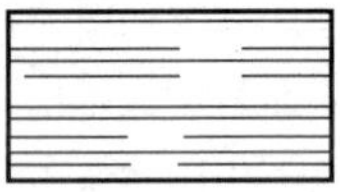	—
24	喷泉		—

参考文献

[1] 雷明. 厂址选择[M]. 北京：科学技术文献出版社，1992.

[2] 中国工业运输协会. GB 50187—93 工业企业总平面设计规范[S]. 北京：中国计划出版社，1994.

[3] 廖祖裔，吴迪慎，雷春浓，等. 工业建筑总平面设计[M]. 北京：中国建筑工业出版社，1984.

[4] 刘永德. 现代工厂建筑空间与环境设计[M]. 北京：中国建筑工业出版社，1989.

[5] 井生端. 总图设计[M]. 北京：冶金工业出版社，1989.

[6] [美]查理德・缪瑟. 系统布置设计[M]. 北京：机械工业出版社，1989.

[7] [美]查理德・缪瑟，李・海尔斯. 系统化工业设施规划[M]. 北京：机械工业出版社，1991.

[8] 交通部. GB J22—87 厂矿道路设计规范[S]. 北京：中国计划出版社，1989.

[9] 铁道部. GB J12—87 工业企业标准轨距铁路设计规范[S]. 北京：中国计划出版社，1987.

[10] 公安部. GB 50016—2015 建筑设计防火规范[S]. 北京：中国计划出版社，2015.

[11] [德]汉斯・克特纳等. 工厂系统设计手册[M]. 北京：海洋出版社，1989.

[12] 中南建筑设计院. 建筑工程设计文件编制深度规定[M]. 北京：中国出版社，2009.

[13] 雷明. 工业企业总图设计[M]. 北京：中国工业运输协会，1983.

[14] 雷明. 工业企业总平面设计[M]. 西安：陕西科学技术出版社，1998.

[15] 雷明. 工业建筑总平面设计手册[M]. 北京：中国建筑工业出版社，1998.

[16] 同济大学. 城市规划原理[M]. 北京：中国建筑工业出版社，1991.

[17] 董淑敏. 厂矿道路与汽车运输[M]. 北京：冶金工业出版社，1994.

[18] 王炳坤. 城市规划中的工程规划[M]. 天津：天津大学出版社，1994.

[19] 周荣沾. 城市道路设计[M]. 北京：人民交通出版社，1999.

[20] 姚宏韬. 场地设计[M]. 沈阳：辽宁科学技术出版社，2000.

[21] 杨春风. 道路工程[M]. 北京：中国建材工业出版社，2005.

[22] 中国建设执业网. 设计前期与场地设计[M]. 北京：中国建筑工业出版社，2005.

[23] 赵晓光. 民用建筑场地设计[M]. 北京：中国建筑工业出版社，2004.

[24] 张宗尧，李志民. 中小学建筑设计[M]. 北京：中国建筑工业出版社，2009.

[25] GJ J37—90 城市道路设计规范. 北京：中国建筑工业出版社，1991.

[26] 建设部. GB 50180—93 城市居住区规划设计规范[S]. 北京：中国建筑工业出版社，2002.

[27] 中国建筑西北设计院. 建筑施工图图示[M]. 北京：中国建筑工业出版社，2006.

[28] 重庆建筑工程学院建筑系. 建筑总平面设计[M]. 北京：中国建筑工业出版社，1980.

[29] 李善，傅达聪. 煤炭工业企业总平面设计手册[M]. 北京：煤炭工业出版社，1992.

[30] 同济大学. 城市园林绿地规划[M]. 北京：中国建筑工业出版社，1982.

[31] [美]凯文・林奇，加里・海克. 总体设计[M]. 黄福庆，等，译. 北京：中国建筑工业出版社，1999.

[32] 注册建筑师考试辅导教材编委会. 设计前期场地与建筑设计[M]. 2 版. 北京：中国建筑工业出版社，2005.

[33] 刘舜芳. 公路汽车客运站建筑设计[M]. 西安：陕西科学技术出版社，1994.

[34] [美]詹姆斯・安布罗斯，彼得・布兰多. 简明场地设计[M]. 李宇宏，译. 北京：中国电力出版社，2006.

[35] [美]托马斯 H. 罗斯. 场地规划与设计手册[M]. 顾卫华，译. 北京：机械工业出版社，2005.
[36] 张玲玲，孟浩. 场地设计. 2 版. 北京：中国建筑出版社，2011.
[37] 婉素春，王珊，汪庆萱. 建筑设计图集——当代商业建筑[M]. 北京：中国建筑工业出版社，1998.
[38] 张文忠. 公共建筑设计原理[M]. 4 版. 北京：中国建筑工业出版社，2012.
[39] 罗运湖. 现代医院建筑设计[M]. 北京：中国建筑工业出版社，2009.
[40] 同济大学. 城市规划原理[M]. 2 版. 北京：中国建筑工业出版社，1991.
[41] 中交第一公路勘测设计院. JGT D20—2006 公路路线设计规范[S].
[42] 张雨化. 道路勘测设计[M]. 北京：人民交通出版社，1997.